普通高等教育农业农村部“十四五”规划教材
中国农业系列研究生教材
Series of postgraduate textbooks for Chinese agriculture

新型农村能源

New Rural Energy

余 强 主编

中国农业大学出版社
·北京·

内 容 简 介

本书以新型农村能源为研究对象，对新型农村能源的定义、分类、发展历程、现状、发展前景、不同能源类型的技术原理、应用领域等方面进行了系统性的调查与研究。在内容上主要包括：新型农村能源的发展历程、现状及发展前景；太阳能中-低温利用技术；太阳能光伏发电技术；太阳能热发电技术；风力发电技术；生物质能源利用技术；地热利用技术；农村分布式发电与微电网技术。本书致力于把新时代的思想和技术融入农村能源技术中，扎实推动乡村振兴，希望本书能够为读者学习新型农村能源打下坚实的基础。

本书既可作为高等院校电气工程、能源动力类相关专业研究生的教学用书，也可作为相关工程技术人员和管理人员的参考书。

图书在版编目(CIP)数据

新型农村能源 / 余强主编 . --北京：中国农业大学出版社，2023.10

ISBN 978-7-5655-3100-2

Ⅰ. ①新…　Ⅱ. ①余…　Ⅲ. ①农村能源－新能源－高等学校－教材　Ⅳ. ①S210.7

中国国家版本馆 CIP 数据核字(2023)第 210365 号

农业农村部教材办公室审定编号：NY-1-0059

书　　名　新型农村能源
　　　　　Xinxing Nongcun Nengyuan

作　　者　余　强　主编

策划编辑　赵　艳　　**责任编辑**　赵　艳
封面设计　中通世奥图文设计
出版发行　中国农业大学出版社
社　　址　北京市海淀区圆明园西路 2 号　　**邮政编码**　100193
电　　话　发行部 010-62733489，1190　　读者服务部 010-62732336
　　　　　编辑部 010-62732617，2618　　出　版　部 010-62733440
网　　址　http://www.caupress.cn　　**E-mail** cbsszs@cau.edu.cn
经　　销　新华书店
印　　刷　河北虎彩印刷有限公司
版　　次　2023 年 11 月第 1 版　2023 年 11 月第 1 次印刷
规　　格　185 mm×260 mm　16 开本　21.5 印张　538 千字
定　　价　72.00 元

编审人员

主　编　余　强　中国农业大学

副主编　周宇光　中国农业大学

　　　　李　飞　合肥工业大学

　　　　王云峰　云南师范大学

参　编　霍群海　中国科学院电工研究所

　　　　胡书举　中国科学院电工研究所

　　　　龚宇烈　中国科学院广州能源研究所

　　　　陆振能　中国科学院广州能源研究所

主　审　肖　刚　浙江大学

前言

Preface

我国是农业大国，拥有较大基数的农村人口，推动乡村建设是实施乡村振兴战略的重要任务，也是国家现代化建设的重要内容。当前，我国农村能源的发展面临着巨大的挑战，同时也蕴藏着巨大的潜力。随着我国农业产业化的快速发展和现代化进程的不断推进，对能源的需求不断增长，而传统的化石能源供应方式已经难以满足这一需求。因此，如何发挥农村能源的优势，加速农村能源的发展和转型，成为当前亟待解决的问题。为适应现代农业发展趋势，帮助深入了解现代农村能源的发展和满足当前高等院校的教学需求，编者特组织编写了此书。本书是一本致力于推动农村能源发展的教材，旨在为广大师生和读者了解新型农村能源的发展和应用提供帮助。

本书内容首先由浅入深地介绍了农村能源的含义、发展历程、利用现状、国内外支持政策以及未来发展前景等，然后从原理、分类及特点、应用场景、应用效果等方面结合理论与实践一一介绍了太阳能中-低温利用技术、太阳能光伏发电技术、太阳能热发电技术、风力发电技术、生物质能源利用技术、地热利用技术、农村分布式发电与微电网技术。本书的特色是每章都给出了十分清晰具体的学习目标，并且针对这些目标设计了贴切的课后思考题，引导同学们理解书中的知识点并引发学生对新型农村能源未来的思考。本书使用了大量生动形象的原理图以及最新的数据，详细介绍了新型能源技术在实际应用中的应用案例和效果评估。这些实际应用案例能够帮助读者更好地理解新型农村能源技术的应用和发展现状，同时也能够激发读者对新型农村能源技术的进一步研究和探索。本书旨在为教师和学生提供一本清晰具体、系统全面的新型农村能源教材，帮助他们更好地了解和应用新型农村能源技术。

本书适用对象为电气工程类、能源动力类等相关专业的研究生，对于能源领域相关工程技术人员和管理人员，本书同样也具有重要的参考价值。

全书共8章，其中第1章绪论由余强编写，第2章太阳能中-低温利用技术由王云峰编写，第3章太阳能光伏发电技术由李飞编写，第4章太阳能热发电技术由余强编写，第5章风力发电技术由胡书举编写，第6章生物质能源利用技术由周宇光编写，第7章地热利用技术由龚宇烈和陆振能编写，第8章农村分布式发电与微电网技术由霍群海编写。全书由肖刚主审。

本书的编写和出版得到了中国农业大学研究生教材建设项目(JC202214)支持，在此深表感谢。同时，在编写过程中，参考和引用了许多相关文献，在此，向相关文献的原作者表示衷心感谢！

尽管编者已经尽力保证本书的准确性和完整性，但目前能源领域技术更新速度很快，编者水平有限，加之时间仓促，书中难免存在不妥、疏漏或错误之处，恳请各位专家和读者批评指正，以便不断改进，更好地满足读者的需求。

编　者

2023 年 7 月

目录

Contents

第1章 绪 论

本章学习的目的与要求

党的二十大报告中指出，大力推进生态文明建设，积极应对气候变化，积极稳妥推进碳达峰碳中和，推动绿色低碳发展。报告中也强调要深入推进能源革命，构建清洁低碳、安全高效的能源体系。能源是国民经济命脉，所以在学习过程中要了解能源的含义、主要利用形式与经济、环境的关系；了解世界和中国的能源的演化和发展历程。在推进能源革命、加强清洁能源开发和利用、实现能源生产和消费的低碳化的过程中，也应牢记习近平总书记提出"三农"问题是全局性问题，农业农村现代化是全面建设社会主义现代化国家的重要内容。因此更要掌握中国农村能源的利用概况和主要的利用形式；了解国外和中国的农村能源发展的相关支持政策；掌握当前我国乡村振兴过程中的能源发展和相关政策，能源与经济发展、生态环境的关系；同时培养知农爱农、强农兴农专业人才；了解当前欧美国家农村能源的利用现状；掌握我国农村能源存在的问题以及发展路径；了解我国未来农村能源的发展方向。

1.1 能源的含义、利用形式与经济、环境的关系

1.1.1 能源的术语及分类

能源，存在于我们生活中的任一角落，与地球上的所有生物息息相关。能源是人类文明发展的基础，是推动人类文明程度进步和人类物质财富上升的驱动力，是人类文明进步的重要物质基础和动力。

从广义上讲，"能源"即能量的来源，即自然界中能为人类提供某种形式能量的物质资源。

"能源"这一术语，由于两次石油危机成了人们议论的热点。关于能源的定义，有20余种。有代表性的定义有如下几种：《大英百科全书》中定义为"能源是一个包括所有燃料、流水、阳光和风的术语，人类用适当的转换手段便可让它为自己提供所需的能量"。《日本大百科全书》中定义为"在各种生产活动中，我们利用热能、机械能、光能、电能等来做功，可利用来作为这些能量源泉的自然界中的各种载体，称为能源"。我国的《能源百科全书》中定义为"能源是可以直接或经转换提供人类所需的光、热、动力等任一种形式能量的载能体资源"。在《中华人民共和

国节约能源法》中所称能源，是指煤炭、石油、天然气、生物质能和电力、热力以及其他直接或者通过加工、转换而取得有用能的各种资源。可见，能源是呈多种形式的且可以相互转换的能量的源泉。

地球上“能”主要有3个“源”，包括来自地球外部天体能、地球自身能、与其他天体相互作用能（表1-1）。外部天体能主要是太阳能，除了直接辐射外，太阳能还为风能、水能、生物质能和矿物能提供产能基础，植物通过光合作用把太阳能转变成化学能储存下来，煤炭、石油、天然气等则是古代植物、动物固定下来的太阳能。

地球自身能包括地壳中储存的原子能、地热能等，原子能包括核裂变能和核聚变能，地热能主要以地下热水、地下蒸汽、干热岩体等形式表现。与其他天体相互作用能主要为潮汐能，这是由月球引力变化导致海平面周期性升降而产生能量。

表1-1　能源的分类

分类标准	分类	举例
形成来源	来自太阳辐射	煤、石油、天然气、生物能、风能、水能
	来自地球内部	地热能、核能
	来自地月引力	潮汐能
使用状况	常规能源	煤、石油、天然气、水能、生物能
	新能源	太阳能、风能、地热能、核能、潮汐能、沼气
性质	可再生能源	太阳能、水能、风能、地热能、生物能
	非可再生能源	煤、石油、天然气、核能
转换	一次能源	除沼气外，以上均为一次能源
	二次能源	电能、焦炭、煤气、汽油、沼气、木炭

有关能源的分类，除了按上述的来源进行粗分外，更多是根据能量被储存的载体性质进行分类。按照能量守恒定律，能量能够从一种形式转变成另外一种或多种形式，或者从一个载体或系统转移到另外一个载体或系统，但是它不能够被创造也不能够被消灭；日常提及的节约能源，严格意义上讲，应该节约的是能量载体资源，而不是能量本身，众多的石油公司在“生产”石油，也是能量的“转运工”。

（1）按能源的基本形态分类，可分为一次能源和二次能源（表1-1）。

一次能源是指自然界中以原有形式存在的、未经加工转换的能量资源，又称天然能源，如化石燃料（煤炭、石油、天然气）、水能以及太阳能、风能、地热能、海洋能、生物质能、核能等。核能属于一次能源，因为核燃料（铀）这种物质是自然界中自然存在的，所以核能定性为一次能源。

二次能源是指一次能源经过加工、转化成另一种形态的能源。主要有电能、焦炭、煤气、沼气、蒸汽、热水和汽油、煤油、柴油、氢能等石油制品。

一次能源可以进一步分为可再生能源和非再生能源两大类型。

可以不断得到补充或能在较短周期内再产生的能源称为可再生能源，如太阳能、风能、地热能、海洋能、水能等。

非可再生能源指经过漫长的地质年代生成，在短期难以再生成的能源，其资源是有限的，用一次少一次，如石油、煤炭、天然气、核能等。

(2)按照能源的利用历史和使用状况,可分为常规能源和新能源。

常规能源也称传统能源,是指已经大规模生产和广泛利用的能源,如煤炭、石油、天然气等,这些都属于一次性非可再生的常规能源。

新能源又称非常规能源,是传统能源之外的各种能源形式。1978 年 12 月 20 日联合国第 33 届大会第 148 号决议首次提出新能源概念,即指常规能源以外的所有能源。我国 1997 年颁布的《新能源基本建设项目管理的暂行规定》则第一次明确把新能源界定为风能、太阳能、地热能、海洋能、生物质能等可再生能源经转化或加工后的电力或洁净燃料。之后颁布实施的《新能源和可再生能源产业发展"十五"规划》《2000—2015 年新能源和可再生能源产业发展规划要点》等能源政策法规,就将新能源和可再生能源作为相对于常规化石能源而言的另一类能源。

根据能源使用过程中对环境污染的情况,还可分为清洁型能源和污染型能源。污染型能源包括煤炭、石油等,清洁型能源包括水力、电力、太阳能、风能以及核能等。

按能源的储存和输送性质划分,可分为含能体能源和过程性能源。

按照商品和非商品属性,凡进入能源市场作为商品销售的,如煤、石油、天然气和电等,均为商品能源。国际上的统计数字均限于商品能源。非商品能源主要指薪柴和农作物残余(秸秆等)。

以上所述的这些分类方法有助于从不同角度去认识能源,但也是相对的,不是绝对的,而且相互之间有一定交叉关系。

需要注意的是,作为能源的同义词,能源资源一般指提供能量的物质,即在目前社会经济技术条件下能够为人类提供大量能量的物质和自然过程,是一种综合的自然资源。煤炭、石油和天然气等燃料就是可被利用的能源资源,因为它们均可被转化为其他形式的能量以供使用。能源资源的生产与消费对于世界经济非常重要,可以说是工业时代最重要的生产资料之一。无论是生产商品还是提供运输,所有的经济活动都需要利用到能源资源。

能源资源往往可以作为一个词来说,如表 1-2 所示,其区分的关键在于利用的技术。石油被用来燃烧供能时,就是能源;被用来制作化工制品时就是资源。关键在于其是用于生产能量,还是用于生产生活资料。所以我们的能源观应该是动态的、发展的,随着科学技术的发展,现在不能被用作能源的,以后也许会是;现在用作能源的,以后未必就是。因为能源的本身也是借由人类之手延展其边界的。

表 1-2 能量与能源的区别

项目	能源	能量
定义	能够提供能量的物质资源	物体做功本领的量度
本质	可以提供某种形式能量的物质	与物质及其运动相联系,对应不同形式的运动,有不同形式的能量,如机械能、电能、内能、化学能等
关联	能源的利用过程,实质上就是能量的转化和转移过程	

1.1.2 能源的主要利用形式

能源是一切生命生存的基础,植物需要吸收光能,动物需要摄入食物的化学能。能源问题是人类社会的根本问题,人类发展的过程也是人类开发利用能源的过程。

人类直接或者间接利用太阳能的主要形式如下。

生物能，我们吃的各种食物经过消化系统，转化成热能，以脂肪的形式储存能量，通过我们的运动转化成机械能。虽然自古到近，食物有些变化，但是转化成的热量、动能没有变过。

煤炭的发现和蒸汽机的使用，使人类将更多的热能转化为机械能，能量转化的效率得以提升；同时，突破了人类吃饭、体能、动能的限制。特点是效率提升，但是不能储存也不能运输，必须产后立即使用，也必须是原地产能、原地使用。

内燃机的使用，引起了能源结构的一次又一次变化，石油登上了历史舞台。世界各国依靠石油创造了经济发展的奇迹。

电能的出现改变了蒸汽机的局限性，通过蓄电技术和高压传输技术，电能能够被传递很远的距离，并且能够方便地转化为其他形式的能源。这样一来能源的利用效率得到了提升，而且之前无法利用的能源形式，比如水能、风能、太阳能等也成了可供利用的能源，人类利用能源的范围又扩展了。电池的使用解决了小规模电能的储存问题，但是大的储能问题依然没有解决。

火的出现对人类的智能是一个大的飞跃，但是蒸汽机、电能的发展对于人类智能发展有限。直到计算机的出现，单从计算能力看，计算机已经超过了人类，如果从能源的维度看，计算能力这种智能超过人类智能并不能说是天方夜谭。这一次的突破相较之前更为彻底，在这之前体能并非人类所特有，但智能一直被认为是人类所特有的，这是对人类特殊性的一种突破。人类在获取了更大范围的可利用能源的同时，也将自己的独特性打破了。

对于地球本身蕴藏的能量——原子核能、地热能等能源的利用也呈现多样化。原子能即核能，是由原子结构发生变化而释放的能量，重原子核裂变的过程是核裂变，氢原子核相结合的过程是核聚变。通常意义的化学反应仅涉及原子之间相互结合关系的变化，原子核不发生变化。但在核反应中，原子核的中子和质子相互关系发生了变化，在核力作用下质子和中子聚集在一起拥有势能，当新形成的原子核的质量小于构成它所有原子核的质量之和时，根据爱因斯坦质能方程，损失的质量将变成热量，由于光速的平方是个巨大的数字，微小的质量变化导致的能量变化将释放出比化学反应大几百万倍的能量。作为原子能量载体的核矿石属于不可再生的矿产资源，故原子能属于不可再生能源。目前的核能发电以核裂变为主。

地热能主要来自地球内部放射性元素的衰变和地幔、地核的热对流与热传导，热能资源只分布于构造活动区域。目前使用热蒸汽驱动涡轮机发电的地热能仅是其潜在可用总量的一小部分。下一步将探索增强型地热系统(EGS)，该系统将热介质注入地下，通过与高温岩石接触获取能量来进行发电，传统油气形成过程中的热水资源和油气井设施，使其与 EGS 具有天然融合的发展优势。利用超临界二氧化碳替代水作为传热介质，实现二氧化碳封存与地热发电也将是一个重要方向。

潮汐能是由潮汐现象产生的能源，它与天体引力有关，地球-月亮-太阳系统的吸引力和热能是形成潮汐能的来源。由日、月引潮力的作用，使地球的岩石圈、水圈和大气圈中分别产生周期性运动和变化的总称即为潮汐能。潮汐能包括潮汐和潮流两种运动方式所包含的能量，潮水在涨落中蕴藏着巨大能量，这种能量是永恒的、无污染的能量。而目前我们大多利用的是海洋中的潮汐能。在涨潮的过程中，汹涌而来的海水具有很大的动能，而随着海水水位的升高，就把海水的巨大动能转化为势能；在落潮的过程中，海水奔腾而去，水位逐渐降低，势能又转化为动能。世界上潮差的较大值为 13～15 m，但一般说来，平均潮差在 3 m 以上就有实际应用价值。潮汐能是因地而异的,不同的地区常常有不同的潮汐系统,它们都是从深海潮波获取能量,但具有各自独有的特征。尽管潮汐很复杂,但对于任何地方的潮汐都可以进行准确预报。潮汐能的利用方式主要是发电。潮汐发电是利用海湾、河口等有利地形,建筑水堤,形成水库,以便于大量蓄积海水,并在坝中或坝旁建造水力发电厂厂房,通过水轮发电机组进行发电。只有出现大潮,能量集中时,并且在地理条件适于建造潮汐电站的地方,从潮汐中提取能量才有可能。虽然这样的场所并不是到处都有,但世界各国都已选定了相当数量的适宜开发潮汐电站的站址。我国也很早就开始利用潮汐能,如江夏潮汐实验电站建于浙江省乐清湾北侧的江夏港,装机容量 3 200 kW,于 1980 年正式投入运行,这是亚洲最大的潮汐电站,仅次于法国朗斯潮汐电站和加拿大安纳波利斯潮汐电站,居世界第三位。

在能源发展过程中,人类不断寻找更多种类的能源,但不同发展阶段的主导能源不同。随着需求的变化和技术的发展,主导能源不断升级,总体是朝着更加低碳的方向发展。从薪柴到煤炭、石油、天然气,到水能、核能、风能、太阳能以及其他清洁能源的发展过程,就是逐步减少碳排放的过程。

1.1.3 能源与经济、环境的关系

人类社会的生活生产都离不开能源的使用,它是经济发展的物质基础,同时也是支撑经济增长的动力来源。作为经济系统的输入端,能源的持续消耗会对环境造成一定影响,产生温室气体和大气污染物。大气污染物是经济系统的输出端,会随着能源消费量的增多而增多,它们二者反过来又相互制约着经济的绿色可持续发展。

能源与市场、价格、供求关系等经济活动息息相关。任何生产活动都需要能源供应,而生产环节则直接影响经济的发展;作为一种商品,各个地方的能源量有所不同,能源的进出口伴随着经济的交易。经济对能源的影响则体现在:经济发展可以带动能源的开发利用;经济发展决定着能源技术的研究速度。

鉴于能源在经济发展中的重要性,完整、及时、可靠的能源统计信息,对国家能源监控、促进政策的完善、提升市场运行效率及公众的理解都具有重要意义。1982 年,国家统计局设专门的能源统计机构,即运用综合能源经济指标体系和特有的计量形式,采用科学统计分析方法,研究能源生产、加工、转换、消费和流通等各个环节运动过程的综合性专业统计机构;1986 年,建立能源统计制度;2008 年,国家统计局成立能源统计司,加强能源和节能统计工作;2012 年,国家统计局实施统计方法制度改革"四大工程";2014 年初,启动新一轮统计改革。能源统计系统主要包括:能源建设、生产、销售、库存、进出口、消费调查统计,重点耗能企业能源购进、消费统计,主要耗能产品综合能耗调查统计,地区和全国能源平衡表编制,能源效率、能源经济效益、能源环境统计等。

随着人类对生活质量要求越来越高,特别是生产力的高度发展,也要求能源构成向不断优化的方向发展,即要求能源的生产(供应)和使用(消费)方式更高效、方便、环保。高效体现在单位体积/质量能源的发热量上,也体现在生产和使用所需的成本和收益的对比上。方便体现在易获得,更突出体现在载能体的运输储存上,后者对移动中的使用者特别重要。正是生产力的发展产生了促进能源构成变化的动力,而能源构成的优化又保障和促进了一次次工业革命带来的生产和社会的大发展、人类文明的巨大进步,由此催生了能源行业的不断细化。

就目前而言，能源行业主要包括五大类，有①油气勘探，②核能，③风能，④太阳能，⑤火电。

而能源产业与能源的原始类型息息相关。因此，可以按照一次能源的类型将能源产业分为多个大类，每一类又包括诸多的细分行业或者衍生出来的二次能源相关产业，如图 1-1 所示。

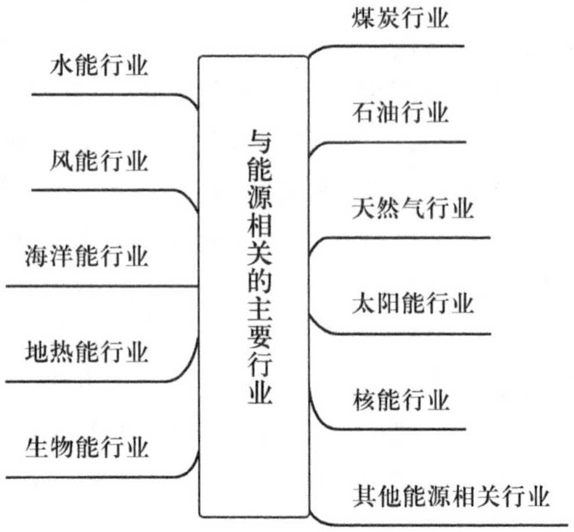

图 1-1　与能源相关的主要行业

虽然在我国并未单独围绕能源进行相应分类，但与能源相关性较强的细分行业也挺多，如电力、热力、燃气及水生产和供应业，石油、煤炭及其他燃料加工业，生物质燃料加工业，燃气及类似能源家用器具制造业，新能源车制造业，能源矿产地质勘查，海洋能源开发利用工程建筑业，节能技术推广服务业，新能源技术推广服务业等。

在人类发展历程中，经济增长始终是各项决策的终极目标，人们认为经济的长足稳定发展是唯一实现可持续发展的途径。然而，随着经济不断发展，环境问题也逐渐凸显出来，工业化、城镇化一次次的环境质量加压，致使资源枯竭、环境污染甚至破坏，即良好的环境质量需求似乎往往与经济增长具有矛盾性。

能源是经济发展的物质基础，同时能源是从自然环境当中获得的，其开发利用会产生大量污染物，造成环境污染。当今世界，化石能源是主要的能源消费品种，在其使用环节会产生温室气体与污染物，危害人体健康与环境质量。因此能源、经济和环境三者间相互影响、相互制约。能源的可持续利用和环境保护工作的开展对经济的可持续发展至关重要，故需从能源-经济-环境理论出发制定协调高效的可持续战略，即在保护生态环境、自然资源的前提下促进经济健康高质量发展。

随着世界各国经济飞速发展，经济发展、能源消费与环境污染三者之间的矛盾日益尖锐。为此，世界各国政府都在为如何在保障经济的同时妥善协调好经济与环境的问题做出努力。针对气候变化问题与严峻的能源形势，英国政府于 2003 年首次在官方文件中提到低碳经济，呼吁通过发展低碳经济解决经济、社会与环境所面临的挑战，低碳经济理论应运而生。

能源是我国经济发展的物质基础，同时也是支撑我国经济增长的动力来源。我国当前正处于经济飞速增长阶段，能源消耗巨大且仍处于上升趋势。如何在经济平稳增长的同时降低能源消费量和大气污染物排放量也是我国走高质量发展道路的必然选择。2009 年哥本哈根气候峰会上，中国为世界各国达成“节能减排”协议做出了重要贡献。2015 年中国向世界承诺：2030 年我国单位 GDP 二氧化碳排放量将会下降 60%～65%。2020 年 9 月，国家主席习近平在联合国大会一般性辩论上正式提出了中国碳排放目标：力争于 2030 年前达到二氧化碳排放峰值，力争 2060 年前实现碳中和。中国的能源消耗依然以平均每年 2%的速度递增，同时中国当前主要的能源供应还是化石燃料，所以二氧化碳排放量还会持续增加，中国面临着比发达国家更艰难的碳达峰、碳中和过程，这是中国特有的挑战。区别于欧美国家，中国只能通过更先进的科学技术创新和更高昂的成本去实现减排。为了促进经济和环境的可持续发展,中国正在向低碳经济发展模式转变。通过提升科技水平、升级产业结构、开发清洁新能源等途径降低温室气体排放,最终实现经济、能源和环境协同发展,既有“金山银山”也有“绿水青山”。

1.2 能源演化史

1.2.1 能源发展历程

1.2.1.1 能源转型阶段

从能源发展的历史来看,人类社会已完成了两次能源转型:第一次转型是煤炭取代薪柴成为主体能源,人类由此进入“煤炭时代”;第二次转型是石油取代煤炭成为主体能源,人类由此进入“石油时代”。从发展趋势看,人类正在进行从“石油时代”向“低碳时代”转型的第三次能源变革。因此,三次转型构成了迄今为止人类社会的能源发展历程(二维码 1-1)。

二维码 1-1 三次能源转型(来源:根据公开信息整理)

1. 煤炭取代薪柴成为主体能源

自元谋猿人开始使用火到山顶洞人掌握人工取火技术,开启了最早也是至今最漫长的一次“技术革命”,推动人类社会从旧石器时代进入农业文明时代。薪柴在这一时期成为人类社会发展的主体能源,推动人类的进化和社会技术的发展,使人类社会生产动力从人力为主向畜力、风力、水力发展。在 16 世纪和 17 世纪,薪柴在世界一次能源消费结构中长期占据主要地位。

18 世纪后期,封建制度瓦解推动了商品经济迅速发展,薪柴的使用开始不能满足大规模商品生产的需要,其价格开始飙升。因此,英国等工业化经济体需要一种价格更低的新型能源,他们开始使用煤炭,这标志着第一次重大能源转型的开始。煤炭伴随蒸汽机的推广而得到大规模应用,蒸汽动力开始大规模代替人力和畜力,人类社会首次真正意义上具有了超越生物圈的内在强大驱动力,带动了冶金业、制造业、开采业、运输业等工业的快速发展,并引发各领域技术创新与相关产业的兴起,从而产生了第一次工业革命,加快了世界工业化进程。煤炭在全球能源结构中的份额从 1800 年的 1.7%上升到 1900 年的 47.2%,出现大幅度增长。1931 年占比达到 70%的峰值。

2. 石油取代煤炭成为主体能源

1859 年,美国人埃德温·德雷克(Edwin L. Drake)在宾夕法尼亚州打出第一口商业油井,开启了近代石油工业时代。虽然在此期间,德国化学家 R. W. 本生(Bunsen)的助手发明了本生灯(为装备海德堡大学化学实验室而发明的以煤气为燃料的加热器具),让人们有机会使用天然气。有了天然气输送管道,天然气成为家庭供暖、烹饪、热水器和其他电器的主要能源。但伴随着大功率发电机和内燃机的发明,石油以其更高热值、更易运输的特点,逐渐取代煤炭成为主体能源。1965 年,石油首次取代煤炭成为第一大能源,世界进入“石油时代”。

3. 以可再生能源为主体的新型绿色低碳能源体系转型

以煤炭、石油为主的传统化石能源作为工业革命以来的主体能源，助力人类完成工业化和现代化进程，为人类社会发展做出了巨大贡献，也改变了地球原有的自然环境——伴随着高消费量出现的高碳排放量，使得生态破坏和环境污染问题开始显现，引发以气候变化为代表的全球生态危机，影响人类社会的可持续发展，成为全世界共同关心的首要问题。在此形势下，天然气、太阳能、风能、水能、地热等清洁能源的利用规模开始增长，世界一次能源消费结构向低碳方向演变，即向可再生能源为主体的新型绿色低碳能源体系转型。

4. 能源转型是人类能源利用史发展进步的里程碑

能源转型是人类利用能源从薪柴到煤炭、从煤炭到油气、从油气到新能源、从有碳到无碳的发展趋势，是能源形态、能源技术、能源结构、能源管理等能源体系主体要素发生根本性转变的过程。正如《中国大百科全书·机械工程卷》所述："能源亦称能量资源或能源资源，是国民经济的重要物质基础，未来国家命运取决于能源的掌控。能源的开发和有效利用程度以及人均消费量是生产技术和生活水平的重要标志。"世界能源转型主要目的是建设绿色地球，推动人类社会能源生产与供给体系的绿色、清洁、高效、安全发展。

国际能源署在《世界能源展望 2018》中指出，在 2000—2010 年，可再生能源的份额仅增加了 1.1%，但 2010—2020 年的增长速度不断加快，增幅为 3.5%。在全球为应对气候变化推进实现碳中和背景下，不论是规模还是速度，当前的能源转型进展前所未有。气候目标要求到 2050 年实现净零排放，即在不到 30 年的时间里，化石燃料将基本消失，可再生能源发电量将迅速增加，势不可挡。

二维码 1-2 能源转型历程及趋势（数据来源：公开资料整理、信息产业电子第十一设计研究院有限公司）

2020 年可再生能源飞速发展，至 2021 年全球能源转型投资达到 7 550 亿美元，达到历史最高。多家机构预计：2025—2030 年前后天然气将超过煤炭成为全球第二大能源；2030—2035 年，非化石能源将与石油、天然气、煤炭形成"四分天下"格局，人类将进入非化石能源与天然气主导的"低碳时代"（二维码 1-2）。

与能源相关的行业众多，从业人数不断增长。特别是在可再生能源领域，国际可再生能源署（IRENA）发布的 2022 年版《可再生能源与就业》（*Renewable Energy and Jobs*）显示，尽管存在新冠肺炎疫情的持续影响以及能源危机的日益加剧，2021 年全球可再生能源从业人数仍达到 1 270 万人，较 2020 年增加 7 万人。这些从业者主要分布于亚洲（占比近 2/3）、欧盟、巴西、美国等地，中国独占 42%。

1.2.1.2 能源利用进程

纵观人类能源利用史，世界能源体系经历了能源形态从单一能源到多元化能源类型的形态转变，能源技术从简单燃烧、粗放利用到加工提炼的技术进步，能源结构从天然能源到产品能源、从一次能源到二次能源的结构调整，能源管理从分散、无序利用到有序、集中式利用的管理发展；能源主体要素的根本性转变催生了两次世界能源转型，促进了人类文明从原始文明发展到农业文明、工业文明。

而人类利用能源的过程，始终离不开能量转化和转移的过程。

（1）火的利用　人类在掌握了人工取火的方法之后，就开始了开发利用能源的进程，即把机械能转化为内能；在摩擦取火的一段漫长岁月里人类又逐步学会了使用畜力、风力驱动车船，这些活动伴随了机械能内相互转化的过程。

(2)化石能源的利用　蒸汽机是人类利用能量的新的里程碑。蒸汽机把内能转化为机械能，带动工业革命，从此石油、煤炭、天然气等化石能源成了主体能源。

(3)电能的利用　19世纪以来，电磁感应现象的发现以及发电机的发明使煤、石油等化石能源被转换成更加便于输送和利用的电能，如发电机把其他形式的能转化为电能，用电器则把电能转化为其他形式的能量。这些便捷的能源利用形式，推动了人类进入文明时代。

(4)核能的利用　20世纪初，科学家发现，某些原子核的结构发生变化时会释放出巨大的能量，这种能量叫作核能。核能比燃烧煤炭时释放的化学能要大得多，从此人类开始了开发和利用核能的新纪元。

伴随着人类社会革命、科技革命和工业革命的发展，可利用的优质能源形态和先进能源技术，也不断演化发展。多能互补、多能融合、多能转化的“大能源”时代正在开启。能源体系主体要素将发生根本性转变，能源形态将从化石能源转变为新能源、实现从有碳到无碳的转变，能源技术将从资源优势主导能源资源型发展进步为技术占主导地位能源技术型，能源结构将从一次能源直接消费为主调整为电气化二次能源占主导地位，能源管理将从集中式利用发展为智能化平衡用能。以清洁、无碳、智能、高效为核心的“新能源”+“智能源”能源体系是第三次能源转型的发展方向与目标。

1.2.2　中国能源发展历程

中华人民共和国成立以来，我国能源生产逐步由弱到强、能源结构大幅度优化，基本形成了煤、油、气、可再生能源多轮驱动的能源生产体系，一跃成为世界能源生产第一大国。

1954年，《中华人民共和国宪法》明确提出能源资源属于全民所有，拉开了轰轰烈烈开展能源工业建设的大幕。开滦煤矿工人们在国家经济困难时期，实现煤炭产量翻一番，为保钢铁、保发电、保大城市用煤做出了突出贡献。1953年，我国第一座大型机械化露天煤矿——海州露天矿建成投产。1959年，我国第一座高温高压热电厂——哈尔滨热电厂并网发电。还有一大批能源人满怀激情、扎根边疆、献身新中国石油工业。以铁人王进喜为代表的大庆石油工人，仅用3年多时间就建成了大庆油田，创造了世界石油勘探开发史上的奇迹。1965年，国内需要的石油全部自给，一举摘掉了“贫油国”帽子。1974年，我国第一座百万千瓦级大型水力发电站——刘家峡水电站建成。

改革开放后，面对能源供应短缺的局面，1980年，党中央部署启动电力行业投资体制改革，多渠道集资办电，有力促进了电力工业快速发展。1981年，石油工业1亿t原油产量实行承包责任制，极大调动了石油生产积极性，扭转了石油产量下降和资金投入不足困境。

随着社会主义市场经济的深入发展，煤炭行业取消了重点电煤合同，实现了电煤价格并轨，建立了市场化的煤炭交易体系；电力行业完成了政企分开、厂网分开、主辅分离、配售电放开等标志性改革任务；油气领域勘查开采市场放开、管网设施独立和公平开放等重要改革措施相继出台；“放管服”改革取得重大成效。能源体制改革极大地解放和发展了生产力，在推动能源革命进程中写下了浓墨重彩的一笔。

我国是能源使用大国，当前主要使用的三大能源依然是传统的化石能源：煤、石油和天然气。我国能源资源的特征可以高度概括为“富煤、贫油、少气”。首先，我国能源资源总量丰富，但煤炭占主导地位。由于人口众多，人均能源资源拥有量在世界上处于较低水平。其次，我国能源资源赋存分布广泛但不均衡。煤炭资源主要赋存在华北、西北地区，石油、天然气资源主要赋存在东、中、西部地区和海域。而主要的能源消费地区则集中在东南沿海经济发达地区，资源赋存与能源消费地域也存在明显差别。再次，我国能源资源开发难度较大。煤炭资源地质开采条件较差，大部分储量需要井工开采（注：即利用井筒和地下巷道系统开采煤炭或其矿产品的开采方法），极少量可供露天开采。石油、天然气资源地质条件复杂，埋藏深，勘探开发技术要求较高。因此，我国也是全球主要的能源进口国，每年的能源进口量巨大。据海关总署公布的数据显示，2022 年上半年我国原油、天然气、煤炭等能源产品合计进口 1.48 万亿元，增长 53.1%，占进口总值的 17.1%。1994 年，中国自行设计、建造和运营管理的第一座 30 万 kW 压水堆核电站——秦山核电站建成投产；2003 年，三峡首批机组投产发电；2004 年，西气东输工程一线建成投产；2010 年，云南—广东 ±800 kV 特高压直流输电示范工程建成投产；2020 年，乌东德水电站首批机组投产发电。目前我国已成为世界上最大的能源生产国和消费国，形成了多元供应体系，水电、风电、太阳能发电、生物质发电装机容量世界第一，核电装机容量世界第三、在建规模世界第一；建成油气长输管道、特高压输电等能源重大通道，形成了横跨东西、纵贯南北、覆盖全国、连通海外的能源网络，能源事业实现了飞跃式发展。

几十年来，我国能源发展取得了长足进步，实现了从普遍用不上到普遍有保障，进而迈向高品质、个性化用能的巨大转变。2005 年，一次能源生产总量达到 20.6 亿 t 标准煤，约占全球能源总产量的 13.6%，成为仅次于美国的世界第二大能源生产国。煤炭产量已多年位居世界第一，2005 年达到 21.9 亿 t。2005 年，原油产量达到 1.81 亿 t，居世界第六位；天然气产量达 500 亿 m^3。2005 年年底发电装机容量突破 5 亿 kW，年发电量达到 24 747 亿 kWh，1996 年起稳居世界第二。2015 年年底，全面解决无电人口用电问题。2020 年，全球一次能源消费量为 190.0 亿 t 标准煤，六大类一次能源消费：石油占比 31.2%，天然气占比 24.7%，煤炭占比 27.2%，核能占比 4.3%，水能占比 6.9%，非水可再生能源占比 5.7%；我国一次能源消费量为 49.8 亿 t 标准煤，其中：石油占比 19.6%，天然气占比 8.2%，煤炭占比 56.6%，核能占比 2.2%，水能占比 8.1%，非水可再生能源占比 5.4%。

2020 年，全国农村地区基本实现稳定可靠的供电服务全覆盖；人均能源消费量 3.54 t 标准煤，约是 1949 年的 80 倍，人均生活用电量约是 1949 年的 780 倍。

我国能源生产一直坚持走自主创新之路，一大批能源技术装备“国之重器”实现自主创新，技术进步已经成为推动能源发展动力变革的根本力量。我国建立了完备的清洁能源装备制造产业链，特高压输电技术装备连创世界纪录，核电技术装备成为国家的亮丽名片，可再生能源技术装备由“中国制造”迈向“中国创造”，煤电技术装备超越欧美先进水平，自主煤化工技术装备国际领先，油气技术装备稳居世界第一方阵，实现了我国能源技术装备从“小散弱”到整体达到国际先进水平的伟大历史性跨越。

党的十八大以来，我国坚定不移推进能源革命，能源科技创新能力不断提升，能源技术装备突飞猛进发展，自动化、智能化、数字化推动能源系统不断优化，能效水平显著提升。

2022 年 5 月，国外媒体发布了一份统计数据，公布了风电装机容量排名前 15 位的国家，中国以 328 973 MW 排在第一位，是排在第二位的美国的 2 倍多。如今，我国新型能源核心关键技术不断获得更多突破，风能、太阳能、地热能、生物质能技术逐渐成熟，海洋能、氢能的利用也已起步；多能互补、“互联网＋”智慧能源、综合能源服务等能源新业态正成为新的发展方向；在技术进步的持续推动下，能源行业不断加快与现代信息技术深度融合，催生出能源新生业态，加速能源产业数字化升级。

可再生能源已成为全球发展趋势，我国很有可能在可再生能源时代成为能源大国，成为全球可再生能源发展的主导力量。习近平总书记指出，能源安全是关系国家经济社会发展的全局性、战略性问题，对国家繁荣发展、人民生活改善、社会长治久安至关重要。在党中央的统筹谋划下，以能源需求为导向，充分发挥举国体制和国内超大规模市场优势，着力解决制约能源发展的核心技术问题，经过多轮电力、煤炭和油气体制改革，有效竞争的能源市场结构和市场体系基本形成，市场决定能源价格的机制不断完善，能源治理能力有效提升，能源体制机制改革极大地释放了红利、增添了动力、激发了活力。

实现“双碳”目标，是以习近平同志为核心的党中央统筹国内国际两个大局作出的重大战略决策，是着力解决资源环境约束突出问题、实现中华民族永续发展的必然选择，是构建人类命运共同体的庄严承诺。展望未来，中国能源要坚定不移走生态优先、绿色低碳的高质量发展道路，加快推进“四个革命、一个合作”能源安全新战略，着力构建清洁低碳、安全高效的能源体系，为全面建设社会主义现代化国家提供坚实可靠的能源保障。

1.2.3 中国农村能源的发展历程

农村能源是指农村地区的能源供应与消费，其定义有狭义和广义之分。狭义的农村能源即农村地区的能源，包括商品能源和可再生能源；广义的农村能源是对农村范围内的各种能源，以及从开发到最终消费过程中的生产、消费、技术、经济及管理问题的总称，其实质是指农村地区的能源问题。

农村地区的能源开发基本上是遵循因地制宜、就近开发利用的原则。在中国有薪柴、作物秸秆、人畜粪便(制沼气或直接燃烧)、小水电、小窑煤、太阳能、风能和地热能等，多属于可再生能源。随着农村经济的发展，农村能源的利用还包括国家供应给农村地区的煤炭、燃料油、电力等商品能源。

在农村范围内提供和消费的能源资源是发展农村各业生产、改善人民生活所必需的物质基础。主要包括畜力、生物质能、水能、矿物质能(煤炭、石油、天然气等)、太阳能、风能、地热能和潮汐能等。

农村中消耗的能源可分为生产用能和生活用能两部分。农业生产用能包括田间作业、农业运输和农产品加工三大项，其来源主要是以商品形式供应的煤、石油和电。农村能源为农业生产能源供给的清洁高效、农村生态环境治理、农民生活条件改善提供有效支撑。

20 世纪 60 年代，我国农村燃料短缺问题十分突出；1978 年中共中央召开第一次全国科学大会，组织开展对新能源和可再生能源的利用，特别是开发太阳能的利用；20 世纪 80 年代初期，中国农村生活用能为 2.6 亿 t 标准煤，其中约 0.4 亿 t 属商品性能源，2.2 亿 t 属非商品性能源(以秸秆和薪柴为主)。1985 年，农村生活耗能总量增加到 2.99 亿 t 标准煤，其中生物质能基本维持在 2.2 亿 t 左右，商品能源则增加到 7 900 万 t 标准煤。

进入 20 世纪 90 年代，国家开始考虑利用多种能源，农村能源开始进入了综合建设阶段。《中国建筑节能年度发展研究报告 2020》显示，我国 30 个省(自治区、直辖市)每年农村生活用能总量约 3.11 亿 t 标准煤，以 2018 年为例，煤炭、电力、石油、薪柴、秸秆分别占 36.9%、

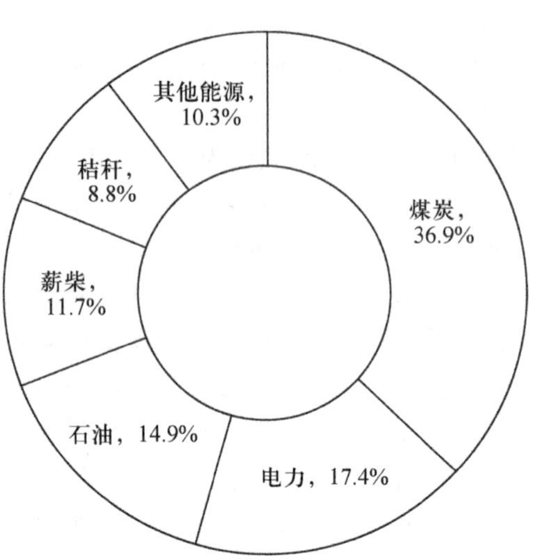

图 1-2　2018 年我国农村用能构成

(来源:《2022 中国县域绿色低碳能源转型发展报告》)

17.4%、14.9%、11.7%、8.8%(图 1-2)。可再生能源及商品能源占比仍有很大提升空间,能源消费结构亟待优化。

此外,2018 年,我国农村建筑用能约 3.1 亿 t 标准煤,占全国建筑总用能的 30%。其中包括 1.3 亿 t 标准煤的散煤、0.9 亿 t 标准煤的生物质直接燃烧,这些都属于典型的非清洁用能,产生了大量的污染物。

近年来,农村清洁用能一直是北方清洁取暖工作的重点和难点,也是大气环境治理的难点。2017 年国家启动北方冬季清洁取暖试点工作后,前后三批 43 个城市作为试点城市,提出到 2021 年城区的清洁取暖率要达到 80%以上、农村达到 60%以上。由于国家强力推进,我国农村清洁用能取得明显成效。截至 2018 年年底,京津冀和周边地区进行了清洁取暖改造 1 372 万户,理论减少散煤 3 000 万 t,其中北京全市平原地区基本实现了"无煤化",试点城市清洁取暖率达到 72%,其中城区基本上达到 100%,城乡接合部和县城达到 75%,主要农村地区是 43%。

我国农村地区具有丰富的太阳能、风能、小水电等资源,如每年可能源化利用的生物质资源总量约相当于 4.6 亿 t 标准煤,分布式光伏技术可开发潜力可达 1 000 GW 以上,分散式风电技术可开发潜力达 250 GW,除岩热型资源外,地热资源年可开采资源量折合 26 亿 t 标准煤,潜力巨大。现代能源体系建设离不开广袤的农村。不仅农村居民的炊事、取暖、热水和出行需要清洁、可靠、经济可承受的能源供应,农村地区可再生能源资源的就地开发利用也是现代能源供应与环境治理体系的重要组成部分,是农村经济社会发展的重要物质基础。所以,降低清洁能源供热采暖成本显得尤其重要,其成本路径如图 1-3 所示。

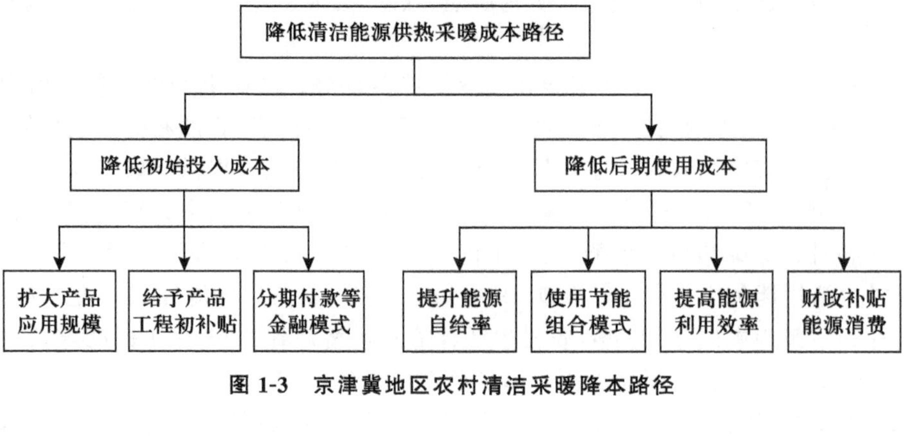

图 1-3　京津冀地区农村清洁采暖降本路径

1.3 农村能源的利用

1.3.1 农村能源利用概况

农村能源为农业农村社会经济发展发挥重要作用，其资源种类中除矿物质能和地热能外，都可以在自然界再生。

农村能源在技术上日渐趋成熟，以多种能源综合利用为主要特征。

(1)世界农村能源进入多种能源综合利用时期。美国等发达国家的石油农业经历了20世纪70年代世界性石油这单一能源冲击之后，印度等发展中国家的农村长期依赖生物质能，受到严重短缺并影响生态循环的教训。所以，任何农村地区解决能源缺乏的重要措施是综合利用多种能源，采取能源多元化政策。

(2)开发农村地区一切可以利用的能源。力求农村自身解决所需能源，特点是综合开发利用各种新能源和可再生能源，逐步发展农村能源自给。

(3)第三世界国家农村在现代化发展过程中，逐步由非商品能源为主的经济转向以商品能源为主的经济。其内容之一是提高能源利用效率，将非商品性一次能源加工，转换成电能、气态和液态燃料等优质的二次能源。

(4)节约与开发并重。重视有效利用能源，改进不合理用能制度，节约能源。

(5)重视保持生态平衡。在开发利用农村新能源和可再生能源过程中，许多国家强调采取各种有效措施，保护自然景观，避免污染和引起新的生态不平衡。

回顾人类和能源发展历史，重大历史事件可能成为能源转型甚至重塑的关键转折点，农村能源也不例外。20世纪上半叶，曾造成全球5亿人感染的西班牙流感叠加两次世界大战推动了石油工业的蓬勃发展。交通行业大规模机械化及化工行业的蓬勃发展助力石油在之后的短短几十年迅速替代煤炭，成为全球经济发展的最主要动力来源。1973年和1979年的两次石油危机改变了发达国家和地区的石油消费轨迹，美国、欧盟、日本纷纷通过提高能源效率的法规和政策以及燃油税来促进能源消费结构的转型。这些历史事件，虽然未必直接地影响能源生产，但却触发了决策者对能源消费模式的重新思考，从而引发了一系列由政策干预带来的消费端变化。新冠肺炎疫情也打开了这样一个政策窗口，在中国能源转型的关键历史性节点，为能源决策者提供一个存在多种可能性的前景。

2022年以来，国际大环境复杂多变，俄乌冲突等事件给能源和大宗商品市场造成巨大冲击，大国通胀的输出，助推能源价格进一步攀升，给我国农业农村工作带来不小影响，但同时为加速可再生能源转型提供了契机。

农村能源顺应形势，一方面积极有序开发优势资源，切实发挥辐射带动效应。鼓励中央企业和地方国有企业、民营资本组建混合所有制企业，因地制宜勘探开发老区煤炭、石油、天然气、页岩气、煤层气、页岩油等资源。在具备资源禀赋的老区积极有序开发建设大型水电、风电、太阳能基地，着力解决电力消纳问题。支持老区发展生物质能、天然气、农村小水电等清洁能源，加快规划建设一批抽水蓄能电站。积极支持符合条件的老区建设能源化工基地，加快推进技术创新，实现资源就地加工转化利用。增加地质矿产调查评价专项对老区基础性、公益性项目的投入，引导社会资本积极参与老区矿产资源勘查开发，支持开展矿产资源综合利用示范基地和绿色矿山建设。

另一方面，加大基础设施建设，增强能源普遍服务能力，提升农村居民优质能源可获得率，满足农村多样化能源需求。加大革命老区、民族地区、边疆地区和欠发达地区大型能源项目开发建设支持力度，共享能源发展福祉。总之，就提升可再生能源开发优先级，用好用足风能、太阳能、生物质能、水电、核电和天然气等清洁能源；加大农村用能基础设施覆盖范围，加快加大清洁能源替代，鼓励多用绿色清洁能源，让生产生活模式变“绿”。

1.3.2 农村能源的主要利用形式

1. 太阳能

太阳能利用技术已列为当今世界面临的新技术革命内容之一，开发太阳能的趋势是积极推广各种低温热利用，如热水器等，全力发展太阳光伏发电技术，有选择地进行一定规模的太阳能热发电项目建设。

发达国家主要是利用太阳热能提供热水和太阳能发电，因此重点发展了集热器、热水器、太阳房等。至20世纪80年代末，发展最快的是热水器，全世界集热器总面积已超过700万 m^2，最大的生产国是日本和美国。1984年，清华大学殷志强教授发明了渐变“Al N/Al”选择性吸收涂层技术，其出色的性能奠定了中国太阳能热利用行业大发展的基础，开创了全玻璃真空太阳集热管在中国的产业化生产。如今，中国是世界上最大的太阳能生产国和利用国。

太阳能热发电方面，1982年4月，美国在加利福尼亚南部巴斯托附近的沙漠地区建成一座称为“太阳1号”的塔式太阳能热发电系统。该系统的反射镜阵列，由1 818面反射镜和高达85.5 m的高塔(包括接收器)排列组成。1992年该装置经过改装，用于示范熔盐接收器和蓄热装置。之后，又建设了“太阳2号”系统。2015年，以色列Weizmanm科学研究院对此系统进行了改进。日本、意大利和西班牙等也建成了太阳能热发电站。截至2021年年底，全球太阳能热发电累计装机容量达到6.8 GW，我国太阳能热发电累计装机容量为588 MW(含MW级以上规模的发电系统)。

太阳光伏发电方面，20年前，中国光伏产业“一穷二白”，原材料、市场、技术全部源自国外。2021年，中国光伏行业四大环节(多晶硅、硅片、电池、组件)产值突破7 500亿元；中国光伏产业链的多晶硅、硅片、电池、组件的产量在全球占比皆超过70%，已然主导了世界光伏产业格局。至2022年，中国光伏新增装机容量54.88 GW，连续9年居全球首位，已是制造世界第一、装机容量世界第一、发电量世界第一。美国作为全球第二大光伏装机国，光伏发展历史悠久。20世纪80年代开始，美国开始有光伏接入电网。在2009年，美国的光伏累计装机容量首次突破1 GW，在2010年，累计装机容量突破2 GW。虽然美国光伏80%的装机容量都来自工商业和公共事业光伏项目，但是在美国现存的300多万个光伏项目中，有96%都是相对较小的屋顶户用光伏。从全球情况来看，光伏发展趋势越来越好，尤其是2021年，在疫情及组件供应紧缺的背景下，全球装机需求依然旺盛，根据中国光伏行业协会报告，2021年全球光伏装机容量170 GW，同比增长30.77%。其中，中国光伏装机容量54.88 GW，同比增长13.9%；欧盟光伏装机容量 25.9 GW，同比增长34%；美国装机容量23.6 GW(据美国太阳能工业协会最新数据)，同比增长24.6%；印度装机容量11.89 GW，同比增长218%。

2. 风能

在近代史上，风能开发两起两落。在发达国家为风力发电，并网或单独运行；采用中小型机组，试制大型机组，试建风力发电场。在发展中国家多采用微型小型机组，发电供户用；大洋洲和亚洲南部国家积极发展风力提水机，用来发电、提水、海水淡化、建筑物空调和航运等。据统计，20 世纪 80 年代末，全世界约有 50 万台风力发电机在运行，总功率约为 1 000 MW。在风力机制造方面居领先地位的国家有：美国、德国、瑞典、丹麦、荷兰、英国、比利时、加拿大等；风力机均采用新工艺、新材料和新技术。小型风力机技术成熟，随着风电的技术进步和应用规模的扩大逐渐呈系列化和商品化，风电成本持续下降，经济性与常规能源已十分接近。

在我国，部分农村地区的风力资源比较丰富，风能发电、风能灌溉的应用十分普遍，风力资源开发效果比较理想。我国是世界上最早利用风能的国家之一。公元前数世纪我国人民就利用风力提水、灌溉、磨面、舂米，用风帆推动船舶前进。宋代更是我国应用风车的全盛时代，当时流行的垂直轴风车一直沿用至今。然而数千年来，风能技术发展缓慢。直至 20 世纪 80 年代初把小型风力发电作为实现农村电气化的措施之一，主要研制、开发和示范应用小型充电用风力发电机，供农民一家一户使用。自 2018 年起，我国风力年发电量达到了 3 660 亿 kWh。国家能源局数据显示，至 2022 年 6 月底，全国风电装机容量约 3.4 亿 kW，同比增长 17.2%，新增装机容量 1 294 万 kW。

3. 生物质能

许多发展中国家生活用燃料以生物质能为主，在 20 世纪 80 年代，世界上约有 20 亿人口靠烧柴做饭和取暖。现代生物质能的发展方向是高效清洁利用，将生物质转换为优质能源，包括电力、燃气、液体燃料和同体成型燃料等。沼气最重要的优势就是能够起到循环利用与生态环境保护的作用，对节省煤炭资源与电能资源具有重要意义，是种植业、养殖业不可缺少的资源动力。目前在欧洲、中国和印度等地已建设了大量沼气工程和分散的户用沼气池。

我国是农业大国，生物质资源丰富，主要包括农业废弃物、林业废弃物、畜禽粪便等，根据农业农村部的估算，全国农村地区可再生能源每年可获得相当于 73 亿 t 标准煤的能量，相当于目前全国农村能源总量的 12 倍。现阶段，农村建设能源体系早已实现了农业生产与资源循环利用的结合。当前，农村生物质能处于全面发展时期，其在农村供暖、发电等领域也充分发挥了优势，利用生物质能代替传统能源，不仅可以解决环境污染问题，还能保证安全性。在我国南方地区，农村利用生物质能发电的现象已十分普遍，生物质能发电机容量也非常高。

4. 地热能

全世界有 120 多个国家和地区都在有计划地开发利用地热能，大体可分为高温地热发电和低温直接利用两大类，它是当前农村能源中最经济实用的能源。截至 20 世纪 90 年代初，利用水平最高的国家是冰岛，约有 75%居民采暖靠地热能供热。于 1928 年在首都雷克雅未克建成了世界上第一个地热供热系统，现如今这一供热系统已发展得非常完善，每小时可从地下抽取约 7 740 t 80 ℃的热水，供全市 11 万居民使用。由于没有高耸的烟囱，冰岛首都已被誉为“世界上最清洁无烟的城市”。据统计，2020 年全球地热能直接利用装机容量达到 107 727 MW，中国的装机容量为 40 610 MW，占比达 37.7%，能源使用量达 443 492 TJ，总量连续多年位居世界第一，但人均利用水平较低。

地热发电进展较快，1985 年全世界装机总容量已超过 6 000 MW，在 17 个国家建有地热电站，居领先地位的国家有美国、菲律宾、意大利、墨西哥、日本、新西兰等。在 20 世纪末达到了 8 300 MW，在有资源前景的东南亚和中美洲地区形成了建设高潮；全世界装机总容量至 1990 年为 10 000 MW 左右，至 2000 年达到 17 000 MW。据统计，截至 2020 年年底，全球地热发电总装机容量约为 16 000 MW，约占全球非水可再生能源装机总量的 1%，发电量贡献约为 3%，原因是地热发电相对于其他可再生能源发电机组具有更高的利用率，从国际经验看，平均年可利用可达 6 300 h，先进机组可达 8 000 h。中国已有 20 多个省（自治区）开展了利用地热能的工作，一般用于温室、育秧、育种、孵化鸡、养鱼等。西藏羊八井、湖南灰汤、辽宁熊岳等地建有地热电站。

5. 潮汐能

20 世纪 90 年代初，潮汐能开发技术较为成熟，已建成了 23 个中小型电站，法国、苏联、美国、加拿大等国都建设了大型电站。波浪能和温度差能开发也进行了试验示范，日本、美国、挪威等已建有试验项目。中国潮汐能资源估计约 1.1 亿 kW，主要用作水磨、水车、农副产品机械的动力和发电。其中最早的是浙江省沙山潮汐电站（40 kW），山东省乳山市白沙口电站和浙江省江厦潮汐电站等。

6. 其他能源

①小水电开发受到重视。许多国家认为小水电是山区和边远地区较理想的地方性能源。西方国家利用水力发电始于 19 世纪 80 年代，20 世纪 40—50 年代后不断发展大、中型电站，小水电基本停办。20 世纪 70 年代发生世界石油危机后，小水电的发展又进入新高潮。亚洲、非洲和拉丁美洲的一些发展中国家纷纷制定规划，把发展小水电作为重要农村能源进行开发。到 20 世纪 90 年代初我国小水电建设居世界首位。到 2005 年年底，全世界水电总装机容量约为 8.5 亿 kW。目前，经济发达国家水能资源已基本开发完毕，水电建设主要集中在发展中国家。②小煤矿开发因地制宜。20 世纪末，国外小煤矿开发最有特色的是美国，其效率高、成本低，年产约 2 亿 t，占全国煤炭总产量的 25%左右。③畜力继续发挥作用。在发展中国家，畜力占动力投入的 1/4，到 20 世纪末仍占近 1/3。

1.3.3 中国农村能源利用情况

（1）改革开放初期农村能源自给自足　新中国成立至 1978 年改革开放前，占全国人口 80%的农村地区，能源消费不到全国的 30%，而其中的 2/3 还是薪柴和秸秆。当时农村使用的电力和煤炭还不到全国的 10%。

改革开放是从农村的家庭联产承包责任制开启，农村的能源问题成为首先要解决的问题。1980 年，首次把农村能源问题的重要性提到了议事日程。1982 年，“六五”计划提出了“因地制宜、多能互补、综合利用、讲求效益”农村能源建设方针；1983 年和 1984 年的两份中央一号文件指出，在农村能源方面，小水电、风电、沼气、太阳能、薪柴林能源开发带有紧迫性，必须抓紧。对当前农村兴起的小能源等产业，有关部门和地方要给予积极的指导和支持。这些政策，实际上等于是让农村自己解决自己的能源问题。

（2）改革开放中期从农网改造到促进能源消费　1994 年实行分税制改革，政府经营模式改变，土地城镇化启动，人口流动加强。乡镇企业如雨后春笋般发展，农村的经济水平和农民的经济收入迅速提高，用电需求也迅速增大。到 1995 年，农村的能源消耗占到了全国能源消耗的一半，达到了 6.5 亿 t 标准煤的水平，但其中有 3.8 亿 t 依然是薪柴、秸秆等所谓的非商品能源，占农村能源消费的比例依然为60%。这时，农村电力不足已经严重阻碍了以乡镇企业为主体的农村经济的发展。

1998年，国家发展计划委员会发布了《关于加快农村电网建设（改造）工作有关问题的通知》，国家开始逐渐投入1 800亿元资金对2 309个县农村电网开展"两改一同价"（改革电管理体制、改造农村电网、实现城乡同网同价）建设改造，这种"送电下乡"的农村电气化改造工作不仅在数量上、更重要在质量上使得农村电力消费有了极大的提高。

农村能源的消费一直呈逐年增加的趋势，从1995年的6.5亿t标准煤增加到了2007年的9亿t标准煤。农村的能源消费占全国能源消费的比例达到了35%。而其中的薪柴秸秆等非商品能源为4.2亿t标准煤，低于农村能源消费总量的50%。2007年，农村的电网覆盖率大幅度提高，在7亿农村人口中，完全无电人口减少到了不足2 000万人。

（3）二次城镇化农村能源助力脱贫攻坚　2015年11月23日，中共中央政治局审议通过《关于打赢脱贫攻坚战的决定》。11月27—28日，中央扶贫开发工作会议在北京召开，强调消除贫困、改善民生、逐步实现共同富裕是社会主义的本质要求。截至2020年11月23日，国家乡村振兴局确定的全国832个贫困县全部脱贫摘帽，全国脱贫攻坚目标任务已经完成。我国脱贫攻坚战取得了全面胜利，现行标准下9 899万农村贫困人口全部脱贫，832个贫困县全部摘帽，1.28万个贫困村全部出列，区域性整体贫困得到解决，完成了消除绝对贫困的艰巨任务。农村能源在当前脱贫攻坚中取得了显著成就，在能源综合利用、促进农业提质增效和农民脱贫致富中发挥了重要作用。贫困地区群众用电难等问题普遍解决，农网供电可靠率达到99.8%；能源精准扶贫工程普遍实施，产业扶贫、电商扶贫、光伏扶贫、生物质能扶贫等全面推进，改善农村基础设施建设、增加农民就业、增强农村地区"造血"能力效果显著。

党的十八大（2012年）以来，我国农村能源绿色低碳发展取得积极进展，农村电力保障能力和电气化水平明显提升，可再生能源开发利用规模不断扩大，农村能源高质量发展稳步推进。"十三五"时期（2016—2020年），我国重点开展了农网升级改造、水电移民等扶贫工程，特别是创新实施光伏扶贫，累计建成2 636万kW光伏扶贫电站，惠及415万贫困户，成为农村地区搬不走的"绿色银行"和"阳光银行"，为决胜脱贫攻坚做出了积极贡献。农村经济社会持续稳定发展，农村能源消费总量不断增长，农村能源的生产供给方式、消费结构以及农业生产都发生了根本改变。例如，风、光、水、地热等可再生资源在农村发展中获得较大规模开发，农村正成为重要的能源生产基地；农村能源消费结构正经历从传统的薪柴能源向商品能源升级，从低效、高污染能源向高效清洁能源升级，从固态能源向液体和清洁能源转型，电能比重将稳步提升。

在中共中央提出的乡村振兴和碳达峰碳中和的战略驱动下，广大乡村地区风能、太阳能、生物质能等可再生能源资源丰富，是落实"双碳"目标、大力发展新能源的重要增长极。

1.4　农村能源发展相关的支持政策

1.4.1　国外农村能源的相关政策

能源是人类社会运行的动力之源，任何国家的经济社会要平稳运行，首先要求能源供应要做到稳定，在供应稳定的基础上再去追求绿色低碳水平的提升。为了促进农村可再生能源发展，许多国家制定了相应的发展战略、政策和规划，明确了农村可再生能源发展目标，引导农村可再生能源发展。

美国农业部在1862年成立时就明确了“农业是制造业和商业的基础”的定位，多年来已形成庞大的农业政策体系，内容涵盖资源保护、科技发展、农业价格和收入支持、农业信贷、农业税收、农产品对外贸易等方面。

1936年，美国出台《农村电气化法》，标志着美国乡村发展政策体系正式开启，初期目标是通过提供电气化贷款应对经济衰退，主要包括为农村合作社提供低息贷款，建设农村电气化设施。农民们因此形成了一种非营利的“共享电力”模式。截至目前，农村电力合作社仍是美国农村地区主要供电来源，只不过过去主要依赖化石燃料，现如今随着太阳能和风能发电成本下降，越来越多的合作社加速拥抱可再生能源。明尼苏达州最大电力合作社 Connexus Energy 于2019年建造了该州第一个大型太阳能加储能项目 Ramsey，可为1/3的明尼苏达州人口供电。目前，明尼苏达州已建立50个农村电力合作社。2021年，美国国家农村电力合作社协会（NRECA）得到美国能源部130万美元资助，将在农村地区部署装机从90 kW 到500 kW 不等的4个电池储能项目，目标是利用储能系统改变乡村电力环境中的能源弹性。据了解，NRECA 目前在47个州拥有900多个农村电力合作社成员。大部分农村电力合作社的业务范围已经进阶到自动化阶段，通过智能电表、热水器、恒温器等智能化产品，实现了远程跟踪用电、供暖和耗水情况，以便在夜间电力需求较低时进行调节，达到节约能源、减少成本的目的。

1972年，美国颁布《农业发展法》，截至1975年，美国由中央变电设备送电的农场比重已经升至99%。多年来，美国政府持续为乡村城镇电气化提供政策支撑，在全球推进低碳能源转型的背景下，近年来农业政策侧重点日趋向清洁利用倾斜。

在生物燃料利用方面，美国《联邦可再生燃料标准》（RFS）规定，全国范围内几乎所有在售汽油都必须添加10%的燃料乙醇。至2020年，美国燃料乙醇生产企业总计197家，年生产能力为175.46亿加仑（1加仑＝3.78 L）。2022年美国政府可能重修 RFS，旨在进一步强制使用一定数量的生物燃料来替代或减少石油基燃料，届时将给农业带来极大利好。

美国的生物质能应用技术开发和产业化实践一直处于国家战略层面。截至2020年，美国已经建立了超过450座生物质发电站，以沼气利用、农业垃圾发电为主的生物质已经成为农村乡镇地区用能主力。美国农业部国家食品和农业研究所于2020年拨款1 000万美元，以研究更廉价、更高效地转化生物质和粪便为燃料的方法，以强化农村地区沼气的利用。秸秆也是美国农业可持续燃料的一大原材料。美国禁止随意焚烧秸秆，且对于焚烧数量、地点、时间等有严格限制。对此，1999年美国制定了《烟雾管理计划》和《稻草减量焚烧法案》等相关规定。《烟雾管理计划》由美国各州根据各自实际农情制定而成，流程大致如图1-4所示。

一直以来，美国舆论都主张增加对农村地区的公共投资，以作为推动更广泛的经济发展和对抗影响农村地区经济停滞的一种手段。从本质上讲，清洁能源转型意味着对美国基础设施的重大投资，将推动对农村社区风光电力项目、电网基础设施和电池存储投资达到历史性规模，甚至可以与农村其他主要类型基础设施投资相媲美。

欧盟成员国的农村能源政策也富有特色。1997年，欧盟提出农村可再生能源在一次能源消费中的比例将从1996年的6%提高到2010年的12%，农村可再生能源发电量占总发电量的比例从1997年的14%提高到2010年的22%。2007年年初，欧盟提出新的发展目标，要求到2020年，农村可再生能源消费占到全部能源消费的20%，可再生能源发电量占到全部发电

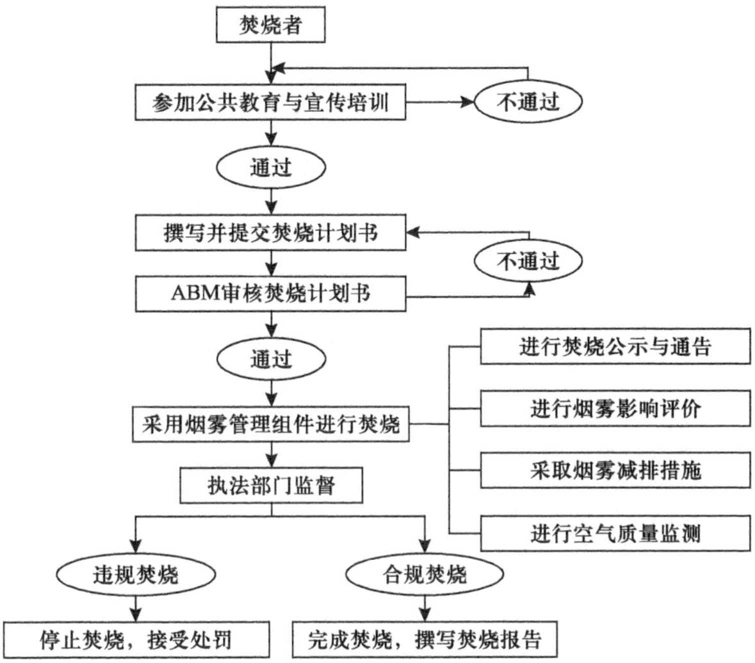

图 1-4 《烟雾管理计划》流程

量的 30%。

德国是众多欧盟成员国的缩影。德国能源合作社的传统可以追溯到 20 世纪初，当时建立了以化石燃料为基础的合作社，以确保偏远地区的电力供应。这些合作社最初由市政府所有，但现在往往由地方合作社所有。自 2009 年以来，合作社经历了巨大的增长，尤其是可再生能源合作社。近年来，可再生能源合作社逐渐兴起为农村发展提供了关键的变革潜力。德国农村的很多家庭都以从粪便、玉米或草等有机废物中获得的沼气实现了“能源自由”。

当前国外所采取的政策和措施可归纳成以下 8 个方面：①成立全国性职能部门，统一领导和协调，以健全农村能源管理体系。同时建立农村能源科研、试验、示范、推广、生产、利用、维修的完整体系，强调系统配套，讲求效益。②制定能源法规，以法律形式保证农村能源的开发和利用。③采取扶持政策，提供必要的研究和开发经费。政府在信贷、税收和财政上给予优惠，鼓励开发利用本国和当地的农村能源资源，以及引进先进技术与设备。④发动群众兴办农村能源产业，加快了农村电气化的进程。⑤支持建立农村能源产业，促进技术标准化和产品商品化。⑥设置研究开发中心建立科技队伍。许多国家重视建立农村能源经济和科技队伍，设置国家与地区的科研和开发中心；研究并推广新技术、新工艺和新材料。⑦在开发过程中强调保护环境，以防止新的污染和破坏景观。⑧鼓励和支持国际合作。

1.4.2 我国农村能源的相关政策

20 世纪 60 年代，我国农村燃料短缺问题十分突出，为了找燃料，农民纷纷去山上砍柴，去地里挖草，水土流失严重。针对这些问题，1965 年，中共中央、国务院发出《关于解决农村烧柴问题的指示》，提出烧柴问题是关系到农村居民生产生活的一件大事，各级领导必须从关心人民生活出发，切切实实解决农村的烧柴问题。农村能源领域当时主要有两个研究方向：一是用省柴节煤炉灶提高农村用能效率，减少浪费；二是用户用沼气替代传统用柴用煤的生活方式。20 世纪 90 年代，国家开始考虑利用多种能源，包括风能、太阳能、地热能和其他生物质能来共同为农村地区提供能源供给，提出了农村能源建设的十六字方针“因地制宜、多能互补、综合利用、讲求效益”，农村能源开始进入了综合建设阶段。2003 年，沼气被纳入国债项目，国家随后每年支持数十亿元用于沼气产品的推广，为农村能源行业的发展提供了产业支撑。

在生物质能方面，2015 年 11 月，国家发展改革委、农业部提出到 2020 年要将秸秆综合利用率从 2015 年的 81%提高到 85%，业内认为这 4%的空间更多将用于生物质能。2016 年 12 月，中央财经领导小组第十四次会议提出，以沼气和生物天然气为主要处理方向，以就地就近用于农村能源和农用有机肥为主要利用方向，加快推进畜禽养殖废弃物处理和资源化利用。2017 年 4 月，农业部启动实施畜禽粪污资源化利用和果菜茶有机肥替代化肥行动。

在太阳能利用方面，1978 年第一次全国科学大会后，北京市科协专门组织了一批专家研究新能源和可再生能源，太阳能是其中很重要的一部分内容，利用新的工艺手段的太阳能热水器在农村地区普及开来。财政部设立可再生能源发展专项资金(财建〔2006〕237 号)支持包括太阳能等可再生能源的发展项目。2007 年 4 月，国家发展改革委发布《推进全国太阳能热利用工作实施方案》，其中明确提出中国即将制定太阳能热水器的强制安装政策。2007 年 5 月 18 日国家发展改革委、建设部联合发出《关于加快太阳能热水系统推广应用工作的通知》(发改能源〔2007〕1031 号)提出在有条件的农村地区也要积极推广太阳能热水系统及太阳灶等其他经济实用的太阳能热利用技术，把推广应用太阳能热利用技术作为社会主义新农村建设的重要措施予以重视。根据《加快推进农村地区可再生能源建筑应用的实施方案》(财建〔2009〕306 号)，每省选定 4 个县不小于 30 万 m^2 太阳能热水器进行补助，太阳能热利用示范市、示范县、太阳能集热示范工程、太阳能热水器示范村纷纷亮相。2009 年商务部、财政部还将太阳能热水器纳入家电下乡范畴，让农村居民享受 13%的财政补贴。2010 年 10 月国务院发布《国务院关于加快培育和发展战略性新兴产业的决定》(国发〔2010〕32 号)，把加快太阳能热利用技术推广应用，作为新能源产业的发展重点。

党的十八大(2012 年)提出建设生态文明。农村生态文明建设既是我国生态文明建设的关键环节，也是薄弱环节，亟须加快推动；而实施农村能源革命是农村生态文明建设的内在要求，也是乡村振兴战略的重要内容。

2015 年 5 月，中共中央、国务院发布《加快推进生态文明建设的意见》(中发〔2015〕12 号)，从能源生产、消费和保障等方面进一步明确了对能源革命的要求。

2016 年 12 月，习近平总书记在中央财经领导小组第十四次会议上指出，推进北方地区冬季清洁取暖，关系北方地区广大群众温暖过冬，关系雾霾天能不能减少，是能源生产和消费革命、农村生活方式革命的重要内容；加快推进畜禽养殖废弃物处理和资源化利用，关系 6 亿多农村居民生产生活环境，关系农村能源革命。这是国家首次提出“农村能源革命”概念。

2017 年 12 月召开的中央农村工作会议明确了实施乡村振兴战略的目标任务。提出“实施乡村振兴战略，要认真贯彻落实中央决策部署，充分发挥能源对乡村振兴的重要支撑作用，精准发力，补齐农村用能短板，显著提高农村能源普遍服务水平；精准施策，以一批实打实的项目把乡村振兴和脱贫攻坚的任务落到实处，促进贫困农村地区能源资源优势转化为经济发展优势；精准服务，推动农村用能观念和方式的改变，增强发展动力，持续改善农村用能条件。从此农村能源发展进入了新的时期。

为破解农村能源电力面临的“可靠性、经济性、环保性”不可能三角，亟待丰富农村能源建设参建主体，创新投资建设和运行模式，探索多元主体利用共享机制。《中华人民共和国农民专业合作社法(2017 修订)》提出农业合作社是与其他市场主体具有同等地位的投资主体，可以开展与农业生产经营有关的技术、信息、设施建设运营等服务。探索建立农村能源合作社，可降低农民投资风险和实现利益共享，为农村各主体提供成为新能源生产商的机会。

2017 年 10 月，党的十九大报告明确指出要实施乡村振兴战略、区域协调发展战略。

2018 年 9 月，中共中央、国务院印发《乡村振兴战略规划(2018—2022 年)》，指出当前我国发展不平衡不充分问题在乡村最为突出，农村基础设施和民生领域欠账较多，农村环境和生态问题比较突出，乡村发展整体水平亟待提升，在加强农村基础设施建设过程中要构建农村现代能源体系。

2021 年 1 月 4 日，《中共中央国务院关于全面推进乡村振兴加快农业农村现代化的意见》，即 2021 年中央一号文件再次提出要实施乡村清洁能源建设工程，加强煤炭清洁化利用。

2021 年 10 月 21 日，国家发展改革委、国家能源局等 9 部门联合印发《关于印发“十四五”可再生能源发展规划的通知》(发改能源〔2021〕1445 号)，规划锚定碳达峰碳中和目标，重点在五个方面大力推动农村可再生能源发展，加快构建以可再生能源为基础的乡村清洁能源利用体系，巩固拓展脱贫攻坚成果，助力乡村振兴。一是实施千乡万村驭风行动、千家万户沐光行动的“双千万”行动，利用乡村建筑屋顶、院落空地、田间地头、设施农业、集体闲置土地，通过村集体土地作价入股、农民参股等方式，推进乡村分散式风电和分布式光伏发展，在提升乡村绿色电力自给率的同时，壮大村集体经济，增加农民收入。二是构建县域内城乡融合的多能互补清洁供暖体系，积极推进生物质能清洁供暖，因地制宜推动地热能、太阳能、电能供暖，提升农村清洁供暖水平，助力宜居乡村建设。三是加快发展生物天然气，以县域为单位积极开展生物天然气示范，提高有机废弃物、畜禽粪便的资源化利用率，助力农村人居环境整治提升。四是实施农村电网巩固提升工程，聚焦脱贫地区农村电网薄弱环节，提升农村电网供电可靠性，满足农村大规模分布式可再生能源接入、电动汽车下乡等发展需要，筑牢乡村振兴电气化基础。五是开展乡村能源站行动，建设具备分布式可再生能源诊断检修、电动汽车充换电、生物质成型燃料加工等能力的乡村能源站，探索能源服务商业模式和运行机制，提升乡村可再生能源普遍服务水平。

2021 年 10 月 24 日，国务院关于印发《2030 年前碳达峰行动方案的通知》(国发〔2021〕23 号)提出，推进农村建设和用能低碳转型。推进绿色农房建设，加快农房节能改造。持续推进农村地区清洁取暖，因地制宜选择适宜取暖方式。发展节能低碳农业大棚。推广节能环保灶具、电动农用车辆、节能环保农机和渔船。加快生物质能、太阳能等可再生能源在农业生产和农村生活中的应用。加强农村电网建设，提升农村用能电气化水平。

2021 年 11 月 12 日，国务院在《“十四五”推进农业农村现代化规划》(国发〔2021〕25 号)中表示，将“加强乡村清洁能源建设”纳入基础设施建设范畴，要求因地制宜推动农村地区光伏、风电发展，推进农村生物质能多元化利用，强化清洁供暖设施建设等，同时积极开展农业农村可再生能源替代示范项目。

2021 年 12 月 29 日，国家能源局、农业农村部、国家乡村振兴局联合发布《加快农村能源转型发展助力乡村振兴的实施意见》(国能发规划〔2021〕66 号)。主要目标是到 2025 年，建成一批农村能源绿色低碳试点，风电、太阳能、生物质能、地热能等占农村能源的比重持续提升，农村电网保障能力进一步增强，分布式可再生能源发展壮大，绿色低碳新模式新业态得到广泛应用，新能源产业成为农村经济的重要补充和农民增收的重要渠道，绿色、多元的农村能源体系加快形成。

2022年1月29日，国家发展改革委、国家能源局在《“十四五”现代能源体系规划》(发改能源〔2022〕210号)也提到，要推动农村能源转型变革，促进乡村振兴。要因地制宜开发利用生物质能和地热能，推动形成新能源富民产业。坚持因地制宜推进北方地区农村冬季清洁取暖，加大电、气、生物质锅炉等清洁供暖方式推广应用力度，在分散供暖的农村地区，就地取材推广户用生物成型燃料炉具供暖。

2022年5月7日，农业农村部、国家发展改革委联合印发《农业农村减排固碳实施方案》(农科教发〔2022〕2号)，对推动农业农村减排固碳工作作出系统部署。方案明确6大任务和10大行动。6大任务：①种植业节能减排，②畜牧业减排降碳，③渔业减排增汇，④农田固碳扩容，⑤农机节能减排，⑥可再生能源替代。因地制宜推广应用生物质能、太阳能、风能、地热能等绿色用能模式，增加农村地区清洁能源供应。推动农村取暖炊事、农业生产加工等用能侧可再生能源替代，强化能效提升。10大行动：①稻田甲烷减排行动。②化肥减量增效行动。③畜禽低碳减排行动。④渔业减排增汇的行动。在近海及滩涂等主要渔业水域，开展多营养层级立体生态养殖，提升贝类藻类固碳能力，增加渔业碳汇。在沿海地区继续开展国家级海洋牧场示范区建设，实现渔业生物固碳。⑤农机绿色节能行动。⑥农田碳汇提升行动。⑦秸秆综合利用行动。⑧可再生能源替代行动。以清洁低碳转型为重点，大力推进农村可再生能源开发利用。因地制宜发展农村沼气，鼓励有条件地区建设规模化沼气/生物天然气工程，推进沼气集中供气供热、发电上网，以及生物天然气车用或并入燃气管网等应用，替代化石能源。推广生物质成型燃料、打捆直燃、热解炭气联产等技术，配套清洁炉具和生物质锅炉，助力农村地区清洁取暖。推广太阳能热水器、太阳能灯、太阳房，利用农业设施棚顶、鱼塘等发展光伏农业。⑨科技创新支撑行动。系统梳理农业农村减排固碳重大科技需求，加大国家科技计划支持力度。⑩监测体系建设行动。完善农业农村减排固碳的监测指标、关键参数、核算方法。统筹中央和地方各级力量，优化不同区域稻田、农用地、养殖场等监测点位设置，推动构建科学布局、分级负责的监测评价体系，开展甲烷、氧化亚氮排放和农田、渔业固碳等定位监测。做好农村可再生能源等监测调查，开展常态化的统计分析。创新监测方式和手段，加快智能化、信息化技术在农业农村减排固碳监测领域的推广应用。

2022年5月23日，中共中央办公厅、国务院办公厅印发《乡村建设行动实施方案》对乡村能源电力建设作出部署安排，具体包括：节约资源、绿色建设。实施乡村清洁能源建设工程。巩固提升农村电力保障水平，推进城乡配电网建设，提高边远地区供电保障能力。发展太阳能、风能、水能、地热能、生物质能等清洁能源，在条件适宜地区探索建设多能互补的分布式低碳综合能源网络。按照先立后破、农民可承受、发展可持续的要求，稳妥有序推进北方农村地区清洁取暖，加强煤炭清洁化利用，推进散煤替代，逐步提高清洁能源在农村取暖用能中的比重。

民族要复兴，乡村必振兴；乡村要振兴，能源需先行。农村能源开发是一项公益性很强的事业，又是一个弱势行业，其发展需要政策等各方面的支持关心。

1.4.3 农村能源在乡村振兴中的作用

1979年前后，我国农村地区能源短缺的情况十分严重，全国农村地区能源消费总量为

3.3 亿 t 标准煤，其中生活用能占到 80%。农村地区长期经受着能源短缺的困扰，加之落后的转换技术和低效利用，更加剧了农村用能的紧张，引起了国家有关部门及广大科技工作者的高度关注。

1983—2010 年启动了中国农村能源综合建设“百县”项目，如图 1-5 所示，以县为单元，通过组织进行综合规划，因地制宜地开发当地的能源资源，推广能源节约利用技术，建立和完善农村能源组织管理和产业服务体系，从而全面解决当地的能源供应与消费问题，促进生态环境的保护和改善，实现经济与社会的可持续发展。

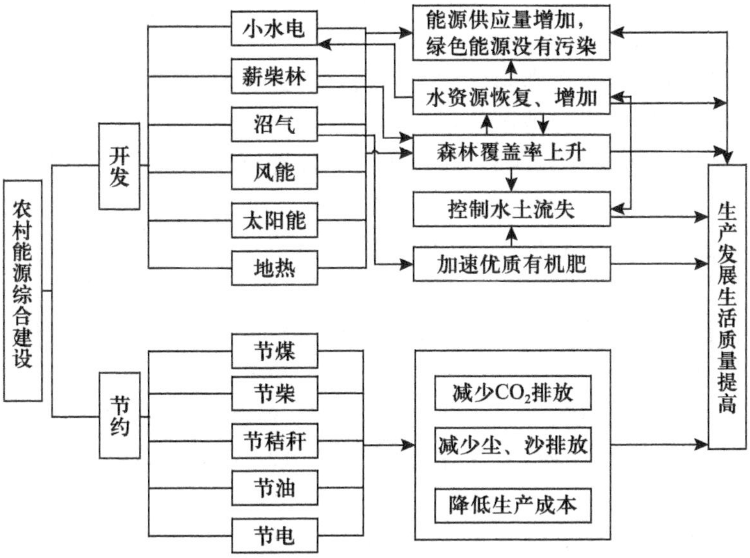

图 1-5 县级农村能源综合建设效益模式

该项目的建设实施促进了我国农村能源政策的研究和发展。①推广应用的农村省柴节煤、沼气、太阳能热利用技术，其规模位居世界前列，②创建了集中适应不同区域的生态工程模式，③推广应用了清洁能源，④初创了一条具有中国特色的“县级农村能源综合建设”的多种模式。同时也促进了有关的国际交流与合作。联合国粮食及农业组织（FAO）、联合国亚洲及太平洋经济社会委员会（ESCAP，简称“亚太经社会”）和世界银行等国际组织对中国农村能源综合建设的探索和成功给予了高度评价，指出综合建设为发展中国家解决能源问题提供了成功的经验和方法。

在此期间，针对县级农村能源综合建设规划，世界银行与我国农业部先后开展了两期合作，在中国的共 6 个县开展了案例研究和人员培训。1995 年，美国能源部与中国农业部签署协议，决定在中国百县农村能源综合建设项目实践的基础上，就中国生物质能技术商业化评价和市场化发展战略等问题，针对生物质能源资源的可获得性、技术能力及商业化前景、市场化发展策略以及示范项目的设计等开展合作研究。这项为期 3 年的研究成果最终以中、英文分 3 册进行了公开出版，成为国内外研究中国生物质能源资源及开发利用的权威性著作。亚太经社会对中国农村能源综合建设的成就给予高度重视，就中国农村能源综合建设效果评价以及利用可再生能源进行互补发电实现村级电力供应及优化设计等课题与中方进行了合作研究。其研究成果向国内业界介绍了项目寿命周期评价（project life cycle assessment）这一环境影响评价的科学分析工具。2003 年，在荷兰驻华大使馆的支持下，按照县级农村能源综合建设的理论和方法，中国与荷兰两国政府合作开展了“促进中国西部农村可再生能源综合发展应用”项目。项目实施历时 5 年，在中国西部地区的 4 个省 7 个县的 14 个村等项目点开展了能源综合建设，其中的许多技术模式和建设经验，如农村生态校园能源建设模式、畜牧养殖场沼气发电技术等，得到了国家有关部门的充分肯定，并在全国范围内推广。

2008 年中共十七届三中全会进一步提出农村建设“三大部署”，成为乡村产业调整的新契机，2013 年中央一号文件提出建设“美丽乡村”，2015 年中央一号文件表明“中国要美，农村必须美”，这些政策让农村能源进入一个新的发展阶段，同时利用可再生能源代替化石能源，为农村地区带来现代化的能源。

可再生能源面临着能量密度和间歇性的问题，但这两个问题恰恰与农村的用电需求相吻合。如今可再生能源已经在农村地区的很多方面成功地得到了应用，包括用太阳灶和沼气做饭，用光伏和小风力发电机提供照明和通信，用太阳能热水器和地热进行供暖和制冷，用光伏电站进行抽水灌溉，光伏大棚种植蔬菜等。随着“光伏农业”和“渔光互补”项目的增加，可再生能源的应用还扩充到了农村的商店、农家乐餐馆、粮食烘干、谷物加工等农产品深加工等。此外，农村发展可再生能源经济性好，首先就地生产、就地消费，分布式(有条件的地方也可与集中式结合)发展效率高；在农村，化石能源基础设施薄弱且能源价格高，阻碍了农村产业的发展，而发展可再生能源变革成本低、阻力小。农村丰富的生物质能与风能、光能相结合，可起到调峰、储能作用，有助于达到新型电力系统的安全可靠、经济可行、绿色低碳的目的。通过以现代工业手段利用风、光、水、生物质、地热等，解决目前农村能源原始手段利用生物质、散烧煤、垃圾污染等问题。

然而农村能源建设是一个系统工程，需要纳入一个统一的整体，统筹考虑，综合发展。在我国，县作为一个政治经济活动的基本地区单元，具有相对独立和完整的组织管理体系，具有一定的地理区域性和行政决策及管理能力。在县级范围内进行可再生能源的建设将变得更加规模化，更具盈利性。

“十三五”期间，农村可再生能源在惠民利民、助力脱贫攻坚方面发挥了巨大作用。截至 2019 年年底，光伏扶贫建设任务全面完成，累计建成光伏扶贫电站 2 636 万 kW，每年可产生收益 180 亿元，光伏扶贫电站成为贫困群众的“绿色银行”“阳光银行”，累计惠及约 10 万个行政村、415 万贫困户。2020 年，全国农村地区基本实现稳定可靠的供电服务全覆盖；人均能源消费量 3.54 t 标准煤，约是 1949 年的 80 倍，人均生活用电量约是 1949 年的 780 倍。

农村可再生能源正在成为乡村振兴的重要载体。以风能、太阳能、生物质能等为代表的农村可再生能源，不仅能够保障农村地区清洁能源供应、促进绿色发展、改善生产生活条件，助力生态宜居美丽乡村建设，也正在成为壮大村集体经济、拓宽农民增收渠道、建设生态宜居美丽乡村、助力乡村振兴的有效途径。以户用光伏为例，国家能源局定点帮扶的通渭县盂河村全村共建成户用分布式光伏 102 户、总装机容量 1 219 kW，项目年发电量 170 万 kWh，相当于目前盂河村年用电量的 3～4 倍，每年不仅能够满足全村用能需求，还可为盂河村集体和村民增加收入 12 万元。以风电为例，在中东南部地区按每个村安装 2～3 台 3 MW 风机，以村集体土地作价入股等方式，每年可为村集体增收约 30 万元。此外，通过因地制宜推动生物质能开发利用，能够有效处理农作物秸秆、林业剩余物、畜禽粪污等有机废物，显著改善农村人居环境。

“十四五”时期，我国仍将在乡村振兴中全力推动农村可再生能源发展。一是重点利用院落空地、田间地头等地推进风电、光伏分布式发展，实施“千乡万村驭风行动”“千家万户沐光行动”；二是因地制宜推动地热能、生物质能、太阳能供暖，助力北方地区清洁取暖；三是持续加强农村电网建设，提高农村地区供电保障水平，筑牢乡村振兴电气化基础，发挥好农村电网的能源枢纽平台作用。多措并举，加大农村清洁能源建设力度，加快推动农村能源绿色低碳转型，更好惠及农业农村农民，助力推进乡村振兴，实现农业农村现代化。

1.5 国内外农村能源现状及发展前景

1.5.1 欧美国家农村能源发展现状

各国在推动可再生能源产业化的进程中，无一例外地都强调了政府在可再生能源发展中的责任，通常是政府科技投入先行，随后进行市场开拓，以此来推动产业化进程。欧美国家在农村能源政策方面引导和扶持起步较早，在经济运作和技术革新以及增加社会认识程度等方面都积累了经验；在建设方面则结合自身条件，走出了一条阶段发展、步步为营的道路，因此对照欧美农村能源发展经验，可以为中国实施乡村振兴战略下的农村能源发展提供重要的参考和借鉴。选择恰当的可再生能源形式，政府政策有效地引导和扶持，加强技术研发是欧盟农村可再生能源产业化的关键所在。

2019 年 12 月，欧盟委员会发布《欧洲绿色协议》，提出了欧盟的“碳中和”目标。为实现“碳中和”目标，欧盟加快发展可再生能源，将太阳能产业置于优先发展位置。加速发展太阳能产业不仅有助于减少欧盟对化石能源的依赖，而且可以减轻能源价格波动对消费者的影响。为促进太阳能产业发展，欧盟制定了一系列政策举措，包括《重塑欧洲能源计划》与《欧盟太阳能战略》，以及《可再生能源项目更快许可倡议》等。借助“复苏基金”推动实施《重塑欧洲能源计划》，融资来源包括凝聚力政策基金、欧洲农村发展农业基金、连接欧洲设施创新基金以及支持该计划目标的国家和欧盟资金，还有欧洲投资银行和私立机构的投资等。此外，欧盟支持研发和创新的关键资助计划——“欧洲地平线”计划也设有可再生能源资助专项资金。

此外，欧盟和我国在能源领域有相似的特征，化石能源资源匮乏，对外依存度高，并且都在积极推动能源转型。欧盟有 4 100 万个家庭生活在农村，和中国的农村一样，不管是在制冷还是采暖方面能效都不高，需要农村地区加大节能减排的力度。但欧盟农村的生物质能发展较快，这与其将发展生物质能作为重要的可再生能源予以重视，通过政策保障、地理资源、技术更新、政府行政管理方式等行为保驾护航密切相关。例如作为推动农业等季节性低品位用热清洁化，太阳能、工业余热、数据中心余热等综合高效利用的季节性储热技术，丹麦的季节性储热主要应用于大规模的太阳能集热，在夏季能够产出比冬季时更多的热量。在集中式和分散式区域供热的热电联产（CHP）地区均有储热设施，这不仅能够加强能源系统的灵活性，对于优化整个系统的经济性和环保性都至关重要。对于丹麦许多的区域供热系统而言，充分利用原本被浪费的能量，是绿色转型中的一个重要元素。德国全境共有 294 个乡村型地区。德国政府将乡村看作能源转型“实验室”，部分乡村型地区将提前先实现气候中和，为德国和其他国家寻找适应各自国情的解决方案提供了现实参考。在德国乡村，构成碳中和最重要的组成部分是“能源社区”，其主要特征是以分布式和灵活性为特点的能源体系。在欧盟和德国相关法律法规的指导下，德国乡村绿色低碳转型在不断推进。

美国拥有24个农业州，超过200万个农场，是实打实的农业大国。在美国农业经济的演变过程中，政府起到了主导作用，通过政策法规、管理制度不断完善农村地区的经济结构，为农村能源利用奠定了基础。

在完善的政策法规和配套体系下，美国农村地区十分注重可持续发展和创新技术应用。美国的农业生产基本实现了专业化和机械化，充分利用了不同地区的自然资源条件，因地制宜开展能源利用。例如，其乡镇推进农产品加工废弃物如稻壳、玉米芯、花生壳、甘蔗渣和棉籽壳等生物质能的利用，包括直接沼气发电、垃圾焚烧发电、秸秆再利用等，力求在保护环境、提高环境质量的前提下，提高农业产量和利润率，并尽可能地将能源资源"物尽其用"。美国农业部(USDA)2016年8月发布报告称，自21世纪以来，美国能源政策和市场环境一直影响着农业的能源消耗和生产。农场通过汽油、柴油、电力以及天然气的使用直接消耗能源，通过能源密集型输入方式输入化肥和农药等间接消耗能源。此外，还有一些农田生产可再生能源，或者通过土地出让进行风轮机、石油和天然气的开发。

美国农村从可再生能源的增长中获得经济发展收益。2021年1月，落基山研究所(RMI)发布《机会的种子——美国农村如何从可再生能源的增长中获得经济发展收益》显示，美国广大的农村社区，未来10年通过积极响应正在进行的可再生能源转型，有很大机会使当地的经济水平得到增强并多样化。加利福尼亚大学伯克利分校一份研究报告显示，美国农村地区部署风光发电项目可以带来3个方面的影响：其一，到2035年，美国公用事业规模风光发电装机将较2020年增长3～7倍；其二，风光发电投资总额将比肩农村地区公路、道路和桥梁的总投资；其三，风光项目投资收入将超过农作物等其他主要商品收入。

从本质上讲，清洁能源转型意味着对美国基础设施的重大投资，将推动对美国农村社区风光电力项目、电网基础设施和电池存储投资达到历史性规模，甚至可以与农村其他主要类型基础设施投资相媲美。美国农村地区约占美国土地面积的97%，且拥有该国75%的桥梁和道路，但农村地区的人口占比仅为20%、地区GDP贡献仅为10%。加利福尼亚大学伯克利分校指出，以实现电网90%脱碳为目标，从现在到2035年，美国农村地区风光能源年均投资将达到820亿美元，略低于农村社区高速公路的公共支出，但高于其他类别的农村基础设施公共投资。

更重要的是，美国农村对风光能源的投资一定会得到远超预期的收入回报。农产品收入受商品价格高度不确定性和地缘政治事件影响，相比之下，风光收入波动性较小，因为其主要通过长期电力购买协议获得。此外，风光能源投资将给农村地区的土地使用、土地所有者收入、税收和就业带来影响。土地使用方面，600 GW的风能将需要大约30万台风力涡轮机，500 GW的太阳能将覆盖约300万英亩(1英亩≈4 046.86 m^2)的土地，目前美国用于种植玉米的土地面积大约是3 600万英亩。土地所有者收入和税收方面，通过出租土地用于风光开发可获得租赁收入，在此基础上还将有其他补充收入，如发电补贴、财产税、销售收入税等。就业方面，风光能源还可以避免农村人才流失，为农村地区创造项目开发、建造和维护方面的就业机会，包括人才培养、后期培训等。

我们常说，中国只用短短几十年的时间，就走过了西方发达国家数百年的历程，所以中国农村能源所面临的战略与技术挑战更为严峻，研究发达国家的能源发展也将带给我们有益的借鉴与思考。

1.5.2 我国农村能源存在的问题

近年来，我国农村能源取得了巨大成就，然而由于在农村基础设施、民生等领域欠账较多等，当前我国发展不平衡不充分问题在农村仍为突出，仍远远跟不上农业现代化的步伐。例如，农村用能具有占比不高，但刚需属性强、地区差异大、发展水平低、支付能力较差等特点。主要表现为初级能源比例高、污染强度较高、商品能比例低、清洁能源比例低、电气化水平低，部分地区依然存在能源贫困现象，农村地区清洁取暖也面临分散低效、成本较高等问题。主要体现在以下 4 个方面：

①农村能源基础设施落后，制约了农村能源有效供给。长期以来，我国广大农村地区与城镇地区在基础设施建设与公共服务方面存在着发展不均衡的现象以及城乡二元制的问题。虽然农村地区具有丰富的能源资源，但利用率较低，不利于农村地区能源的有效供给。

②农村废弃物能源化利用率低，制约了资源综合利用。我国农村地区废弃物产量大、种类多，增长迅速，但生产用能效率较低，主能源浪费占投入能源量的 10%～20%。我国农村能源的消费构成 50%左右是生物质能，主要是低品质的薪柴、秸秆、畜粪等，其中 90%以上都作为生活用能。而要求高品质的生产用能极少，只占农村消费总量的 14% ，发达国家则通常占 60%～70%。

③农村新能源未有效利用。虽然我国新能源利用起步较早，但普及程度并不高，开发利用水平低，与发达国家相比差距很大。广大农村的能源消耗还是主要以煤炭、薪柴、秸秆为主，存在较为严重的能源浪费现象，给农村生态环境造成了极大的压力。即便是一些以消费商品能源为主的农村地区，虽然减少了对秸秆和薪柴等的消费依赖，但是依旧存在田头堆放与焚烧秸秆的现象，同样造成了对大气环境的污染。

④农村能源管理上，还没有形成一套可持续发展且完善的市场激励机制和技术服务体系，来适应城乡一体化能源供应体系建设及清洁能源发展需要，制约了农村能源的高效服务。我国农村能源管理机构及从业人员数量不足，截至 2018 年年底，全国农村能源管理推广机构为 10 467 个，人员 28 254 人。农村生活用能中非商品能源占比仍达 1/3 左右，一些农业大省仍有大部分农户以秸秆、薪柴为燃料。我国目前的能源统计主要基于商品能源，对非商品能源的统计体系和方法尚不完善，一定程度上限制了我国农村能源转型发展。

当今中国，能源发展融入了新时代的大潮。确立“四个革命、一个合作”的能源安全新战略，为新时代中国能源发展指明了方向，开辟了中国能源发展的新道路。中国坚持创新、协调、绿色、开放、共享的新发展理念，以高质量发展为主题，以深化供给侧结构性改革为主线，以“碳达峰、碳中和”为目标，全面推进能源消费方式变革，构建多元清洁的能源供应体系，实施创新驱动发展战略，不断深化能源体制改革，持续推进能源领域国际合作，中国能源进入高质量发展新阶段。

中国能源行业要坚定不移走创新驱动之路，以新能源、新材料、信息技术等为核心，以智能电网、微电网、储能设备等为要素，攻克能源互联网的关键核心技术，成为新一轮科技革命与能源革命的领导者，为民族复兴提供新动能和新力量。这些系统性的变革，将给我国的生产生活方式和能源结构带来重大变化，为我国农村地区能源发展带来新的发展机遇，也要求多方发力，全面推进。主要措施包括以下几种：

①加大政策扶持力度。重点加大地方政府对农村能源开发工作的扶持力度，要求在深度

解读中央相关文件精神的基础上，落实好相关工作，既发挥政府的监督、管理作用，又能引导多个主体共同参与农村能源的开发。

②重视专业人才培养。实现碳达峰碳中和，也要加强新时代农村能源各类人才培养。教育部《新农科人才培养引导性专业指南》(教高厅函〔2022〕23号)，以及教育部办公厅、国家发展改革委办公厅、国家能源局综合司《关于实施储能技术国家急需高层次人才培养专项的通知》(教研厅函〔2022〕10号)等文件明确了培养人才的路径，即促进大学专业设置与产业链、创新链、人才链深度融合、有机衔接，培养复合型人才。

③大力宣传新型能源技术。当前农村进入了建设美丽乡村、实施乡村振兴的新时代，农村能源建设肩负的任务已不只是单一的农村用能问题，而是在发展绿色循环农业、综合利用农作物废弃物、减少农业面源污染、保护农村生态环境等方面担负更多的责任和使命。

1.5.3　农村能源发展展望

农村能源多方面涉及国计民生，发展农村能源根本上是要优化农村用能结构、提高农村用能效率、保障农民能源公平、消除农村地区能耗贫困。新中国成立以来，特别是改革开放以来，我国能够创造农村经济快速发展，农村社会长期稳定的奇迹，离不开能源的坚强支持。“十三五”时期，我国脱贫攻坚取得了全面胜利，在理论和实践上进入了新的创新和突破阶段。而“十四五”时期，中国正处于从脱贫攻坚战略转向乡村振兴战略的关键期和能源安全战略的发展机遇期，解决发展不平衡不充分问题，重点仍在农村；构建新发展格局，潜力尚在农村；实现“碳达峰碳中和”承诺，机遇也在农村。农村能源在助力脱贫攻坚中发挥了重要作用，巩固攻坚成果，着力衔接乡村振兴，成为农村能源发展的重点任务。

当前农村能源的基础已奠定，主要体现在：①农村将成为重要的能源生产基地。农村能源中风、光、水、地热等可再生资源利用获得较大规模开发，在我国农村的使用不是寻找常规能源的替代品，而是解决能源稀缺问题，提高农村居民的生活质量。②农村能源消费结构正在经历从传统能源向商品能源的消费升级，电能比重将稳步提升。③农村能源生产利用过程，是农民增收、产业增效的发展过程。能源已成为乡村产业振兴的重要力量，为实现共同富裕提供新的动能。

在此基础上，随着新一轮科技革命和产业变革深入发展，全球气候治理呈现新局面的新形势下，我国还应当充分开发农村能源发展潜力，让农村能源在保证能源自给自足中发挥重要作用，推进农村能源转型与乡村振兴融合发展。主要发力方向包括以下6个：

①加强顶层设计。政府应对农村能源服务体系做好顶层设计，将农村能源服务体系与国家经济社会发展规划相协调，为农村能源服务体系发展提供基本政策和制度保障。提升农村能源革命战略地位，将农村能源发展纳入国家生态文明建设、能源革命和乡村振兴战略框架。制定全国农村能源增长体发展战略规划，明确农村能源建设在全面建设社会主义现代化国家中的基础性地位和作用，不断完善农村清洁能源建设的运行辅助体系。积极探索新机制、新模式，加快构建以市场化运营为主，政府提供政策支持的农村清洁能源技术服务体系。将农村能源发展纳入各级部门及各级政府的议事日程，引导各级联动来全力改善农村能源发展的面貌。

②创新产业思维。要明确农村能源的发展模式，农村能源需要因地制宜，明确农村能源边界与条件，农村能源不能局限于一次能源或二次能源的简单加总组合。要区分电力非电应用，

区分经济结构与用能结构差异下的南北农村能源供需，重视生物质能源、分布式应用的发展。区分农村能源、边远地区、离岛的能源电力供应的诉求与目标差异。还要明确普遍服务的性质与范围，即由政府托底或国企社会责任提供的服务和以效率优先为目标导向的市场化的关系。这样以产业发展带动农村经济增长，因地制宜协同推进多种可再生能源发展，将农村自然资源优势有效转化为农村能源产业优势，加大农村能源产业与一二三产业的融合力度，加快建立农村能源产业与其他产业融合发展的决策机制、完善投融资机制、完善商业运行机制、金融普惠机制和用地资金支持等政策体系。

③因地制宜发展可再生能源。丰富的可再生能源资源是中国能源资源禀赋的主要组成部分，更是农村能源资源的特征，在农村立足于可再生能源的基础设施符合能源低碳化大趋势。

④根据农村及能源利用特点引入各类投资主体，拓宽开发农村能源的资金渠道，实现农村和惠农金融体系的有效互通，提升资本利用效率，提高专项资金占比，为农村能源的开发工作投入更多资金。培育农村能源专业化经营和服务企业，积极探索商业化运行机制和模式，使农村能源服务功能更为规范合理，各项服务工作更加富有成效。

⑤清洁取暖带动农村用能方式转型。我国农村分布空间差异大，不同地区气候条件、能源资源禀赋、所处经济社会发展水平等情况不同，所用能源也不尽相同。需要重视生物质和太阳能等可再生能源的发展，特别是中国在去散煤的过程中，可以借鉴西方的经验；提倡大力开展乡村振兴、美丽乡村建设，实施北方清洁供暖行动，在持续推进现有清洁取暖的基础上，进一步探索农村低碳发展路径。农村能源建设任重而道远，需要各方协同，积极探索可复制、可推广的基于农村能源革命的生态文明建设典型范式和实施的路径，保障我国能源革命和生态文明建设战略的顺利实施。

⑥推动农村能源发展的国际合作。立足国际视角，以能源转型起步较早、经验较为成熟的欧美等国家作为参考，建立中外发展对话平台，建立长效交流与合作平台，探讨共同面临的发展课题，开展技术和商业研讨。如中德两国均鼓励发展可再生能源，乡村能源转型对国家能源转型尤为重要。德国可再生能源发展已经达到较高水平，其乡村型地区在绿色低碳能源转型中涌现了领先的技术、模式及推进方法，可为当前中国农村能源发展提供有价值的参考。

展望未来，在中国积极稳妥推进碳达峰碳中和的目标下，中国能源将从高碳走向低碳、从单一主导走向多元集成，形成更加绿色、智慧、高效的多元格局。以政策主导、市场支撑、科技驱动，在能源绿色转型的大趋势下，农村能源以现代工业手段来利用资源禀赋的可再生能源资源，解决好农村能源的落后点，就能满足人民对美好生活的需要和更加多元的选择。

思考题

1. 学习能源的意义是什么？
2. 我们目前经历了几次能源转换？
3. 何为一次能源和二次能源？
4. 什么是可再生能源？我国是如何明确界定新能源的时间节点的？
5. 我国能源利用主要存在的问题与发展方向是什么？
6. 简述能量与能源的区别。
7. 什么是农村能源？为什么我们要了解农村能源？

8. 我国是从什么时候设立了能源统计机构的？能源统计包括哪些方面？
9. 为什么说农村可再生能源既能解决农村用能问题，又能促进中国农村经济绿色发展？

参考文献

[1] 杜祥琬，刘晓龙，黄群星，等．中国农村能源革命与分布式低碳能源发展战略研究[M]．北京：科学出版社，2019.

[2] 李萌．京津冀农村清洁能源供热采暖成本降低路径研究[J]．城市，2017(3)：70-77.

[3] 潘懋，李铁锋．环境地质学[M]．北京：高等教育出版社，2003.

[4] 潘启龙，韩振，陈珏颖．美国农村阶段发展及对中国乡村振兴的启示[J]．世界农业，2021(9)：76-82.

[5] 孙若男，杨曼，苏娟，等．我国农村能源发展现状及开发利用模式[J]．中国农业大学学报，2020(8)：163-173.

[6] 覃诚，毕于运，高春雨，等．美英加农作物秸秆计划焚烧法规及其经验启示[J]．世界农业，2018(11)：65-70.

[7] 邢万里．2030 年我国新能源发展优先序列研究[D]．北京：中国地质大学(北京)，2015.

第2章　太阳能中-低温利用技术

本章学习的目的与要求

掌握太阳能资源的基本知识，掌握太阳能热水器的工作原理，了解太阳能热水器目前国际上的主要种类及各自的特点及应用场景，掌握太阳能热水器的选用及安装设计方法，掌握太阳能热水器的运行控制方法；掌握太阳能主/被动式建筑的特点及能耗分析方法；掌握太阳能主/被动式建筑的设计方法；掌握太阳能用于农产品干燥的物理过程及能效分析方法；掌握太阳能干燥室的设计方法；通过本章，弘扬大国工匠精神，贯彻爱农兴农的思想理念。

2.1　太阳几何学

2.1.1　日-地运动规律及太阳常数

太阳常数是指在太阳地球间平均距离外，在地球大气层以上垂直于太阳光线的平面上单位面积、单位时间内的太阳辐射能的数值，该数值是个常数，一般为1 367 W/m^2。由于通过地球外大气层吸收及反射，太阳光到达地面的辐射强度大大降低。太阳常数包括所有形式的太阳辐射，不是只有可见光的范围。太阳常数和太阳的视星等是描述太阳亮度的两种方法，但是视星等只是测量太阳在可见光部分的能量输出。

需要注意的是，所谓的太阳常数并非是一个从理论推导出来的、有严格物理内涵的常数，它本身受太阳自身活动的制约，具有不同时间尺度的变化。这给一些研究者用各自设计的仪器在不同情况下的测定结果进行比较带来困难。

太阳常数要在地球大气层之外，垂直于入射光的平面上测量。以人造卫星测得的数值是$(1\ 353\pm21)\ W/m^2$(1976年，NASA)，地球的截面积是127 400 000 km^2，因此整个地球接收到的功率是1.740×10^{17} W。由于太阳表面常有黑子等，太阳常数并不是固定不变的，一年当中的变化幅度在1%左右。

2.1.1.1　太阳的运行规律

德国天文学家开普勒研究发现了行星运动的三大定律。

第一定律即“轨道定律”：所有的行星都在大小不同的椭圆轨道上围绕太阳运动，太阳位于这些椭圆的一个焦点上。根据该定律可知，行星沿椭圆轨道围绕太阳运动，不同时刻到太阳的距离是不相同的。

第二定律即"面积定律"：行星和太阳之间的连线在相等的时间间隔里扫过的面积相等。根据该定律可知，行星在轨道上运行的速度是不均匀的，当它离太阳最近时，运行速度最快，当它离太阳最远时，即位于轨道的另一侧时，速度最慢。也就是，行星在近日点附近要比在远日点附近运动得快。椭圆轨道越扁，速度变化越显著。相反，在近乎圆形的椭圆轨道上围绕太阳运转的行星，如地球，其速度在运行过程中几乎保持不变。

第三定律即"周期定律"：行星的公转周期 T 的平方与它们轨道半长轴 a 的立方成正比。由第三定律可知，行星距离太阳越远，公转周期越长，轨道半径与周期之间有确切的数量关系。开普勒定律不仅适用于行星绕太阳的运动，也适用于卫星绕行星的运动。

2.1.1.2　地球的运行规律

地球上，一天中有昼夜之分，一年中又有春夏秋冬四季之分。这些自然现象，都是地球自转以及地球绕太阳公转引起的。

地球每天由西向东绕着通过它自身的南极和北极的一根假想轴自转一周。这根假想轴，被称为"地轴"。地球自转一周 360°，形成一个昼夜，每昼夜分为 24 h，所以地球每小时自转 15°。

地球除了自转以外，还绕太阳在偏心率很小的椭圆形轨道上运行，称为"公转"，其周期为一年。地球公转的轨道称为"黄道"，公转轨道所在的平面称为"黄道面"。地球的自转轴与黄道面的法线倾斜成 23°27′夹角，也就是地球赤道面与黄道面有 23°27′夹角，所以也称为"黄赤夹角"。在地球公转时，自转轴的方向始终不变，这就使得阳光有时直射赤道的位置，有时偏北，有时偏南，从而形成地球上春夏秋冬季节的变化。

图 2-1 是以春分、夏至、秋分、冬至等四个典型节气日代表地球公转的行程图。春分日，阳光垂直照射在地球的赤道位置上，地面上昼夜相等；夏至日，阳光垂直照射在北纬 23°27′的地球表面上，在南极圈（南纬 66°34′）内的地区整天见不到太阳，而北极圈内的地方则整天太阳不落；秋分日，阳光又垂直照射在地球的赤道位置上，地面上昼夜相等；冬至日，阳光则垂直照射在南纬 23°27′的地球表面上，北极圈（北纬 66°34′）内整日不见阳光，而南极圈内的地方则整天太阳不落。

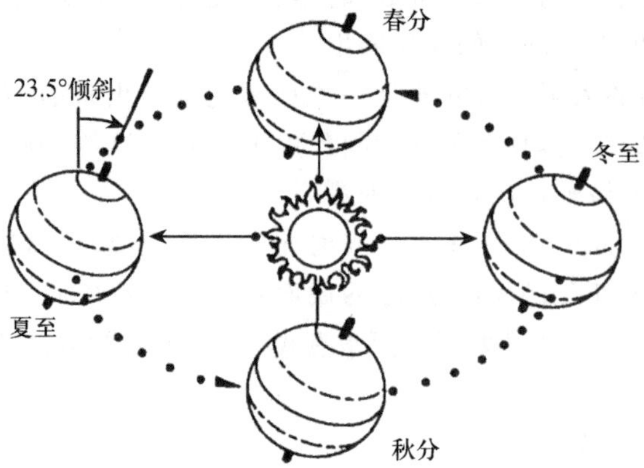

图 2-1　地球绕太阳运行示意图（何梓年等，2011）

2.1.2　太阳几何学应用

无论是哪一种形式的太阳能热利用装置，都必然要涉及太阳高度角、方位角、日照时间等计算问题。如图 2-2 所示，指向太阳的向量 S 与天顶 Z 的夹角 θ_z，就是太阳的天顶角；向量 S 与地平面的夹角 α_s，就是太阳高度角；S 在地平面上的投影线与南北方向线之间的夹角 γ_s，就是太阳的方位角。根据球面三角形的有关定理，可以推导出太阳高度角和方位角的计算式，以及日出日没时角和方位角的计算式。

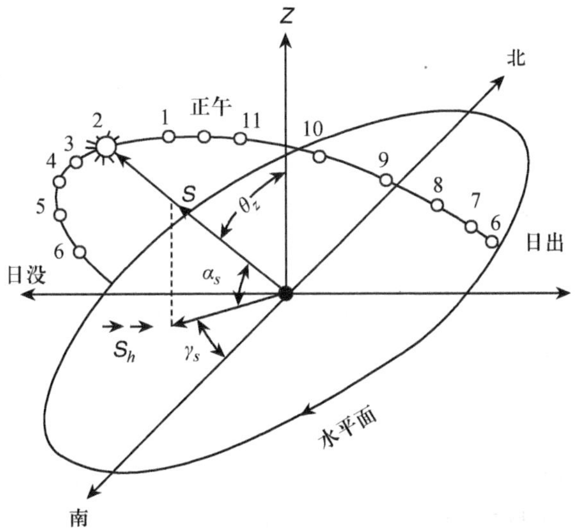

图 2-2　太阳高度角及方位角示意图(何梓年等，2011)

2.1.2.1　太阳高度角

计算太阳高度角的表达式为：

$$\sin\alpha_s = \sin\varphi\sin\delta + \cos\varphi\cos\delta\cos\omega \tag{2-1}$$

式中，α_s 为太阳高度角，φ 为地理纬度，δ 为太阳赤纬，ω 为时角。

当太阳正午时 $\omega=0$ ，式(2-1)可简化为：

$$\sin\alpha_s = \sin\varphi\sin\delta + \cos\varphi\cos\delta = \cos(\varphi-\delta) = \sin[90°\pm(\varphi-\delta)] \tag{2-2}$$

当正午太阳在天顶以南，即 $\varphi>\delta$ 时，则

$$\sin\alpha_s = \sin[90°-(\varphi-\delta)]$$
$$\alpha_s = 90°-\varphi+\delta$$

当正午太阳在天顶以北，即 $\varphi<\delta$ 时，则

$$\sin\alpha_s = \sin[90°+(\varphi-\delta)]$$
$$\alpha_s = 90°+\varphi-\delta$$

当正午太阳正对天顶，即 $\varphi=\delta$ 时，则

$$\alpha_s = 90°$$

2.1.2.2 太阳方位角

计算太阳方位角的表达式为：

$$\sin\gamma_s = \frac{\cos\delta\sin\omega}{\cos\alpha_s} \tag{2-3}$$

或

$$\cos\gamma_s = \frac{\cos\alpha_s\sin\varphi - \sin\delta}{\cos\alpha_s\cos\varphi} \tag{2-4}$$

式中，γ_s 为太阳方位角。

利用式(2-3)和式(2-4)，再根据地理纬度、太阳赤纬及观测时间，即可算出任何地区、任何季节、任何时刻的太阳方位角。

2.1.2.3 日出日落的时角

太阳视圆面中心在出没地平线的瞬间，太阳高度角 $\alpha_s = 0°$。如果不考虑地表曲面及大气折射的影响，可得

$$0 = \sin\varphi\sin\delta + \cos\varphi\cos\delta\cos\omega$$

这样，计算日出日落的时角表达式为：

$$\cos\omega_\theta = -\tan\varphi\tan\delta \tag{2-5}$$

式中，ω_θ 为日出或日落的时角。时角 ω_θ 有正有负，负为日出时角，正为日落时角。

在赤道至北极圈(或南极圈)的地区内，当 $-1 \leqslant -\tan\varphi\tan\delta \leqslant +1$ 时，求解式(2-5)，可得

$$\omega_\theta = \pm\arccos(-\tan\varphi\tan\delta) \tag{2-6}$$

求出时角 ω_θ 后，除以地球自转的角速度 15°/h，即可得日出、日落的时间。因此，一天中可能的日照时间由下式确定：

$$N = \frac{2}{15}\arccos(-\tan\phi\tan\delta) \tag{2-7}$$

式中，ϕ 为赤道面与铅垂线的夹角，N 为一天中可能的日照时间，也称为“日长”。

2.1.2.4 日出日落的方位角

日出、日落时，太阳高度角 $\alpha_s = 0°$，即有

$$\cos\alpha_s = \cos 0° = 1;\ \sin\alpha_s = \sin 0° = 0$$

代入式(2-4)，可得计算日出日落的方位角表达式：

$$\cos\gamma_{s,0} = -\frac{\sin\delta}{\cos\delta} \tag{2-8}$$

式中，$\gamma_{s,0}$ 为日出日落的太阳方位角。

式(2-8)对日出、日落都有两个解，因此要选定一个正确的解。就我国地区而论，大致可划分为两个天文气候带：第一个为北热带，$0° < \varphi \leqslant 23°27'$；第二个为北温带，$23°27' < \varphi \leqslant 66°33'$。对于不同的天文气候带，都要注意日出日落方位的象限。

2.1.3　太阳辐射影响因素及计算方法

2.1.3.1　影响因素

(1)影响年太阳辐射总量的因素　①纬度:纬度高,年平均正午太阳高度小,单位面太阳辐射面积辐射少,经过大气的路径长,而地面得到的太阳辐射少;②地势:地势越高,空气越稀薄,固体杂质、水汽少,透明度高,晴天多,被大气削弱得越少,到达地面的太阳辐射越多;③天气:大气越干燥,晴天日数越多,大气削弱的太阳辐射越少,到达地面的太阳辐射越多;④坡向:阳坡强于阴坡,背风坡强于迎风坡。

(2)影响日照时数的因素　①纬度:极圈以内有极昼、极夜现象,极圈以外地区夏季日照时数多于冬季;当太阳直射北半球时,北半球纬度越高,日照时数越长;②地势:一般地势高的高原多于地势低的盆地;③天气:多阴雨天气的地区,日照时数少;多晴朗天气的地区,日照时数多。

到达地球表面上的太阳辐射能,直接受天文、地理、几何、物理等多个因素的影响。①天文因素,如日地距离、太阳赤纬、时角等;②地理因素,如经度、纬度、海拔高度等;③物理因素,如太阳高度、接受辐射面的倾角、方位角等;④几何因素,如太阳光谱、太阳辐照度、大气的吸收与散射等。

2.1.3.2　计算方法

部分数值模型可以直接计算逐时太阳直接辐射或逐时太阳散射辐射(以下简称“直接法”),计算过程简便。采用与太阳高度角和海拔高度有关的 Hottel 模型可以计算逐时太阳直接辐射。采用与大气吸收率和透射率有关的 Liu-Jordan 模型可以计算逐时太阳散射辐射。将 Hottel 模型和 Liu-Jordan 模型结合来计算逐时太阳辐射的方法可简称为“H-L 方法”,即采用 Hottel 模型和 Liu-Jordan 模型分别求出逐时太阳直接辐射和逐时太阳散射辐射,两者相加得到逐时太阳总辐射。ASHRAE 模型也可以计算逐时太阳直接辐射与太阳散射辐射,并给出了美国各地区的经验系数。

太阳直接辐射与太阳散射辐射之和为太阳总辐射。因此,除了直接法之外,还有学者采用逐时太阳总辐射减去逐时太阳直接辐射或逐时太阳散射辐射,获得对应的逐时太阳散射辐射或逐时太阳直射辐射(以下简称“间接法”)。采用数值模型可直接计算逐时太阳总辐射,但计算过程较复杂且计算量大。通过基于日照时数建立的线性经验模型 Angstrm-Page 模型计算日太阳总辐射,再采用 Collares-Pereira-Rabl 模型可获得逐时太阳总辐射。将逐时太阳总辐射减去 Hottel 模型计算的逐时太阳直接辐射,可得到逐时太阳散射辐射。将逐时太阳总辐射减去 Liu-Jordan 模型计算的逐时太阳散射辐射,可得到逐时太阳直接辐射。

2.2　太阳能集热器

2.2.1　太阳能集热器发展历史

太阳能集热器是一种特殊的热交换器,它把太阳辐射能转化为热能。太阳能集热器在几个方面不同于传统的热交换器:传统热交换器的热交换是通过高导热率实现的,而辐射传热并不是一个非常重要的部分。而在太阳能集热器中,能量转移是从一个遥远的辐射体到流体中。

入射辐射的通量最多约为 1 100 W/m^2(不含光浓度),是可变的。波长范围为 0.3～3 μm,比大多数吸收能量的表面发出的辐射要短得多。因此,太阳能集热器的定义是:吸收太阳能辐射并将产生的热能传递到传热工质的装置。

2.2.2 太阳能平板型集热器

平板型集热器作为一种非聚光集热器是当今世界上应用最广泛的太阳能集热产品。它具有采光面积大、结构简单、不需要跟踪、工作可靠、成本较低(可同时接收直射辐射和散射辐射)、运行安全、免维护、使用寿命长的特点,但是其热流密度和介质温度较低。因此成为太阳能低温热利用系统中的关键部件。

目前,太阳能平板型集热器被广泛应用于生活用水加热、游泳池加热、工业用水加热、建筑物采暖与空调等诸多领域。在太阳能集热器产品中,平板型集热器的性价比是最好的。国内已经有多处利用太阳能集热器加上热泵进行采暖、空调和制冷的示范工程,经济效益十分明显。此外,太阳能平板型集热器还可以用于地下工程除湿、提供工业用热水(如锅炉补水的预热、食品加工业、制革、印染、胶卷冲洗等)或者为各种养殖业、种植业提供低温热水。

平板型集热器通过将太阳辐射能转换为集热器内的工质(一般是液体或者空气)的热能,来实现太阳能到热能的转换。所谓"平板型",并不一定是平的表面,而是指集热器采集太阳辐射能的表面积(采光面)与其吸收太阳能的表面积相等,实际集热器的吸热表面并不一定是平板。

2.2.2.1 平板型集热器的结构

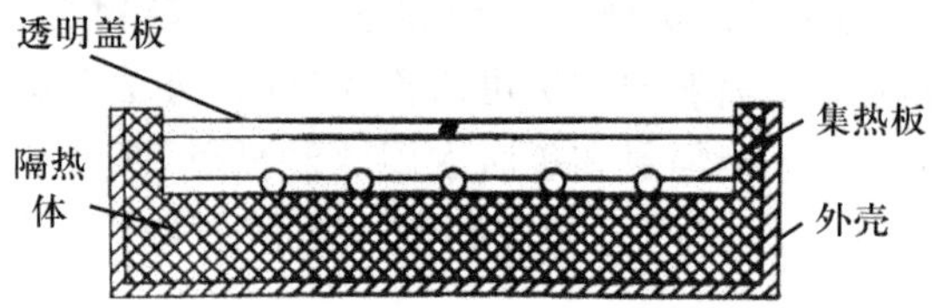

图 2-3 平板型集热器结构示意图(邵理堂等,2014)

平板型集热器主要由集热板(包括吸收表面和载热介质流道)、透明盖板、隔热体(隔热保温材料)和外壳等部分构成(图 2-3)。

平板型集热器的工作原理是:太阳辐射穿过透明盖板后投射在集热板上,集热板吸收太阳辐射后温度升高,将热量传递给集热板内的传热介质,使传热介质的温度升高;同时,温度升高的集热板以传导、对流和辐射等方式向四周散热,成为集热器的热量损失,由于平板型结构不具备聚集阳光的功能,所以平板型集热器一般只能提供温度低于 70 ℃的低温热能。

2.2.2.2 平板型集热器的主要部件

1. 集热板

集热板是将接收到的太阳辐射转化为热能,并将热能传递给集热介质的一种特殊热交换的部件,集热板包括吸热涂层、翅片和传热介质流道三部分。根据集热板的功能及工程应用需要,对其技术要求主要有:①太阳吸收比高,可以最大限度地吸收太阳辐射能;②热传递性能好,可以将热量最大限度地传递给传热介质;③与传热介质地相容性好,不会被传热介质腐蚀;④一定的承压能力,便于将集热器与其他部件连接组成系统;⑤加工工艺简单,便于批量生产及推广应用。

(1)吸热涂层　作为吸收太阳辐射的吸热涂层,应该尽可能地提高太阳辐射的吸收率,同时减少受热后自身长波发射造成的热损失。此外,良好的吸热涂层应对不同入射角的太阳辐射都有很高的吸收率，并要求具有耐热性、耐久性以及良好的传热性能。

(2)集热板材料　集热板一般采用铜铝合金、铜铝复合材料、不锈钢、镀锌钢、合成树脂以及橡胶等。其中，翅片材料的导热系数要大，价格要便宜，加工性能要好。传热介质流道所使用的材料不仅要求具有较高的导热系数，而且要求材料与传热介质具有较好的相容性，即要求材料具有很好的耐腐蚀性能，目前国内外基本上都采用铜或不锈钢材料。铝的抗点腐蚀性能一般较弱，但经氧化铝膜或替代腐蚀处理后可以改善一些。平板型集热器常见的结构形式见表 2-1。

金属材料多少存在腐蚀问题，因此根据使用目的不同，必须采用防腐剂或其他防腐措施。使用铜管和铝翅片这种不同的材料组合，可以避免它们各自的缺点，但必须注意制造方法以及两者之间的接触热阻问题。如果以翅片作为选择性涂层的基板，应使用易于进行选择性涂层处理且耐久性和耐热性好的材料。

表 2-1　平板型集热器常见的结构形式(邵理堂等，2014)

结构形式	结构特点	成型方式	主要材料、特点
管板式	排管与平板连接构成吸热条带	捆扎、胶粘、锡焊等，热辗压吹胀，高频焊接，超声焊接等	铜铝复合太阳条/全铜吸热板
翼管式	金属管两侧连有翼片的吸热条带	铝合金模型整体冲压拉伸工艺	管壁翼片有较大厚度，动态性差，吸热板有较大热熔
扁盒式	吸热表面本身是压合成的载流流体通道	两块金属板模压成型，焊接成一体	不锈钢，铝合金，镀锌钢
蛇管式	形如管板式结构	—	钢焊接工艺，高频焊接或超声焊接
涓流式	液体传热工质不封闭，从吸热表面流下，用于太阳蒸馏	—	—

2. 透明盖板

透明盖板是平板型集热器中覆盖集热板并由透明或半透明材料组成的板状部件，它的作用主要是保护集热板，使其不受灰尘及雨雪的侵蚀损坏，同时阻止集热板在温度升高后通过对流和辐射向周围环境散热。对透明盖板的技术要求主要有：①太阳透射比高。透射比越高，透射到集热板上的太阳辐射越强，集热效率越高。②红外透射比低。可以阻止集热板在温度升高后的热辐射，减小集热器辐射热损失。③导热系数小。集热器工作时，集热板与透明盖板间的空气温度可达 50～70 ℃。因此，透明盖板导热系数越小，散热损失就越小。④冲击强度高。集热器使用中，在受到冰雹、碎石等外力撞击下，透明盖板不至于损坏。⑤耐候性好。透明盖板在冷、热、光、雨、雪等各种气候条件下长期使用后，其透光、强度等性能应无明显变化。

常用的透明盖板性能如下：①平板玻璃。红外透射比低，热导率小，耐热性能好。Fe_2O_3 含量越高，波长 2 μm 以内的单色透射比下降越严重。国标规定：透射盖板的透射比应不低于 0.78(Fe_2O_3 含量<0.1%)。②玻璃钢板。透射比高(一般在 0.88 以上)，热导率小，冲击强度高。集热器温度高，气温低的地区宜使用双层盖板。但层数过多，会降低有效太阳透射比。盖板与吸热板之间的距离，根据自然对流换热的机理，最佳间距应不大于 20 mm。

3. 隔热体

隔热体又称为保温层，它的作用是抑制吸热板通过热传导向周围环境散热减少热水器吸热体底部和四周边的热损失。作为隔热体的材料应具有热导率小、吸水性小、耐高温、不分解、便于安装、价格低廉等特点。

对隔热体的要求是：热导率小，不易变形和挥发，不产生有害气体。隔热体常采用的材料包括岩棉、矿棉、聚氨酯和聚苯乙烯等。国标规定隔热体的热导率<0.055 W/(m·K)。集热器底部的隔热体厚度一般为 30～50 mm，侧面隔热层与之大致相同。

4. 外壳

外壳是使集热器形成温室效应的围护部件，它的作用是将集热板、透明盖板、保温层等组成一个有机的整体，并具有一定的刚度和强度。

(1)外壳的材料　集热器的外壳一般采用钢、不锈钢、铝合金、玻璃钢、塑料等。自制集热器的外壳也可以用木材、砖石、泥沙等砌成。钢板由于价廉且强度大，使用较多。为了提高外壳的密封性，有的产品已采用铝合金板一次模压成型工艺。

(2)呼吸孔　要完全使集热器与外界隔绝是不可能的，集热器内温度的剧烈变化势必会引起集热器内的压力在较大范围内变化进而引起集热器的“呼吸”。集热器的呼吸一方面会吸入灰尘，污染集热器内集热板和透明盖板的内侧，另一方面会在集热器内造成严重的水蒸气凝结，从这个角度讲，集热器是需要适度的不严密的。因此，在设计集热器时，应合理设置集热器的呼吸孔，为防止集热器呼吸带入灰尘，呼吸孔应当安装过滤材料。

2.2.2.3　平板型集热器的数学模型

1. 基本能量平衡方程

平板型集热器的工作原理如图 2-4 所示，来自太阳的辐射能透过透明盖板照射到集热板上，其中的大部分被集热板吸收并转化为热能，通过导热传给流体管道，再由管道传递给流体

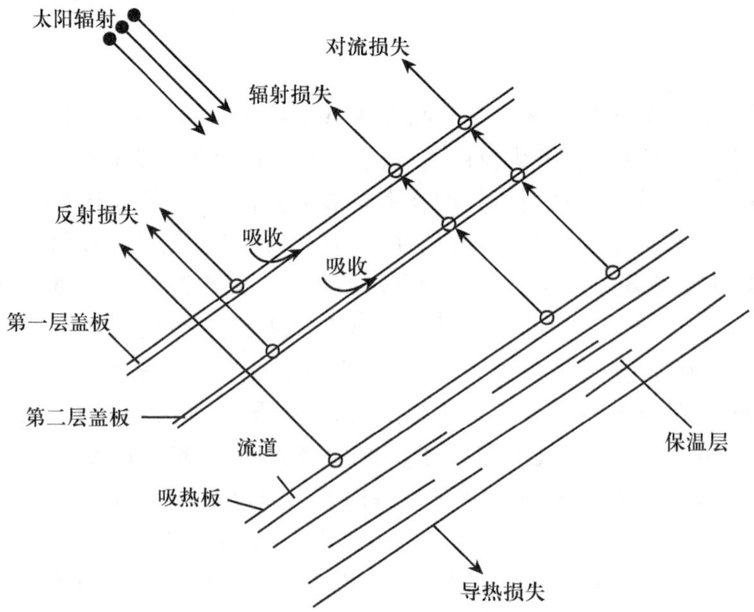

图 2-4　平板型集热器的工作原理(邵理堂等,2014)

成为有用能量。从集热器底部进入集热器的冷流体在流经集热器时被太阳能加热，带着有用热能从集热器的出口离开集热器。与此同时，集热板的温度升高，集热板将通过透明盖板和外壳向外界散失热量，构成平板型集热器的各种热损失，分析平板型集热器的特性主要是分析其热特性，而其热特性则要通过建立集热器的能量平衡方程来进行定量分析。

在单位时间内，集热器吸收的太阳辐射能等于同一时间内集热器输出的有用能量、集热器损失的能量以及集热器本身热容变化量之和。这样整个集热器的能量平衡方程用式(2-9)表示：

$$Q_a = Q_l + Q_u + Q_s \tag{2-9}$$

式中，Q_a 为单位时间内集热器吸收的太阳辐射能，W；Q_l 为单位时间内集热器的能量损失，W；Q_u 为单位时间内集热器的有用输出能量，W；Q_s 为单位时间集热器的热容变化量，W。

当集热器在稳定工况时，集热器本身不吸热也不放热，$Q_s=0$；此时 $Q_a=Q_u+Q_l$，即集热器吸收的太阳能一部分转为有用能输出 Q_u，另一部分转为能量损失 Q_l，当集热器在非稳定的状态下工作时，$Q_s>0$ 或 $Q_s<0$。

2. 集热板吸收太阳辐射能

入射到平板型集热器上的太阳辐射由 3 部分组成，即直射辐射、散射辐射和来自底面及周围环境反射的太阳辐射，这些辐射首先要通过透明盖板才能入射到集热板上。透明盖板会反射和吸收部分太阳辐射，影响反射和吸收的主要因素有：入射角，透明材料的折射率、厚度以及消光系数等。

3. 对太阳辐射的反射

太阳辐射是非偏振光，当它在两种介质的分界面上反射和折射时，反射光和折射光都将成为部分偏振光，当入射角等于布儒斯特角时，反射光为完全偏振光，而折射光仍为部分偏振光。因此，必须对太阳辐射的反射和折射作偏振处理。

如图 2-5 所示，直射辐射经介质 1(折射率为 n_1)到介质 2(折射率为 n_2)，在光滑界面上反射率 r 的计算公式由菲涅耳公式导出，这是两个相互垂直的偏振分量的平均值。

$$r_{\perp} = \frac{\sin^2(\theta_2-\theta_1)}{\sin^2(\theta_2+\theta_1)} \tag{2-10}$$

$$r_{||} = \frac{\tan^2(\theta_2-\theta_1)}{\tan^2(\theta_2+\theta_1)} \tag{2-11}$$

$$r = \frac{I_r}{I_i} = \frac{r_{\perp}+r_{||}}{2} \tag{2-12}$$

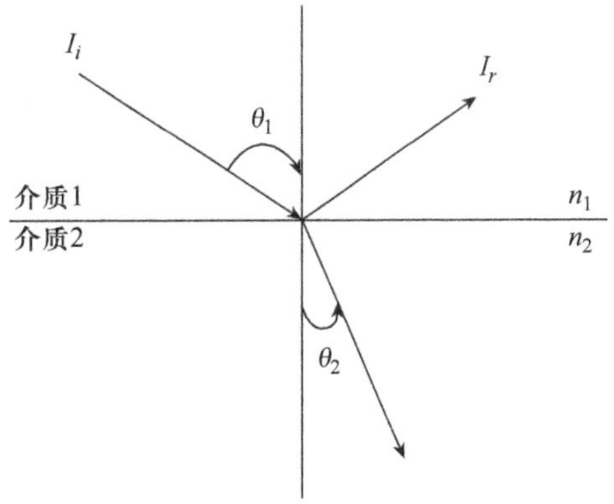

图 2-5　角度和折射率关系(张耀明等，2012)

式中，θ_1 和 θ_2 分别为入射角和折射角；$r_{\perp}$ 和 $r_{||}$ 分别为偏振光的垂直分量和平行分量，方向由入射光线与界面法线组成的平面来判断。

因此，只要知道折射率(n_1，n_2)以及入射角 θ_1，就能计算直射辐射在界面上的反射率 r。

若入射辐射与界面垂直，此时 $\theta_1=0$，$\theta_2=0$，则式(2-12)变为：

$$r(0°) = \left(\frac{n_1-n_2}{n_1+n_2}\right)^2 \tag{2-13}$$

若一种介质是空气(折射率近似为 1.0)，则式(2-13)变为

$$r(0°)=\left(\frac{n-1}{n+1}\right)^2 \tag{2-14}$$

4. 由反射引起的透射率

实际上，玻璃有一定的厚度，两个界面对入射辐射都要进行反射，忽略玻璃对太阳辐射的吸收作用，只考虑一层玻璃盖板由反射损失引起的透射率，如图 2-6 所示。如上所述，经界面反射和折射的辐射都是部分偏振光，两个分量大小在通常情况下又各不相同，因此必须对它们分别进行处理。

先讨论界面上偏振反射率 $r_\perp$。采用跟踪光线法分析，直射辐射经第一界面到达第二界面的份额为$(1-r_\perp)$，其中有$(1-r_\perp)^2$ 透射出第二界面，反射回第一界面的份额是$(1-r_\perp)r_\perp$。以此类推，可以得到透射率垂直偏振分量的表达式，即

$$\tau_\perp=(1-r_\perp)^2\sum_{n=0}^{\infty}r_\perp^{2n}=\frac{(1-r_\perp)^2}{(1-r_\perp^2)}=\frac{(1-r_\perp)}{(1+r_\perp)} \tag{2-15}$$

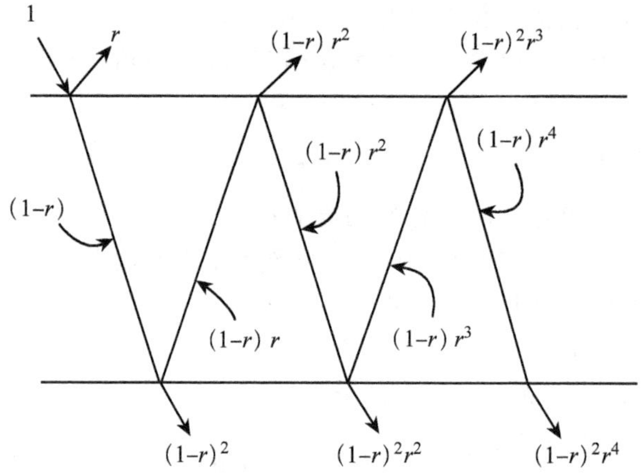

图 2-6　一层盖板的透射率(不考虑吸收)(张耀明等，2012)

$\tau_{||}$ 的表达形式完全与上式类同，即

$$\tau_{||}=\frac{(1-r_{||})}{(1+r_{||})} \tag{2-16}$$

玻璃对太阳辐射的透射率是两个偏振透射率的平均值，即

$$\tau_r=\frac{1}{2}(\tau_\perp+\tau_{||}) \tag{2-17}$$

式中，τ_r 的角标 r 表示只考虑反射损失而没有吸收损失的透射率。

若盖板由相同性质的 N 层玻璃组成，同样的分析可以得到

$$\tau_{r,N}=\frac{1}{2}\left[\frac{1-r_\perp}{1+(2N-1)r_\perp}+\frac{1-r_{||}}{1+(2N-1)r_{||}}\right] \tag{2-18}$$

5. 由吸收引起的透射率

太阳辐射在穿过透明玻璃材料时，部分辐射将被玻璃吸收而使透过的能量减小，被吸收的辐射量与辐射经过介质的路径长度及玻璃材料本身的性质有关。

$$\mathrm{d}I=-IH\mathrm{d}x \tag{2-19}$$

式中，I 为光照强度，H 为消光系数，在太阳光谱内假设为常数。对于含铁量低的水白玻璃 $H=4\ \mathrm{m}^{-1}$，绿边玻璃 $H=32\ \mathrm{m}^{-1}$。

假设透明材料厚度为 L，沿着透明材料中的实际路径从 0 到 $L/\cos\theta_2$ 积分得

$$\tau_\mathrm{a}=\frac{I_\tau}{I_0}=\mathrm{e}^{-KL/\cos\theta_2} \tag{2-20}$$

式中，τ_a 表示单纯由吸收作用引起的透射率。

采用相同性质的多层盖板时，只要把各层的厚度加起来代入上式即可。

6. 由反射、吸收引起的透射率

同时考虑反射和吸收两种损失，可以得到盖板的实际性能。采用跟踪光线法，得到一层盖板的透射率、反射率和吸收率的计算公式，其平行偏振分量分别为

$$\tau_{||}=\tau_\mathrm{a}\left(\frac{1-r_{||}}{1+r_{||}}\right)\left[\frac{1-r_{||}^2}{1-(r_{||}\tau_\mathrm{a})^2}\right] \tag{2-21}$$

$$\rho_{||}=r_{||}+\frac{(1-r_{||})^2\tau_\mathrm{a}^2 r_{||}}{1-(r_{||}\tau_\mathrm{a})^2}=r_{||}(1+\tau_{||}\tau_\mathrm{a}) \tag{2-22}$$

$$\alpha_{||}=(1-\tau_\mathrm{a})\left(\frac{1-r_{||}}{1-r_{||}\tau_\mathrm{a}}\right) \tag{2-23}$$

相应的垂直偏振分量，有与式(2-21)至式(2-23)相同的形式，只需将"||"改为"⊥"即可。取两者的平均值可求出一层盖板实际的 τ,ρ,α，即

$$\tau=\frac{1}{2}(\tau_\perp+\tau_{||}),\rho=\frac{1}{2}(\rho_\perp+\rho_{||}),\alpha=\frac{1}{2}(\alpha_\perp+\alpha_{||}) \tag{2-24}$$

上面各式计算较为复杂，实际上玻璃盖板的 τ_a 很少小于 0.9，界面反射率 r 数量级为 0.1，因而有

$$\tau_{||}\approx\tau_\mathrm{a}(1-r_{||})/(1+r_{||}) \tag{2-25}$$

所以，一层盖板的实际透射率、吸收率、反射率计算式可分别简化为

$$\tau\approx\tau_\mathrm{a}\tau_\tau \tag{2-26}$$

$$\alpha\approx1-\tau_\mathrm{a} \tag{2-27}$$

$$\rho\approx\tau_\mathrm{a}(1-\tau_\mathrm{r})=\tau_\mathrm{a}-\tau \tag{2-28}$$

应当指出：上述近似公式是由一层盖板推导出来的，只要采用的材料相同，对于多层盖板仍然适用。这时 τ_r 用式(2-18)求取，τ_a 用式(2-20)求取，但需把各层厚度加起来。

2.2.2.4　平板型集热器的热损失

平板型集热器的热损失由顶部、底部和侧面热损失组成，即 $Q_1=Q_\mathrm{t}+Q_\mathrm{b}+Q_\mathrm{e}$。

平板型集热器的顶部损失是由平行平板之间及其与外界环境之间的对流和辐射造成的，

散热量的大小与风速、环境温度、大气条件、玻璃盖板的辐射特性、集热板的温度和辐射特性、盖板间距等多种因素有关。根据传热学基本公式：

$$Q_t = U_t A_c (T_p - T_a) \tag{2-29}$$

式中，U_t 为以集热板与环境的温差为计算基准时的顶部总热损系数，W/(m^2·℃)；A_c 为集热器面积，m^2；T_p 为集热板的温度，℃；T_a 为环境空气的温度，℃。

集热器底部的热损失是由底部保温材料、底部外壳的导热和对外界的对流散热产生的。壳体一般是金属材料，所以壳体的导热热阻可以忽略不计。集热器的底部对流散热系数一般取 10～25 W/(m^2·℃)，当集热器安装合适、底部保温较好时，可以认为底部热阻主要取决于保温材料的导热热阻。

$$U_b \approx \frac{k}{L} \tag{2-30}$$

式中，k 为底部保温材料的导热系数，W/(m·℃)；L 为底部保温层厚度，m。

侧面热损失也是通过侧面保温层、壳体导热和对外界的对流散热产生的，对于一个设计良好的集热器，其侧面热损失往往很小。例如一个 30 m^2 的集热器，其侧面热损失仅不到总热损失的 1%，而一个采光面积 2 m^2 的集热器，其侧面热损失不到总热损失的 3%。因此一般可以忽略侧面热损失，或者把侧面热损失折合到底部热损失中，在底部热损失系数的基础上再加乘一个侧面与底面的面积比，或采用式(2-31)近似估算。

$$U_e = \left(\frac{k}{L}\right)_e \left(\frac{A_e}{A_c}\right) \tag{2-31}$$

式中，$(k/L)_e$ 为侧面保温材料导热系数与厚度之比；(A_e/A_c) 为集热器 4 个侧壁总面积与集热器面积之比。当比值很小时，U_e 可忽略。

2.2.3 太阳能真空管集热器

真空管集热器通常由若干只真空集热管组成，真空集热管由透明的外管和吸热体组成。吸热体可以是圆管状、平板状或其他形状，材质可以是金属也可以是玻璃，吸热体放在透明的外管内，吸热体与外管之间被抽成真空。

按吸热体的材料种类，真空管集热器可分为两大类：①全玻璃真空管集热器，吸热体由内玻璃管组成的真空管集热器。②金属吸热体真空管集热器，吸热体由金属材料组成的真空管集热器，有时也称为金属-玻璃真空管集热器。

2.2.3.1 全玻璃真空管集热器

全玻璃真空集热管是由内玻璃管、外玻璃管、选择性吸收涂层、弹簧支架、消气剂等组成，其形状犹如一只拉长的暖水瓶胆，如图 2-7 所示。

1. 玻璃管

真空集热管的内、外玻璃管所使用的玻璃材料，应具有太阳透射比高、热稳定性好、热膨胀系数低、耐热冲击性能好、机械强度较高、抗化学侵蚀性较好、适合于加工等特点。

高硼硅玻璃 G3.3 是制造内外玻璃的主要材料，其线热胀系数为 3.3×10^{-6}℃$^{-1}$，玻璃中 Fe_2O_3 含量在 0.1%以下，耐热温度高于 200 ℃，机械强度高。

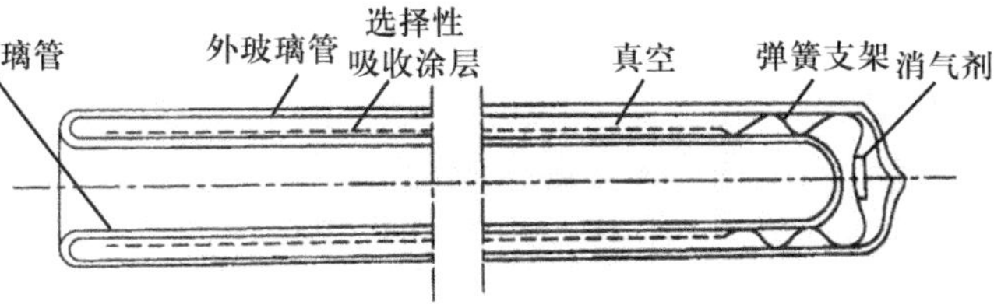

图 2-7 全玻璃真空集热管结构示意图(张耀明等,2012)

2. 真空度

玻璃管内真空度是保证产品质量和使用寿命的重要指标。真空中的钡-钛消气剂,沉积在抽空的外玻璃表面,看上去像镜面一样,能够在集热管运行时吸收集热管内释放的气体。一旦银色镜面消失,说明真空集热器的真空度已受破坏。

3. 选择性吸收涂层

玻璃真空管的一个重要特点是采用选择性吸收涂层作为吸热体的光热转换材料。为最大限度地吸收太阳辐射能,抑制吸热体的辐射热损失,要求选择性吸收涂层有高的太阳能吸收比、低的发射率;另外,还要求选择性吸收涂层有良好的真空性能、耐热性能,在涂层工作时不影响管内真空度,本身的光学性能也不下降。

4. 消气剂

玻璃出气分为两部分:一是表面出气;二是内部扩散出气。全玻璃真空集热管高温排气工艺仅能使玻璃表面吸附的气体和部分内部扩散的气体解吸出来,而不能把大部分玻璃内的吸附气体解吸出来。在长期使用过程中,全玻璃真空集热管会不断地向真空夹层内解吸气体,并且温度越高,解吸速率越大,从而影响真空夹层的真空度。因此,为了有效维持全玻璃真空集热管的真空度,需要在真空夹层内安装消气剂,不断吸附由玻璃解吸出来的气体。

消气剂分为蒸散型消气剂和非蒸散型消气剂。全玻璃真空集热管主要采用的是钡铝镍合金消气剂,这是一种蒸散型消气剂,其主要成分是质量分数为 25%的钡、25%的铝和 48%左右的镍。钡铝镍合金消气剂对 O_2、CO_2、N_2、H_2、H_2O 和 C_nH_m 等气体具有良好的吸附特性。这种消气剂与气体的作用主要有 4 种模式:①氢气和它的同位素,能被消气剂吸收,也能释放,这是一个可逆的过程;②能被吸附而不被释放的气体,如氧气;③上述两种模式的组合,一部分可被消气剂永久吸收,另一部分可以重新释放,如水和碳氢化合物;④不能被消气剂吸收的气体,如氦气等惰性气体。

2.2.3.2 金属吸热体真空管集热器

金属吸热体真空管由于吸热体采用金属材料,而且真空管之间也都用金属部件连接,所以用这些真空管组成的集热器具有以下共同优点:①运行温度高,由其组成的集热器运行温度可达 100 ℃以上,有的甚至可高达 300～400 ℃,它是太阳能中高温利用技术中必不可少的集热部件;②承压能力强,由于介质在金属流道内流动,真空管及其系统都可承压运行,多数集热器还可用于产生 10^6 Pa 以上的热水甚至高压蒸汽;③耐热冲击性能好,真空管及其系统能承受急剧的冷热变化,即使用户偶然误操作,对空晒的集热器系统立即注入冷水,真空管也不会因此而炸裂。

金属吸热体真空管的出现扩大了太阳能的应用范围,满足了不同场合的需求,已成为真空管集热器发展的重要方向。

1. 热管式真空管集热器

热管式真空集热管主要由热管、金属集热板、玻璃管、金属封盖、弹簧支架、蒸散型消气剂和非蒸散型消气剂等构成，如图 2-8 所示。

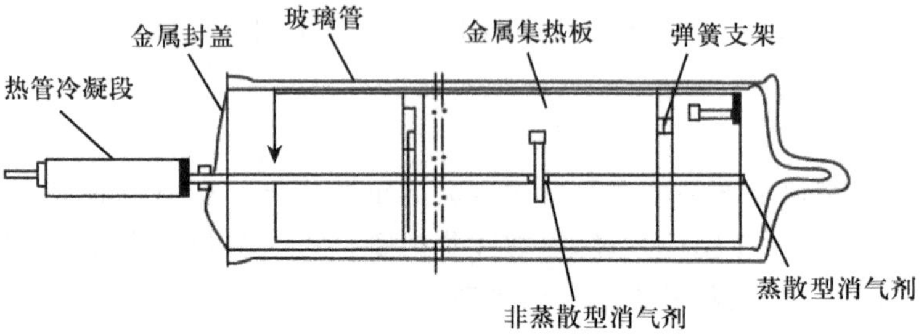

图 2-8　热管式真空集热管结构示意图(何梓年等，2011)

工作时，太阳辐射穿过玻璃管后投射在金属集热板上，集热板吸收太阳辐射能并将其转换为热能，通过导热方式传递给与集热板紧密结合在一起的热管蒸发段，使热管蒸发段内的介质汽化，介质蒸汽上升到热器冷凝段后，在冷凝段内表面上凝结并释放出蒸发潜热，凝结后的液态介质依靠毛细力或自身的重力回流到热管蒸发段。

(1)热管　热管是利用介质的汽化潜热高效传递热能的强化传热元件，其传热系数比相同几何尺寸金属棒的导热系数要大几个数量级。热管的种类很多，最常用的有芯热管和重力热管。在热管式真空集热器中使用的热管一般都是重力热管，称为热虹吸管。重力热管的特点是管内没有吸液芯，介质的回流动力依靠其自身的重力，结构简单，制造方便，工作可靠，传热性能优良。目前国内大都使用铜-水热管，不足之处在于：介质必须依靠自身的重力从冷凝段回到蒸发段，在安装时，热管与水平面必须保持一定的夹角。

(2)玻璃-金属封接　玻璃-金属封接技术可分为熔封和热压封两种。

熔封也称为火封，它是传统电真空行业中金属和玻璃封装工艺中的关键步骤。在金属玻璃集热管封接中，一般采用对需要封接的局部进行加热来实现熔封。封接材料多采用可伐合金，其热膨胀系数介于金属和玻璃。熔封的优点是产品耐高温，玻璃排气彻底，使用寿命长，抗拉强度也较大。

热压封也称为固态封接，它是利用一种塑性较好的金属作为焊料，在加热加压的条件下将金属封盖和玻璃管封接在一起。目前国内玻璃-金属封接大多采用热压封接技术，热压封接主要使用铅基或铜基合金的低配点焊丝或焊料等，先将玻璃端面制成法兰形式，然后将低熔点焊丝放在金属端盖与玻璃法兰封接面之间一同加热，当温度接近焊丝熔点时，迅速向其施加冲击压力，使焊丝表面氧化膜迅速破裂，挤出金属液，在金属与玻璃封接面之间固化。因此，热压封具有封接温度低、封接速度快、封接材料匹配要求低等特点。

(3)真空度与消气剂　在制造过程中，不同于全玻璃真空集热管，热管式真空集热管真空排气工艺具有以下特点：①真空集热管内空间容积大，金属部件多，加热烘烤时出气量大，必须采用抽气速率大且极限真空度高的扩散泵机组。②在集热管真空排气前，必须对放气量较大的金属部件或材料进行高温预除气。③为了使真空集热管长期保持良好的真空性能，必须在管内同时放置两种消气剂，即蒸散型消气剂和非蒸散型消气剂。蒸散型消气剂在高频激活后被蒸散在玻璃管的内表面上，其主要作用是提高真空集热管的初始真空度；非蒸散型消气剂是一种宽温度范围激活的长效消气剂，其主要作用是吸收管内各部件工作时释放的残余气体，保持真空集热管的长期真空度。

2. 其他形式金属吸热体真空管集热器

(1)同心套管式真空管集热器　同心套管式真空集热管又称为直流式真空集热管，主要由同心套管、集热板、玻璃管等组成，如图 2-9 所示。同心套管是内、外同轴的金属管，位于集热板的轴线上，与集热板紧密连接。

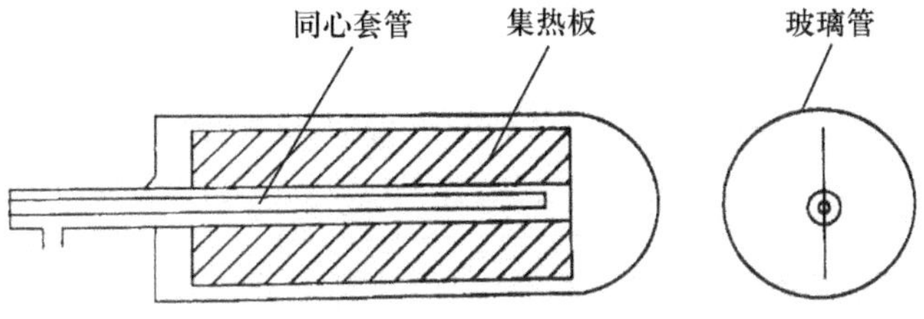

图 2-9　同心套管式真空集热管示意图(邵理堂等，2014)

这种真空管的主要特点是：①热效率高。传热介质进入真空管，被集热板直接加热，减少了中间环节的传导热损。②可水平安装。在有些场合下，可将真空管水平安装在屋顶上，通过转动真空管而将集热板与水平方向的夹角调整到所需要的数值，这样既可简化集热器支管，又可避免集热器影响建筑外观。

(2)U 形管式真空管集热器　U 形管式真空集热管主要由 U 形管、集热板、玻璃管等组成，如图 2-10 所示。

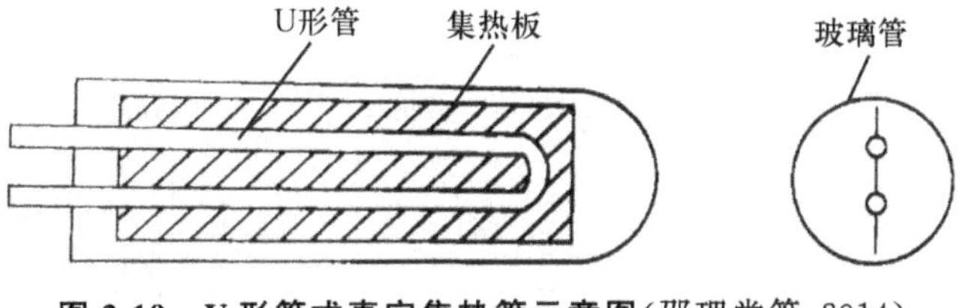

图 2-10　U 形管式真空集热管示意图(邵理堂等，2014)

这种真空管的主要特点除了热效率高、可水平安装之外，真空管与集热板之间的连接要比同心套管式简单。

(3)储热式真空管集热器　储热式真空集热管主要由吸热管、内插管、玻璃管等组成，如图 2-11 所示。

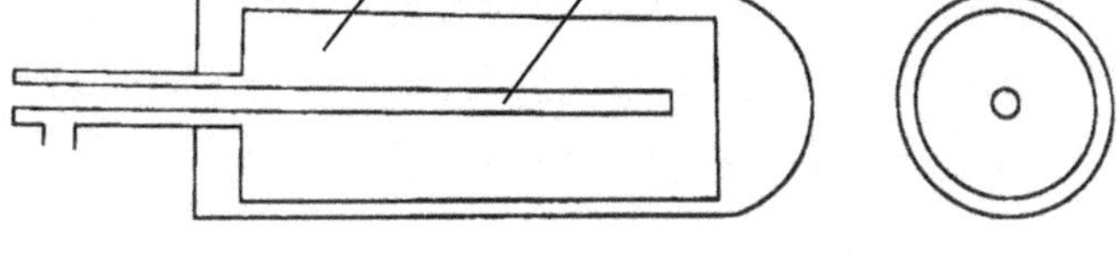

图 2-11　储热式真空集热管示意图(邵理堂等，2014)

其工作原理是：太阳辐射穿过玻璃管，投射在吸热管上，吸热管外表面上的选择性吸收涂层吸收太阳辐射并将其转换为热能，加热储存在吸热管内的水。使用时，冷水通过内插管注入吸热管，将热水顶出。真空夹层保温性能好，因此吸热管内的热水降温很慢。

储热式真空集热管组成的系统主要有以下优点：①不需要储水箱。真空管本身既是集热器又是储水箱，因而由储热式真空管组成的热水器也可称为真空闷晒式热水器。②使用方便。打开自来水龙头后，热水可立即放出，所以特别适合家用太阳能热水器。

(4)内聚光真空管集热器　这种真空管本身就是一种低聚光的聚焦型集热器，不过聚光反射镜是在真空管里面，故称为内聚光式真空管。国外有的文献将它称为复合镜式真空管，如图2-12所示。

图 2-12　内聚光真空集热管示意图(邵理堂等，2014)

内聚光真空管集热器的主要特点是：①运行温度较高。由于复合抛物面聚光器(CPC)的聚光比大于1，所以内聚光真空集热管的运行温度可达100～150 ℃。②不需要跟踪系统。CPC的光学特性使得平行的太阳辐射以任意角度投射时，其反射光都可以到达位于焦线的吸热体上，从而避免了复杂的自动跟踪系统。

(5)直通式真空管集热器　直通式真空集热管主要由吸热管、玻璃管以及膨胀波纹管组成，如图2-13所示。

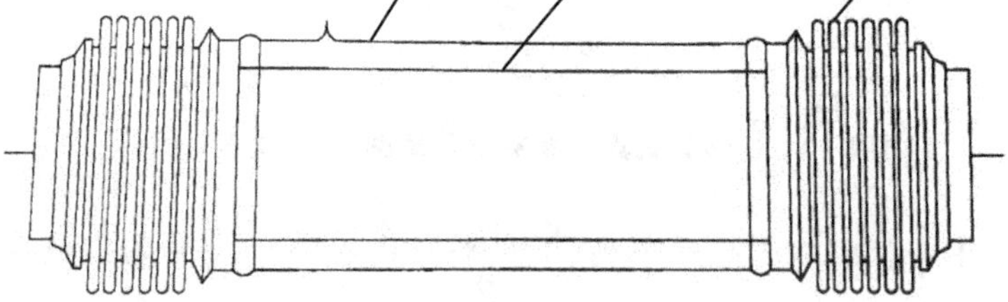

图 2-13　直通式真空集热管示意图(邵理堂等，2014)

直通式真空集热管吸热管表面有高温选择性吸收涂层，外罩同心玻璃管，在吸热管和玻璃管的夹层内抽真空，玻璃管的外表面蒸镀减反射膜，以降低玻璃管外表面对入射太阳辐射的反射损失。金属吸热管与玻璃管之间的两端都需要封接，因而必须借助于波纹管过渡，以补偿金属吸热管的热胀冷缩。直通式真空集热管需要与聚光器配合使用，组成聚光型太阳能集热器。工作时，传热介质从吸热管的一端流入，经太阳辐射能加热后，从吸热管的另一端流出，故称为直通式真空集热管。

直通式真空管集热器的主要特点是：①运行温度高。由于聚光镜的开口可以做得很大，使真空管集热器的聚光比很高，所以直通式真空管集热器的运行温度可高达300～400 ℃。②易于组装。由于传热介质从真空管的两端进出，所以便于将直通式真空集热管之间采用串联方式连接。

2.2.4 太阳能集热器性能测试

平板型集热器的热性能试验项目包括：瞬时效率曲线、入射角修正系数、时间常数、有效热容量、压力降等。其中瞬时效率曲线是最主要的，下面主要针对它进行描述。评价一台平板型集热器性能的好坏，涉及的指标很多，但是其中最重要的一个指标就是集热器的热效率。目前广泛应用性能测试试验来获得集热器的热效率，集热器的性能试验有两种基本方法：瞬时法和量热法。

瞬时法要求在稳态或准稳态工况下，同时测量流过集热器的集热介质的流量 G (kg/s)、集热器进出口集热介质温差 ΔT (℃)以及集热器平面上的太阳辐射强度 I (W/m^2)，然后按式(2-32)和式(2-33)计算集热器的有效功率 Q 和瞬时效率 η。

$$Q=Gc_f\Delta T=Gc_f(T_{t,o}-T_{t,i}) \tag{2-32}$$

$$\eta=\frac{Gc_f\Delta T}{AI}=\frac{Gc_f(T_{t,o}-T_{t,i})}{AI} \tag{2-33}$$

式中，c_f 为传热工质的比热容，J/(kg·℃)；$T_{t,o}$ 为集热器中的集热工质出口温度，℃；$T_{t,i}$ 为集热器中的集热工质进口温度，℃；A 为集热器的面积，m^2，此参数的选择与集热器效率有直接的关系，所以在计算集热器效率前，必须先确定以哪一种面积为参考，即吸热体面积 A_A、采光面积 A_a、总面积 A_G 中的哪一个，然后即可计算出以相应面积为参考的集热器效率。

$$\eta_A=\frac{Gc_f\Delta T}{A_AI}=\frac{Gc_f(T_{t,o}-T_{t,i})}{A_AI} \tag{2-34}$$

$$\eta_a=\frac{Gc_f\Delta T}{A_aI}=\frac{Gc_f(T_{t,o}-T_{t,i})}{A_aI} \tag{2-35}$$

$$\eta_G=\frac{Gc_f\Delta T}{A_GI}=\frac{Gc_f(T_{t,o}-T_{t,i})}{A_GI} \tag{2-36}$$

式中，η_A 为以吸热体面积为参考的集热器效率；η_a 为以采光面积为参考的集热器效率；η_G 为以总面积为参考的集热器效率。

量热法采用一种闭路系统，回路中有一个绝热良好的储液容器即量热器。通常每平方米的集热面积配以大约 45 L 的储液容积。在用这种方法进行集热器的测试试验时，需要测量系统中总流体质量 M(kg)的温度变化率，然后由式(2-37)计算效率。

$$\eta=\left(Mc_f\frac{dT_f}{d\tau}\right)/AI \tag{2-37}$$

同样，参数 A 选取吸热体面积 A_A，采光面积 A_a、总面积 A_G 中的一个进行计算。

以上两种方法，各有其优缺点。瞬时法只要对集热器本身分别准确地测定 G、$\triangle T$ 以及 I 即可。而量热法，除去要测定 $dT_f/d\tau$ 以及 I 外，还要事先对量热器的热容量、热损失及其内部温度梯度等做出仔细分析，所以量热法要比瞬时法麻烦一些。瞬时法适用于测定集热器的瞬时效率，而量热法则更适用于测定集热器的日平均效率。气体的比热容太小，因此量热法不能用于测定空气集热器的性能。目前,普遍采用瞬时法来测定和评价平板集热器的各种性能。

2.3 太阳能热水系统

2.3.1 太阳能热水系统的分类

太阳能热水系统将太阳能转换为热能并为建筑提供热水,通常包括太阳能集热器、储水箱、水泵、连接管道、支架、控制系统和必要时配合使用的辅助能源等设备和附件。太阳能热水系统的设计与常规的生活热水系统类似,可以参考常规的建筑给排水手册进行设计。

太阳能热水系统的分类方法比较多,没有统一的标准,根据不同的分类方法,太阳能热水系统可以分为不同的形式和种类。

(1)按加热循环方式　可分为自然循环系统、直流式系统、强制循环系统。

自然循环系统也称为虹吸系统,是仅利用传热工质的密度变化来实现集热器和蓄热装置之间或集热器和换热器之间进行循环的系统。这种系统结构简单,不需要附加动力,为了保证必要的热虹吸压头,储水箱应置于集热器上方。

直流式系统是待加热的传热工质一次流过集热器后,进入蓄热装置(储水箱)或进入使用辅助热源的加热器,或进入使用点的太阳能加热系统。

强制循环系统是利用机械设备等外部动力迫使传热工质通过集热器或换热器进行循环的热水系统。

(2)按有无换热器　可分为直接系统和间接系统。

直接系统也称为单回路系统或单循环系统,是指最终被用户消费或循环流至用户的热水直接流经集热器的太阳能热水系统。

间接系统也称为双回路系统或双循环系统,是指传热工质不是最终被用户消费或循环流至用户的水,而是传热工质流经集热器的太阳能热水系统。

(3)按集热与供热水范围　可分为集中供热水系统、集中-分散供热水系统和分散供热水系统。

集中供热水系统是指采用集中的太阳能集热器和集中的储水箱供给一幢建筑物所需热水的系统。

集中-分散供热水系统是指采用集中的太阳能集热器和分散的储水箱供给一幢或几幢建筑物热水的系统。

分散供热水系统是指采用分散的太阳能集热器和分散的储水箱供给各个用户热水的小型系统。

(4)按有无辅助热源分　可分为有辅助热源热水系统、无辅助热源热水系统。

有辅助热源热水系统是指太阳能和其他加热设备联合使用提供热水,在没有太阳能时,仅依靠系统配备的其他能源的加热设备也能提供建筑物所需热水的系统。在实际应用中,特别是保证生活热水供应的场合,辅助热源是必不可少的。有辅助热源的系统按加热方式的不同又可细分为:内置式直接加热方式、内置盘管换热器加热方式、外置换热器加热方式、外部辅助热源直接加热方式。

无辅助热源系统是指仅依靠太阳能来提供热水的系统,该系统中没有其他加热设备,无太阳能时系统无法产生热水。

(5)按辅助能源启动方式　可分为全日自动启动系统、定时自动启动系统和按需自动启动系统。

全日自动启动系统是指始终自动启动辅助能源加热设备，以确保可以 24 h 供应热水的太阳能热水系统。

定时自动启动系统是指定时启动辅助能源加热设备，从而可以定时供应热水的太阳能热水系统。

按需手动启动系统，是指根据用户需要，随时手动启动辅助能源加热设备的太阳能热水系统。

(6)按系统传热工质与大气相通状况　可分为敞开系统、开口系统、封闭系统

敞开系统是指传热工质与大气有大面积接触的太阳能热水系统。接触面主要在储热装置的敞开面。

开口系统是指传热工质与大气的接触处仅限于补水箱和膨胀箱的自由表面或排气管开口的太阳能热水系统。

封闭系统是指传热工质与大气完全隔绝的太阳能热水系统。

随着技术水平的不断进步，太阳能热水工程的分类也越来越多、越来越详细，适用范围也涵盖了工程项目的全部领域，熟练掌握不同的系统形式，对于从事太阳能热水工程的设计人员来说十分必要。接下来重点对自然循环太阳能热水系统、直流式太阳能热水系统、强制循环太阳能热水系统进行详细介绍。

2.3.2 自然循环太阳能热水系统

自然循环系统是指太阳能集热系统仅利用传热工质内部的温度梯度所产生的温度差进行循环的太阳能热水系统。

自然循环系统的特点是储水箱必须安设在集热器顶端水平面上才可以进行系统循环。装置内集热器中的水经太阳辐射，水温上升，密度开始逐渐减小，与储水箱内未被太阳照射的水产生了密度差，形成了虹吸压头，在集热器中缓慢上升。温水经过上循环管道进入储水箱，与此同时储水箱内相对温度降低、密度较大的水慢慢下降，经下循环管流入集热器进行补充。自然循环的密度差越大，循环的速度越快，反之循环的速度越慢，这种循环方式能使得储水箱内的水持续升温，太阳辐射停止，循环也慢慢停止。

自然循环热水系统一般可分为两种类型：自然循环式和自然循环定温放水式，如图 2-14 所示。

自然循环式太阳能热水系统使用时，冷水从水箱下部进入水箱，而将热水从上部供出，可以随时使用热水，且补水为自动完成。但当冷水补水慢，热水放水快时，就会出现断断续续出热水的情况，而且这种系统存在冷热水混合问题，使得热水使用率下降。

自然循环定温放水式太阳能热水系统克服了自然循环式太阳能热水系统的缺点，这种方式应用较为广泛，大、小型系统均适用，该系统的循环水箱被一个小水箱代替，大容积的储水箱可以放在任意高于热水喷头的位置。在循环水箱上部某位置装有一个温度探头，当集热器内的水温达到设定值时，控制器发出信号，控制打开电磁阀，使热水排入储水箱内，同时补水箱会自动向循环水箱补充冷水。当循环水箱内温度下降到预定值时，控制器动作使电磁阀门关闭。本系统相对于自然循环式系统运行所产热水速度提高，缩小了储水箱的容积，使得容积较大的储水箱不必位于集热器之上，但在系统中加入了一个水箱和控制系统，增加了安装难度和运营成本。

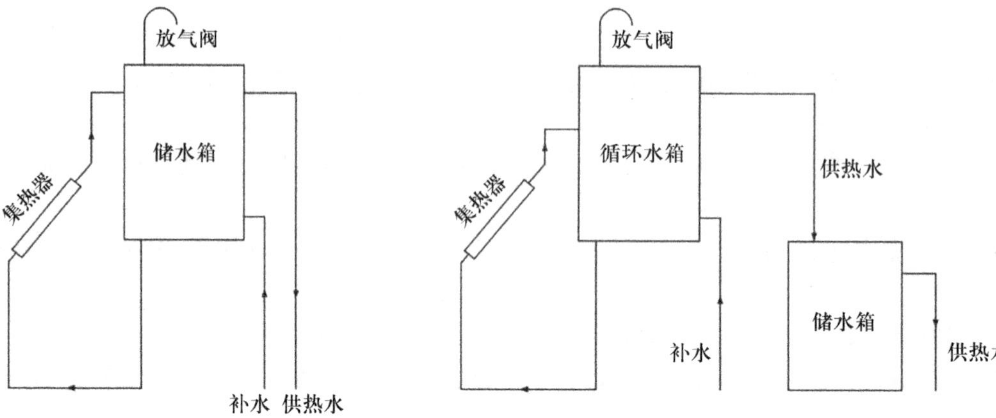

图 2-14 自然循环式(左)和自然循环定温放水式(右)太阳能热水系统(饶政华等,2020)

自然循环太阳能热水系统的优点是系统结构简单,依靠系统流体本身的密度差自动循环,运行安全可靠,不需要辅助能源,不需要动力,成本较低,设备维护费用较少,管理方便;其缺点是为了维持必要的热虹吸压头,为防止系统在夜间产生倒流现象,储水箱必须位于集热器的上方,同时需要采取各种措施减少系统循环阻力,从而影响了其适用范围。自然循环太阳能热水系统主要适用于家用太阳能集热器和中小型太阳能热水系统,大型太阳能热水系统不宜采用此循环方式。

2.3.3 直流式太阳能热水系统

直流式太阳能热水系统是利用控制器使传热工质在自来水压力或其他附加动力的作用下,直接流过集热器进行加热的系统,如图 2-15 所示。该系统可以使水一次通过集热器就被加热至所需温度,而储水箱的作用仅为储存集热器所排出的热水。直流式热水系统多用于大中型太阳热水系统。

直流式系统多为定温放水型,包括电接点温度计、控制器和电磁阀。系统运行时集热器中的水被加热,当集热器出口温度达到预定温度上限时,控制器发出信号打开电磁阀,自来水将热水顶出集热器流进储水箱。当集热器出口温度达到预定温度下限时,电磁阀关闭,补充的冷水在集热器中被太阳能加热。

为了防止热水长时间未被利用时由水箱热量损失造成的温度下降,可采用定温/温差循环系统,如图 2-16 所示。当水箱满水位时,冷水管路上的电磁阀自动关闭,系统自动转入温差循环。该系统不仅解决了储热水箱水满溢流的问题,还充分利用了太阳能,利用控制器可根据系统集热器的水温、水箱水温和水位、管路水温等信号,依照事先设计好的程序,实现定温、满水位温差循环、太阳能不足辅助加热、低水位保护、任意时间自动控制等功能。在电磁阀质量、性能可靠的前提下,定温循环系统特别适用于大型太阳能热水系统,且布置较为灵活。

一些系统为了避免对电动阀和控制器的苛刻要求,将电动阀安装在集热器出口处,且只有开启和关闭两种状态。当集热器出口温度达到某一设定值时,通过温度控制器,开启电动阀,热水从集热器出口流入储水箱,同时冷水补充进入集热器,直到集热器的出口温度低于预设值时,电动阀关闭,虽然此方法比较简单,但由于电动阀关闭有滞后现象,所得热水温度会比预设温度略微低一些。

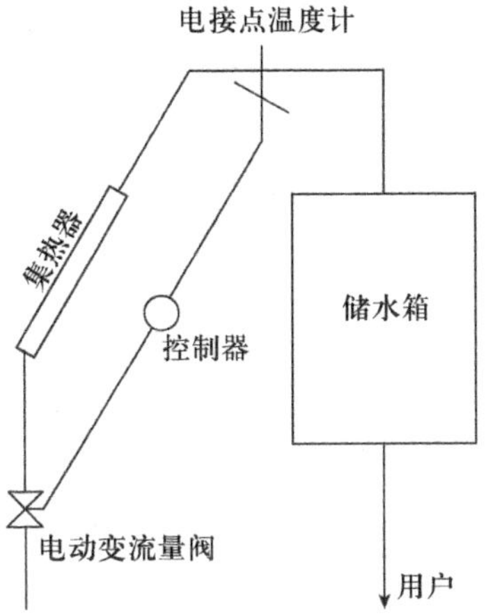

图 2-15　直流式系统

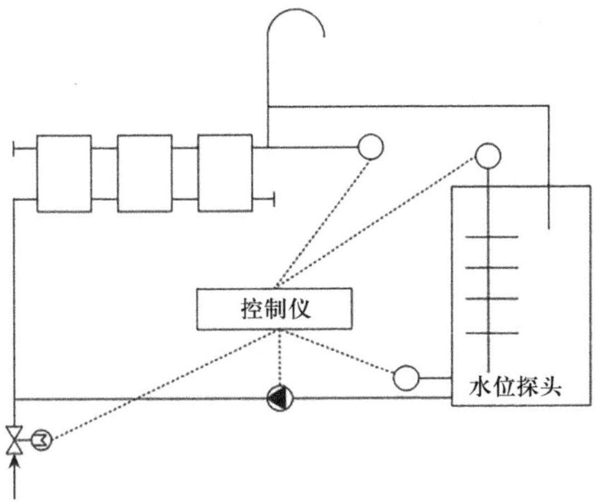

图 2-16　定温/温差循环系统(饶政华等,2020)

直流式太阳能热水系统的优点有:由于系统的补冷水由自来水供给,自来水具有一定的压头,保证了系统的水循环动力,系统中不需要再设置水泵;避免了热水与集热器入口冷水的掺混;与自然循环系统相比,布置较为灵活,便于与建筑结合,储水箱可以因地制宜放在室内,有利于储水箱保温,减少热损失;这种系统具有自然循环定温放水的优点,可以取消补给水箱,减小了屋顶载荷;在阴天,只要有一段多云见晴的时刻,就可以得到一定量的适用热水;容易实现冬季夜间系统排空防冻的设计。直流式太阳能热水系统的缺点是需要一套复杂的控制装置,初期投资有所增加;直流式系统主要适用于大型太阳能热水系统,中小型系统不适用。

2.3.4　强制循环太阳能热水系统

强制循环是借助外力迫使集热器与储水箱内的水进行循环。该系统是通过水泵使水在集热器与储水箱之间循环,当集热器顶端水温高于储水箱底部水温若干摄氏度时,控制装置启动水泵使水流动,从而使储水箱的水温逐渐升高。水泵入口处装有止回阀,防止夜间水由集热器逆流,造成热损失。强制循环系统如图 2-17 所示。

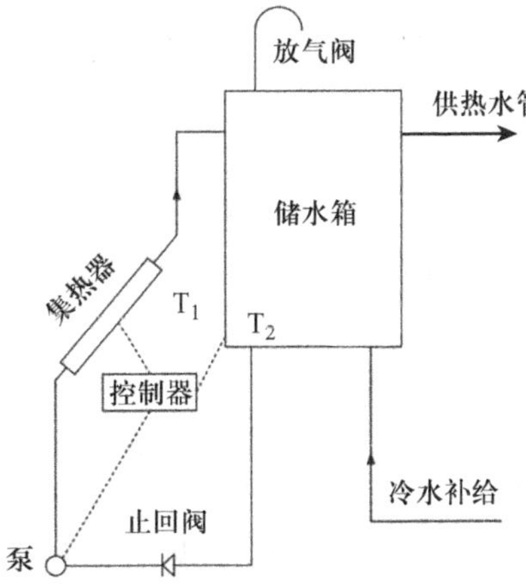

图 2-17　强制循环系统

根据传热工质的不同换热方式,将强制循环系统分为直接强制循环系统和间接强制循环系统。在直接强制循环系统中,不设置热交换器。由于强制循环热交换系统是依靠水泵作为循环动力,系统以固定的大流量进行循环,在运行过程中,水箱内的水充分混合。间接强制循环系统以防冻液作为传热介质,其防冻性能比直接强制循环系统好,在该系统中,热交换器在储水箱内部,储水箱同时起到换热器的作用,有时也可以采用专门的外部热交换器。

强制循环系统的优点是储水箱的位置不受集热器位置的制约,可以高于集热器,也可低于集热器;强制循环太阳能热水系统使得循环动力加大,有利于提高热效率,实现热水系统的多种功能和控制；该系统集热器的流量由水泵流量确定，容易预测性能，且加水量一定时，在同样设计条件下，较自然循环可获得较高温度的水。强制循环太阳能热水系统的缺点是需要配置循环水泵、电控装置等，且要求选用高质量的控制系统，才能确保系统运行的可靠性；系统工程成本和维护费用较高，强制循环系统应用广泛，适用于大、中、小型的太阳能热水系统。

2.3.5 太阳能热水系统设计规范和要求

2.3.5.1 太阳能热水系统设计基本要求

太阳能热水系统设计应纳入建筑设计全过程，作为统一整体考虑，使之成为建筑工程的有机部分，并符合国家现行有关标准的要求。

太阳能热水系统设计应考虑当地地理位置、气候条件、安装条件等综合因素，尤其是日照条件，选择其类型、安装位置应与周围环境相协调。提前进行现场勘查，调查用户基本情况，包括：环境条件（安装地点纬度、月均日辐照度、日照时间、环境温度）、用水情况（日均用水量、用水方式、用水位置、用水流量）、场地情况（场地面积、场地形状、建筑物承载能力、遮挡情况）、水和电的情况（水压、电压、水电供应情况）。

（1）建筑物上安装太阳能热水系统，不得降低相邻建筑物的日照标准。

（2）太阳能集热器的支撑结构应满足太阳能集热器运行状态的最大载荷和作用。

（3）太阳能热水系统类型的选择，应根据建筑物类型、使用要求、安装条件等因素综合确定。

（4）安装在建筑物上的太阳能集热器应规则有序、排列整齐，太阳能热水系统配备的输水管和电器、电缆线应与建筑物其他管线统筹安排、同步设计、同步施工，做到安全、隐蔽、集中布置，便于安装和维护。

（5）太阳能热水系统的连接件与主体结构的锚固承载力设计值应大于连接件本身的承载力设计值。

（6）安装在屋面、阳台、墙面的集热器与建筑主体结构通过预埋件连接，预埋件应在主体结构施工时埋入，位置应准确；当没有条件采用预埋件连接时，应采用其他可靠的连接措施，并通过实验确定其承载力。

（7）太阳能热水系统应结合管理要求并适应使用者的生活规律。

（8）太阳能热水系统应配置辅助能源加热设备，且辅助能源加热设备应结合运行控制方式配置。

（9）太阳能热水系统应满足安全、适用、美观的要求，并应便于安装、检修和维护。

（10）太阳能热水系统的热性能应满足相关太阳能产品国家现行标准和设计要求，系统中的集热器、储水箱、支架等主要部件的正常使用寿命不应少于10年。应根据不同地区采取防冻、防霜、防雷、抗冰雹、抗风、抗震等技术措施。

2.3.5.2 太阳能热水系统设计一般规定

（1）太阳能热水系统设计应纳入建筑给水排水设计，并符合国家现行标准《建筑给水排水设计规范》(GB 50015—2019)的相关规定。

（2）系统供水水温、水压和水质应符合国家现行标准《建筑给水排水设计规范》(GB 50015—2019)的相关规定。

（3）太阳能热水系统设计应遵循节水节能、安全可靠、经济实用、便于计量的原则。

（4）太阳能热水系统设计应合理选择其类型、色泽和安装位置，并与建筑物整体和周围环境相协调。

(5)太阳能集热器的规格宜与建筑物模数相协调。

(6)安装在建筑物屋面、阳台、墙面和其他部位的太阳能集热器、支架及连接管线应与建筑功能和建筑造型一并设计。

2.3.5.3 太阳能热水系统的设计

太阳能热水系统由太阳能集热系统、供水系统、辅助能源系统、电气与控制系统等组成，太阳能热水系统的设计应遵循节水节能、安全简便、经济实用、便于计量的原则。

1. 调查用户基本情况

在进行太阳能热水系统设计的具体步骤之前，应详细调查使用该系统用户的基本情况，主要内容包括如下。

(1)环境条件　安装地点纬度、月均日辐照度、日照时间、环境温度、防冻、防雹等需求。

(2)用户用水规律　日平均用水量、用水时间、用水位置、用水方式、用水温度。

(3)场地情况　场地面积、场地形状、建筑物承载能力、遮挡情况等。

(4)水电情况　水压、电压、水电供应情况等。

2. 系统选型

太阳能热水系统的类型应根据建筑类型及使用要求、安装使用地区及一年中的主要使用时间确定。太阳能热水系统类型及运行方式选用可参照表2-2和表2-3。

表2-2　不同运行方式太阳能集热系统特点及适用范围

按照运行方式分类	系统特点	适用范围
强制循环直接系统	集热系统采用强制循环，利用水泵使水在集热器与储水箱间直接循环加热；对自来水水质要求较高；系统比较复杂，造价较高；储热水箱可以是承压的封闭式水箱，也可以是非承压开式水箱	适用于规模较大的热水系统，初期投资低，对建筑物外观要求严格的场合
强迫循环间接系统	集热系统采用强制循环，太阳能集热器加热传热工质，通过热交换器和水泵使传热工质循环加热；较易保证系统水质和防冻；系统复杂，造价高；储热水箱可以是承压的封闭式水箱，也可以是非承压开式水箱	适用于规模较大的热水供应和空调采暖系统，对供热质量、建筑物外观、水质、防冻要求严格的场合
直流式系统	集热系统采用定温放水的方式；采用高位水箱时需依靠水箱与最不利用水点的高差供应热水，采用低位水箱时需增设热水泵供应热水；要求自来水水质较高；系统简单，造价较低；维护管理方便；无法通过系统运行控制实现防冻；储热水箱为非承压开式水箱	适用于规模较小的热水供应系统，自来水水质较好，对热水质量和建筑物外观要求不太高的场合
自然循环系统	集热系统仅利用被加热工质的密度差来实现自然循环；储热水箱必须高于集热器，无法通过系统运行控制实现防冻和过热保护；储热水箱内的水温升高比较缓慢；投资小，设备维护费用少	适用紧凑式太阳能热水器和规模较小的热水供应系统，对建筑物外观要求不高的场合

表 2-3 太阳能热水系统形式选用表

建筑类型			居住建筑					公共建筑			
			低层	多层	高层	养老院	学生宿舍	办公楼	宾馆	医院	游泳馆
太阳能热水系统类型	集热与供热水范围	集中供热水系统	×	√	×	√	√	√	√	√	√
		集中-分散供热水系统	√	√	√	√	√	×	√	√	×
		分散供热水系统	√	√	√	×	×	×	×	×	×
	系统运行方式	自然循环系统	×	×	×	√	√	×	×	×	×
		强制循环系统	√	√	√	√	√	√	√	√	√
		直流式系统	×	√	√	√	√	√	√	√	√
	集热器内传热工质	直接加热	√	√	√	√	√	√	√	√	×
		间接加热	√	√	√	√	√	√	√	√	√
	辅助热源启动方式	全日自动启动系统	√	×	×	×	×	×	√	√	√
		定时自动启动系统	√	√	√	√	√	√	√	√	√
		按需手动启动系统	√	√	√	√	×	×	×	×	×

注:√表示可以选用;×表示不建议选用

3. 确定集热器类型

太阳能集热器主要分为平板型太阳能集热器、热管真空管集热器、全玻璃真空管太阳能集热器。集热器类型的选择主要考虑下列因素:当地的地理位置、环境温度、全年的使用时间、使用水温、投资与收益等。三种集热器的具体优缺点见表 2-4。

表 2-4 太阳能集热器产品性能对比分析表(赵文智等,2018)

项目	平板型太阳能集热器	热管真空集热器	全玻璃真空太阳能集热器
热效率	早晚四季变化幅度较大	变化幅度小	变化幅度较小
空晒温度	160 ℃左右	300 ℃以上	300 ℃以内
保温方式	集热器材料保温	真空保温	真空管本体真空保温
防冻性能	集热器本身无法解决冬季防冻问题	集热器本身防冻	集热器本身防冻
稳定性	最好	较好	较差,真空管易破损
安装	体积大、质量重,拆装复杂	集热器安装较为复杂	简易轻便
养护	需专业技术人员	需技术人员	简易方便
破损处理	需整件换修	可局部更换	可部分更换,不影响系统运作
承压性能	可以承压使用	可以承压使用	无法承压使用
使用地区及期限	建议冬季温度高于 0 ℃的区域全年使用,其他地区尤其是严寒地区三季使用	不限任何纬度区域全年使用	不限任何纬度区域全年使用
使用寿命	15～20 年	15～20 年	15～20 年
投资	一般	较高	一般
市场占有率	国外占主导地位	国外国内占有率均不高	国内占主导地位

根据表 2-4，平板型太阳能集热器的缺点是不抗冻，但是其优点非常突出，如热效率高、金属管板式结构、免维护、性价比高；对于南方地区如广西、云南、福建、海南、广东等，不需要考虑冬天抗冻问题，选用平板型太阳能集热器较为合适。而对于长江、黄河流域地区，冬天会结冰，且冬天气温高于 −20 ℃，选择真空管集热器较为合适，可以抗冻，相比于热管真空集热器，真空管集热器性价比较高，但不承压、易结水垢、易爆裂；因为热管真空集热器能抗 −40 ℃的低温，所以在西藏、新疆、内蒙古以及东北三省等寒冷地区，适合选用热管真空集热器，但其缺点是造价较高；有承压要求的系统可选用热管真空管集热器和平板型太阳能集热器；对于工业用途的热水，最好选择平板型太阳能集热器；真空管、热管集热器不适用于大工程，例如真空管集热器每年有约 8％的破损率，而一根管的破损可能使整个系统瘫痪。

4. 太阳能热水系统相关计算

(1)太阳能热水系统热负荷的计算　计算公式为：

$$Q = Cm\Delta T \tag{2-38}$$

式中，Q 为产生热水需要的能量，MJ；C 为水的定压比热容，kJ/(kg·℃)；m 为水的质量，kg；ΔT 为水的温升，℃(根据初温求得)。

(2)太阳能热水系统集热面积的计算　经验公式为：

$$A = \frac{Q_t}{H\eta} \tag{2-39}$$

式中，A 为太阳能集热器轮廓面积，m^2；Q_t 为太阳能热水系统所需能量，MJ；H 为不同季节平均日太阳辐照量，MJ/m^2；η 为太阳能集热及储热系统的综合效率，一般取值范围为 0.3～0.5。

根据国家现行标准《民用建筑太阳能热水系统应用技术标准》(GB/T 50364—2018)，直接系统的集热器总面积可按下列公式计算：

$$A_C = \frac{Q_w \rho_w C_w (t_{end} - t_0) f}{J_T \eta_{cd} (1 - \eta_L)} \tag{2-40}$$

式中，A_C 为直接系统的集热器总面积，m^2；Q_w 为日均用热水量，L；C_w 为水的定压比热容，kJ/(kg·℃)；ρ_w 为水的密度 kg/L；t_{end} 为储热水箱内热水的终止设计温度，℃；t_0 为储热水箱内冷水的初始设计温度，℃；J_T 为当地集热器采光面上的年平均日太阳辐照量 kJ/m^2；f 为太阳能保证率，%，取值见表 2-5；η_{cd} 为基于总面积的集热器年平均集热效率，%；η_L 为管路及储水箱热损失率，一般取值范围为 0.15～0.2。

表 2-5　不同地区太阳能保证率的推荐选值(饶政华等，2020)

资源区划分	年太阳辐照量指标/[MJ/(m²·a)]	短期储热系统太阳能保证率/%	季节储热系统太阳能保证率/%
Ⅰ类地区	≥6 700	40～60	60～70
Ⅱ类地区	5 400～6 700	20～40	40～60
Ⅲ类地区	4 200～5 400	10～20	20～40
Ⅳ类地区	<4 200	≤10	10～20

间接系统的集热器总面积可按下式计算：

$$A_{IN}=A_C\cdot\left(1+\frac{U\cdot A_C}{U_{hx}\cdot A_{hx}}\right) \tag{2-41}$$

式中，A_{IN} 为间接系统集热器总面积，m^2；A_C 为直接系统集热器总面积，m^2；U 为集热器总热损失系数，$W/(m^2\cdot ℃)$，对平板型集热器，取 4～6 $W/(m^2\cdot ℃)$，对真空管集热器，取 1～2 $W/(m^2\cdot ℃)$，具体数值应根据集热器产品实际测试结果而定；U_{hx} 为换热器传热系数，$W/(m^2\cdot ℃)$，查产品样本得出；A_{hx} 为换热器换热面积，m^2，查产品样本得出。

太阳集热器安装倾角的计算：集热器最佳安装倾角应根据热水的使用季节和当地纬度计算。一般全年使用时：

$$\theta=\psi\pm10° \tag{2-42}$$

式中，θ 为太阳集热器安装倾角；ψ 为当地的地理纬度；冬季使用 $\theta=\psi+10°$，夏季使用 $\theta=\psi-10°$。

(3)太阳集热器与遮挡物之间或集热器前后排的最小不遮光距离的计算　如图 2-18 所示。

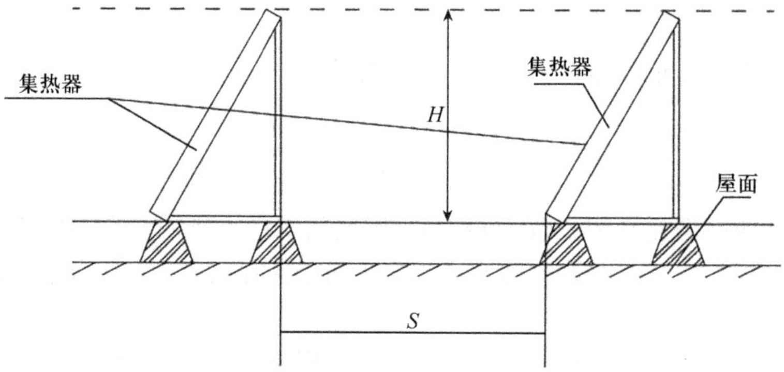

图 2-18　最小不遮光距离示意图(赵文智等，2018)

$$\sin\alpha=\sin\psi\sin\delta+\cos\psi\cos\delta\cos\omega \tag{2-43}$$

$$\sin\gamma=\frac{\cos\delta\sin\omega}{\cos\alpha} \tag{2-44}$$

$$S=\frac{H\cos\gamma}{\tan\alpha} \tag{2-45}$$

式中，S 为集热器与遮挡物之间或集热器前后排的最小距离，m；H 为遮挡物最高点与集热器最低点间的垂直距离，m；ψ 为当地的纬度，(°)；α 为太阳高度角($-90°<\alpha<90°$)，(°)；γ 为太阳方位角，(°)；ω 为时角，(°)；δ 为赤纬角，(°)。

5. 储热水箱设计

太阳辐射具有间歇性，因此太阳能热水系统必须具有储热水箱。储热水箱是指应用在太阳能集中热水或太阳能采暖工程中，用来储存热水的一种装置，一般由内胆、保温层和外壳组成。储热水箱的内胆通常用 SUS 304 不锈钢/碳钢制作，需要具有较高的耐腐蚀性和防污染性，并能承受所储存热水的最高温度；保温层材料有岩棉、橡塑海绵、聚氨酯发泡等，其中聚氨酯发泡效果最好；外壳主要起到保护保温层和美观的作用，一般用较薄的不锈钢板制成，要注意防腐。

水箱的容量、保温性能、形状的选用将直接影响太阳能热水系统的性能和运行。

储水箱按加工外形可分为方形水箱、圆柱形水箱、球形水箱；按放置方法可分为立式水箱和卧式水箱；按水压状态可分为承压水箱和非承压水箱。

太阳能热水系统储热水箱的容积与太阳能集热器的面积、用户的用水情况有关。水箱总体的设计原则是：因为水箱中的水不可能都放出来，水箱容积要比计算容量大 10%～20%。只有白天定时用水的太阳能热水系统，其储热水箱要存储一天的用水量，容积按照日产热水量的 1.2 倍计算；白天连续使用热水时，产生的热水随时使用，故储热水箱的容积应小于总热水需求量。计算时要按用水习惯列出小时用水量表，储热水箱的容积应是日落后用水量的容积和 2 h 最大用水量容积中的较大者；24 h 连续供热水的系统，集热器只有白天产生热水，因此储热水箱至少要能储存夜晚和次日 8:30 前的热水用量，其容积要小于总热水需求量，计算时要按用水习惯列出 24 h 用水量表，根据用水量分析实际用水情况，再确定水箱容积。

水箱的保温需按 12 h 内降温不超过 1 ℃设计。在非结冰地区，水箱外壁先用厚度为 40 mm 的厚岩棉保温，再用两层聚苯乙烯(EPS)泡沫板来保温，外面用厚度为 0.2 mm 铝皮包装。在结冰地区，在 EPS 泡沫板外要用玻璃纤维布包裹，并涂沥青漆两道进行防潮处理，再用厚度为 0.2 mm 铝皮包装。

在太阳能热水系统中，为了便于维护加工，提高经济性和通用性，储热水箱已标准化，目前水箱的常见形状有圆形和方形，从水箱造价的因素考虑，优先选用立式圆柱形水箱，其次是卧式，最后是矩形水箱。

6. 辅助能源系统

辅助能源的控制应在保证充分利用太阳能集热器接收太阳热量的条件下，根据不同的供水方式，选择采用全日自动控制、定时自动控制或手动控制；辅助能源的加热设备应根据热源种类及供水水质、系统类型，选择直接或间接加热设备；辅助能源的种类可以根据用户的具体情况决定，加热设备可以是内置式电加热器、电锅炉、燃气炉、燃油炉等；辅助能源设备与太阳能储热装置不宜设在同一容器内。

辅助热源设备的选择可参见表 2-6。

表 2-6　辅助热源设备的选择(赵文智等，2018)

能源形式	推荐选用设备
市政热力	优先利用工业余热、废热、地热、等市政热力，通过热交换器与太阳能组合供热
热泵	根据当地的地热资源、气候条件，可选用空气源热泵、水源热泵
燃气	可采用燃气锅炉、储水式热水器、快速式热水器、燃气热水机组
燃油	可采用燃油锅炉、燃油热水机组
电	可采用电锅炉、快速式热水器、储水式热水器、热水机组，充分利用低谷电

7. 管网设计

太阳能热水系统中的热水管道应按 GB/T 50015—2019《建筑给排水设计标准》中的有关条款执行；管道设计应设置保温措施，并根据具体区域气候和系统情况采取可靠的防冻、防超温、防超压、防倒流措施；直接供应生活热水的管道、配件应该采用不锈钢管、铜管等保证水质的金属管材，其他过水设备材质，应与建筑给水管路材质相容；管路设计应尽量短捷，以便减少热损。

太阳能热水系统目前多采用镀锌钢管、焊接钢管、不锈钢管、无规共聚聚丙烯热水管、铜管。以乙二醇为主要成分的防冻液系统不宜采用镀锌钢管。

热水供应系统的管路流量按照给水系统的设计秒流量计算。

根据计算管段上的卫生器具给水当量同时出流概率，按式(2-46)计算得到住宅生活热水管道设计秒流量：

$$q_g = 0.2UN_g \tag{2-46}$$

式中，q_g 为计算管段的设计秒流量，L/s；0.2 为一个卫生器具给水当量的额定流量，L/s；U 为计算管段的卫生器具给水当量同时出流概率，%；N_g 为计算管段的卫生器具给水当量总数。

集体宿舍、宾馆、医院、幼儿园、养老院、办公楼、商场、客运站、会展中心、中小学教学楼、公共厕所等建筑热水供应系统的设计秒流量按下式计算：

$$q_g = 0.2a\sqrt{N_g} \tag{2-47}$$

式中，a 为根据建筑物用途而定的系数，如表 2-7 所示。

表 2-7　根据建筑物系数而定的系数值(饶政华等，2020)

建筑物名称	a 值	建筑物名称	a 值
幼儿园、托儿所、养老院	1.2	医院、疗养院、休养所	2.0
门诊部、诊疗所	1.4	集体宿舍、旅馆、招待所、宾馆	2.5
办公楼、商场	1.5	客运站、航站楼、会展中心、公共场所	3.0
学校	1.8		

工业企业的生活间、公共浴室、职工食堂或营业餐馆的厨房、体育场馆运动员休息室、剧院化妆间、普通物理实验室等建筑热水供应系统的设计秒流量按下式计算：

$$q_g = \sum q_0 N_0 b \tag{2-48}$$

式中，q_g 为同类型的一个卫生器具给水额定流量，L/s；b 为卫生器具的同时给水百分数；N_0 为同类型卫生器具数量。

太阳能系统管路直径应根据管路的设计流量选用。管道的直径由表 2-8 和表 2-9 中的经验值确定。

表 2-8　管道流速推荐值(赵文智等，2018)

公称直径/mm	15	20	25	32	40	≥50
流速/(m/s)	≤0.8	≤0.8	≤1.0	≤1.0	≤1.0	≤1.2

表 2-9　管道直径选用(赵文智等，2018)

集热面积/m^2	10～15	16～20	21～30
公称直径/mm	25	32	40

8. 系统其他方面的设计

(1)电气设计 太阳能热水系统的电气设计应满足太阳能热水系统用电可靠性和运行安全要求;系统中所使用的电气设备应装设短路保护和接地故障保护装置。太阳能热水系统可采用机械控制操作方式,也可以采用全自动的操作方式,控制系统设计应遵循安全可靠、经济实用、地区与季节差别的原则,根据不同的太阳能热水系统特点确定其功能。控制系统的功能应包含运行控制功能和安全保护功能,实现对太阳能集热系统、辅助能源系统及供热水系统的功能控制与切换。太阳能热水系统中所使用的电器设备应有剩余电流保护、接地和断电等安全措施。系统应设专用供电回路,内置加热系统回路应设置剩余电流保护动作装置,保护动作电流值不超过 30 mA。

(2)防过热设计 在阴雨天,太阳能辐射不足以加热水至所需温度,故太阳能热水系统启动辅助加热设备,此时系统运行的可靠性和安全性均无问题。但在太阳能资源丰富的地区,遇到连续晴朗的天气时,太阳能热水系统接收到的热量较多,很容易造成系统过热,可能会造成换热系统泄压、换热介质流失、水箱水温过高、温度安全阀开启、水箱爆裂等严重问题,因此还需要进行过热防护设计,主要包括水箱防过热和集热器防过热。

在辐照条件较好的地区,对于集热器防过热,主要采用的方法是改变真空管真空度、增加温感膜层、控制膜层发射比,形成防过热膜层。当系统过热,真空管中水沸腾时会影响其密封圈及内胆寿命,在制造真空管时,为了降低热损,将两层玻璃之间抽真空,故在辐照条件较好的地区,可以适当改变真空管的真空度来防止过热现象发生;增加感温膜层这一方法利用的是感温膜层在温度达到预设值时就会变成不透光膜层,阻止集热器吸收光能,起到防止过热的作用;在真空管内管外壁吸收层下设置两种不同发射比的金属底层,使膜层的电阻率发生变化,达到所需要的发射比,从而控制膜层的空晒温度,实现真空管防过热的目的。而平板太阳能集热器一般采用安装防过热阀门,在集热器与水箱之间的循环管路上加装防过热阀门,当管路内的水温达到预设值时,阀门内的热敏元件膨胀,推动阀门内的柱塞关闭阀门,热水将无法通过防过热阀门,达到系统防过热的目的。

水箱防过热采取的方法一般是在水箱上增加散热器,其原理是散热器内的工质将水箱内的部分热量带走,散失到大气中,从而降低内胆中的水温。

(3)防冻设计 在高纬度寒冷地区的冬季,由于外界温度过低,太阳能热水系统的循环管道内积存的水可能会结冰膨胀,造成管道涨破损坏。因此,在设计时必须考虑采取必要的防冻措施。目前常用的防冻措施有:选用防冻的太阳能集热器,如全玻璃真空管集热器和热管平板集热器,都具有防冻功能,但全玻璃真空管因其造价低于热管平板集热器,应用比较普遍。若太阳能热水系统为间接系统,排空太阳能热水系统管路和集热器中的水,可以达到防止管道结冰的目的,或可以利用低凝固点的防冻液作传热工质,实现系统的防冻功能。

2.4 太阳能干燥技术

干燥作业涉及国民经济的广泛领域,是许多工业中不可缺少的工序。在粮食、食品、果品、药材、木材、皮革、橡胶和陶瓷等许多工业产品的加工处理过程中,干燥作业对产品的质量和成本影响很大。干燥作业能耗高,据不完全统计,全球 20%~25%的能源用于工业化的热力干燥,也是我国的耗能大户之一,所用能源占国民经济总能耗的 12%左右。有的行业如造纸业耗能占企业总能耗的35%，木材干燥占木制品生产总能耗的40%～70%。另外，干燥过程造成的污染又常常是中国环境污染的重要来源。以年干燥能力为10 000 m^3 木材的蒸汽干燥车间为例，约需配4 t/h的锅炉一台，它每小时排出的有害物质约为：烟尘量约40 kg，CO_2 1 900 m^3，SO_2 45 m^3，还有少量的氧化胺，这些物质是造成大气温室效应、酸雨和臭氧破坏的主要因素。能源技术对环保的影响率可达70%～80%，因此干燥技术的节能与环保问题十分重要。

然而在实际生产中，我国普遍存在着资源利用率低、效益差、浪费大等问题。目前，我国矿产资源总回收率只有30%，能源系统总效率比发达国家低50%。单位矿产资源消费创造的国民生产总值是发达国家的1/3～1/2，我国单位能源消费量创造的国内生产总值仅相当于世界平均水平的1/6、日本的1/11。

干燥过程造成的污染常常是我国环境污染的重要来源之一。根据干燥能耗占国民经济总能耗12%的比例，以及有关燃烧1 t标准煤的平均排放量计算，燃烧1亿t煤平均排放的污染物为：CO_2 8 600万t，灰尘粒240万t，SO_2 260万t。因此我国干燥耗能所带来的环境污染不可忽视。

太阳能在很久以前就被用来干燥植物、种子、水果、肉类、鱼类、木材以及其他农林产品。以前基本上都是露天干燥，但是露天干燥的局限性太多——劳动力成本高、占地面积大、缺乏控制干燥过程的能力、生化或微生物反应可能导致的降解、虫害等。此外，该过程是高度劳动密集型、耗时且需要大面积的场地。随着文化和工业发展，人工机械干燥开始实施，该工艺耗能高、成本高，最终会增加产品成本。尤其是在"碳达峰、碳中和"的大背景之下，怎么样有效地干燥物品，又能减少碳的排放？太阳能干燥就成为必然选择。

2.4.1 太阳能干燥技术的分类

干燥技术分类有很多种。两种最有用的分类基于向湿固体传热的方法或湿材料的处理特性和物理特性。第一种分类方法揭示了干燥器设计和工作的差异，而第二种分类方法在选择一组干燥器时提供了重要的理论依据，以便在给定的干燥问题中进行初步考虑。基于传热的干燥机和干燥模型的分类如图2-19所示。图2-19将干燥机分为直接或间接干燥机，并将其

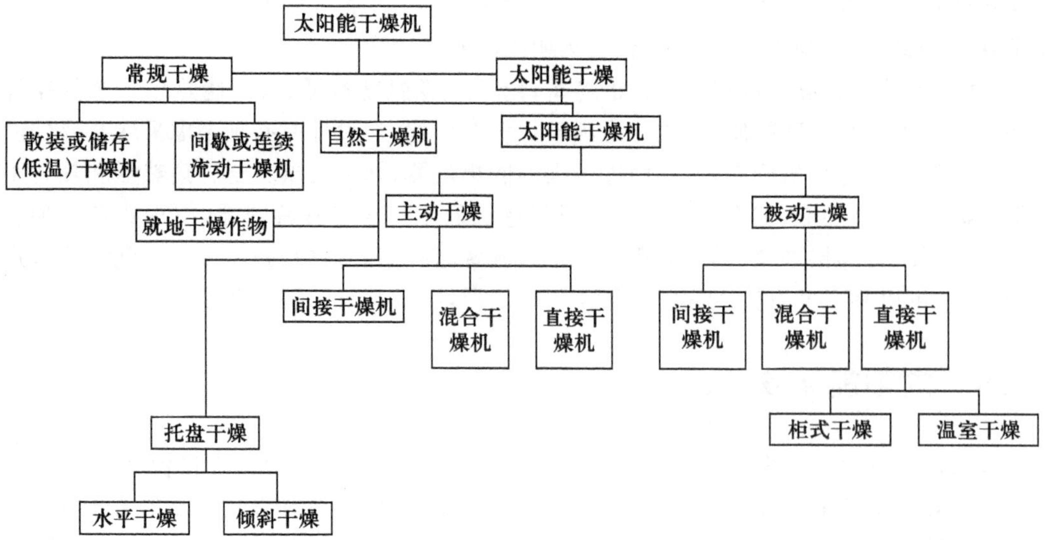

图2-19 干燥机和干燥模型的分类

分为连续或分批操作。太阳能干燥系统主要根据其加热模式和太阳能利用方式进行分类。

依据是否借助外部循环动力可以分为主动干燥技术和被动干燥技术(被动干燥技术又称为自然循环干燥技术)。又可按照是否使用介质可以分为直接干燥和间接干燥。如图 2-20 所示。所以干燥器又可以分为以下 3 个子类:①直接式太阳能干燥器,②间接式太阳能干燥器,③混合式太阳能干燥器。

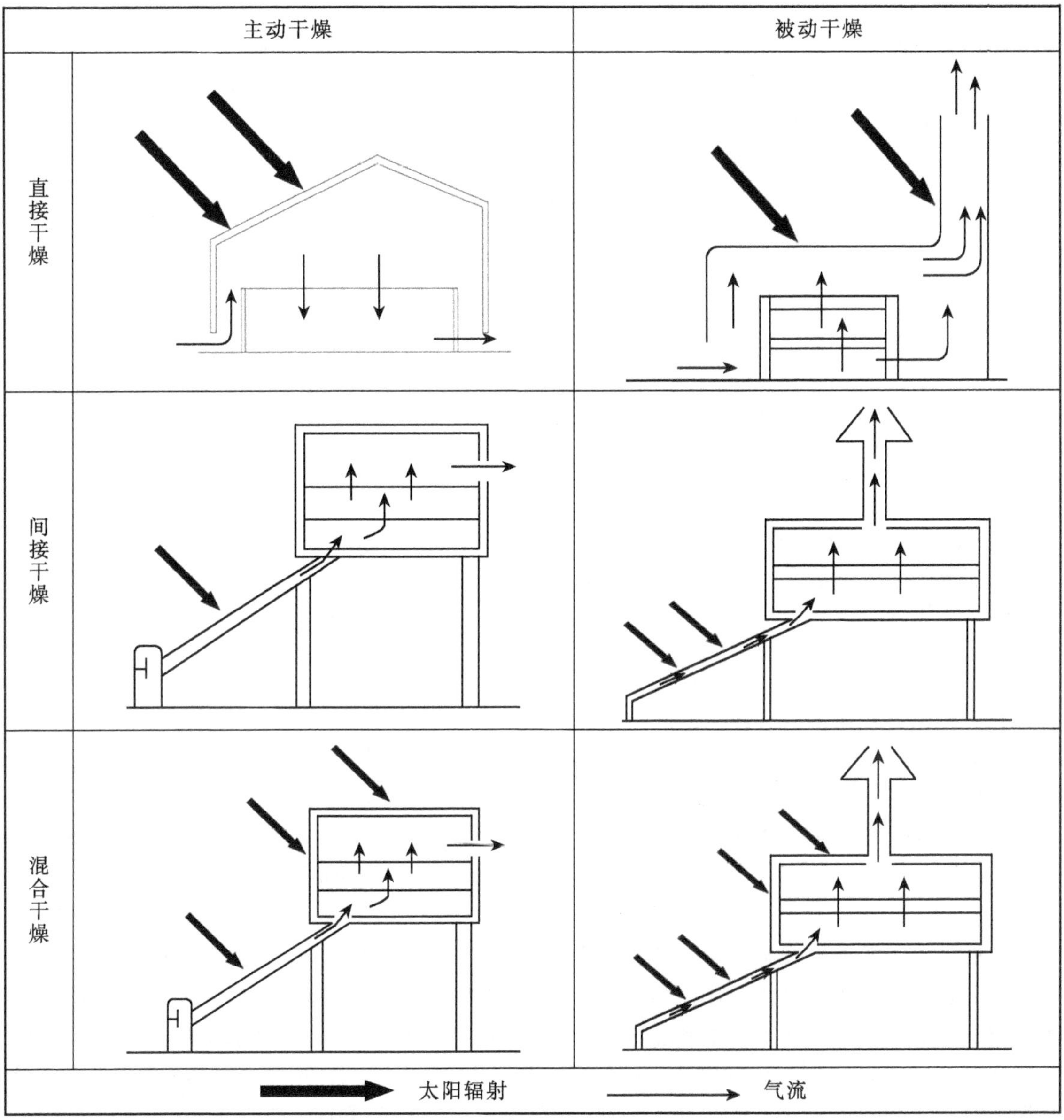

图 2-20 太阳能干燥技术的分类

依据阳光是否直接照射在物料上,可以把太阳能干燥装置分为两大类——温室型太阳能干燥装置和集热型太阳能干燥装置。实际应用中还有两者结合的半温室型(或整体式)太阳能干燥装置,以及集热器与常规能源、集热器与储热装置、集热器与热泵等各种组合式太阳能干燥装置。

温室型太阳能干燥装置实际上是具有排湿能力的太阳能温室。这种干燥室的东、西、南三面及倾斜屋顶均采用玻璃或塑料薄膜等透光材料，太阳能透过玻璃进入干燥室后，辐射能转换为热能，温室内的空气被加热升温，物料脱去水分，达到干燥的目的。这种干燥装置的特点是使物料直接吸收太阳辐射能，热效率较高，特别适用于乡村农副产品、水果制品等。一般将墙体(或吸热板)表面涂上黑色涂料以提高对太阳能的吸收率。温室型干燥室一般为自然通风，如有条件也可以加装风机实行强制通风，若在干燥室顶部增加一段烟囱，则可以增强通风能力，且烟囱越高，通风能力越强。温室型干燥室的优点是：①结构简单，造价低；②可因地制宜，建造容易；③操作简单。温室型干燥室的缺点是：①干燥室温升小，昼夜温差大，干燥速率慢；②干燥室容量小；③占地面积比同容量的常规干燥室大。

因此，温室型太阳能干燥器的适用范围是：①对干燥速率和终含水率要求不高的物料；②允许接受阳光曝晒的物料。两款温室型太阳能干燥示意图分别如图 2-21 和图 2-22 所示。

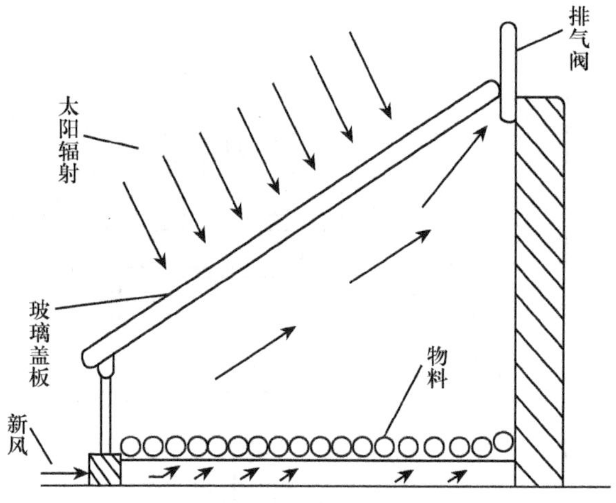

图 2-21　温室型太阳能干燥示意图

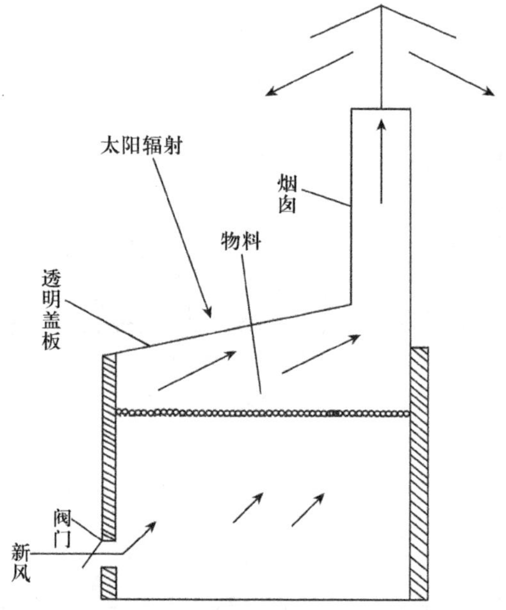

图 2-22　有烟囱抽风的温室太阳能干燥示意图(伊松林等，2021)

集热器型太阳能干燥装置由太阳能空气集热器与干燥室组合而成，其设备组成如图 2-23 所示。此类干燥装置是利用太阳能空气集热器把空气加热到预定温度后，通入干燥室进行干燥作业的。利用太阳能集热器加热空气，一般来说有空气型集热器和热水型集热器两种。前者以空气为载热介质，直接吸收太阳辐射能量；后者是使用太阳能热水器加热水后，通过换热器加热空气。前者的热效率比较高，但工作温度易受天气变化影响，波动性大；后者的热效率比较低，成本较高，但可利用蓄热水箱储存热量，系统工作比较稳定。在实际运用的集热器型干燥装置中，大多数采用空气型集热器加热空气。

集热器型干燥装置中，干燥室的形式以结构特征来划分，有箱式、窑式、流动床式和固定床式等。目前，窑式和固定床式比较多。

从操作系统来看，此类型太阳能干燥装置可以较好地与常规能源干燥装置和蓄热装置相

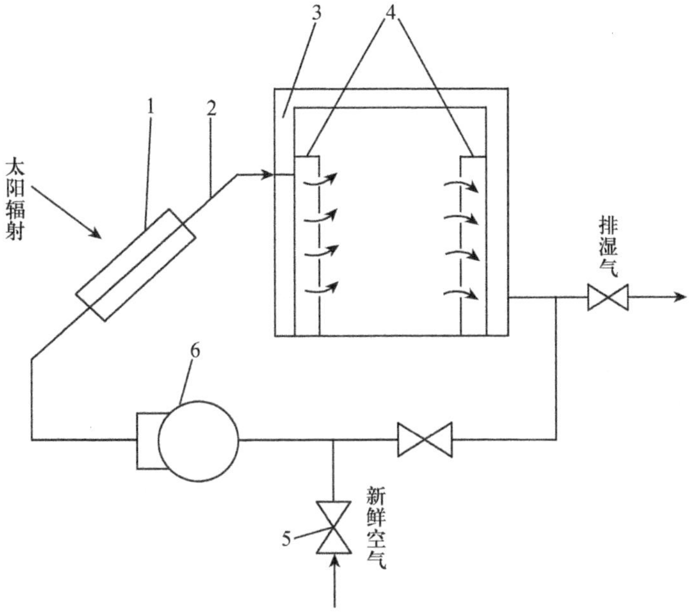

1-空气集热器　2-风管　3-加热器　4-主风管　5-风阀　6-风机

图 2-23　集热器型太阳能干燥装置(伊松林等,2021)

结合,用太阳能全部或部分代替常规能源。而且集热器型的集热器布置灵活,干燥室内的温升比温室型高,干燥室容量较大。但集热器型比温室型投资大,干燥成本相对较高。

温室型太阳能干燥受结构形式的限制,干燥室单位容积所占有的采光面积较小,因此,干燥室温升小,干燥速率慢。为了增加能量以加快干燥速率,保证物料的干燥质量,通常在温室外再增加一部分空气集热器,这就组成了集热器-温室型太阳能干燥装置,如图 2-24 所示。在这种干燥装置中,空气先经太阳能空气集热器预热,然后再进入干燥温室,使温室干燥温度得到提高,以加速物料干燥。另外还有一种将空气集热器与干燥室两者合并的整体式太阳能干燥装置。在这种太阳能干燥装置中,干燥室本身就是空气集热器,或者说在空气集热器中放入物料而构成干燥室。整体式干燥装置的特点是结构紧凑,干燥室的高度低,空气容积小,每单位空气容积所占的采光面积一般是温室型太阳能干燥装置的 3～5 倍,所以热惯性小,空气升温速度较快,成本较低和热效率较高。

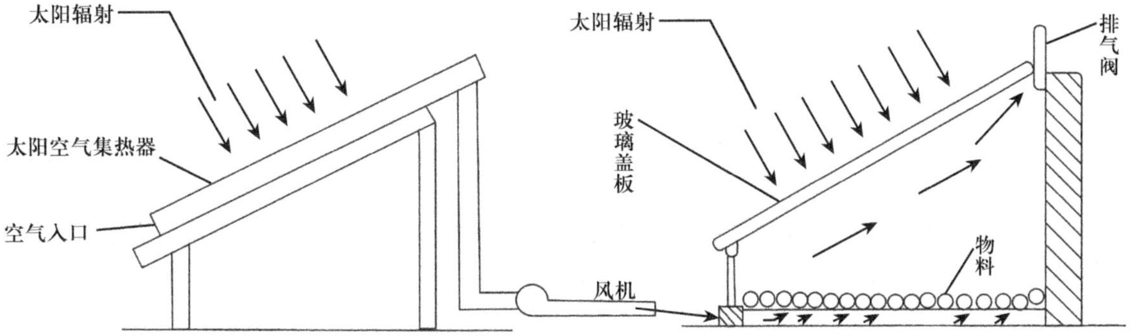

图 2-24　集热器-温室型太阳能干燥示意图

2.4.2 太阳能干燥技术的应用

由于能源成本上升，有关污染、可持续和环保技术在食品行业对节能干燥工艺产生了更大的需求。食品行业可以通过采用太阳能干燥等节能方法来节省资金。水果和蔬菜是维生素、矿物质和纤维素等基本膳食营养素的重要来源。由于新鲜水果和蔬菜的含水量超过 80%，它们被归类为高度易腐商品。保持产品新鲜是保持其营养价值的最佳方法，但大多数储存技术需要低温，这在整个分销链中很难保持。另外，干燥是收获后管理的一种合适替代方法。值得注意的是，易腐食品烘干后保存以延长保质期，早已被认为是最简单和经济的方法。

太阳是人类可以利用最大的无碳化能源，人类基于此进行了很多研究，以了解怎么样收集太阳能和应用太阳能，从而解决一部分能源问题。世界各地政府和企业都在寻找减少温室气体排放的方法，以缓解严峻的环境问题。

太阳能干燥技术的研究和推广工作，在世界上许多国家早已开展，主要包括美国、英国、法国等发达国家。我国的太阳能干燥研究起步比较晚，大规模的研究是从 20 世纪 70 年代开始的。20 世纪 80 年代以前，中国的干燥设备面积不足 200 m^2。在过去的 20 年间，太阳能干燥技术得到了高速发展。太阳能干燥作为太阳能热利用的一部分，在农业生产以及工业中发挥了很大的作用。

农业生产中，太阳能干燥技术在缩短农产品的干燥时间、减少劳动力付出以及提升农产品（大枣、枸杞、核桃、玫瑰等）的质量方面发挥着很大作用。例如：用太阳能干燥技术来干燥核桃，传统的自然晾干需要频繁地翻动核桃，达到较好的品质，但是频繁翻动核桃会使核桃在一定程度上的受损，加之都是就地晾晒，增加了受污染的概率。而采用太阳能干燥核桃，不仅能做到核桃与地面脱离，既减少了与外界微生物的接触，也不用频繁地翻动核桃，减少了核桃的损伤，提高了核桃的品质。采用太阳能干燥技术干燥核桃，能有效缩短核桃的干燥时间，增加能源的利用率。

水果和蔬菜是含水量高、易腐烂的新鲜农产品。水果通常是指某些植物的肉质种子相关结构，在生态下是甜的、可食用的，如苹果、橙子、葡萄、草莓和香蕉。蔬菜通常指除甜水果或种子以外的可食用植物或植物的一部分，通常是植物的叶子、茎或根。有些蔬菜可以生吃，有些必须煮熟才能食用，有些则需要烘干才能延长保质期。

水果干燥有着悠久的传统。干果是一种美味佳肴，因为它具有营养价值（66%～90%碳水化合物）和较长的保质期。如今，干果的生产很普遍。国际市场上近一半的干果是葡萄干，其次是枣、李子、无花果、杏、桃、苹果、梨和其他水果。大量的樱桃、菠萝和香蕉也被烘干。干燥水果的选择取决于当地情况。水果可以全干、半干或切片，也可以在干燥后切碎。

市场上有各种各样的果干和蔬菜干，有整粒的、切片的或者磨碎的。在干燥高水分材料（如水果和蔬菜）时，水分的减少会导致形状、密度和孔隙度的变化，从而导致产品外观发生较大的变化。产品质量在食品干燥中占有重要地位。脱水后，干蔬菜应具有理想的感观和营养品质。

水果干燥包括去除不同形式（自由和束缚）和不同量的水分。水果的结构决定了脱水的量和方式，也决定了重组干燥材料的特性。在水的各种结合形式中，化学、物理化学结合最强，其次是吸附、渗透、微毛细管和大毛细管，最后是再水化。在干燥过程中，首先去除最弱的结合水；去除游离水不会改变干燥或再水化状态下材料的特性。去除结合水需要更高的能量和特殊程序，即分解更高的键能。

干燥潮湿材料并降低水分活度，意味着结合水从固体材料内部蒸发到大气中。可以使用不同能量传递方式进行干燥物品：对流（热空气）、接触（冷却表面）、辐射（红外线）和激发（微波）能量。对流干燥时，含水量中的加热气流与湿材料接触，因此，水分移动到材料表面，然后进入干燥空气。热空气的任务是将热量传递给被干燥的材料，并将水分传递到空气中。

蔬菜和水果的干燥包括 3 个基本步骤：①初步处理和制备，即挑选、洗涤、切片和预处理（如有必要）；②干燥；③干燥后二次处理，即包装和储存。

由于太阳辐射的丰富可用性，人们的注意力逐渐转移，将这种可再生能源用于多种用途。其中，食品和非食品脱水是一个重要应用。这种太阳能干燥能够实现良好生产规范，并生产出符合进口国卫生和植物卫生标准、保质期长、值得出口的加工食品。

农产品太阳能干燥的优点：①早期收获；②计划收获季节；③长期存放；④保持种子的可用性；⑤销售质量更好的产品。

典型的太阳能食品干燥器在以下 5 个重要方面改进了传统的露天阳光系统：

①速度更快。食物可以在较短的时间内干燥。太阳能食品干燥器通过两种方式延长干燥时间。首先，收集区的半透明玻璃将热量收集在干燥器内，从而提高空气温度。其次，扩大太阳能收集面积的灵活性允许更多地收集太阳能。

②效率更高。由于食品可以更快地干燥，收获后立即腐烂的损失会更少。对于需要立即干燥的产品尤其如此，如含水量高的新鲜谷物。

③卫生条件良好。由于食品是在受控环境中干燥的，它们不太可能受到害虫的污染，并且可以在储存时减少有毒真菌滋生。

④更加健康。在最佳温度和更短时间内干燥食物，可以使它们保留大部分营养价值，如维生素 C。

⑤造价低廉。使用免费的太阳能代替传统燃料干燥产品，降低碳排放。

露天太阳干燥与太阳能干燥的区别见表 2-10。

表 2-10　露天太阳干燥与太阳能干燥的区别

露天干燥	太阳能干燥
传统干燥	新技术干燥
缓慢干燥	快速干燥
鸟类、昆虫以及微生物的污染	无污染
卫生情况不太好	健康、干净、卫生
产品质量较低	产品质量高
可能不符合国家标准	符合国家标准
产品的感观质量较差（外观/颜色、纹理）	产品外观、颜色和质地具有高度可接受的感官品质
不均匀干燥	均匀干燥
营养物质流失较多	营养物质保持较好
较低的利润率	优质产品带来的最佳利润
所需空间较大	所需空间较小

水果、蔬菜及其干制品是能量、矿物质和维生素的良好来源。然而，在脱水过程中，营养质

量会发生变化。产品质量对脱水水果和蔬菜越来越重要，脱水水果和蔬菜必须在复水后保持质量属性（颜色、质地）和营养质量。可通过干燥前的预处理来改善此类质量。适当的预处理可以通过缩短干燥时间、生产更优质的产品和节能来改善干燥过程。更多的维生素如维生素A、维生素C和维生素B_1对热敏感，对氧化降解敏感。硫化可以破坏维生素B_1和核黄素，而预处理（如浸泡在亚硫酸盐溶液中）可以减少干燥过程中维生素的损失。如果在没有酶失活的情况下进行干燥，一些蔬菜的胡萝卜素含量可能会损失80倍。

蔬菜干燥需要添加糖等再干燥处理，以避免组织结构受损。研究表明，蔗糖和海藻糖等非还原性双糖可以保护植物组织免受冷冻和干燥的不利影响。

2.5 物料干燥基础理论

2.5.1 多孔介质的基本特征

2.5.1.1 多孔介质的水分存在状态

(1)结合水和非结合水　根据水分除去的难易程度，物料中的水分可以分为结合水和非结合水。

①结合水：结合水主要是指以一定物理化学结合力结合的水分和机械混合的毛细管水分，又称残留水。结合水与物料的结合力强，它产生的饱和蒸气压低于同温度下平直液面纯水的饱和蒸气压，使水蒸气扩散的推动力降低，因此比较难以除去。根据水分与物料结合形式以及能力的不同，结合水又分为物理化学结合水、化学结合水，其中化学结合水是干燥技术较难除去的水分。

②非结合水：孔隙内易于流动的那部分水分称为非结合水，又称自由水，包括物料表面的润湿水分和空隙水分。非结合水产生的饱和蒸汽压等于同温度下平直液面纯水的饱和蒸气压，因此比较容易除去。非结合水主要以液态水扩散或渗流的方式排出，而结合水只能以蒸汽形式排出，但有的自由水也可以蒸汽的形式排出。非结合水主要以机械方式结合，其结合力较弱。

(2)机械结合水、物理化学结合水和化学结合水　根据物料内部孔隙半径的大小，物料中的水分又可以分为机械结合水、物理化学结合水和化学结合水3类。

①机械结合水：机械结合水包括存在于物料空隙或表面的游离水分、润湿水分和大毛细管($r>10^{-7}$ m)内的自由水分。此类水分与物料的结合力较弱或自由分散于物料表面，在干燥过程中易于除去，有些物料如污泥中的此类水分也可借助机械脱水。

②物理化学结合水：物理化学结合水是以一定的物理化学结合力与物料结合起来的水分。属于此类水分的有吸附水分、小毛细管($r<10^{-7}$ m)内的渗透水分和结构水分等。其中，吸附水分是物料内表面靠分子间力吸附结合的水分，与物料的结合最牢固，这种水分只有变成蒸汽后才能从物料中排出。毛细管渗透水分是由物料组织壁内外溶解物浓度差形成的渗透压作用而结合的水，从而引起水分的渗透扩散，由高浓度向低浓度扩散。结构水分是在胶体形成过程中将水分结合在物料组织内部形成的，它可以通过蒸发、外压或组织的破坏而被排出。物理化学结合水与物料结合得比较稳定，且有较强的结合力，较难除去。所以，除去或部分除去此类水分是物料干燥的主要任务之一。

③化学结合水：化学结合水与物料的结合有准确的数量或比例关系，物料中的结晶水就是这种结合水。此类水分结合得非常牢固，一般常温干燥过程难以除去。若要除去此种化合物的结晶水，必须在较高的温度下加热，才能实现。因此，一般在干燥中不必考虑。

（3）自由水分和平衡水分　根据水分能否用干燥方法去除分为自由水分和平衡水分。

①自由水分：自由水分是通过物料与一定温度、湿度的湿空气充分接触能被干燥除去的部分。

②平衡水分：在一定条件下，物料表面的水蒸气分压与干燥介质的水蒸气分压达到相等状态时两者水分交换达到动态平衡，此时物料所含的水分即为平衡水分，平衡水分表示物料在一定空气状态下干燥的极限。影响平衡水分的因素较多，其中温度、空气的相对湿度和物料的种类是主要因素。随着温度升高，物料的平衡水分将下降；在一定温度下，物料的平衡水分随空气的相对湿度下降而下降；在相同温度和湿含量的空气中，脂肪含量高的物料平衡水分比淀粉含量高的物料平衡水分要小。

固体物料中的各种水分相对占比情况如图 2-25 所示。

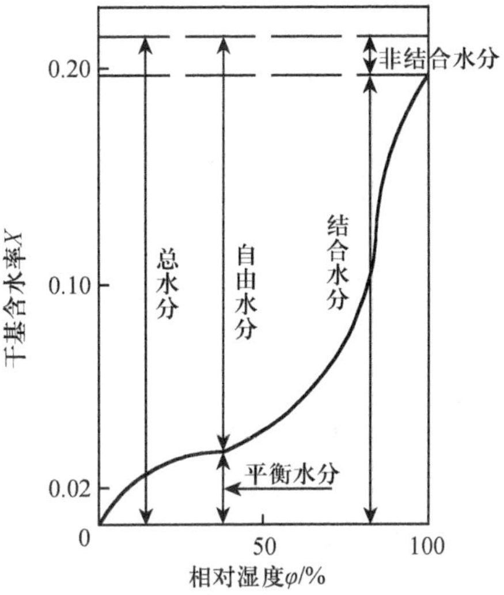

图 2-25　固体物料中各种水分相对占比情况

干燥过程的发生和物料在环境中的吸湿过程与物料表面与干燥介质的水蒸气分压力有关。以湿空气作为干燥介质为例，当物料表面的水蒸气分压力大于湿空气的水蒸气分压力时，水分从物料向湿空气中传递，物料含水率 X 不断减少，此即为干燥过程；当物料表面的水蒸气分压力小于湿空气的水蒸气分压力时，水分从湿空气向物料中传递，物料含水率 X 不断增加，此即为吸湿过程；当物料表面的水蒸气分压力等于湿空气的水蒸气分压力时，物料与湿空气之间的水分处于动态平衡的状态，可以认为物料含水率 X 不变，一般认为干燥的终点即为这个阶段。

2.5.1.2　多孔介质的干燥特性参数

（1）含水率　物料中的含水率有两种表示方法，即干基含水率 X 和湿基含水率 ω。

湿物料中水分的质量与绝对干料质量之比，称为湿物料的干基含水率。

$$X=\frac{m_w}{m_d} \tag{2-49}$$

湿物料中所含水分的质量与湿物料质量之比，称为湿物料的湿基含水率。

$$\omega=\frac{m_w}{m_d+m_w} \tag{2-50}$$

式中，X 为干基含水率，%（干基）；ω 为湿基含水率，%（湿基）；m_w 为物料中水分质量，kg；m_d 为物料中的绝对干料质量，kg。

干基含水率与湿基含水率之间可按下式转换。

$$X=\frac{\omega}{1-\omega} \tag{2-51}$$

$$\omega=\frac{X}{1+X} \tag{2-52}$$

(2)水分活度 α_w　水分活度是在食品干燥领域提出来的概念。由于干基含水率和湿基含水率都只是表示了物料中水分含量的多少，并不能反映出到底多大含水量才能使食品的保存时间更长，如含水量为20%的马铃薯淀粉或者含水量为14%的小麦都是稳定的，然而含水量12%的淀粉却会很快变质。因此，提出了水分活度的概念。

水分活度 α_w 是物料中水分的热力学能量状态高低的标志，它直接揭示了食品中的水分与微生物生长繁殖和各种酶反应等的活动性程度。在一定的温度和压力下，水分活度如式(2-53)所示。

$$\alpha_w=\frac{p}{p_0} \tag{2-53}$$

式中，α_w 为水分活度；p 为一定温度下，湿物料表面附近的水蒸气压力，Pa；p_0 为同温度下，平直液面纯水的饱和蒸气压，Pa。

α_w 的大小与食品中的含水量、所含各种溶质的类型和浓度、食品的结构和物理性质有关。通常认为，在一定温度和压力下的纯水 α_w 为1。

(3)平衡含水率　当湿物料与一定温度 T、相对湿度 φ 的空气接触时，物料中水分不断汽化，直到物料表面的水蒸气压力与空气中的水蒸气分压相等为止。这时，物料中的水分与空气中的水分达到平衡，继续延长干燥时间，物料中的水分也不再增减。此时，物料中含有的水分称为平衡水分，或者称为平衡含水率(equilibrium moisture content，EMC)。因此，平衡水分是物料在一定的空气状态下可能干燥的最大限度，并随空气状态的变化而变化。

EMC并不是一个固定不变的量，而是一个随着干燥介质的温湿度、物料水分活度、物料预处理等状态改变而变化的量。比如高温水处理对毛竹平衡含水率的影响，结果表明高温水处理后的毛竹在湿热环境下，纤维素无定形区内的羟基的脱水聚合、半纤维素的热解及其多聚糖上乙酰基的水解，使竹材吸湿性能降低。EMC的确定具有重要意义，它可以帮助我们判断干燥过程的最终状态，从而结束干燥过程。

(4)比热容 c　在一定过程中，单位质量的物质升高单位温度所需要的热量，称为比热容，单位为J/(kg·K)。在这个过程中，若物质的体积不变，则可得比定容热容；若压力不变，则可得比定压热容。通常情况下，压力变化对物料的影响较小，因此常选择湿物料的比定压热容表示湿物料的比热容。

$$c=\frac{c_s(100-\omega)+c_w\omega}{100}=c_s+\frac{c_w+c_s}{100}\omega \tag{2-54}$$

式中，c 为湿物料的比热容，J/(kg·K)；c_s 为绝干物料的比热容，J/(kg·K)；c_w 为水的比热容，J/(kg·K)；ω 为湿基含水率，%(湿基)。

(5)热导率 k　热导率又称导热系数，是表征干燥过程中物料传递热量能力的重要热物性参数，对于均质物料，热导率可由傅里叶定律导出。

$$k=\frac{Q\Delta x}{A\Delta T} \tag{2-55}$$

式中，Q 为湿物料干燥需要的热量，W；k 为热导率，W/(m·K)；A 为物料干燥的表面积，m^2；ΔT 为物料两侧的温度差，K；Δx 为物料的厚度，m。

对于均质材料来说，热导率与温度和组分有关；对于非均质材料来说，热导率不仅与温度和组分有关，还与结构、密度、成分、方向等因素有关，如多孔介质的热导率与含水率、孔隙和骨架结构等密切相关。式(2-55)适用于各向同性的多孔介质；对于各向异性的介质，热导率为张量。由于液态水分和气体导热性质的巨大差异，多孔介质的孔隙饱和度对其热导率有巨大影响。

(6)热扩散系数 α　热扩散系数即热扩散率，是表征干燥过程中传递温度变化能力的重要热物性参数。α 越高，物料加热或冷却进行得就越快，可通过式(2-56)得到。

$$\alpha=\frac{k}{\rho c} \tag{2-56}$$

式中，α 为热扩散系数，m^2/s；k 为热导率，W/(m·K)；ρ 为密度，kg/m^3；c 为比热容，J/(kg·K)。

(7)湿分扩散系数 D　湿分扩散系数是表征物料中水分扩散难易程度的物性参数。实际上，物料中的湿分扩散是一个复杂的过程，可包括分子扩散、毛细管流、克努森(Knudsen)流、吸水动力学和表面扩散等。对于干燥过程中的稳态扩散过程，可用 Fick 第一定律得到湿分扩散系数。

$$D=-\frac{J\,\mathrm{d}x}{\mathrm{d}C} \tag{2-57}$$

式中，D 为湿分扩散系数，m^2/s；J 为扩散通量，$kg/(m^2 \cdot s)$；$\mathrm{d}C$ 为水分的浓度差，kg/m^3；$\mathrm{d}x$ 为物料的厚度，m。

2.5.2 干燥动力学理论与模型

2.5.2.1 多孔介质中的水分迁移与蒸发

对于热泵干燥技术来说，传热过程通过物料与干热空气的对流换热过程，主要有两个阶段：一是由热空气将热能传递到物料表面，二是热量从物料表面传递到物料内部。传质过程也包括两个阶段：一是物料表面的水蒸气压力与空气中的水蒸气压力之差，导致物料表面的水分进入空气中；二是物料内部的传质情况，但内部的传质情况比较复杂，最开始的传质动力来自液态水分的扩散，随着干燥过程的进行，蒸发界面向内部逐渐后移，传质动力主要是水蒸气压差和毛细管压差。

概括来说，多孔介质干燥过程中，存在 5 种水分迁移机理：①湿分(液体或蒸汽)在浓度梯度作用下的扩散；②由毛细压力(表面张力)引起的液体在毛细管内的流动；③在压力梯度作用下，多孔介质孔隙中的湿分渗透；④湿分在孔隙中的蒸发与冷凝迁移；⑤由温度梯度而引起的湿分热扩散。

在上述 5 种基本的湿分迁移机理中，热扩散迁移是传热传质过程中的一项交叉效应，与其他几种迁移相比要小得多，在通常的干燥过程中热扩散迁移可以忽略不计。其他 4 种迁移机理在不同的干燥工况中扮演不同的角色。

理想条件下，物料的干燥过程包括预热干燥、恒速干燥、降速干燥三个阶段。在考虑到吸湿性多孔介质骨架中吸附水也可以移动的实际，以及物料表面对流传热和传质系数随物料表面水分含量变化的事实，建立了能够涵盖非吸湿性和吸湿性多孔介质干燥过程的后退蒸发前沿理论，较完善地解释了干燥过程中的三个阶段。

该理论认为，多孔介质干燥过程中内部存在一个由外向内不断后退的蒸发前沿(图2-26)。在干燥初始阶段，若介质接近于饱和，则自由水(不考虑溶质)充满孔隙，物料表面形成连续的液膜。此时，多孔介质内部湿分的运动主要为液态连续流体的毛细流。随着干燥继续进行，介质中的水分持续减少，外界空气将侵入多孔介质孔隙中，形成液相和气相均为连续相的状态；此时气体的连续运动成为可能，如蒸汽的连续扩散。这时候，内部水分向表面的迁移供给量与表面的水分蒸发量处于平衡状态，表面蒸发得以稳定持续地进行，物料温度逐渐升高，干燥速率恒定，物料处于恒速干燥阶段。

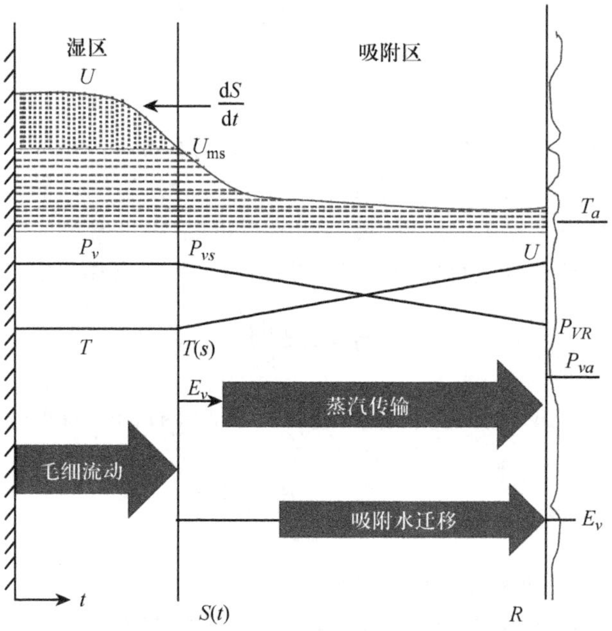

图 2-26　后退蒸发前沿示意图(张振涛和杨俊玲，2020)

随着干燥的进一步进行，表面水分不断蒸发，当表面饱和度小于某一临界值 S_c(对应临界含水率 X_c)时，表面水层将不再保持其连续性，连续的液膜层将变成为一块块不连续的湿区，表面的传质系数降低，蒸发减弱，干燥速率下降，物料进入降速干燥阶段。降速段开始时，介质的表面及内部温度维持恒定，表面水分蒸发依然存在，属于第一降速阶段。此时表面的对流传热和传质系数将是表面水分含量的函数。

当表面含水率到达最大吸湿含水率 X_{ms}(孔隙饱和度 $S=0$)时，不再有自由水存在，介质表面的温度将快速上升，表明第二降速段开始；这期间通常出现后退的蒸发前沿，将介质分为湿区和吸附区两个区域。蒸发前沿以内，物料为湿区，即孔隙中存在自由水，且湿分传递的主要机制是毛细流。蒸发前沿以外，不存在自由水，所有的水以吸附水或束缚水的状态存在，且湿分传递的主要机制为束缚水的运动和蒸汽传递。蒸发发生于蒸发前沿以及整个吸附区，同时蒸汽穿过蒸发区到达物料表面。

2.5.2.2 基本理论与模型

物料在干燥过程中多为非饱和多孔介质，构成气、液、固三相介质，因此物料内部的热质迁移方式可能多种并存，迁移驱动力也有多种。人们相继提出了多种干燥机理和模型，这些模型对于理解和描述干燥过程具有重要的作用。

1. 干燥理论简介

物料的干燥模型主要关注湿分如何通过孔隙传递到外表面的问题。由于多孔质孔隙和骨架在空间中并非处处连续，宏观质点包含大量孔隙，所以宏观连续变化过程实际上是孔隙尺度过程的表现。类似于连续介质力中的微元体，对多孔介质进行描述时，常在多孔介质内部引入包含有足够数量孔隙和骨架的“虚拟质点”，将多孔介质假设为空间上处处被虚拟质点占据的“虚拟连续介质”。虚拟质点也称为代表性单元体，它的尺寸比单个孔隙的尺寸大得多，但与所考虑的研究范围相比又足够小，因此可近似看成一个点。迄今为止，大多数多孔介质干燥模型，都是在此假设上建立起来的。代表性单元体中存在着骨架和孔隙，孔隙中为气液两相流。骨架可以是吸湿性或非吸湿性的，孔隙中的液态水分可以为纯水，也可以是溶液，气相一般可看作是空气和水蒸气的混合物。多孔介质物料参数，即含水率、饱和度、各相温度、密度、速度等宏观量，由代表性单元体对应状态参量定义，且对应于虚拟质点的空间坐标，因此具有空间分布性质。但虚拟连续介质由于不考虑孔隙结构等因素，所以对于超出实验定律范围的干燥过程不太适用。

为从理论上建立宏观物理量与孔隙量之间的数量关系，采用 20 世纪 70 年代 Whitaker 等建立的体积平均方法。与“虚拟连续介质”假设模型仅利用代表性单元体的概念不同，体积平均法利用体积平均量的精确概念，将适用于多孔介质特定相的已知连续介质模型进行空间平滑，严格推导出适用于多孔介质每一处的宏观输运模型：①在介质空间内每一点赋予一个有限的包含大量孔隙的体积(各体积可重合)，用该体积的体积平均量作为宏观量；②在单元体内每一相建立输运方程，给定边界条件；③在单元体上，对每一相方程进行积分，应用体积平均定理，并进行尺度和数量级分析，最终获得宏观输运方程。体积平均法在多孔介质热质传递研究中有大量的应用，干燥过程是其中之一，且相比于其他过程更为复杂。

此外，考虑实际多孔介质孔隙的离散性、通道的方向性和不同通过性以及孔隙几何和拓扑结构分布的不均匀性，利用数值计算的方法，建立起“孔道网络模型”；用规则几何元件组成的孔道网络(虚拟多孔介质)来代表结构复杂的真实多孔介质孔隙，建立由离散代数方程组描述的规则几何元件网络中的输运规律。孔道网络方法不需要宏观本构关系作为推理前提，也没有尺度分解(孔隙和介质尺度分解)的要求，而是直接在孔道中进行微、细观过程分析，将研究对象所涉的几何、物理特征直接考虑在模型中，所建模型更接近传递过程的物理机制，避免过多近似假设，更有利于考察与研究真实过程。

2. 干燥模型简介

大多数的干燥机理模型都是连续介质模型。干燥过程中，多孔介质为非饱和的，物料内部的热质迁移方式可能多种并存，迁移驱动力也有多种，因此人们相继提出了多种多孔介质的热质传递模型，如只考虑湿分梯度驱动的集总参数模型和单场扩散模型；湿分梯度和温度梯度驱动的 Philip 与 De Vries 双场模型；湿分梯度、温度梯度和压力梯度驱动的 Luikov 三场模型等。

最基本的理论模型就是只考虑湿分扩散的扩散方程。在假定湿物料均匀且各向同性、湿分在物料内的流动阻力分布均匀、扩散系数 D 与局部湿分含量无关、物料体积收缩可以忽略

的条件下，可将 Fick 第二定律简化为

$$\frac{\partial X}{\partial \tau}=D\frac{\partial^2 X}{\partial x^2} \tag{2-58}$$

式中，D 为扩散系数，m^2/s；x 为扩散距离，m。

对于无限大平板（薄片层物料）的初始湿分分布均匀、质量传递关于中心对称、样品表面含湿量瞬间与周围干燥介质达到平衡状态，则其初始和边界条件可写成

$$\tau=0,-L<x<L,X=X_0$$

$$\tau>0,x=0,\frac{\partial X}{\partial x}=0$$

$$\tau>0,x=\pm L,X=X_e$$

由此边界条件并化简后可得

$$M_R=\frac{X-X_e}{X_0-X_e}=\frac{8}{\pi^2}\exp\frac{-\pi^2 D\tau}{4L^2} \tag{2-59}$$

此即为薄层干燥的理论方程，其中扩散系数可由式（2-60）决定

$$D=D_0\exp\left(\frac{-E}{RT}\right) \tag{2-60}$$

式中，M_R 为湿分比；D_0 为指前因子，m^2/s；E 为湿分的扩散活化能，kJ/mol；R 为理想气体常数，J/(mol·K)；T 为干燥介质的绝对温度，K。

湿分比 M_R 定义为某时刻待除去的自由湿分量与初始总自由湿分量之比，是一个无量纲湿含量。平衡干基含湿量 X_e 难以确定，因此通常用干燥产品的终了干基含水率 X_f 代替。此外，相对于 X 和 X_0 而言，X_e 可以忽略，所以 M_R 在实际应用中可以表示成式。

$$M_R=\frac{X-X_e}{X_0-X_e}=\frac{X-X_f}{X_0-X_f}=\frac{X}{X_0} \tag{2-61}$$

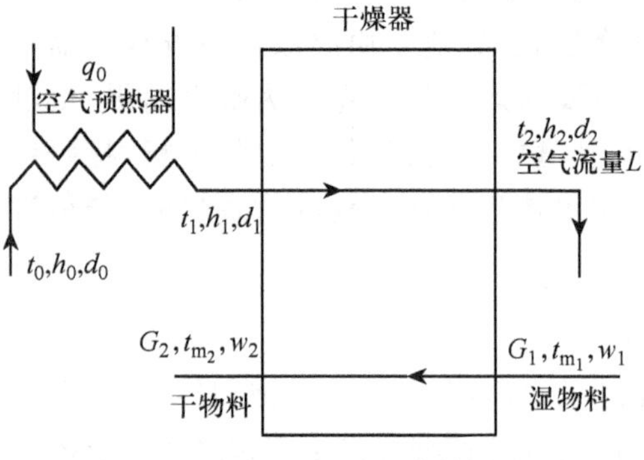

图 2-27　热风干燥过程计算示意图

绝大多数的干燥模型，如 Lewis 模型、Page 模型、Henderson and Pabis 模型等均是从 Fick 第二定律推导或修正而来的。

2.5.3　干燥器衡算

干燥器衡算包括质量衡算和热量衡算，得到湿物料中的水分蒸发量、空气用量和所需热量等信息，再依此进行热泵干燥系统的设计、设备选型、修正等过程。以图 2-27 中热风对流干燥过程为例，下面对整个干燥过程的负荷计算进行介绍。

在计算的过程中，通常需要知道以下参数。

（1）被干物料　进料量 G_1、干燥箱入口含水率（湿基）w_1、湿物料的进口温度 t_{m_1}，干燥后的产品质量 G_2、干燥箱出口含水率（湿基）w_2、出口温度 t_{m_2}。

(2)干燥介质　加热前的温度 t_0、焓值 h_0、含湿量 d_0，加热后的温度 t_1、焓值 h_1、含湿量 d_1，除湿后的温度 t_2、焓值 h_2、含湿量 d_2。

对于干燥系统，整个干燥过程可看作两个热力学过程。干燥介质的升温过程可看作等湿增焓过程，即 $d_1=d_0$；理想的干燥过程可以看作是干燥介质的等焓增湿过程，即 $h_2=h_1$。当然，在实际的干燥过程中，焓值是会有损失的。工程中干燥介质通常采用的是环境空气，这是因为环境空气的性质相对稳定，且容易获得、造价低廉。从环境中获得的空气都需要经过等湿增焓过程加热，这个过程一般是通过热泵、电加热、蒸汽换热等外界补热的方式完成的。

2.5.3.1　物料衡算

(1)水分蒸发量　对干燥器进行总物料衡算，可得

$$G_1=G_2+Z \tag{2-62}$$

如果在干燥过程中，由于飞溅或损耗等行为导致部分干物料产生损耗，则有

$$G_1=\frac{G_2}{\xi}\times\frac{1-\omega_2}{1-\omega_1} \tag{2-63}$$

式中，ξ 为物料保持率，在干燥成件物料时 ξ 接近 1。

对绝对干物料进行物料衡算，可得

$$Z=G_2\ \frac{\omega_1-\omega_2}{1-\omega_1}=G_1\ \frac{\omega_1-\omega_2}{1-\omega_2} \tag{2-64}$$

式中，Z 为水分蒸发量，kg/h；G_1 为进入干燥器的湿物料质量，kg/h；G_2 为离开干燥器的产品质量，kg/h；w_1 为湿物料的初始含水率，%(湿基)；w_2 为湿物料的终止含水率，%(湿基)。

除上述过程以外，还可以通过干基含湿率进行计算，干基含水率与湿基含水率之间可按式(2-65)转换。

$$X=\frac{\omega}{1-\omega} \tag{2-65}$$

则可得水分蒸发量

$$Z=G_c(X_1-X_2) \tag{2-66}$$

式中，Z 为水分蒸发量，kg/h；G_c 为湿物料中绝对干物料的质量，kg/h；X_1 为湿物料的初始含水率，%(干基)；X_2 为湿物料的终止含水率，%(干基)。

(2)干燥空气用量　设通过干燥器的绝干空气质量流量为 L(L 在干燥过程中不变)。对进出干燥器的空气中的水分进行衡算，得

$$L(d_2-d_1)=Z \tag{2-67}$$

或

$$L=\frac{Z}{d_2-d_1} \tag{2-68}$$

式中，L 为绝干空气质量流量，kg/h；Z 为水分蒸发量，kg/h；d_2 为进干燥器的空气湿度，kg/kg 干空气；d_1 为出干燥器的空气湿度，kg/kg 干空气。

如果空气进入干燥器前先通过预热器加热，由于加热前后空气的湿度不变，以 d_0 表示进入预热期时的空气湿度，则有

$$l=\frac{L}{Z}=\frac{1}{d_2-d_1} \tag{2-69}$$

式中，l 称为单位空气消耗量，表示从湿物料中蒸发 1 kg 水分所需要的干空气量，由式(2-69)可知，单位空气消耗量只与空气的始末含湿量有关，与干燥过程所经历的途径无关。

2.5.3.2　热量衡算

通过干燥器的热量衡算可以确定干燥过程的热能消耗量及热能的分配。由热力学第一定律可知，系统自身的内能增量等于进入系统的热量与离开系统的热量差值。在干燥系统中，干燥所需的热量等于干燥介质和物料进口热量与干燥介质和物料的出口热量及设备热损耗的差值，此即为系统外需要补充的热量。

(1)进入干燥系统的热量

①进入系统的干燥介质携带的热量

$$q_1=lh_0 \tag{2-70}$$

式中，q_1 为单位空气进入系统的热量，J/kg；l 为单位空气消耗量，kg/kg 水；h_0 为单位空气进入干燥系统的焓值，J/kg。

②单位被干物料带入的热量

$$q_{m_1}=c_w t_{m_1}+\frac{G_2}{Z}c_m t_{m_2} \tag{2-71}$$

式中，q_{m_1} 为被干物料进入干燥系统的热量，J/kg；c_w 为水的比热容 J/(kg・K)；c_m 为干物料的比热容，J/(kg・K)；t_{m_1} 为物料进入干燥系统的温度，K；t_{m_2} 为物料离开干燥系统的温度，K；Z 为水分蒸发量，kg/h；G_2 为被干物料离开干燥器的物料质量，kg/h。

(2)离开干燥系统的热量

①干燥介质离开系统的热量

$$q_2=lh_2 \tag{2-72}$$

式中，q_2 为干燥介质离开系统的热量，J/kg：l 为单位空气消耗量，kg/kg 水；h_2 为干燥介质离开干燥系统的焓值，J/kg。

②被干物料离开干燥系统的热量

$$q_{m_2}=\frac{G_2}{Z}c_m t_{m_2} \tag{2-73}$$

式中，q_{m_2} 为被干物料离开干燥系统的热量，J/kg；G_2 为被干物料离开干燥器的物料质量，kg/h；Z 为水分蒸发量，kg/h；c_m 为干物料的比热容，J/(kg・K)；t_{m_2} 为物料离开干燥系统的温度，K。

(3)干燥过程的热损耗

①干燥设备吸收的热量

$$q_e=\frac{G_e}{Z}c_e(t_{e_2}-t_{e_1}) \tag{2-74}$$

式中，q_e 为干燥设备吸收的热量，J/kg；G_e 为干燥设备的质量，kg/h；Z 为水分蒸发量，kg/h；c_e 为干燥设备的平均比热容，J/(kg・K)；t_{e_1} 为干燥开始前干燥设备的温度，K；t_{e_2} 为干燥结束后干燥设备的温度，K。

②干燥设备表面向环境的散热量

$$q_f=3.6\frac{kF\Delta t}{Z} \tag{2-75}$$

式中，q_f 为干燥设备表面向环境的散热量，J/kg；k 为干燥设备表面与环境之间的传热系数，W/(m²・K)；F 为干燥设备的外表面积，m²；Δt 为干燥设备表面与环境的温度差，K；Z 为水分蒸发量，kg/h。

则可得干燥设备的热损耗

$$q_L=q_e+q_f \tag{2-76}$$

式(2-75)和式(2-76) 在实际的工程计算中难以计算，所以设备的热损耗通常用供给总热量的5%～10%估算，小设备取大值，大设备取小值。

③物料升温需要的热量

$$q_M=\frac{G_2c_m(t_{m_2}-t_{m_1})}{Z} \tag{2-77}$$

式中，q_M 为物料升温需要的热量，J/kg；G_2 为被干物料离开干燥器的物料质量，g/h；c_m 为干物料的比热容，J/(kg・K)；t_{m_1} 为物料进入干燥系统的温度，K；t_{m_2} 物料离开干燥系统的温度，K；Z 为水分蒸发量，kg/h。

取 $\sum q=q_M+q_L$，并根据能量守恒原理，热量的收支之间是平衡的，可得

$$q_1+q_{m_1}+q_0=q_2+q_{m_2}+\sum q \tag{2-78}$$

于是可推导得

$$q_0=q_2-q_1+q_{m_2}-q_{m_1}+\sum q=\frac{h_2-h_0}{d_2-d_0}-c_wt_{m_1}+\sum q \tag{2-79}$$

即

$$\frac{h_2-h_0}{d_2-d_0}=c_wt_{m_1}-\sum q \tag{2-80}$$

则，整个干燥系统需要的热量为

$$Q=q_0Z \tag{2-81}$$

式中，Q 为干燥系统需要的总热量，J/h：q_0 为干燥 1 kg 水需要的热量，J/kg；Z 为水分蒸发量，kg/h。

考虑到在工程设计和实际干燥过程中，很多热损失没办法通过测量得出，因此也可通过以下公式进行简略计算，假设水的汽化潜热为 r_w，则可得

$$Q_w=Zr_w \tag{2-82}$$

式中 Q_w 为水分蒸发吸收的热量，J/h：Z 为水分蒸发量，kg/h；r_w 为水的汽化潜热，J/kg。

④湿物料温升吸收的热量

$$Q_s=cm(t_{m_2}-t_{m_1}) \tag{2-83}$$

式中，Q_s 为湿物料温升吸收的热量，J/h；c 为被干物料的比热容，J/(kg·K)；m 为被干物料的质量流量，kg/h；t_{m_2} 为被干物料离开干燥系统的温度，K；t_{m_1} 为被干物料进入干燥系统的温度，K。

考虑到干燥过程中存在热损失，则干燥过程中需要获得的总热量为

$$Q=\lambda(Q_w+Q_s) \tag{2-84}$$

式中，λ 通常取 1.1～1.5。

⑤干燥器热效率

干燥器的热效率一般指干燥过程中蒸发水分所耗热量与向加热器加入的总热量之比。

$$\eta=\frac{Zr_w}{Q}=\frac{r_w}{q}=\frac{r_w}{l(h_1-h_0)} \tag{2-85}$$

式中，η 一般都是小于 1 的，原因是进入干燥器的总热量除了用于干燥物料时汽化水分所需的热量外，还将用于干物料被加热所需的热量、物料中水分被加热到蒸发温度所需的热量以及干燥器的散热损失等。

提高干燥器的热效率可从以下 4 个方面考虑：使离开干燥器的空气温度降低，湿度增加(注意吸湿性物料)；提高热空气进口温度(法意热敏性物料)；废气回收，利用其预热冷空气或冷物料，用新鲜空气作为干燥介质时热效率为 30%～60%，用部分废气循环时，热效率可达 50%～75%；注意干燥设备和管路的保温隔热，减少干燥系统的热损失。

2.6 太阳能干燥系统的类型

2.6.1 被动式太阳能干燥系统

被动式太阳能干燥系统中，空气通过浮力或风压或两者结合自然加热和循环。在许多地中海、热带和亚热带地区，特别是在非洲和亚洲或小型农业社区，作物被动干燥仍然是常见的做法。这些设备结构简单，造价低廉，使用当地可用的材料，易于安装和操作，尤其是在远离电网的地方。被动干燥系统最适合干燥小批量水果和蔬菜，如香蕉、菠萝、杧果、马铃薯、胡萝卜等。

被动式太阳能干燥系统分为间接式被动干燥系统、直接式被动干燥系统、混合式被动干燥系统 3 类。

2.6.1.1 间接式被动干燥系统

间接被动式干燥系统通过集热器对介质进行加热，加热的介质再通过自然循环进入干燥箱去干燥物品，太阳光不与物品直接接触。

带有自然对流空气的间接式干燥器，为了增加干燥机的容量，在可用区域内使用一层以上的托盘和作物，托盘通常放置在垂直货架上，在连续托盘之间留有一定的空间。由于托盘的这种布置，空气流动产生的额外阻力是通过“烟囱效应”实现的。由于干燥箱和大气中空气的密度差，烟囱效应增加了空气的垂直流动。间接被动式太阳能干燥系统的原理和简易模型分别如图 2-28 和图 2-29 所示。间接被动式干燥系统适合干燥在阳光直射下外观/颜色、纹理、所含

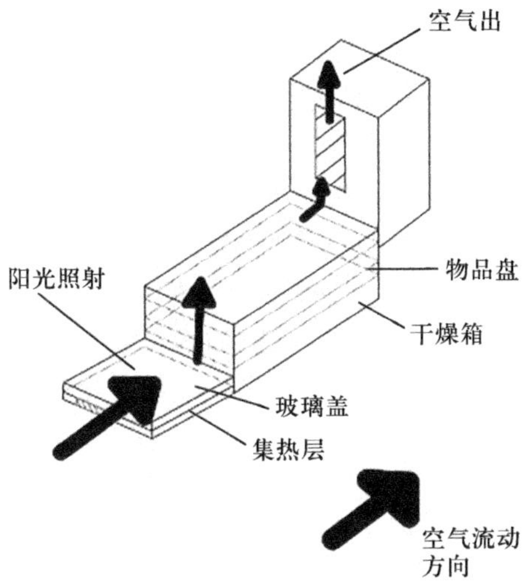

图 2-28　间接被动式太阳能干燥系统原理图

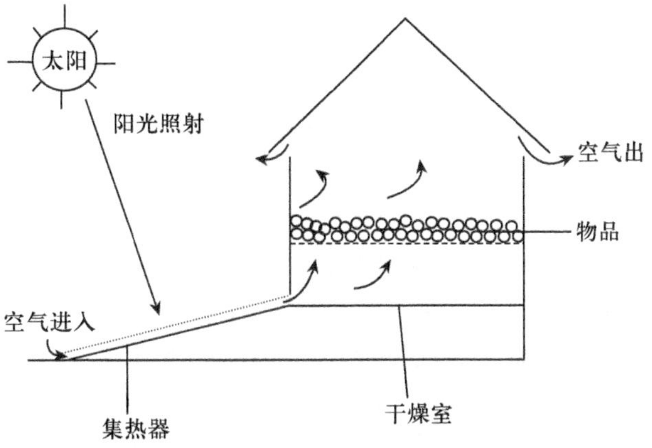

图 2-29　间接被动式太阳能干燥系统模型（伊松林等，2021）

元素会发生分解的物品，可以得到更好质量的干燥产品。

2.6.1.2　直接被动式太阳能干燥系统

典型的直接式被动太阳能干燥器与间接被动式的区别就是阳光直接照射在作物上。作物直接暴露在阳光下，可以增强某些葡萄、枣、咖啡等作物的颜色。这类干燥器有两种基本类型，即柜式干燥器和温室干燥器。

直接被动式太阳能干燥与温室大棚的结构很相似，基本上是经过改造的温室。它们设计有适当尺寸和位置的通风口，以控制气流。最早的被动式日光温室干燥器，它具有倾斜的玻璃屋顶，允许太阳直接辐射到产品上。干燥器的纵向南北对齐，具有黑色涂层的内部构件，以提高对太阳辐射的吸收，屋顶上脊盖处用于通风。直接被动式太阳能干燥系统的原理和模型分别如图 2-30 和图 2-31 所示。

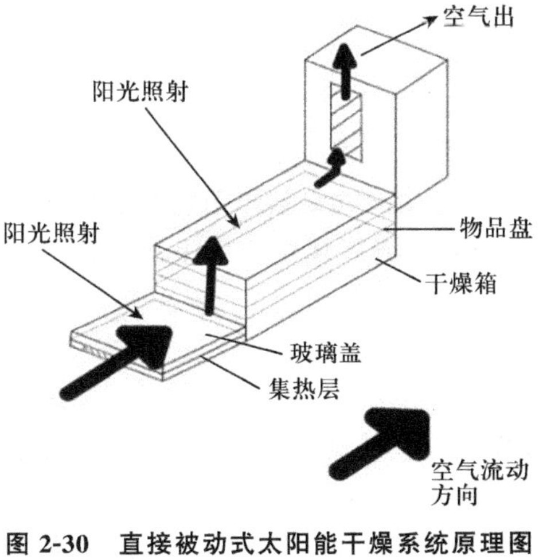

图 2-30　直接被动式太阳能干燥系统原理图

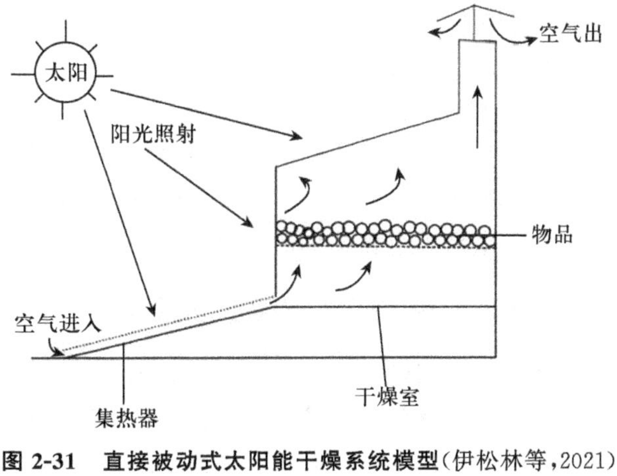

图 2-31　直接被动式太阳能干燥系统模型（伊松林等，2021）

2.6.2 主动式太阳能干燥系统

主动式太阳能干燥系统的设计结合了外部循环动力，如风扇或泵，将被太阳能加热的空气从集热区域转移到干燥区域。因此，所有主动式太阳能干燥器在应用中都是强制对流干燥器。典型的主动式太阳能干燥器仅依靠太阳能作为热源，而空气循环则使用电动风扇或通风机。主动式太阳能干燥系统由集热器、风机、干燥室3个主要部件组成。这些干燥器主要应用于大规模商业干燥作业，与传统化石燃料相结合，消除太阳辐射对干燥空气温度波动的影响，更好地控制干燥。众所周知，主动式太阳能干燥器适用于干燥含水量较高的食品，如木瓜、猕猴桃、马铃薯、卷心菜和花椰菜。主动太阳能干燥器可分为直接式、间接式或混合式。主动式太阳能干燥也是分为直接干燥和间接干燥。

2.6.2.1 间接主动式太阳能干燥系统

间接主动式太阳能干燥器具有单独的集热器和干燥装置。它们通常由4个基本部件组成，即太阳能空气集热器、干燥室、空气循环风扇和管道(图2-32)。由于有独立的空气加热装置，通过控制空气流速，可以轻松获得较高的温度。然而，集热器的效率在较高温度下运行时会降低，必须确定最佳温度和气流速度，以实现经济高效的设计。虽然大多数太阳能集热器是由金属或木材等吸收材料制成，并涂上适当的涂层，但也可以使用黑色聚乙烯等材料，它们是一种经济的替代品。

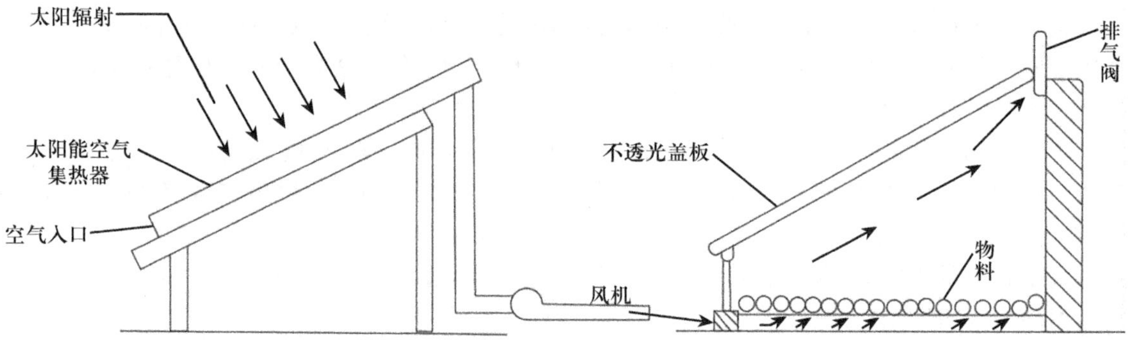

图2-32 间接主动式太阳能干燥系统模型(伊松林等，2021)

2.6.2.2 直接主动式太阳能干燥系统

直接主动式太阳能干燥器设计有一个集成太阳能收集装置。一般来说，直接主动式太阳能干燥器有3种不同的设计，即吸收式、储存式和温室式。直接主动式太阳能干燥系统与间接主动式最主要的区别就是阳光直接照射在物料上，适合在阳光下能展现更好色泽的物料。直接主动式太阳能干燥系统模型如图2-33所示。

2.6.3 混合式太阳能干燥系统

混合式太阳能干燥系统(图2-34)结合了太阳能与常规或一些辅助能源的特点，可以与任一能源组合或以单一模式运行，以补偿气候不确定性引起的温度波动。一般用于大中型企业，保证产品的正常生产。太阳能是间断的多变能源，为了解决供热波动性的问题，一般采用太阳能与常规能源或其他供热方式结合。目前，应用较普遍的常规能源为燃煤或其他燃料。以煤

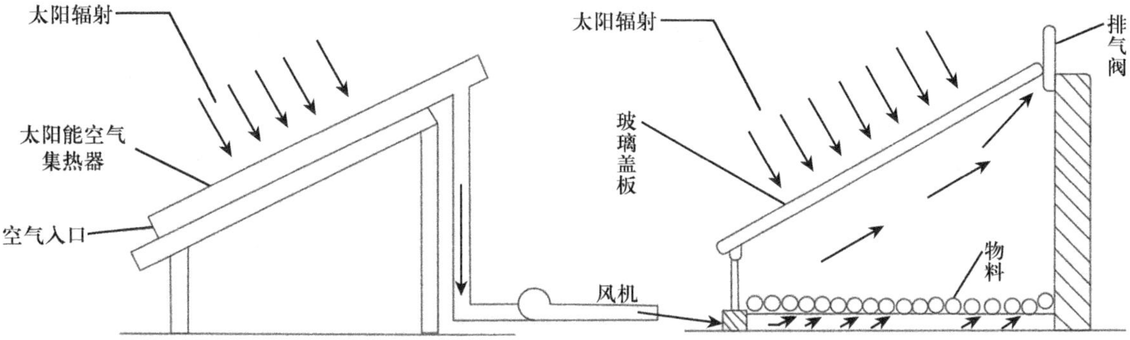

图 2-33 直接主动式太阳能干燥系统模型(伊松林等,2021)

为例采用锅炉产生的蒸汽或烟气,通过热交换器和太阳能一起组成干燥室的供热系统。晴天利用太阳能干燥,夜间或阴雨天用锅炉辅助供热。在电价便宜、电能丰富的地区,也可以用电能作为辅助能源,因为电加热器可以随着天气变化迅速地投入运行或关闭,适应性强,在水电资源丰富、季节性干燥作业较多的地区比较适宜。另外,还可采用各种不同的蓄热措施,来减少干燥室供热波动性的问题,早期使用较多的是鹅卵石蓄热装置将热量储存起来,供给夜间或者阳光不足的时候使用。

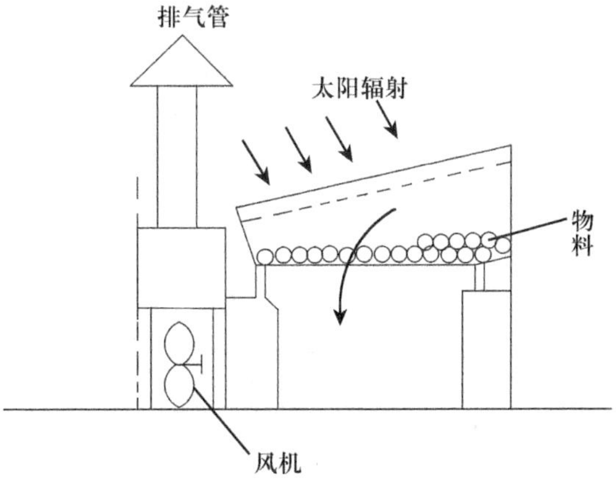

图 2-34 混合式太阳能干燥系统模型(伊松林等,2021)

2.6.4 太阳能热泵耦合干燥系统

热泵是一种充分利用低品位热能的高效节能装置。热泵借用水泵将水从低水位聚至高水位的含义,将热量从低温送至高温。热泵的主要部件是压缩机、蒸发器、膨胀阀和冷凝器。热泵依靠制冷工质在低温下吸热,经压缩机在高温下放出热量,空气经热泵提高了温度,即提高的热能的品质,可有效地把难以应用的低品质热能利用起来而达到节能目的。图 2-35 为热泵工作示意图。假设热泵从低温端吸收了 3 kW 的热能,热泵压缩机消耗 1 kW 的热能,就可以向干燥区域输送 4 kW 能量的高温空气。

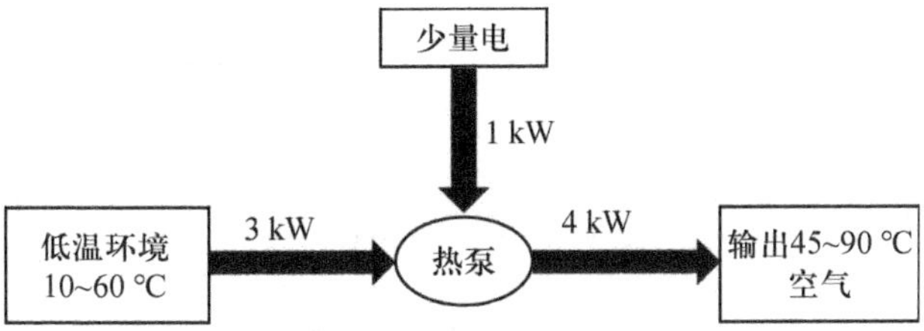

图 2-35 热泵工作示意图(伊松林等,2021)

热泵干燥和常规干燥(图 2-36)的基本原理和干燥本质相同,都是依靠干燥室内的热空气与被干燥物料之间的对流换热来完成的,空气加热被干物料并吸收从被干物料中蒸发的水分。两者的主要区别是去除湿空气的方式不同。常规干燥是利用向大气中排湿气的方式来减少干燥室内的相对湿度,即常规干燥根据工艺要求的湿度,定期从干燥室排气道排出一部分湿度大的热空气,同时从吸气道吸入等量的外界冷空气。热泵干燥主要依靠空调制冷的原理使空气中的水分冷凝来降低室内空气的湿度,空气在干燥室与除湿机之间为闭式循环,基本上不排气。热泵干燥机工作时,制冷剂只是转移热量的媒介物质,它在除湿蒸发器处吸收湿空气的热量并使空气变干,然后在冷凝器处释放出先前在蒸发器内吸收的热量使空气升温。热泵干燥机回收了干燥空气排湿放出的热量,因此它是一种节能干燥设备。

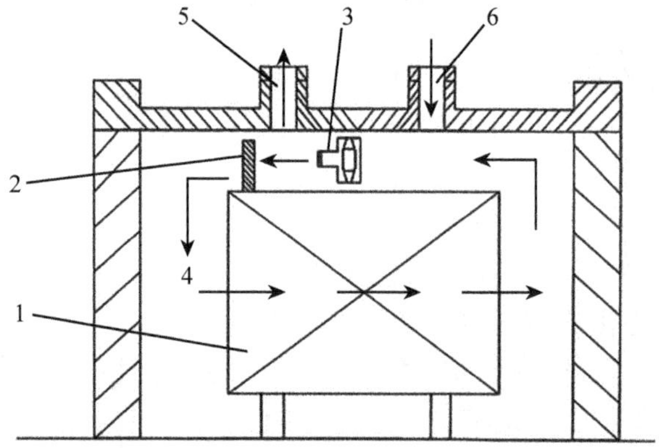

1-被干物料　2-加热器　3-风机　4-循环空气　5-排出湿气　6-进入新鲜空气

图 2-36　常规干燥室(伊松林等,2021)

由于太阳能干燥对气候、环境因素具有极高的依赖度,干燥效率不稳定。采用太阳能干燥与热泵干燥相结合,可以有效解决太阳能干燥的缺点,在气候、环境因素不好时,用热泵作为主要干燥动力;在外部条件稳定时,采用太阳能作为主要干燥动力,从而达到更加节能的效果。太阳能热泵干燥耦合系统运行原理如图 2-37 所示。

如果需要采用较高干燥温度的时候,可以太阳能集热器先将空气进行加热,然后再通过热泵来提高温度,在获得更高温度的同时也节省了更多的能量。

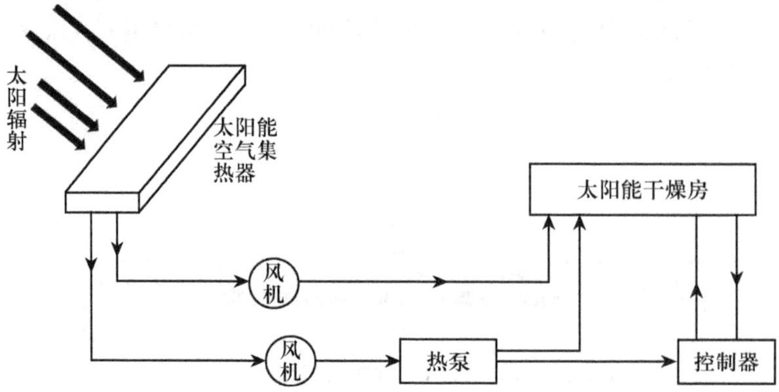

图 2-37　太阳能热泵干燥耦合系统运行原理(文淑容等,2014)

思考题

1. 简述翼管式平板集热器与扁盒式平板集热器的结构特点及优缺点。
2. 隔热体又叫作保温层,它的作用是什么?
3. 集热板包括吸热涂层、翅片和传热介质的流道三部分,根据集热板的功能及工程应用需要,对其技术要求主要包括哪些?
4. 简述不同类型真空管的结构组成及主要特点。
5. 简述储热式真空集热管组成的系统的优点。
6. 同心套管式真空集热管的组成部分有哪些?
7. 太阳能热水系统的运行方式有哪些?如何选择?简述每种类型的工作原理和特点。
8. 计算北京地区全年使用的太阳能热水系统,太阳能集热器安装方位为南偏东10°,太阳能集热器安装高度为H时的前后排最小不遮光间距S(北京的纬度为南偏东20°)。
9. 长沙市某住宅楼,4个单元,每个单元20户,集中供热水,采用直接式系统,按每户3人考虑。确定该太阳能热水系统的集热器面积(长沙的纬度$\varphi=28°$)。
10. 结合本章内容及其他文献资料,对比分析几种太阳能干燥系统。
11. 污泥干燥是处理污泥的必要手段之一,干燥后的污泥性质相对稳定,可以用作肥料、建材等。某工厂利用热风处理污泥肥料,其中热风利用蒸汽锅炉加热,计算水分蒸发量、污泥干燥所需的热量、干燥所需的风量和蒸汽换热系统的热负荷,同时试分析基于蒸汽锅炉的年运行成本。设计参数如下:
    (1)污泥处理量100 kg/h,初始含水率$\omega_1=80\%$,目标含水率$\omega_2=20\%$,初始温度20 ℃,干燥后的温度45 ℃,比热容$c_p=3.7$ kJ/(kg·℃)。
    (2)干燥介质取自环境空气,$t_0=20$ ℃,$\varphi_0=70\%$,空气离开干燥箱的温度$t_2=40$ ℃。
    (3)常压下水的汽化潜热$r_{w_1}=2\ 257.6$ kJ/kg,0.2 MPa水的汽化潜热$r_{w_1}=2\ 201.7$ kJ/kg。
    (4)干燥箱中的热风温度$t_1=65$ ℃。
    (5)天然气价格3.2元/m^3,电价0.736 4元/(kW·h)。
    (6)系统设备运行24 h,每年运行300 d。
12. 结合实际情况,分析太阳能热泵干燥系统与热泵干燥系统的优缺点以及经济效益,以及两种系统适合的场景。
13. 利用热风对流干燥对某物料进行干燥。常压下,热风温度为80 ℃相对湿度为10%,热风以1.5 m/s的流速平行流过物料表面,与物料的接触面积为3 m^2。物料在该热风条件下从含水率80%干燥至含水率15%,试求干基含湿量和干燥速率,恒速干燥阶段的干燥速率以及干燥到目标状态的时间。在此热风条件下,再对终了的产品进行干燥,干燥到含水率10%还需要多长时间。已知此干燥条件下物料的临界含水率=30%,平衡含水率=5%,待干物料质量为1.5 kg。
14. 查阅文献及资料,阐述太阳能干燥技术应用的最新进展,并简要概括其特点。
15. 太阳能干燥与常规能源相比较,优缺点分别是什么?

参考文献

[1] 初乐，赵岩，杨若因，等．太阳能干燥的应用[J]．中国果菜，2012(5)：60-62.

[2] 何梓年，李炜，朱敦智．热管式真空管太阳能集热器及其应用[M]．北京：化学工业出版社，2011.

[3] 李朋刚．热泵污泥干燥系统设计及特性研究[D]．哈尔滨：哈尔滨工业大学，2018.

[4] 李亚丽，张明玉．基于 Weibull 分布函数的双孢菇热泵干燥特性研究[J]．食品工业科技，2019，40(2)：63-69.

[5] 聂林林．香菇热泵除湿干燥技术的研究[D]．郑州：河南工业大学，2015.

[6] 饶政华，李玉强，刘江维，等．太阳能热利用原理与技术[M]．北京：化学工业出版社，2020.

[7] 邵理堂，刘学东，孟春站．太阳能热利用技术[M]．镇江：江苏大学出版社，2014.

[8] 沈维道，童钧耕．工程热力学[M]．5 版．北京：高等教育出版社，2016.

[9] 孙如江，卫江红．太阳能热利用技术[M]．北京：冶金工业出版社，2017.

[10] 孙宇飞．颗粒型非饱和含湿多孔介质热湿传递机理研究[D]．济南：山东建筑大学，2019.

[11] 唐泽．太阳能干燥技术及其应用探究[D]．北京：北京化工大学，2012.

[12] 王炳忠，申彦波．太阳常数的研究沿革和进展（下）[J]．太阳能，2016（4）：8-10.

[13] 文淑容，万松，吴晓鸿，等．油棕榈叶太阳能干燥系统设计[C]．临沂：中国太阳能热利用行业年会暨高峰论坛，2014：194-196.

[14] 杨世铭，陶文铨．传热学[M]．5 版．北京：科学出版社，2019.

[15] 伊松林，张璧光，何正斌．太阳能干燥技术及应用[M]．北京：化学工业出版社，2021.

[16] 余冰妍，邓力，程芬，等．基于多孔介质热/质传递理论的流体-颗粒食品热处理数值模拟研究进展[J]．食品与机械，2019，35(8)：209-215.

[17] 袁兴宇，梁俊宇，杨洋，等．基于太阳能热泵干燥系统的综合能源运行优化[J]．云南电力技术，2022，50(2)：60-66.

[18] 张洪滨，李世岩，梁晓军，等．国内外太阳能干燥技术研究进展[J]．农业工程，2020，10(8)：54-57.

[19] 张耀明，邹宁宇．太阳能科学开发与利用[M]．南京：江苏科学技术出版社，2012.

[20] 张振涛，杨俊玲．热泵干燥技术与装备[M]．北京：化学工业出版社，2020.

[21] 章炯，翟华，黄继杰．一种环保型可蓄热太阳能烘干设备[J]．机械设计与制造，2021(11)：132-135.

[22] 赵文智，颜凯，盛国刚．太阳能热水系统工程设计及案例[M]．北京：中国电力出版社，2018.

[23] 中华人民共和国住房和城乡建设部．GB 50364—2018 民用建筑太阳能热水系统应用技术标准[S]．北京：中国建筑工业出版社，2012.

[24] DENG Z，LI M，XING T，et al. A literature research on the drying quality of agricultural products with using solar drying technologies[J]. Solar Energy，2021(229)：69-83.

[25] ERBAY Z, ICIER F. A review of thin layer drying of foods: Theory, modeling, and experimental results [J]. Critical Reviews in Food Science and Nutrition, 2010, 50(5): 441-464.
[26] VIJAYA VENKATA RAMAN S, INIYAN S, GOIC R. A review of solar drying technologies [J]. Renewable and Sustainable Energy Reviews, 2012, 16(5): 2652-2670.
[27] WU R,KHARAGHANI A, TSOTSAS E. Capillary valve effect during slow drying of porous media [J]. International Journal of Heat and Mass Transfer, 2016,94:81-86.

第3章 太阳能光伏发电技术

本章学习的目的与要求

了解太阳电池的分类情况；理解太阳能电池的原理与特性；掌握最大功率点跟踪算法；熟悉光伏并网逆变器的不同拓扑结构；重点掌握光伏并网逆变器的控制策略与建模方法；了解农村光伏发电的发展现状；光伏并网逆变器的序阻抗建模是本章学习的难点。

3.1 太阳能光伏发电概述

3.1.1 太阳能光伏发电系统的组成及其基本原理

太阳能光伏发电系统通常由太阳电池、逆变器等设备组成。各部分设备的作用如下。

(1)太阳电池　太阳电池是光伏发电系统的电能产生部分。在有光照条件下，太阳电池吸收光能，此时其两端出现异号电荷的累积，即“光生伏特效应”。在光生伏特效应的作用下，其两端产生电动势，将光能转化为电能。太阳电池经过串并联并且封装后，组成大面积的光伏组件，多个光伏组件构成光伏阵列。

(2)逆变器　逆变器是光伏发电系统的核心元件。逆变器按照应用系统的不同大致分为离网逆变器和并网逆变器。离网逆变器的功能是将光伏阵列侧的直流电转换为交流电，而并网逆变器除了将光伏阵列侧的直流电转换为交流电以外，还需完成并网的各种控制以及故障的处理。此外它还需要实现光伏阵列的最大功率点跟踪(maximum power point tracking, MPPT)。在光伏发电系统中，光伏电池的效率除与光伏电池的内部特性有关外，还受使用环境如环境温度等因素的影响。在不同的外界条件下，太阳电池的最大功率点(maximum power point, MPP) 也不相同。因此，对于光伏发电系统而言，应当寻求太阳电池的最优工作状态，以最大限度地将光能转化为电能。利用控制方法实现光伏电池的最大功率输出运行的技术被称为最大功率点跟踪(MPPT) 技术。

(3)其他部分　包括汇流箱、变压器、光伏支架等。

根据太阳能光伏发电系统运行方式的不同，一般将光伏发电系统分为离网发电系统和并网发电系统两类，下面对不同类型的光伏系统进行描述。

离网光伏发电系统即未与公共电网相连接的太阳能光伏发电系统，主要应用于远离公共电网的无电地区和特殊处所。

典型的离网光伏发电系统主要由太阳电池、蓄电池、逆变器等部分组成，如图 3-1 所示。

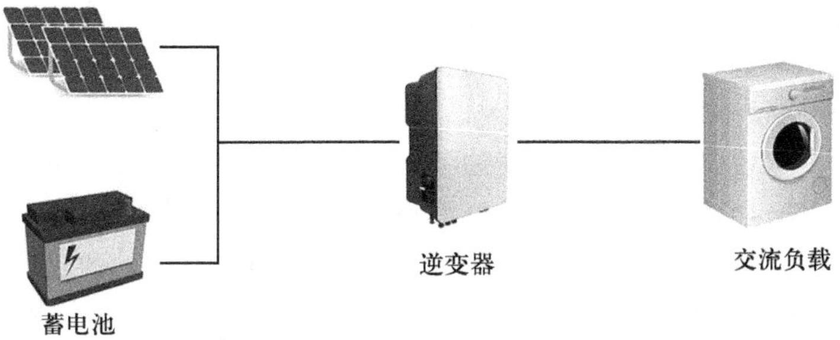

图 3-1　离网光伏发电系统结构

并网光伏发电系统是指与公共电网相连接并向电网输送电力的太阳能光伏发电系统。并网光伏发电系统可分为集中式大型并网光伏发电系统和分布式小型并网光伏发电系统。大型并网光伏电站所发的电能被直接输送到电网上，由电网统一调配向用户供电，其建设投资大，建设期长，需要复杂的控制及配电设备，并占用大片土地。同时，其发电成本目前要比市电贵，因此其发展受到很多限制。但随着太阳能光伏发电进入大规模商业化，建设这种大型并网光伏电站将成为必然趋势。与大型并网光伏电站相比，分布式小型并网光伏系统具有许多优越性，如建设容易、投资不大，许多国家相继出台了一系列激励政策，因而在各发达国家备受青睐，发展迅速。除此之外，由多块太阳电池通过串联构成光伏组串，每路(或几路)光伏组串连接一台组串式逆变器所构成的分布式光伏电站相比于集中式光伏电站也有一些优越性。典型的并网光伏系统主要由光伏阵列、汇流箱、并网逆变器 3 部分组成，如图 3-2 所示。

图 3-2　并网光伏发电系统结构

3.1.2　太阳能光伏发电的意义

3.1.2.1　促进双碳目标的实现

为应对气候变化挑战、解决气候危机，我国提出了二氧化碳排放力争于 2030 年前达到峰值、力争 2060 年前实现碳中和目标的承诺。中国的碳排放主要集中于电力、工业和交通部门，能源领域产生了我国大部分的碳排放，碳达峰碳中和的深层问题是能源问题，能源转型是实现“双碳”的根本保障。

目前中国的电力结构仍然以煤电为主，因此电力系统的深度脱碳是中国实现碳中和目标的关键。在用电总需求仍较快增长的情况下，减少煤电，就要增加以光伏发电为代表的可再生能源发电。

光伏发电不消耗燃料，不会产生废气废渣，不会对环境造成污染，而且光伏电站能充分利用荒漠地带进行建厂，建成以后可以有效降低地表温度，减少水分蒸发，能有效遏制沙漠化，使环境得以改善。光伏发电具有显著的能源、环保和经济效益，是最优质的绿色能源之一，光伏发电可以从多个方面助力国家实现双碳目标。目前我国光伏产业在制造业规模、产业化技术水平、应用市场拓展、产业体系建设等方面均位居全球前列。

3.1.2.2　利用光伏实现贫困地区收入增长

光伏发电已经成为扶贫工作的一条新途径，通过支持贫困户安装分布式光伏发电系统，即因地制宜，利用贫困地区荒山荒坡、农业大棚或设施农业等建设光伏电站，来增加贫困人口基本生活收入。在西部某些日照充足但经济贫困的地区，通过光伏电站的建设，可以带来部分收益，帮助贫困居民走出经济困境。例如在新疆地区，建成投产的光伏电站所得的费用用于补助贫困地区村民，并且根据光伏收益设置公益性岗位，带动村民就近就业，达到长期增收的效果，走上稳定致富的道路，为乡村振兴蓄力赋能。

3.1.3　太阳能光伏发电的现状与发展趋势

3.1.3.1　国内发展现状

太阳能作为一种资源丰富的清洁能源，在能源领域备受青睐。早在20世纪50年代初，光伏电池的研究项目开始崭露头角；20世纪70年代，光伏发电产业正式面世；20世纪90年代，在国际环境的带动下，中国的光伏发电产业迎来了春天，但此时中国光伏产业几乎完全依赖于国际材料以及国际技术的支持，国内光伏发电创新技术进度极其缓慢。2002年，“光明工程”的出台使得国内光伏产业迈入了一个新的台阶。在政府的大力支持下，中国光伏产业迈向了正规化的历程，并成为世界第一大光伏发电市场。如今，我国已经成为世界上光伏产业发起趋势最快、规模最大的国家。

(1)组件方面　2021年，全国组件产量达到182 GW(图3-3)，同比增长46.1%，以晶硅组件为主。其中，排名前五企业产量占国内组件总产量的63.4%。2022年组件产量超过233 GW。

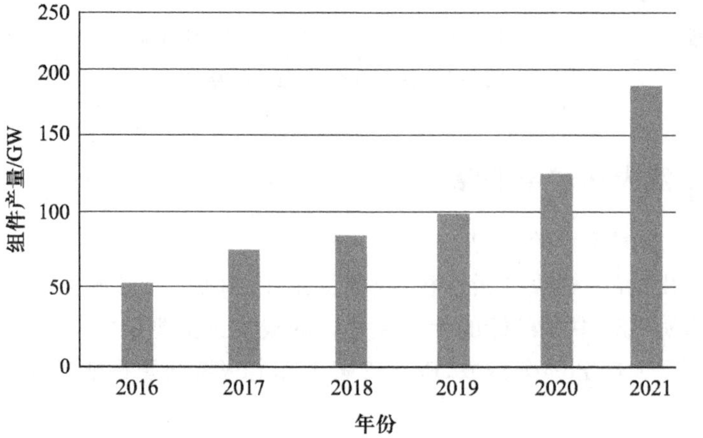

图3-3　全国太阳能组件生产情况(数据来源：中国光伏行业协会)

(2)光伏市场方面 2021 年全国新增光伏并网装机容量 54.9 GW,同比上升 13.9%;累计光伏并网装机容量如图 3-4 所示,2021 年达到了 308 GW;新增容量连续九年全球第一,累计容量连续七年全球第一。2022 年光伏新增装机容量超过 75 GW,累计装机达到约 383 GW。全年光伏发电量为 326 TW·h,同比增长 25.1%,约占全国全年总发电量的 4.0%。

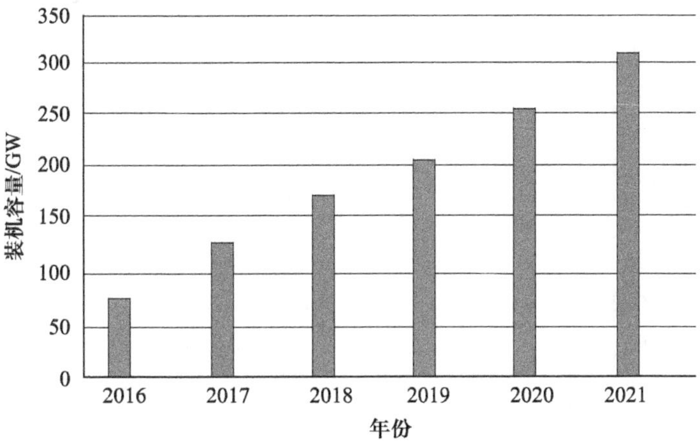

图 3-4 全国光伏累计装机容量(数据来源:中国光伏行业协会)

3.1.3.2 国外发展现状

随着清洁能源的普及,光伏发电新增量在世界范围内有了大跨度发展。欧洲市场的光伏发电技术兴起较早,且占有的市场份额较大。

(1)组件方面 从产业规模方面来看,截至 2021 年年底全球组件产能达 465.2 GW,同比分别增长 45.4%,如图 3-5 所示,近几年全球组件产能一直保持快速增长。2022 年全球光伏组件产能逼近 600 GW。

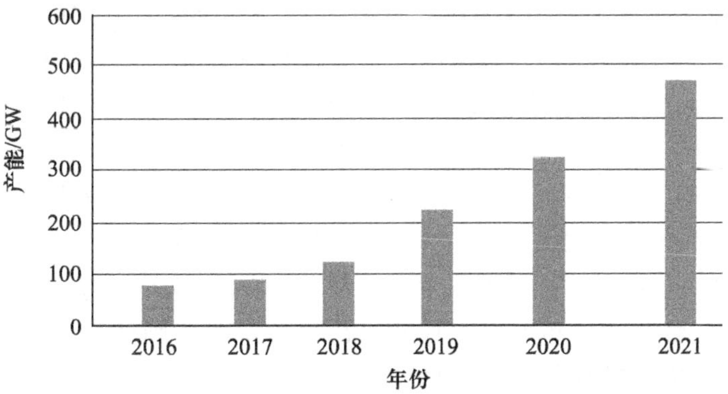

图 3-5 全球光伏组件产能图(数据来源:中国光伏行业协会)

(2)光伏装机容量方面 随着中国、日本等主要光伏市场致力于市场改革,市场模式逐步从政策驱动型向市场驱动型转变,2016—2021 年全球光伏累计装机容量见图 3-6。未来 5 年,全球光伏发电的增长率将逐步放缓。2022 年全球光伏市场增长率为 7%,达到 169 GW,2023 年增长率为 6%,将达到 180 GW,2023 年全球光伏市场累计装机容量将达到 1~2 TW 及以上。随着光伏组件价格的进一步降低和能源需求的快速增长，越来越多的发展中国家将目光投向了成本正在逐渐降低的光伏发电技术，而这些国家将成为未来全球光伏市场增长的重要来源之一。

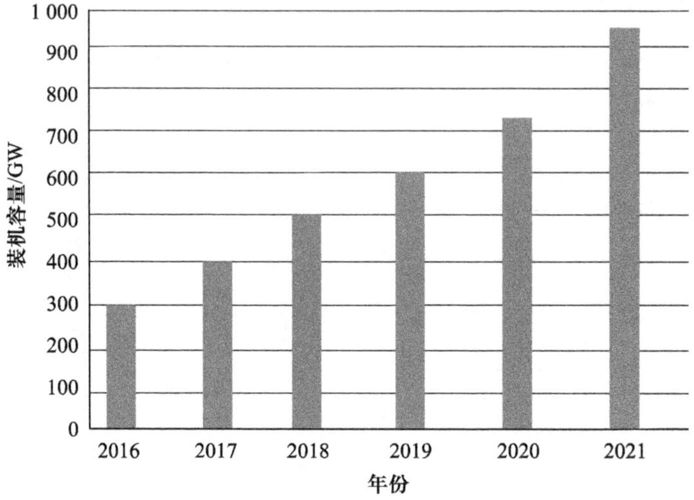

图 3-6　全球光伏累计装机容量（数据来源：中国光伏行业协会）

3.1.3.3　发展趋势与展望

(1)分布式推动光伏装机规模持续快速增长　分布式光伏发电特指在用户场地附近建设，运行方式以用户侧自发自用、多余电量上网，且在配电系统平衡调节为特征的光伏发电设施。分布式光伏发电遵循因地制宜、清洁高效、分散布局、就近利用的原则，充分利用当地太阳能资源，替代和减少化石能源消费。它是一种新型的、具有广阔发展前景的发电和能源综合利用方式，它倡导就近发电、就近并网、就近转换、就近使用的原则，不仅能够有效提高同等规模光伏电站的发电量，同时还有效解决了电力在升压及长途运输中的损耗问题。

(2)光伏发电开发利用模式持续多元化　光伏发展将持续保持多品种协同发展特点，并进一步与其他行业实现融合发展。在多品种协同发展方面，除“光伏＋储能”外，将继续加大水风光、风光火储、区域耦合供暖等多品种协同发展；融合发展方面，光伏发电等新能源将持续深化与农业、林业、生态环境、乡村振兴等行业的融合，不断拓展新能源发展新领域、新场景。

(3)太阳电池技术加速迭代　大尺寸太阳电池将成为主流。由于能够获得更低的度电成本，近年来晶体硅电池单片尺寸不断向大尺寸发展，并在去年实现市场占比的快速提升。2022年进一步延续了这一趋势，182 mm 以上尺寸电池市场占比达到七成以上。N 型电池有望快速增长。目前 P 型钝化发射极和背面触点(PERC)电池占据九成以上的市场份额，N 型电池尚在推广阶段，其发展速度取决于其与 PERC 电池的成本与效率的差异。行业持续提效降本、设备优化为 N 型电池的发展提供了机遇。根据各主流厂商扩产计划，2022 年 N 型电池(TOPCon 与 HJT 电池)产能规模将达 40～50 GW。若 N 型电池降本以及良率控制能够取得突破，其市场占有率发展将有望超过预期。

(4)柔性并网技术　现阶段由于新能源发电系统尤其是光伏发电系统在电网发电比例越来越大，承担的任务越来越重，光伏发电对电网的柔性支撑更加重要。并网逆变器是可再生能源与电网之间的桥梁和纽带。随着可再生能源渗透率的不断提高，功能更加多样、控制更加灵活的柔性并网逆变器具有重要的研究价值和应用前景。

3.2　太阳电池与最大功率跟踪控制

太阳电池作为电能输出模块，是光伏发电系统中不可或缺的一环，其输出功率直接决定了整个光伏发电系统的输出大小。然而太阳电池的输出功率易受环境影响，因而研究太阳电池工作特性进而实现最大功率跟踪控制尤为重要。

3.2.1　太阳电池分类

太阳电池种类众多，按照不同的分类方法，可进行如图 3-7 所示的分类。

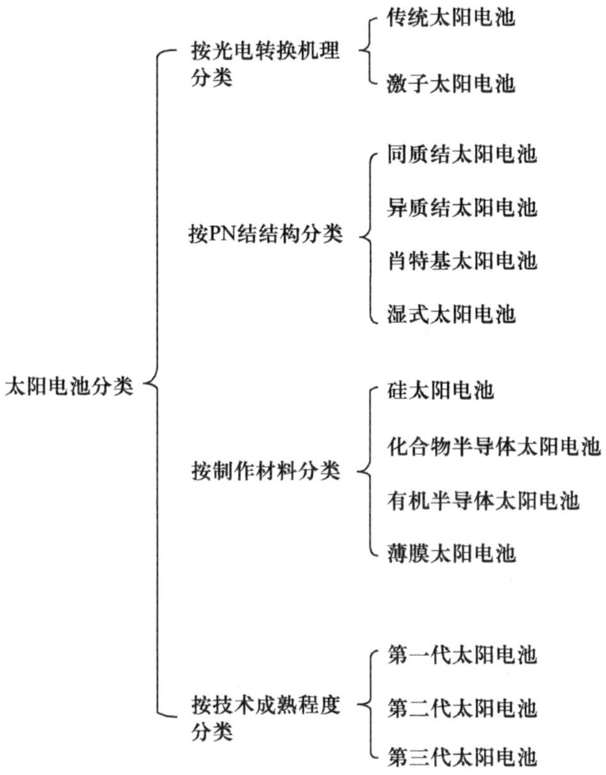

图 3-7　太阳电池分类

从光电转换机理角度区分，太阳电池可分类如下：

(1)传统太阳电池　传统太阳电池指硅基 PN 结太阳电池，其光电转换机理为光生伏特效应，发展较为成熟，是现如今主流的太阳电池。

(2)激子太阳电池　激子太阳电池作为新型太阳电池，其光电转换机理为光生激子效应，在近些年取得迅速发展，应用场合越来越广泛，主要代表为染料敏化、量子点敏化太阳电池、有机聚合物太阳电池等。

太阳电池多为半导体材料制造，根据 PN 结的不同结构，太阳电池可分类如下：

(1)同质结太阳电池　由同种半导体材料制备的PN结或浓度的梯度结称为同质结。由同质结制备的太阳电池称为同质结太阳电池，如单晶硅、多晶硅太阳电池、砷化镓太阳电池等。

(2)异质结太阳电池　由禁带宽度不同的半导体材料制备的PN结或浓度的梯度结称为异质结。由异质结制备的太阳电池称为异质结太阳电池，如砷化镓/砷化铝镓异质结太阳电池。

(3)肖特基结太阳电池　半导体和金属的接触面形成一个“肖特基势垒”的太阳电池，称为肖特基结太阳电池。如硅/铂肖特基结太阳电池，经发展可改进为半导体-氧化物-金属太阳电池。

(4)湿式太阳电池　用浸于电解质中的半导体构成的电池，称为湿式太阳电池，又称为光电化学电池。

根据制作材料进行分类，太阳电池可分类如下：

(1)硅太阳电池　以晶体硅为主要材料制备的太阳电池，可分为单晶硅和多晶硅太阳电池，是目前光伏行业应用占比最大的两种太阳电池。

①单晶硅太阳电池：单晶硅太阳电池材料结晶完整，载流子迁移率高，串联电阻小，是硅系太阳电池中转换效率最高的电池。转换效率在我国已经平均达到16.5%，而实验室记录的最高转换效率超过了24.7%。这种太阳电池一般以高纯的单晶硅硅棒为原料，纯度要求较高，为99.999 9%。但受限于单晶硅材料价格及相应烦琐的电池工艺等因素，单晶硅成本价格居高不下。

②多晶硅太阳电池：多晶硅太阳电池材料晶体方向无规律性，以及晶体晶界连接的不规则性造成其转换效率要比单晶硅太阳电池低。不过多晶硅的生产工艺简单，制造成本低，可大规模生产，因而具有广阔的发展前景。

(2)化合物半导体太阳电池　由两种及两种以上元素组成具有半导体特性的化合物半导体材料制成的太阳电池，如砷化镓太阳电池、硫化镉太阳电池等，具有光电特性优良、稳定性高、可拓性好等优点。

(3)有机半导体太阳电池　含有碳-碳键且导电能力介于绝缘体和金属之间的太阳电池。具有制备工艺简单，电池弯曲柔韧性好等优点，缺点是光电转换效率较低。

(4)薄膜太阳电池　用单质元素薄膜、无机化合物薄膜或者有机材料薄膜等制作的太阳电池，具有质量小、厚度薄、可弯曲、制造工艺简单等优点，应用范围十分广泛，但也具有易潮解、光衰减的缺点。

按技术成熟程度分类，太阳电池可分为以下3类：

(1)第一代太阳电池　主要基于硅晶片，采用单晶硅和多晶硅材料制成。以硅片为基础的第一代太阳电池，技术发展成熟，但成本较高，硅晶片的尺寸也不能满足大面积的要求。

(2)第二代太阳电池　主要为基于薄膜技术的太阳电池，包括硅基薄膜类、化合物类、有机类，但薄膜电池目前还处于发展萌芽阶段。

(3)第三代太阳电池　主要是一些新型概念电池，包括叠层电池、量子点电池、多能带电池、热载流子电池、多载流子电池等。目前第三代太阳电池主要集中于概念和简单实验层次上的研究。

除了上述分类，太阳电池还可进行其他分类，如分为空间用和地面用等，对于不同的应用场合，应综合考虑成本、制备工艺等实际情况选择恰当的太阳电池。

3.2.2　太阳电池的基本原理

如上所述，根据不同的光电转换机理，太阳电池可分为传统太阳电池和激子太阳电池。传统太阳电池的光电转换机理为光生伏特效应：气体、液体、固体等在光照射下，其内部的电荷分布状态发生变化，电荷分布的变化会产生电动势和电流，物体的这种效应即为光生伏特效应。光生伏特效应是物体将光能转换成电能的一种现象，在固体特别是半导体中，能量转换的效率相对较高，太阳电池就是依托这一原理实现光电转换。以光生伏特效应为基础的传统太阳电池的工作原理如图 3-8 所示。

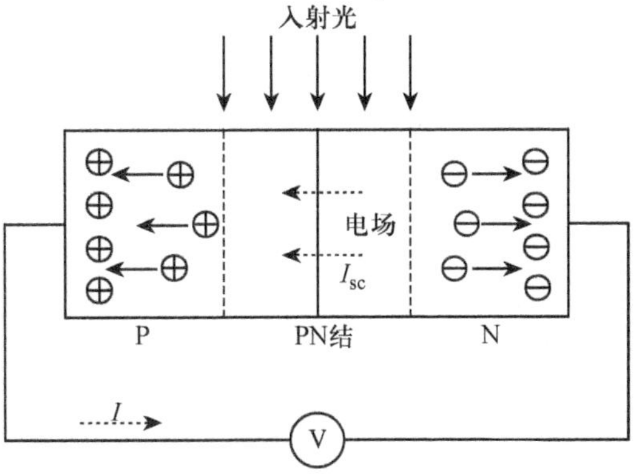

图 3-8　光生伏特效应原理

半导体中 PN 结的势垒区存在着较强的内电场，当太阳光照射 PN 结时，由于内电场的作用，半导体的势垒区产生的处于非平衡状态的电子和空穴将被迫分离，其中电子向 N 型区移动，空穴向 P 型区移动。因此 N 型区的电势降低，P 型区的电势升高，半导体的 PN 结两端产生电动势，这就是半导体 PN 结的光生伏特效应原理。半导体内部电子和空穴分别向 N 型区和 P 型区方向漂移的结果是在 PN 结的内部产生光生电流 I_{SC}，其方向在 PN 结内部与带负电荷的电子的移动方向相反，即从 N 区流向 P 区。若半导体的 PN 结与外电路接通，外电路便有电流通过；若 PN 结开路，则形成开路电压，即 PN 结两端的光生伏特电势差。

还有一类太阳电池，其基本原理为光生激子效应，属于光生伏特效应的范畴。与传统太阳电池的光生伏特效应中产生光生自由载流子不同，激子太阳电池在光照的作用下产生束缚在一起的电子-空穴对(称为激子)，激子扩散到电池内部相界面上，发生电荷分离形成自由载流子，进而会影响电荷分布形成电势差，即光生激子效应，典型代表为钙钛矿太阳电池。

钙钛矿太阳电池工作原理为：当太阳光激发时，光吸收层(钙钛矿)吸收光子产生激子，激子在钙钛矿晶体中扩散直至与传输层的分界面处。到达分界面后，激子在内建电场的作用下发生电荷分离变为自由载流子，其中电子经 N 型电子传输层到达阳极，然后通过外电路转移至阴极；同时，空穴经 P 型空穴传输层到达阴极，在此处与自由电子结合，完成一个闭合回路，回路中形成电流。

3.2.3　太阳电池与光伏阵列的建模及特性

3.2.3.1　太阳电池的等效电路

现如今主流的太阳电池为以硅基 PN 结为基础制成的太阳电池，因此下面以光生伏特效应原理为例推导太阳电池的等效电路。

由光生伏特效应，在光照下，太阳电池会产生正向偏压，因此在光照一定的理想条件下，可将其等效于一个 PN 结型二极管，即一个恒流电源。在 PN 结为理想状态情况下，太阳电池理想等效电路如图 3-9 所示，由恒流发生器、二极管和负载电阻组成。图中 I_L 是太阳电池受光辐射产生的光电流，且光电流正比于太阳电池的面积和入射光的辐射强度。I_O 为暗电流，为

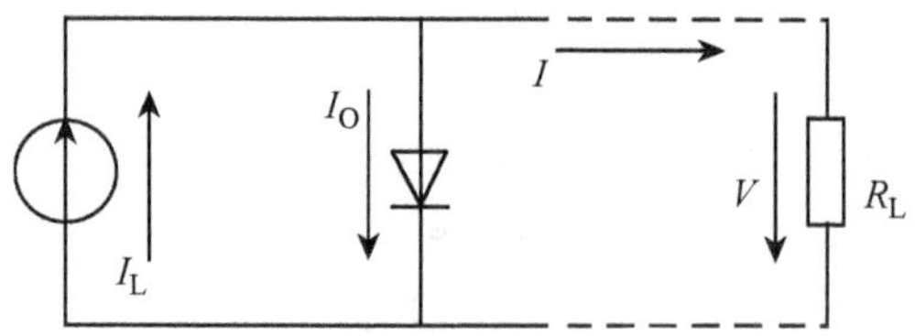

图 3-9　太阳电池理想等效电路

无光照情况下通过太阳电池 PN 结的电流。I 是太阳电池输出负载电流，V 是太阳电池输出电压。

在该等效电路中，负载端电压 V 和负载电流 I 之间的关系式，可由下式给出：

$$I=I_L-I_O(e^{\frac{qV}{AKT}}-1)$$

其中：

$$I_L=[I_{Lr}+K_I(T-298)]\frac{S}{100}$$

$$I_O=I_{Or}\left(\frac{T}{T_r}\right)^3 e^{\left[\frac{qE_G}{AK}\left(\frac{1}{T_r}-\frac{1}{T}\right)\right]}$$

其中，K 为玻耳兹曼常数（1.38×10^{-23} J/K）；T 为绝对温度；A 为 PN 结理想因子，其值常为 1～2；S 为光照强度（W/m^2）；I_{Lr} 为标准测试条件下（光照强度 $S=1$ kW/m^2，环境温度 $T_r=298$ K）所测得的光生短路电流；K_I 为光生电流随温度变化系数（0.001 7 A/℃）；E_G 为晶体硅的能带宽度；I_{Or} 为标准测试条件下二极管的饱和漏电流（约 10^{-12} A/cm^2）。

在实际电路等效时，通常用并联电阻 R_{sh} 代替由电流短路引起的电压损失，简化后的太阳电池等效电路如图 3-10 所示。R_{sh} 主要包括 PN 结内漏电阻、电池边缘漏电阻以及 P 型区和 N 型区各种导电膜的电阻等，一般为几千欧姆，而短路电流 I_{sh} 通常是由太阳电池的边沿漏电和电池的金属桥漏电造成的；用串联电阻 R_s 等效替代电流流经太阳电池时其内阻产生的电压损耗，R_s 主要由电极导体电阻、扩散层横向电阻、基体材料电阻和前后电极与基体材料的接触电阻等组成，一般小于 1 Ω。

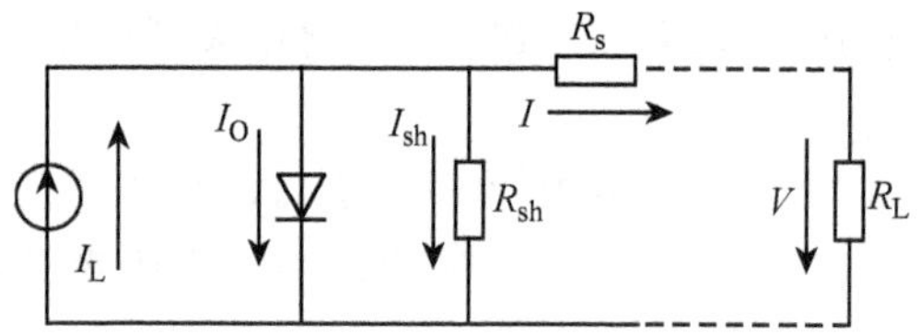

图 3-10　简化后的太阳电池等效电路

在图 3-10 设定的电压、电流参考方向下，太阳电池的伏安特性可表示为：

$$I=I_L-I_O\left[e^{\frac{q(V+IR_s)}{AKT}}-1\right]-\frac{V+IR_s}{R_{sh}} \tag{3-1}$$

式(3-1)是基于太阳电池原理的解析表达式，已被广泛应用于太阳电池的研究分析中。当光照较强时，$\frac{V+IR_s}{R_{sh}}$非常小，可忽略不计，故式(3-1)可简化为：

$$I=I_L-I_O\left[e^{\frac{q(V+IR_s)}{AKT}}-1\right] \tag{3-2}$$

3.2.3.2　光伏阵列的数学模型

由于单个太阳电池产生的电压很小，实际应用中通过对单个的太阳电池进行大规模串并联形成光伏阵列来达到目标功率。由于太阳电池输出直流电，要增大输出电流需要将太阳电池并联，要增大输出电压需要将太阳电池串联，因而通过对单个太阳电池的串、并联交替组合即可得到期望的直流电压或电流。

在一定条件下，串联支路中被遮蔽的太阳电池，将被当作负载消耗其他有光照的太阳电池所产生的能量，被遮蔽的太阳电池因此发热，即热斑效应。在实际使用太阳电池中，若热斑效应产生的温度超过一定极限，将会使电池组件上的焊点熔化并毁坏栅线，进而导致整个太阳电池的毁坏。为了避免太阳电池在遮光情况下因热斑效应过热损坏，通常在太阳电池的串联支路上并联一个旁路二极管。

将 n_s 个含有旁路二极管的光伏组件进行串联，组成的串联支路再与一个隔离二极管串联，再由 n_p 条这样的串联支路并联即可组成一个光伏阵列，其模型如图 3-11 所示。

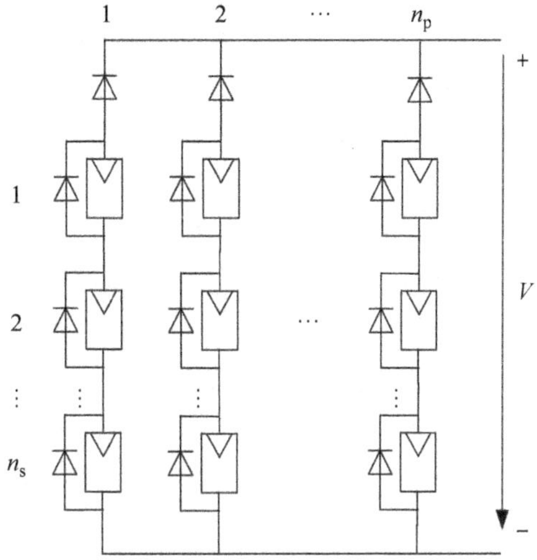

图 3-11　光伏阵列模型

之所以串联隔离二极管，是为了防止光伏阵列的某条支路在光照或温度不均匀等情况下因电压不匹配形成环流，进而使某些元件处于功率消耗状态。

结合式(3-2)，可以得到简化的光伏阵列输出特性方程如下：

$$I = n_p I_L - n_p I_O \left[e^{\frac{q(V+IR_s)}{n_s AKT}} - 1 \right] \tag{3-3}$$

其中，n_s 和 n_p 分别代表光伏阵列中串联光伏组件个数和并联光伏组件支路个数。

3.2.3.3　太阳电池的工作特性

1. 太阳电池的输出特性及特性参数

太阳电池的输出特性主要包括 I-V 和 P-V 等特性曲线，其中 I-V 特性曲线和 P-V 特性曲线是光伏系统的电路设计、系统优化等的理论基础，也是太阳电池最重要的特征曲线。单一条件下的特性曲线可以分析特定条件下的负载和电池之间的相互作用，而不同条件下的特性曲线则可以分析太阳电池被环境条件影响的方式。

在确定的光照强度和温度下，太阳电池的输出电流 I 和输出电压 V 之间的关系，简称 I-V 特性；太阳电池的输出功率 P 和输出电压 V 之间的关系，简称 P-V 特性。当光照强度和温度一定时，太阳电池的 I-V 和 P-V 特性曲线如图 3-12 所示。

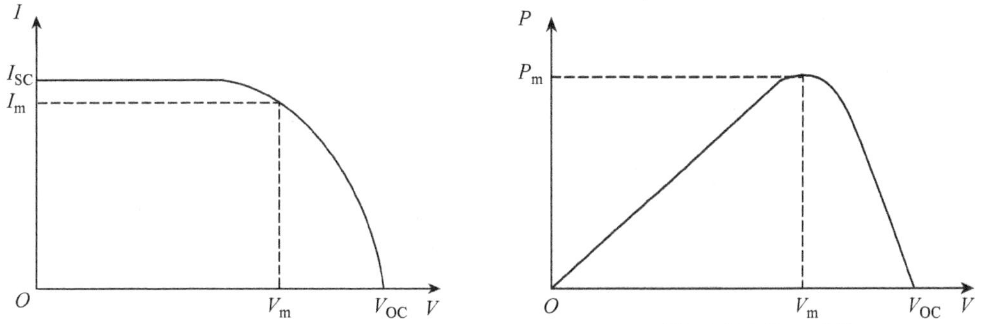

(a) 光伏电池I-V曲线　　(b) 光伏电池P-V曲线

图 3-12　太阳电池的 I-V 和 P-V 特性曲线

从图 3-12 (a)所示的 I-V 特性曲线可以看出，太阳电池的 I-V 曲线具有强非线性，是一个非线性直流电源。此外，在接近开路电压 V_{OC} 时，太阳电池输出电流 I 迅速下降至零，而在其他大部分工作电压范围内输出电流 I 近似恒定。

从图 3-12 (b)可以看出，太阳电池的输出功率有一个最大值，通常用 P_m 表示，最大功率处对应的端电压通常用 V_m 表示。当太阳电池输出电压 V 小于 V_m 时，输出功率随着电压增大而增大；当输出电压 V 大于 V_m 时，输出功率随着电压的增大而减小。太阳电池的 P-V 曲线说明：在一定的温度和光照强度下，太阳电池具有唯一的最大功率点，当太阳电池工作在该点时，即可输出当前温度和光照条件下的最大功率。

光照强度、电池温度等都会影响太阳电池的特性，因此需要定义标准测试条件用于地面测试太阳电池性能。我国应用的准测试条件定义为光照强度 $S=1\ 000\ W/m^2$，太阳电池温度 $T=25$ ℃，太阳辐射光谱 $AM=1.5$。

由太阳电池的 I-V 和 P-V 特性曲线可以定义太阳电池以下 5 个主要技术参数：

(1)开路电压(V_{OC})　在给定光照强度和温度下的最大输出电压，V_{OC} 的大小与入射光谱辐照度的对数成正比，而与电池的面积无关。

(2)短路电流(I_{SC})　在给定光照强度和温度下的最大输出电流，I_{SC} 的值与太阳电池的面积大小有关，面积越大，I_{SC} 的值越大。

(3)最大功率值(P_m)　光伏阵列在某一环境条件下，理论上可能输出的功率最大值。

(4)最大功率点电流(I_m)　输出功率最大时对应的太阳电池输出电流。

(5)最大功率点电压(V_m)　输出功率最大时对应的太阳电池输出电压。

2. 外界因素对太阳电池输出特性的影响

太阳电池的输出由多种因素决定，如光照情况、温度等，不同的环境中，太阳电池的输出曲线不同，相应的最大功率点也不同。光照越强，太阳电池能够输出的功率也越大，而温度与此相反，太阳电池本身温度越高，太阳电池能够输出的功率越小，其输出具有非线性特性。

由太阳电池等效电路及输出特性公式可知，光照强度和电池结温是影响太阳电池功率输出的最重要的参数。

(1)光照强度对太阳电池输出特性的影响　在太阳能光伏发电系统中，光照强度在很大程度上影响着太阳电池阵列的输出电流。图 3-13 为不同光照强度下太阳电池的 I-V 和 P-V 特性曲线，由图可知，一定条件下太阳电池的输出电流和输出功率随着光照强度的增大而增大。

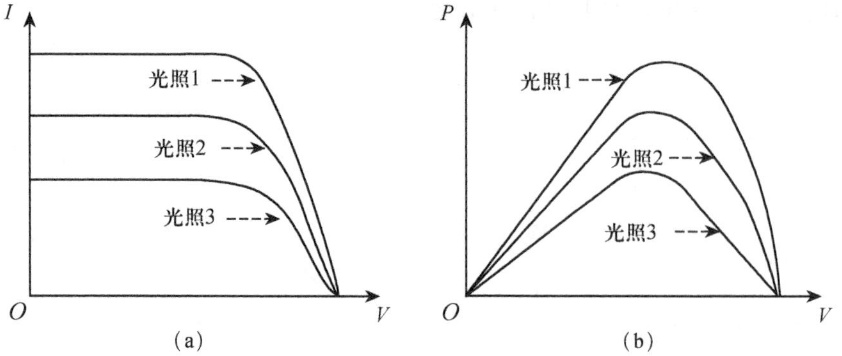

图 3-13　不同光照强度下的 *I*-*V* 和 *P*-*V* 特性曲线(其中：光照 1＞光照 2＞光照 3)

（2）温度对太阳电池输出特性的影响　在相同光照条件下，温度上升将使太阳电池开路电压 V_{OC} 下降，短路电流 I_{SC} 则略微增大，如图 3-14 所示。这将使得太阳电池的输出功率下降，并且最大功率点对应的工作电压随温度上升而下降，如图 3-15 所示。这表明太阳电池具有负的温度系数，因而寒冷地区更有助于太阳电池转换效率的提升。

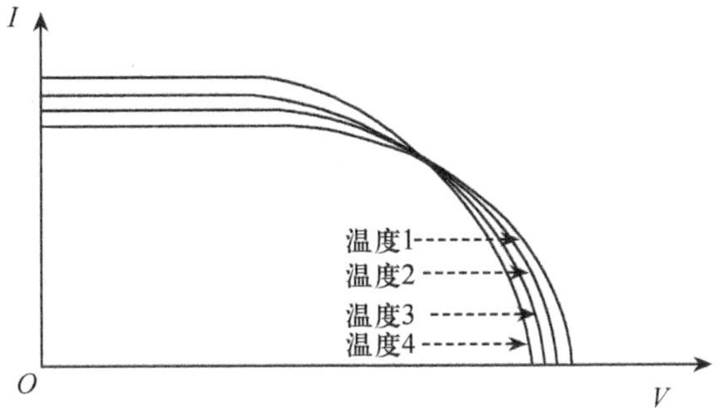

图 3-14　不同温度下的 *I-V* 关系曲线图

（温度 1＜温度 2＜温度 3＜温度 4）

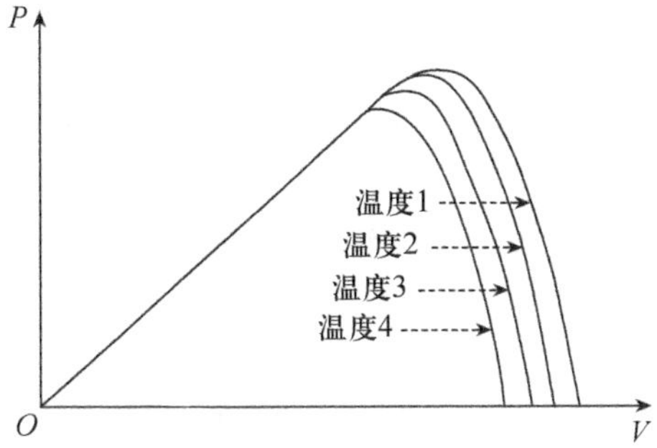

图 3-15　不同温度下的 *P-V* 特性曲线

（温度 1＜温度 2＜温度 3＜温度 4）

需要注意的是这里所指的温度不是环境温度的变化，而是指太阳电池结温的变化。而太阳电池结温和环境温度均与光照强度正相关，其关系如图 3-16 所示。

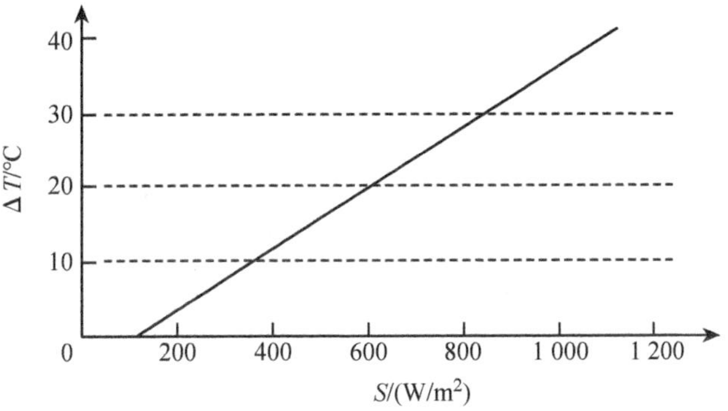

图 3-16　太阳电池温度和光照强度之间的关系

3.2.4　光伏阵列的最大功率点跟踪技术

3.2.4.1　最大功率点简介及原理

在太阳能光伏发电系统中，阻碍其发展的主要因素为初期投资费用高及系统能量转换效率低，因而提高光伏发电系统的转换效率对应用太阳能光伏发电来说至关重要。

由太阳电池的特性可知，光伏阵列输出特性具有非线性特征，光照强度和温度等外界环境因素的变化，均可导致输出特性发生较大变化。而在光照强度和环境温度不变时，光伏阵列仅在某一输出电压下输出功率达到最大值，即 *P-V* 特性曲线的最高点，此点即为最大功率点（MPP）。实时调整光伏阵列的工作点电压，保证光伏阵列始终工作在最大功率点或其附近，便能提高光伏发电系统的整体效率，所以寻找光伏阵列最大输出功率的过程即为最大功率点跟踪（MPPT）。

MPPT 的实质是一个动态寻找最优点的过程。在图 3-17 中，V_m 是光伏阵列工作在最大功率点时的电压，当光伏阵列工作于 V_m 左侧时，随着阵列端电压的上升其输出功率增大，此时应当动态增加输出端电压来实现最大功率跟踪；当光伏阵列工作于 V_m 右侧时，随着阵列端电压的上升其输出功率降低，此时应当动态减小输出端电压来实现最大功率跟踪。

在光伏发电系统中，通常使用 DC/DC 或 DC/AC 变换电路作为输出端前级连接光伏阵列与电网，此变换电路本质的是调整光伏阵列输出电压与输出电流，实现光伏阵列最大功率输出。其中 MPPT 在光伏发电系统中的位置如图 3-18 所示。MPPT 控制电路将光伏阵列输出的电流与电压经过一系列运算得到控制信号，再将控制信号作用于变换电路，以此调节光伏阵列工作的输出电压和电流，从而使系统始终稳定在最大功率点附近。

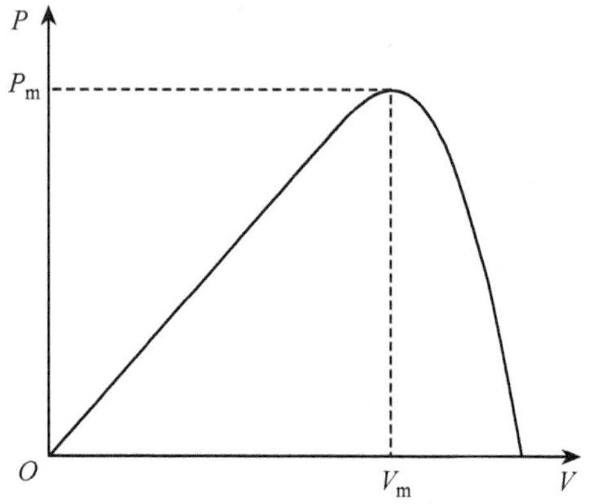

图 3-17　光伏阵列的输出功率特性

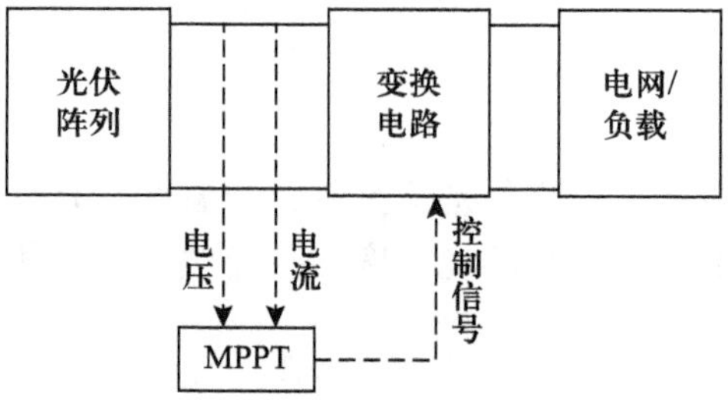

图 3-18　MPPT 在光伏发电系统中的位置

虽然光伏阵列和 DC/DC、DC/AC 变换电路都具有强非线性特性，但在极短时间内可以视为线性电路。MPPT 模块需要做的工作就是不断调节变换电路，使光伏阵列输出端电压 V_o 在不同的外部环境下始终跟随光伏阵列的最大功率点电压 V_m 变化，当 V_o 等于 V_m 时，就可以实现光伏阵列的最大功率点跟踪。

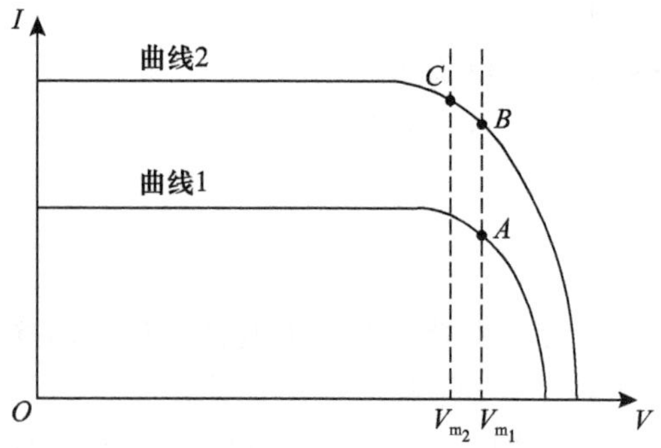

图 3-19　MPPT 方法示意图

为便于说明，现将光伏阵列的 I-V 输出特性重新绘制如图 3-19 所示。设图中曲线 1 和曲线 2 为两种不同光照强度下光伏阵列的 I-V 特性曲线，A 点和 C 点分别为相应特性曲线的最大功率输出点，并假定某一时刻，系统运行在 A 点。当光照强度发生变化，即光伏阵列的输出特性由曲线 1 变为曲线 2。此时如果保持光伏阵列输出电压 V_{m_1} 不变，系统将运行在 B 点，这样就偏离了曲线 2 所对应光照强度下的最大功率点 C。为了继续跟踪最大功率点，MPPT 模块应当给出控制信号使得光伏阵列输出电压稳定在 V_{m_2}，以保证系统运行在新的最大功率点 C 处。同样，如果光照强度变化使得光伏阵列的输出特性由曲线 2 变为曲线 1，则相应的工作点应由当前工作点 C 点变化至 A 点，以保证系统在光照强度减小的情况下仍然运行在最大功率点 A。

3.2.4.2　最大功率点跟踪技术常用方法

最大功率点跟踪技术是光伏发电的关键技术。目前，对光伏阵列的最大功率点跟踪控制技术已经发展出很多控制方法。常用的光伏阵列最大功率点跟踪方法有：恒定电压法、扰动观察法、电导增量法以及模糊逻辑控制算法等，这些方法各有优缺点，应根据不同的系统要求选用不同的控制方法。下面将对几种主要的 MPPT 控制方法的原理和特点加以分析介绍。

1. 恒定电压法

恒定电压法（constant voltage tracking，CVT）于 20 世纪 80 年代中期提出，是众多 MPPT 控制算法中产生较早、也是最简单的一种方法。从严格意义上来讲，恒定电压法并不是一种真正意义上的最大功率跟踪方式，而是属于一种曲线拟合方式。

其理论依据如下：当温度不变时，光伏阵列在不同光照条件下的最大功率点处的输出电压相差不大，近似为一恒定值，约为其对应开路电压 76%。因而不同光照强度下，光伏阵列最大功率点基本落在同一条垂直线上，把 V_{const} 这条垂直于电压轴的直线看作此温度下光伏阵列的最大功率点轨迹，如图 3-20 所示。因此，只要保证光伏阵列的输出端电压为任一光照下的最大功率点电压，光伏阵列的输出功率便为此温度下的功率最大值，即最大功率点电压与光照强度无关。

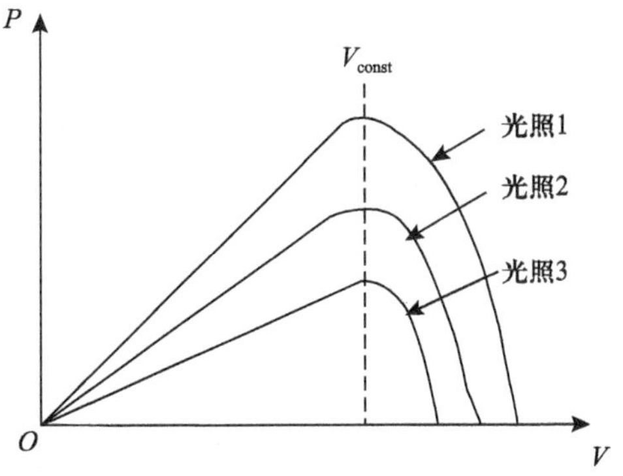

图 3-20　忽略温度效应时光伏阵列的（P-V）特性曲线（光照 1>光照 2>光照 3）

使用恒定电压法实现 MPPT 时，只需从生产厂商获得最大功率点电压，并将输出电压钳位于最大功率点电压即可。因而恒定电压法控制简单，初期投入较少，且比不带 CVT 的系统获得的电能高 20%左右。使用恒定电压法的前提条件是温度不发生变化，当环境温度从－20 ℃变化到 40 ℃时，光伏阵列的最大功率点电压偏移可达 V_{OC} 的 30%，甚至更多。

恒定电压法的稳定性好，不易出现振荡，易于通过软硬件实现控制。但由于其控制策略基于光伏阵列开路电压和最大功率点电压之间的正比例关系具有一定的误差，且此误差在温度变化的情况下改变较大，因此恒定电压法只适用于光伏系统转换效率要求不高、环境温度变化不大的工作场合。

2. 扰动观察法

扰动观察法（perturb and observe，P&O）也称爬山法，是目前实现 MPPT 常用的方法。这种方法通过不断扰动太阳能光伏系统的工作点，并观测改变后的功率变化方向，进而决定下一步的控制信号，实现寻找最大功率点的目的。

其基本原理如下：在每个控制周期，对光伏阵列的输出电压或电流，用一个较小的固定步长去调整，可以向减小的方向调整，也可以向增大的方向去调整，调整的过程称为“扰动”。通过比较扰动前后光伏阵列输出功率的大小变化来判断扰动方向，若输出功率增加，说明参考电压调整的方向正确，则仍按照上一周期的方向继续扰动过程；若检测到输出功率减少，表明参考电压调整的方向错误，需要改变“扰动”的方向。由光伏阵列的 P-V 特性曲线可知，在特定环境中，光伏阵列 P-V 特性曲线存在唯一的最大功率点。光伏阵列的实际工作点因此能够逐渐接近当前最大功率点，最终在其附近的一个较小范围往复达到稳态。

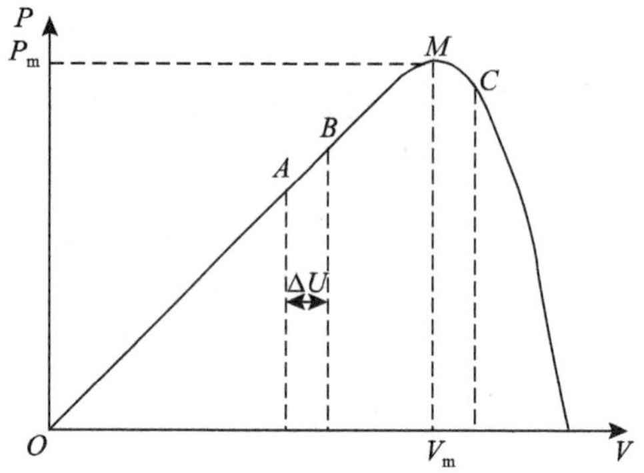

图 3-21　扰动观察法原理图

举例来说，如图 3-21 所示：假设 A 点为当前工作点，此刻对输出端电压施加扰动电压 ΔU，ΔU 可正可负。根据图中 P-V 曲线可知，在输出电压达到 V_m 之前，输出电压增大，对应的输出功率也增加，因此正确的扰动方向应当为使输出电压增大的方向，即 ΔU 取正，此时光伏阵列工作点将从 A 点移动至 B 点。当输出电压达到 V_m 之后，继续增加输出电压，光伏阵列输出功率将减小，如 C 点所示，此时应当减小输出电压即 ΔU 取负，以此提高光伏阵列输出功率。通过不断地施加扰动，使光伏阵列的工作点逐步接近最大功率点 M，最终实现最大功率跟踪。

扰动观察法流程图如图 3-22 所示。

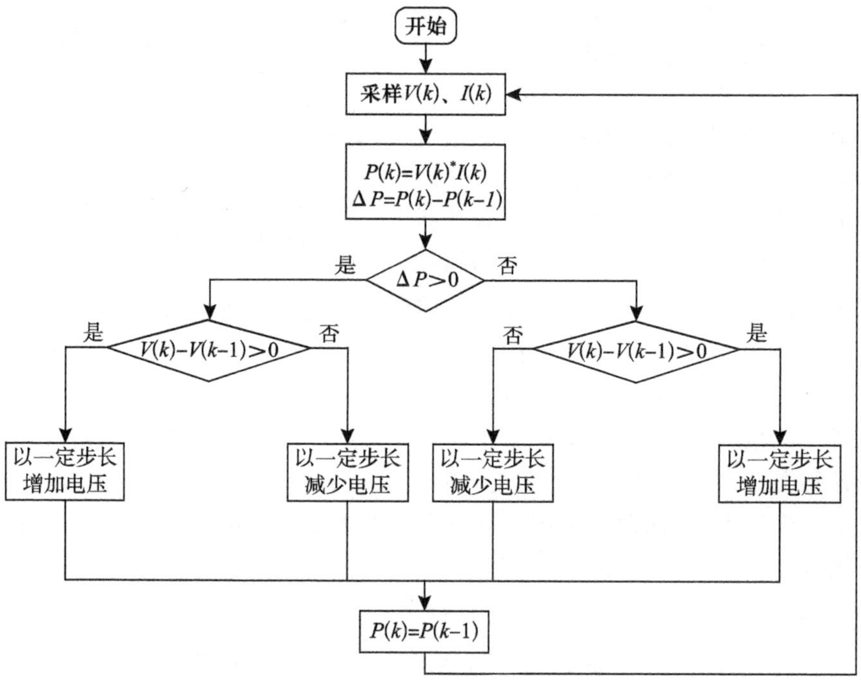

图 3-22　扰动观察法控制流程图

由于对系统工作点的总体位置没有进行判断，而是通过简单的功率变化实现跟踪控制，所以对于光强快速变化的环境，扰动观察法很容易产生错误跟踪，甚至会发生程序控制在运行中的失序，出现“误判”。可能产生“误判”的原因如图 3-23 所示。光伏阵列的 P-V 曲线在一天中是不断变化的，特别是外界环境变化较大的天气时。当使用扰动观察法跟踪光伏系统最大功率点时，假设开始时系统工作在电压 V_a 处，该点功率记为 P_a。对系统进行扰动，使工作电压右移到 V_b，如果这时光照没有变化，控制系统工作正确，阵列输出功率为 P_b。如果此时光照强度下降，V_b 的输出功率可能为 P_c，这时系统会认为扰动方向错误，从而改变扰动方向，使工作电压向着减小的方向移动，最终系统将越来越偏离最大功率点。如果光照强度持续下降，系统有可能不断减小工作电压而导致输出功率越来越低。

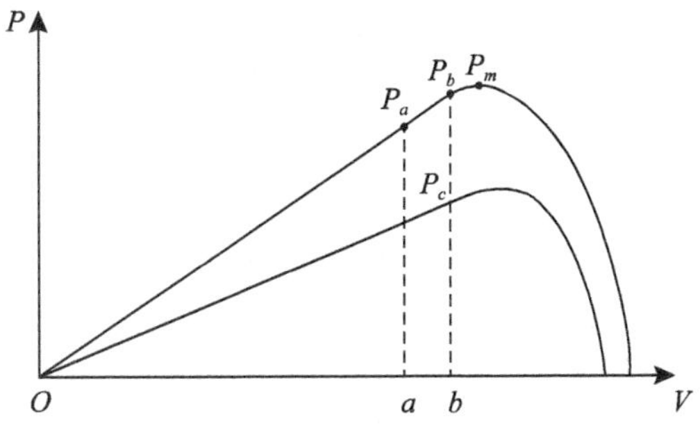

图 3-23　扰动观察法可能产生误判的示意图

扰动观察法的实现原理较为简单，且控制回路模块化，容易实现。但是此方法会使系统一直在电池的最大功率点附近振荡工作造成功率损失，且其扰动的初始值和扰动步长对控制精度和速度有较大的影响。所以，扰动观察法适合于光照强度变化比较缓慢以及对控制精度和速度要求不高的场合。

3. 电导增量法

根据前文讨论，最大功率点跟踪本质上就是搜寻满足条件 $\mathrm{d}P/\mathrm{d}V=0$ 的工作点，由于数字控制器检测及控制精度的限制，以 $\Delta P/\Delta V$ 近似代替 $\mathrm{d}P/\mathrm{d}V$，从而影响了 MPPT 算法的精度。一般而言，ΔV 由步长决定，当最小步长一定时，MPPT 算法的精度由 ΔP 对 $\mathrm{d}P$ 的近似程度决定。扰动观察法用两点功率差近似替代微分 $\mathrm{d}P$，即从 $\mathrm{d}P\approx P_k-P_{k-1}$ 出发，推导出以功率增量为搜索判据的 MPPT 算法。

实际上，为了进一步提高 MPPT 算法对最大功率点的跟踪精度，可以考虑采用功率全微分近似替代 $\mathrm{d}P$ 的 MPPT 算法，即从 $\mathrm{d}P=V\mathrm{d}I+I\mathrm{d}V$ 出发，推导出以电导和电导变化率之间的关系为搜索判据的 MPPT 算法，即电导增量法，下面将详细介绍这种 MPPT 算法。

由光伏阵列特性可知：阵列 P-V 曲线在最大功率点 P_{m} 处的斜率为零，即

$$\frac{\mathrm{d}P_m}{\mathrm{d}V}=0$$

对于功率 P 有关系式：

$$P=I\cdot V \tag{3-4}$$

式(3-4)两边对 V 求导，并将 I 作为 V 的函数，得：

$$\frac{\mathrm{d}P}{\mathrm{d}V}=\frac{\mathrm{d}(IV)}{\mathrm{d}V}=I+V\frac{\mathrm{d}I}{\mathrm{d}V}$$

所以，在最大功率点 P_{m} 处有：

$$\frac{\mathrm{d}I}{\mathrm{d}V}=-\frac{I}{V} \tag{3-5}$$

式(3-5)即为达到最大功率点的条件，其中：$-I/V$ 为电导，$\mathrm{d}I/\mathrm{d}V$ 为电导变化率。

电导增量法通过设定一些很小的变化阈值，判断目前工作点在最大功率点的哪一侧，然后改变输出功率，使太阳能光伏阵列最后稳定在最大功率点附近的某个点，而不是来回跳动。从一个稳态过渡到另外一个稳态时，电导增量法根据电流的变化能够做出正确的判断，不会出现

误判。分别对以下 3 种情况加以分析。

(1)当光伏阵列的工作点位于最大功率点的左侧时,此时有 $dP/dV>0$,即 $dI/dV>-I/V$,说明参考电压应向着增大的方向变化。

(2)同理,当光伏阵列的工作点位于最大功率点的右侧时,此时有 $dP/dV<0$,即 $dI/dV<-I/V$,这时需要减小参考电压。

(3)光伏阵列工作在最大功率点处(附近)时,$dP/dV=0$,即 $dI/dV=-I/V$,这时保持参考电压不变。

因此,可以根据 dI/dV 与 $-I/V$ 之间的关系来调整工作点电压而实现最大功率点的跟踪。图 3-24 所示为电导增量法的流程图,算法首先获取当前的电流值 $I(k)$和电压值 $V(k)$,然后应用算法上次获取的电流值计算 dI 和 dV, 通过比较 dI/dV 与 $-I/V$ 调整参考电压大小,最终阵列输出端电压达到最大功率点处的电压值。

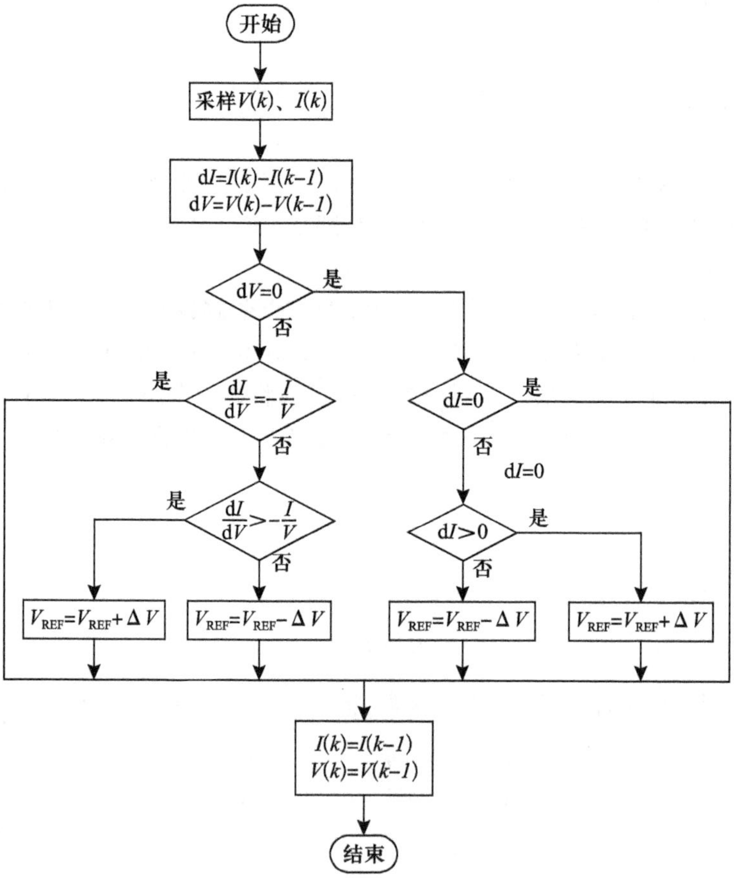

图 3-24　电导增量法控制流程图

电导增量法仅由前一时刻电导变化率和瞬时负电导之间的大小关系决定当前的变化方向,因此在光照变化剧烈的情况下仍能保持较高的准确性,不容易出现误判,从理论上讲优于扰动观察法。此外,电导增量法控制精确,响应速度比较快,控制稳定度高,当外部环境参数变化时系统能平稳地追踪其变化,且与光伏阵列的特性及参数无关。

但是，此方法控制算法较为复杂，不易实现；两个采样周期之间，电流、电压的变化率数值很小，因而对传感器精度要求较高；且控制电压初始化参数对系统启动过程中的跟踪性能有较大影响，设置不当可能会产生较大的功率损失。

因此，电导增量法适合于光强变化快速或缓慢的各种场合，但对于控制器件要求相对较高，导致控制器的成本增加，所以不适于小功率的光伏发电场合。

4. 其他方法

最大功率点跟踪技术还有其他方法，如模糊逻辑控制法、最优梯度法、三点重心比较法等。

（1）模糊逻辑控制法　模糊集合理论在 20 世纪 60 年代由美国自动控制理论专家扎德提出后即引起人们的重视，目前模糊逻辑控制（fuzzy logic controller，FLC）已在各个领域得到了广泛应用，解决了许多传统控制方法无法解决的难题。

模糊逻辑是以模糊集合理论、模糊语言及模糊逻辑推理为基础的控制，基于模糊逻辑的控制算法通常称为模糊控制。根据模糊控制系统理论，模糊控制系统是输入和输出之间的非线性映射，在输入和输出之间有一个交互式的过程，其实现可以分为模糊化、控制规则评价和解模糊 3 个步骤。

模糊逻辑控制法是基于模糊逻辑的 MPPT 控制方法，对模糊输入变量进行模糊化处理后，根据专家经验对处理过的结果进行模糊判别，由此得出调节输出的隶属度，再对这个值进行反模糊化处理，最终给出调节控制量来调节系统输出最大功率，其中模糊输入变量一般是功率对电流或电压的变化和变化率。在光伏发电系统中，通过数字控制器可以方便地实现模糊逻辑法对 MPPT 的控制，其控制流程图如图 3-25 所示。

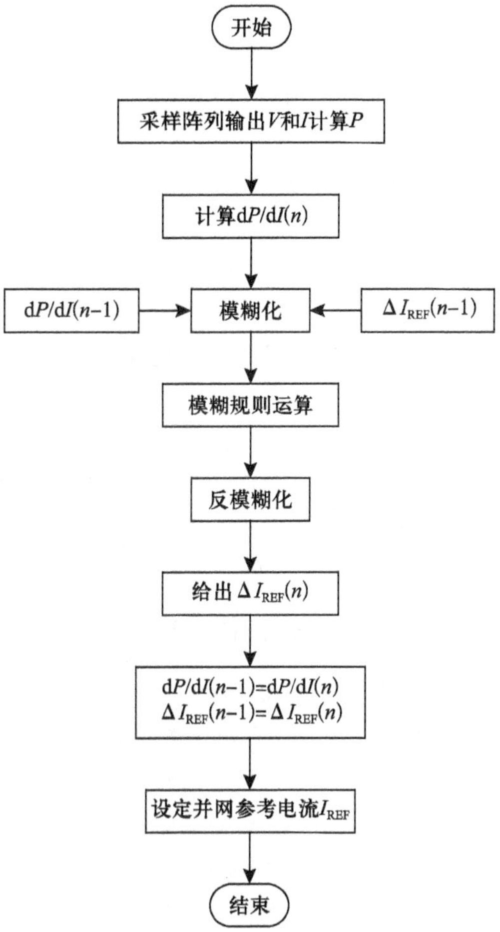

图 3-25　模糊逻辑法控制流程图

模糊逻辑控制法是不依赖控制对象的精确数学模型，具有较强的鲁棒性，有一定的应用前景。然而，其固定增益参数，预先定义的规则库和隶属度函数对自动化的控制系统有很大的局限性。

（2）最优梯度法　最优梯度法（optimal gradient，OG）是一种数值计算法，是以梯度法为基础的多维无约束的最优化方法。梯度法运算简单，具有较好的分析结果，用于求取函数极值等场合。

最优梯度法保留了扰动观察法的各种优点，同时输出功率曲线上电压收敛速度的改变由一个类似动态的扰动量来实现，其基本思想为：逐步逼近函数的最大值，以目标函数的正梯度方向作为每步迭代的搜索方向，工作原理如图 3-26 所示。

在图 3-26 中，最大功率点左、右侧的电压变化斜率较大，因此工作点位于这些区域时，提供较大的扰动量，而在最大功率点附近斜率较小，因而电压的变化扰动也应减小，这在一定程度上可以减少功率损耗，改善扰动观察法在最大功率点附近振荡的现象。但是应用最优梯度法对目标函数要求较高，且迭代求出的解可能不是全局最优解，只是局部最优解。所以，与扰动观察法类似，最优梯度法的步长选择和初始值设定对算法和收敛结果有较大影响。

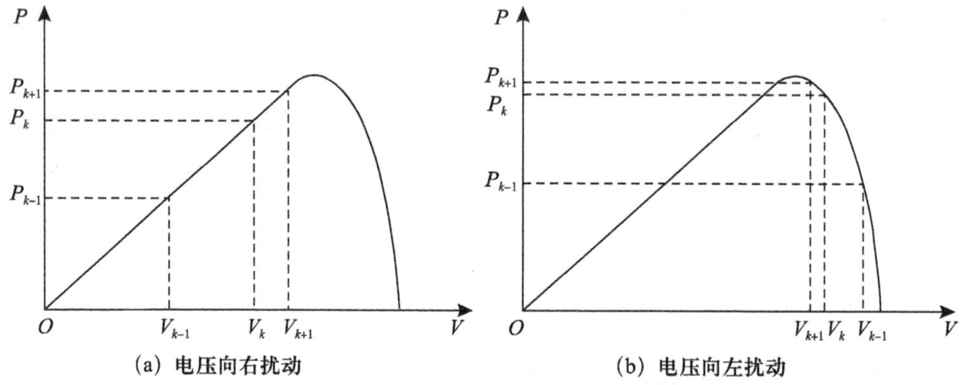

图 3-26　最优梯度法进行 MPPT 的搜索过程

光伏阵列最大功率点的跟踪控制技术研究是光伏技术研究领域的重要课题，如今已有很多成熟的 MPPT 控制方法，前文已详细阐述，不再赘述。不同方法各有其优缺点，应用场合也不尽相同，因此实际应用中应根据条件和需要选择合适的控制方法。

3.3　光伏并网逆变器的拓扑及其系统结构

目前，太阳能光伏发电主要采用的方式是并网发电，而光伏并网逆变器是太阳能光伏发电的核心设备，其运行的优劣将直接关系到整个发电系统的转换效率和成本，所以针对不同的系统需要选用合适的并网逆变器。光伏并网逆变器的结构有多种，根据功率等级主要分为集中式光伏逆变器、组串式光伏逆变器和微型光伏逆变器。

3.3.1　集中式光伏逆变器

集中式光伏逆变器通常用于如图 3-27 所示的集中式逆变方案中。该方案的基本工作原理是：一台大功率集中式光伏逆变器将来自大量串并联光伏组件的输出直流电逆变成交流电供给负载使用或接入电网。其中集中式光伏逆变器拓扑一般为单级结构，它既要实现逆变的功能，也要实现最大功率点的跟踪功能。因此，集中式方案通常是光伏阵列经直流汇流后，然后通过两台集中式光伏逆变器连接一台双分裂变压器升压隔离后并网。

当前大型光伏电站主要采用集中式光伏逆变器。2021 年，集中式光伏逆变器市场占比接近三成，是除组串式光伏逆变器之外，当前应用最多的逆变器。目前主流集中式光伏逆变器的输出功率有 1.1 MW、2.2 MW、3.125 MW、3.3 MW 和 4.4 MW 等类型。

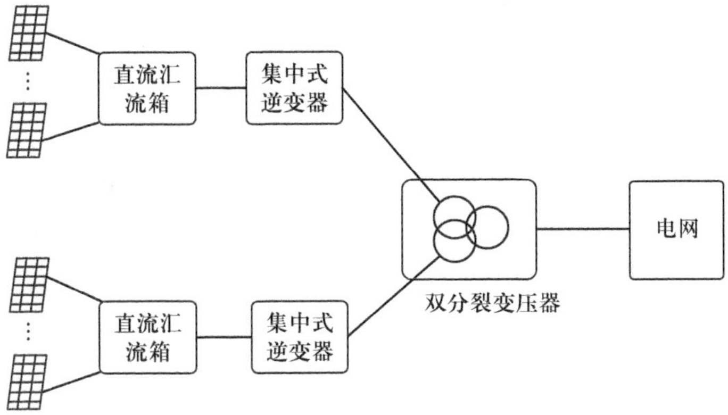

图 3-27 集中式方案组成框图

集中式方案具有以下优点：①逆变器的使用数量少、功率大、效率高以及易于管理；②采用较少的逆变器设备，具有较高的可靠性；③逆变器高集成、高能量密度、低成本，且系统的运维成本相对较低；④具有功率因数调整、低电压穿越等功能，具有良好的电网调节性。

缺点是：①太阳电池的旁路二极管和阻塞二极管会增大系统的损耗；②抗热斑和抗阴影能力较差，单路或有限路径下的 MPPT 很难对最大功率点进行跟踪，会影响系统的发电效率；③某一组件损坏，不仅影响组件自身的发电，还对整个系统产生较大的影响，且修复时间周期较长；④系统的冗余性能较差。

由于集中式光伏逆变器成本低、可靠性高、维护方便，所以在规模较大的光伏发电系统中，大多数采用的都是集中式光伏逆变器。目前的主流集中式光伏逆变器拓扑结构分为两电平结构和三电平结构。

3.3.1.1 集中式光伏逆变器的两电平拓扑

两电平结构是集中式光伏逆变器的一种典型的拓扑结构，该拓扑共有 6 个开关器件，每相有 2 个开关器件，如图 3-28 所示。两电平光伏逆变器拓扑的基本工作方式为同一相上下两个臂交替导电，不同相之间的器件导电的角度依次相差 120°。在任何一个瞬间，三个桥臂同时导通，且每次换流都是在同一相上下两个桥臂之间进行，一般采用正弦脉宽调制（SPWM）的调制策略。两电平光伏逆变器拓扑具有结构简单、通态损耗小、运行费用低廉的优点，且技术应用最为成熟。缺点是两电平逆变器的开关器件需要承受较高的电压，而且逆变器的输出谐波含量较大，输出的波形质量不好，开关频率较高。但两电平光伏逆变器拓扑的低成本是其他逆变器不可相比的优势，因此它仍然是当前应用最广泛的拓扑。

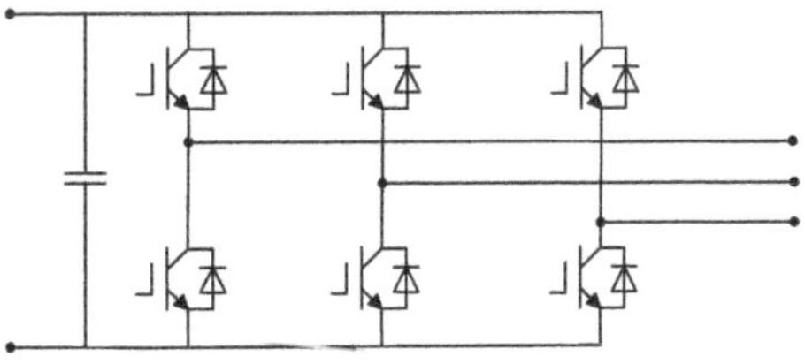

图 3-28 两电平光伏逆变器拓扑

3.3.1.2 集中式光伏逆变器的三电平拓扑

近年来，三电平逆变器越来越多地被用于光伏发电领域，其主要特点是增加了逆变器的输出电平数，从而改善了输出电能的质量，缩小了滤波器体积，显著减小了开关损耗。三电平逆变器的拓扑有多种，目前用于集中式光伏逆变器的三电平拓扑主要有二极管钳位型、有源中点钳位型和 T 型。其中 T 型三电平逆变器广泛应用于 1 000 V 电压等级下的光伏发电系统；而二极管钳位型三电平逆变器和有源中点钳位型三电平逆变器在 1 500 V 电压等级的光伏发电系统中更有优势,能提升系统效率。

1. 二极管钳位型三电平逆变器

二极管钳位型(neutral point clamped, NPC)三电平拓扑结构如图 3-29 所示,该拓扑的优势在于每一桥臂的开关器件最高承受直流电压的 1/2,且开关损耗较小。但其缺点在于,无论输出何种电平,均需导通两个开关器件,从而导致导通损耗相当大,且在换流时,由连接电容的外管承担了大部分的开关损耗,因而,在高频率下工作,开关管的损耗将会出现不平衡的问题。

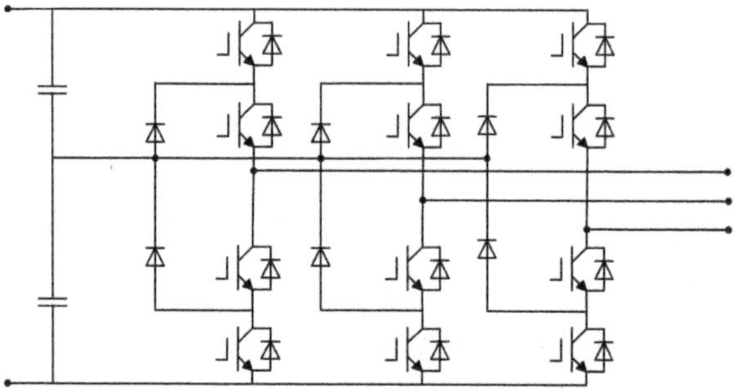

图 3-29 二极管钳位型三电平逆变器

2. 有源中点钳位三电平逆变器

有源中点钳位(active neutral point clamped, ANPC) 三电平拓扑如图 3-30 所示,该拓扑可以很好地解决 NPC 三电平拓扑结构的功耗不平衡的问题。其原理是通过将 NPC 三电平拓扑中的不可控二极管更换为可控的开关管,进而提高控制自由度,从而增加更多的零续流状态,使得开关管的功耗损耗更为均衡。但是 ANPC 三电平拓扑结构与 NPC 三电平拓扑结构相比,每相多了两个可控的开关管,使得控制更加复杂,成本上也大大提高。

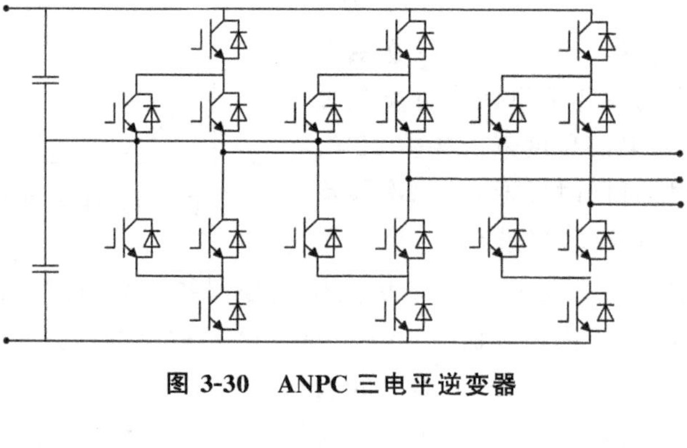

图 3-30 ANPC 三电平逆变器

3. T 型三电平逆变器

ANPC 三电平虽然解决了 NPC 三电平功率损耗不平衡的问题,但是又带来了控制更复杂和成本较高的问题。那是否有既能解决功率损耗问题又能相对地减少成本和简化控制的拓扑呢?图 3-31 所示的 T 型三电平逆变器是一种改进型的拓扑,该拓扑利用两个串联的背靠背绝缘栅双极晶体管(IGBT)来实现双向开关,从而将输出电位钳位至直流侧中性点电位。针对损

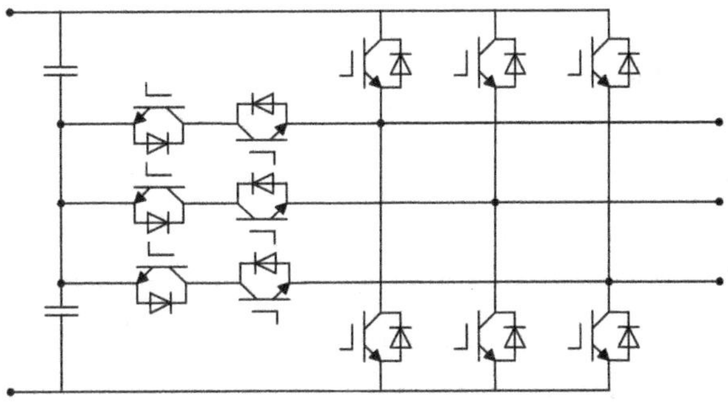

图 3-31　T 型三电平逆变器

耗不平衡、控制复杂和成本高的问题，T 型三电平具有以下优势：①该拓扑续流状态的开通损耗由水平方向开关管承担，而开关损耗全部由竖直方向开关管承担，可见上下桥臂的功率损耗因此得到均衡，从而解决了功率损耗不平衡的问题；②使用开关器件最少，该拓扑仅采用 4 个 IGBT 和 4 个二极管，不仅少于 ANPC 三电平拓扑，而且少于 NPC 三电平拓扑，可见成本能够有效减少；③由于 T 型三电平的开关状态与 NPC 三电平拓扑类似，所以可将 NPC 三电平拓扑的调制策略应用到 T 型 NPC 三电平拓扑中；④相比其他两种三电平拓扑，在相同工况下，T 型三电平拓扑具有最高的效率。

此外，T 型三电平拓扑结构每相桥臂只有两个开关管，因此电压等级仅为二极管钳位型 NPC 三电平的一半，不适合用于直流电压等级较高的系统。

3.3.2　组串式光伏逆变器

组串式逆变系统结构如图 3-32 所示，多块太阳电池通过串联构成光伏组串，然后一路或几路的光伏组串连接一台组串式光伏逆变器。组串式光伏逆变器功率一般较小，一个光伏电站往往需要很多个组串式光伏逆变器并联运行。因此，逆变器输出后需要通过交流汇流箱进行汇流，汇流后再经双绕组升压变压器升压后并网。

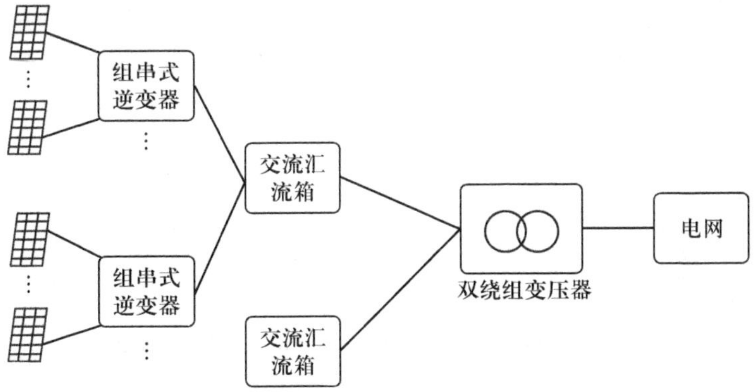

图 3-32　组串式方案组成框图

组串式逆变方案中的组串式光伏逆变器是以模块的形式存在，每个组串式光伏逆变器一般仅连接光伏方阵中的一路或几路光伏组串，单台组串式光伏逆变器的容量一般较小，因此在大型光伏发电系统中往往需要大量的组串式逆变器并联运行以满足功率的要求。正由于组串式光伏逆变器是基于模块化的概念，所以组串式逆变方案的设计比集中式逆变方案更灵活，而且故障发生时系统的损失较低，因此可以适应多种分布式发电场合，如屋顶光伏电站、中小型地面光伏电站以及具有特殊地形的光伏电站等。而随着技术的进一步发展，当前大型商业光伏系统也已开始采用组串式光伏逆变器。2021 年，组串式光伏逆变器的市场占比达 70%，是当前应用最多的逆变器类型。

组串式光伏逆变器输出交流额定功率范围一般为 5～350 kW，单台逆变器有 3～12 路 MPPT，每路最多可连接两个光伏组串，且功率较小的组串式光伏逆变器 MPPT 的电压范围是 200～1 000 V；功率较大的组串式光伏逆变器 MPPT 的电压范围是 500～1 500 V，目前常见的输出功率为 33 kW、50 kW、100 kW、110 kW、136 kW、225 kW 等，且主流组串式光伏逆变器的效率均达到 99%以上。更大功率等级逆变器的出现，减少了逆变器台数，如在 1 MW 的光伏系统中，若选用单台容量小于 50 kW 的组串式光伏逆变器，需要 20～30 台逆变器。如若选择目前最高输出功率已达到 320 kW 的组串式光伏逆变器(12 路的 MPPT)，则会大大减少逆变器的使用数量，降低成本。

组串式光伏逆变器的优点是：①组串式光伏逆变器的设计采用模块形式，抗热斑和抗阴影的能力强，且太阳电池组件的最佳工作点与逆变器的匹配度更高，最大程度增加了最大功率点跟踪的效率；②组串式光伏逆变器具有自身损耗小和方便更换维护的特点，且不会因为某一串组件的故障而导致整个系统不能运行；③光伏阵列中不使用阻塞二极管，因此系统的损耗下降；④组串式光伏逆变器的修复时间周期比集中式光伏逆变器的修复时间周期要短；⑤系统的冗余能力增强。

缺点是：①多台组串式光伏逆变器并联运行，存在着谐振的风险(特别是在一些弱电网的地区)，较难控制；②组串式光伏逆变器安装在光伏组件附近，逆变后的交流电电压等级较低，且传输距离较远，会产生较高的传输损耗；③组串式光伏逆变器由于采用模块化设计，其结构紧凑，在同一板面上实现了功率器件与信号电路的集成，不但难以进行设计、制作，还因功率密度高对散热有极高的要求，一旦发生故障，则需整体更换，将大幅度提高后续逆变器的维修费用；④多机并联，较难实现零电压穿越功能、无功调节和有功调节等功能。

组串式光伏逆变器当前主流的拓扑结构为两级式结构，前级为不含有隔离变压器的非隔离型 DC/DC 变换模块(非隔离结构的优点是效率高，重量轻，且太阳电池阵列的直流输入电压范围可以很宽)，实现 MPPT 最大功率点跟踪和升压功能；后级为 DC/AC 变换模块实现逆变并网。其结构示意图如图 3-33 所示。

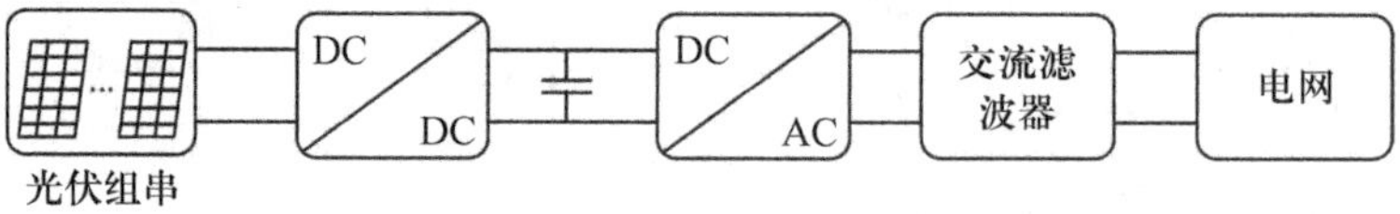

图 3-33　两级式非隔离组串式光伏逆变器结构图

前级 DC/DC 结构主要有单 Boost 拓扑和双 Boost 拓扑等，后级 DC/AC 中，单相系统有两电平的全桥、三电平的 HERIC 和 H6 拓扑，三相系统有三相半桥拓扑、三电平的 NPC、ANPC 和 T 型拓扑等。下面按照组串式光伏逆变器的变换级数介绍组串式光伏逆变器的常用拓扑。

3.3.2.1　前级 DC/DC 常用拓扑

光伏组串产生的低压直流电要实现并网首先需要经过两级式非隔离型组串光伏逆变器的前级 DC/DC 环节，而前级 DC/DC 环节的作用在于：①不仅实现了最大功率点的跟踪，而且有较宽的 MPPT 电压范围；②升高了电压，满足了 DC/AC 逆变环节的并网控制要求。两种常见的升压型 DC/DC 拓扑结构如下。

1. Boost 变换器拓扑

Boost 变换器是一种基本的变换器拓扑结构，实现起来非常简单，而且效率较高。它的结构主要由一个可控开关器件、一个不可控二极管以及一个电感构成。因其结构简单，在成本上具有较大的优势。如果设计得好，效率也相当高，因此是目前应用较多的一种拓扑结构。其结构如图 3-34 所示。

2. 交错并联双 Boost 变换器拓扑

由于 Boost 变换器结构简单、效率高等特点，被广泛应用于光伏发电 MPPT 领域。但随着电力行业的不断发展，对变换器的功率等级和电路器件开关频率和耐压的要求逐步提高，特别是大功率应用场合中，单个变换器的使用已无法满足要求，并且会导致输出电压和电感电流的纹波较大，因此需要更大的滤波电感和滤波电容。为了解决这一问题，通常采用多个变换器并联运行的方法。在多个变换器并联运行方式下采用交错并联技术，不仅可以满足更高的功率等级要求，而且减小了开关应力，降低输出电压、电感电流的纹波，进而也会提高变换器的功率密度。图 3-35 所示为交错并联双 Boost 变换器。

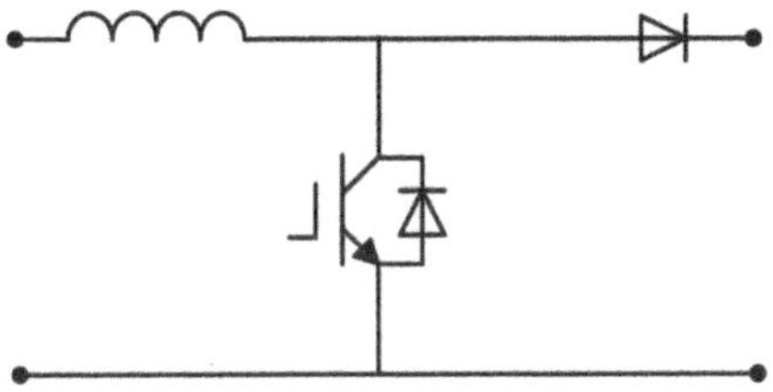

图 3-34　Boost 变换器

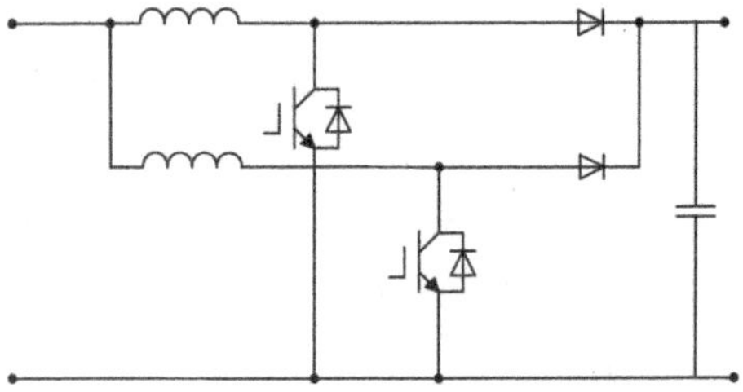

图 3-35　交错并联双 Boost 变换器

该拓扑具有以下优点：①两相 Boost 并联运行，具有更大的功率容量，且功率密度大；②与 Boost 变换器相比，两相交错并联运行，可以减小输出的电流纹波，便于滤波器的设计；③系统电磁干扰小，系统可靠性更高。

3.3.2.2　后级 DC/AC 常用拓扑

光伏组串输出电压经过前级 DC/DC 变换升压后还需要经过逆变才能并网，根据输出的不同要求，DC/AC 级将产生与电网兼容的单相或三相输出。通常单相逆变器选择两电平或单相 T 型三电平逆变拓扑，这两种拓扑都可以使用 4 个开关和 4 个二极管实现。除了上述两种结构，目前较为成熟的单相 DC/AC 拓扑结构还有 H6、HERIC 结构。这两种结构虽然有开关管使用较多以及需要额外的门驱动器和辅助电源的缺点，但是 H6 拓扑结构具有漏电流小、效率高、控制简单的优点，HERIC 拓扑则可以允许更高的功率密度。

1. H4 桥 DC/AC 逆变拓扑

常见的逆变器拓扑中以全桥型逆变拓扑即 H4 桥拓扑应用最为广泛。图 3-36 显示了 H4

桥逆变器拓扑，这是一种传统的H桥逆变器；当采用双极性调制时，所有四个开关器件都在高频下工作，输出波形较好，但这会导致更多的开关损耗，总体效率较低。若采用单极性调制时，其中一半的桥都工作在高频，另一半工作在低频，故效率略有提高，但控制较为复杂。拓扑上H4桥具有结构简单的优点。

2. HERIC DC/AC逆变拓扑

通过对H4桥拓扑再增加两个开关管，可得到三电平的拓扑即HERIC拓扑，如图3-37所示。

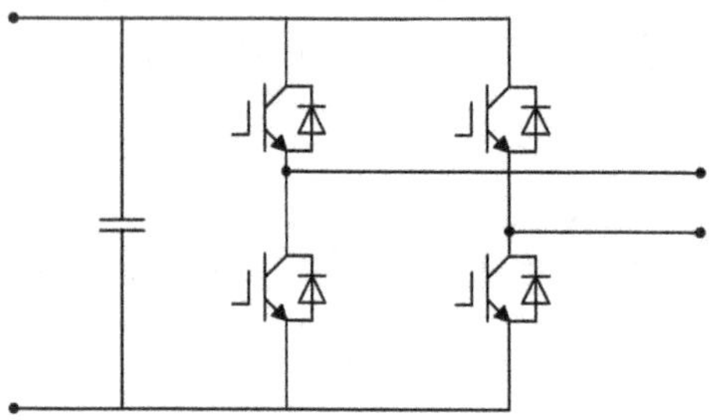

图3-36　H4桥逆变电路

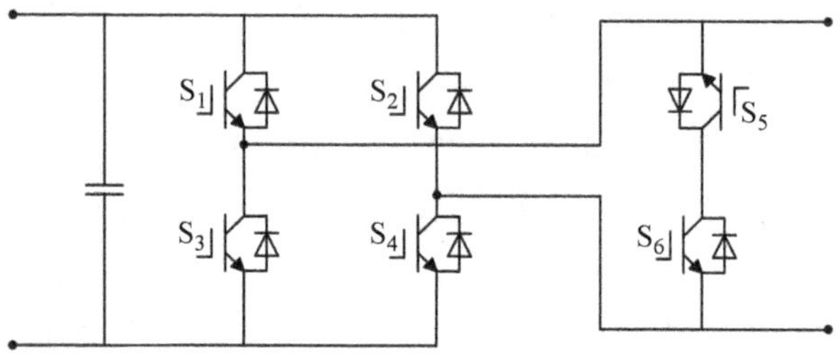

图3-37　HERIC逆变拓扑

HERIC逆变拓扑工作原理是：当工作在输出交流电压的正半周期内，S_5 保持接通，S_1 和 S_4 以开关频率同时切换，电流从直流输入流向电网，输出 $+U_d$。当工作在续流状态时，S_1 和 S_4 关闭，电流流过 S_5 和 S_6 的反并联二极管，输出零电平。当工作在输出交流电压的负半周期内，S_6 保持接通，而 S_2 和 S_3 以开关频率同时切换，电流从直流输入以相反方向流向电网，输出 $-U_d$。当工作在续流状态时，S_2 和 S_3 关闭，电流续流通过 S_6 和 S_5 的反并联二极管，输出零电平。综上，虽然HERIC拓扑多的两个开关管会额外增加开关损耗，但是能够输出三电平，因此比H4桥电路输出更少的谐波。

3. H6 DC/AC逆变拓扑

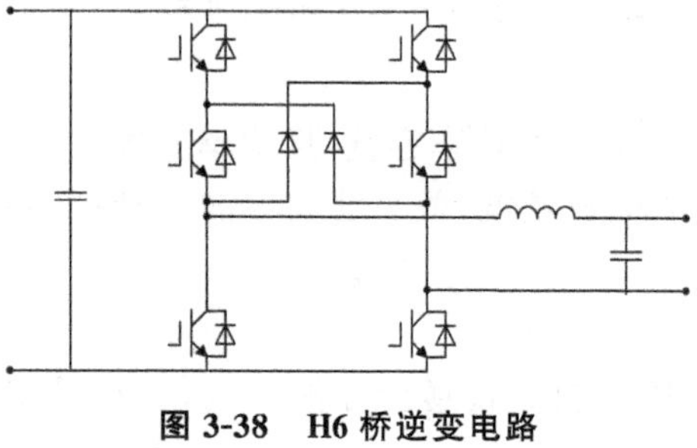

图3-38　H6桥逆变电路

另一种六开关拓扑如图3-38所示，H6逆变电路也是当前中小功率逆变器常用拓扑。

该拓扑同样能够实现三电平切换，因此可以在输出上实现低失真。

三相组串式光伏逆变器相比单相组串式光伏逆变器功率更大，通常采用两电平的三相半桥结构，三电平的二极管钳位型NPC、有源中点钳位型ANPC型和T型三电平逆变电路，特别是三电平逆变电路和集中式光伏逆变有一样的拓扑结构，也常用于直流电压为1 000 V和1 500 V的光伏系统。某商用组串式光伏逆变器的内部结构如图3-39所示，前级MPPT电路和后级逆变电路均包含在组串式光伏逆变器内部。

三相拓扑和集中式光伏逆变器拓扑一样，其拓扑在集中式光伏逆变器一节已经介绍过，可参考图3-28至图3-31，此处不再介绍。

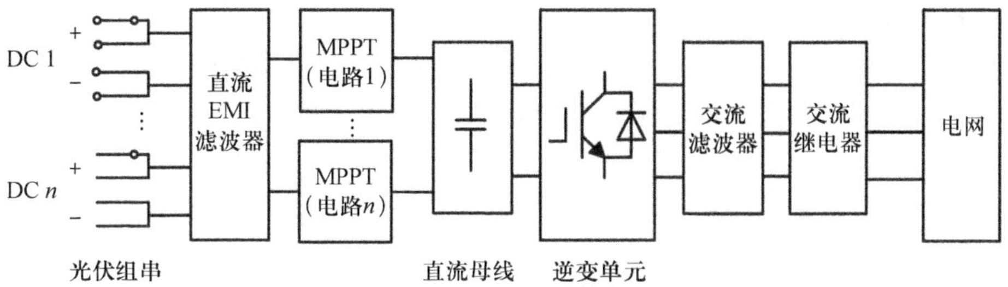

图 3-39 某商用组串式光伏逆变器结构示意图

3.3.3 微型光伏逆变器

与集中式、组串式光伏逆变器相比，微型光伏逆变器具有更小的输出功率，但它可以单独追踪每个组件的最大功率点，是三种并网方式中 MPPT 效率最高的实现方案。通过模块化的技术，微型光伏逆变器实现了“即插即用”的功能，甚至不需要专业人员也能自行购买安装，极大地提高了便利性。

与传统的并网逆变器系统相比，微型光伏逆变器系统因没有采用高压直流母线，从而提高了系统的安全性能；同时该系统采用电力载波通信等方法对各独立组件进行监测，从而减少了后期维护费用。通常微型光伏逆变器交流侧输出额定功率在 5 kW 以内，每个微型光伏逆变器可以连接 1～6 块太阳能板，且 MPPT 的效率最高能达到 99.8%，能够将更多的组件产能转换为可用电能。微型光伏逆变器目前的应用场景主要是户用。

微型光伏逆变器的主要优点有：①环境适应性强，组件之间不会相互影响，即在天气变化、组件温度不一致、组件不同安装状况时，组件仍能正常工作，系统的发电效率不会受到影响；②每个太阳电池具有独立的 MPPT，没有太阳电池之间不匹配损耗的问题，且系统布局紧凑，浪涌电压小；③不存在单个故障导致整个系统瘫痪的现象，分布式体系结构从整体布局角度解决了因单一节点失效而导致整体系统瘫痪的问题，提高了系统的可靠性；④微型光伏逆变器使得光伏发电系统摆脱了危险的高压直流电路，具有组件切断功能；⑤采用模块化技术、安装方便易扩展，且体积较小，单个微型光伏逆变器的价格相对便宜；⑥选用标准的微型逆变器安装材料，降低系统的设计成本；⑦降低了传导损耗，减少了输电线路的成本投入；⑧与集中式光伏逆变器相比不需要串联二极管，无旁路二极管。

微型光伏逆变器的主要缺点是：①由于电解电容的存在，系统的使用可靠性和使用寿命远远比不上太阳电池组件；②微型光伏逆变器的效率不及集中式光伏逆变器或组串式逆变器效率；③使用数量较多，难以集中检测控制。

在微型光伏逆变器的拓扑选择上，由于微逆变器的功率相对较低，逆变拓扑通常是反激式或具有最大功率点跟踪功能的“LLC”DC/DC 级，然后是用于交流输出的传统桥式逆变器。

3.3.3.1 单端反激式微型光伏逆变器

由于反激式变换电路的成本低廉、绝缘性好，所以微型光伏逆变器的功率转换电路也较多采用该电路。图 3-40 显示了单端反激式微型光伏逆变器的电路拓扑，微型光伏逆变器结构主要由输入端解耦电容、反激式变换电路、全桥逆变电路、

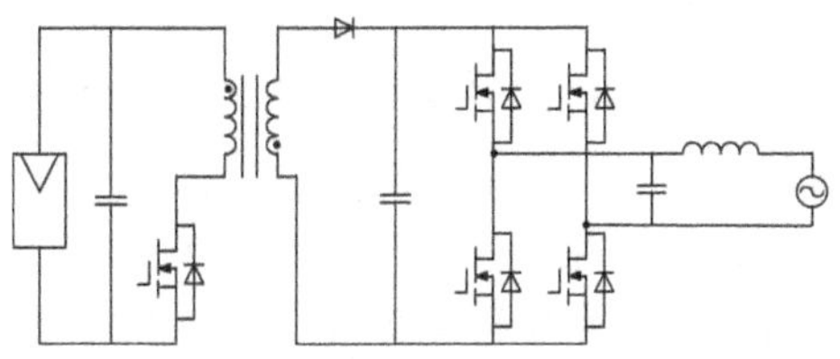

图 3-40 单端反激式微型光伏逆变器

输出滤波电路等组成。

单端反激式微型光伏逆变器工作原理是:太阳电池输出的低压直流电,经前级反激式电路的变换和升压,得到正弦半波,后级再采用极性反转电路将正弦半波转换为与电网同频、同相的交流电,最后再通过滤波并入电网。其具有拓扑结构简单和控制策略简单的优点,缺点是变压器的铁心磁状态工作在较大的直流下,需要有较大的气隙,从而导致微型光伏逆变器体积增大,且输出端纹波较大。

3.3.3.2 交错并联反激式微型光伏逆变器

由于单端反激式变换电路的输出端纹波较大,限制了输出功率。而目前解决输出功率小的办法之一是:可将两个单端反激电路进行并联运行,构成交错并联反激式微型光伏逆变器拓扑,从而可以提高反激变换电路的输出功率,改善电路输出的纹波。交错并联反激式微型光伏逆变器拓扑如图 3-41 所示。

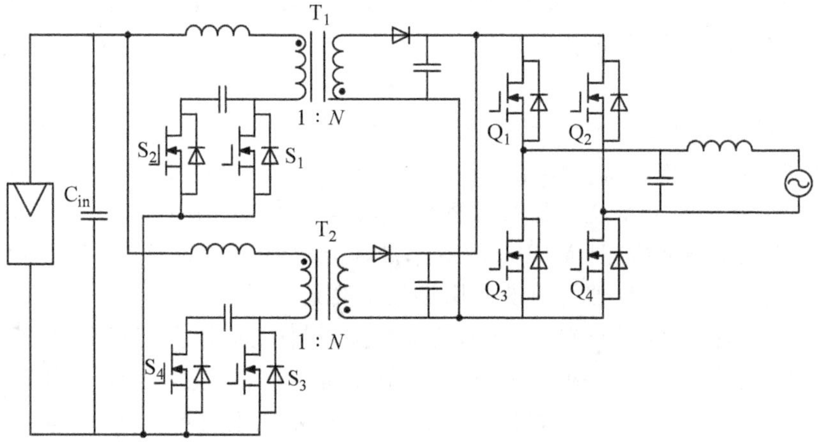

图 3-41　交错并联反激式微型光伏逆变器

交错并联式拓扑结构是在单端反激式拓扑结构基础上,将两个单端反激电路并联,从而使得该电路的输出电流由两个单端反激电路的输出电流进行相加,而输出端的电压保持不变,电路的输出功率得到了提高。此外,交错并联反激式拓扑结构能减小输入端开关器件的电流应力、可降低系统输出电流谐波、方便输出端的滤波电路设计、减小系统装置体积以及降低硬件设计成本。

交错并联反激式微型光伏逆变器拓扑工作原理与单端反激式电路的最大不同之处在于,太阳电池板输出的直流电,需要送往相位差 180°的两个交错并联反激式变压器 T_1 和 T_2 进行升压变换。

3.3.3.3 基于逻辑链路控制谐振的微型光伏逆变器

目前,基于逻辑链路控制(LLC)谐振的微型光伏逆变器也得到了广泛的应用,如图 3-42 所示。该结构采用 LLC 谐振变换器作为微型光伏逆变器的 DC/DC 级,那么前级不仅能实现太阳电池输出的直流电转换为双正弦半波直流电的功能,而且可使功率器件在全负载范围实现软开关,对比反激式电路工作在硬开关的特点,进一步提高了系统的效率。同时谐振元件 L_r 和 L_m 可以用变压器的漏感和励磁电感替代,从而提高了功率密度。对于 LLC 变换器而言,由于需要控制变压器副边输出双正弦半波直流电,如果采用变频控制,则频率范围变化太宽,从而不利于磁性元件设计。因此,LLC 变换器可以考虑采用定频与变频相结合的混合控制策略。

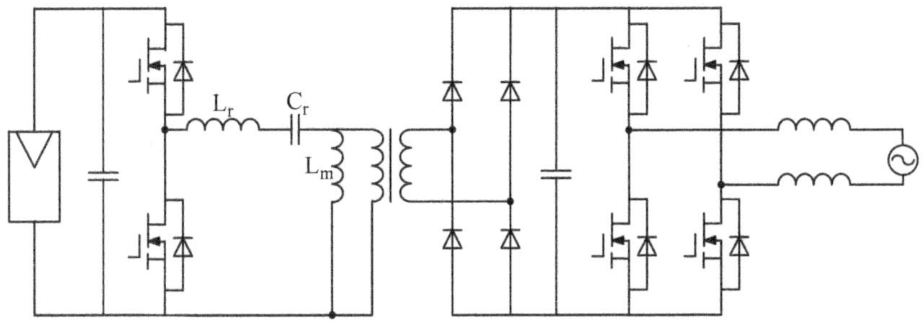

图 3-42　基于 LLC 变换器的微型光伏逆变器拓扑

3.4　光伏并网逆变器控制策略

光伏并网逆变器是光伏发电系统接入电网的核心装备，其控制系统需要实现对输出电流/功率的高效控制，以实现光伏功率的稳定并网。本节以带有 L 型滤波器的三相两电平光伏并网逆变器为例，来叙述光伏并网逆变器的基本控制策略，主要阐述有关坐标变换、电流闭环控制、锁相环等的相关原理。

3.4.1　光伏并网逆变器的控制结构

光伏并网逆变器一般采用 dq 同步旋转坐标系下电流闭环控制结构，如图 3-43 所示。其中 V_{dc} 为直流侧电容两端电压；L 为输出滤波器电感；v_{abc} 和 v_{sabc} 为逆变器输出电压和三相并网电压；i_{abc} 为三相并网电流；K_d 为电流环相间解耦增益，且 $K_d=\omega L$，以消除 d 轴和 q 轴间的耦合；PLL 为锁相环，为控制信号提供电网电压相位信息。在 dq 同步旋转坐标系下控制的

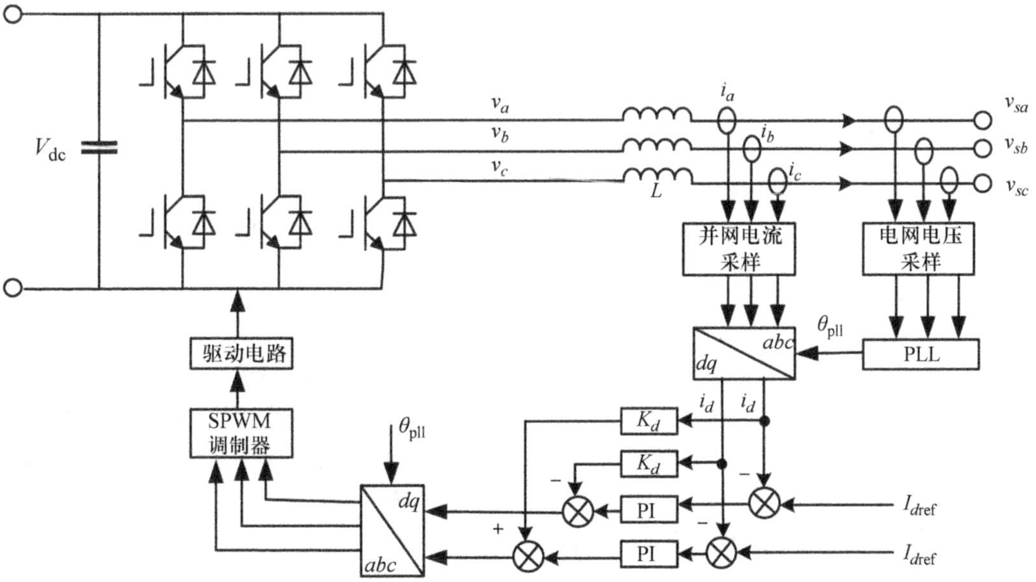

图 3-43　并网逆变器控制结构原理图

三相逆变器，通常采用PI调节器以实现输出电流的无静差调节。并网逆变器采样三相电网电压，通过锁相环提取其相位信息；采样三相并网电流，通过坐标变换转换为 dq 旋转坐标系下的信号，与指令信号 $I_{d\text{ref}}$ 和 $I_{q\text{ref}}$ 比较，再经过PI调节器后进行反坐标变换，送入脉宽调制(PWM)调制器，所形成的SPWM信号通过驱动、隔离后控制主电路开关管的导通和关断，从而实现三相并网逆变器输出电流在 dq 同步旋转坐标系下的闭环控制。

3.4.2 光伏并网逆变器的并网控制

光伏逆变器的并网控制策略是新能源并网系统并网的关键，而讨论逆变器的并网策略常常需要用到坐标变换理论和相间解耦控制。

3.4.2.1 Clark 变换与 Park 变换原理

三相逆变器的交流侧各种状态变量均为时变交流量，不利于传统控制系统的设计。为此，可以通过坐标变换将交流状态变量从三相对称静止坐标系上转换到与电网基频同步旋转的同步旋转坐标系上。经过坐标变换后，三相对称静止坐标系中的基波正弦变量将转化成同步旋转坐标系中的直流变量，便于传统PI调节控制系统的设计。

在三相逆变器并网控制中，常用到两类坐标变换：Clark 变换与 Park 变换。Clark 变换是将三相静止对称坐标系(a,b,c)变换成两相垂直静止坐标系(α,β)。Park 变换是将两相静止坐标系(α,β)变换成两相同步旋转坐标系(d,q)。

上述坐标变换又分成“等幅值”变换和“等功率”变换两种。“等幅值”坐标变换指在某一坐标系中的合成矢量与变换后的另一坐标系中的合成矢量幅值相等的坐标变换。“等功率”坐标变换指坐标变换前后功率相等的坐标变换。

以三相电压变换为例来介绍 Clark 变换，设三相对称电压 V_{ABC} 在三相静止坐标系的量为下式：

$$\begin{cases} V_A = V_m \cos(\omega t) \\ V_B = V_m \cos(\omega t - 120°) \\ V_C = V_m \cos(\omega t + 120°) \end{cases}$$

则电压合成矢量为：

$$\begin{aligned} V_\delta &= V_A + V_B e^{j\cdot 120°} + V_C e^{-j\cdot 120°} \\ &= V_m \cos(\omega t) + V_m \cos(\omega t - 120°) e^{j\cdot 120°} + V_m \cos(\omega t + 120°) e^{-j\cdot 120°} \\ &= \frac{3}{2} V_m e^{j\omega t} \end{aligned}$$

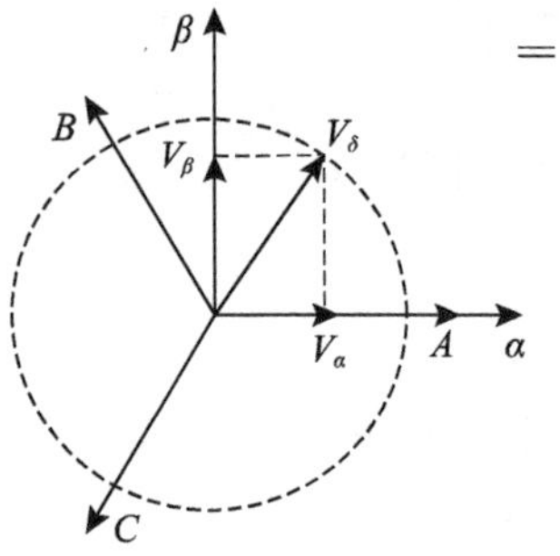

图 3-44 三相静止/两相静止坐标变换示意图

可得合成的电压矢量幅值是原幅值的1.5倍，并且以角速度 ω 逆时针旋转。如图3-44所示，任意时刻 ABC 坐标系下的 V_δ 均可以通过矢量分解投影到 $\alpha\beta$ 坐标系下，且存在两种变换即等幅值变换与等功率变换。

1. 等幅值变换

等幅值变换是指坐标变换前后矢量幅值相等，易得到三相静止/两相静止坐标变换的等幅值变换矩阵为：

$$T_{abc/\alpha\beta}=\frac{2}{3}\begin{bmatrix}1 & -\frac{1}{2} & -\frac{1}{2}\\ 0 & \frac{\sqrt{3}}{2} & -\frac{\sqrt{3}}{2}\end{bmatrix} \tag{3-6}$$

2. 等功率变换

等功率变换是指坐标变换前后功率相等，即变化前后电压电流乘积不变的变换，易得到三相静止/两相静止坐标变换的等功率变换矩阵为：

$$T_{abc/\alpha\beta}=\sqrt{\frac{2}{3}}\begin{bmatrix}1 & -\frac{1}{2} & -\frac{1}{2}\\ 0 & \frac{\sqrt{3}}{2} & -\frac{\sqrt{3}}{2}\end{bmatrix} \tag{3-7}$$

至此，Clark 变换的结果仍然还是交流量，传统的 PI 控制无法对交流量实现无静差调节，因此还需要进行 Park 变换，Park 变换的目的是将两相静止坐标系变换至同步旋转坐标系中，V_d 和 V_q 分别是同步旋转坐标系下的直轴电势和交轴电势，θ 为两坐标系夹角，如图 3-45 所示，可以得到：

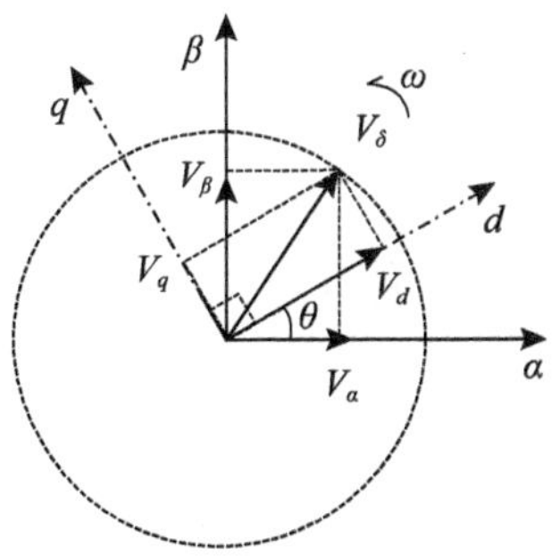

图 3-45　两相静止/两相旋转坐标变换示意图

$$V_d=V_\alpha\cos\theta+V_\beta\sin\theta$$
$$V_q=-V_\alpha\sin\theta+V_\beta\cos\theta$$

写成矩阵形式为：

$$\begin{bmatrix}V_d\\ V_q\end{bmatrix}=\begin{bmatrix}\cos\theta & \sin\theta\\ -\sin\theta & \cos\theta\end{bmatrix}\begin{bmatrix}V_\alpha\\ V_\beta\end{bmatrix}=V_\delta\begin{bmatrix}\cos(\omega t-\theta)\\ \sin(\omega t-\theta)\end{bmatrix} \tag{3-8}$$

由以上推导可得到，可以得到两相静止/两相旋转坐标变换的变换矩阵：

$$T_{\alpha\beta/dq}=\begin{bmatrix}\cos\theta & \sin\theta\\ -\sin\theta & \cos\theta\end{bmatrix}$$

经过简单的逆变换，两相旋转/两相静止坐标变换的变换矩阵：

$$T_{dq/\alpha\beta}=\begin{bmatrix}\cos\theta & -\sin\theta\\ \sin\theta & \cos\theta\end{bmatrix}$$

将式(3-8)的 V_α、V_β 替换成 V_a、V_b、V_c，即可得到三相静止/两相旋转坐标变换的变换矩阵：

$$T_{abc/dq}=\sqrt{\frac{2}{3}}\begin{bmatrix}\cos\theta & \cos\left(\theta-\frac{2\pi}{3}\right) & \cos\left(\theta+\frac{2\pi}{3}\right)\\ -\sin\theta & -\sin\left(\theta-\frac{2\pi}{3}\right) & -\sin\left(\theta+\frac{2\pi}{3}\right)\end{bmatrix} \tag{3-9}$$

$$T_{dq/abc}=\sqrt{\frac{2}{3}}\begin{bmatrix}\cos\theta & -\sin\theta \\ \cos\left(\theta-\frac{2\pi}{3}\right) & -\sin\left(\theta-\frac{2\pi}{3}\right) \\ \cos\left(\theta+\frac{2\pi}{3}\right) & -\sin\left(\theta+\frac{2\pi}{3}\right)\end{bmatrix} \tag{3-10}$$

3.4.2.2 三相并网逆变器的数学模型

三相并网逆变器如图 3-46 所示，采用 L 型滤波器；设逆变器输出相电压为 v_{abc}，电网相电压为 v_{sabc}，电感上的电流为 i_{abc}，规定电流参考方向为逆变器侧流向网侧。

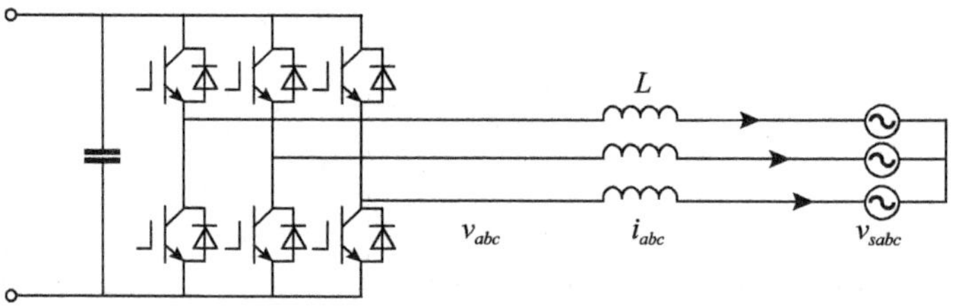

图 3-46　L 型三相并网逆变器模型

根据 KCL、KVL 得到电路方程有：

$$L\frac{\mathrm{d}}{\mathrm{d}t}\begin{bmatrix}i_a\\ i_b\\ i_c\end{bmatrix}=\begin{bmatrix}\nu_a\\ \nu_b\\ \nu_c\end{bmatrix}-\begin{bmatrix}\nu_{sa}\\ \nu_{sb}\\ \nu_{sc}\end{bmatrix} \tag{3-11}$$

先通过坐标变换，将 abc 坐标系下的数学模型，变换到 $\alpha\beta$ 坐标系下，即将式(3-11)两边左乘 Clark 变换矩阵，则有：

$$L\frac{\mathrm{d}}{\mathrm{d}t}\begin{bmatrix}i_\alpha\\ i_\beta\\ i_O\end{bmatrix}=\begin{bmatrix}\nu_a\\ \nu_b\\ \nu_c\end{bmatrix}-\begin{bmatrix}\nu_{sa}\\ \nu_{sb}\\ \nu_{sc}\end{bmatrix} \tag{3-12}$$

再将 $\alpha\beta$ 坐标系下的数学模型变换到 dq 坐标系下，即将式(3-12)两边左乘 Park 变换矩阵，则有：

$$L\frac{\mathrm{d}}{\mathrm{d}t}\begin{bmatrix}i_d\\ i_q\end{bmatrix}=\begin{bmatrix}\nu_d\\ \nu_q\end{bmatrix}-\begin{bmatrix}\nu_{sd}\\ \nu_{sq}\end{bmatrix}+\omega L\begin{bmatrix}i_q\\ -i_d\end{bmatrix} \tag{3-13}$$

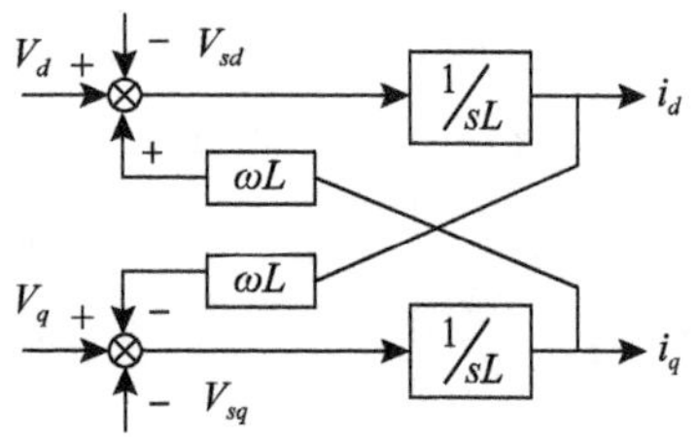

图 3-47　三相并网逆变器的数学模型框图

式(3-13)经过拉普拉斯变换，得到：

$$\begin{cases}V_d-V_{sd}+\omega Li_q=sLi_d\\ V_q-V_{sq}-\omega Li_d=sLi_q\end{cases} \tag{3-14}$$

由式(3-14)，得到三相并网逆变器的数学模型如图 3-47 所示。

可以发现，在 dq 坐标系下，dq 轴的变量之间存在耦合。采用相间解耦控制策略，电流调节采用 PI 调节，设计控制系统方程则有：

$$\begin{cases} V_d = -\omega L i_q + (i_{d\text{ref}} - i_d)\left(K_{pd} + \dfrac{K_{id}}{S}\right) \\ V_q = +\omega L i_d + (i_{q\text{ref}} - i_q)\left(K_{pq} + \dfrac{K_{iq}}{S}\right) \end{cases} \tag{3-15}$$

联立式(3-14)与式(3-15)，得到完整的控制系统框图如图 3-48 所示。

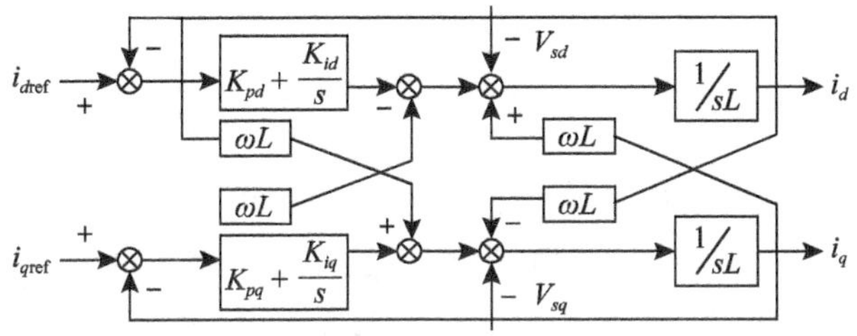

图 3-48　三相并网逆变器解耦框图

通过控制方程的设计，dq 轴的耦合信号正负相互抵消，理想状态下可以实现无静差控制。根据上述数学模型和系统框图，得到三相并网逆变器的控制策略如图 3-49 所示。

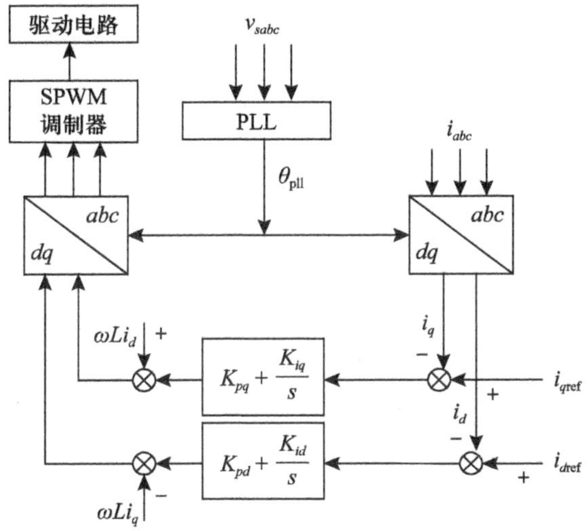

图 3-49　三相并网逆变器的控制策略

综上，可得三相并网逆变器的输出控制策略为：采样三相电网相电压，使锁相环 PLL 获得电网电压的相位，用于两次坐标变换；采样三相电网电流 i_{abc}，将其变换到 dq 轴，与进网电流基准 $i_{d\text{ref}}$ 和 $i_{q\text{ref}}$ 比较，将误差信号输入 PI 调节器，结果经过相间解耦，再由坐标变换得到 V_{abc} 的调制波信号，最后通过 SPWM 调制得到驱动信号，实现并网运行。

3.4.3　光伏并网逆变器的锁相环技术

光伏并网逆变器锁相环的作用是动态获取接入点处电网电压的相位信息，以实现并网运行时的有功、无功功率(电流)控制。锁相环技术是并网逆变器控制技术的核心之一，其性能直接影响光伏并网逆变器的控制性能。

较为经典的锁相环是单同步坐标系软件锁相环(single synchronous reference frame software phase locked loop,SSRF-SPLL),其基本原理就是对三相系统进行静止坐标系到同步旋转坐标系的变换,利用旋转坐标系的同步锁相来实现三相锁相环的控制。

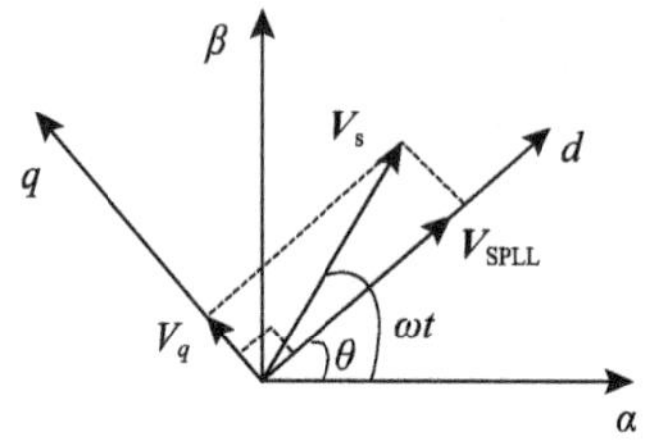

图 3-50 锁相过程矢量示意图

如图 3-50 所示,$\boldsymbol{V}_s$ 为实际三相电压合成矢量,$\boldsymbol{V}_{SPLL}$ 为锁相环的输出电压矢量,ωt 为实际三相电压合成矢量的角度;θ 为锁相环输出电压矢量角度。实际控制中,当锁相环处于准确锁相时,锁相环输出电压矢量 $\boldsymbol{V}_{SPLL}$ 和实际三相电压合成矢量 $\boldsymbol{V}_s$ 应该角度完全重合,即 $\omega t=\theta$。

由此,下面介绍三相电压锁相环的控制回路,如图 3-51 所示,其原理就是将三相电压经过 Clark 变换和 Park 变换至锁相环的 dq 同步旋转坐标系下,对 q 轴定向,从而实现锁相。假设输入电压 V_A 的初始相位为零,三相电压合成矢量 $\boldsymbol{V}_s$ 的模长等于 V_m,则三相电网电压可以写成:

$$\begin{cases} V_A=V_m\cos(\omega t) \\ V_B=V_m\cos(\omega t-120°) \\ V_C=V_m\cos(\omega t+120°) \end{cases}$$

先运用 Clark 变换,将三相电压从三相静止坐标系转换到两相静止坐标系:

$$\begin{bmatrix} V_\alpha \\ V_\beta \end{bmatrix}=\frac{2}{3}\begin{bmatrix} 1 & -\frac{1}{2} & -\frac{1}{2} \\ 0 & \frac{\sqrt{3}}{2} & -\frac{\sqrt{3}}{2} \end{bmatrix}\begin{bmatrix} V_A \\ V_B \\ V_C \end{bmatrix}=V_m\begin{bmatrix} \cos(\omega t) \\ \sin(\omega t) \end{bmatrix}$$

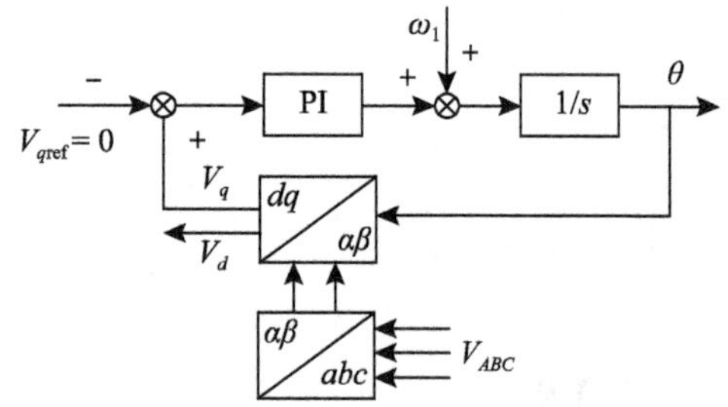

图 3-51 三相电压 PLL 控制原理

再运用 Park 变换,将三相电压从两相静止坐标系转换到 dq 同步旋转坐标系:

$$\begin{aligned}\begin{bmatrix} V_d \\ V_q \end{bmatrix}&=\begin{bmatrix} \cos\theta & \sin\theta \\ -\sin\theta & \cos\theta \end{bmatrix}\begin{bmatrix} V_\alpha \\ V_\beta \end{bmatrix} \\ &=V_m\begin{bmatrix} \cos(\omega t-\theta) \\ \sin(\omega t-\theta) \end{bmatrix}\end{aligned} \tag{3-16}$$

从式(3-16)可以发现,如果锁相环的输出相角 θ 不等于电网电压相角 ωt,V_q 将不等于 0,而当 θ 等于电网电压相角 ωt 时,$V_q=0$,即可完成锁相。此外,为了提高锁相环的锁相速度和稳定性,还采用了 $\omega_1=100\pi$ 的常数前馈。

3.5 三相并网逆变器序阻抗建模及稳定性分析

采用谐波线性化方法进行阻抗建模,是将电压谐波扰动叠加到系统的激励源中,结合谐波平衡定理和小信号近似法,测量出对应扰动频率下的电流响应信号,从而推导出系统的阻抗模型。对三相并网逆变器进行序阻抗建模，则是在上述方法的基础上，结合对称分量法将并网逆变器分解为两个子系统：正序系统和负序系统，从而分别推导出其正序阻抗和负序阻抗，得到并网逆变器的正负序阻抗模型。

3.5.1 逆变器的序阻抗概述

当光伏逆变器并网运行时，电网与逆变器之间存在各种交互作用，常见的有两者之间产生的无阻尼或者欠阻尼的共振，而这种交互作用将会影响系统的稳定运行。为保证系统的稳定运行，在对其进行稳定性分析时，需要采用合适的稳定性分析方法实现对逆变器和电网之间交互作用的描述，其中，阻抗稳定性分析方法是最有效的方法之一。

不同于传统的根轨迹等稳定性分析方法，基于阻抗的稳定性分析方法只要求得到电网和逆变器形成的交互系统的阻抗模型即可。阻抗模型相比于其他模型，阻抗参数的物理意义清晰明确，判稳形式较为简单，且阻抗特性参数通过实验测量容易获取。逆变器的输出阻抗可以通过在逆变器接入点注入一个电压扰动，然后采用测量装备得到对应频率下的端口电压和电流，其比值即为所求得的输出阻抗。利用上述方法得到逆变器侧的输出阻抗时，无须获取逆变器侧内部的各种商家保密参数，相比于需要获取逆变器和电网的详尽参数与模型的建模方法，其在常以"黑箱"形式存在的光伏发电网络中具有更好的可行性。但是由于光伏并网逆变器的非线性特性，对其进行阻抗建模相对于传统的建模方法，更为复杂，其中比较成熟的方法有 dq 阻抗建模和序阻抗建模。

3.5.1.1 dq 阻抗模型

dq 轴阻抗建模方法，是把并网逆变器在 abc 轴下的模型转换到 dq 轴下，把三相并网逆变器等效为耦合的 d 轴直流系统和 q 轴直流系统，并在其稳态的直流工作点上进行小信号线性化，从而推导出并网逆变器的 dq 轴阻抗模型。三相并网逆变器的 dq 轴小信号等效电路如图 3-52 所示。

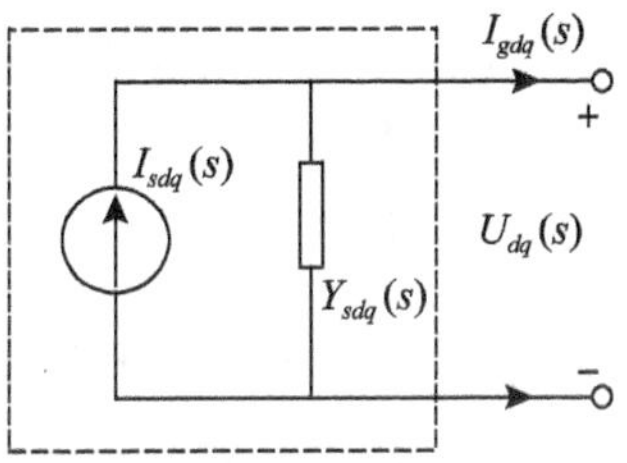

图 3-52 三相并网逆变器的 dq 轴小信号等效电路

其中，

$$Y_{sdq}(s)=\begin{bmatrix}Y_{dd}(s) & Y_{dq}(s)\\ Y_{qd}(s) & Y_{qq}(s)\end{bmatrix} \tag{3-17}$$

在图 3-52 中，$U_{dq}(s)$为公共连接点的电压，$I_{gdq}(s)$为电网电流。在图 3-52 的三相并网逆变器的等效电流源模型中，$I_{sdq}(s)$为等效的理想电流源，$Y_{sdq}(s)$为等效的输出导纳。在输出导纳 $Y_{sdq}(s)$中，其非对角元素分别表示逆变器 d 轴与 q 轴的电压和电流之间的耦合关系，并没有实际的物理释义，难以通过商用设备测量获得。

利用并网逆变器 dq 轴阻抗模型可以研究不同环路结构对阻抗特性的影响，如并网逆变器 dq 轴阻抗矩阵中各元素的特性曲线可以用于对比分析电压环和电流环不同参数对阻抗特性曲线的影响，从而为逆变器阻抗模型的优化设计提供参考。在光伏发电系统中，dq 轴线性化建模方法的一大优势则是其与三相并网逆变器的系统控制思路相吻合，两者都是在 dq 轴下进行分析处理，这种一致性使得 dq 阻抗模型的建立易于实现。

但是由于三相并网逆变器的 d 轴和 q 轴存在耦合，dq 轴阻抗通常需要用非对角线元素不为零的二维矩阵来表示，这使得并网逆变器稳定性分析变得复杂。尤其在基于系统的 dq 轴阻抗矩阵模型对并网逆变器、本地无源负载和电网阻抗组成的三相交流变换器系统的稳定性进行分析研究时，需要通过广义奈奎斯特判据来分析系统稳定性，使得分析过程变得复杂。除此以外，dq 轴线性化建模方法目前主要应用于三相平衡系统，在单相系统或者三相不平衡系统中的应用仍存在一定的困难。

3.5.1.2 序阻抗模型

大多数的新能源发电系统是通过三相电压源型并网逆变器连入交流配电网络，该类型并网逆变器大多采用基于锁相环同步的电流控制。由于锁相环和电流控制器会引入非线性环节，加之交流系统中输出电压、电流均为交流时变量无稳定的静态工作点，因而在序阻抗建模过程中不能直接进行小信号建模。

为解决并网逆变器的非线性问题，提出了在频域中利用傅里叶级数进行线性化的方法即谐波线性化方法。谐波线性化方法也叫作描述函数法，是一种工程近似方法，是线性系统中频率特性概念的推广，其基本原理为：当系统符合某些限制条件时，系统中的非线性部分可近似认为具有和线性部分相类似的频率响应形式，故当正弦信号施加于系统时，系统中非线性部分的稳态输出可近似用一次谐波分量来代替，据此可以推导出非线性部分的近似等效频率特性。这时非线性的系统就能近似简化成线性的系统。

利用上述描述函数的概念，在一定的条件下可以借用线性系统的频域分析理论对非线性系统进行分析。根据谐波线性化阻抗建模方法则可以在频域建立三相逆变器的序阻抗模型，从而可以分析新能源并网逆变器在不同电网阻抗下的稳定性。对于三相系统，该建模分析方法需结合对称分量法，在时域中利用对称分量法将三相系统分解成正、负序两个子系统。在频域中通过谐波线性化方法分别建立正、负序阻抗模型。根据正、负序阻抗与电网阻抗之比可以采用奈奎斯特稳定性判据分别对两个子系统判稳。当正、负序两个子系统都稳定时，并网发电系统整体也是稳定的。

3.5.2 光伏并网逆变器序阻抗建模

本节以对带有 L 型滤波器的光伏并网逆变器进行序阻抗建模为例，展示逆变器序阻抗模型的建模思想及其过程。

三相光伏并网逆变器主电路及控制电路如图 3-53 所示。其中，V_{dc} 为直流母线电压，因为直流侧电容很大，则 V_{dc} 视为恒定值；i_a、i_b、i_c 为交流侧相电流，v_a、v_b、v_c 为交流侧相电压，v_{sa}、v_{sb}、v_{sc} 为电网电压。控制电路包括电流控制环和锁相环。

三相并网逆变器电流控制环中，i_d、i_q 是并网电流 i_a、i_b、i_c 经 dq 变换得到的 d 轴电流和 q 轴电流，$i_{d\mathrm{ref}}$、$i_{q\mathrm{ref}}$ 是 d 轴和 q 轴电流控制指令值，$H_i(s)$ 是 PI 控制环节的传递函数；$K_d=\omega L$，为消除 dq 轴耦合的增益。m_d、m_q 是 d 轴和 q 轴控制信号，m_a、m_b、m_c 是三相控制信号。本文采用 SPWM 调制。

锁相环控制框图如图 3-54 所示，$H_\theta(s)$ 为是 q 轴电压控制结构的传递函数，采用 PI 控制环节。其中 θ_{pll} 为锁相环输出相角，dq 坐标变换的表达式见式(3-9)和式(3-10)。

3.5.2.1 并网逆变器的主电路平均模型

三相并网逆变器主电路拓扑如图 3-55 所示。

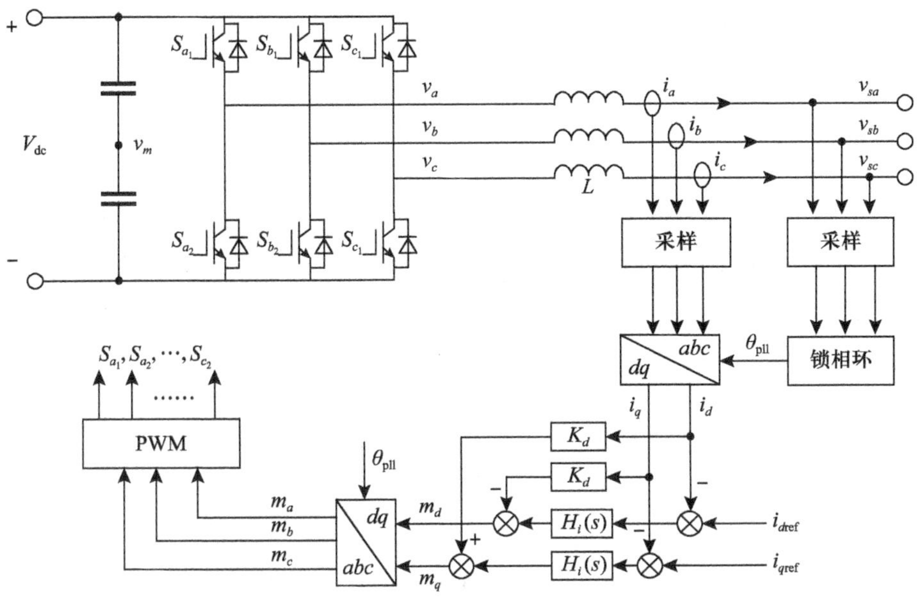

图 3-53 三相并网逆变器主电路及控制电路

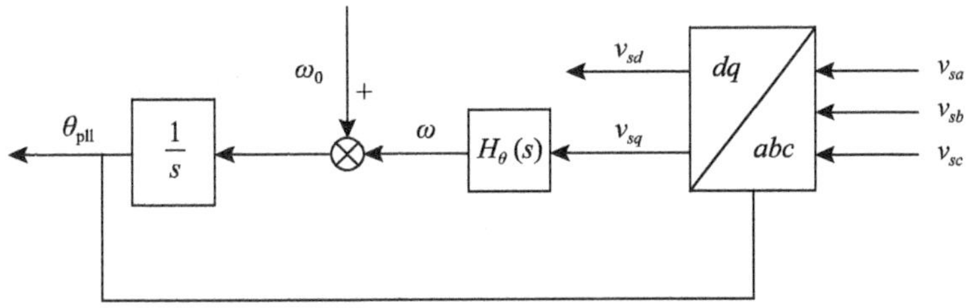

图 3-54 锁相环控制框图

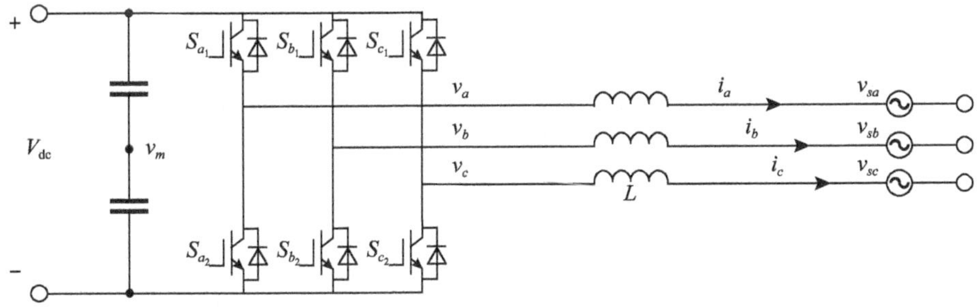

图 3-55 三相并网逆变器主电路拓扑

逆变器主电路方程为：

$$\begin{cases} L\dfrac{\mathrm{d}i_a}{\mathrm{d}t}=v_a-v_{sa} \\ L\dfrac{\mathrm{d}i_b}{\mathrm{d}t}=v_b-v_{sb} \\ L\dfrac{\mathrm{d}i_c}{\mathrm{d}t}=v_c-v_{sc} \end{cases} \tag{3-18}$$

将桥臂侧电压 v_k 用对应相的开关管状态函数表示，有：

$$v_k = v_{mk} + v_m \tag{3-19}$$

$$v_{mk} = \left(s_k - \frac{1}{2}\right)V_{dc} \tag{3-20}$$

其中，$k=a,b,c$；v_{sk} 为电网电压相对于中性点的电压；v_{mk} 为 a 相桥臂侧相对于直流侧中点的电压；v_m 为直流侧中点相对于电网中性点 N 的电压，在一个开关周期内平均值为 0。s_k 为开关函数，有：

$$s_k = \begin{cases} 1, \text{上桥臂导通，下通臂关断} \\ 0, \text{上桥臂关断，下通臂导通} \end{cases} \tag{3-21}$$

对 s_k 进行傅里叶展开，d_k 为相应的 PWM 占空比，有：

$$s_k = d_k + \sum_{n=1}^{\infty}(-1)^n \frac{2}{n\pi}\sin(nd_k\pi)\cos(n\omega_s t) \tag{3-22}$$

联立式(3-19)、式(3-20)和式(3-22)，得到桥臂侧电压在一个开关周期内的平均值为，

$$V_k = \left(d_k - \frac{1}{2}\right)V_{dc} \tag{3-23}$$

将式(3-23)代入式(3-18)，得到一个开关周期内的主电路平均方程为：

$$\begin{cases} L\dfrac{di_a}{dt} = \left(d_a - \dfrac{1}{2}\right)V_{dc} - v_{sa} \\ L\dfrac{di_b}{dt} = \left(d_b - \dfrac{1}{2}\right)V_{dc} - v_{sb} \\ L\dfrac{di_c}{dt} = \left(d_c - \dfrac{1}{2}\right)V_{dc} - v_{sc} \end{cases} \tag{3-24}$$

m_a、m_b、m_c 分别为 a、b、c 三相的调制信号，设基准值为 $\frac{1}{2}V_{dc}$，对其进行标幺化，有：

$$m_k^* = \frac{m_k}{\frac{1}{2}V_{dc}} \tag{3-25}$$

本节的 SPWM 调制方法采用工程中应用较广的规则采样法，根据规则采样法的原理，有：

$$d_k = \frac{1}{2}m_k^* + \frac{1}{2} \tag{3-26}$$

联立式(3-25)和式(3-26)得，

$$d_k = K_m m_k + \frac{1}{2} \tag{3-27}$$

其中，$K_m = \frac{1}{V_{dc}}$。

联立式(3-24)和式(3-27)可得，

$$\begin{cases} L\dfrac{\mathrm{d}i_a}{\mathrm{d}t}=K_m m_a V_{\mathrm{dc}}-v_{sa} \\ L\dfrac{\mathrm{d}i_b}{\mathrm{d}t}=K_m m_b V_{\mathrm{dc}}-v_{sb} \\ L\dfrac{\mathrm{d}i_c}{\mathrm{d}t}=K_m m_c V_{\mathrm{dc}}-v_{sc} \end{cases} \tag{3-28}$$

3.5.2.2　并网逆变器的电流环路控制模型

锁相环输出为理想情况时，与电网电压实际相角完全一致。在电网侧三相对称的基波电压 $V_1(t)$ 上叠加某一频率为 f_p 的正序电压扰动 $\hat{V}_p(t)$，交流电流将产生相同频率的正序电流响应 $\hat{I}_p(t)$，电流响应通过控制电路产生控制小信号 $\hat{M}(t)$，控制小信号影响桥臂侧的输出电压，产生附加的电压响应 $\hat{V}_{cp}(t)$。$V(t)$ 和 $I(t)$ 为桥臂侧的基波电压、基波电流响应。示意电路如图 3-56 所示。

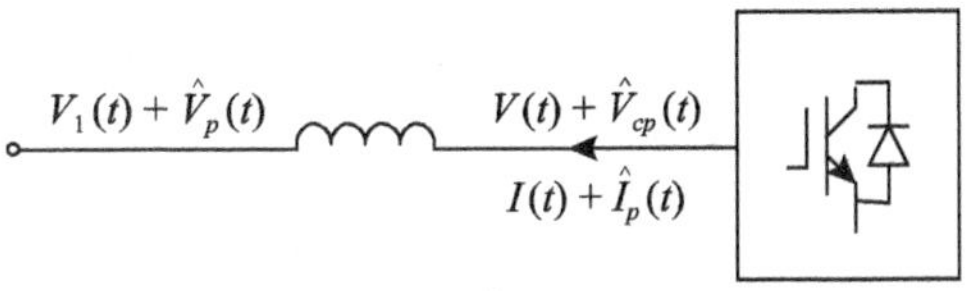

图 3-56　三相并网逆变器电路拓扑

网侧电压包括基波电压和电压扰动，其表达式定义为：

$$\begin{bmatrix} v_{sa} \\ v_{sb} \\ v_{sc} \end{bmatrix}=\begin{bmatrix} V_1\cos(\omega_1 t) \\ V_1\cos\left(\omega_1 t-\dfrac{2}{3}\pi\right) \\ V_1\cos\left(\omega_1 t+\dfrac{2}{3}\pi\right) \end{bmatrix}+\begin{bmatrix} V_p\cos(\omega_p t+\varphi_p) \\ V_p\cos\left(\omega_p t+\varphi_p-\dfrac{2}{3}\pi\right) \\ V_p\cos\left(\omega_p t+\varphi_p+\dfrac{2}{3}\pi\right) \end{bmatrix} \tag{3-29}$$

式(3-29)中，第一项为网侧基波电压 $V_1(t)$，V_1、ω_1 分别为基波电压幅值和角速度；第二项为注入的电压扰动 $\hat{V}_p(t)$，V_p、ω_p、φ_p 分别为扰动项的幅值、角速度及初始相位。

设扰动频率下的电流响应 $\hat{i}_{pa}$、$\hat{i}_{pb}$、$\hat{i}_{pc}$ 表达式为：

$$\begin{bmatrix} \hat{i}_{pa} \\ \hat{i}_{pb} \\ \hat{i}_{pc} \end{bmatrix}=\begin{bmatrix} I_p\cos(\omega_p t+\phi_p) \\ I_p\cos\left(\omega_p t+\phi_p-\dfrac{2}{3}\pi\right) \\ I_p\cos\left(\omega_p t+\phi_p+\dfrac{2}{3}\pi\right) \end{bmatrix} \tag{3-30}$$

其中，I_p、ϕ_p 分别为电流响应的幅值和初始相位。

图 3-57 为逆变器电流环控制结构示意图，其中 $\theta_1=\omega_1 t$ 为基波电压相角。

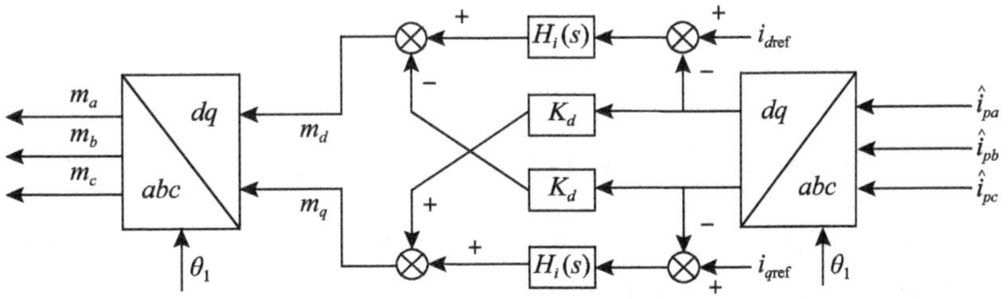

图 3-57　逆变器电流环控制框图

根据上述控制框图,得到控制小信号如下:

$$\begin{bmatrix}\hat{m}_a(t)\\\hat{m}_b(t)\\\hat{m}_c(t)\end{bmatrix}=T_{dq/abc}(\omega_1 t)\begin{bmatrix}-H_i & -K_d\\K_d & -H_i\end{bmatrix}T_{abc/dq}(\omega_1 t)\begin{bmatrix}\hat{i}_{pa}\\\hat{i}_{pb}\\\hat{i}_{pc}\end{bmatrix} \tag{3-31}$$

对式(3-31)进行展开化简,并转化为 s 域表达式如下:

$$\begin{bmatrix}\hat{M}_a(s)\\\hat{M}_b(s)\\\hat{M}_c(s)\end{bmatrix}=-[H_i(s-j\omega_1)-jK_d]\begin{bmatrix}\hat{I}_{pa}(s)\\\hat{I}_{pb}(s)\\\hat{I}_{pc}(s)\end{bmatrix} \tag{3-32}$$

3.5.2.3 并网逆变器的输出阻抗模型

1. 正序阻抗

由式(3-28)得到小信号的主电路方程的 s 域表达式为

$$sL\hat{I}_p(s)=K_m\hat{M}(s)V_{dc}-\hat{V}_p(s) \tag{3-33}$$

联立式 (3-29)、式(3-30)、式(3-32)和式(3-33),得到正序阻抗表达式:

$$Z_p(s)=sL+K_mV_{dc}[H_i(s-j\omega_1)-jK_d] \tag{3-34}$$

2. 负序阻抗

对正序阻抗代入 $-s$ 并取共轭可得负序阻抗,即

$$Z_n(s)=sL+V_{dc}K_m[H_i(s+j\omega_1)+jK_d] \tag{3-35}$$

根据以上推导得到的正负序阻抗表达式,可以画出如图 3-58 所示的理想锁相环条件下正负序阻抗结构图。

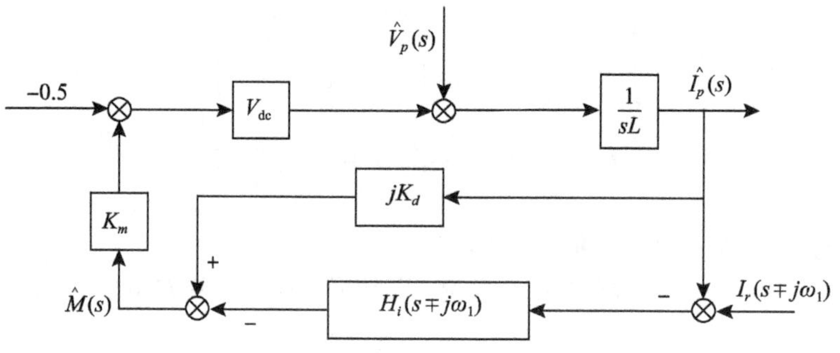

图 3-58　正负序阻抗结构图

3.5.3 基于序阻抗模型的并网逆变器稳定性分析

对于直流变换器及其滤波器构成的交互系统的稳定性分析,可以采用基于滤波器输出阻抗和变流器输入阻抗比值的奈奎斯特(Nyquist)判据来分析系统稳定性,如图 3-59 所示。其中,$V_s(s)$为滤波器单独运行时的输出电压,$V_i(s)$为直流变换器的输入电压,$z_0(s)$、$z_i(s)$分别为滤波器输出

阻抗以及直流变换器输入阻抗。式(3-36)为滤波器输出阻抗和变流器输入阻抗比值 $T_m(s)$，此时滤波器输出电压 $V_s(s)$到直流变换器输入电压 $V_i(s)$的传递函数可以表示为式(3-37)。

$$T_m(s)=\frac{z_0(s)}{z_i(s)} \tag{3-36}$$

$$\frac{V_i(s)}{V_s(s)}=\frac{1}{1+T_m(s)} \tag{3-37}$$

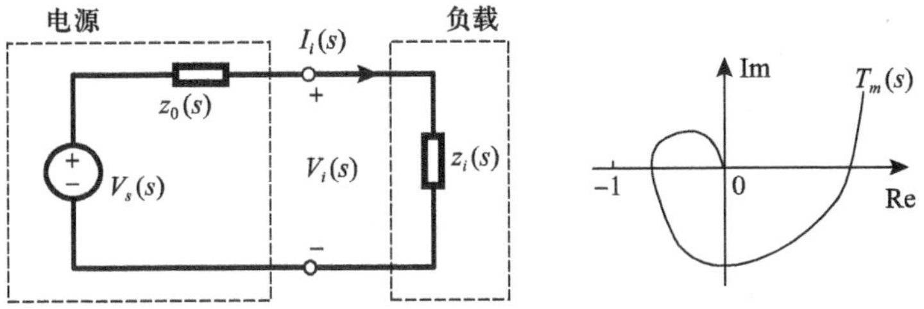

(a) 电源与负载的划分　　(b) Nyqusit判据

图 3-59　直流网络的 Nyquist 稳定性分析

对于上述交互系统，其稳定性判据为：当且仅当 $T_m(s)$在复平面上的逆时针曲线不包含点$(-1,j_0)$时，即 $T_m(s)$满足奈奎斯特判据，则系统是稳定的。而系统相对稳定的程度通常用相位裕度 PM、幅值裕度 GM 进行表征，二者的定义如下：

(1)相位裕度 PM　系统的传递函数在复平面的轨迹与单位圆相交时，该交点与实轴负半轴的夹角。

(2)幅值裕度 GM　系统的传递函数在复平面的轨迹与实轴负半轴相交时，该交点与点$(-1,j_0)$的距离。示意图如图 3-60 所示。

而在光伏发电系统中，基于阻抗模型的稳定性分析法将光伏逆变器和交流电网视为两个独立的子系统，构成级联系统，并且根据各自的控制结构和参数特征分别使用其频域端口特性——输出阻抗实现对子系统的描述，由此建立三相并网逆变器和交流电网交互系统的阻抗模型。任何一个子系统的参数发生变化时，不会影响到其他子系统，故不需要因为参数变化重新建立阻抗模型，降低了系统分析的难度。在获取阻抗模型后，用线性网络结构表示该交互系统的等效电路，再采用阻抗稳定性判据来分析系统稳定性。光伏并网发电系统的稳定性取决于该级联系统的稳定性。采用阻抗分析方法时交互系统的小信号等效电路图如图 3-61 所示。

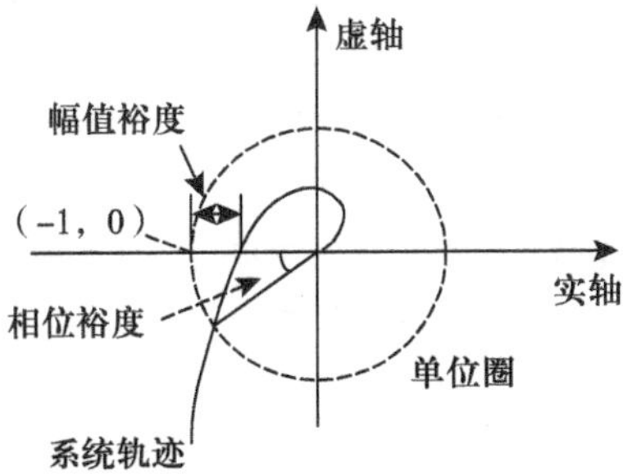

图 3-60　幅值裕度及相位裕度

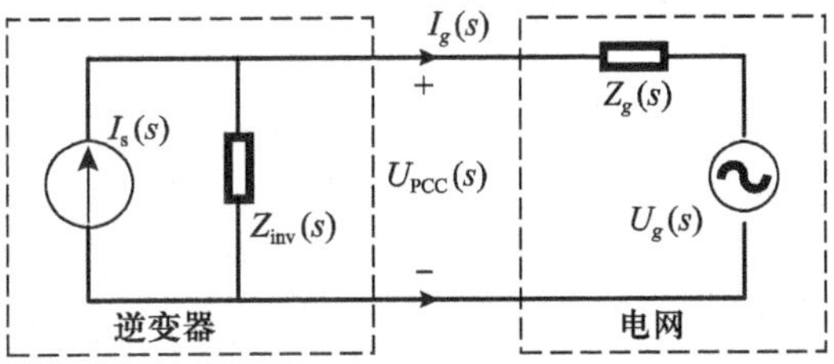

图 3-61　交互系统的小信号等效电路图

其中，$I_s(s)$为并网逆变器侧等效的理想电流源，$Z_{inv}(s)$为并网逆变器侧等效的输出阻抗，$U_s(s)$为电网的等效电压源，$Z_g(s)$为等效的电网阻抗，$U_{PCC}(s)$为公共连接点电压。进行系统稳定性分析时，可以确定以下假设：

(1)在没有逆变器的情况下电网电压是稳定的。

(2)当电网阻抗为零时，逆变器是稳定的。

同时，根据图 3-61 的等效电路，得到逆变器输出电流为：

$$I_g(s)=\frac{I_s(s)Z_{inv}(s)}{Z_{inv}(s)+Z_g(s)}-\frac{U_g(s)}{Z_{inv}(s)+Z_g(s)} \tag{3-38}$$

式(3-38)可化为：

$$I_g(s)=\left(I_s(s)-\frac{U_g(s)}{Z_{inv}(s)}\right)\frac{1}{1+Z_g(s)/Z_{inv}(s)} \tag{3-39}$$

基于上述假设和式(3-39)可知，系统的稳定性取决于式(3-39)中右侧第二项的稳定性，即：

$$H(s)=\frac{1}{1+Z_g(s)/Z_{inv}(s)} \tag{3-40}$$

根据线性控制理论，当 $Z_g(s)/Z_{inv}(s)$满足奈奎斯特判据时，则该交互系统是稳定的。

采用谐波线性化建立三相并网逆变器和交流电网交互系统的阻抗模型时，考虑到三相并网逆变器的小信号响应取决于电压扰动的相序，因此必须通过两个输出阻抗对三相并网逆变器进行建模，即正序输出阻抗和负序输出阻抗。通过该模型可以发现当满足一定条件时三相并网逆变器的正负序输出阻抗之间是解耦的，相对于采用 dq 轴线性化建模方法时交互系统呈现出多输入多输出特性，此时的交互系统表现出单输入单输出特性，显著简化了阻抗稳定性分析的过程。由此可以得到三相并网逆变器和电网交互系统稳定性的阻抗比判据为：当且仅当电网阻抗与并网逆变器输出阻抗的正序分量比值 $Z_{gp}(s)/Z_p(s)$和负序分量比值 $Z_{gn}(s)/Z_n(s)$都满足奈奎斯特判据时，并网逆变器与电网的交互系统是稳定的。其中，$Z_{gp}(s)$、$Z_{gn}(s)$分别为电网的正序、负序输出阻抗，$Z_p(s)$、$Z_n(s)$分别为三相并网逆变器的正序、负序输出阻抗。除此以外，根据系统正负序阻抗比值的奈奎斯特曲线可以判断出交互系统的稳定裕度，以正序阻抗比值 $Z_{gp}(s)/Z_p(s)$为例，图 3-62 给出了其在不同条件下的奈奎斯特曲线图。

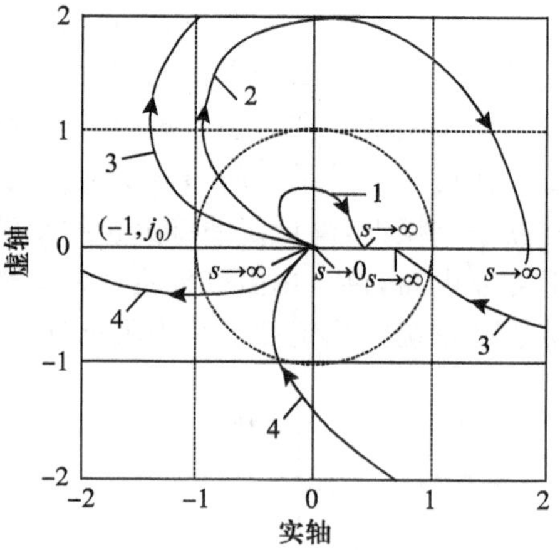

图 3-62　正序阻抗比在不同条件下的奈奎斯特曲线

在图 3-62 中，当 $Z_{gp}(s)/Z_p(s)$表现为曲线 1 时，其完全位于单位圆内，$Z_{gp}(s)/Z_p(s)$满足奈奎斯特判据，相位裕度充足，但保守性较大。当 $Z_{gp}(s)/Z_p(s)$表现为曲线 2 时，不包含$(-1, j_0)$点，满足奈奎斯特判据，相位裕度充足，系统稳定。当 $Z_{gp}(s)/Z_p(s)$表现为曲线 3 时，不包含$(-1, j_0)$点，满足奈奎斯特判据，但相位裕度不足，系统可能失稳。当 $Z_{gp}(s)/Z_p(s)$表现为曲线4时，包含$(-1,j_0)$点，不满足奈奎斯特判据，系统无法稳定运行。

除此以外，在三相不平衡系统中以及考虑非理想锁相环时，正负序输出阻抗之间的存在耦合，在进行稳定性分析时若忽略这一点，将会导致分析结果有较大的偏差。此时，单输入单输出的交互系统转变成多输入多输出的交互系统，其稳定性需要采用广义奈奎斯特判据进行分析，这势必会增加阻抗稳定性分析的复杂性和难度，削弱阻抗分析方法的优势。

3.6 农村光伏发电的发展现状

我国太阳能资源丰富，主要集中在西北、西南等农村以及孤岛、离岛等常规能源缺乏、交通不便、电力成本高的偏远地区。推动农村等偏远地区的太阳能发电是解决该类地区用电问题的重要途径。

3.6.1 农村光伏发电的建设

3.6.1.1 国家政策下的农村光伏发电

受限于可利用空间的大小，农村光伏发电有别于大型场站式的光伏发电，在农村建设光伏发电设施有一定的特殊性。目前，在国家光伏补贴政策的引导和帮助下，我国农村光伏建设正在以户用光伏和分布式电站并行的建设模式加速发展。表3-1汇总了自2012年以来我国的光伏政策。

表3-1 我国光伏政策

发布时间	政策文件	发行主体
2011年8月	《关于完善太阳能光伏发电上网电价政策的通知》	国家发展改革委
2013年8月	《国家发展改革委关于发挥价格杠杆作用促进光伏产业健康发展的通知》	国家发展改革委
2014年6月	《能源发展战略行动计划(2014—2020年)》	国务院
2015年12月	《国家发展改革委关于完善陆上风电光伏发电上网标杆电价政策的通知》	国家发展改革委
2016年11月	《关于调整光伏发电陆上风电标杆上网电价的通知》	国家发展改革委
2017年12月	《国家发展改革委关于2018年光伏发电项目价格政策的通知》	国家发展改革委
2018年5月	《国家发展改革委、财政部、国家能源局关于2018年光伏发电有关事项的通知》	国家发展改革委、财政部、国家能源局
2019年1月	《关于积极推进风电、光伏发电无补贴平价上网有关工作的通知》	国家能源局
2019年4月	《关于完善光伏发电上网电价机制有关问题的通知》	国家发展改革委
2020年3月	《关于2020年风电、光伏发电项目建设有关事项的通知》	国家能源局
2020年4月	《关于2020年光伏发电上网电价政策有关事项的通知》	国家发展改革委
2021年6月	《关于2021年新能源上网电价政策有关事项的通知》	国家发展改革委
2022年4月	《关于2022年新建风电、光伏发电项目延续平价上网政策的函》	国家发展改革委

表3-1展示了自2012年以来，国家关于光伏行业的补贴政策，基于标志性政策颁布以及相关事件发生的时间，我国有关农村光伏发电的政策演化历程可分为以下5个阶段。

1. 国内市场环境培育阶段(1994—2008年)

2008年之前，我国光伏产业的针对性政策文本较少，光伏在大多数情况下是与风能、水能等一同作为可再生能源的范畴在政策文本中涉及。该阶段是我国光伏产业萌芽时期，政策的实施旨在培育良好的产业发展环境，推动市场机制的逐步完善。在该阶段，农村光伏发电处于萌芽状态，该类政策热点主要包括“发展规划”“开发利用”“农村”“无电地区”“光伏电站”等关键词。早期的一些发展规划，如《新能源和可再生能源产业发展“十五”规划》(2001 年)，提出发展新能源和可再生能源以满足农村无电地区，尤其是西部地区人民的用电需求。围绕这些规划内容，2002 年实施的“送电到乡”工程就包含了离网光伏电站、风光互补电站的建设方案。

2. 国内应用市场发展阶段(2009—2012 年)

2009 年，国家颁布了《关于抑制部分行业产能过剩和重复建设引导产业健康发展的若干意见》，意见指出我国多晶硅相关产业出现了市场调节失灵的趋势，产能已经出现了严重的过剩现象，并且绝大多数的太阳电池都用来出口。与此同时，欧洲很多国家因金融危机而减少了光电产业的补贴，从而影响了光伏产业的国外市场。这一阶段，我国农村地区的光伏发电建设主要集中在“光伏建筑一体化”“金太阳模范工程”等方面。

3. 分布式光伏大力推广阶段(2013—2014 年)

自 2011 年起的欧美“光伏双反”开始，我国光伏出口蒙受了巨大损失，许多光伏巨头在这一阶段破产重组，因此这一阶段的政策主要着力于救市和补助企业，农村光伏建设依然不温不火。

综上，在 2015 年以前，农村光伏发电始终处于较为缓慢的发展中，建设速度较慢。

4. 基层电站快速建设阶段(2015—2017 年)

2014 年年底，在国家能源局、国务院扶贫办印发的《关于实施光伏扶贫工程工作方案》的通知中，首次提出要利用 6 年时间，通过开展分布式光伏扶贫、片区县和贫困县光伏农业扶贫等方式，以县为单位在具备条件的地区组织开展光伏发电产业扶贫工程。2015 年，光伏扶贫被确定为我国十大精准扶贫方式之一，同时启动了光伏扶贫试点工作，这次试点工作先后安排了 8 GW 光伏扶贫项目。

2017 年年底，在总结试点工作的基础上，国家能源局会同国务院扶贫办联合印发《关于下达“十三五”第一批光伏扶贫项目计划的通知》，下达了一份包含 8 000 多个村级光伏扶贫电站，总装机容量超 4 000 MW 的光伏扶贫项目计划。

农村光伏发电建设从此搭上了国家光伏扶贫的快车，进入了高速发展时期。

5. 光伏平价上网阶段(2018 年至今)

由于长期的政策补贴，截至 2018 年国家可再生能源基金的资金缺口已经超过 1 000 亿元，而在 2～3 年的短期内解决补贴缺口问题的各种可能性已基本丧失。这些问题直接影响光伏行业健康有序发展，需要根据新形势、新要求调整光伏行业发展思路，完善产业发展政策。

2018 年 5 月 31 日，国家发展改革委联合其他政府部门推出了“531 新政”。“531 新政”明确了不再安排需国家补贴的普通电站建设，光伏电站标杆上网电价以及分布式光伏发电项目补贴标准同时下调，加快光伏发电补贴退坡，降低补贴强度。平价上网是光伏产业发展的趋势，无补贴的光伏项目已开始落地，同时市场化的进程也在快速推进。

“531 新政”严格地调整了光伏扶助政策，由此导致了光伏产业的“大萧条”。这既是落实供给侧结构性改革、推动经济高质量发展的重要举措，也是缓解光伏行业所面临的补贴缺口和弃光限电等突出矛盾和突出问题的重要举措。

补贴的减少让农村光伏建设的回本速率变慢，在农村推广光伏设施变得阻力重重。为了推进光伏扶贫项目，2019 年 4 月，在总结了前一次农村光伏项目的经验后，国务院扶贫办、国家能源局联合审核，下发了“十三五”第二批光伏扶贫项目计划。这次计划共下达 15 个省（自治区）、165 个县光伏扶贫项目，共 3 961 个村级光伏扶贫电站，总装机规模 1 673 017 kW。

综上，虽然农村光伏建设因为新政的影响，补贴减少，建设成本变高，但是新一批光伏扶贫项目的开展使得农村光伏建设仍然进展较快，从表 3-2 可知国家光伏扶贫项目的建设成果。

表 3-2　国家光伏扶贫建设成果汇总

省(自治区)	户数	建设规模/kW	省(自治区)	户数	建设规模/kW
广西	7 238	2 700	陕西	29 566	303 691
海南	1 820	8 672.5	湖北	34 605	307 800
西藏	2 061	9 985	吉林	28 000	365 000
黑龙江	1 918	10 409	甘肃	75 090	398 586
四川	3 230	18 280.93	云南	76 410	451 249
宁夏	2 738	19 022	江西	103 038	620 000
江苏	10 000	35 000	安徽	83 106	620 161.2
湖南	5 000	38 400	山西	82 210	816 451.4
新疆	6 345	44 175	山东	101 151	1 120 483.4
辽宁	11 000	46 000	河北	130 752	1 198 575
河南	7 714	124 740	总计	857 447	6 838 338.43
内蒙古	54 455	278 957			

3.6.1.2　农村光伏发电的未来

在政策的保驾护航下，农村光伏发电随着分布式光伏和户用光伏的推广不断发展。

2021 年 6 月，国家能源局发布了《关于报送整县（市、区）屋顶分布式光伏开发试点方案的通知》，整县推进大幕拉开。

2021 年 9 月，国家能源局公布，列为整县（市、区）屋顶分布式光伏开发试点的县（市、区）共有 676 个，试点确立后，分布式光伏的发展成绩显著。

截至 2021 年年底，分布式光伏总安装规模突破 100 GW，约占全部光伏发电并网装机容量的 1/3。2021 年，分布式光伏新增约 29 GW，约占全部新增光伏发电装机容量的 55%，这是分布式光伏年度新增装机容量占比首次突破 50%，光伏产业集中式发电与分布式发电并举的发展趋势明显。

在新增的分布式光伏中，户用光伏增长明显，2020 年，户用光伏年度新增装机容量首次超过 10 GW，2021 的新增装机容量更是达到 22 GW，占光伏发电年度新增装机容量比重近四成，户用光伏成为我国按期实现碳达峰、碳中和目标和落实乡村振兴战略的重要组成部分。

在这场前所未有的分布式光伏开发热潮中，农村光伏行业将实现发展新跃升。相比集中式光伏发电，农村光伏规模更小、建设快捷、对土地要求更低，在一系列利好政策推动下，应用规模快速扩张，商业模式日渐成熟，正在成为推动我国光伏发电行业乃至整个新能源行业发展的重要一级。

3.6.2 农村光伏发电的特殊问题

基于全国各地农村的可用建设用地情况各不相同，以及农村居民本身文化水平和经济能力参差不齐这一基本事实，农村光伏建设有许多区别于大规模场站式光伏发电系统的特殊问题。

3.6.2.1 较低的光伏能源认知

首先，在我国能源管理机构中，农村级别下的服务人员数量较少，并且缺少必要的培训。基层管理人员缺乏必要的经营管理和专业技术知识，不能很好地进行光伏发电应用的推广。其次，农村地区的教育水平相对较低，尤其是需要大力推广光伏发电应用的偏远地区，使得农村居民在光伏能源的利用上不积极，甚至有抵制的想法，这极大地增加了光伏电站在农村推广的难度。

3.6.2.2 更高的建设成本

相对于大规模集中式场站，离散化的建设具有更高的成本，而农村光伏发电受限于各地区的可利用空间不同，有些地区（如西北地区）可以建设集中式的村联电站，有些地区（如中部山区）则只能建设户用光伏电站。因此，相对于其他光伏发电形式而言，农村光伏发电系统，发电成本相对较高。

以家庭建 5 kW 光伏电站为例，各种费用加起来平均 10 元/W 左右，与火电相比，造价较高。此外，安装还需要考虑楼顶上是否有充足面积，电站每千瓦需要 10 m^2 左右的电池板。

由于平价上网对光伏补贴的影响，大规模农村地区光伏发电的推广还面临着很大的困难。

3.6.2.3 更高的管理成本

在同千瓦数条件下，集中式电站由于管理区域更为集中，实际需要巡检的范围要小于分布式电站，而分布式电站由于需要巡检的区域拓宽了，需要的管理人员也变多了，管理成本比集中式电站更高。此外，在补贴变低的现在，农村光伏电站需要通过并网运行才能回收成本，并网发电的光伏电站虽然降低了建设成本（不需要蓄电池），但是也提高了电站的管理成本。

3.6.3 农村光伏发电的实例

农村太阳能光伏发电的建设方式主要分为两种：没有足够建设空间的地区和拥有足够荒地的农村地区。下面分别介绍这两种实例，以及当地政府处理农村光伏发电特殊问题的举措。

3.6.3.1 缺乏光伏建设用地的地区

以安徽省阜阳市为例，阜阳市按照“政府主导、社会参与”“市级指导、县负总责”“自愿参与，精准帮扶”的原则，建立政府补助、社会帮扶、金融支持、用户出资等多种途径相结合的资金筹措机制。从建设方式、出资方式、项目上报和收益分配等方面，有以下几点特征。

（1）建设方式　全市光伏扶贫电站主要有两种：一是村级光伏电站，装机容量一般几十千瓦以上；二是户用光伏电站装机容量通常在 5 kW 以下。农村光伏项目通常采取村户联建、户户联建、村村联建、集中建设虚拟到村到户等方式。

（2）出资方式　贫困村村级光伏电站采取财政专项扶贫资金、贫困村村级资金、贫困村帮扶单位共同出资的形式进行筹资，村级光伏电站自筹部分资金，可通过扶贫贴息贷款和社会各界支持等途径解决。

(3)项目上报　光伏扶贫项目采取区县直管的方式，由镇级扶贫办公室负责下放实施项目，并由扶贫工作专员统一整理贫困户申请资料和数据上报至所在区县，由区县扶贫办开会讨论确定各区县参与扶贫项目名单。

(4)收益分配　光伏电站收益分配工作由城郊供电公司(国家电网阜阳市分公司)统计发放，并报送至区县扶贫办对接部门。具体贫困户收益台账由所在村镇扶贫办公室工作人员负责编制和报回。其中，村级集中式电站的收益由贫困户均分；户用光伏电站收益在按月扣除贷款还款额后直接发放至贫困户独立账户。

基于上述情况，对缺乏光伏建设用地的农村地区开展和推广光伏扶贫项目有如下经验。

(1)采用村联电站降低分散安装的建设成本和管理成本，用村级的小型电站来更小的户用光伏，尽量利用有限的空间。在安装区域分布广、荒坡荒地稀少的情况下，以分布式小规模电站(户用和村级)为主的推广和实施模式更利于运营管理和收益分配。

(2)通过农村商业银行的贷款、财政补助的融资来提高农户安装光伏电站的热情，弥补由于补贴变少而降低的安装热情。

(3)在开展光伏项目建设的基础上利用电站运维工作的需要就地培养当地农户作为工作人员，提高当地对光伏的接受程度和认知水平，减少管理费用。

3.6.3.2　拥有足够建设用地的地区

以山西省左权县为例，左权县从2016年开始全面推进光伏扶贫工作，在国家《关于实施光发电扶贫工作的意见》和山西省《关于开展光伏扶贫工作的指导意见》的指导下连续出台了《左权县精准扶贫村级光伏电站建设实施方案》和《左权县农户屋顶光伏扶贫电站建设实施办法(试行)》。这两个文件对村级和户用两种主要的光伏扶贫电站的规划、融资、建设和管理等问题做了原则性的规定，对光伏扶贫在左权县的推广起到了重要的指导作用。

左权县光伏扶贫电站的建设形式主要包括：屋顶户用光伏扶贫电站，村级(联村)光伏和地面集中式光伏扶贫电站（主要形式）。

基于左权县的实践，拥有足够建设用地的农村地区实施农村光伏建设的经验总结如下：①在扶贫中推广光伏建设项目的同时向非贫困户推广分布式光伏发电项目，并且按照国家制定的标准给予非贫困户相同的补贴水平，带动了区域内一批居民的收入增长；②灵活配置光伏扶贫项目所需资金，通过提高每户装机量、延长贷款期限和企业投资支持等方式，提高农村对光伏建设的支持；③对于拥有较大范围可利用空间的地区，利用大规模荒地荒坡建设集中式电站可以扩大集体收益，提高企业投资回报，降低光伏建设成本。

3.6.4　农村光伏发电的其他利用形式

在多年建设过程中，结合农村地区的实际情况和技术条件，针对农村光伏发电还研发出了许多特殊的利用形式。

3.6.4.1　光伏水泵

光伏水泵包含了太阳能采集和变换、电力电子技术、电机学、机械理论等多学科，是一个“光能、机、电一体化”系统，对节约能源具有重大意义。光伏水泵系统的工作原理是：利用太阳电池将太阳能直接转化为电能，利用电能驱动电机带动光伏水泵运行。图3-63即为光伏水泵示意图，光伏水泵系统可广泛用于无电地区的人畜用水、农业灌溉以及边防、海岛哨所等高度分散点的用水，具有无噪声、全自动、高可靠、供水量与蒸发量适配性好等优点。

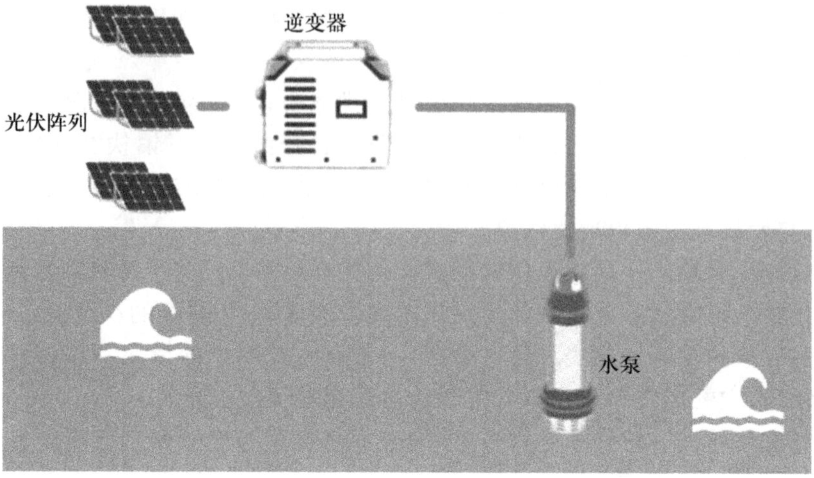

图 3-63 光伏水泵示意图

3.6.4.2 光伏路灯

随着新能源发电的不断发展，目前，生活中光伏路灯的应用越来越多，图 3-64 即为光伏路灯的示意图。光伏路灯以太阳光为能源，白天充电晚上使用，不需要复杂昂贵的管线铺设，可任意调整灯具的布局，安全节能无污染，不需要人工操作，工作稳定可靠，节省电费免维护。光伏路灯一般采用 LED 灯作为灯源，将光伏发电与 LED 照明相结合，能够节省较多的电能消耗，照明度也较好，照明时间和使用寿命长，若出现损坏维修起来也很快捷方便。

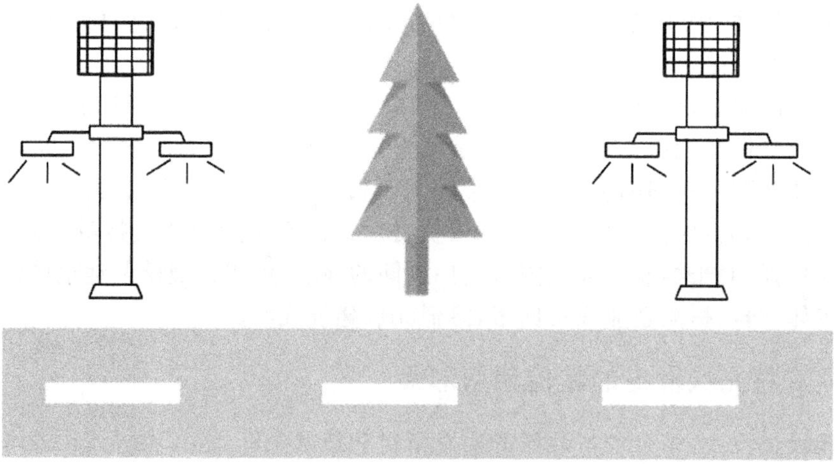

图 3-64 光伏路灯示意图

3.6.4.3 光伏建筑一体化

光伏建筑一体化，是应用太阳能发电的一种新概念，简单地讲就是将太阳能光伏发电阵列安装在建筑的围护结构外表面来提供电力。根据光伏阵列与建筑结合的方式不同，光伏建筑一体化可分为两大类：一类是光伏阵列与建筑的结合；另一类是光伏阵列与建筑的集成。在这两种方式中，光伏阵列与建筑的结合是一种常用的形式，特别是与建筑屋面的结合。由于光伏阵列与建筑的结合不占用额外的地面空间，是光伏发电系统在城市中广泛应用的最佳安装方式，因而备受关注。光伏阵列与建筑的集成是光伏建筑一体化的一种高级形式，它对光伏组件的要求较高，光伏组件不仅要满足光伏发电的功能要求，还要兼顾建筑的基本功能要求。

3.6.4.4 户用光伏热水器

户用光伏热水器(图 3-65)利用光伏电池板把太阳光转换成电能，利用线缆将电能传输到室内，通过电热棒对水进行加热，而在阴雨天气或用水量较大时，利用市电进行加热。

相比于太阳能热水器，光伏热水器具有安装维护简单、运行简单、可靠性高、加热稳定、温度可控、节能节电等突出优点，目前国内外能源价格持续走高。“碳达峰、碳中和”目标需要落实，大力推广光伏热水器具有重要意义。

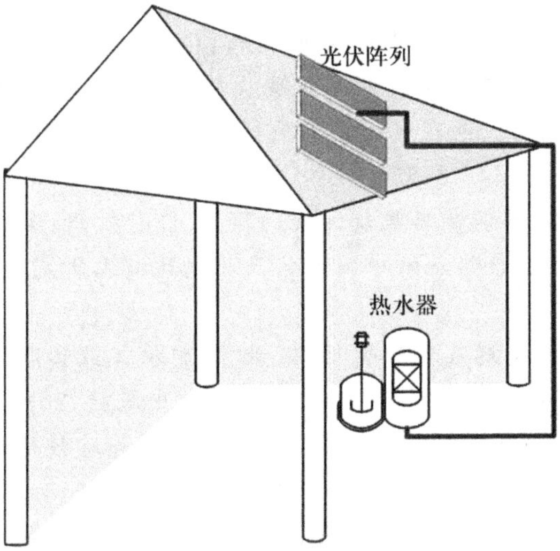

图 3-65 户用光伏热水器示意图

3.6.4.5 渔光互补光伏电站

大型光伏电站一般需要占用大量的土地资源，而我国东部和中部地区拥有大面积的湖塘资源，水系发达，因此提出渔光互补的光伏电站建设形式，在水面上建设光伏系统，形成“上可发电、下可养鱼”的创新发展模式，既能充分利用空间、节约土地资源，又能利用光伏发电站调节养殖环境，增加农民收入。渔光互补光伏电站不仅可以增加农民收益，还可以将多余的电力反馈给电网，减少火电份额，减少污染物质的排放，对环境的改善起到很好的促进作用。在空旷的鱼塘上面建设光伏电站，在发电的同时不影响鱼塘的正常收益，充分发挥土地效益，符合我国未来光伏发展的趋势。

思考题

1. 简述离网/并网光伏发电系统结构。
2. 试比较几种常用光伏阵列 MPPT 方法的优缺点。
3. 简述集中式光伏逆变器、组串式光伏逆变器和微型光伏逆变器的异同点。
4. 在图 3-48 所示的控制策略中，如何避免电网电压 V_{sd}、V_{sq} 对于输出电流的影响？绘制出相应的控制框图。

5. 简述光伏并网逆变器锁相环的工作原理。
6. 根据图 3-53 所示，设计一个三相并网逆变器主电路及其控制系统参数，并绘制出所设计逆变器输出阻抗波特图。
7. 三相并网逆变器和电网交互系统阻抗比判据的前提条件是什么？
8. 相对于大规模的场站级光伏发电系统，农村光伏发电存在哪些特殊问题？
9. 除了文中列举的几种，光伏发电在农村应用中还有其他哪些形式？

参考文献

[1] 顾石磊．交错反激式光伏并网微型逆变器研究［D］．镇江：江苏大学，2017.

[2] 黄志玮．光伏发电并网及其相关技术发展现状与展望．能源与节能，2021(7)：39-40，168.

[3] 刘峰，鞠伟，韩雪．光伏发电在我国农村地区的应用及推广研究［J］．长春工程学院学报（自然科学版），2018(3)：44-46，75.

[4] 严成．集中式光伏逆变器调制与控制方法的研究［D］．杭州：浙江大学，2019.

[5] 袁潮清，朱玉欣．基于动态热点的中国光伏产业政策演化研究［J］．科技管理研究，2020，40(14)：43-53.

[6] 张兴，张崇巍．PWM 整流器及其控制［M］．北京：机械工业出版社，2017.

[7] 张兴．新能源发电变流技术［M］．北京：机械工业出版社，2018.

[8] 邹乐乐，陈佩佩，王辉，等．光伏扶贫项目的问题分析与路径优化——基于安徽阜阳及山西左权的田野调查［J］．中国软科学，2019(10)：50-60.

[9] SUN J. Impedance-based stability criterion for grid-connected inverters［J］. IEEE Transactions on Power Electronics，2011，26(11)：3075-3078.

第 4 章　太阳能热发电技术

本章学习的目的与要求

掌握太阳能热发电技术当前国内外发展现状，了解我国太阳能热发电技术迅速发展的主要原因；了解太阳能热发电技术系统的主要构成，掌握太阳能热发电 4 种主要发电技术形式及优缺点；掌握塔式太阳能定日镜场建模的主要方法，并掌握蒙特卡洛光线追迹法在塔式定日镜场建模中的应用和详细过程；掌握中心点聚焦以及非中心点聚焦建模过程的区别；了解腔式太阳能吸热器太阳能入射能流的分布特点；了解太阳能热发电的定位及未来发展方向。通过本章的学习，激发读者投入太阳能热发电行业的热情。

4.1　太阳能热发电技术研究发展概况

4.1.1　国外太阳能热发电状况

能源是一个国家经济发展和人民生活所必需的重要物质基础，任何国家国民经济的发展和人民物质文化生活水平的提高都离不开能源的利用。随着常规能源煤、石油、天然气等的日益开采和消耗，人类上千年以来的能量来源即将面临枯竭的境地，再加上人类对地球环境的日益破坏，导致全世界越来越多的政府都在制定规划，采取措施，大力开发各种新能源，以保证大规模的能源供应，来维持和满足经济快速增长和人类生活的需求。其中，太阳能被认为是各种新能源中最重要的基本能源，它具有资源丰富、环保和不会破坏生态平衡等一系列优点。在全球能源形势日趋严峻的今天，开发利用太阳能是实现能源供应多元化、保证能源安全的重要途径之一。

人类在地球上使用的绝大多数能量直接或者间接来自太阳。太阳向宇宙空间辐射总功率约为 3.8×10^{23} kW，地球所接受到的太阳辐射能量虽然仅为太阳向宇宙空间辐射总能量的 $1/2.2\times10^{9}$，但是数值高达 173 000 TW，也就是说太阳每秒钟照射到地球上的能量相当于燃烧 500 万 t 煤释放的能量，我国陆地面积约 960 万 km^2，陆地年平均获得的太阳能辐射能量相当于 17 000 亿 tce(吨标准煤，1 tec＝29.3 GJ)。由此可见，来源充足、分布广泛、清洁安全的太阳能是未来重要的可再生能源之一，而充分开发和利用太阳能具有可持续发展和环保的双重意义。在太阳能开发利用中，太阳能热发电被认为是一种具有低成本应用前景的清洁能源技术，而且是大规模开发利用太阳能的一个重要技术途径。太阳能热发电是将太阳能转化为热能，通过热功转换然后进行发电的系统。其运行过程基本为：通过聚光器捕获并聚焦低密度太阳辐射能来加热聚焦处吸热器中的工作介质，然后利用传统的热力循环将热能转换为机械能来驱动发电机产生电能，其中吸收的热能既可以直接与水换热产生高温高压的蒸汽驱动汽轮发电机组发电，也可以被储存在储罐中，在需要发电的时候释放热能进行发电。根据聚光形式的不同，目前国际上太阳能热发电主要包括塔式、槽式、碟式以及线性菲涅耳式 4 种。其中，塔式和碟式为点聚焦，槽式和线性菲涅耳式为线聚焦。太阳能热发电的主要优点是技术相对成熟、发电成本低及对电网冲击小等，在现阶段的新能源利用方式中，是最有可能与风力发电、水力发电及化石燃料发电相竞争，被认为是可再生能源发电中最有前途的发电方式之一。同时，太阳能热发电的热工转换方式部分与常规火力发电机组相同，有成熟的技术可利用，太阳能热发电配置长周期、大容量储热系统，可以支撑机组在夜间或电网需要时低负荷长时间不停机连续运行，能在电网中担当基础负荷，因此特别适合大规模利用。

国外太阳能热发电的发展起于 20 世纪 80 年代，美国、法国、意大利和西班牙等相继建立了一系列各种形式的塔式热发电示范电站。在这些电站中，其中经过对美国 Solar One 电站改装，采用熔融盐吸热系统代替水/蒸汽吸热系统的 Solar Two 电站的并网发电，不仅证明了熔融盐技术的正确性，而且加速了塔式太阳能热发电商业化的发展。在 21 世纪初，西班牙建立了世界上第一座商业化运行的塔式太阳能热发电站 PS10，目前该电站的功率为 11 MWe，全年发电量为 23 GWh，基本上能够满足 6 000 个家庭的用电需求。截至 2022 年年底，全球太阳能热发电累计装机容量约 7 050 MW，其中，槽式占比约 77%，塔式占比约 20%，线性菲涅耳式占比约 3%。图 4-1 为 2014—2022 年全球太阳能热发电累计装机增加情况。

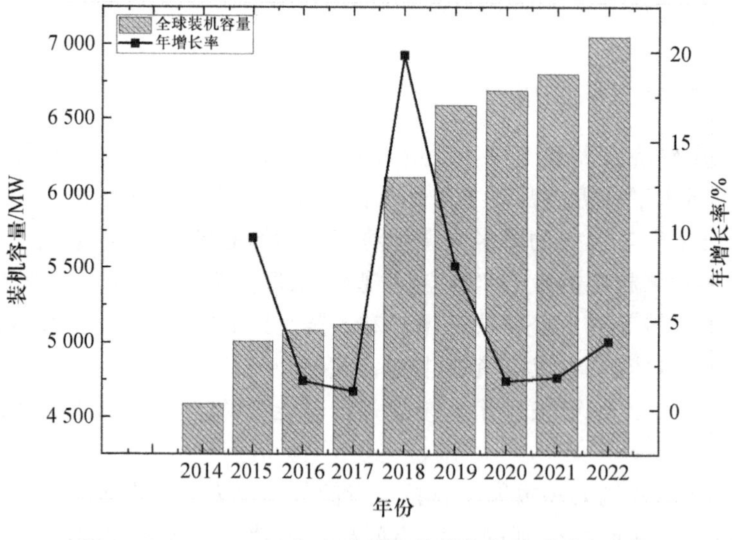

图 4-1 2014—2022 年全球太阳能热发电累计装机容量

4.1.2 国内太阳能热发电状况

我国的太阳能热发电技术起步比较晚，不过近些年，在国际能源日益紧张的背景下，为了缩短与国外技术的差距，也加快了该技术自我研发力度，并且其研究计划也上升到国家的长期计划中。早在 2006 年国务院颁布实施的《国家中长期科学和技术发展规划纲要(2006—2020 年)》以及 2007 年国家发展改革委颁布的《国家可再生能源中长期发展规划》中均明确将太阳能热发电列为重点和优先发展的方向。我国有条件发展太阳能热发电的沙漠和戈壁面积约为 30 万 km^2,约占中国沙漠总面积的 23%,而且利用目前已有的太阳能热发电技术和年转换效率,仅我国约 7 万 km^2 的沙地建立电站就可以产生满足全国 2004 年全年的电能消费,由于我国太阳能资源和沙地资源都非常丰富,尤其在我国的西部地区,CSP 技术将对经济开发,环境保护和资源保护起到重要的作用。在此背景下,为了加快我国太阳能热发电技术的发展。在"十一五"期间,国家设立了"863"计划重点项目"太阳能塔式热发电系统总体设计技术及系统集成",由中国科学院电工研究所主持在北京延庆建成了中国第一座兆瓦电力级的塔式太阳能示范电站(图 4-2),项目实现了核心装备、协调控制、系统集成等多项技术突破,全面掌握了高精度聚光器、聚光场、直接过热型吸热器、储热和发电单元及系统设计技术,以及总体、光场、机务、仪控和电气设计技术,取得了以光热场耦合直接产生过热蒸汽工艺为代表的一批自主创新成果,建立起太阳能热发电技术研发体系和标准规范体系,编制了首部太阳能热发电国家标准,为我国太阳能热发电技术的研究与发展奠定了技术基础。

图 4-2　中国第一座兆瓦电力级的塔式太阳能示范电站

(来源:中国科学院电工研究所,2012)

2012—2022 年,中国太阳能热发电累计装机容量如 4-3 所示,从图中可以看出,从 2018 年开始,我国太阳能热发电发展比较迅速。截至 2022 年年底,我国太阳能热发电累计装机容量 58.8 万 kW,在全球太阳能热发电累计装机容量中占比 8.3%。中国在"碳达峰、碳中和"双碳战略目标下,大力推动能源绿色低碳发展,将使太阳能热发电进入更加快速的发展期,预计在 2025—2030 年,太阳能热发电可以成为基础负荷的电力来源。

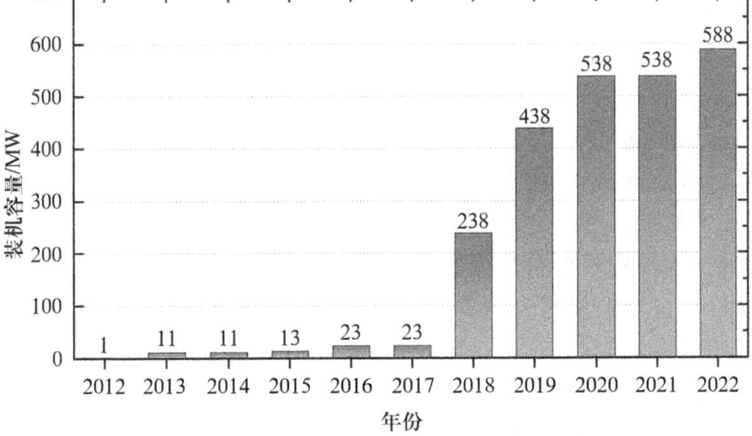

图 4-3　2012—2022 年中国太阳能热发电累计装机容量

4.2 太阳能热发电站系统

太阳能热发电的基本原理是利用聚光设备将收集的太阳辐射能聚焦后汇聚到吸热器、吸热管等集热装置内，用于加热内部流动的水、导热油、熔融盐等传热介质，加入后的传热介质直接做功或通过换热装置将热量传递给水或超临界二氧化碳等工质，进而推动汽轮机带动发电机发电。这种以“光能—热能—机械能—电能”实现能量转化的发电技术就是太阳能热发电技术，整个过程中所需要设备的集合就构成了太阳能热发电系统，如图 4-4 所示。除了所需要的热源不一样，太阳能光热发电的原理与传统化石能源发电厂基本相同。

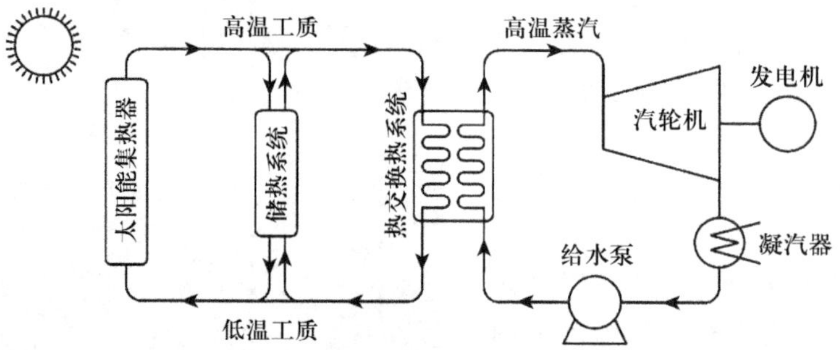

图 4-4　太阳能热发电系统简图

按照聚能方式及结构进行分类，目前已经商业化的太阳能热发电系统，主要有 4 类：碟式太阳能热发电系统、塔式太阳能热发电系统、槽式太阳能热发电系统和线性菲涅耳式热发电系统，如图 4-5 所示。

上述 4 种热发电系统各有优点和缺点：碟式太阳能热发电系统属于点聚焦式系统，它是世界上最早出现的太阳能光热发电系统。碟式系统也称为抛物面反射镜斯特林系统，由许多抛物面反射镜组成，接收器在抛物面的焦点上，当接收器内的传热介质被加热后，驱动斯特林发动机进行发电。碟式系统的聚光比非常高，从几百至上千都可达到，聚焦温度可以达到 1 000 ℃以上，效率较高，对于地面坡度要求也更为灵活。目前在成本上还缺少优势，技术上也有待于进一步完善。碟式系统较适用于边远地区独立电站，可以单台使用或多台并联使用，适宜小规模发电。塔式太阳能热发电系统也是点聚焦式系统，其利用大规模的定日镜形成的定日镜场阵列，将太阳辐射反射到置于高塔顶部的吸热器上，加热传热介质，使其直接产生蒸汽或者换热后再产生蒸汽，以此驱动汽轮机发电。塔式系统具有热传递路程短、热损耗小、聚光比和温度较高等优点，但塔式系统必须规模化利用，占地要求高，单次投资较大，采用双轴跟踪系统，镜场的控制系统较为复杂。槽式太阳能热发电系统全称为槽式抛物面反射镜太阳能热发电系统，属于线聚焦式系统，是将多个槽型抛物面聚光集热器经过串并联的排列，加热工质，产生过热蒸汽，进而驱动汽轮机发电机组发电。它是目前全球装机容量最大、技术最为成熟的一种发电方式，运行控制相对更加简单，不过受限于聚焦形式，聚光比不是很高。线性菲涅耳式热发电系统的工作原理类似槽式光热发电，只是采用菲涅耳结构的聚光镜替代抛面镜。这使得它的成本相对较低，但效率也相应降低。此类系统聚光倍数只有数十倍，因此加热的工质温度不是很高，使整个系统的年发电效率仅能达到 10%左右，但由于系统结构简单，其建设和维护成

(a) 碟式电站（中国）　(b) Gemasolar塔式电站（西班牙）

(c) Shame One槽式电站（阿联酋）　(d) 线性非涅尔式电站（中国）

图 4-5　4 种典型的太阳能热发电系统

本也相对较低。

太阳能热发电系统主要由以下 4 个部分构成：聚光系统、吸热系统、储热系统和发电系统。

（1）聚光系统　太阳能热发电站的聚光系统由一系列平面镜或者具有一定弧度的平面镜按照一定排列方式布置组成，它的主要功能是将低密度的太阳辐射能量聚焦后反射到位于吸热系统中来加热吸热管中流动的工质，因此其跟踪精度及其运行模式在整个系统中起着非常关键的作用。

（2）吸热系统　太阳能热发电站中的吸热系统是进行光-热转化的场所，它主要吸收由聚光系统反射后聚焦过来的太阳辐射能量并将它转换成工质的热能。按照吸热器外表形状及吸热介质的不同可分为多种类别，且不同类型的吸热器均有自己不同条件下的优点。

（3）储热系统　太阳辐照受大气影响非常大且具有时变性以及周期性变化等特点，因此频繁的停机和启动会对整个电网电压与电网频率造成一定程度的扰动。为了满足电网基本负荷以及调峰负荷的要求，同时能够对夜间连续供电，因此太阳能热发电站一般都具有储能装置，在白天太阳辐射资源充足的条件下将能量储存起来，当没有太阳或者夜间的时间将能量释放出来继续发电。目前，用于太阳能热发电的储热方式主要有砂石导热油储热、陶瓷储热、混合熔盐储热以及加压水储热等。

（4）发电系统　发电系统的构成与常规电站基本相同，主要包括汽轮机、发电机、凝汽器、凝结水泵、除氧器、给水泵以及阀门等部件。除了汽轮机要满足因能量来源不稳定需多次快速启停的要求外，其他部件的参数与常规电站基本相同。

4.2.1 塔式太阳能热发电系统

塔式太阳能热发电系统是利用独立跟踪太阳的定日镜组(定日镜是平面或微凹面镜,以跟踪太阳),将太阳光反射和集中到放置在固定塔顶部的吸热器上。吸热器内的传热工质将吸收的热量通过换热器传递给热力循环的工质,驱动汽轮发电机组或燃气轮机发电机组发电,使太阳能转化为电能。典型塔式太阳能热发电系统的示意图如图 4-6 所示。

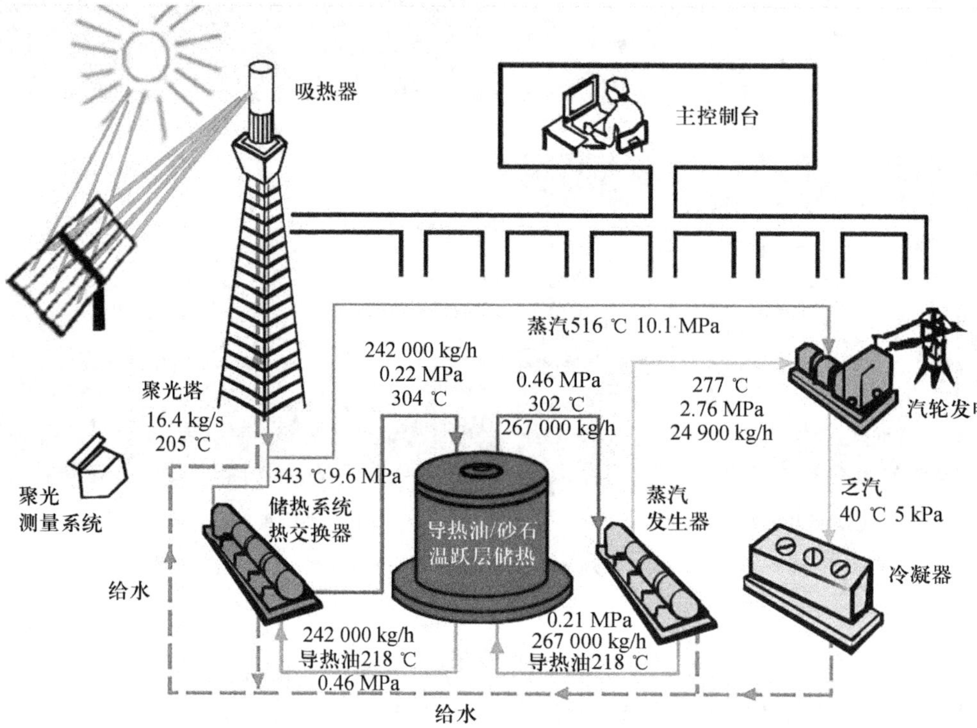

图 4-6 塔式太阳能热发电系统示意图(Solar One)

塔式太阳能热发电系统采用点聚焦方式,也称集中式太阳能光热发电,具有较高的聚光比(一般为 300～1 500)和工作温度(500～1 200 ℃)、较短的热传递路程、较低的热损耗、较高的系统综合效率等特点,很适合应用在大规模、大容量商业化电站。

(1)聚光系统 定日镜场是聚光系统的重要组成,它通过跟踪系统准确地将太阳辐射反射到聚光塔顶的吸热器上,如图 4-7 所示。为满足塔式太阳能热发电站高温、高压的要求,定日镜场对于吸热器必须具有较大的聚光比,同时还要有高反射率、耐腐蚀、耐磨损及易清洗等特性。单块定日镜的面积取值范围较广,一般在 1.2～150 m^2,主要取决于电站规模和具体的设计方案,镜面面积和镜场面积随电站机组容量的增大而增大。定日镜镜面面积较大时,虽然可减少机械驱动机构,但是对跟踪精度的要求会更高以及其结构的强度和稳定性;当镜面面积较小时,其造价又相对较小。单台定日镜主要由支撑结构、反射镜单元、驱动装置、控制系统等组成,如图 4-8 所示。目前,对于定日镜的研究工作主要集中在研制高反射率、耐腐蚀、耐磨损及结构强度良好的定日镜和高精度的跟踪系统,优化定日镜场的布置,保障系统稳定性和安全性以及降低建造成本等方面。

图 4-7 Gemasolar 定日镜场

图 4-8 中国科学院电工研究所定日镜

(2)吸热系统 塔式吸热系统安装在吸热塔顶部，其作用就是将定日镜场反射的太阳能转换成热能，来加热工质，是光-热转化的关键，其工作温度一般在 500～1 200 ℃。吸热器的主要类型包括容积式和管式两种：容积式吸热器的传热介质为空气，一般采用密织网状或蜂窝状的多孔材料，这样可以多次吸收并反射太阳辐射，吸热与传热过程发生在同一表面，可减少损失，但是由于采光口是单侧朝向，定日镜场的布置受限，且存在流动不均匀及局部过热的问题，也限制了空气的出口温度；管式吸热器目前主要应用在商业化运行的塔式太阳能光热电站中，而管式吸热器的传热工质是在金属或陶瓷管(也称吸热管)内流动，通常是将一定数量的吸热管并排组装为一块平板(即称吸热屏)，依据吸热管布置方式的不同，可分为外置式和腔式，如图 4-9 所示。

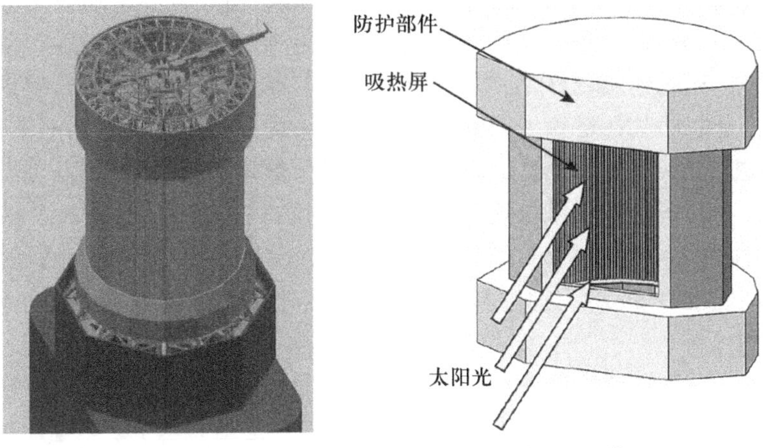

(a) 外置式吸热器　　(b) 腔式吸热器

图 4-9 管式吸热器

外置式吸热器将一块块吸热屏环绕布置，可以接收来自 360°范围内定日镜反射聚焦的太阳光，有利于定日镜场的布置和大规模利用，但是其吸热管直接暴露在周围环境中，辐射和对流热损失较大。相比于外置式吸热器，腔式吸热器的散热损失较小，热效率较高，但是腔体的采光口只能朝向一侧，为了能接收到定日镜场反射的太阳辐射，接收角度一般限制在 120°以内，这就使定日镜场的布置受到一定限制，此外，随着吸热器输出功率提高，腔式吸热器配置的定日镜场需要布置得更大，这又会降低土地的利用率，增加成本。所以大多数商业塔式热发电站都采用外置式吸热器。

(3)传热工质　吸热系统的传热介质一般为水/水蒸气、空气、熔盐、导热油和液态金属，其优缺点如表4-1所示。

表4-1　各种传热工质的优缺点

传热工质	优点	缺点
水/水蒸气	无毒，无腐蚀；易于传输，适用范围广；价格低廉	高温时存在高压问题；如果增加壁厚解决高压问题，会降低传热效率，增加管路成本
熔盐	导热性好，蒸气压低；比热容大和黏度低；可同时作为传热工质和储热介质	高温熔盐会分解；常规熔盐凝固点较高
空气	稳定性好；腐蚀小；不堵塞；工作温度高达1 000 ℃	膨胀系数大，高温时压力大；密度和比热容小，传热能力差；高温发电使用较少
导热油	较低凝固点；导热率较高；系统热效率较高；设备和管路维护较少	易燃；需要额外蓄热装置；高温会积碳造成堵塞
液态金属	导热率高；适用高温传热	价格高；热膨胀系数高，有相变；易泄漏和易燃

水/水蒸气的蓄热性能良好，西班牙PS10、PS20以及八达岭塔式太阳能热发电试验电站均使用了水工质，但是由于水/水蒸气的蓄热系统压力高，对蓄热器的耐压要求较高，如果电站装机容量增大，蓄热器需要相应增加，在技术和经济上都是困难的。空气的比热容较小，因此空气吸热器的工作温度超过1 000 ℃时，传热能力会变差，需要额外增加强化传热措施。导热油超过400 ℃会氧化分解，故塔式太阳能热发电系统几乎很少使用导热油作为传热工质。液态金属材料密度大，导热性能较好，工作温度范围较广，而且温度分布均匀，但是在高温下的空气中易燃易爆，这是制约其在塔式太阳能热发电系统中应用的最主要原因。

相比其他传热工质，熔盐的价格低廉、传热性能好、热容较大，使吸热器可以承受较高的热流密度，并且熔盐可以同时被用作传热介质和储热介质，简化了系统，提高了系统效率。目前商业化使用的熔盐属于二元熔盐（质量分数60%的$NaNO_3$和质量分数40%的KNO_3），凝固点在220 ℃，最高温度在600 ℃，这些都限制了塔式太阳能热发电站的进一步发展，所以新式的熔盐也在开发中。

(4)储能系统　太阳辐照强度受天气因素的影响很大（如阴雨、多云等），会出现明显的不稳定性和间歇性。因此为了保证太阳能热发电站的稳定运行，就需要配置储能系统：在太阳光线充足的时候，把太阳能以热能的形式储存起来；在太阳光照不足的时候，使用储能系统提供能量来源，以满足连续发电和稳定供电的需求。在塔式太阳能热发电站中，熔盐循环泵将290 ℃的液态熔盐从低温储罐中抽出并送至位于塔顶端的吸热器中，在吸热器中熔盐被聚焦后的太阳能辐射加热至565 ℃后再输送至高温储罐内。另一路输送线路将高温储罐内的熔盐抽出送至蒸汽发生系统中，经过换热之后重新回到低温储罐中。该循环流程示意图如图4-10所示。

储热技术目前也是塔式太阳能热发电站的重点研究工作之一，包括储热介质及其输送系统，熔盐的研究及其热物理性质的研究，储热系统的预热保温、疏通防堵措施等多个方面，尤其是熔盐在高温条件下分解和腐蚀带来的问题，也增加了整个系统性能和效率提升的难度。

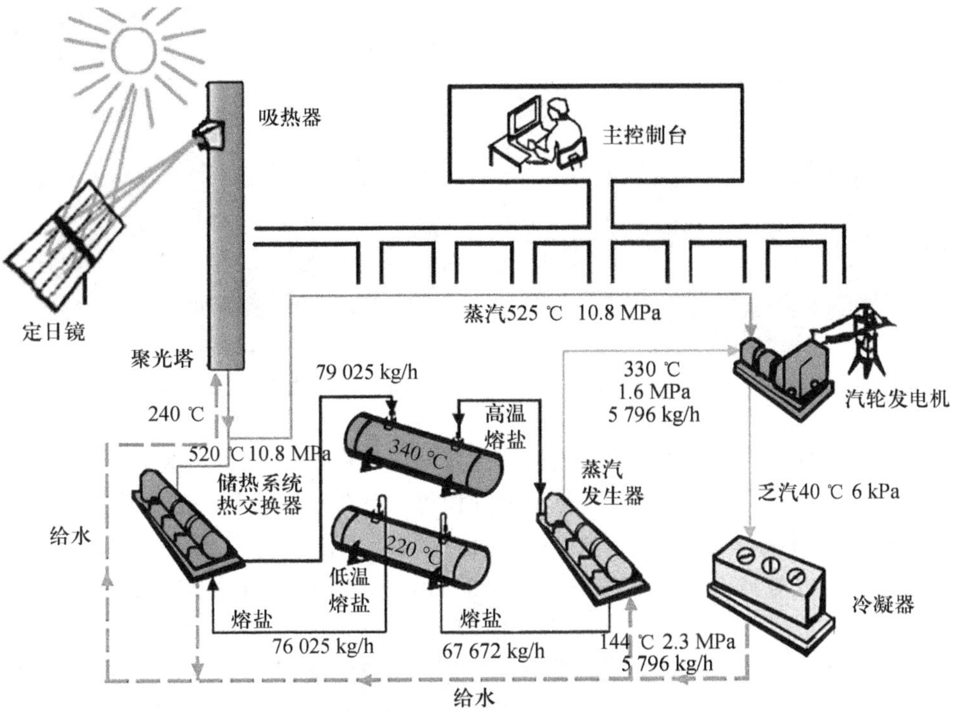

图 4-10　以熔盐为介质的储能系统

4.2.2　槽式太阳能热发电系统

槽式太阳能热发电系统的全称是槽式抛物面反射镜太阳能热发电系统，其主要原理是利用平行排列、曲面弧度相等的抛物面反射镜将太阳光反射并聚焦到抛物面焦点所在直线的集热管上。集热管内的传热工质吸收热能后，直接或者通过换热装置产生过热蒸汽驱动汽轮发电机组发电，从而将太阳能转化为电能。槽式抛物面反射镜与集热管位置相对固定，沿着同一个旋转轴跟随太阳位置的变化而旋转追踪太阳，已达到获取太阳能辐射的最佳角度。槽式太阳能热发电系统示意图如二维码 4-1 所示。

二维码 4-1　槽式太阳能热发电系统示意图

槽式太阳能热发电系统是线聚焦，反射镜的开口越大，聚光倍数越高，集热效果越好，如图 4-11 所示。电站的设计者不断研发更大开口尺寸的反射镜，但是随着开口的增大，对太阳能集热器相配的辅助设备（吸热管材质、支架、电机等）的要求也随之提高。相比其他热发电技术，槽式电站具有耗材少、结构紧凑、运行年效益高、发电成本低、规模大、寿命长等优点，是目前最成熟的大规模商业化太阳能热发电技术。

（1）聚光镜系统　槽式太阳能热发电系统中的聚光镜系统由抛物面反光镜和支架组成，其结构示意图如图 4-12 所示。反射镜的截面是抛物面，当平行入射的太阳光经反射镜反射后，聚集在集热管上，因此，以玻璃材质的槽式反光镜为例，选取反射率较高的银或者铝为反光材料的抛物面玻璃背面镜，再涂上一层或者多层保护膜，而且需要有一定的弯曲弧度，加工难度也比平面镜要复杂一些。反射率是反射镜的固有性能也是选取反射镜的关键依据，但反射率

图 4-11　槽式太阳能聚光集热系统

图 4-12　槽式太阳能聚光镜结构示意图

会逐渐降低，主要原因有：水蒸气等的侵蚀作用；紫外线照射引起的反射材料老化；风沙造成的反射镜磨损；大气中的尘土在镜面表面的不断沉积等。此外，槽式反射镜特殊的结构又使得清洗难度大于塔式定日镜，所以如何保持镜面清洁是槽式太阳能热发电技术需要解决的问题。反射镜的聚光性能也与其机械强度和抗疲劳性能密切相关，长期风力和反射镜自重作用下带来的镜面变形也是造成聚光性能下降的主要原因。

支架是反射镜的支撑机构并转动跟踪太阳，需要与抛物面反射镜贴合良好，且具有一定的刚度、抗疲劳性以及耐候性，这样才能减缓反射镜的变形和损坏，以达到长期运行的目的。简化结构、降低能耗、降低材质重量、延长使用寿命是支架发展的趋势。

目前，槽式太阳能的聚光集热器共有 7 种：LS-1、LS-2、LS-3、LS-4、DS-1、ET-100 和 ET-150。表 4-2 为几种常用聚光集热器参数比较。其中 LS-1、LS-2、LS-3、LS-4 为 LUZ 公司计划生产的 4 种型号。由于特殊原因，LS-4 只是处在研发阶段。LS-4 的几个主要参数分别是开口宽度为 10.5 m，长度为 49 m，面积为 504 m^2，以水作为工质。另 3 种型号的聚光集热器都在美国 SEGS 电站中得到应用。DS-1 聚光集热器主要用于亚利桑那公共服务公司（ASP）建造的 Saguaro 槽式太阳能热电站中。在西班牙建造的两座 50 MW 槽式太阳能热电站中使用的是 Solel 公司生产的 ET-150 集热器；在西班牙太阳能测试平台（PSA）建造的 DISS 电站中也应用 ET-100 和 ET-150 集热器。LS-2 与 EuroTrough 集热器的热损失基本一样，ET 集热器角度增加了 30°，因而效率较 LS-2 提高了很多，并且 ET 集热器具有更大的风力承载能力。

表 4-2　几种常用聚光集热器参数比较

集热器	LS-1(LUZ)	LS-2(LUZ)	LS-3(LUZ)	ET-100(EuroTrough)	DS-1(Solargenix)
年份	1984	1988	1989	2004	2004
面积/m^2	128	235	545	545/817	470
开口宽度/m	2.5	5	5.7	5.7	5
长度/m	50	48	99	100/150	100
接收管直径/m	0.042	0.07	0.07	0.07	0.07
聚光比	61∶1	71∶1	82∶1	82∶1	71∶1
光学效率	0.734	0.764	0.8	0.78	0.78

续表4-2

集热器	LS-1(LUZ)	LS-2(LUZ)	LS-3(LUZ)	ET-100(EuroTrough)	DS-1(Solargenix)
吸收率	0.94	0.96	0.96	0.95	0.95
镜面反射率	0.94	0.94	0.94	0.94	0.94
集热管发射率	0.3	0.19	0.19	0.14	0.14
温度/(℃/℉)	300/572	350/662	350/662	400/752	400/752
工作温度/(℃/℉)	307/585	391/735	391/735	391/735	391/735

(2)集热管　集热管是槽式太阳能热发电技术的核心部件，是将太阳能转化成热能的关键环节，其性能的优劣直接决定了槽式太阳能热发电系统的效率和运行维护成本。槽式太阳能热发电系统的集热管置于抛物面聚光镜的焦线上，为双层结构，典型的集热管如图 4-13 所示，从图中可以看出，集热管的玻璃外管涂有增透膜层，用来增加玻璃管的透光率，而金属内管涂有选择性吸收膜层是为了实现聚集太阳直接辐射的吸收率最大且红外波再辐射最小。在玻璃外管与金属内管之间需要抽成真空环境，以减少热损失并防止选择性吸收膜氧化，整个集热管最为关键的技术是玻璃与金属之间连接处的密封，由于金属内管与玻璃外管的膨胀系数和运行时受热强度不同，需要利用波纹管来缓解金属内管和玻璃外管之间的轴向热膨胀差。此外，在金属内管和玻璃外管之间充入一定量的吸气剂以维持集热管内的真空寿命，还有集热管内外安装的遮光罩，也是保护玻璃和金属连接处不被太阳光聚焦辐射而损坏。

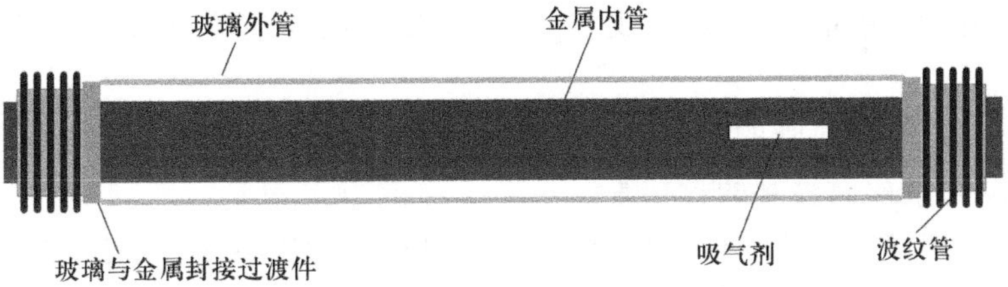

图 4-13　槽式热发电系统集热管示意图

集热管失效主要包括真空度损失、玻璃管损坏和选择性吸收膜性能降低等，在目前现有槽式电站中，经运行和维护统计出来的数据可知，集热管失效是造成太阳能电站经济损失和效率降低的主要原因。当前运行的槽式太阳能电站中，每年有 2%～3%的集热管失效，如果直接更换会影响其经济性，因为很多集热管连接在一起构成完整的集热场回路，更换其中一根需要停机操作，工作量是较大的。现在关于集热管的研究工作主要集中在耐高温长寿命、选择性吸收涂层制作、高可靠性的玻璃与金属封接、真空获得与真空维持等方面。

(3)工作介质　槽式太阳能热发电系统中的工作介质分为传热(吸热)介质、储热介质和做功介质。做功介质一般是水蒸气。储热(蓄热)材料主要分为显热储热材料、相变储热材料、热化学储热材料和吸附(脱附)储热材料等，其中热化学储热和吸附(脱附)技术及工艺非常复杂，不确定性大，还处于基础研究阶段，相变储热的材料选择和换热器设计难度也很大，目前也仅处于试验研究阶段。显热储热方面，固体显热储热主要适用于间接储热，即储热材料与传热材料(一般是导热油)分开，在储热过程中一般有换热，效率并不高，很难大规模应用。而在液体显热储热材料方面，间接储热一般采用导热油作为传热介质，熔盐作为储热介质，但是流程较复杂，换热效率还是较低。如果采用导热油直接储热，不但成本高而且经济性较差；如果采用熔盐直接储热，就需要解决熔盐在集热管内可能出现的凝固问题。

传热介质目前主要有导热油、水和熔盐，这也是目前槽式太阳能热发电技术 3 种不同的发展路线，其中，最成熟的是导热油为传热介质而熔盐作为储热介质，因为导热油的凝固点低，但是上限温度不超过 400 ℃，因此保证在运行过程中不超温是电站控制系统需要解决的关键问题。目前为止，熔盐作为储热介质还是广泛应用在太阳能热发电站中，即质量分数 60% $NaNO_3$ 和 40% KNO_3 的混合盐，该盐的凝固温度在 220 ℃，现在很多关于储热材料的研究都是关于熔盐成分的配比和腐蚀性。

(4)跟踪机构　与塔式太阳能热发电技术不同，槽式太阳能热发电技术的聚光镜跟踪一般采用单轴跟踪，比塔式技术简单。根据转轴的方式不同，一般分为东西水平轴跟踪和南北水平轴跟踪两种布置方式：东西放置只做定期调整；而南北放置时一般采用单轴跟踪方式。还有一种跟踪方式——极轴跟踪，也算是南北布置的一种，只是将南北向的槽式聚光系统由本来的水平放置变为面南倾斜放置以减小太阳高度角的影响，在倾斜角度达到当地纬度时，效果最佳，聚光效率可提高 30%左右。每组聚光镜都配备一套传感系统，用来测定太阳的位置，将测量数据传至总控制室的计算机，再发出指令通过电机驱动聚光镜绕轴旋转，实时跟踪太阳。这就对传感器的精度有了较高的要求，因为传感器传输数据的过程需要考虑天气的实时变化，尤其是多云天气，给跟踪太阳带来了很大的困难。

(5)聚光集热器的发展方向　槽式太阳能热发电技术是目前 4 种太阳能热发电技术中发展最成熟的一种，但是还需要从以下 4 个方面继续深入展开研究工作。

①反射镜的机械性能的提升，寻求支架的材料、设计和安装等技术突破，而且需要找到合适的清洗维护方式。

②提高效率和延长集热管的使用寿命是集热管的重点研究方向，涉及选择性涂层和玻璃增透膜，以及玻璃与金属波纹管的封接等。

③在传热介质和储热介质方面，目前还是以导热油作为传热介质，熔盐作为储热介质为主流，在工作介质材料方面和设计思路方面寻求新的突破，进一步降低成本，延长储热时间。

④积极拓展新的发展思路，如煤电互补调峰、供热取暖、热化学等，而且最重要的是综合成本的降低，提高其经济性，才能提升槽式太阳能热发电技术与传统化石能源发电系统的竞争力。

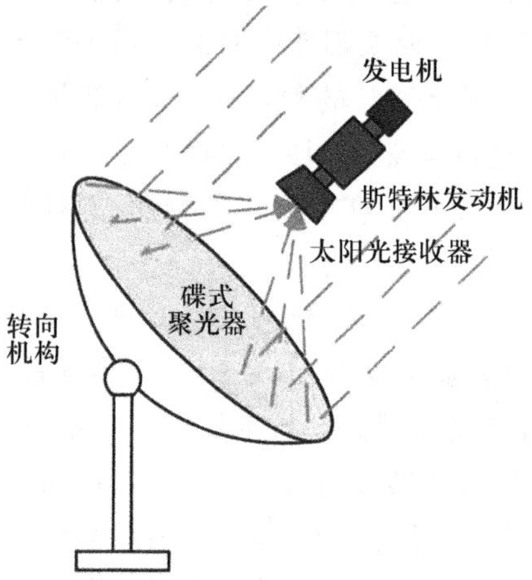

图 4-14　碟式太阳能热发电系统组成

4.2.3　碟式太阳能热发电系统

碟式太阳能热发电技术的主要原理是利用抛物面碟式聚光器将太阳能辐射聚集在焦点上，加热位于焦点处接收器内的传热工质，高温工质驱动安装此处的斯特林发动机并带动发电机发电，实现太阳能向电能的转换。碟式太阳能热发电系统由碟式聚光器、太阳光接收器(吸热器)、斯特林发动机和发电机组成，其系统组成如图 4-14 所示。

(1)碟式聚光器　碟式镜是碟式聚光器的重要组成部分，由抛物面反光镜、支撑架、驱动装置及控制系统构成，其聚光特性对吸热器设计及系统效率有很大的影响，聚光比的高低对集热温度和系统效率有很大的影响。碟式聚光器的结构类型可以分为单碟式、玻璃小镜面式和多碟式，如图4-15所示。多碟式系统由许多较小的反射镜组合安装在统一的框架上，但是这种结构的碟式镜安装以及调试的工作量较大，且焦点不集中，聚光效果比较差。整体镜面的单碟式聚光效果最好，但是镜面制造难度大，成本也高。而玻璃小镜面式则是利用若干块小曲面镜拼接成一个整体的旋转抛物面反射镜，聚光效果较好，制造工艺也相对简单，成本不高，但是和多碟式系统一样安装调试的工作量较大。

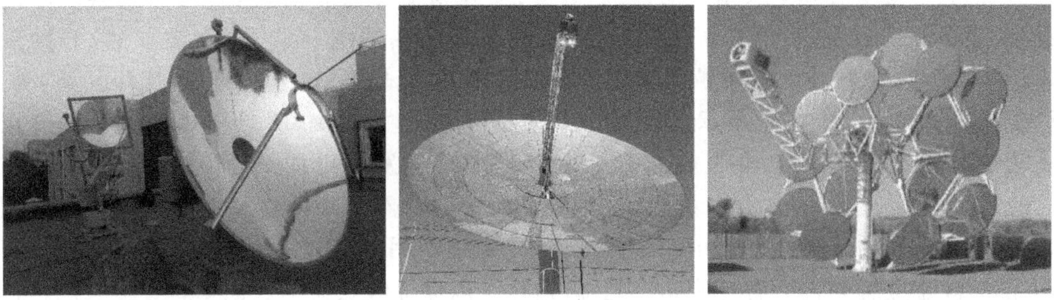

(a) 单碟式　(b) 玻璃小镜面式　(c) 多碟式

图 4-15　碟式聚光器的结构类型

全球第一个碟式太阳能热发示范电站是美国SES公司1.5 MW的Maricopa Solar Project，该项目由Tessera Solar开发，占地约15 hm^2，2010年1月投产，单机功率25 kWe，共60台，发电效率可达26%。而2013年建成的Tooele Army Depot项目同样是1.5 MW，但所使用的是开口面积为35 m^2的较小的碟式镜，单机功率4～5 kWe，共429台。

(2)吸热器　吸热器在碟式太阳能热发电系统中负责将聚焦的太阳能转化为热能，因此如何高效地将吸热器吸收的热能传递到发动机，是影响碟式太阳能热发电系统效率的一个关键因素。按吸热方式的不同，吸热器主要分为直接照射型和回流型。

①直接照射型：直接照射型吸热器如图4-16所示，由许多细小的支管并联组成，在两端设有集气管，这些细小的支管直接布置在吸热器的腔体内，直接处于来自聚光器聚焦的太阳光线下，被加热至高温，在运行的时候，传热工质流过细管获得热量，再流向膨胀腔做功。例如美国斯特林发动机公司研制的STM4-120型斯特林发动机的吸热器，就是采用这种直接照射型，如图4-17所示。

图 4-16　直接照射型吸热器

图 4-17　STM4-120 型吸热器

直接照射型吸热器的传热方式设计明确，结构简单，技术相对成熟，但是聚光镜焦点的太阳光不均匀，吸热管表面呈现受热不均，产生较大的温度梯度，降低了发动机的效率。同时，这些不均匀的受热点会产生极高的温度，即“热点”。这些热点可能会超过吸热管材料的极限温度，烧毁吸热管，影响吸热器的使用寿命。为了降低这种恶性情况发生的频率，就必须提高聚光器的精度。因此聚光器的高造价和设计难度又阻碍了碟式斯特林热发电系统的经济效益。

②回流型：回流型的传热方式是间接导热介质位于吸热器和斯特林发动机加热器中间，在吸热器一侧，导热介质吸收太阳能的热量蒸发，上升到加热器表面，然后被加热器内部的工质吸收，导热介质自身温度下降，冷凝后回流到下部吸热器的一侧，再次被加热，开始新的循环。间接导热介质通常使用钠等液态金属。间接式传热方式，通常也有两种分类：液池-锅炉型和热管型，如图 4-18 所示。在液池-锅炉型的传热方式中，吸热器表面完全浸没在液态金属中，液态金属从吸热器吸收热量后蒸发至斯特林发动机加热器，将热量传递给加热器内的工质，液态金属释放出热量后，自身冷凝靠重力自然下降回流至液池。而在热管型传热方式中，吸热器内部表面有细小的绒线结构，在毛细作用下，吸热器上部的液态金属被蒸发后，下部的液态金属会自下而上流动至上部，这样可以保证吸热器的表面一直覆盖有间接传热介质。

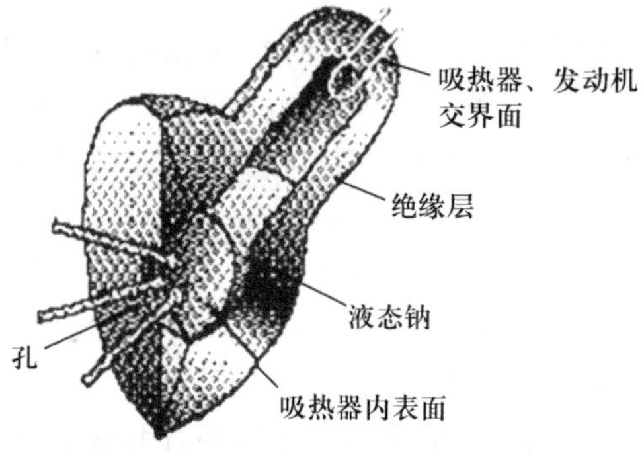

(a) 液池-锅炉型

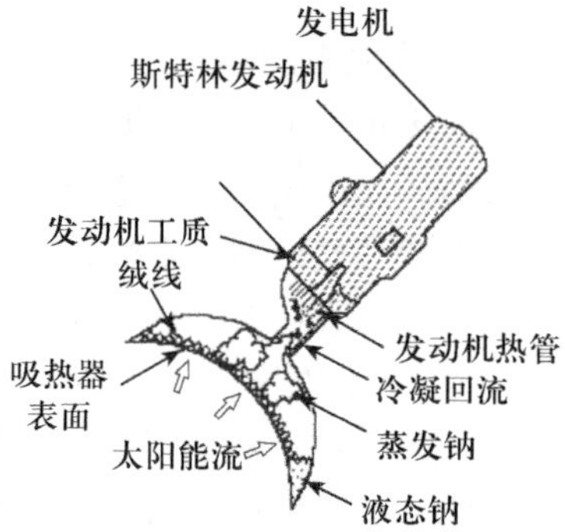

(b) 热管型

图 4-18 回流型传热方式

4.2.4 线性菲涅耳式热发电系统

线性菲涅耳式热发电技术(LFR 技术)，其原理与槽式太阳能热发电系统相近，采用线聚焦，利用菲涅耳式反射镜，组成反射镜阵列(图 4-19)，将太阳光反射到线性塔上的固定吸热器用于加热传热工质，再通过换热器产生过热蒸汽驱动汽轮机组发电，从而将太阳能转化成电能，其发电原理如图 4-20 所示。

图 4-19 菲涅耳式反射镜聚光器

(1)聚光系统　线性菲涅耳式太阳能热发电技术中的聚光系统由槽式太阳能聚光系统演变而来，将槽式抛物反射镜线性分段离散化，就形成了线性菲涅耳式的结构，与槽式太阳能聚光系统的

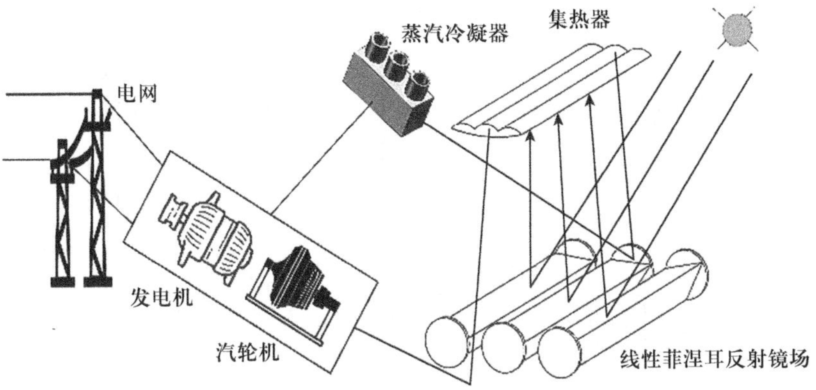

图 4-20　线性菲涅耳式太阳能热发电原理

技术不同，线性菲涅耳式的镜面布置不必保持抛物面形状，离散镜面可以处在同一水平面上。线性菲涅耳式聚光系统包括聚光镜场、跟踪控制装置和接收器 3 部分，其中，由反射镜组成的聚光镜场一般沿南北或者东西方向对称布置。主反射镜在跟踪装置的控制下单轴自动追踪太阳，将太阳光线汇聚到接收器上，这个过程中，一部分光线直接聚焦在位于焦线上的真空集热管上，而另一部分复经过合抛物面二次聚光器的二次反射后再投射到真空集热管上，增加对反射光线的利用率，进一步优化聚光性能，如图 4-21 所示。

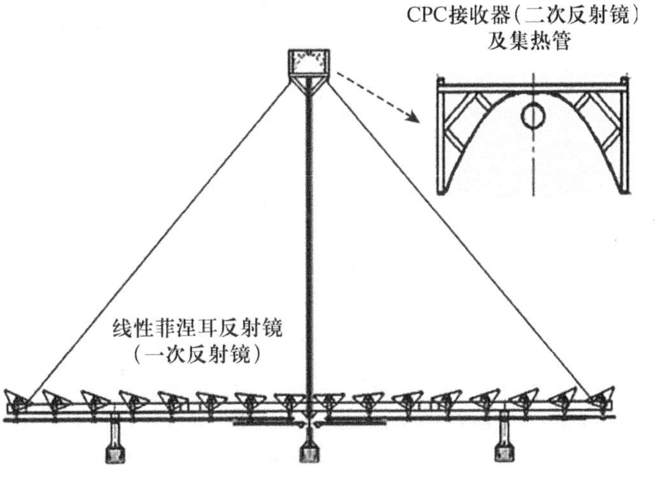

图 4-21　线性菲涅耳式聚光器示意图

随着电站规模的不断增大，电站需要配备多套聚光集热器单元，因此，为避免相邻聚光单元的主镜场边缘反射镜存在相互遮挡的问题，需要抬高集热器的支撑结构，相邻单元间的距离也需要增大，这样也降低了土地利用率。为了改善这一点，出现了紧凑型线性菲涅耳式反射聚光系统的概念，如图 4-22 所示。这些配置的镜子有不同的倾斜度(紧凑的设计)，以避免阻挡光线和阴影效果，提高了土地利用率，也避免了因抬高集热器支撑结构所带来的成本增加，但是这种设计由于反射镜位于离接收器较远的位置，反而导致太阳光线的辐照度降低，如图 4-23 所示。

(2)工质加热系统　非涅耳太阳能热发电系统使用的传热介质一般为水、导热油或熔盐，

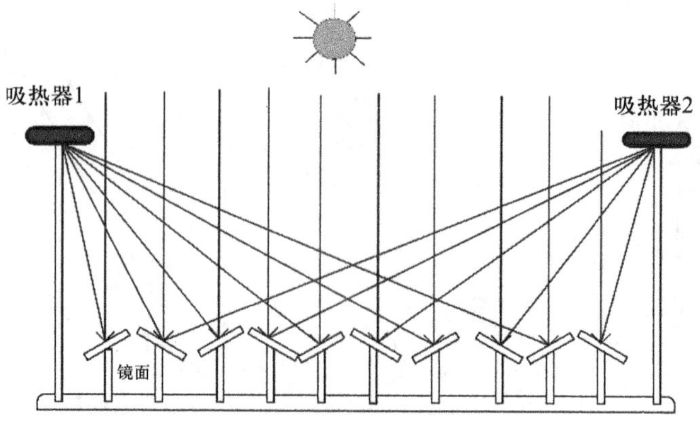

图 4-22　紧凑型线性菲涅耳式太阳能聚光系统

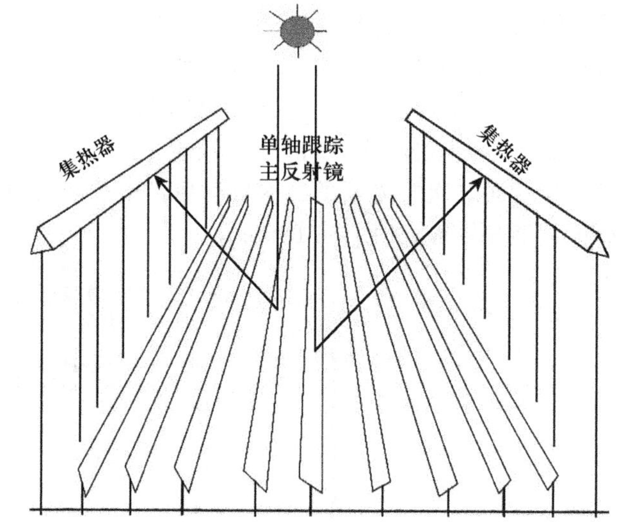

图 4-23　紧凑型线性菲涅耳式太阳能聚光系统光路图

储热介质一般为熔盐或混凝土，已建成的商业化光热电站多为水工质电站，工质温度不高，无法发挥光热电站的储能优势，热电机组的发电效率也难以获得提高。采用直接蒸汽式工质加热系统，即集热管内即为做功工质，没有中间介质，一般也分为 3 种基本加热模式：一次通过模式、注入模式以及循环模式，如图 4-24 所示。一次通过模式虽然结构简单，但是两相流的问题难以解决；注入模式理论上可对两相流存在的问题进行调节，但是其结构复杂，还需要额外增加阀门和管道，这就带来了复杂性；循环模式采用气液分离器，可以相对有效地控制两相流的问题，系统稳定性最好，但是成本也最高。目前，直接蒸汽模式的一些组件设计较为灵活，三种加热模式可配合使用。从系统稳定性和可靠性的角度出发，循环模式比较适合，但是需要考虑降低其成本。

(3)技术特点　线性菲涅耳式光热发电技术已经得到国内外越来越多的关注和应用，其技术特点主要有以下 4 点。

①年平均效率 9%～11%，峰值效率 20%，每年 1 MWh 的电能所需土地 4～6 m^2，成本较低，土地利用率高。

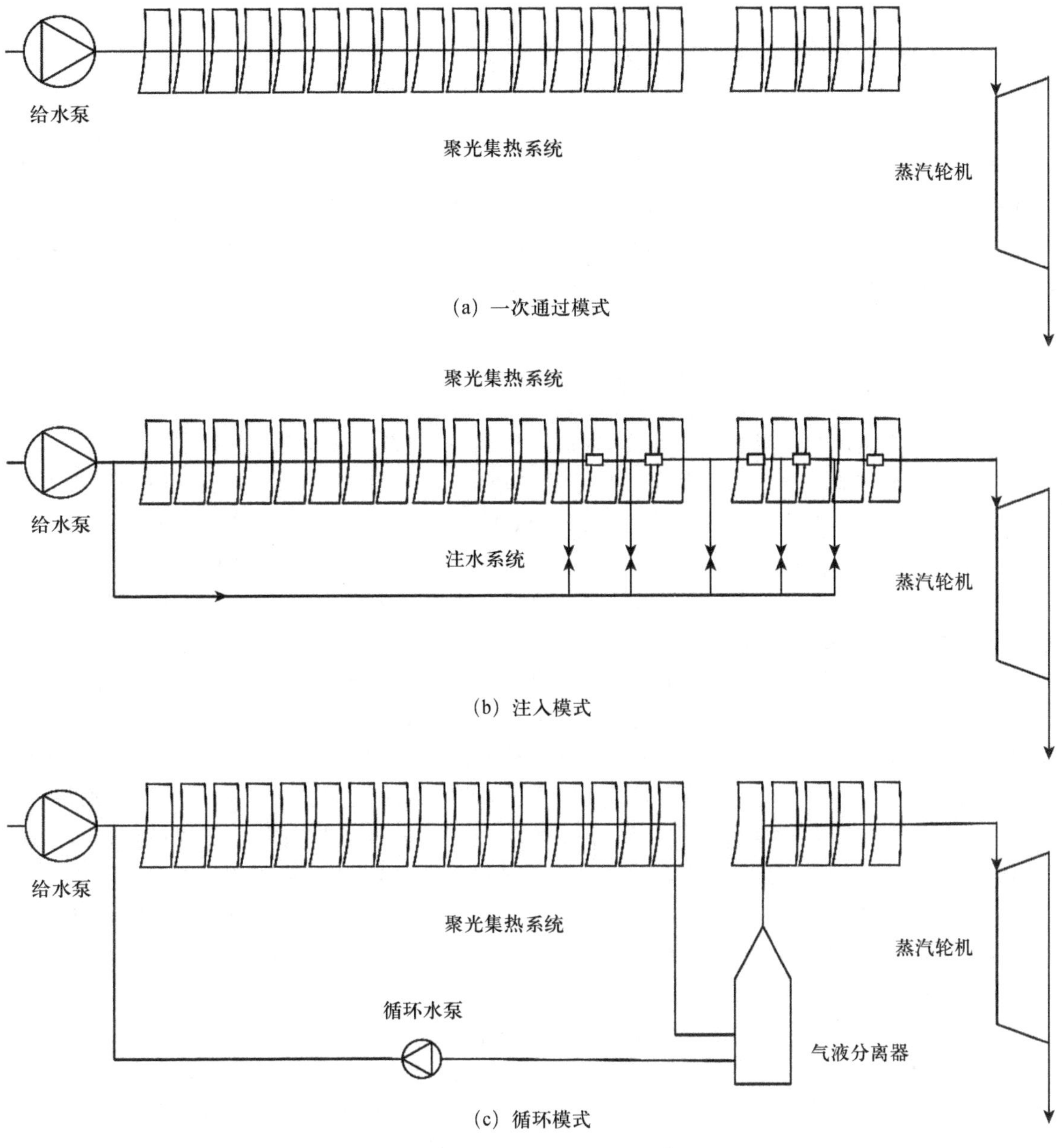

图 4-24　直接蒸汽加热的三种模式

②主反射镜采用平直或弯曲度较小的条形镜面，加工过程相对简单，清洗维护尤其是二次反射镜与抛物槽式反射镜类似，但是其生产工艺成熟，并且反射镜可以近地安装，降低了风阻，具有较强的抗风性，对电站的选址也更为灵活。

③集热器采用固定方式，这样布置可以不随反射镜跟踪太阳而运动，避免了一定的管路密封和连接问题以及由此带来的成本增加。

④能够直接产生主蒸汽，机组启动时间短，可根据电网用电负荷需求，快速调节机组出力，参与电网一次和二次调频，具有良好的调峰调频性能，增强电网消纳传统新能源的能力，减少弃风、弃光损失。

4.3 聚光系统能流密度分布计算

在太阳能热发电系统中，系统的能量来源主要来自低密度的太阳辐射能，为了将低密度的太阳辐射能量进行高效利用，需要利用聚光装置进行太阳光的收集以及聚焦工作，进而加以高效利用。因此，如何进行聚光系统能流密度的计算是整个太阳能热发电系统的核心工作之一，本节主要以太阳能热发电系统中最为复杂的塔式太阳能热发电系统定日镜场的聚光能流密度计算为例进行相关介绍，而槽式、碟式以及线性菲涅耳式相比于塔式镜场计算会简单许多，这里就不进行介绍。

4.3.1 能流密度计算常用方法

塔式电站中由定日镜场组成的聚光系统是整个电站中最关键设备之一，在运行过程中，它将入射的太阳辐射能量聚焦然后反射到位于吸热塔上一定高度的中央吸热器中以加热管内流动的工质直接或间接产生过热蒸汽来推动汽轮机进行发电。因此，聚光系统入射能流密度的分布不仅关系到吸热器的安全运行，而且对于研究整个吸热系统的动态特性有着非常重要的作用。尤其在电站运行的前期，有必要通过仿真建立起电站聚光系统的数学物理模型，对吸热器系统内部的能流密度分布进行研究。

总的来说，针对塔式太阳能电站定日镜场聚光能流计算最常用的方法大致可分为两类：锥体光学法(Cone Optics Method)以及蒙特-卡洛光线追迹法(Ray Tracing Method)。通过上述两种方法的应用和总结，均能够得到很高的计算精度。其中，锥体光学法在 20 世纪 80 年代以前就得到了很好的发展，该方法函数关系比较明确，能够对聚光系统的优化和设计提供帮助，但是对于非焦平面的处能流密度的计算有点困难。蒙特-卡洛光线追击法通过对跟踪太阳辐射出的太阳光束，观测它从始至终的反射过程来得到计算区域的能流密度。该方法的优点是物理概念非常清晰，能够对实际聚光装置的设计起到很大帮助；缺点是计算量大，编程计算比较麻烦，不过随着计算机技术的快速发展，高性能的服务器能够较好解决问题，使其获得较快的发展。国内外的很多应用中均采用上述方法，下面进行详细的介绍。

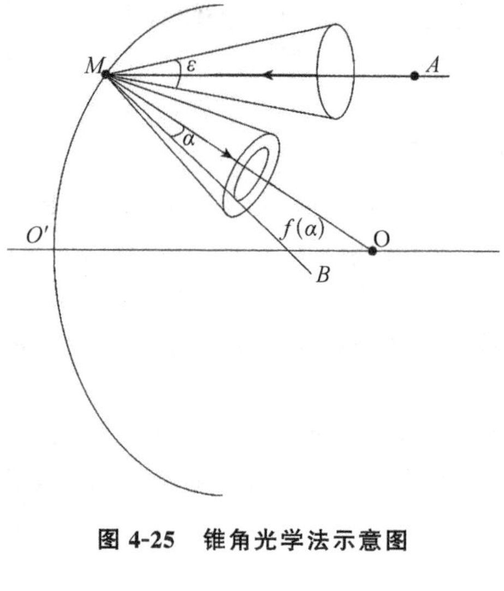

图 4-25 锥角光学法示意图

锥体光学法示意图如图 4-25 所示。在这种方法中，每一束太阳光线被近似成锥角为 ε 的圆锥，其中 AM 为入射光束的中心线，点 M 为入射光束与反射镜面的交点，在理想的情况下，入射光束的中心线和反射镜面的主光线 $O'O$ 是平行的。以 AM 为中心线的入射光束经镜面反射后的反射光束，如果在忽略反射镜面的光学误差情况下，其反射光束同样是锥角为 ε 的圆锥，同时交于反射镜面的焦平面的中心处 O 点。在图 4-25 中，α 为反射光束中某反射光线与反射光锥中心线的夹角，如果已知反射光锥分布函数 $f(\alpha)$，在计算的过程中，在整个反射面内对其进行积分，便可求出焦平面上的能流密度分布。

为了清晰地展示蒙特-卡洛光线追迹法的计算过程，本教材选用我国首个兆瓦级的“大汉”塔式光热电站为研究对象。

4.3.2　聚光系统组成及其布置

“大汉”太阳能塔式电站的定日镜场是由 100 面面积为 100 m^2(10 m×10 m)的定日镜按照圆弧交错布置方式组成(镜场布置如图 4-2 所示)，且布置在南北长 300 m，东西跨度 250 m 的区域范围内。其中，每面定日镜又分别由 64 块小的正方形镜面组合而成，最终形成一个大的反射弧面，其定日镜面型如图 4-26 所示。

图 4-26　“大汉”定日镜形状

(来源：中国科学院电工研究所)

在“大汉”电站定日镜场跟踪太阳的过程中，低密度的太阳辐射能量随着定日镜场的聚焦被反射到位于吸热塔上的腔式吸热器中来加热管内流动的水工质以产生过热蒸汽，“大汉”定日镜场的最终布置图如图 4-27 所示。

在图 4-27 中，深色的点代表定日镜不同的布置点。浅色的点也属于定日镜场的布置点，但由于特殊原因而无法布置，所以用浅色进行标注。根据球面光学成像原理，为了将入射的太阳光线聚焦到吸热器腔口，不同位置点的定日镜具有不同的焦距长度。

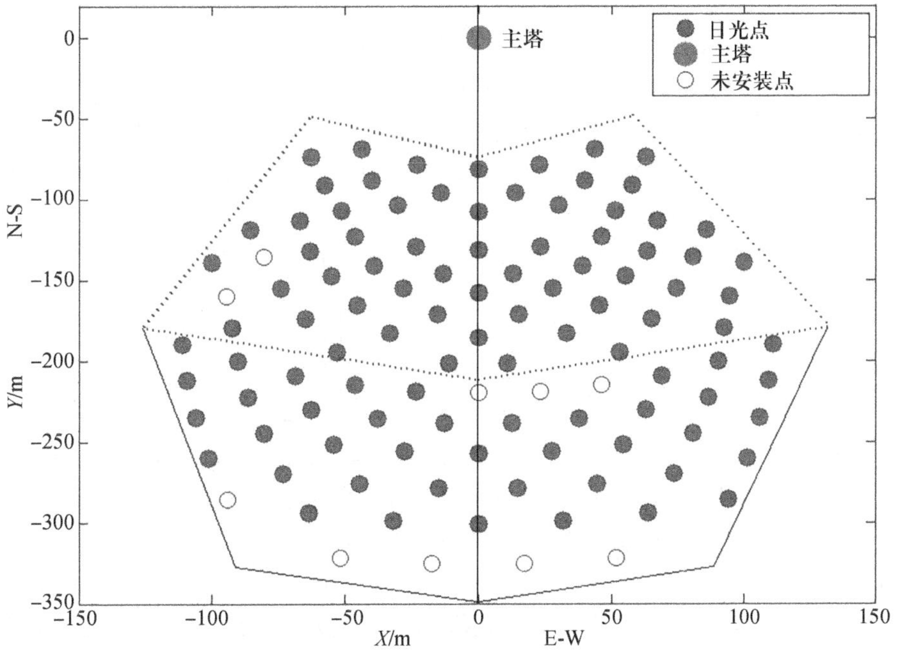

图 4-27　“大汉”定日镜场布置图

4.3.3　太阳能塔式电站聚光系统建模

“大汉”定日镜场通过对太阳运动轨迹的跟踪来达到对低密度太阳辐射能量聚集的目的，

因此，首先必须确定任意时刻太阳的位置，以便随时更新定日镜场控制系统的跟踪信号。在聚焦的过程中，定日镜场对太阳辐射能量的聚焦方式主要有两种：聚焦中心位于中央吸热器开口表面中心点的中心点聚焦方式以及聚焦中心位于吸热器开口表面非中心点的非中心点聚焦方式。在本节中，将分别对其建模过程进行详细的介绍。

(1)太阳位置及其太阳辐射数学模型　地球以太阳为中心进行公转运动，太阳不停地照射在地球南北回归线之间，因此才有了一年四季的更替。除了自身绕太阳的公转运动外，地球还进行自身的自转运动，因此也出现了昼夜不停的更替。相对于地球来说，太阳位置的计算公式不仅受到季节的影响，而且受计算时间的影响，除了以上影响因素之外，天体之间以及大气环境对太阳位置同样有小的影响，如行星对地球的摄动、赤道平均极绕黄极运动的岁差、赤道真极绕着平均极周期运动的章动、大气折射修正等。太阳位置精确计算的方法有很多种，大致上可分为数值模拟法和理论展开式法，不同的计算方法，得到的太阳位置精度也存在一定的差异。在本节中，采用第 2 章中的太阳位置计算公式。

从太阳辐射出来的辐射能量经过外太空以及地球大气层后最终到达地球表面，受地球大气层的影响，其太阳辐射可分为太阳直射辐射以及散射辐射，直射辐射与散射辐射之和称为总辐射。太阳能塔式电站属于聚焦型电站，只能利用从太阳辐射出来后不改变方向的直射辐射(direct normal irradiance，DNI)，其值由于受到地球环境的影响(如海拔、当地气候、地形面貌等)，到达地球表面后变化较大。除了受这些因素影响外，来自太阳的直射辐射同样受日地距离的变化、太阳赤纬、太阳时角、地理经纬度等因素的影响。受气象站布置的影响，并不是任何地方都能够直接获得 DNI 的数据，往往太阳辐照较好而且偏远的山区其 DNI 数据根本无法测量。为了避免数据测量的缺陷，至今为止，很多关于计算太阳直射辐射的数学模型被回归出来以适应当前对太阳直射辐射计算的需要，其中在那些已经公开发表公式中，很多地理以及大气的影响因素得以考虑，如海拔高度、地形、大气湿度、云层厚度及其类型等。但是，由于太阳直射辐照数据受影响的因素比较多，这些公式往往都具有一定的局限性，其中地域性的特征尤其明显。在本部分中，太阳辐射模型的选择对研究“聚光-吸热”系统的特性并无多大影响，因此，采用适合我国晴天气候条件下太阳辐射模型的计算，如式(4-1)所示：

$$\mathrm{DNI}(t)=\frac{1\,367[1+0.033\cos(2\pi n/365)]\sin a_{\mathrm{sun}}}{\sin a_{\mathrm{sun}}+\eta_{aa}} \tag{4-1}$$

式中，η_{aa} 为大气透射率，a_{sun} 为当地太阳的高度角，n 为日期顺序。

(2) 定日镜场坐标系的建立　“大汉”定日镜形状如图 4-26 所示，在聚光系统中，每一面定日镜均安装在离地高度为 6.6 m 的立柱上，为了建立起定日镜场的聚光数学模型，本部分以单个定日镜为研究对象，在建模的过程中，一些基本假设如下：

①相对于镜面的边长来说(10 m×10 m)，由于小正方形块之间有 2～3 mm 的间隙，在建模过程，忽略其间隙对镜场聚光的影响，定日镜的反射面被认为是一个理想、连续的理想球面。

②在定日镜场跟踪太阳的过程中，定日镜的跟踪误差主要由控制误差、镜面面型误差以及外界环境影响造成的镜面晃动等误差组成。在建模的过程中，假设所有误差近似地服从正态分布。

③由于太阳跟地球之间的距离关系，入射到定日镜面的太阳光束，可近似成一个锥角为 9.3 mrad 的太阳光锥。

④忽略太阳光盘发射太阳光束所带能量不同的影响，所有被追击的光线所带的能量近似相等。

在本部分中，“蒙特-卡洛光线追击法”被用来建立定日镜场的数学模型。它通过在太阳入射光束中追击一定数量的光线，然后统计追击光线经镜面的反射后最终到达吸热器腔内计算区域光线的数目来求能流密度分布的目的。其整个示意图如 4-28 所示。光线追击法是一种统计学方法，且其统计精度主要取决于追击光线的数量。在建模的过程中，定日镜表面分别沿两边长方向进行等长划分，其交点确定为镜面的追击反射点，其示意图如图 4-29 所示。同时，根据第三项假设，在 9.3 mrad 的太阳光锥中按照等网格划分也追击一定数量的光线，其示意图如图 4-30 所示。

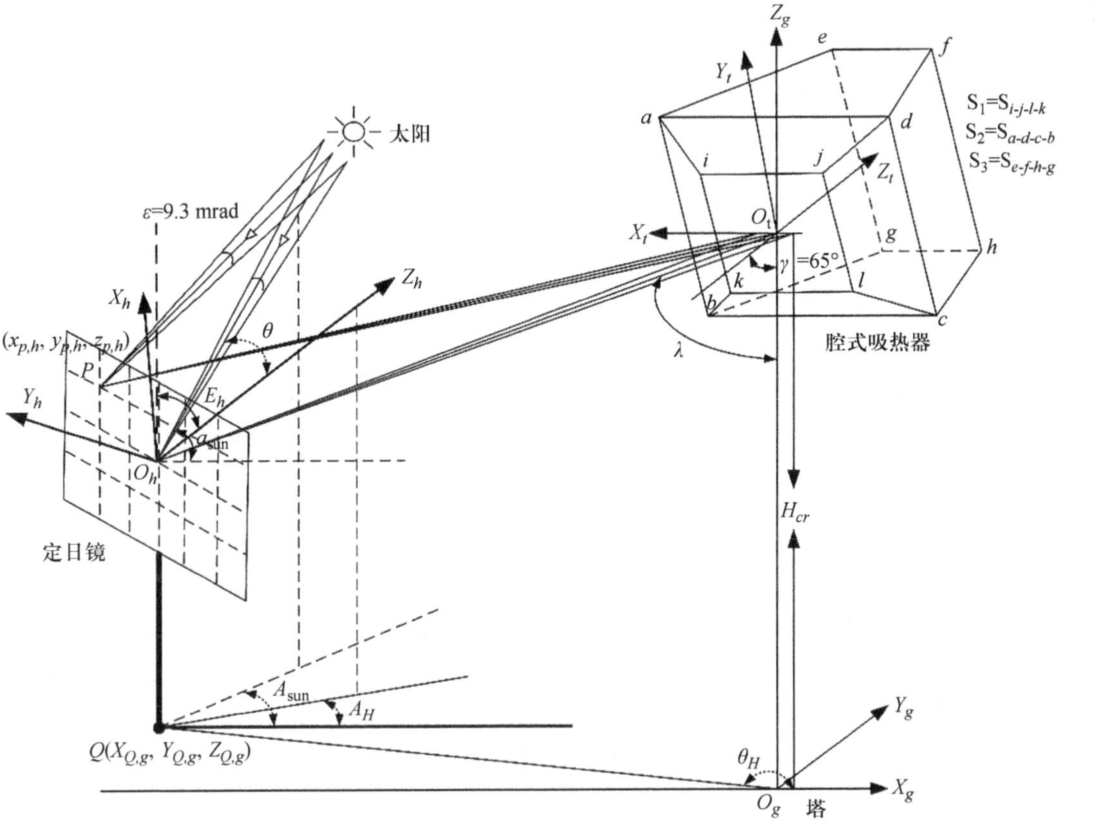

图 4-28　定日镜场中心点聚焦光线追击示意图

在建模的过程中，镜场中任意选择的单个定日镜 $Q(X_{Q,g}, Y_{Q,g}, Z_{Q,g})$ 被选择为研究对象，为了追击光线聚焦过程，对于不同区域，建立如下坐标系：以 O_g 为原点建立地面坐标系(X_g，Y_g，Z_g)（图 4-28），X_g 轴水平指向正南，Y_g 轴水平指向正东，Z_g 轴指向天顶。以 O_h 为原点建立镜面坐标系(X_h，Y_h，Z_h)，Z_h 轴与镜面中心法线重合，方向向上，X_h 轴与定日镜的水平轴重合，Y_h 轴垂直于 X_h 轴方向向上。以 O_t 为原点建立目标坐标系(X_t，Y_t，Z_t)，Z_t 轴与吸热器中心轴重合，且方向向上，X_t 轴方向与水平方向平行，Y_t 轴垂直于 X_t 轴方向向上，且 X_t、Y_t 均在采光口平面内。所有建立的坐标系均满足笛卡尔直角坐标系右手螺旋法则，其示意图如图 4-28 所示。

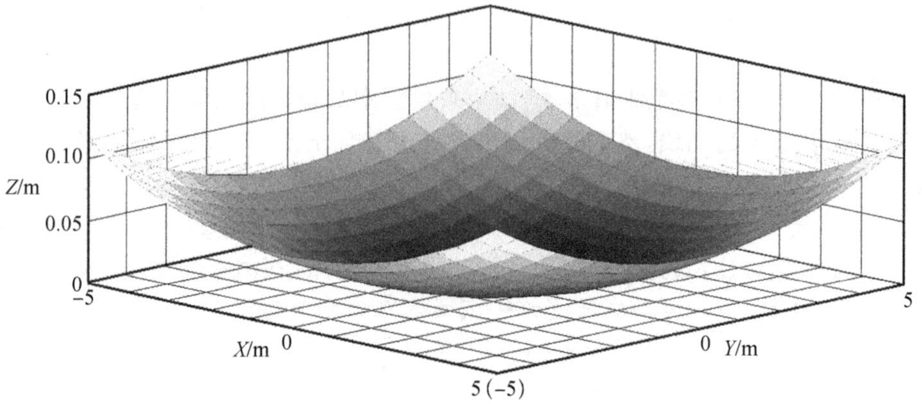

图 4-29　定日镜面光线追击点示意图

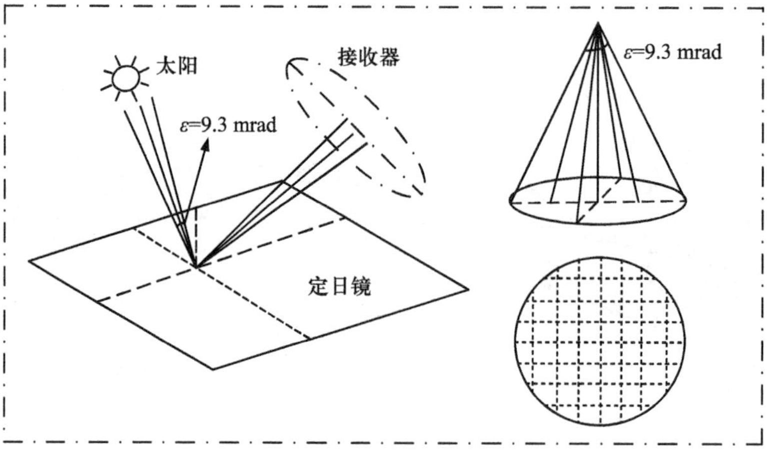

图 4-30　太阳光锥光线追击示意图

（3）中心点聚焦数学模型　当定日镜跟踪太阳旋转时，其聚焦中心位于吸热器开口平面中心处，这种跟踪方式称为中心点聚焦跟踪。定日镜的跟踪方式采用（方位-俯仰）双轴跟踪方式，第一轴垂直于水平面，定日镜绕该轴旋转跟踪太阳的方位，旋转角度为 A_H；第二轴与第一轴垂直并位于水平面内，定日镜绕该轴旋转做俯仰运动跟踪太阳高度，旋转角度为 E_H。其建模过程如下：

如图 4-28 所示，(a_{sun}, A_{sun}) 分别为太阳的高度角和方位角，P 为反射镜面的任意一点。吸热器中心离地面的高度为 H_{cr}。依据假设①，根据球面成像原理，为了使入射光线能够聚焦到吸热器入口的中心，该镜面的曲率半径必须等于镜面中心到吸热器入口中心距离的 2 倍，因此该定日镜的球面方程在镜面坐标系上能够表示成：

$$z_{p,h}=\frac{2\sqrt{(X_{Q,g}^2+Y_{Q,g}^2)}}{\sin\lambda}-\sqrt{\left[\frac{2\sqrt{(X_{Q,g}^2+Y_{Q,g}^2)}}{\sin\lambda}\right]^2-x_{p,h}^2-y_{p,h}^2} \tag{4-2}$$

其中 λ 为镜面中心和吸热器开口平面中心连线和竖直方向的夹角，其计算方程如下：

$$\lambda=\arctan\frac{\sqrt{(X_{Q,g}^2+Y_{Q,g}^2)}}{H_{cr}-Z_{Q,g}} \tag{4-3}$$

通过对坐标系的定义，太阳入射光束中心线的方向余弦用单位向量在地面坐标系可表示成：

$$\vec{a}_{si,g}=[\cos(a_{sun})\cos(A_{sun});\cos(a_{sun})\sin(A_{sun});\sin(a_{sun})] \tag{4-4}$$

同时经镜面反射后太阳反射光束中心线的方向余弦在地面坐标系下可表示成：

$$\vec{a}_{sf,g}=[-\cos(\theta_H)\sin(\lambda);-\sin(\theta_H)\sin(\lambda);\cos(\lambda)] \tag{4-5}$$

依据反射定律：

$$\vec{a}_{si,g}+\vec{a}_{sf,g}=2\cdot\vec{a}_{sn,g}\cdot\cos\theta \tag{4-6}$$

因此，其法线向量在地面坐标系上的表示如下：

$$\vec{a}_{sn,g}=\left[\frac{\vec{a}_{si,g}(x)+\vec{a}_{sr,g}(x)}{2\cos\theta};\frac{\vec{a}_{si,g}(y)+\vec{a}_{sr,g}(y)}{2\cos\theta};\frac{\vec{a}_{si,g}(z)+\vec{a}_{sr,g}(z)}{2\cos\theta}\right] \tag{4-7}$$

将式(4-4)和式(4-5)分别代入式(4-7)，可得：

$$\vec{a}_{sn,g}(x)=\frac{\cos(a_{sun})\cos(A_{sun})-\cos(\theta_H)\sin(\lambda)}{2\cos\theta} \tag{4-8}$$

$$\vec{a}_{sn,g}(y)=\frac{\cos(a_{sun})\sin(A_{sun})-\sin(\theta_H)\sin(\lambda)}{2\cos\theta} \tag{4-9}$$

$$\vec{a}_{sn,g}(z)=\frac{\cos(\lambda)+\sin(a_{sun})}{2\cos\theta} \tag{4-10}$$

同时根据三者的平方和为一可得镜面法线和反射光线之间的夹角余弦：

$$\cos\theta=\frac{\sqrt{2}}{2}[\sin a_{sun}\cos\lambda-\cos(\theta_H-A_{sun})\cos a_{sun}\sin\lambda+1]^{\frac{1}{2}} \tag{4-11}$$

根据定日镜跟踪误差的定义：定日镜镜面中心 O_h 和吸热器开口面中心 O_t 的连线 $\overline{O_h-O_t}$ 和定日镜镜面中心和吸热器开口平面实际成像光斑的几何中心 O_{real} 的连线 $\overline{O_h-O_{real}}$ 之间的夹角。根据假设②，实际的镜面中心法线和连线 $\overline{O_h-O_{real}}$ 之间的夹角为：

$$\theta_{real}=\theta+\Delta\theta \tag{4-12}$$

$$f(\Delta\theta)=\frac{1}{\sqrt{2\pi}\sigma}e^{-\frac{\Delta\theta^2}{2\sigma^2}} \tag{4-13}$$

将式(4-11)代入分别式(4-8)、式(4-9)和式(4-10)即可得镜面法线在地面坐标系下的方向余弦。

同时，根据镜面图，也可以写出镜面中心法线在地面坐标系下的方向余弦：

$$\vec{a}_{sn,g}=[\sin(E_H)\cos(A_H);\sin(E_H)\sin(A_H);\cos(E_H)] \tag{4-14}$$

根据式(4-8)、式(4-9)、式(4-10)以及式(4-14)可得：

$$\frac{\vec{a}_{sn,g}(y)}{\vec{a}_{sn,g}(x)}=\frac{\sin(E_H)\sin(A_H)}{\sin(E_H)\cos(A_H)}=\tan(A_H) \tag{4-15}$$

因此可得：

$$\tan(A_H)=\frac{\cos(a_{\text{sun}})\sin(A_{\text{sun}})+-\sin(\theta_H)\sin(\lambda)}{\cos(a_{\text{sun}})\cos(A_{\text{sun}})+-\cos(\theta_H)\sin(\lambda)} \tag{4-16}$$

同理，根据式(4-10)以及式(4-14)：

$$\cos(E_H)=\frac{\cos(\lambda)+\sin(a_{\text{sun}})}{2\cos\theta} \tag{4-17}$$

因此：

$$A_H=\arctan\left[\frac{\cos(a_{\text{sun}})\sin(A_{\text{sun}})+-\sin(\theta_H)\sin(\lambda)}{\cos(a_{\text{sun}})\cos(A_{\text{sun}})+-\cos(\theta_H)\sin(\lambda)}\right] \tag{4-18}$$

$$E_H=\arccos\left[\frac{\cos(\lambda)+\sin(a_{\text{sun}})}{2\cos\theta}\right] \tag{4-19}$$

根据地面坐标系向镜面坐标系的转换，太阳入射光线的入射余弦[式(4-4)]在镜面坐标系下计算如下：

$$\vec{a}_{si,h}=\begin{bmatrix}1 & 0 & 0\\ 0 & \cos(E_H) & \sin(E_H)\\ 0 & -\sin(E_H) & \cos(E_H)\end{bmatrix}\times\begin{bmatrix}\cos(A_H+\frac{\pi}{2}) & \sin(A_H+\frac{\pi}{2}) & 0\\ -\sin(A_H+\frac{\pi}{2}) & \cos(A_H+\frac{\pi}{2}) & 0\\ 0 & 0 & 1\end{bmatrix}\times\begin{bmatrix}\vec{a}_{si,g}(x)\\ \vec{a}_{si,g}(y)\\ \vec{a}_{si,g}(z)\end{bmatrix} \tag{4-20}$$

在上述式中，E_H 和 A_H 分别为镜面中心法线的俯仰角和方位角，其计算如式(4-18)和式(4-19) 所示。

上述式中 θ_H 为定日镜在镜场中的方位角，其计算如式(4-21)所示：

$$\theta_H=\begin{cases}\arccos\dfrac{X_{Q,g}}{\sqrt{X_{Q,g}^2+Y_{Q,g}^2}}, Y_{Q,g}\geqslant 0\\ \arctan\dfrac{Y_{Q,g}}{X_{Q,g}}+\pi, Y_{Q,g}<0\end{cases} \tag{4-21}$$

为了求得太阳入射光线在镜面的反射向量，依据镜面反射定律，首先必须求得其镜面反射点的法线向量。根据假设①，在镜面坐标系下(X_h，Y_h，Z_h)，其镜面任意一点的法线计算公式如下：

$$\vec{n}_{p,h,x}=\frac{x_{p,h}}{\sqrt{x_{p,h}^2+y_{p,h}^2+\left(z_{p,h}-\dfrac{2\sqrt{(X_{Q,g}^2+Y_{Q,g}^2)}}{\sin\lambda}\right)^2}} \tag{4-22}$$

$$\vec{n}_{p,h,y}=\frac{y_{p,h}}{\sqrt{x_{p,h}^2+y_{p,h}^2+\left(z_{p,h}-\dfrac{2\sqrt{(X_{Q,g}^2+Y_{Q,g}^2)}}{\sin\lambda}\right)^2}} \tag{4-23}$$

$$\vec{n}_{p,h,z}=\frac{z-\dfrac{2\sqrt{(X_{Q,g}^{2}+Y_{Q,g}^{2})}}{\sin\lambda}}{\sqrt{x_{p,h}^{2}+y_{p,h}^{2}+\left(z_{p,h}-\dfrac{2\sqrt{(X_{Q,g}^{2}+Y_{Q,g}^{2})}}{\sin\lambda}\right)^{2}}} \tag{4-24}$$

根据镜面反射定律，镜面上点 P 的反射矩阵能够由式(4-25)计算得到。因此，镜面反射单位向量经点 P 反射后在镜面坐标系中可由式(4-26)求得：

$$H_{\text{refle}}=\vec{e}(3)-2\times\begin{bmatrix}\vec{n}_{p,h,x}\\ \vec{n}_{p,h,y}\\ \vec{n}_{p,h,z}\end{bmatrix}\times[\vec{n}_{p,h,x};\vec{n}_{p,h,y};\vec{n}_{p,h,z}] \tag{4-25}$$

$$\vec{a}_{sf,h}=H_{\text{refle}}\times\begin{bmatrix}-\vec{a}_{si,h}(x)\\ -\vec{a}_{si,h}(y)\\ -\vec{a}_{si,h}(z)\end{bmatrix} \tag{4-26}$$

如图 4-28 所示，根据镜面坐标系和目标坐标系之间的关系，经由点 P 反射的反射向量在目标坐标系中可表示成：

$$\alpha_{sf,t}=\begin{bmatrix}1&0&0\\0&\cos(-\gamma)&-\sin(-\gamma)\\0&\sin(-\gamma)&\cos(-\gamma)\end{bmatrix}\times\begin{bmatrix}\cos\left(-\dfrac{\pi}{2}\right)&-\sin\left(-\dfrac{\pi}{2}\right)&0\\ \sin\left(-\dfrac{\pi}{2}\right)&\cos\left(-\dfrac{\pi}{2}\right)&0\\0&0&1\end{bmatrix}\times$$
$$\begin{bmatrix}\cos\left(\dfrac{\pi}{2}+A_H\right)&-\sin\left(\dfrac{\pi}{2}+A_H\right)&0\\ \sin\left(\dfrac{\pi}{2}+A_H\right)&\cos\left(\dfrac{\pi}{2}+A_H\right)&0\\0&0&1\end{bmatrix}\times\begin{bmatrix}1&0&0\\0&\cos(E_H)&-\sin(E_H)\\0&\sin(E_H)&\cos(E_H)\end{bmatrix}\times\begin{bmatrix}\vec{\alpha}_{sf,h}(x)\\ \vec{\alpha}_{sf,h}(y)\\ \vec{\alpha}_{sf,h}(z)\end{bmatrix} \tag{4-27}$$

此外，为了求得反射光线和目标坐标系各区域的交点，镜面上任意点 P 在经坐标变换后在目标坐标系下可表示成：

$$\begin{bmatrix}P_t(x)\\P_t(y)\\P_t(z)\end{bmatrix}=\begin{bmatrix}1&0&0\\0&\cos(-\gamma)&-\sin(-\gamma)\\0&\sin(-\gamma)&\cos(-\gamma)\end{bmatrix}\times\begin{bmatrix}\cos\left(\dfrac{-\pi}{2}\right)&-\sin\left(\dfrac{-\pi}{2}\right)&0\\ \sin\left(\dfrac{-\pi}{2}\right)&\cos\left(\dfrac{-\pi}{2}\right)&0\\0&0&1\end{bmatrix}\times$$
$$\left(\begin{bmatrix}X_{Q,g}\\Y_{Q,g}\\Z_{Q,g}-H_{cr}\end{bmatrix}+\begin{bmatrix}\cos\left(\dfrac{\pi}{2}+\mathrm{A}_H\right)&-\sin\left(\dfrac{\pi}{2}+\mathrm{A}_H\right)&0\\ \sin\left(\dfrac{\pi}{2}+\mathrm{A}_H\right)&\cos\left(\dfrac{\pi}{2}+\mathrm{A}_H\right)&0\\0&0&1\end{bmatrix}\times\right.$$

$$\begin{bmatrix}1 & 0 & 0 \\ 0 & \cos(E_H) & -\sin(E_H) \\ 0 & \sin(E_H) & \cos(E_H)\end{bmatrix} \times \begin{bmatrix}P_h(x) \\ P_h(y) \\ P_h(z)\end{bmatrix} \Bigg\} \tag{4-28}$$

如果中央腔式吸热系统开口表面及其腔内各表面的平面方程已知(腔式吸热器示意图如图 4-28 所示),联合式(4-29)和式(4-30),反射光线和目标坐标系上各区域的交点即可求得。太阳入射光线经定日镜场反射聚焦后,首先必须判断反射光线和吸热器开口平面的交点是否在吸热器开口平面内,当处于开口平面时,会自动记录溢出追击光线的数目。当统计完所有追击光线,利用模块记录溢出追击光线的数目与追击总光线数目的比值,便可得吸热器系统的溢出损失。

在本节中,为了获得腔式吸热器内表面的详细能流分布,吸热器的每一个内平面都被划分成很多小的区域,它们的平面方程表达式唯一的区别就是各自区域的边界条件不一样。

$$\frac{x-P_t(x)}{\alpha_{sf,t}(x)}=\frac{y-P_t(y)}{\alpha_{sf,t}(y)}=\frac{z-P_t(z)}{\alpha_{sf,t}(z)} \tag{4-29}$$

$$C_1x+C_2y+C_3z+C_4=0 \tag{4-30}$$

根据式(4-29)和式(4-30)的计算结果,当追击光线和计算区域的交点确定,根据式(4-31)很容易计算出该追击光线和该计算区域平面之间的夹角 ϕ。

$$\phi=\arcsin\frac{|C_1\alpha_{sf,t}(x)+C_2\alpha_{sf,t}(y)+C_3\alpha_{sf,t}(z)|}{\sqrt{C_1^2+C_2^2+C_3^2}\sqrt{\alpha_{sf,t}(x)^2+\alpha_{sf,t}(y)^2+\alpha_{sf,t}(z)^2}} \tag{4-31}$$

吸热器腔式各表面在接受入射光线后反射的过程中,不能完全看成是镜面反射,在计算过程中,通过设定常数 R_α($0\leqslant R_\alpha\leqslant 1$)来判断该追击光线是否被该区域吸收,当 $\sin\phi\geqslant R_\alpha$ 时,判定该追击光线被该计算区域吸收,当 $\sin\phi<R_\alpha$,判定此追击光线逃离该计算区域,被该区域反射掉。最终依据光线追击法,通过统计追击光线和该区域交点的数目 N_j,同时根据假设(4),该计算区域的太阳入射能流密度计算公式如(4-32)所示,S_j 为该计算区域的表面积。

$$I_j=\frac{N_j\times R}{S_j} \tag{4-32}$$

其中,I 是每根光线所带的能量大小,其计算公式可由式(4-33)计算求得:

$$R=\frac{\text{DNI}(t)\times l_{\text{helio}}^2\times\eta_{\text{helio}}}{N_{tr}} \tag{4-33}$$

$$\eta_{\text{helio}}=\eta_{\cos}\times\eta_{\text{ref}}\times\eta_{aa}\times\eta_{\text{s\&b}} \tag{4-34}$$

η_{helio} 为整个定日镜的总效率;$\eta_{\cos}$ 为定日镜的余弦效率;η_{ref} 为定日镜的反射率;$\eta_{\text{s\&b}}$ 为定日镜之间的阴影挡光效率;η_{aa} 为大气的衰减效率。

(4) 非中心点聚焦数学模型　当定日镜场跟踪太阳时,时常会根据运行需要,定日镜的聚焦中心处于吸热器开口平面的非中心点,这种跟踪方式一般称为非中心点聚焦。其跟踪示意图如图 4-31 所示。

在图 4-31 中，其中坐标系的定义和中心点聚焦方式一样。在实际情况中，由于定日镜跟踪太阳的方式大部分情形都是采用中心点单点聚焦的方式，对于非中心聚焦的方式只是在特殊情况下采用(例如，为了使能流密度分布尽可能均匀)，因此，在对非中心点聚焦方式定日镜的建模过程中，定日镜镜面的焦距应该采用和中心点聚焦方式同样的焦距，定日镜的球面方程在镜面坐标系上的表示和中心点聚焦方式的式(4-2)及式(4-3)一样。另外，在模拟的过程中，也可以采用和中心点聚焦不一样的聚焦长度，其定日镜的球面方程在镜面坐标系下的表示如式(4-35)所示。

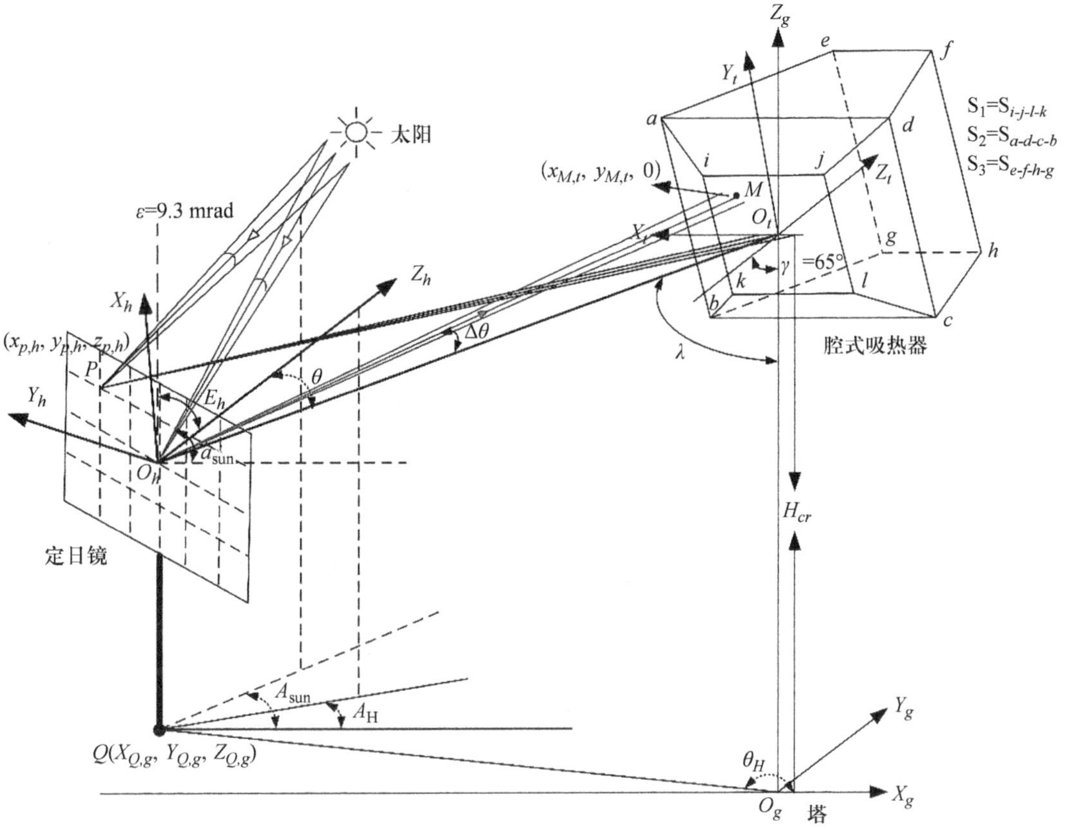

图 4-31　定日镜非中心点聚焦光线追击示意图

$$z_{p,h}=\frac{2\sqrt{(X_{Q,g}^2+Y_{Q,g}^2)}}{\sin(\lambda_m)}-\sqrt{\left[\frac{2\sqrt{(X_{Q,g}^2+Y_{Q,g}^2)}}{\sin(\lambda_m)}\right]^2-x_{p,h}^2-y_{p,h}^2} \tag{4-35}$$

式中，λ_m 为镜面中心和吸热器开口聚焦点 M 平连线和竖直方向的夹角，其计算方程如式(4-36)所示，示意图如图 4-35 所示：

$$\lambda_m=\arctan\frac{\sqrt{X_{Q,g}^2+(Y_{Q,g}-x_{M,t})^2}}{H_{cr}-Z_{Q,g}+y_{M,t}} \tag{4-36}$$

通过对坐标系的定义，太阳入射光束中心线的方向余弦用单位向量在地面坐标系可表示为与式(4-4)一样，经镜面反射后太阳反射光束中心线的方向余弦在地面坐标系下可表示成：

$$\vec{a}_{sr,g}=[-\cos(\theta'_H)\sin(\lambda_m);-\sin(\theta'_H)\sin(\lambda_m);\cos(\lambda_m)] \tag{4-37}$$

上述式中 θ'_H 为定日镜座基中心和吸热器开口处聚焦点 M 在地面上的投影之间连线与地面坐标系 X 轴(X_g)之间的夹角，如图 4-32 所示，其计算如式(4-38)所示：

$$\theta_H=\begin{cases}\arccos\dfrac{X_{Q,g}}{\sqrt{X_{Q,g}^2+(Y_{Q,g}-x_{M,t})^2}},Y_{Q,g}-x_{M,t}\geqslant 0\\ \arctan\dfrac{(Y_{Q,g}-x_{M,t})}{X_{Q,g}}+\pi,Y_{Q,g}-x_{M,t}<0\end{cases} \tag{4-38}$$

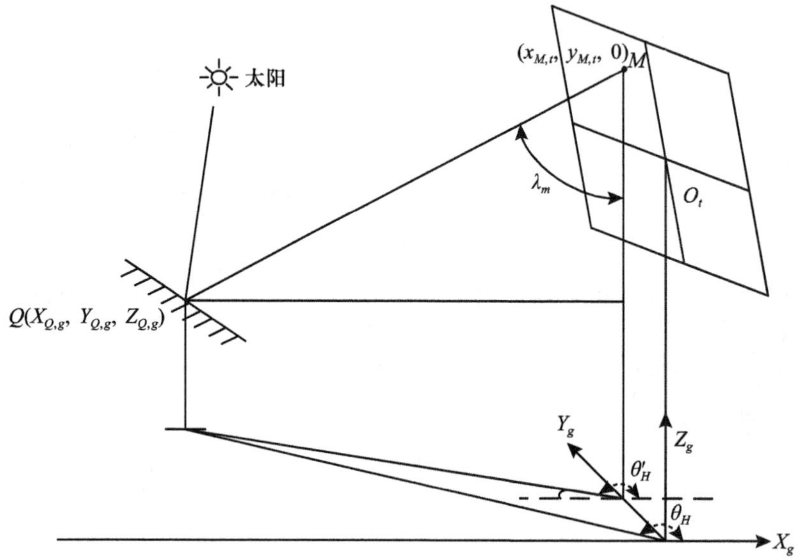

图 4-32　定日镜非中心点聚焦简图

依据反射定律：

$$\vec{a}_{si,g}+\vec{a}_{sr,g}=2\cdot\vec{a}_{sn,g}\cdot\cos\theta' \tag{4-39}$$

因此，其法线向量在地面坐标系上的表示如下：

$$\vec{a}_{sn,g}=\left[\frac{\vec{a}_{si,g}(x)+\vec{a}_{sr,g}(x)}{2\cos(\theta')};\frac{\vec{a}_{si,g}(y)+\vec{a}_{sr,g}(y)}{2\cos(\theta')};\frac{\vec{a}_{si,g}(z)+\vec{a}_{sr,g}(z)}{2\cos(\theta')}\right] \tag{4-40}$$

将式(4-4)及式(4-37)分别代入式(4-40)，可得：

$$\vec{a}_{sn,g}(x)=\frac{\cos(a_{\mathrm{sun}})\cos(A_{\mathrm{sun}})-\cos(\theta'_H)\sin(\lambda_m)}{2\cos\theta'} \tag{4-41}$$

$$\vec{a}_{sn,g}(y)=\frac{\cos(a_{\mathrm{sun}})\sin(A_{\mathrm{sun}})-\sin(\theta'_H)\sin(\lambda_m)}{2\cos\theta'} \tag{4-42}$$

$$\vec{a}_{sn,g}(z)=\frac{\cos(\lambda)+\sin(a_{\mathrm{sun}})}{2\cos\theta'} \tag{4-43}$$

同时根据三者的平方和为一可得镜面法线和反射光线之间的夹角余弦：

$$\cos\theta=\frac{\sqrt{2}}{2}\left[\sin a_{\text{sun}}\cos\lambda_{m}-\cos(\theta'_{H}-A_{\text{sun}})\cos a_{\text{sun}}\sin\lambda_{m}+1\right]^{\frac{1}{2}} \tag{4-44}$$

将式(4-44)代入分别式(4-41)、式(4-42)和式(4-43)即可得镜面法线在地面坐标系下的方向余弦。

同时，根据镜面图，也可以写出镜面中心法线在地面坐标系下的方向余弦：

$$\vec{a}_{sn,g}=[\sin(E'_{H})\cos(A'_{H});\sin(E'_{H})\sin(A'_{H});\cos(E'_{H})] \tag{4-45}$$

根据式(4-41)、式(4-42)、式(4-43)以及式(4-44)可得：

$$\tan(A_{H})=\frac{\cos(a_{\text{sun}})\sin(A_{\text{sun}})-\sin(\theta'_{H})\sin(\lambda_{m})}{\cos(a_{sun})\cos(A_{\text{sun}})-\cos(\theta'_{H})\sin(\lambda_{m})} \tag{4-46}$$

同理，根据式(4-43)和式(4-45)可得：

$$\cos(E_{H})=\frac{\cos(\lambda_{m})+\sin(a_{\text{sun}})}{2\cos\theta'} \tag{4-47}$$

因此：

$$A_{H}=\arctan\left[\frac{\cos(a_{\text{sun}})\sin(A_{\text{sun}})-\sin(\theta'_{H})\sin(\lambda_{m})}{\cos(a_{\text{sun}})\cos(A_{\text{sun}})-\cos(\theta'_{H})\sin(\lambda_{m})}\right] \tag{4-48}$$

$$E_{H}=\arccos\left[\frac{\cos(\lambda_{m})+\sin(a_{\text{sun}})}{2\cos\theta'}\right] \tag{4-49}$$

同时，和中心点聚焦方式不同，镜面任意一点的法线在镜面坐标系下的表示如下：

$$\vec{n}_{p,h,x}=\frac{x_{p,h}}{\sqrt{x_{p,h}^{2}+y_{p,h}^{2}+\left[z_{p,h}-\frac{2\sqrt{X_{Q,g}^{2}+(Y_{Q,g}-x_{M,t})^{2}}}{\sin\lambda_{m}}\right]^{2}}} \tag{4-50}$$

$$\vec{n}_{p,h,y}=\frac{y_{p,h}}{\sqrt{x_{p,h}^{2}+y_{p,h}^{2}+\left[z_{p,h}-\frac{2\sqrt{X_{Q,g}^{2}+(Y_{Q,g}-x_{M,t})^{2}}}{\sin\lambda_{m}}\right]^{2}}} \tag{4-51}$$

$$\vec{n}_{p,h,z}=\frac{\left[z_{p,h}-\frac{2\sqrt{X_{Q,g}^{2}+(Y_{Q,g}-x_{M,t})^{2}}}{\sin\lambda_{m}}\right]^{2}}{\sqrt{x_{p,h}^{2}+y_{p,h}^{2}+\left[z_{p,h}-\frac{2\sqrt{(X_{Q,g}^{2}+Y_{Q,g}^{2})}}{\sin\lambda}\right]^{2}}} \tag{4-52}$$

除上述公式以外，其计算中央吸热器腔内区域能流密度的过程和中心点聚焦方式计算方程一样，在非中心点聚焦方式运行过程中，聚焦中心处于吸热器开口平面的非中心点，因此，定日镜场后排的镜子处于此跟踪模式时，由于其聚焦光斑形状相对于定日镜场前排的镜子而言要相对大一些，尤其当太阳处于刚升起时。或太阳即将西落时，其聚焦光斑显得比平时更大，因此会有比较大的溢出损失。当跟踪误差难以控制时，其溢出损失也显得更大，因此，对整个控制系统的精度会提出更高的要求。

(5)"大汉"塔式电站腔式吸热器结构及其平面方程　在"大汉"塔式电站中，腔式结构的吸热器被用来吸收从镜场聚焦过来的入射能量。整个腔式吸热器安装在吸热塔上离地 78 m 的高处。其腔式结构由 10 个面组成，其中 9 个实面和一个接受定日镜场聚焦辐射能量的吸热器开口面 $S_{i\text{-}j\text{-}l\text{-}k}$，且其开口尺寸为：5 m×5 m。为了利用式(4-29)至式(4-34)计算吸热器内表面的能流密度，吸热器内表面的平面方程在目标坐标系下的表示如表 4-3 所示。

表 4-3　吸热器内表面平面方程及其边界条件

平面	平面方程	范围
$S_{a\text{-}b\text{-}k\text{-}i}$	$(-l_{ik}d_{s_1-s_2})(x-0.5l_{ij})+l_{ik}(0.5l_{ab}-0.5l_{ij})z=0$	$0.5l_{ij}<x<0.5l_{ad}$ $-0.5l_{ik}<y<0.5l_{ik}$ $0<z<d_{s_1-s_2}$
$S_{c\text{-}d\text{-}j\text{-}l}$	$(-l_{jl}d_{s_1-s_2})(x+0.5l_{kl})+l_{jl}(0.5l_{kl}-0.5l_{dc})z=0$	$-0.5l_{ad}<x<-0.5l_{ij}$ $-0.5l_{jl}<y<0.5l_{jl}$ $0<z<d_{s_1-s_2}$
$S_{a\text{-}i\text{-}j\text{-}d}$	$(l_{ab}d_{s_1-s_2})(y-0.5l_{ab})+l_{ab}(0.5l_{ik}-0.5l_{ab})(z-d_{s_1-s_2})=0$	$-0.5l_{ij}<x<0.5l_{ij}$ $0.5l_{ik}<y<0.5l_{ab}$ $0<z<d_{s_1-s_2}$
$S_{a\text{-}b\text{-}g\text{-}e}$	$(l_{ab}d_{s_1-s_2}-l_{ab}d_{s_1-s_3})(x-0.5l_{ab})+(0.5l_{ab}\,l_{ef}-0.5l_{ab}^2)$ $(z-d_{s_1-s_2})=0$	$0.5l_{ef}<x<0.5l_{ad}$ $-0.5l_{ab}<y<0.5l_{ab}$ $d_{s_1-s_2}<z<d_{s_1-s_3}$
$S_{d\text{-}c\text{-}h\text{-}f}$	$(l_{ab}d_{s_1-s_2}-l_{ab}d_{s_1-s_3})(x+0.5l_{ab})+(0.5l_{ab}^2-0.5l_{ab}l_{ef})$ $(z-d_{s_1-s_2})=0$	$-0.5l_{ad}<x<-0.5l_{ef}$ $-0.5l_{ab}<y<0.5l_{ab}$ $d_{s_1-s_2}<z<d_{s_1-s_3}$
$S_{e\text{-}f\text{-}h\text{-}g}$	$l_{ab}l_{ef}(z-d_{s_1-s_3})=0$	$-0.5l_{ef}<x<-0.5l_{ef}$ $-0.5l_{ab}<y<0.5l_{ab}$ $z=d_{s_1-s_3}$

由于吸热器较小的安装角度(25°)，从定日镜场聚焦过来的光线不能直接到达表面“$S_{b\text{-}c\text{-}l\text{-}k}$”和“$S_{b\text{-}c\text{-}h\text{-}g}$”，所以，在表 4-3 中，此两平面的方程不用考虑。再且，由于吸热器腔式的半封闭结构，在光线追击过程中，和表格所列平面没有交点的光线必定交于平面“$S_{a\text{-}d\text{-}f\text{-}e}$”。在设计的模型中，各区域均能够自动记录到达该平面的光线数目，并最终求得太阳入射能流密度。

4.3.4　塔式电站定日镜场模拟结果及其分析

“大汉”电站系统的设计点为春分日中午，其对应的理想太阳辐射为 DNI＝900 W/m^2，因此在本节中，选择春分日作为系统的模拟日期，其对应的 DNI 变化曲线如图 4-33 所示。

1. 吸热器开口平面聚焦光斑

在塔式电站正式运行前对聚光系统聚焦性能的调试是所有塔式电站必不可少的步骤，而聚焦性能的调试，很大程度上通过观测聚光系统在聚焦光靶(或吸热器开口平面)上太阳光斑的大小来判断聚光系统聚焦性能的好坏。为了能够观测“大汉”塔式电站聚光系统的聚焦性能，在中心点聚焦跟踪模式下，通过模拟该电站在春分日中不同时间点在吸热器开口平面聚焦光斑大小的变化来研究吸热器的聚焦性能。其吸热器开口表面光斑大小以及能流密度分布如二维码 4-2 所示。此外，为了研究聚光系统在非中心点聚焦跟踪模式下的聚焦性能，也在春分日中午时刻对不同的聚焦中心的聚光性能进行了模拟，其结果如二维码 4-3 所示(注：为了使聚光系统的能流密度尽可能均匀分布，同时为了避免吸热系统中吸热管因聚焦能流密度过高而导致吸热管严重变形或烧坏，在聚光系统中有可能采用不同区域的定日镜采用不同的聚焦点。但在本节中，暂时只考虑非中心聚焦点只有一个的情况)。

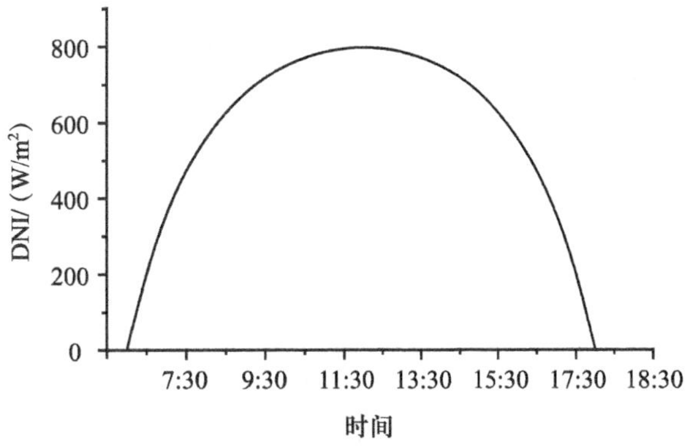

图 4-33　春分日 DNI 随时间的变化曲线

二维码 4-2　中心点聚焦模式下吸热器开口平面聚焦光斑(单位：kW/m^2)

二维码 4-3　非中心点聚焦模式下吸热器开口平面聚焦光斑(单位：kW/m^2)

通过对春分日“大汉”电站不同时间点聚光系统在吸热器开口平面聚焦光斑和能流的模式可知。

在中心点聚焦模式下，聚光系统在吸热器开口平面能流分布是近似于以开口平面中心点为中心的对称分布，且中心点的能流密度最高，随着半径的逐渐变大，其聚焦能流密度逐渐降低。

随着太阳的缓缓升起直至达到天顶最高的过程中，聚光系统在吸热器开口平面聚焦光斑的大小越来越小，如图 4-35(a)-(c)所示，并最终在正午时达到最小。这意味着太阳的高度角越大，其聚光效果越好，其几何以及物理聚光比都达到最高，当太阳越过最高点逐渐西落时，其聚光系统在吸热器开口平面聚焦光斑的大小随着时间的推移越来越大，这是因为随着太阳的西落，其高度角逐渐变小。因此，随着时间的推移，其聚光效果越来越差。此时吸热系统的溢出损失也越来越大。

当聚光系统处于非中心聚焦模式时，其定日镜场在吸热器开口平面的光斑同样是近似以聚焦点为中心的对称分布。不过通过对比可知，处于非中心点聚焦模式下，在同等条件下(DNI 相同)，其聚焦光斑的大小相比于中心点聚焦模式下要大，同时其最高能流值比中心点聚焦模式下的数值要低。这意味着，当处于非中心点聚焦模式时，聚光系统的聚焦性能会降低。

2. 吸热器内表面平均能流密度变化规律

在电站的实际运行过程中，吸热器开口平面聚焦光斑的大小是评价聚光系统性能好坏的一个重要因素。然而，聚光系统聚焦的辐射能量最终要通过吸热器开口后投射到吸热器腔内的各个表面，以加热布置在该表面处吸热面内的流动工质。因此，非常有必要对吸热器内表面在聚光系统对太阳辐射能量的聚焦情况下的入射能流密度的分布和变化进行研究，以便获得最佳的吸热面布置，从而提高整个吸热器的运行效率，同时保护吸热器的运行安全。

基于春分日中太阳 DNI 的变化曲线（图 4-33），同时根据式（4-29）至式（4-34）对能流密度的计算公式，当定日镜场处于中心点聚焦跟踪模式下，其保温层表面和吸热器腔内表面的平均能流随时间的变化曲线模拟结果分别如图 4-34 和图 4-35 所示。

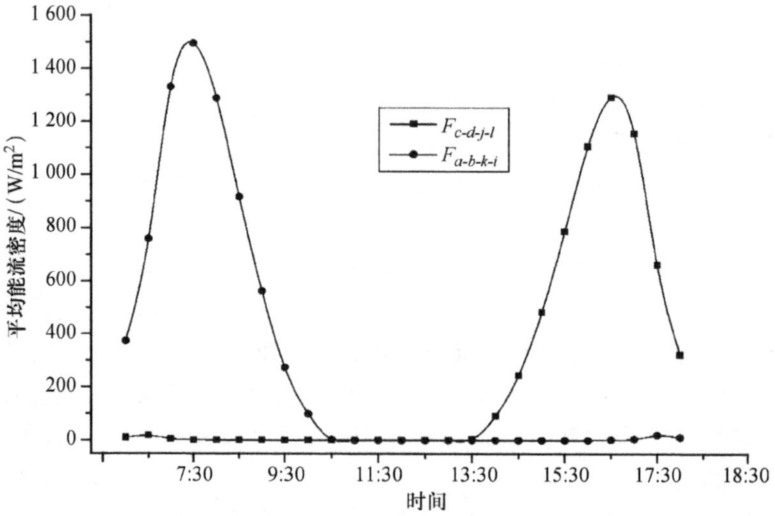

图 4-34　保温层表面平均能流密度随时间的变化曲线

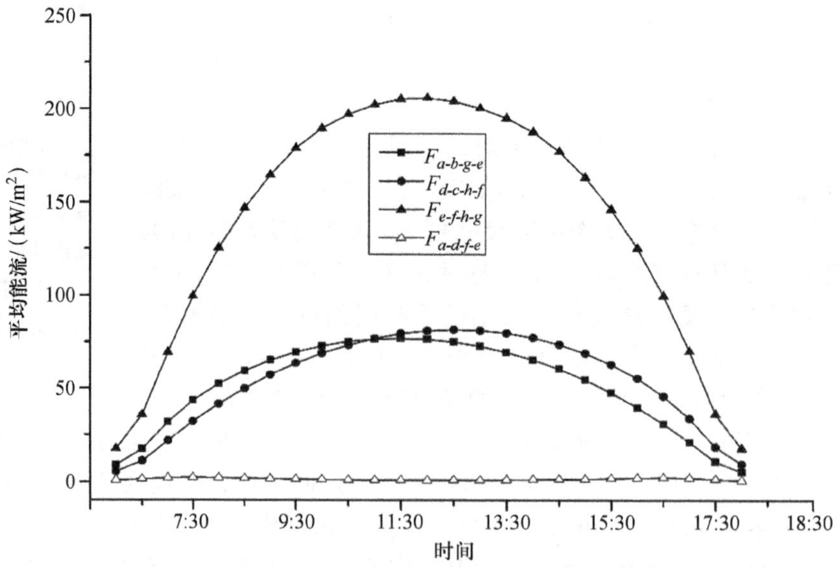

图 4-35　吸热器腔内表面平均能流密度随时间的变化曲线

从图 4-35 中可以看出，吸热器腔内不同表面上的能流密度差别很大。吸热器保温层表面上能流密度（$S_{a\text{-}b\text{-}k\text{-}I}$ 和 $S_{c\text{-}d\text{-}j\text{-}l}$）最高只有 1 500 W/m^2，其值相对于图 4-35 中腔内表面来说几乎可以忽略不计。而从图 4-35 可知,从定日镜场聚焦过来的能量大部分分布于腔内竖直分布的表面,这是因为,吸热器保温层在设计中仅仅起到保温和减少吸热器热损失的作用。从图 4-35 中还可以看出,分布在吸热器背表面 $S_{e\text{-}f\text{-}h\text{-}g}$ 的能流密度是最高的,其值几乎是腔内两边侧面的 2.5 倍,且其变化曲线相对于正午来说是几乎对称的。这是因为定日镜场的近似对称布置,以及腔内背侧面位于整个吸热器的结构中心,因此大部分的聚焦的能量均能够到达于此。此外,分布于腔内两侧面的能流密度在数值上两者区别不大,只是在运行过程中,两者达到最大值的时间相对于中午来说分别有大约 1 h 的提前和滞后。这是由太阳的东升西落造成的。当太阳从东边升起逐渐达到正午时,为了使入射的太阳光线聚焦到吸热器腔口,根据镜面反射定律,整个镜场的镜面中线法线应该整体偏向东南方,因此,这会导致 $S_{a\text{-}b\text{-}g\text{-}e}$ 表面的能流先于表面 $S_{d\text{-}c\text{-}h\text{-}f}$ 达到最大值,当太阳越过正午逐渐西落时,$S_{d\text{-}c\text{-}h\text{-}f}$ 平面的能流密度才逐渐达到最大值。

3. 吸热面布置区域能流密度变化规律

根据上文的模拟结果,吸热器的入射能量主要分布在吸热器腔内左侧“$S_{a\text{-}b\text{-}g\text{-}e}$”,右侧“$S_{d\text{-}c\text{-}h\text{-}f}$”以及背侧“$S_{e\text{-}f\text{-}h\text{-}g}$”三个表面。在实际吸热器结构中,吸热器吸热面也均布置在上述三个内表面上。按照实际吸热器的布置结构(左右两侧分别垂直布置了 3 个蒸发面,背侧布置 1 个蒸发面),吸热面布置区域的能流密度在腔内表面展开图上的分布规律如图 4-36 所示。

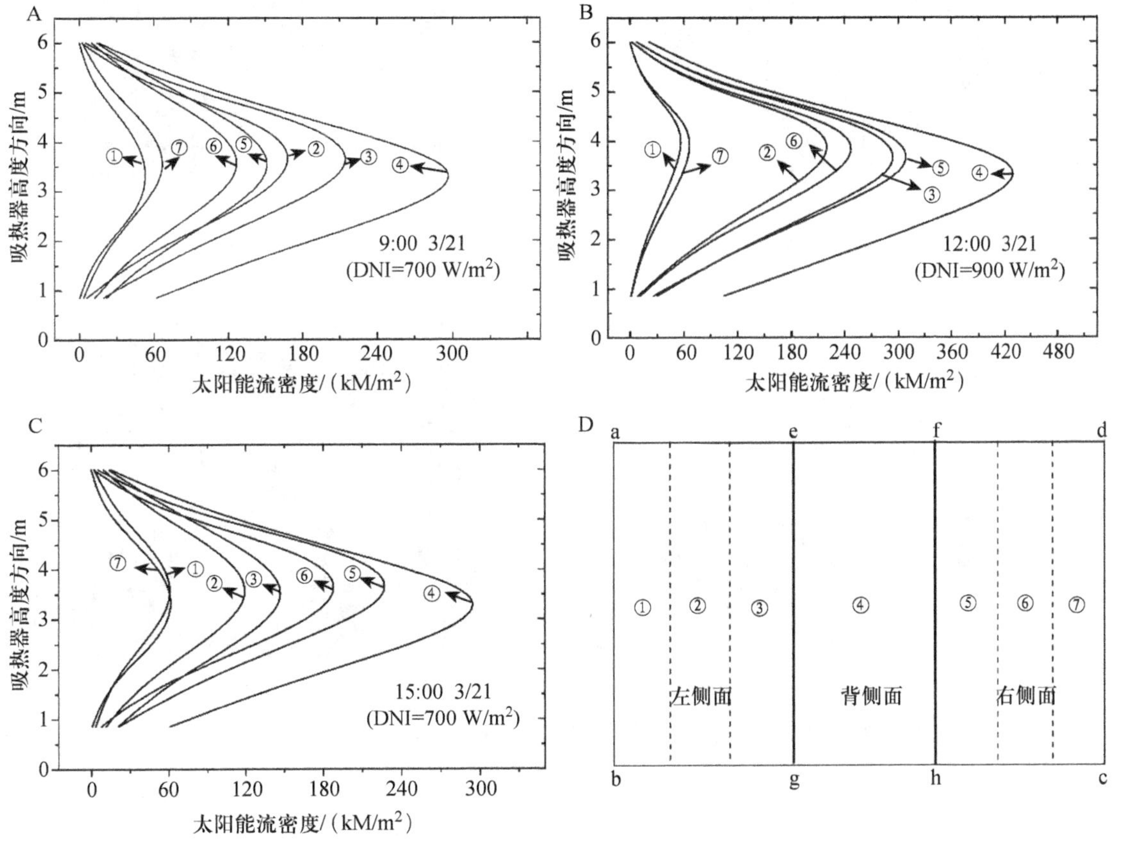

图 4-36　吸热器腔内吸热面布置区域能流变化规律

如图 4-36 所示，任何时刻吸热器背表面④的能流密度均是最高。其次为紧挨着④区域的两边区域，而吸热器展开图两最边侧能流密度任何时候均是最低的。从图可知，当太阳从东边升起直至正午时，太阳入射的能量主要分布在吸热器的“左-中”区域，而当太阳越过正午，其能量分布逐渐转移到“右-中”区域。从春分日不同时间点上能流密度的分布规律可知，沿吸热器高度方向的能流密度的变化梯度很大，越靠近中央区域，其梯度越大。相比于高度方向，其水平的能流密度的变化梯度相对要平缓些。

4. 吸热器内表面能流密度分布规律

为了更直观地研究吸热器内表面上能流密度的分布规律，我们对一年中春分日吸热器内表面的能流密度分布规律进行了详细的模拟研究，以找出其分布和变化规律。其结果如图 4-37 至图 4-42 所示，其中左边的图为观测角度为 45°的模拟图，右边为观测角度为 90°的模拟图。

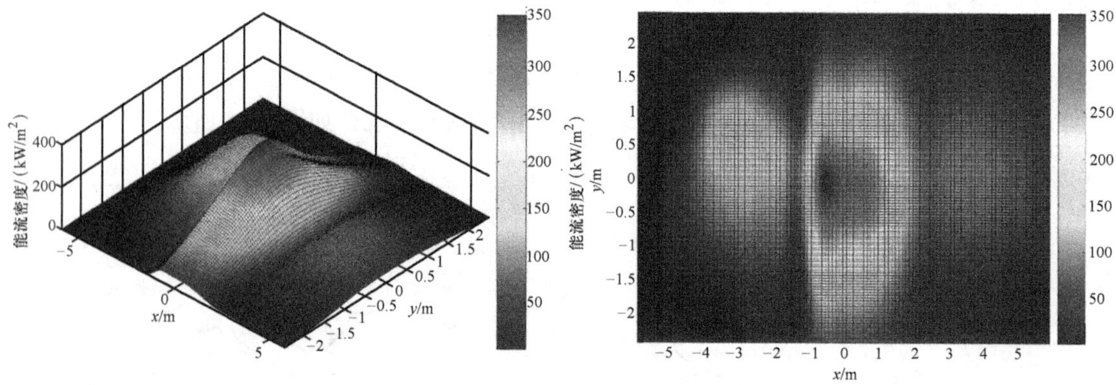

图 4-37　吸热面$S_{aefdchgb}$ 能流分布图(春分日 8:00，DNI=600 W/m²)

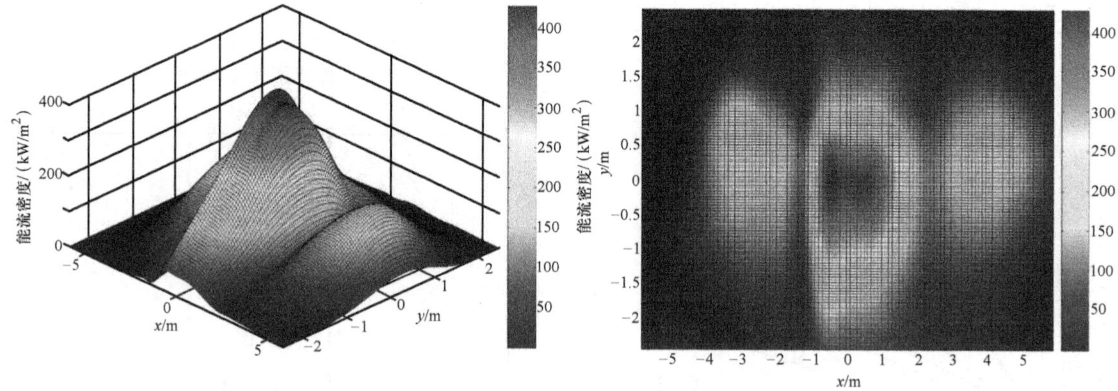

图 4-38　吸热面$S_{aefdchgb}$ 能流分布图(春分日 10:00，DNI=700 W/m²)

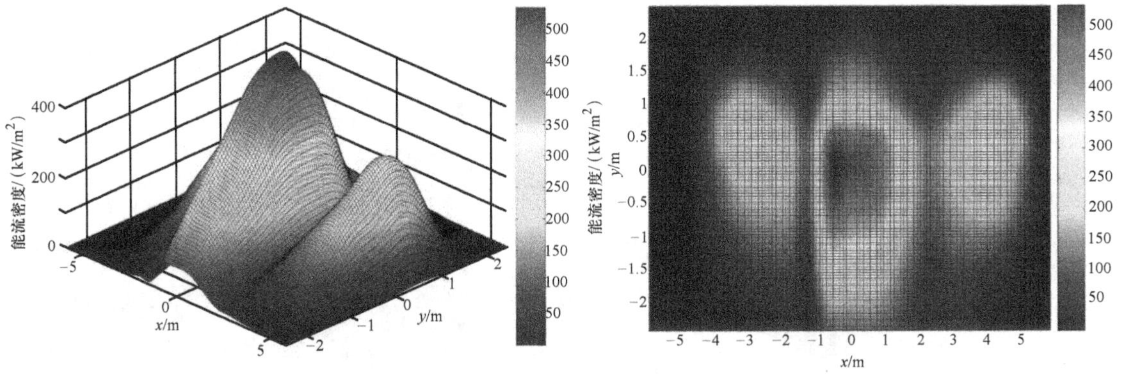

图 4-39　吸热面$S_{aefdchgb}$ 能流分布图(春分日 12:00,DNI=900 W/m^2)

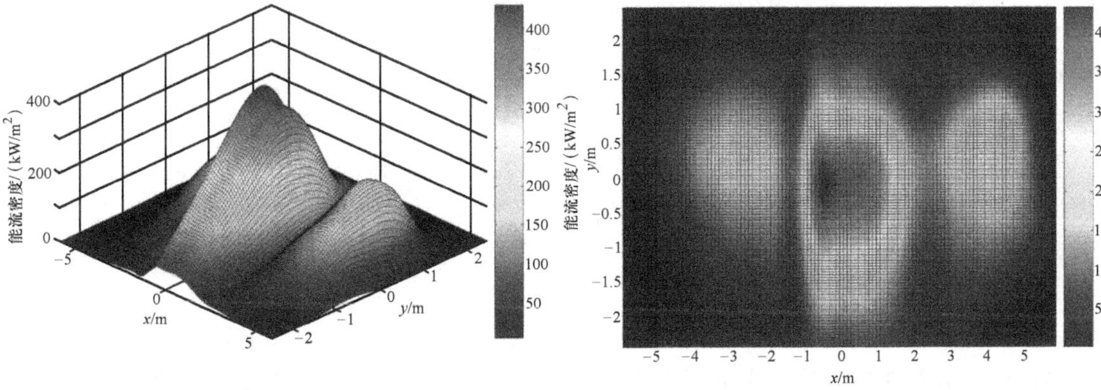

图 4-40　吸热面$S_{aefdchgb}$ 能流分布图(春分日 14:00,DNI=700 W/m^2)

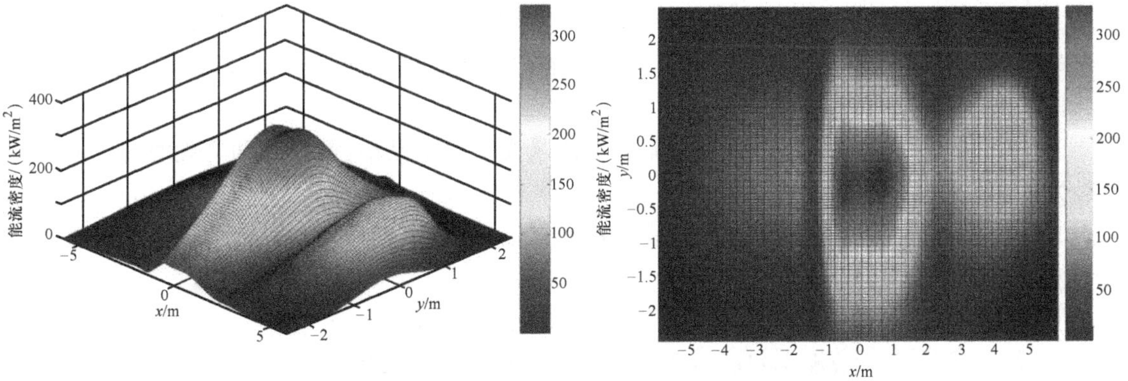

图 4-41　吸热面$S_{aefdchgb}$ 能流分布图(春分日 16:00,DNI=600 W/m^2)

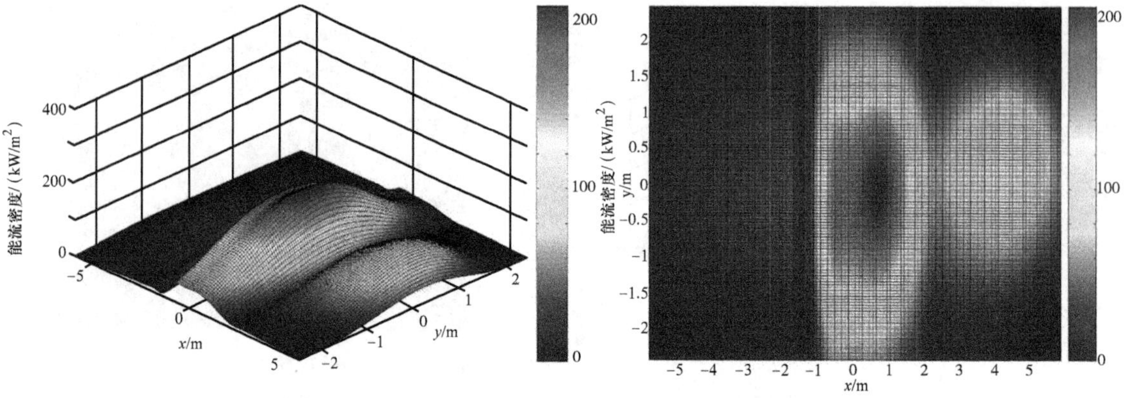

图 4-42 吸热面 $S_{aefdchgb}$ 能流分布图(春分日 18:00,DNI=500 W/m²)

通过对全年春分日模拟结果的分析,可以得出如下结论:

①依据腔式吸热器的结构,从定日镜场聚焦过来的太阳辐射能量主要分布在吸热器后侧的 3 个平面上 S_{aegb},S_{efhg},S_{dfhc}。在上述 3 个平面中,其中入射的能量不管在任何时间点上又大部分分布在腔背侧 S_{efhg} 平面上。

②对春分日的模拟结果可以看出,随着太阳的东升西落,在上午的时间段内,从定日镜场聚焦过来的能量主要分布在腔式吸热器内的左-背侧区域,中午时分,能流密度分布近似以背侧面为中心的对称分布,随着太阳跨过中午逐渐西落时,聚焦的能量主要分布在吸热器内的右-背侧区域。

③从模拟结果可知,从定日镜场聚焦过来的能量在吸热器内表面的分布是极其不均匀的,其主要特征是分布在各面的中央区域的能流密度是最高的,而分布在表面上下部分区域的能流密度均很低。此种分布特点,在吸热器运行过程中,极其容易导致某一部分区域的能流密度过高而导致烧毁。

④依据吸热器结构,经定日镜场反射后,聚焦在吸热内背侧面 S_{efhg} 的能流密度的最高点始终分布在此平面的中央区域,而在两侧面的能流密度的最高点分布在该区域的中心偏上区域。

⑤从模拟结果可以看出,中午时分聚焦的能量光斑面积最小,而早上和傍晚时分的光斑面积最大。

⑥从模拟结果可知,依据延庆电站镜场的布置结果,聚焦在吸热器腔内的最高物理聚光比为 500 倍左右。

4.4 太阳能热发电的作用、定位、前景及挑战

随着风光等新能源发电快速发展,非化石能源发电在电力装机总量中的占比在“十四五”时期末将超过 50%。大量的新能源装机将对电力系统带来巨大的挑战,如功率波动大、预测难、系统调节能力要求高、系统惯量降低、电源支撑能力弱、系统稳定问题突出等,因此急需从电源侧、电网侧和负荷侧 3 个方面构建新型电力系统进行突破。其中,从电源侧大力发展电网友好型先进发电技术、多元互补与灵活发电技术就成为一种十分有效的手段。太阳热发电就

是具有鲜明特点的且对电网友好的先进发电技术。该发电方式不仅可以有效实现调频，同时，热储能发电技术将机组变负荷运行时出现的过剩蒸汽热量转化为储热介质的热能储存起来，当需要时将热能释放，既能增加机组调峰深度，也能增加峰负荷能力，投资和运行成本较低，具有明显优势。热储能系统在储热容量、规模化建设及运营成本、运行寿命、安全性、发电功率等方面具有突出优势，具有广阔的发展前景，在能源革命中发挥着重要作用。实践证明，太阳能热发电不仅是新能源利用和电力系统调节能力的解决方案和手段，更是大型同步电力系统稳定和大直流超远距离输送的必要支撑基础，为电网尤其是风光富裕且远离负荷中心的弱连接区域电网提供必要的转动惯量、故障短路容量、电压频率支撑等。在“双碳”战略目标下，随着新一代电力系统推进，需大力发展太阳能热发电这样具有大规模储能和电网同步机特性的电源。大规模的太阳能热发电能够逐步替代火电等高碳能源，作为可再生能源的入网调节手段，作为可再生能源高占比电网的重要支撑。综合我国目前光热电站开展的机组和电站并网性能验证情况，光热电站不仅可以独立发电，实现不间断运行，同时也可以利用大容量储热系统双向连接电网，将网上的峰值电力转化为热能储存发电，与风光互补发电，提高间歇性可再生能源消纳比例。

2021年3月，中央财经委员会第九次会议提出，构建清洁低碳安全高效的能源体系，深化电力体制改革，建成以新能源为主体的新型电力系统。在能源生产侧，推动以清洁能源替代化石能源，据预测，2060年我国一次能源消费总量将达到46亿t标准煤，其中非化石能源占比将达到80%以上，风、光成为主要能源。在能源需求背景下，中国的风能、太阳能都将以更快的速度发展，这也为太阳能光热行业的发展带来了新的机遇和挑战。

①调峰电源能力的需求。一些大规模开发利用新能源的地区不具备抽水蓄能、气电等灵活电源的建设条件，同时由于生态保护等难以增设煤电机组，这就为光热电站作为调峰电源而建设提供了条件。带储热系统的太阳能热发电站能够保持稳定的电力输出，具备良好的调节性能，可作为调峰电源，有效缓解出力波动，减少弃风、弃光情况，提高电网消纳，满足电网调峰需求。

②市场经济性的发展。在国家补贴渐渐退出电力行业市场的过程中，将光热发电作为调峰电源，以可调灵活性、长时间储能等优势通过市场化方式实现，以带来更多的收益，保障国内光热产业的可持续发展。

③提高国际竞争力。面对近年来中东、北非等太阳能资源丰富地区的可持续能源发电解决方案，该方案将光热在夜间发电并在白天为光伏调峰，进一步推动光热产业发展和实际应用。我国也应通过国内的光热项目不断积累调峰方面的设计、运行经验，不断提高国际市场的竞争优势。

④环境效益显著。将太阳能光热电站建在戈壁荒漠区域，可以改善地表的环境；由于镜场遮挡，可以减少地面水分的蒸发量；在镜场区域，起到防风固沙的作用。

⑤现在太阳能热发电技术还有待突破。太阳能热发电产业还存在一次投资过大、发电成本高、规模小、可靠性有待验证等诸多问题，需要提高电力供应的稳定性。

⑥目前国内的大型商业化太阳能光热电站项目较少，且投运时间较短，因此缺少系统集成、运营、检修维护等多方面的经验，尤其是在恶劣天气，如大风、高寒、风沙、雾霾、缺水、结霜和冰雪的气候下保障电站的运行和维护。

⑦光伏发电和风电的上网电价不断下调，平价上网正在试点进行中。在短期内，无论是与

其他清洁能源发电还是火力发电相比，都有巨大的竞争压力。

⑧因为采用水冷的太阳能热发电耗水量高于燃煤发电的耗水量，所以现在建设的太阳能热发电站均采用空冷方式，但是这样又对太阳能热发电站的工作效率存在一些不利的影响，也是需要解决的一个重要问题。

思考题

1. 太阳能热发电的基本原理是什么？当前的主要技术利用形式有哪几种？
2. 简述不同太阳能热发电技术形式的优缺点。
3. 为什么目前塔式水工质利用技术在当前国内外市场上被逐渐放弃？请简述其主要原因。
4. 太阳能聚光能流密度计算的主要目的是什么？
5. 如果换成是圆柱式吸热器，其能流密度分布是怎样的？
6. 未来太阳能热发电的机遇与挑战有哪些？

参考文献

[1] 白凤武．太阳能热发电示范项目建设：整合设备制造产业链[J]．中国战略新兴产业，2015(23)：67-69.

[2] 曹传钊，郑建涛，刘明义．塔式太阳能热发电技术的发展[J]．可再生能源，2013，31(12)：21-25.

[3] 付鹏，王志峰，余强．塔式太阳能热发电站热力性能综合评价[J]．太阳能学报，2021，42(11)：86-97.

[4] 耿直，顾煜炯，余裕璞．槽式太阳能热发电储热系统控制策略研究[J]．自动化仪表，2018，39(10)：32-37.

[5] 巩玺．我国太阳能热发电产业发展现状及前景浅析[J]．太阳能，2017(11)：9-14.

[6] 韩雪．基于太阳能热发电技术的复合系统性能研究[D]．北京：华北电力大学，2019.

[7] 胡勇．可持续性视角下太阳能热发电项目选址决策研究[D]．北京：华北电力大学，2018.

[8] 胡振广，金宗勇．能源转型战略背景下中国太阳能热发电面临的机遇与挑战[J]．太阳能，2019(11)：11-17，20.

[9] 孔令刚，陈鑫龙，张志勇．线性菲涅尔式光热发电技术现状及发展趋势[J]．兰州交通大学学报，2020，39(6)：51-57.

[10] 李浩．塔式太阳能热发电传热储能系统建模与仿真研究[D]．北京：华北电力大学，2019.

[11] 李心，赵晓辉，李江烨．塔式太阳能热发电全寿命周期成本电价分析[J]．电力系统自动化，2015，39(7)：84-88.

[12] 舒印彪，张智刚，郭剑波．新能源消纳关键因素分析及解决措施研究[J]．中国电机工程学报，2017，37(1)：1-9.

[13] 宋红，张庆宝．太阳能热发电系统介绍及站址选择[J]．太阳能，2019(2)：14-18.

[14] 王志峰，杜凤丽．2015—2022年中国太阳能热发电发展情景分析及预测[J]．太阳能，2019，307(11)：5-10，69.

[15] 王志峰,何雅玲,康重庆.明确太阳能热发电战略定位促进技术发展[J].华电技术,2021,43(11):1-4.

[16] 王志峰,原郭丰.分布式太阳能热发电技术与产业发展分析[J].中国科学院院刊,2016,31(2):182-190.

[17] 杨征,吴玉庭,马重芳.碟式太阳能热发电系统吸热器传热方式的分析与比较[J].太阳能,2007(12):16-19.

[18] 余强,徐二树,常春.塔式太阳能电站定日镜场的建模与仿真[J].中国电机工程学报,2012,32(23):90-97,155.

[19] 曾季川.塔式太阳能吸热器热效率评估方法研究[D].杭州:浙江大学,2021.

[20] SHI L, WANG X, HU Y, et al. Solar-thermal conversion and steam generation: A review [J]. Applied Thermal Engineering, 2020,179:115691.

[21] ZHAO Z Y, CHEN Y L, THOMSON J D. Levelized cost of energy modeling for concentrated solar power projects: A China study [J]. Energy, 2017,120:117-127.

第5章　风力发电技术

本章学习的目的与要求

了解风的形成原因、风速、风力等级等概念以及我国风资源分布情况；掌握风力发电机组的基本类型、结构与工作原理，掌握风力发电机的常见类型及工作原理，了解国内外风电产业、技术发展现状；掌握风力发电机组的基本运行与控制原理，包括风力发电机组整机控制系统结构及运行控制方法，变流器电路拓扑、控制方法及典型应用，变桨距系统常用结构、控制方法及典型应用，监控系统基本结构、常用通信协议及典型应用。风力发电已成为推动我国实现“双碳”战略目标的关键力量之一，通过本章的学习，提升读者对风力发电的关注度和兴趣，培养在风力发电方面的认知和素养。

5.1　风力发电基本原理

5.1.1　风的形成

1. 形成原因

风是一种自然现象，是指空气相对于地球表面的运动，由大气中热力和动力的空间不均匀性所致，通常指水平方向的空气运动。

由于太阳辐射造成地球表面各部分受热不均匀，温度差异引起大气层中压力分布不平衡；在压力差的作用下，空气流沿水平方向由高压区向低压区流动，形成了风。其主要影响因素为气压梯度力、地转偏向力、摩擦力。

气压梯度为单位距离间的气压差，气压梯度力是促使空气由高压流向低压的力(图5-1)。

地转偏向力(地球自转偏向力)是指地球自转而使地球表面运动物体受到与其运动方向相垂直的力；地转偏向力使北半球南方吹向北方的风向东偏转，北方吹向南方的风向西偏转，南半球则相反(图5-2)。

2. 风的主要循环类型

按照影响范围与时间特点，风的循环类型主要分为大气环流、季风环流、局地环流。

(1)大气环流　大气环流是大范围的大气运行现象，水平尺度在数千千米以上。在全球范围内，由于太阳辐射不均匀，产生赤道和极地之间的温度、气压差异，进而产生气压梯度力。在

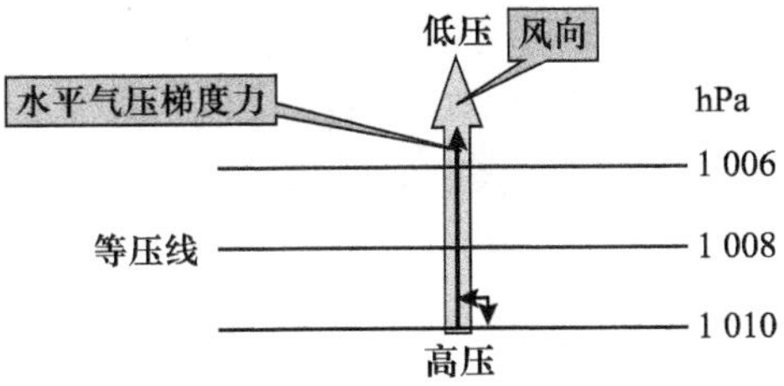

图 5-1 气压梯度力示意图

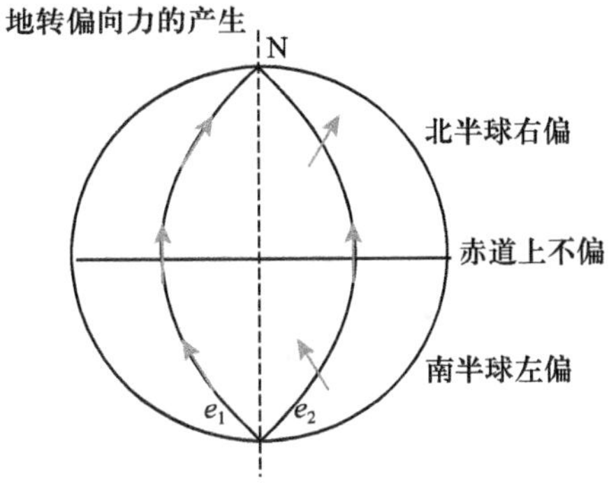

图 5-2 地转偏向力示意图

气压梯度力和地转偏向力的共同作用下产生了大气环流。

三圈环流为大气环流的理想模式，分为哈得莱环流/信风环流（纬度 0°～30°）、费雷尔环流/中纬度环流（纬度 30°～60°）和极地环流/高纬度环流（纬度 60°～90°）（图 5-3）。

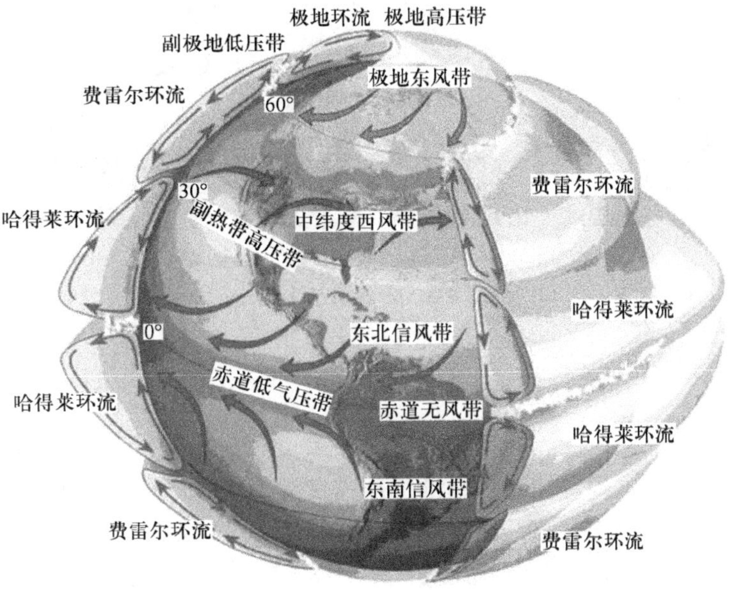

图 5-3 三圈环流示意图（来源：NASA）

（2）季风环流　在大范围地区内，因地表陆地、海洋的分布和季节天气的不同，盛行风向或气压系统有明显的季度变化。季风环流主要产生原因为海陆热力差异、大气环流的季节性转换、地形特征等动力和热力作用。

其中典型的海陆季风环流产生原因为海洋与陆地间的比热容差异。冬季，陆地比海洋冷，大陆气压高于海洋，风从陆地吹向海洋。夏季则相反，陆地很快变暖，海洋相对较冷，风从海洋吹向陆地。

（3）局地环流　局地环流为中、小尺度的区域性环流，在百公里以内尺度，主要包括海陆风和山谷风。

海陆风（图 5-4）为一天中海洋、陆地之间的周期性环流风。白天，陆地升温快，地面空气受热上升形成低压，风从海面吹向陆地，称为海风。夜间，陆地降温快，海面降温慢，风从陆地吹

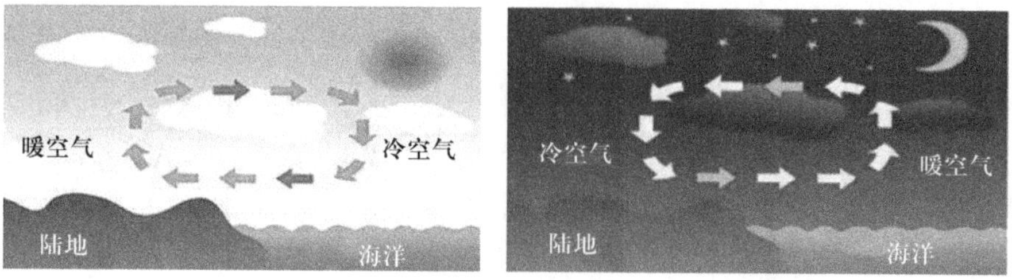

(a) 白天　　(b) 夜晚

图 5-4　海陆风示意图

向海洋,称为陆风。

山谷风(图 5-5)为一天中山谷、山坡的周期性环流风。白天,山坡升温快,大气上升,山谷升温慢,大气下沉,风由山谷吹向山坡,形成谷风。夜间,山坡降温快,大气下沉,山谷降温慢,大气上升,风由山坡吹向山谷,形成山风。

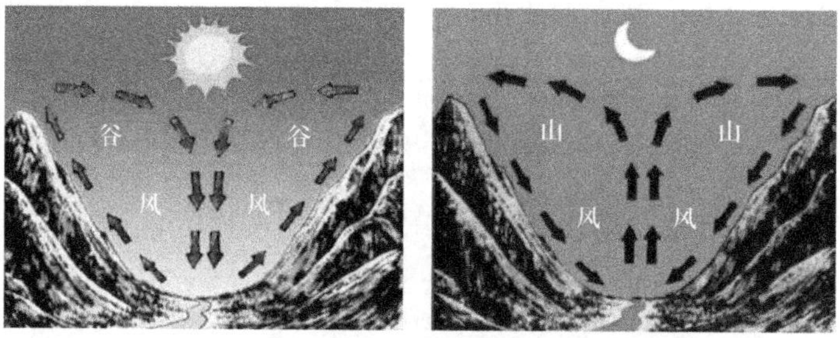

(a) 白天　　(b) 夜晚

图 5-5　山谷风示意图

5.1.2　风的描述及风资源

1. 风的基本概念

(1)风速与等级　我国规定测量风速的标准高度为 10 m。为表征风的大小,气象学中将风力进行了分级。中国气象局于 2001 年下发《台风业务和服务规定》,将蒲福风力等级(表 5-1)12 级以上台风补充到 17 级:12 级台风定为 32.7～36.9 m/s;13 级为 37.0～41.4 m/s;14 级为 41.5～46.1 m/s;15 级为 46.2～50.9 m/s;16 级为 51.0～56.0 m/s;17 级为 56.1～61.2 m/s。

表 5-1　蒲福风力等级

风力等级	名称	距地高处的风速/(m/s)		陆上地物征象
		范围	中数	
0	静风	0.0～0.2	0	静,烟直上
1	软风	0.3～1.5	1	烟能表示风向,树叶略有摇动
2	轻风	1.6～3.3	2	人面感觉有风,树叶有微响,旗子开始飘动,高的草和庄稼开始摇动
3	微风	3.4～5.4	4	树叶及小枝摇动不息,旗子展开,高的草和庄稼摇动不息

续表5-1

风力等级	名称	距地高处的风速/(m/s)		陆上地物征象
		范围	中数	
4	和风	5.5～7.9	7	能吹起地面灰尘和纸张,树枝摇动,高的草和庄稼波浪起伏
5	清劲风	8.0～10.7	9	有叶的小树摇摆,内陆的水面有小波,高的草和庄稼波浪起伏明显
6	强风	10.8～13.8	12	大树枝摇动,电线呼呼有声,撑伞困难,高的草和庄稼不时倾伏于地
7	疾风	13.9～17.1	16	全树摇动,大树枝弯曲,迎风步行感觉不便
8	大风	17.2～20.7	19	可折断小树枝,人迎风前行感觉阻力甚大
9	烈风	20.8～24.4	23	草房遭受破坏,屋瓦被掀起,大树枝可被折断
10	狂风	24.5～28.4	26	树木可被吹倒,一般建筑物遭破坏
11	暴风	28.5～32.6	31	大树可被吹倒,一般建筑物遭严重破坏
12	台风	32.7～36.9	>33	陆上少见,摧毁力极大

(2)风向与风频　风向为风吹来的方向。来自北方的风叫作北风,来自南方的风叫作南风。

风向一般用 16 个方位来表示(图 5-6),如北东北(NNE)、西北(NW);静风记作“C”。风向也可以用角度表示,在圆周 360°之内,北风(N)是 0°(即 360°),东风(E)是 90°。

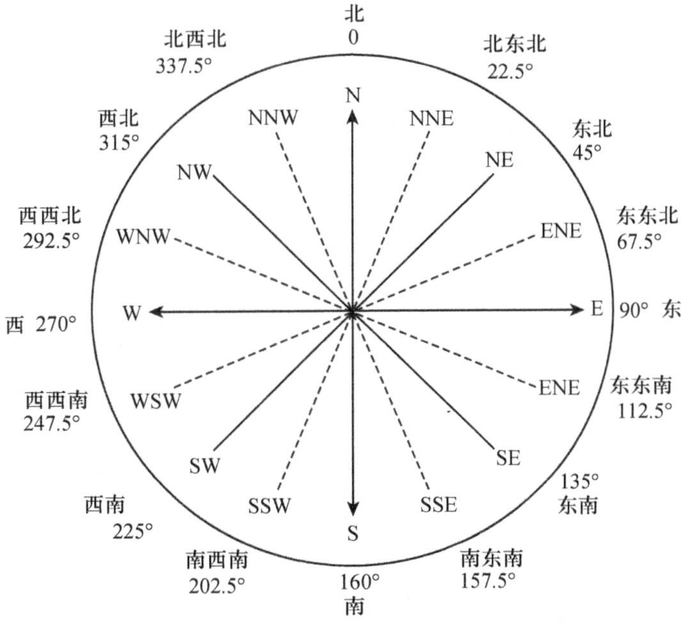

图 5-6　风向方位图

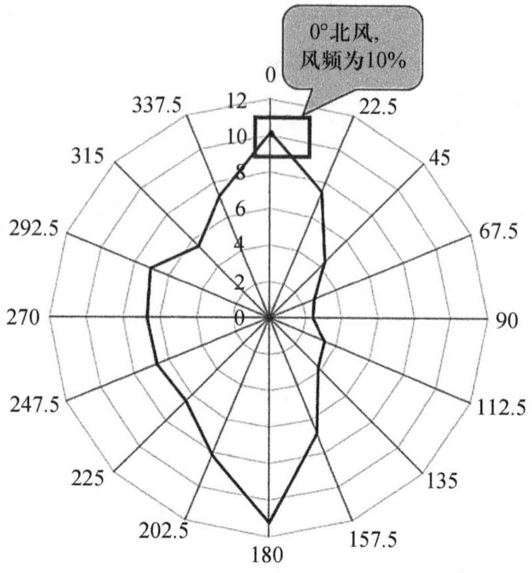

图 5-7　风频玫瑰图

风频为风出现的频率，即一定时间内某风向出现次数占总次数的百分比。

通常用风频玫瑰图（图 5-7）表示，在极坐标图上，用极轴长短代表风频值，将各点连线形成代表一段时间风向变化的玫瑰图。

2. 风的数学描述

（1）平均风速　在某一时间间隔中，空间某点瞬时水平方向风速的平均值。目前国际通用计算平均风速的时间间隔范围为 10 min 至 2 h，我国规定的计算时间间隔为 10 min。

$$\overline{v}=\frac{1}{t_2-t_1}\int_{t_1}^{t_2}v(t)\mathrm{d}t \tag{5-1}$$

在中性大气层下，对数函数和幂指数函数都可以较好描述风速随高度变化规律。

风切变幂指数函数表达式：

$$V_2=V_1\left(\frac{Z_2}{Z_1}\right)^{\partial} \tag{5-2}$$

式中，V_2 为高度 Z_2 处风速；V_1 为高度 Z_1 处风速；∂为风切变指数，该值越大，随高度的增加，风速的增大越快。

（2）湍流　流场中某点流动速度大小和方向随时间不规则变化的流动。可认为风是长时间作用的平均风速与短时间作用的湍流之和。主要由山谷等地面障碍物引起的气流改变、空气密度差异和大气温度差异引起气流垂直运动造成。

湍流产生是复杂的过程，不能用明确的数学模型表达。目前主要研究其统计特性，通常用湍流强度作为描述湍流的一个整体指标。湍流强度表示 10 min 内风速随机变化幅度大小，是 10 min 内平均风速的标准偏差和同期平均风速的比率。

$$I=\frac{\sigma}{\overline{v}} \tag{5-3}$$

式中，I 为湍流强度，σ 为风速标准差，$\overline{v}$ 为平均风速。

（3）风功率与风功率密度　风功率为单位时间内以速度 v 垂直流过截面 A 的气流所具有的动能。

风功率表达式：

$$P_w=\frac{W}{t}=\frac{\frac{1}{2}mv^2}{t}=\frac{\frac{1}{2}(\rho Avt)v^2}{t}=\frac{1}{2}\rho Av^3 \tag{5-4}$$

式中，W 为风的动能，t 为作用时间，m 为风的质量，v 为来流速度，ρ 为空气密度，A 为面积。

风功率密度为气流垂直通过单位面积的风功率。

$$p_w=\frac{P_w}{A}=\frac{1}{2}\rho v^3 \tag{5-5}$$

风功率密度（W/m^2）是衡量一个地区风能资源的重要指标。

3. 风资源

（1）世界风资源分布　世界风资源多集中在沿海和开阔大陆的收缩地带。地球上的风资源十分丰富，据世界能源理事会估计，在地球 1.07×10^8 km^2 陆地面积中有27%的地区年平均风速高于5 m/s（距地面10 m处）。南北回归线附近是全球风资源丰富地区，风速普遍较高，基本都处于6～7 m/s及以上；沿海风速通常高于内陆。

（2）我国风资源分布　2020年，全国陆地70 m高度层平均风速均值约为5.4 m/s，近海主要海区平均风速均值约为8.1 m/s。2020年，全国陆地70 m高度层平均风功率密度为184.5 W/m^2，近海主要海区风功率密度为572.6 W/m^2。

根据有效风能密度和有效风速全年累计小时数，我国可划分为丰富区、较丰富区、可利用区和贫乏区4类风能资源分布区（表5-2）。

表5-2　我国风能区域等级划分标准

指标	Ⅰ类丰富区	Ⅱ类较丰富区	Ⅲ类可利用区	Ⅳ类贫乏区
年有效风能密度/（W/m^2）	＞200	150～200	50～150	＜50
年风速≥3 m/s累计小时数/h	＞5 000	4 000～5 000	2 000～4 000	＜2 000
年风速≥6 m/s累计小时数/h	＞2 200	1 500～2 200	350～1 500	＜350
占全国面积的百分比/%	8	18	50	24

其中，我国各地区的风能资源等级情况如表5-3所示。

表5-3　我国风能区域等级划分

四类风能资源区	具体区域
Ⅰ类丰富区	内蒙古自治区除赤峰市、通辽市、兴安盟、呼伦贝尔市以外的其他地区；新疆维吾尔自治区乌鲁木齐市、伊犁哈萨克族自治州、昌吉回族自治州、克拉玛依市、石河子市
Ⅱ类较丰富区	河北省张家口市、承德市；内蒙古自治区赤峰市、通辽市、兴安盟、呼伦贝尔市；甘肃省张掖市、嘉峪关市、酒泉市
Ⅲ类可利用区	吉林省白城市、松原市；黑龙江省鸡西市、双鸭山市、七台河市、绥化市、伊春市、大兴安岭地区；甘肃省除张掖市、嘉峪关市、酒泉市以外的其他地区；新疆维吾尔自治区除乌鲁木齐市、伊犁哈萨克族自治州、昌吉回族自治州、克拉玛依市、石河子市以外的其他地区；宁夏回族自治区
Ⅳ类贫乏区	除前三类资源区以外的其他地区

我国陆上风能资源集中分布在“三北”地区，用电负荷则集中在东部沿海地区与东南地区，存在资源-负荷不匹配的现象。此现象将随着电力输送线路的逐步建设及沿海地区风力发电技术的不断发展而有所改善。随着技术的发展进步，陆上/海上可开发风能资源的高度不断提升，海上风电也在不断向离岸距离更远发展。伴随着技术创新和突破，风能资源可开发总量将不断增长。

5.1.3 风力发电机组的基本原理与构成

风能是空气流动时动能的一种特殊形式。风能既可以直接用于抽水、帆船或研磨，也可以通过动力转换装置转换成电能，也可以直接用于抽水、帆船或研磨。风力发电机组是通过风轮将风能转换成机械能，从而带动发电机发电的。

(1)风轮动能　当空气运动时，运动空气的动能可以确定为：

$$E_k=\frac{1}{2}m\overline{v} \tag{5-6}$$

式中，m 为气流质量，$\overline{v}$ 为适当时段内的平均风速。将风中动能对时间的微分得到风力功率，即

$$P_w=\frac{\mathrm{d}E_k}{\mathrm{d}t}=\frac{1}{2}\dot{m}\overline{v} \tag{5-7}$$

然而，只有一小部分风能可以转化为电能。当风通过叶片并带动风轮旋转时，对应的风质量微分为

$$\dot{m}=\rho A\overline{v} \tag{5-8}$$

其中 ρ 为空气密度，A 为叶片扫掠面积，如图 5-8 所示。将式(5-8)代入式(5-7)，风的可用功率 P_w 可表示为

$$P_w=\frac{1}{2}\rho A\overline{v}^{\,3} \tag{5-9}$$

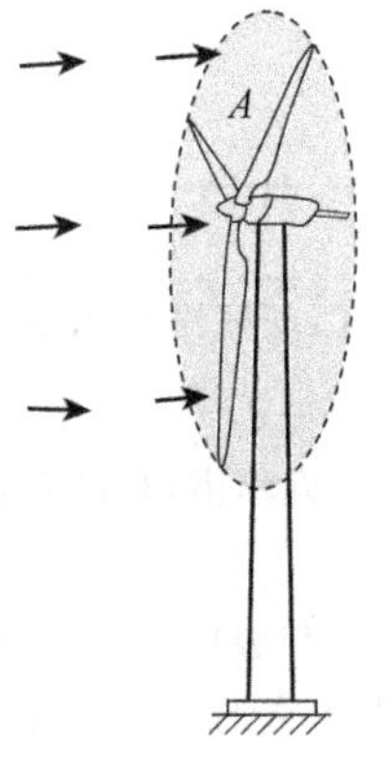

图 5-8　风力发电机组叶片的扫掠面示意图

从式(5-9)可以看出，为了获得更高的风能，需要更高的风速、更大的空气密度，以及通过更长的叶片长度来获得更大的扫掠面积。由于风电输出功率与平均风速的立方成正比，风速的微小变化就会导致风电功率的较大变化。

(2)风轮动量理论　风能转化为电能主要包括两个阶段：第一个阶段是将风能中的动能转化为机械能，驱动风力发电机的轴。这一阶段的关键转换设备是风轮叶片。为了最大限度地捕捉风能，风轮叶片需要精心设计。

风能利用系数 C_p(又称功率系数)是第一阶段的转换效率，定义为风轮实际捕获的机械功率与风力中可用功率的比值：

$$C_p=\frac{P}{P_w}=\frac{P}{\frac{1}{2}\rho A\overline{v}^3}=\frac{\text{可提取利用的风能}}{\text{风轮输入动能}} \tag{5-10}$$

理想风力发电机组的理论最大效率由 Lanchester 在 1915 年和 Betz 在 1920 年分别推导出来。结果表明，风力发电机组能将风力动能转化为机械能的比例不超过 16/27，即 59.26%。这就是目前所知的 Lanchester-Betz 极限(或兰彻斯特-贝兹定律)。这种理论基于一种理想情况，即不考虑风轮尾流的旋转，假设：①气流是不可压缩的均匀定常流；②风轮简化为一个致

动盘；③致动盘上没有摩擦力；④风轮流动模型简化成一个单元流管；⑤风轮前后远方的气流静压相等；⑥轴向力（推力）沿致动盘均匀分布。

如图 5-9 所示，v_1 和 v_4 是远离风力发电机组上游和下游的平均速度；v_2 和 v_3 分别是风轮旋转叶片前和后的平均速度。假设整个风轮上的风速没有变化（即 $v_2=v_3$），远离风力发电机组的上游和下游的压力与未受扰动气流的静压相等（即 $p_1=p_4$），可以由伯努利方程和风轮轴向一维动量方程推导出

$$p_2-p_3=\frac{1}{2}\rho(\overline{v}_1^2-\overline{v}_4^2) \tag{5-11}$$

$$v_2=v_3=\frac{1}{2}(v_1+v_4) \tag{5-12}$$

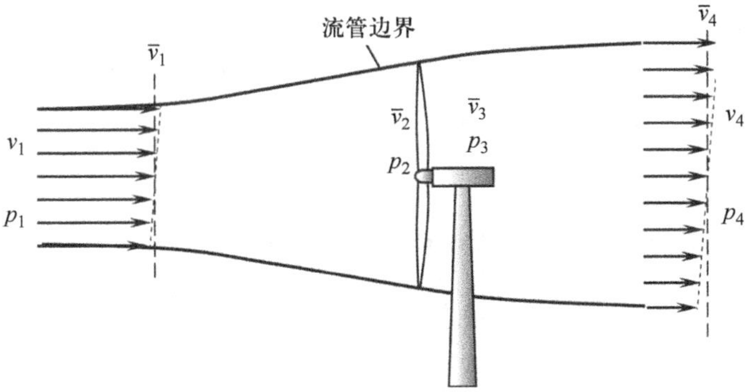

图 5-9　风轮流动的致动盘流管模型

这表明流过风轮的速度是风轮前来流风速和风轮后尾流速度的平均值。根据能量方程，风轮吸收的能量（风轮轴功率 P）等于风轮前后气流动能之差：

$$P=\frac{1}{2}m(\overline{v}_1^2-\overline{v}_4^2)=\frac{1}{2}\rho Sv(\overline{v}_1^2-\overline{v}_4^2) \tag{5-13}$$

代入到式(5-8)中可得：

$$P=\frac{1}{2}\rho S\ \frac{(v_1+v_4)}{2}(\overline{v}_1^2-\overline{v}_4^2) \tag{5-14}$$

当 $\frac{\mathrm{d}P}{\mathrm{d}v_4}=\frac{1}{4}\rho S(\overline{v}_1^2-2v_1v_4-3\overline{v}_4^2)=0$ 时，则 P 出现极值，求解后得 $v_4=-v_1$ 和 $v_4=v_1/3$，所以只取 $v_4=v_1/3$。此时 P 取最大值，即：

$$P_{\max}=\frac{8}{27}\rho S\overline{v}_1^3 \tag{5-15}$$

此时风能利用系数最大

$$C_p=\frac{P}{P_w}=\frac{16}{27}\approx 0.592\ 6 \tag{5-16}$$

此值称为贝兹(Betz)极限。该理论说明了风力发电机组从自然风中所能捕获的能量是有限的。它表示在理想情况下,风轮最多吸收59.26%的风的动能,其主要损失部分可以解释为留在尾流中的动能。

由于实际风轮中存在各种气动损失,如叶尖、叶根、型线、尾迹旋转损失等,实际风能利用系数 C_p 要低于其理论极限,一般在40%～50%。

(3)转换效率　在第二阶段,风轮捕获的机械能通过传动装置和风力发电机进一步转化为电能。在这一阶段,转换效率由如下几个参数决定。

①齿轮箱效率 η_{gear}:齿轮-齿轮箱中的功率损失可分为负载相关和空载功率损失。负载相关的损失包括齿轮齿摩擦和轴承损失,空载损失包括油的飞溅、风阻和密封损失等。行星齿轮箱比传统齿轮箱具有更高的动力传输效率,广泛应用于风力发电机组中。

②发电机效率 η_{gen}:它与风力发电机中所有的电气和机械损失有关,如铜、铁、负载、风力、摩擦和其他杂项损失。

③电能变换效率 η_{ele}:它包含了变流器、变压器和电缆中的所有综合电力损耗。

因此风力发电机组从机械能到电能总的转换效率为:

$$\eta=\eta_{gear}\cdot\eta_{gen}\cdot\eta_{ele} \tag{5-17}$$

风力发电机组从风轮动能输出到电网的有效功率是:

$$P=\frac{1}{2}\rho v^3 A\cdot C_p\cdot\eta \tag{5-18}$$

(4)现代大型水平轴风力发电机组　大多数现代大型风力发电机组是水平轴发电机组,如图5-10所示,通常有3个叶片。风力发电机组的机舱位于塔筒的顶部,里面容纳了大部分的风力机部件。

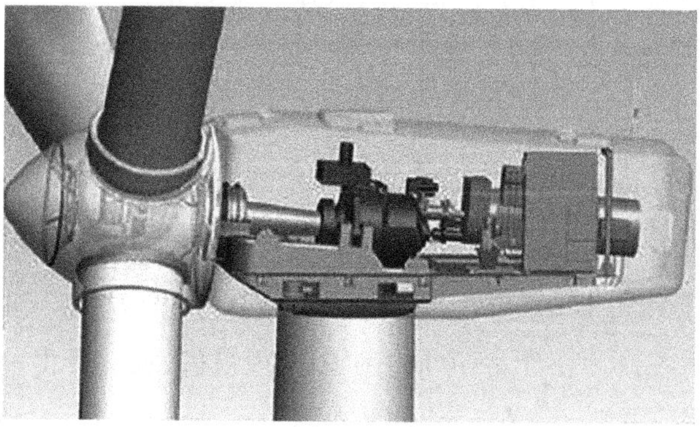

图5-10　水平轴风力发电机组

如图5-11所示,3个叶片(未显示)安装在转子轮毂上,通过主轴连接到齿轮箱。风力发电机的转子与齿轮箱的输出轴相连。这样,风轮的缓慢转速提高到所需的发电机转子的高转速。

使用变桨控制系统,每个叶片的桨距角被单独调节,以优化叶片的迎风角,以便在正常运行时中获得更高的能量,并在紧急情况下保护机组部件(叶片、塔筒等)免受损坏。

偏航控制系统利用风向标测得的瞬时风向和风速等反馈信息,提供偏航方向控制,以保证风力发电机组持续保持对风。

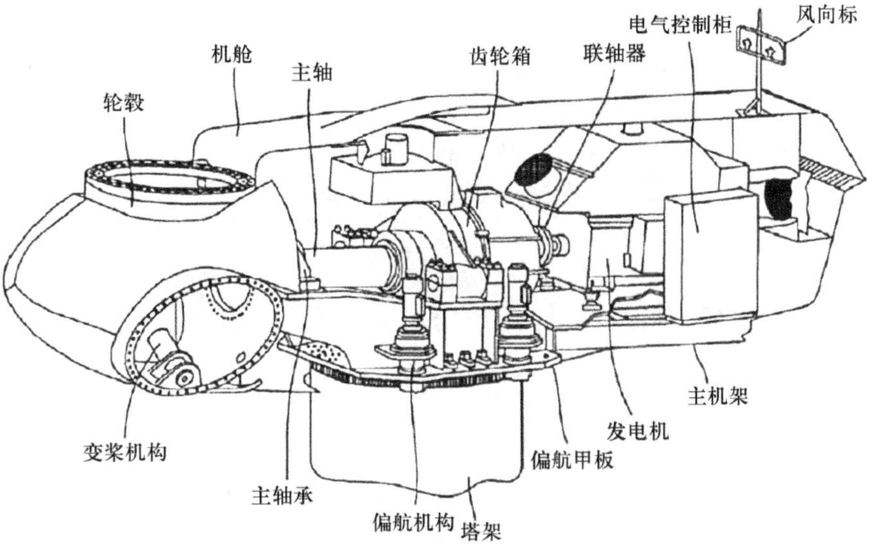

图 5-11 水平轴风力发电机组配置

(5)风力发电机组的构成　大型水平轴并网风力发电机组主要由风轮、传动系统、机舱主机架、偏航系统、塔筒和基础及其他部件构成。

风轮(图 5-12)是风力发电机组的核心部件,决定了整个风力发电机组的风能捕获性能。风轮由叶片、轮毂及变桨系统构成。其中叶片翼型的气动特性对风力发电机组的风能利用系数(C_p)起了决定性作用,也决定了机组机械部件的主要载荷。

图 5-12 水平轴风力发电机组风轮

传动系统连接了风轮和发电机,作用是将风轮产生的机械转矩传递给发电机,实现了机械能向电能的转换。

齿轮箱是风力发电机组传动系统(图 5-13)的主要部件,一般采用多级齿轮传动。大型风力发电机组的增速齿轮箱多采用行星齿轮与定轴齿轮组成的混合轮系的传动方案。有些齿轮箱也采用了多级行星轮系的传动方式。

机舱主机架(图 5-14)主要是用于安装风力发电机组的机械传动系统及发电机,并将风轮和机械传动系统产生的载荷传递到塔筒上。使用轻质外罩封闭起来,可以起到保护机械传动系统、发电机以及控制系统等部件的作用。

图 5-13 水平轴风力发电机组传动链

图 5-14 水平轴风力发电机组主机架

偏航系统(图 5-15)主要用于调整风轮的对风方向。大型风力发电机组主要采用的是电动机驱动的偏航系统。根据机舱上方的风向标信号,控制机组水平旋转以达到对风角度的调整。

塔筒是风力发电机组的支撑部件,机组的重量、风载荷以及运行中产生的动载荷都通过塔筒传递到基础。因此塔筒(图 5-16)和基础对整个风力发电机组的安全性有着重要的影响。

图 5-15 水平轴风力发电机组偏航系统

图 5-16 水平轴风力发电机组塔筒吊装

5.1.4 风力发电机

发电机在风力发电机组技术方案中作为机电转换关键部件发挥了重要的作用。发电机与电力电子变流器的结合极大地改善了风力发电机组的运行性能,并影响机械部分和电网。

发电机主要由两部分组成:定子和转子。定子和转子之间的空间称为“气隙”,其中旋转电磁场通过在电机绕组中流过的三相交流电流产生。磁场的旋转速度与同步速 n_s 有关,n_s 取决于交流端电压的频率和发电机中的极对数:

$$n_s = 60f_{ac}/pp \tag{5-19}$$

$$n_s = \text{同步旋转速度(r/min)} \tag{5-20}$$

$$f_{ac} = \text{交流系统频率(Hz)} \tag{5-21}$$

$$pp = \text{极对数} \tag{5-22}$$

发电机主要分为两类:同步发电机和异步发电机(也称为感应发电机)。同步发电机一般以同步速旋转,而异步发电机可以运行在与同步速不同的变化速度。

同步发电机可以通过外部施加的直流电(电励磁)或者永磁体(PMs)励磁,可以制作为具有多极对数,产生低同步速,与风轮转速一样低,从而不再需要齿轮箱。没有齿轮箱或具有低变速比齿轮箱的风力机驱动的多极同步发电机(电励磁或永磁)的应用逐步争夺。

异步电机的滑差 s 定义为:

$$s = (n_s - n_r)/n_s \tag{5-23}$$

$$n_r = \text{发电机转速(r/min)} \tag{5-24}$$

异步电机工作于发电机状态时,忽略其他的功率损耗,功率平衡可以表示为:

$$P_m = P_s + P_r \tag{5-25}$$

$$P_r = -sP_s \tag{5-26}$$

P_m 为机械功率,P_s 为定子功率,P_r 为转子功率。异步发电机的转矩是滑差 s 的函数,当电机为超同步速时,滑差 s 为负,滑差(绝对值)越大,转子电路中的电能越大。对于短路转子如鼠笼式转子,滑差很小,转速变化被限制(如5%以内)。在受限的转速范围内,可以使用线性特性来表示发电机转矩和滑差之间的关系,这符合阻尼器特性。

风力发电应用中感应发电机的极对数通常为2或3,产生的同步速为1 500 r/min或1 000 r/min,该类发电机通常需要通过齿轮箱将风轮较低的转速升至适配发电机的较高转速。

感应发电机和同步发电机都有多个种类,介绍如下。

(1)鼠笼式转子感应发电机　在很长一段时间内,鼠笼式感应发电机(SCIGs)都是风力发电机组中最常使用的发电机,其传动链中通常需要一个三级齿轮箱。发电机可以直接与电网连接,这是丹麦风力发电机组制造商在20世纪80年代和90年代使用的常规概念,也即上风向、失速调节、使用SCIG的三叶片风力发电机组,有时被称为“丹麦概念”。虽然失速控制方法通常与定转速SCIG结合使用,但是也可以用于主动失速控制或变桨控制。

(2)绕线转子感应发电机　绕线转子感应发电机(WRIG)定子的构造与SCIG一样,但转子不再是鼠笼式的,而是装备了三相绕组。在风力发电应用中,WRIG的转子可以与电阻连接，消耗一些功率的同时改变滑差和发电机转速，或者与电力电子装置连接，在电机与交流电网之间交换功率。这类发电机也称为双馈感应发电机(DFIG)，即发电机的定子和转子都可以向交流系统传送功率。

由感应发电机带有和不带外部转子电阻的转矩特性可知，对于同样的转矩，转子绕组的电阻越大，则滑差越大。因此，改变滑差的一种方法就是改变转子电阻；此概念的基本思想是使用借助电力电子变流器的外部可变转子电阻，来控制转子阻抗；可以选择合适的转矩-速度特性来获得某运行点处期望的速度；对于发电机运行，仅转速高于同步速是可能的，并且转子功率不反馈至电网；这基本上是一种单馈感应发电机，具有与 SCIG 相似的特性；变速运行可以通过控制从 WRIG 转子中提取的能量来获得；然而，此功率必须消耗于转子电阻中。随着变速范围的增大，更高的滑差意味着转子消耗的功率更大，发电机的效率更低，所以电阻等级也要更大。因此，动态速度控制范围取决于可变转子电阻的阻值。典型的受限转速范围低于同步速之上的 10%。常规连接通常由碳刷和滑环实现，这引入了部件并提高了维护要求，与笼型转子感应发电机的简单技术设计相比，这是一个缺点，但是其更大的速度变换范围是一个优势。

发电机转子中能量耗散的另一种选择是在转子和电网之间交换能量，DFIG 的定子与电网直接连接，而转子通过滑环由电力电子变流器与电网连接，也即双馈，变流器的功率约为风力发电机组功率的 30%。功率变流器控制转子有功功率的流动，继而控制转子速度；此概念支持宽转速范围运行，取决于变流器的容量。转子变流器额定功率的选择是成本和期望转速范围之间的折中；发电机可以在超同步速($s<0$)和亚同步速($s>0$)下均作为发电机运行；相对于前述改变转子电阻的方式，这种方式下发电机的运行更加灵活。

(3)同步发电机　同步发电机不能直接与电网连接，风力发电应用中大多数商用同步发电机使用全功率电力电子变流器与电网连接。与使用部分功率变流器的 DFIG 风力发电机组相比，全功率变流器能够使得同步发电机在整个速度范围内都实现与电网的平滑连接，但是所有发出的电能都必须通过全功率变流器。

与 SCIG 和 WRIG 类似，同步发电机的定子磁路一般由装备了统一槽的叠层结构制成，统一槽用来固定定子绕组。对于转子励磁，有两类主要的可能形式：一类是转子绕组由独立电路的直流电流供电，通常称为电励磁同步发电机(EESG)；另一类是转子上嵌有永磁体(PMs)，称为永磁同步发电机(PMSG)。

①电励磁同步发电机：EESG 的构造通常使用带有励磁系统的转子，来提供直流励磁。与感应电机很相似，定子带有三相绕组；转子可以是凸极或隐极结构，在低速电机中凸极结构更常见，也是直驱型风力发电机组应用中的一种形式。

由于励磁电流可控，可以使用具有直流供电、滑环和电刷或者应用旋转整流器的无刷励磁机，EESG 可以在不同功率范围内控制磁通实现最小损耗；而且，不需要使用永磁体，从而避免永磁体在恶劣气候条件下可能遭受性能失效的风险。

②永磁同步发电机：在三相永磁同步发电机中，定子绕组与绕线励磁同步电机一样，但是转子由永磁体代替，可以代替励磁绕组提供励磁。具有高能量密度的稀土永磁材料的使用，降低了发电机与铜绕组相关的重量，消除了与绝缘老化相关的问题，并减小了电损耗；但是，发电机的冷却需要进行适当的设计，以防止稀土永磁材料磁场强度的永久性退化。

PMSG 近来已经被制造以获取更低的质量/功率(与绕线励磁同步电机比较，可降低发电集中)。这类发电机可以制造成具有多个极数,以得到更低的旋转速度,从而使得风力发电机组省去齿轮箱。

由于转子损耗已显著去除,永磁发电机需要的冷却较少,这就允许永磁发电机能够构造比同等的感应或者绕线励磁同步电机更小的框架。这些优势的取得是以失去励磁电压/电流控制为代价的,但是使用电力电子变流器时该问题可以得到缓解,可以通过流变器提供电机的电压控制。低速永磁电机比使用齿轮箱的高速发电机更贵,但是具有更高的效率、更好的可靠性以及更少的维护需求。

对于直驱型风力发电机组,PMSG 得到了广泛应用。与电励磁发电机相比,永磁发电机具有一些经济和技术方面的优势,例如:更高的效率和能量产出;没有附加励磁电源;没有磁场损耗,效率和热特性的改善;没有滑环,具有更高的可靠性;使用高能永磁体代替了绕线铁材料,具有更高的转矩密度并改善了动态性能。

但是,永磁发电机也有一些劣势,例如:永磁材料的成本高;制造工艺难度大;高温下永磁体的失磁风险。

根据永磁体的位置,永磁发电机分类为内置式和表贴式。在表贴式永磁发电机中,永磁体附着在转子表面,电机呈现隐极特性。在内置式永磁电机中,永磁体埋在转子内部,呈现凸极特性。

永磁发电机根据磁通分布方向,可以分为径向磁通、轴向磁通和横向磁通。

5.2 国内外风电发展形势

风能的利用可以追溯到公元前 5 000 年埃及尼罗河上帆船的使用。据历史记载,从公元前 200 年起,风就被用来抽水、磨谷物、驾驶车辆和船只。在古代中国和中东,风车被用来将动能转化为机械能。

1. 风能利用的历史

我国是世界上最早利用风能的国家之一。在商朝时期,人们就开始用帆船运货。春秋战国时期,我国就开创了利用风力来磨面、磨米、提水、灌溉的先河。宋朝是我国利用风车的全盛时代,当时流行的垂直轴风车一直沿用至今。

风能被利用转换成电能大致是 19 世纪末期。1888 年美国人查尔斯·布鲁斯在俄亥俄州建造了世界上第一台风力发电机组,额定功率为 12 kW、风轮直径为 17 m,使用了 144 个叶片。

1891 年,丹麦物理学家 Poul La Cour 发现,叶片较少但旋转较快的风力发电机组效率高于叶片多但转速慢的风力发电机组,应用这一原理,他设计建造了一台 4 叶片、发电功率为 25 kW 的风力发电机组。在第一次世界大战期间,有超过 250 台这种风力发电机组在丹麦运行,这成为现代风力发电机组的模本。1931 年,在苏联的 Crimean Balaclava 建造了一台 100 kW 容量的风力发电机组,这是最早商业化的风力发电机组。1941 年,美国工程师 Palmer C. Putnam 与水轮机制造商 Smith 一起研制了第一台大型并网型风力发电机组,该机组具有双叶片,风轮直径 53.3 m,额定功率为 1.25 MW(1 250 kW)。并网型风力发电机组是指将由风能转化成的电能输送到大电网上,通过大电网进行远距离输电,将电能送到用电负荷中心。而这之前的风力发电机组基本上都是离网型的,离网型风力发电机组是相对于并网型而言的,就是将由风能转化成的电能就地消纳。20世纪70年代中期，随着石油危机和对资源节约的日益关注，风力发电开始得到广泛关注，许多设计师和制造商也加入进来，德国的Enercon公司是直接驱动技术的先驱。后来，在20世纪80年代，瑞典试验了大容量(3 MW)的双叶片直驱风力发电机组和混凝土塔筒；法国和意大利也试验了大容量(750 kW和1.5 MW)永磁直驱风电技术；但在当时，风力发电机组的容量总体相对较小，无法为远程电力系统、住宅规模的电力系统、孤立或岛屿电力系统以及小型公用事业网络的电池充电。在20世纪90年代，风力发电项目真正开始起步，随着容量的增加，开始出现兆瓦级风力发电机组，除了陆上风电开发，欧洲开始探索开发海上风电。目前投入使用的大型商用风力发电机组轮毂高度为70～180 m，风轮直径为70～260 m，额定功率为2～16 MW。额定功率为18 MW的风力发电机组已在我国下线。

2. 世界风电发展现状

进入21世纪，风力发电技术更加成熟，相对于其他可再生能源发电技术，如生物质能、太阳能、地热能、海洋能等，风力发电成本低廉，对环境影响小，是最具发展前景的可再生能源形式之一。大力发展风力发电对于改善能源结构、保护生态环境、保障能源安全、实现经济可持续发展有着极其重要的意义。

根据全球风能协会(GWEC)全球需求侧数据统计，2021年全球新增风电装机93.6 GW，较2020年下降1.8%。截至2021年年底，全球风电累计装机容量达到837 GW，同比增长12.4%。虽然2021年全球陆上风电市场发展势头有所减弱，但72.5 GW的新增装机容量仍为历史第二高水平。全年海上风电新增装机容量超过21 GW，是上一年的3倍多，创下历史新高。从各个区域来看，得益于我国和越南的强劲增长，2021年亚太地区风电新增装机容量在全球所占的份额最大，为59%；依靠陆上风电新增装机规模的迅猛增长，欧洲以19%的份额力压北美(14%)占据次席；拉丁美洲、非洲与中东的风电新增装机容量同样达到历史最好水平，两个地区在全球市场所占的份额分别为6%、2%。

2021年新增风电装机容量排名前五的依次是中国、美国、巴西、越南、英国，合计占全球的75.1%。就累计装机容量而言，排名前五的国家依次为中国、美国、德国、印度、西班牙，合计占全球的72%。2021年，我国海上风电新增并网装机容量接近17 GW，连续2年保持全球第一，海上风电累计并网装机容量达到27.7 GW。这是一项了不起的成就，欧洲用了30年时间才达到同等规模。

为了降低风电的度电成本，全球风力发电机组趋向于大型化。风力发电机组功率、风轮直径、塔筒高度、容量系数的提高意味着年发电量的提高。虽然大型风力发电机组的总成本更高，但由于风力发电机组数量减少，在基础、电缆、安装及运营上的投入都会降低，使得全球海上风电平准化度电成本不断降低。GWEC预计2025年全球新增海上风力发电机组的平均功率将达到11.5 MW，而新增陆上机组的平均功率也将增加到4.5 MW。未来海上风力发电机组能达到的尺寸上限与多个因素有关，包括风力发电机组技术的创新、传动链的优化、新材料和新技术的应用、监管以及运输和安装的限制。全球海上风力发电机组功率等级预计将在2030年超过20 MW，风轮直径达到275 m。

3. 我国风电发展现状

我国一向高度重视能源结构转型和应对气候变化问题。自党的十八大以来，先后提出“四个革命、一个合作”的能源安全新战略、构建清洁低碳、安全高效的能源体系等未来能源发展战略。2020年9月，国家主席习近平在联合国大会一般性辩论上宣布，中国二氧化碳排放力争于2030年前达到峰值，力争2060年前实现碳中和。这一国家战略目标的提出，更进一步明确了中国能源发展的战略目标和政策取向，对我国风电等可再生能源的发展产生了重大影响。

1986年4月，我国第一座“引进机组、商业示范性”风电场——马兰风电场在山东荣成并网发电。从第一座商业示范风电场并网到今天已经经历了30多年的发展。20世纪90年代，我国风电经历了国家“乘风计划”“双加工程”“国债项目”的培育以及技贸合作项目的示范，风电特许权项目的促进，并在2006年国家《可再生能源法》实施后迎来了大发展，于2010年累计装机容量达到4 473万kW。自2009年开始，我国每年稳居风电新增装机容量全球第一的位置，2011年起我国风电累计装机容量连续保持全球第一。我国是世界第一大风电装机国，同时也是最大的风电整机装备生产国。风电设备制造已经达到国际领先水平，形成了具有国际竞争力的风电装备全产业链。

2021年，我国风电新增并网装机4 757万kW，为“十三五”规划以来年投产第二多，其中陆上风电新增装机3 067万kW，海上风电新增装机1 690万kW。从新增装机分布看，中东部和南方地区占比约61%，“三北”地区占39%，风电开发布局进一步优化。到2021年年底，我国风电累计装机3.28亿kW，其中陆上风电累计装机3.02亿kW，海上风电累计装机2 639万kW。风电装机占全国总发电装机容量的13.8%，发电量占全社会用电量的7.9%，风电对全国电力供应的贡献不断提升。与此同时，我国风力发电产业技术创新能力也快速提升，已具备大兆瓦级风电整机、关键核心大部件自主研发制造能力，建立形成了具有国际竞争力的风电产业体系，我国风力发电机组产量已占据全球2/3以上市场份额，我国作为全球最大风电装备制造国地位持续巩固加强。

我国海上风电起步较晚，2007年，第一台海上风力发电机组在渤海湾建成发电，到海上风电示范项目——龙源如东海上(潮间带)试验风电场建成，拉开了我国开发建设海上(潮间带)风电场的序幕；2010年，上海东海大桥10万kW海上风电示范项目则是我国建成的第一个大型近海海上风电场。在国家的规划和政策指导下，海上风电项目由潮间带到近海再到深远海，带动产业不断升级，推动我国海上风电规模化高质量发展。

风力发电机组技术发展方面，我国于21世纪初实现了600 kW级和750 kW风力发电机组的批量生产能力，国产兆瓦级风力发电机组于2006年开始批量生产。经过10多年的发展，到2020年，我国陆上风电场主流机型单机容量已提高到2.0～2.9 MW(最大为5 MW)，陆上风力发电机组平均单机容量达到2.6 MW，比2010年增长76%；海上风电场主流机型单机容量已达到5.0 MW以上(最大为10 MW)，海上风力发电机组平均单机容量达到4.9 MW，比2010年增长85%。

在风力发电机组研发创新方面，我国与国外基本保持同步，在某些方面处于领先地位。针对风力发电机组不同运行环境特点，我国企业开发出了低风速型、低温型、抗盐雾型、抗台风型、高海拔型等系列化风力发电机组。其中我国自主研发的低风速型风力发电机组，已将可利用的风能资源下探到4.8 m/s左右，这不但提高了低风速地区风电开发的经济价值，还极大提高了我国风能资源开发潜力。在平价上网政策驱动下，我国风力发电机组的设计技术水平不断提升，精细化的概念设计、先进的计算手段，不断优化的控制策略，逐步完善的智能化水平，叶片、齿轮箱、发电机、变流器等关键部件设计技术和制造工艺的创新，提升了发电量，降低了载荷，降低了成本，使得大型化、定制化、电网友好型的风力发电机组具有更优的技术经济性。

4. 风力发电技术展望

随着风电装机规模的不断增加和产业技术创新能力的持续提升，未来风电技术装备的发展方向及趋势主要有以下几方面：一是风力发电机组继续保持向大型化、定制化和智能化方向发展；二是漂浮式海上风电技术将得到进一步发展和应用；三是风力发电机组智能化水平进一步提升，未来软件开发的投入将大幅度增加；四是风力发电机组设计制造将趋向于标准化和模块化；五是采用中速永磁同步发电机，发电机与齿轮箱集成或半集成设计技术路线，在可靠性、成本、尺寸、重量等关键因素中达到了较好的平衡，在超大型风力发电机组中展现出发展趋势；六是直驱技术受发电机体积、重量限制，进一步大型化需要对工艺和材料技术改进提升；双馈、鼠笼技术受齿轮箱限制，单机功率进一步增大面临挑战；半直驱技术将在下阶段成为重要的发展发现；七是叶片与整机融合开发成为趋势，大型叶片开发与风力发电机组整机的系统迭代优化越来越紧密，整机设计将逐渐与叶片设计融合发展；八是随着风电齿轮箱的大型化，滑动轴承在风电齿轮箱中的应用将是未来的主要趋势，为提高传动速比，齿轮箱将采用多级行星结构，有利于使齿轮箱体积更小、重量更轻等。

5.3 风力发电机组整机控制系统

现代变速变桨风力发电机组通过电气控制系统对机组的运行进行控制，将风能转换为电能并入电网。电气控制系统是大型风电设备中技术含量最高的部分，承担着风力发电机组监控、自动调节、实现最大风能捕获、保证良好并网电能质量及监控等重要任务。整机控制系统，即主控系统，是电气控制系统的主体，实现机组自动启动、调向、调速、并网、解列、故障停机、电缆解绕及监控与记录等控制、保护功能；主控系统对外的 3 个主要接口是变桨距控制系统、变流器和监控系统，与变桨距控制系统接口完成对叶片的控制，与变流器接口实现输出有功、无功功率的自动调节，与监控系统接口完成机组状态信息与运行数据的实时交换。变桨距控制系统与主控系统配合，对叶片桨距角进行调节，实现最大风能捕获功能，保证额定功率点以上输出功率平稳和机组安全，提高风力发电机组的运行灵活性。变流器与风力发电机、电网连接，控制发电机运行在变速恒频状态，保证并网电能质量、提高输出功率因数、满足低电压穿越等并网规则要求。监控系统实现对风电场机组状况的监测与启、停操作，包括大型监控软件及完善的通信网络。

风力发电机组整机控制系统是机组的“大脑”，通常由传感器、执行机构和主控制器组成，其中传感器一般包括风速仪、风向标、转速传感器、振动传感器、电量采集传感器、桨距角位置传感器、各种限位开关、温度传感器、液压系统压力传感器、操作开关、烟雾传感器等。

执行机构一般包括液压或电动变桨距驱动机构、发电机转矩控制器（变流器等）、发电机并网接触器、偏航电机、刹车装置、冷却装置等。

主控制器负责处理来自传感器的测量信号，并根据相应的控制策略控制执行机构的动作。目前的风力发电机组一般都采用 PLC 作为主控系统的核心部件。PLC，即可编程逻辑控制器（programmable logic controller）的英文缩写。PLC 通常包括一整套的解决方案和模块，主要包括：数据运算与处理单元（即中央处理单元，central processing unit，CPU）与存储器、电源模块、IO 模块、专用通信模块等。其中，IO 模块包含 DI、DO、AI、AO 四种标准口，也包含专用于温度测量的PT口；专用通信模块，包含有各种通信协议和硬件接口，如以太网、RS485、Profibus-DP等通信模块，可以满足不同环境和厂家的需求。

硬件安全链则作为风力发电机组的重要一级保护，在发生严重故障时，能够确保风力发电机组安全停机。

5.3.1 整机控制系统技术要求

整机控制系统是机组正常运行和高效率发电的重要保证。整机控制系统主要功能是对机组的运行状态进行控制，确保风力发电机组由一种运行状态切换到另一种运行状态的转换过渡过程的有效控制。风力发电机组的运行状态通常包括：待机、启动、正常发电运行、停机、故障停机等。针对不同类型的风力发电机组还可以设置其他运行状态或将上述的运行状态进一步细化。只要确定了机组在每种运行状态所需的控制要求和从一种运行状态向另一种运行状态切换的条件，整机控制系统将完成机组在当前所处状态或运行状态之间切换所需的一系列控制。整机控制系统技术要求主要包括：环境条件和电网条件。环境条件为常温型风力发电机组工作温度－10～40 ℃，存储温度－20～50 ℃；低温型风力发电机组工作温度－30～45 ℃，存储温度－40～50 ℃；最高相对湿度≤95%。电网条件为电网电压690 V±10%；频率50 Hz(或60 Hz)±2%；主控系统硬件基本配置。

(1)系统供电　主控系统通常包括机舱和塔底两个控制柜。主控系统从并网柜取得690 V电源，用于控制系统和被控对象的供电，配电部分包括变压器和不间断电源(UPS)等都安装在控制柜中，变压器容量和电压等级根据系统实际用电情况配置。UPS主要用于主控系统和变频器的供电，一方面电网发生故障时，主控系统完成自动安全关机过程；另一方面用于风力发电机组实现低电压穿越功能，即在电网电压瞬时跌落又恢复情况下，保证机组正常发电不脱网。主控系统通过串口与UPS通信，实时监控UPS的运行状态，仅当UPS剩余供电时间大于一定时间(如600 s)，才允许机组启动运行。

UPS主要技术要求如下：

①输入电源：220 V AC±25%，50 Hz或60 Hz，1 500 VA(根据用户需求)。

②供电时间：当电池充满电并且是新电池时，连续供电30 min以上。

③多种开关机控制模式，外部电源重新上电，UPS能够自动开机。

④工作温度：0～40 ℃，存储温度：－25～40 ℃。

(2)过压、过流及防雷保护　各供电回路应设置空气开关或熔断器，电机供电回路应设置马达保护器，电压电流等级选择合理。应设置完善的过电压和浪涌保护设备，主控系统设置的浪涌保护主要包括：塔底电源进线、机舱和塔底之间电源线(包括UPS)两端、轮毂供电电源、航空障碍灯、风向风速仪以及与箱变、变桨通信等。

(3)安全保护　在方案上，安全保护系统应与控制系统完全分开。安全保护系统至少设置两级安全链，第1级安全链由紧急停机按钮触发，切断除控制用电以外的690 V和380 V设备供电电源，同时触发第2级安全链；第2级安全链触发后将引起系统快速关桨停机，并延时转子制动。

通常设置4个紧急停机按钮，分别为机舱控制柜紧急停机按钮、塔底控制柜紧急停机按钮、主轴处紧急停机按钮、偏航环处紧急停机按钮。

第2级安全链应包含：并网断路器(MCCB)准备好；重锤振动传感器；转子超速传感器；发

电机超速传感器；机舱、塔底安全停机按钮；控制器安全链接点；变桨控制系统安全链接点。

第 1 级安全链引起的紧急关机，必须手动复位紧急停机按钮。

第 2 级安全链复位操作可以由手动或自动进行，也可在本地或远程进行，电源上电也能够自动复位安全链。

单一失效原则。与安全保护系统功能有关的单个元器件（如传感器或制动器）的失效，应不会导致安全保护系统失效。如果两个或多个元器件相互关联，则它们同时失效可视为单一失效。就可用性和可靠性而言，对安全保护系统各个元器件应有最高的技术要求。

（4）操作面板　操作面板包括控制柜上的人机界面、按钮和指示灯等。

机舱控制柜上主要包括急停按钮、安全停机按钮、手动停止按钮、复位安全链按钮、偏航模式开关和偏航开关(CW-0-CWW)。

①急停按钮：触发安全链保护模式，使风力发电机组紧急关机。

②安全停机按钮：触发全链保护模式，使风力发电机组按关机流程进行停机。

③手动停止按钮：手动停止风力发电机组。

④复位安全链按钮：执行本地复位安全链的功能。

⑤偏航模式开关：选择自动/手动两种偏航模式。

⑥偏航开关(CW-0-CCW)：在手动偏航模式下，进行左偏航、右偏航操作。

⑦人机界面（可选配）：执行数据显示和参数修改的平台。

塔底控制柜上主要包括急停按钮、安全停机按钮、手动停止按钮、复位安全链按钮和维护模式开关。

①急停按钮：触发安全链保护模式，使风力发电机组紧急关机。

②安全停机按钮：触发全链保护模式，使风力发电机组按关机流程进行停机。

③手动停止按钮：手动停止风力发电机组。

④复位安全链按钮：执行本地复位安全链的功能。

⑤维护模式开关：选择自动/维护两种风力发电机组运行模式。

⑥人机界面：执行数据显示和参数修改的平台。

机舱控制柜可根据需要选配人机界面，塔底控制柜必须配置人机界面。在机舱和塔底应提供通信接口供调试使用，并提供相应的调试软件或使用集中监控系统软件进行监控和调试。

5.3.2　整机控制系统结构与运行控制方法

整机控制系统经历了失速型到变速变桨型的发展历程，部分控制流程及整机控制功能在当前主流的变速变桨风力发电机组整机控制系统仍有应用，本节将分别进行介绍。

5.3.2.1　失速型风力发电机组整机控制系统的运行与控制方法

失速型风力发电机组的叶片设计成在高风速时可主动失速，叶片的桨距角固定不变，在额定风速以上时主要通过叶片的失速性能来调节输出功率，限制风轮捕获的风能，避免机组超速等现象的发生，而不需要任何变桨距控制，即不需要变桨距执行机构，尽管在紧急情况下或机组调试、维修的情况下可能会采用空气动力刹车制动。

失速型风力发电机组普遍采用双速发电机，分别设计成 4 极和 6 极，一般 6 极发电机的额定功率设计成 4 极发电机的 1/5～1/4。

1. 失速型风力发电机组的基本运行状态与整机控制系统相应的控制方法

(1)待机状态　当风速低于风力发电机组切入风速或者风力发电机组从小功率(或逆功率)状态切出,没有重新并入电网,这时风力发电机组的风轮处于自由旋转状态,称为待机状态(或空闲状态)。待机状态除了发电机没有并网,机组的其他部件已经处于正常工作状态。这时整机控制已做好机组的并网准备:机械刹车已松开,叶片阻尼板已收回,机组完成偏航控制、风轮处于迎风状态,液压系统压力保持在设定值;整机控制系统检测风况、电网和机组的所有状态参数,一旦风速增加,机组的转速达到并网要求且电网正常,发电机将并入电网。

(2)自启动　风力发电机组的自启动是指机组在外界风的作用下,不依靠其他外力的协助,将发电机的转速提高到额定转速并网。早期的定桨距风力发电机组不具备自启动的能力,在启动时发电机需做电动运行以驱动风力发电机组到额定转速,该过程通常称为电动机启动。随着叶片气动性能的不断改进,目前的风力发电机组都具有良好的自启动性能。一般在风速大于 3 m/s 的条件下就可以自启动到发电机的额定转速。

在风力发电机组自启动的过程中,整机控制系统需要检测风况、电网和机组的所有状态参数,在机组无故障及电网状态正常的情况下,机组的转速达到并网要求则进入并网发电状态。

(3)偏航与解缆控制　偏航控制是通过偏航电机驱动风力发电机组机舱旋转对风,保证风轮始终处于迎风状态,机舱与主风向的夹角在所允许的范围内。通过偏航模式开关进行手动偏航和自动对风偏航切换,除偏航开关外,从本地人机界面和远程监控系统也能够进行偏航控制。通常在风速传感器测得的 10 min 平均风速大于 3 m/s 时,整机控制系统将执行机组的偏航控制程序,偏航角度通过风向标测定。当机组向左或右偏离风向时,一般需要延时 10 s 后才执行偏航操作,以避免在风向扰动的情况下机组的频繁偏航动作。在执行偏航操作时,首先释放偏航刹车,1 s 后再驱动偏航电机进行机组的偏航操作;当偏航停止时,偏航刹车重新投入。

解缆控制是在机舱旋转角度超过设定的角度值时(通常为 1 080°),整机控制系统执行解缆程序,从而保证机舱与塔筒连接部分的电缆不会因过度缠绕而损坏。整机控制系统执行解缆程序时先将风力发电机组正常停机(若此时风力发电机组处于正常发电状态),然后启动偏航电机,驱动机舱向缠绕的反方向旋转设定的角度值,以解除机舱电缆的缠绕状态,然后再重新启动风力发电机组并网发电(若此时风速合适且机组无故障)。

(4)制动解除　当自启动条件满足时,整机控制系统将控制叶尖扰流器的电磁阀打开,液压系统的压力油进入叶片的液压缸,扰流器被收回与桨叶主体合为一体。整机控制系统收到叶尖扰流器已收回的反馈信号后,并打开控制机械盘式制动器的电磁阀,进而松开盘式制动器,机组的风轮即可在外界风的驱动下自由旋转。

(5)并网与脱网　当平均风速大于 3 m/s 时,风力发电机组的风轮开始旋转;风速继续增加,当风速大于 4 m/s 时,机组可自启动直到某一预先设定的转速,此时发电机将控制程序自动并入电网。一般是小发电机先并网;当风速增加到 7～8 m/s 时,发电机将被切换到大发电机。如果在机组启动初期,平均风速大于 8 m/s,则直接大发电机并网发电,不需要小发电机先并网然后再切换到大发电机并网。

为防止在并网过程中出现过流现象,失速型风电机组普遍采用软并网技术,发电机的并网过程通过三相主电路上的三组晶闸管完成。当发电机过渡到稳定的发电状态后,与晶闸管并联的旁路接触器吸合,机组完成并网过程,进入稳定运行状态。旁路接触器的开或关都是在晶闸管关断前进行以避免产生火花。

2. 发电机的软并网步骤

(1)发电机转速已达到预置的转速点,该点的设定应低于发电机的同步转速。

(2)连接在发电机与电网之间的晶闸管被触发导通,此时旁路接触器处于断开状态。晶闸管的导通角随着发电机转速与同步转速的接近而增大,晶闸管导通角按照 0°、15°、30°、45°、60°、75°、90°、180°依次变化,可保证发电机的并网电流在额定电流以下。随着晶闸管导通角的增大,发电机转速的加速度减小。

(3)当发电机到达同步转速时,晶闸管导通角完全打开。晶闸管完全导通 1 s 后,旁路接触器吸合,发出吸合命令 1 s 后应收到旁路反馈信号,否则旁路投入失败,机组将执行正常停机程序。在此期间,晶闸管仍然保持完全导通状态,在收到旁路反馈信号后并停止触发,风力发电机组完成软并网操作,进入正常发电状态。

为了提高风力发电机组运行效率,失速型风力发电机组一般采用双速发电机,需要对小发电机和大发电机的运行状态进行切换。低风速时,小发电机工作;高风速时,大发电机工作。小发电机一般为 6 极绕组,同步转速为 1 000 r/min;大发电机为 4 极绕组,同步转速为 1 500 r/min。小发电机向大发电机切换的控制,一般以平均功率或瞬时功率参数为预置切换点。

执行小发电机向大发电机的切换时,首先断开小发电机的并网旁路接触器,小发电机脱网,此时在外界风的作用下,风力发电机组将加速,在机组转速达到大发电机同步转速 1 500 r/min 附近时,执行发电机的软并网程序。

执行大发电机向小发电机的切换时,首先断开大发电机的并网旁路接触器,大发电机脱网,此时在外界风的作用下,风力发电机组将加速,由于机组的转速大于小发电机的同步转速,可直接进行小发电机的软并网操作,由电网负荷将小发电机的转速拖到额定转速附近。

3. 电动机启动

风力发电机组的电动机启动是指把发电机用作电动机将机组的转速拖动到额定转速的过程。电动机启动目前在大型风力发电机组中已很少采用,因为气动性能良好的叶片在风速大于 3 m/s 的条件下就可以使风力发电机组自启动到额定转速。

4. 正常停机

正常停机状态下,风力发电机组的发电机与电网脱离,其他如液压系统、偏航系统、加热系统、冷却系统等正常工作。

正常停机状态主要有小风停机、非紧急故障停机、人工停机(包括远程停机)。

5. 小风停机

当外界风速较小,发电机的电功率小于设定值时,整机控制系统将执行正常停机程序。

非紧急故障停机是当机组出现非紧急故障时,如液压系统压力过低、外界气温低于设定值、增速齿轮箱油温过高等,整机控制系统也将执行正常停机程序。

6. 人工停机

人工停机包括远程停机,受其他原因影响需要使正在正常运行的风力发电机组停机时,可通过塔底控制柜上的停止按钮或远程控制使机组停机。

7. 紧急停机

紧急停机是当机组出现严重故障时,如超速、机组振动开关动作、电网故障等,需要紧急停机以防止损坏风力发电机组；通常在紧急停机状态机组将停止偏航对风操作。

5.3.2.2 变速恒频风力发电机组整机控制系统的运行与控制方法

变速恒频风力发电机组与失速型风力发电机组最大的不同点是可实现变速运行，对风能利用效率较高。但需要增加电力电子变流器，对发电机的变速运行进行控制，并改善并网电能质量。

目前市场上变速恒频风力发电机组的主流产品主要有双馈型、直驱型和半直驱型。虽然不同机组类型有差异但是整机控制系统的运行与控制方法类似。因此，下面介绍变速恒频风力发电机组的整机控制系统时不再区分。

与失速型风力发电机组相比，变速恒频风力发电机组的运行状态除了待机、自启动、偏航与解缆控制、制动解除、并网与脱网、正常停机和紧急停机等状态，还有变速运行状态和变桨距恒速或恒功率运行等状态。

变速恒频风电机组的并网与脱网操作与失速型风电机组不同，主要由变流器来实现；当机组的转速到达并网要求时整机控制系统给变流器发出并网指令，由变流器完成并网操作；当机组需要脱网时也是由整机控制系统给变流器发出脱网指令，由变流器完成脱网操作。当变速恒频风力发电机组处于变速运行状态时，整机控制系统根据预先设定的控制策略给变流器发送转矩或转速指令来控制机组的转速，实现变速运行控制。当变速恒频风力发电机组处于变桨距恒速或恒功率运行状态时，整机控制系统根据预先设定的控制策略给变流器发送转矩或转速指令的同时，给变桨距系统发送桨距角指令进行变桨距控制，以保证机组进行恒转速运行或恒功率运行。

5.3.3 整机控制系统的典型应用

整机控制系统主要包括变桨距控制系统和转矩控制系统。图5-17是整机控制系统的一个典型应用案例。

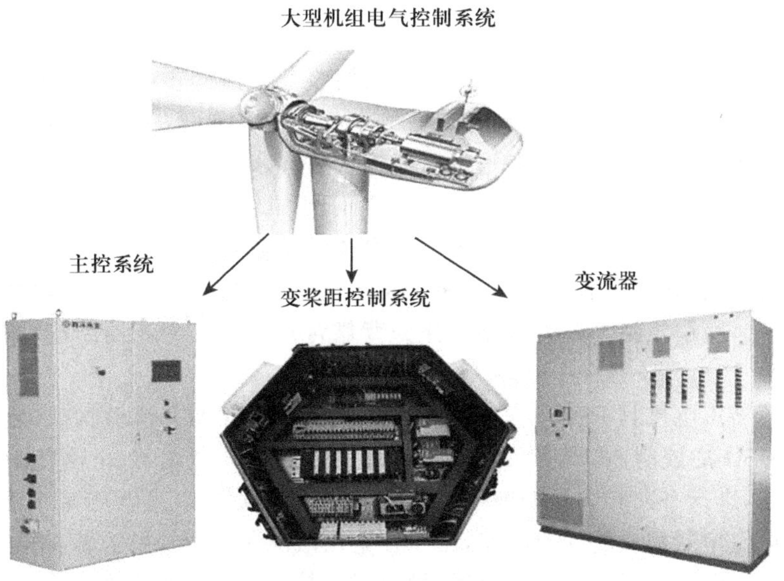

图5-17 整机控制系统典型应用案例

其中，转矩控制系统用来控制变流器的转矩，进而控制风力发电机组的转速实现变速运行；变桨距控制系统主要是通过变桨距来控制风轮捕获的机械功率，进而控制机组的转速，保证机组在大风情况下能够正常发电、平稳输出功率、防止超速等。

风力发电机组整机控制系统的主要部件一般都装在机舱内通常称为机舱控制柜，内部装有 PLC 主机，通过通信线与塔底控制柜进行通信，操作人员可以在塔底对风力发电机组进行操作，方便维修和调试。目前，风力发电机组常用的 PLC 主要有倍福、巴赫曼和 mita 等。

5.4 风力发电机组变流器

变速恒频风力发电技术，是通过调速控制，使风力发电机组的转速能够跟随风速的变化，最大限度地提高风能利用效率，有效降低载荷；同时风轮及其所驱动的发电机转速变化时，保证输出的电能频率始终与电网一致；实现上述功能最主要的执行部件即为变流器。目前变速恒频技术已经成为大功率风力发电机组的主流技术。本节重点论述变速恒频风电系统变流器相关内容。

5.4.1 变流器功能及技术要求

风电变流器主要用来实现发电机控制及电能变换，将发电机输出的幅值、频率变化的交流电转换为频率恒定的交流电并入电网，是风力发电机与电网之间的接口，既要对风力发电机进行控制，又要实现向电网输送优质电能，同时应具备低电压穿越、电网非理想情况下正常运行等功能。通过变流器的合理控制可以优化风力发电机组的运行，实现宽风速范围内的变速恒频发电，减少发电机损耗，提高运行效率，提升风能利用率。

5.4.2 变流器结构及电路拓扑

变速恒频风力发电系统包括双馈型和直驱型等类型，对应的变流器分别为双馈励磁变流器和全功率变流器。

直驱型风力发电机组中的风力发电机一般采用多极永磁同步电机，将电机定子绕组输出直接连接到全功率变流器上，由全功率变流器将电机输出的变化的交流电转换为和接入电网频率相匹配的交流电。该方案的优点是采用低速永磁同步发电机，使得风轮风力机与发电机直接耦合，省去了齿轮箱，即为直接驱动式结构，可减小机组运行噪声，提高运行可靠性。全功率变流器的机侧变流器环节在实际应用中可采取主动整流或被动整流方式，被动整流方式的电路采用二极管整流，在其之后可采用多级 Boost 电路交错并联的方式以增加功率传送能力并降低开关频率。目前主流常用的电路拓扑为背靠背双 PWM 变流器结构，其结构拓扑图如图 5-18 所示。

全功率变流器由电机侧 PWM 变流器和电网侧 PWM 并网变流器构成，电机侧 PWM 变流器实现对 PMSG 的控制，实现有功和无功的解耦控制和转速调节；电网侧 PWM 并网变流器实现输出并网，进行有功和无功的解耦控制和直流侧电压控制，直流侧环节中通常配置由功率器件和卸荷电阻串联构成的卸荷电路，用于在电网故障条件下保持直流侧电压稳定。

直驱型机组虽然采用了全功率变流器，导致成本较双馈型机组有所上升，但是全功率变流器具有一定的技术优势，相对于双馈型风力发电机省去了故障率高、维护量大的滑环装置，使

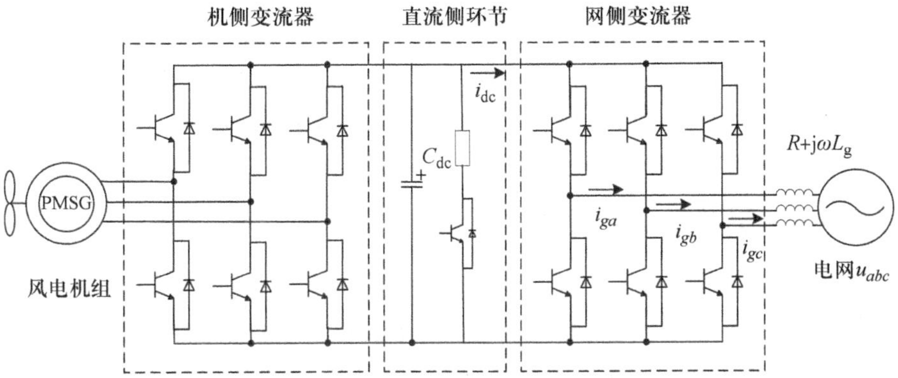

图 5-18 直驱型风电系统拓扑结构图

整机的可靠性进一步提高。特别是当电网出现电压跌落等故障时,发电机与电网未直接连接,由于全功率变流器的输出电流可以由直流电压做闭环控制,更容易控制输出电流的波动,有利于保障电网的安全运行和机组设备本身的安全。

双馈型风力发电系统采用双馈型风力发电机实现宽范围变速恒频发电运行,其定子绕组输出通过并网接触器连接到电网,转子输出通过双馈变流器连接到电网。双馈变流器可以四象限运行,控制定子绕组和电网之间的功率流动。由于双馈变流器功率为双馈风力发电机的转差功率,变流器的容量只需机组总功率的 1/4～1/3。双馈变流器可以有多种拓扑结构,实际应用中主要以电压源型背靠背双 PWM 变换结构为主,这种结构可以实现发电机在较宽的转速范围内运行,电路结构简单,其拓扑结构如图 5-19 所示。

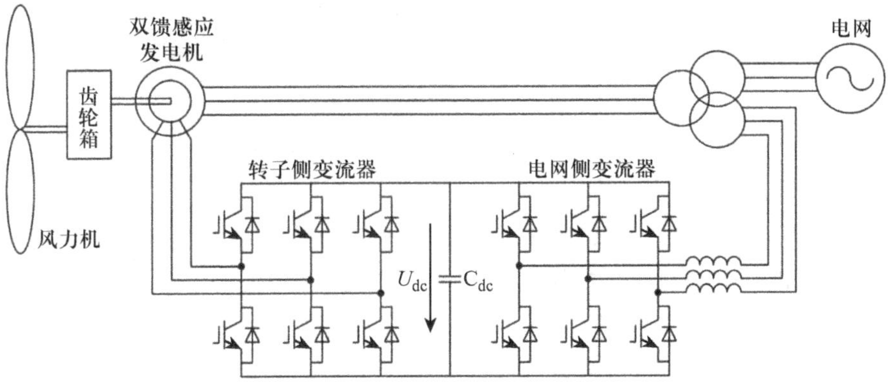

图 5-19 双馈系统拓扑结构图

这种双馈型机组方案,具有以下优势。

①通过变流器调节发电机励磁电流的频率,可以在不同的转速下实现发电机定子恒频发电,满足用电负载和并网的要求,即变速恒频运行。这样可以从能量最大利用等角度去调节转速,提高发电机组运行的经济效益。

②调节励磁电流的有功分量和无功分量,可以独立调节发电机的有功功率和无功功率。这样不但可以调节输送至电网的功率因数,补偿电网的无功需求,还可以支撑电力系统在静态和动态下的运行性能。

③由于采用了交流励磁,发电机和电网可实现“柔性连接”,即可以根据电网电压、电流和

发电机的转速来调节励磁电流，精确地调节发电机输出电压和电流，提升风力发电机组并网性能。

④由于该励磁方案是在转子侧实现的，而流过转子电路的功率是由交流励磁发电机的转速运行范围所决定的转差功率，仅是额定功率的一小部分，从而降低了变流器的容量，减少了变流器的成本。

5.4.3 变流器的基本控制方法

从功能上划分，变流器可分为电网侧变流器（简称网侧变流器）和发电机侧变流器（简称机侧变流器）两部分。网侧变流器主要完成直流母线电压恒压控制，机侧变流器根据主控控制指令控制发电机有功功率与无功功率。变流器的基本控制方法主要包括矢量控制方法、直接转矩控制、直接功率控制等，其中矢量控制方法最为常用。对于双馈或直驱型风电变流器，由于两者均采用双PWM变流器拓扑电路，且网侧变流器控制目标相同，所以对于网侧变流器两种变流器控制方法相同，不同之处在于机侧变流器的控制。

1. 网侧变流器基本控制方法

理想电网情况下，网侧变流器通常采用基于电网电压定向的双闭环矢量控制策略，可实现输出有功、无功解耦控制、单位功率因数控制和稳定的直流母线电压控制。在图5-20所示拓扑中应用基尔霍夫定理列出网侧变流器在三相静止坐标系下的模型：

$$\begin{cases} L\dfrac{\mathrm{d}i_a}{\mathrm{d}t}+Ri_a=u_a-(u_{\mathrm{dc}}s_a+v_{N0}) \\ L\dfrac{\mathrm{d}i_b}{\mathrm{d}t}+Ri_b=u_b-(u_{\mathrm{dc}}s_b+v_{N0}) \\ L\dfrac{\mathrm{d}i_c}{\mathrm{d}t}+Ri_c=u_c-(u_{\mathrm{dc}}s_c+v_{N0}) \\ c\dfrac{\mathrm{d}u_{\mathrm{dc}}}{\mathrm{d}t}=i_as_a+i_bs_b+i_cs_c-\dfrac{u_{\mathrm{dc}}-e_L}{R_L} \end{cases} \tag{5-27}$$

式(5-27)中，S_a、S_b和S_c分别表示三相桥臂的开关函数，$S=1$代表上管导通，下管关断；$S=0$代表下管导通，上管关断。对三相对称平衡且无中线系统有：

$$\begin{cases} i_a+i_b+i_c=0 \\ u_a+u_b+u_c=0 \end{cases} \tag{5-28}$$

联立式(5-27)和式(5-28)，得

$$v_{N0}=-\frac{u_{dc}}{3}\sum_{k=a,b,c}s_k \tag{5-29}$$

上述数学模型物理意义清晰、直观，但由于网侧变流器交流侧均为时变交流量，不利于控制系统的设计。因此，通过坐标变换将三相静止坐标系(a,b,c)转换成以电网基波频率同步旋转的坐标系(d,q)，得到整流器在两相旋转d、q坐标系中的数学模型如下：

$$\begin{cases} C\dfrac{\mathrm{d}u_{\mathrm{dc}}}{\mathrm{d}t}=\dfrac{3}{2}(i_q s_q+i_d s_d)-i_L \\ L_s\dfrac{\mathrm{d}i_d}{\mathrm{d}t}=-Ri_d+\omega L_s i_q+u_d-V_d \\ L_s\dfrac{\mathrm{d}i_q}{\mathrm{d}t}=-Ri_q-\omega L_s i_d+u_q-V_q \end{cases} \tag{5-30}$$

其中，V_d、V_q 即为最终需要得到的网侧变流器的调制电压。网侧变流器传递的有功功率和无功功率为：

$$\begin{cases} P_g=u_d i_d+u_q i_q \\ Q_g=u_d i_q+u_q i_d \end{cases} \tag{5-31}$$

网侧变流器采用基于电网电压定向的矢量控制技术，将电网电压综合矢量定向在 d 轴上，则：

$$\begin{cases} u_d=\boldsymbol{u}_s \\ u_q=0 \end{cases} \tag{5-32}$$

式中，$\boldsymbol{u}_s$ 为电网电压综合矢量。则此时有功功率和无功功率可简化为：

$$\begin{cases} P_g=u_d i_d \\ Q_g=u_d i_q \end{cases} \tag{5-33}$$

这样，即可实现有功和无功功率的解耦，P_g 受 i_d 控制，Q_g 受 i_q 控制。因此，实际的控制电压应该包含三部分，即：

$$\begin{cases} V_d=-\left[\dfrac{K_i(\tau_i s+1)}{\tau_i s}\right](i_d^*-i_d)+\omega L_s i_q+u_d \\ V_q=-\left[\dfrac{K_i(\tau_i s+1)}{\tau_i s}\right](i_q^*-i_q)-\omega L_s i_d+u_q \end{cases} \tag{5-34}$$

控制外环采用直流电压闭环，电压环输出为网侧变流器的有功电流给定，有功电流经过电流闭环调节器得到网侧变流器的电压分量给定 u_d，网侧变流器的无功功率受无功电流的控制，无功电流经过闭环控制得到电压分量给定 u_q，u_d 和 u_q 再经过电压补偿得到 d、q 轴全电压给定，最后经过坐标变换以及 SVPWM 实现网侧变流器的控制。控制框图如图 5-20 所示。

2. 双馈型风电机组机侧变流器控制方法

通过在双馈发电机的转子侧施加三相交流电进行励磁，调节励磁电流的幅值、频率实现双馈型风力发电机的顺利并网和有功、无功输出控制，实现最大风能捕获。

双馈变流器控制的关键在于变流器的励磁控制策略，矢量控制策略是目前双馈型机组中常用的控制方法，机侧变流器控制的对象是双馈发电机，由于双馈发电机的电路存在磁路上的耦合，双馈电机在三相静止坐标系下的数学模型是非线性、时变的高阶系统，为了达到解耦目的，采用矢量控制技术，其基本思路是利用 d-q 旋转坐标变换，将定子三相电流分解为直流励

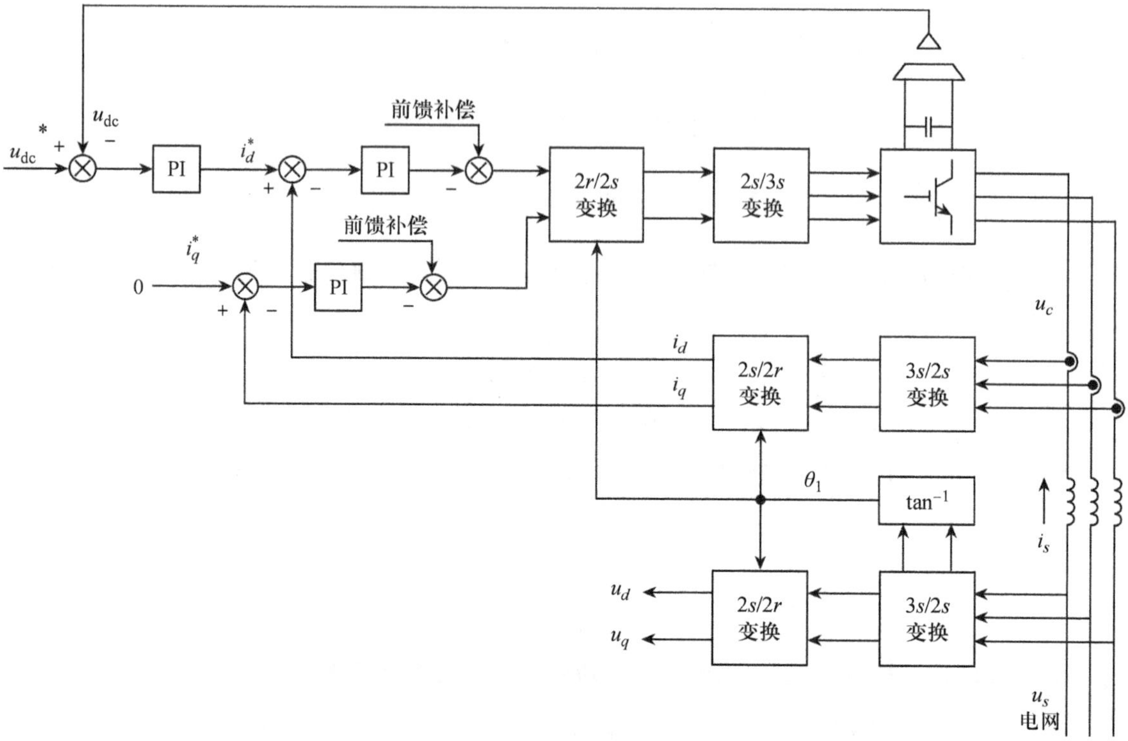

图 5-20　网侧变流器控制框图

磁电流分量和转矩电流分量，在调速的过程中保持励磁电流分量不变，此时就可以模拟直流发电机的转矩控制规律，通过控制转矩电流分量来控制电磁砖矩进行调速。应用电动机惯例，由电机学理论可推导得：

双馈发电机转矩方程：

$$T_e = n_p L_m (i_{qs} i_{dr} - i_{ds} i_{qr}) \tag{5-35}$$

运动方程为：

$$T_e - T_l = \frac{J}{n_p} \frac{\mathrm{d}\omega}{\mathrm{d}t} \tag{5-36}$$

通常异步电动机矢量控制系统是以转子磁链为基准，将转子磁链方向定为同步坐标系 d 轴，但是双馈风力发电机仍以转子磁链或气隙磁链定向，则定子有功功率和无功功率的计算较复杂。为此将定子磁链定向在 d 轴上，此时有：

$$\psi_{ds} = \psi_s = L_s i_{ds} + L_m i_{dr} \Rightarrow i_{ds} = \frac{\psi_s - L_m i_{dr}}{L_s} \tag{5-37}$$

$$\psi_{qs} = 0 = L_s i_{qs} + L_m i_{qr} \Rightarrow i_{qs} = -\frac{L_m}{L_s} i_{qr} \tag{5-38}$$

考虑到双馈发电机定子侧始终运行在工频 50 Hz 左右，在这样的频率下，定子电阻压降远比发电机反电势小，通常可以忽略发电机的定子绕组电阻，定子电压方程可化简为：

$$\begin{cases} u_{ds}=0 \\ u_{qs}=\omega_1\psi_{ds}=U_s \\ u_{dr}=R_r i_{dr}+\left(L_r-\dfrac{L_m^2}{L_s}\right)\dfrac{\mathrm{d}i_{dr}}{\mathrm{d}t}-\left(L_r-\dfrac{L_m^2}{L_s}\right)\omega_s i_{qr} \\ u_{qr}=R_r i_{qr}+\left(L_r-\dfrac{L_m^2}{L_s}\right)\dfrac{\mathrm{d}i_{qr}}{\mathrm{d}t}+\left(L_r-\dfrac{L_m^2}{L_s}\right)\omega_s i_{dr}+\dfrac{L_m\psi_s}{L_s}\omega_s \end{cases} \tag{5-39}$$

转矩方程变为：

$$T_e=-\frac{n_p L_m}{L_s}\psi_s i_{qr} \tag{5-40}$$

发电机定子侧有功及无功功率为：

$$\begin{cases} P_s=\dfrac{T_e\omega_1}{n_p}=-\dfrac{L_m\psi_s}{L_s}\omega_1 i_{qr} \\ Q_s=\omega_1\psi_{ds}\dfrac{\psi_{ds}-L_m i_{dr}}{L_s} \end{cases} \tag{5-41}$$

可以看出，发电机定子有功功率和无功功率分别与转子电流的转矩分量和励磁分量呈线性关系，通过调节两个电流就可以分别独立地控制有功和无功，两者实现了解耦控制。

机侧变流器控制框图如图 5-21 所示。

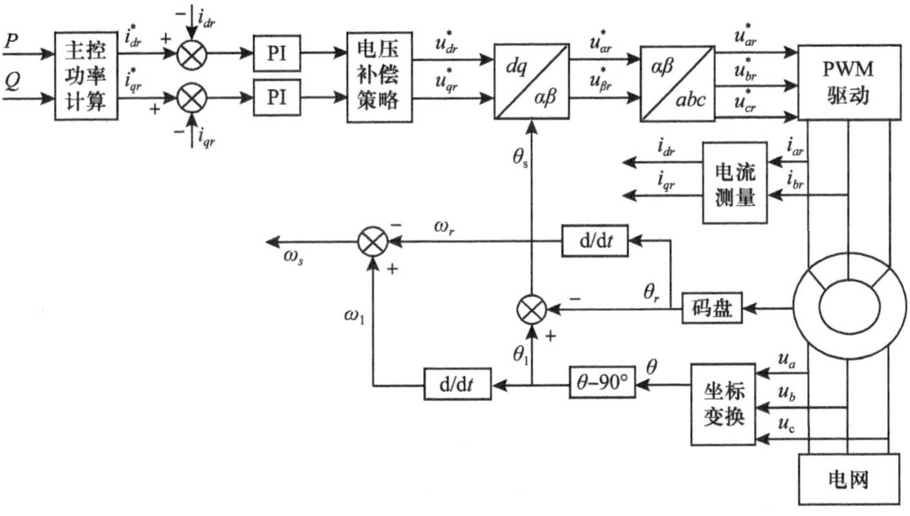

图 5-21　机侧变流器控制框图

3. 直驱型风电机组机侧变流器控制方法

直驱型风电机组中，永磁同步发电机定子和转子处于相对运动状况之中，永磁体与绕组、绕组与绕组之间相互影响，其电磁关系复杂，再加上磁路饱和等非线性因素，建立永磁同步发电机的精确数学模型较为困难，为此做如下假设：①认为磁路是线性的，可以运用叠加原理进行分析，磁路饱和、磁滞和涡流的影响忽略不计；②定子绕组三相对称，为完全相同的三个绕组，各绕组轴线相差 120°;③当定子绕组电流为三相对称正弦波电流时,气隙中只产生正弦波分布的磁势,无高次谐波分布;④永磁体在气隙中产生的磁势分布,无高次谐波;⑤转子无阻尼绕组。

通过磁极中心线的磁通为直轴 d 磁通,交轴 q 与直轴差 90°。在直轴 d 方向上,由于有磁性材料的存在,磁阻较大,直轴电抗较大,交轴 q 正好相反,磁阻较小,交轴电抗较小。磁链方程为:

$$\begin{cases}\psi_A = L_{AA}i_A + M_{AB}i_B + M_{AC}i_C + K_A\psi_f \\ \psi_B = M_{BA}i_A + L_{AA}i_B + M_{BC}i_C + K_B\psi_f \\ \psi_C = M_{CA}i_A + M_{CB}i_B + L_{CC}i_C + K_C\psi_f\end{cases} \tag{5-42}$$

将永磁体磁级轴线定向到 d 轴上(相当于转子磁场定向),经过旋转变换,磁链方程化简为:

$$\begin{cases}\psi_d = L_d i_d + \sqrt{1.5}\,\psi_f \\ \psi_q = L_q i_q\end{cases} \tag{5-43}$$

电压方程为:

$$\begin{cases}u_d = ri_d + p\psi_d - \omega\psi_q \\ u_q = ri_q + p\psi_q + \omega\psi_d\end{cases} \tag{5-44}$$

转矩方程为:

$$T_e = n_p(i_q\psi_d - i_d\psi_q) = n_p[\sqrt{1.5}\,\psi_f i_q + (L_d - L_q)i_d i_q] \tag{5-45}$$

将磁链方程代入电压方程:

$$\begin{cases}u_d = ri_d + L_d p i_d - \omega L_q i_q + p\psi_a \\ u_q = ri_q + L_q p i_q + \omega L_d i_d + \omega\psi_a\end{cases} \tag{5-46}$$

$$\psi_a = \sqrt{1.5}\,\psi_f \tag{5-47}$$

稳态电压方程为:

$$\begin{cases}u_d = ri_d - \omega L_q i_q \\ u_q = ri_q + \omega L_d i_d + \omega\psi_a\end{cases} \tag{5-48}$$

图 5-22 为永磁同步发电机矢量的关系图。图 5-22 体现了磁链方程和电压方程的关系。通过控制 d 轴电流的大小,可以对永磁体产生的磁场大小进行控制,根据磁场或功率因数等约束条件,再结合转矩方程可以分别计算出 d、q 轴电流的大小。忽略定子电阻(低速时端电压较低,另外低速时发电机输出功率小,即使发电机功率因数低,变流器输出容量也能满足,所以通常考虑高速段,此时可忽略定子电阻),为了防止电枢反应产生去磁效应,通常将 d 轴的电流控制为 0。这样当 $i_d=0$ 时,永磁发电机电量方程可以简化如下:

$$\begin{cases}\psi_d = \psi_a \\ \psi_q = L_q i_q\end{cases} \tag{5-49}$$

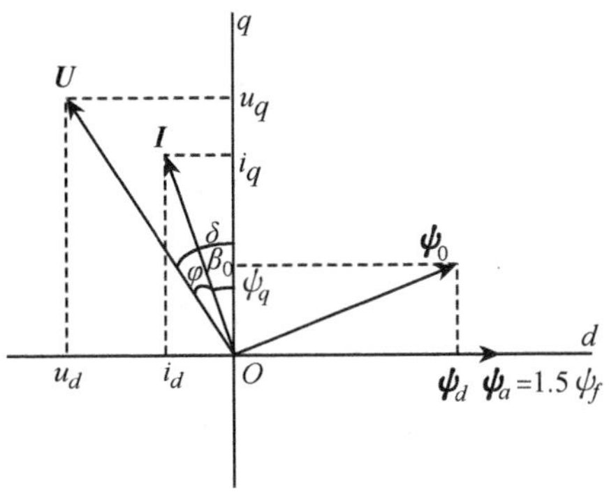

图 5-22 永磁同步发电机矢量图

$$T_e=n_p(i_q\psi_d-i_d\psi_q)=n_p[\psi_a i_q+(L_d-L_q)i_d i_q]=n_p\psi_a i_q \tag{5-50}$$

$$\begin{cases}u_d=ri_d+L_d pi_d-\omega L_q i_q+p\psi_a\\ u_q=ri_q+L_q pi_q+\omega L_d i_d+\omega\psi_a\end{cases} \tag{5-51}$$

稳态时为：

$$\begin{cases}u_d=\omega L_q i_q\\ u_q=ri_q+\omega\psi_a\end{cases} \tag{5-52}$$

机侧变流器控制框图如图 5-23 所示。

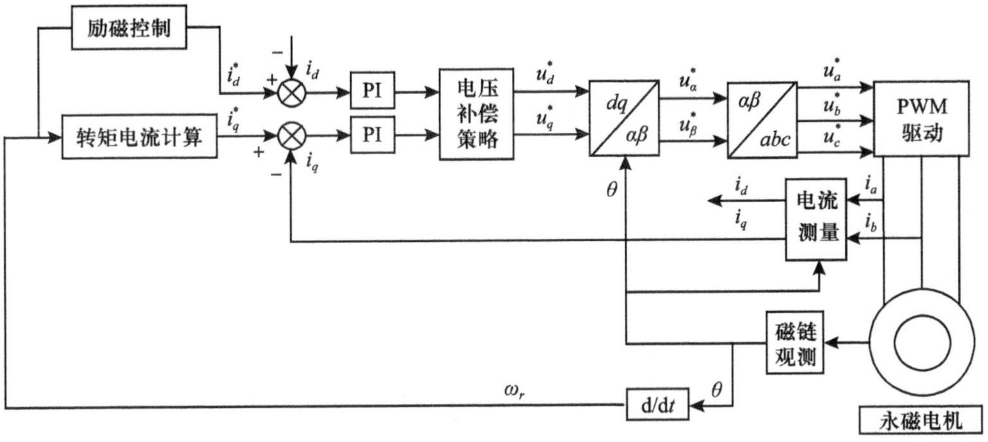

图 5-23 机侧变流器控制框图

定子电流 i_q 控制了发电机的电磁转矩的大小，根据当前转速功率最优曲线，在某一转速下，可以得到功率给定，计算出最优转矩给定，得到转矩电流给定信号，转矩电流再经过闭环调节得到发电机 q 轴电压给定，发电机的励磁电流给定信号为 0，经过闭环调节后得到 d 轴电压给定；通过转子上的码盘传感器观测转子位置，进行转子磁链的观测，完成转子磁链的定向，将 d、q 轴的电压进行电压补偿；再经过旋转变换以及 SPWM 实现发电机的矢量控制。

4. 低电压穿越技术

所谓低电压穿越(low-voltage-ride-through,LVRT),是指在风力发电机组并网点电压跌落的时候,风力发电机组能够保持并网,甚至向电网提供一定的无功功率,支持电网电压恢复,直到电网恢复正常,从而“穿越”这个低电压时间(区域)。LVRT是对并网风力发电机组在电网出现电压跌落时仍保持并网的一种特定的运行功能要求,不同国家和地区所提出的LVRT要求不尽相同,如丹麦、德国等已经相继制定了新的电网运行准则,定量地给出了风力发电机组在电网故障条件下脱网的条件(如最低电压跌落深度和跌落持续时间),只有当电网电压跌落低于规定曲线以后才允许风力发电机组脱网,当电压在凹陷部分时,风力发电机应向电网提供无功功率支持。这就要求风力发电机组具有较强的低电压穿越(LVRT)能力,同时能方便地为电网提供无功功率支持。在我国相关部门出台的标准《风电场接入电力系统技术规定》中对风电场的低电压穿越提出了具体要求,包括以下4方面内容。

(1)基本要求　风电场故障穿越应包括低电压穿越能力、高电压穿越能力、连续故障穿越能力,在电压考核范围内,风电场内的发电机组应保证不脱网连续运行。图5-24为风电场的低电压穿越要求。

风电场内的风力发电机组具有在并网点电压跌至20%标定电压时能够保证不脱网连续运行625 ms的能力;风电场并网点电压在发生跌落后2 s内能够恢复到额定电压的90%时,风电场内的风力发电机组能够保证不脱网连续运行。

(2)故障类型及考核电压　电力系统发生不同类型故障时,若风电场并网点考核电压全部在图5-24中电压轮廓线及以上的区域内,风力发电机组必须保证不脱网连续运行;否则,允许风力发电机组切出。

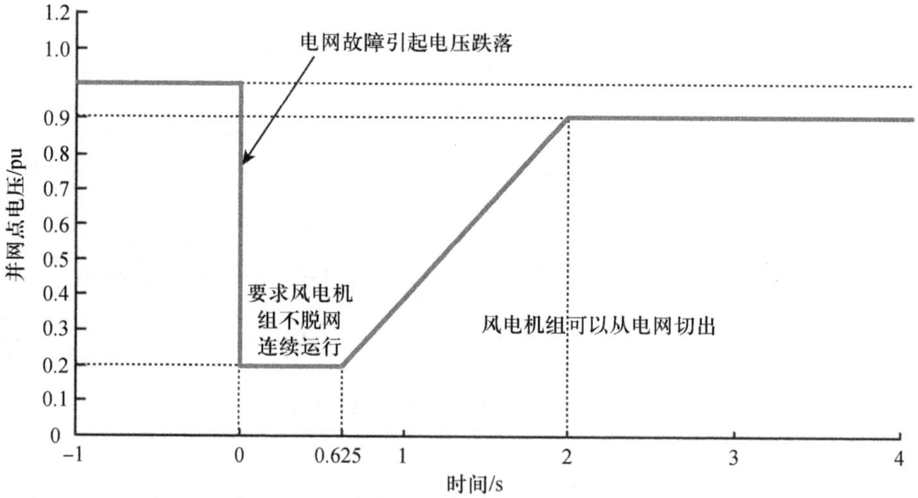

图5-24　风电场的低电压穿越要求

针对不同故障类型的考核电压如表5-4所示。

表 5-4 风电场低电压穿越考核电压

故障类型	考核电压	故障类型	考核电压
三相短路故障	风电场并网点线电压	单相接地短路故障	风电场并网点相电压
两相短路故障	风电场并网点线电压		

(3) 有功恢复能力 对电力系统故障期间没有切出的风电场,其有功功率在故障清除后应快速恢复,自故障切出时刻开始,以至少每秒 20%额定功率的功率变化率恢复至故障前的值。

(4) 动态无功支撑能力 当电力系统发生三相短路故障引起电压跌落时,风电场在低电压穿越过程中应具有以下动态无功支撑能力。

①当风电场并网点电压正序分量在标称电压的 20%~80%时,风电场应能够通过向电力系统注入动态无功电流支撑电压恢复;自并网点电压跌落出现的时刻起,风电场动态无功电流响应时间不大于 75 ms;自并网点电压恢复至标称电压 80%以上时刻起,风电场应在 40 ms 内退出动态无功电流增量。

②风电场动态无功增量应响应并网点电压变化,并满足公式 $\Delta I_T \geqslant K_1 \times (0.8-U_T) \times I_N$,$(0.2 \leqslant U_T \leqslant 0.8)$,式中,$\Delta I_T$ 为风电场注入的动态无功电流增量,U_T 为风电场并网点电压标幺值,I_N 为风电场额定电流,K_1 为风电场动态无功电流比例系数,取值 $1.5 \leqslant K_1 \leqslant 3$。

下面分别介绍双馈型和直驱型风力发电机组故障穿越暂态过程及应对策略。

(1)双馈型变速恒频风力发电机组暂态过程及应对策略 双馈型变流器对电网电压和频率的波动比较敏感,在电网电压瞬时跌落的情况下,双馈发电机定子磁链不能跟随定子端电压突变,从而会产生直流分量,而发电机转子继续旋转,相对该直流分量会产生较大的滑差,这样便会引起转子绕组的过压、过流。如果电网出现的是不对称故障的话,在定子电压中还会含有负序分量,从而产生负序磁链,负序磁链会对转子产生更高的滑差,会使转子过压与过流更加严重。过流会损坏转子励磁变流器,而过压会使发电机的转子绕组绝缘击穿。为了保护发电机励磁变流器,一般采用 Crowbar 电路进行保护;Crowbar 电路分为被动式和主动式两种。被动式 Crowbar 动作后会导致双馈型机组脱网停机;而主动式 Crowbar 动作后发电机依然挂网运行,在电网故障期间,发电机和电网仍继续保持连接,并向电网提供一定的无功电流,帮助电网快速恢复,故障切除后,发电机迅速恢复正常运行,为电力系统提供必要的有功和无功功率支持,减少电压崩溃的危险,提高电力系统的稳定性。

常用的主动式 Crowbar 电路如图 5-25 所示。图 5-25(a)采用二极管、Crowbar 电阻和 IGBT 方式,图 5-25(b)采用 Crowbar 电阻和双向晶闸管方式。

当双馈变流器控制系统检测到电网电压跌落后,首先封锁机侧变流器脉冲,触发图 5-25(a)所示的 IGBT 或图 5-25(b)所示的双向晶闸管,通过 Crowbar 电阻卸放掉多余的能量,而发电机和电网仍保持连接,暂态过程结束后,发电机迅速恢复正常运行,为系统提供必要的有功和无功功率支持。Crowbar 电阻切除时会产生较大的电流振荡过程,这一状态的切换需要一定的逻辑顺序和相应的控制策略,需要对两种不同运行状态之间的切换过程进行严密的逻辑规划,既照顾到有功功率和风力发电机转速的控制,又要兼顾到双馈发电机无功功率的控制,以支撑电网的稳定性。在不同的发电机运行状态下(超同步或亚同步)发生电网故障,可能会引起直流母线欠压或过压,为了在电网故障期间减小直流母线电压波动,避免损坏直流母线支撑电容,可在变流器直流侧安装额外单元储存或消耗多余能量。

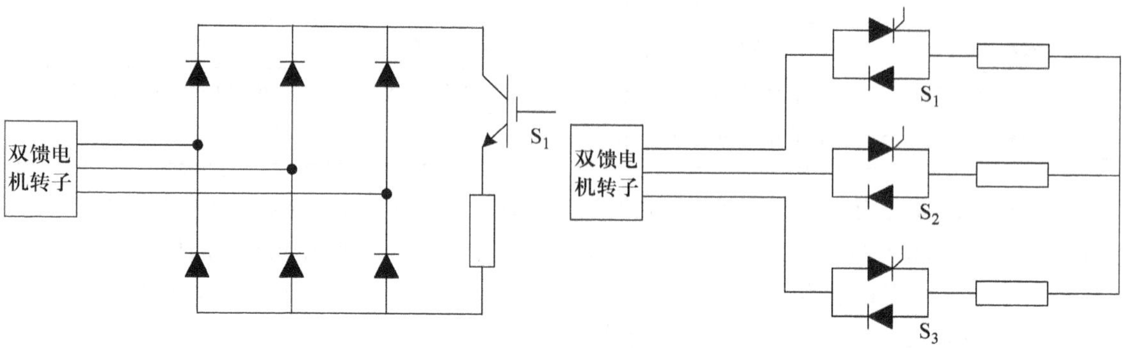

(a) IGBT方式　　(b) 双向晶闸管方式

图 5-25　主动式 Crowbar 电路

(2)直驱型变速恒频风力发电机组暂态过程及应对策略　直驱型变速恒频风力发电机组典型的有使用永磁同步发电机或电励磁同步发电机通过全功率变流器连接并网,目前风电场中大量应用的是永磁直驱型风力发电机组,下面主要针对该机型进行分析。永磁直驱型变速恒频风力发电机组,包括永磁同步发电机 PMSG 和全功率背靠背双 PWM 变流器,无齿轮箱。PMSG 通过全功率变流器直接与电网连接,使得其与电网隔离,因此电网故障不会直接影响到直驱风力发电机的运行,其低电压运行特性主要取决于变流器的控制性能,与双馈型风电机组相比,更容易实现低电压穿越功能。

当电网发生故障使电网侧变流器输入电压跌落时,电网侧变流器将无法完全输出发电机产生的有功功率,并且为了向电网提供无功支持、帮助电网快速恢复,网侧变流器需向电网提供无功电流,而变流器的容量是有限的,这进一步限制了变流器向电网输出的有功功率,多余的能量将流入直流侧电容进行充电,若不采取合适的措施,直流侧电容将充电至较高电压,这将直接危及全功率变流器的安全运行。

为了提高永磁直驱风力发电机组的低电压穿越能力,降低电压跌落对风力发电机组的影响,在直流侧增加保护电路是一种常用的方法。在电网电压跌落幅度较大、直流侧功率发生不平衡时,投入直流侧保护电路,消耗掉直流侧多余的能量,使风力发电机组与电网故障基本隔离。电压跌落时风轮和永磁发电机可以保持正常运行,即机侧变流器的输入功率在电压跌落期间基本保持不变,由直流侧保护电路实现直流侧的功率平衡,当电压故障消除后,切出直流侧保护电路,使永磁直驱风电机组快速恢复至正常运行状态。

图 5-26 是 3 种常见的直驱风力发电机组直流侧保护电路,图 5-26(a)与图 5-26(b)是直流侧增加卸荷电阻的保护电路,其中前者的卸荷电阻通过功率器件与直流侧连接,后者的卸荷电阻通过 Buck 电路与直流侧连接。风力发电机组正常工作时,保护电路不起作用,当发生电压跌落时,直流侧输入功率大于输出功率,此时投入卸荷电阻,消耗掉直流侧多余的能量。图 5-26(c)增加了能量存储装置(energy storage system,ESS),当检测直流电压过高时,则触发储能系统的 IGBT,转移多余的直流储能,故障恢复后将所储存的能量馈入电网。

5.4.4　变流器的典型应用

为了更好地说明风力发电机组变流器的应用,本节以中国科学院电工研究所研发的 1.5 MW 双馈变流器为例进行介绍,其柜体外观如图 5-27 所示。

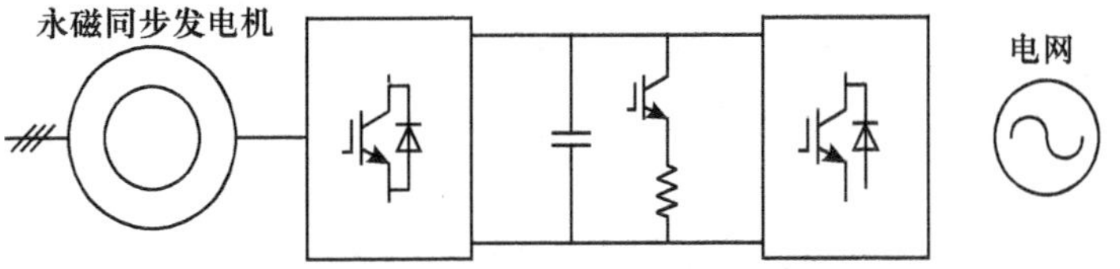

(a) 通过功率器件直接与电阻连接

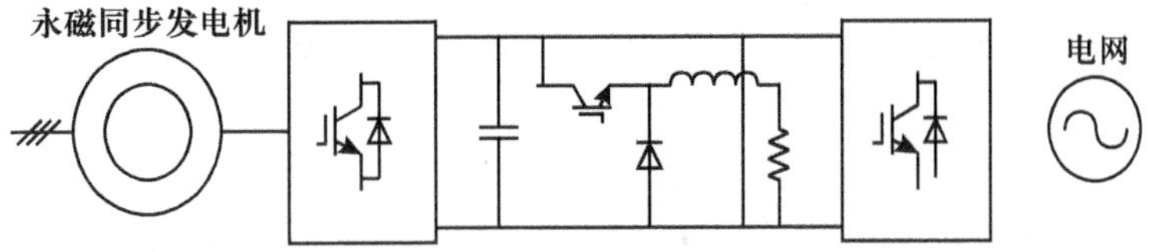

(b) 通过Buck电路与电阻连接

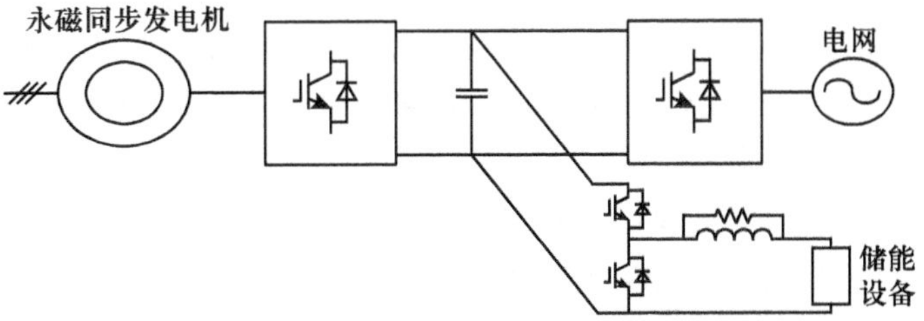

(c) 增加能量储存设备

图 5-26　3 种直驱型风力发电机组直流侧保护策略

该型变流器采用先进控制策略，可对双馈风力发电机进行控制，实现双馈型风力发电机组的无冲击并网，解决了双馈型风力发电机组并网冲击电流大、机械冲击剧烈的问题，具备低电压穿越功能，通过在发电机转子侧配备有源 Crowbar 电路、直流侧配备 Chopper 卸荷电路，实现双馈型机组在电网电压跌落时的低电压穿越功能，并能在跌落期间为电网提供无功支持，该型双馈变流器在国内通过由中国电力科学研究院组织的低电压穿越测试。变流器具备在电网电压不平衡的条件的稳定运行能力，实现了电网电压不平衡时风力发电机组总的出口电流控制在允许范围内的目标，提高了风力发电机组的电网适应性。

图 5-27　1.5 MW 双馈风电系统变流器

5.5　风力发电机组变桨距系统

变桨距系统作为大型风力发电机组控制系统的核心部分之一，对机组安全、稳定、高效的运行具有十分重要的作用。变桨距系统是根据风速的变化来调整叶片的桨距角，通过控制叶片的角度来控制风轮的转速，进而控制机组的输出功率，并能够通过空气动力制动的方式使机组安全停机。变桨距执行机构通过轴承固定在轮毂上，可以绕叶片的轴线转动来调整叶片的桨距角；变桨距控制的风力发电机组具有叶片受力较小、叶片制造较为轻巧等特点，桨距角可以随风速的大小而自动调节，因而能够尽可能多地吸收风能，同时在高风速段保持功率平稳输出。

风力发电机组的变桨距系统要对阵风的响应速度足够快，才能降低由于风的波动引起的功率脉动，改善风电电能质量；风力发电机组的变桨距系统要对由各种原因引起的不平衡载荷有足够的抑制作用，从而提高机组整体的疲劳寿命，降低机组制造成本。根据机组容量等级的不同，可采用统一变桨控制策略和独立变桨控制策略来实现这些目标。

5.5.1 变桨距系统功能及技术要求

变桨距系统的主要功能是在额定风速附近（及以上），依据风速的变化随时调节叶片的桨距角，控制风轮捕获的机械能，并保证获取最大的能量，同时减少风力对风轮的冲击，使机组输出功率更加稳定。在并网过程中，变桨距控制还可实现快速无冲击并网，提高了整个风力发电机组的发电效率和电能质量。在刹车时，叶尖刹车装置制动风轮的同时，变桨距系统使叶片转动至顺桨状态，相当于气动刹车，从而减少了机械刹车对传动系统的冲击，减轻了刹车结构的负荷。

兆瓦级风力发电机组中，对变桨距系统的性能要求如下：位置无超调；位置定位精度高；系统可靠性高；满足正常变桨和紧急变桨速度要求，机构运行平稳；系统动态响应速度快。

在电动变桨系统中，为了提高系统的可靠性，除了变桨电机采用主电源加后备电源的供电方式外，机组还有安全系统，即安全链，安全链就是将可能对风力发电机组造成严重损害的故障节点串联成一个回路，只要任何节点断开，机组将立即以最快速度顺桨。

5.5.2 变桨距系统常用结构

变桨距系统根据执行机构不同可分为液压变桨距系统和电动变桨距系统两种。液压变桨距执行机构具有扭矩大、频率响应快、便于布置等优点，但其机械结构复杂，容易出现漏油、卡塞现象，且液压传动部件在冬季和夏季的控制精度差别较大；电动变桨距执行机构采用变桨伺服电动机驱动，具有变距力矩大、结构紧凑、可充分利用有限空间实现分散布置、可以实现对叶片独立控制等优点，并且不存在漏油等问题，得到了广泛应用。

(1) 液压变桨距系统　液压变桨距系统由变桨距控制器、数码转换器、液压控制单元、执行机构和传感器等组成。变桨距控制器是一个具有非线性特性的比例控制器，一般由软件来实现。液压变桨距执行机构原理如图 5-28 所示。叶片通过机械连杆机构与液压缸相连接，桨距角的变化同液压缸位移成正比，其运动原理简图如图 5-29 所示。当液压缸活塞杆向左移动到最大位置时，桨距角为 90°；当活塞杆向右移动到最大位置时，桨距角一般为 −5°。液压缸的位移由液压比例阀进行精确控制。在负载变化不大的情况下，电液比例阀的输入电压与液压缸的速度成正比，为进行精确的液压缸位置控制，必须引入液压缸位置检测与反馈控制。

(2) 电动变桨距系统　电动变桨距系统主要由 PLC 变桨控制器、直流/交流调速装置（即伺服驱动器）、直流/交流伺服电动机、绝对式编码器、后备电源等组成。其中，由 PLC 组成变桨距系统的控制器，通过现场总线（如 CAN 总线）经滑环与主控系统通信，接收主控系统发出的叶片角度等指令，并控制调速装置驱动伺服电机，带动叶片朝着要求的方向和角度转动，同

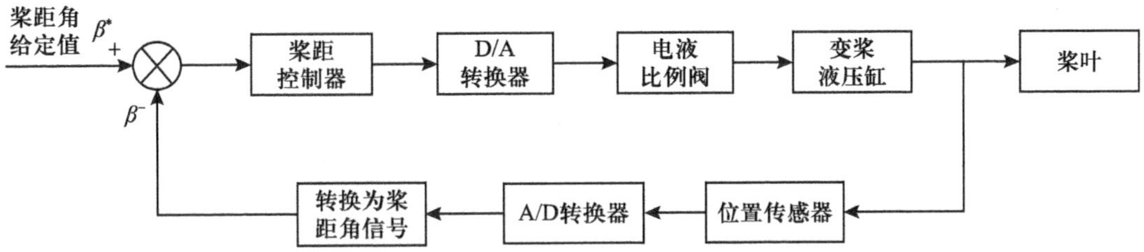

图 5-28 液压变桨距执行机构原理框图

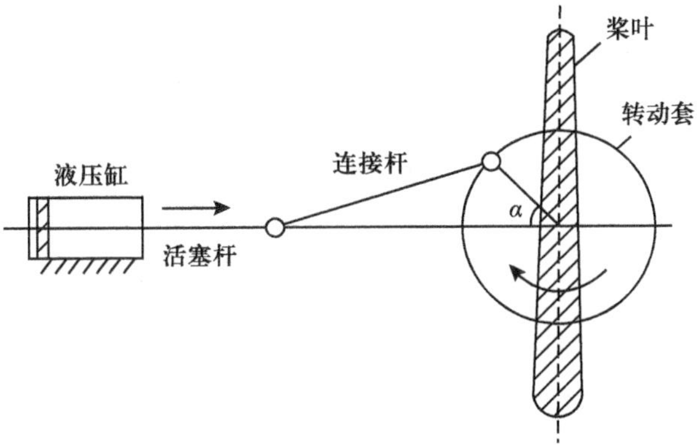

图 5-29 液压变桨距系统机械结构运动原理简图

时 PLC 还负责后备电源的充电管理、电压监控等辅助控制;连同其他几个部分共同组成了电动变桨系统的执行机构,电动变桨距系统原理框图如图 5-30 所示。

电动变桨执行机构位于轮毂内,风力发电机组主控系统根据风速等信号给定桨距角信号,桨距角信号通过穿过主轴的光纤传递给变桨执行机构,3 个变桨执行机构分别驱动 3 个叶片进行变桨。

每个叶片的变桨执行机构均包括变桨伺服驱动器、伺服电动机、减速齿轮箱、蓄电池、传感器、角度限位开关等,均安装在轮毂内。由于轮毂和机舱之间存在相对旋转运动,变桨系统的所有通信光纤和电缆都要依靠集电环与机舱内的主控系统连接。集电环安装在齿轮箱输入轴的出口端。电动变桨执行机构物理结构图如图 5-31 所示。

每个叶片采用一个带位置反馈的伺服电动机进行单独调节,位置反馈装置采用光电编码器,安装在伺服电动机的输出轴上,采集电动机的转动角度。伺服电动机通过主动齿轮与轮毂内齿轮圈相连,带动叶片进行转动,实现对叶片桨距角的直接控制。在轮毂内齿圈的边上安装了一个非接触式位移传感器,直接检测内齿圈转动的角度,即桨距角的变化,目的是进行冗余安全控制,即当光电编码器与非接触式位移传感器所测的位置量不一致时,控制器可知系统出现故障。

电动变桨距系统根据所用执行电机不同可以分为直流变桨距系统和交流变桨距系统两种类型。

直流变桨距系统主要特点有:采用串励直流电机,启动力矩大,对于转动重达数吨、直径数十米甚至上百米的叶片更有利;由于采用直流无级调速方式,低速性能好;不允许空载运行,否则会引起“飞车”;电动机有换向器,结构复杂,换向时会有火花产生,维修困难;加后备电池较方便。

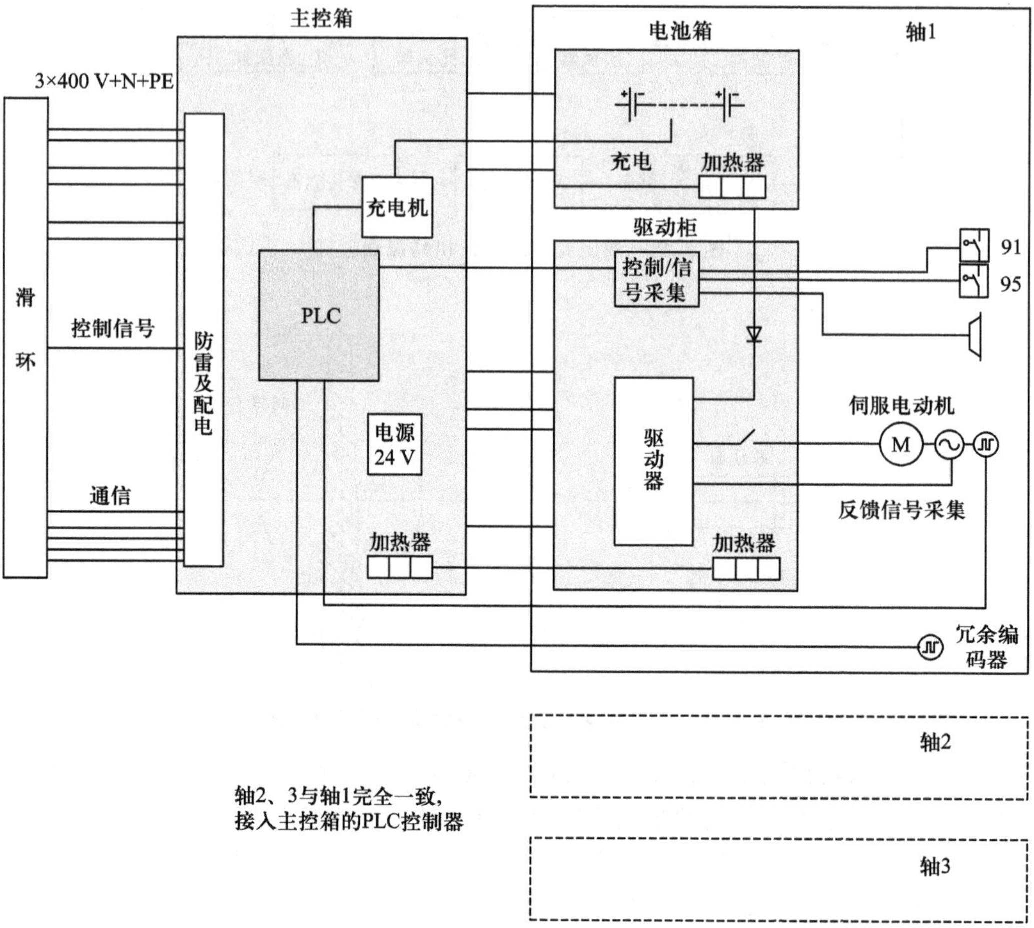

图 5-30　电动变桨距系统原理图

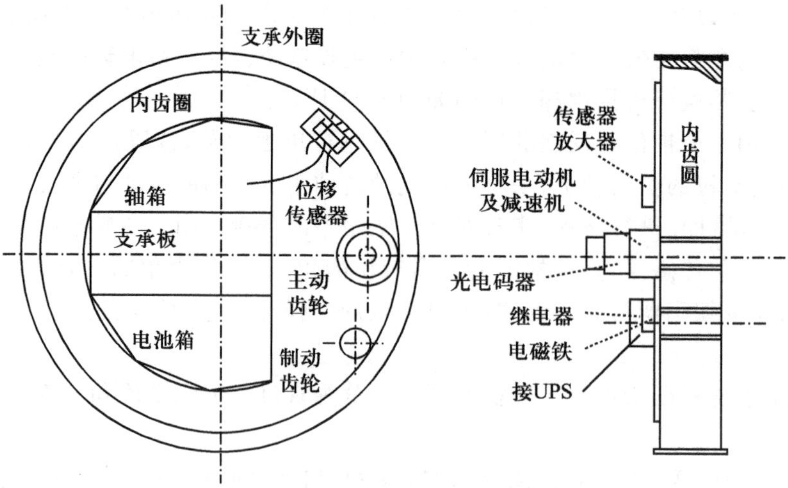

图 5-31　电动变桨执行机构物理结构图

交流变桨距系统主要有以下特点：采用交流永磁同步电机或交流异步电机，结构简单、维修工作量小；必须加 UPS 电源，以便在电网突然断电或其他紧急情况停机时，变桨伺服系统可以通过自备的 UPS 电源短暂供电，使变桨距系统完成收桨及完成其他安全措施；代表了伺服控制系统的发展方向。

5.5.3 变桨距系统基本控制方法

变桨距系统是大型风力发电机组控制系统的核心部分之一，主要任务是完成功率控制和载荷控制。目前，大型风力发电机组变桨距控制主要有两种方式，即统一变桨距控制（collective pitch control）和独立变桨距控制（individual pitch control）。

1. 统一变桨距系统控制方法

统一变桨距控制是最先发展起来的变桨距控制方法，目前应用最为成熟。统一变桨距控制即机组所有叶片都由一个执行机构驱动，或者 3 个执行机构同时驱动，叶片桨距角均同时改变相同的角度。统一变桨距系统控制原理框图如图 5-32 所示。

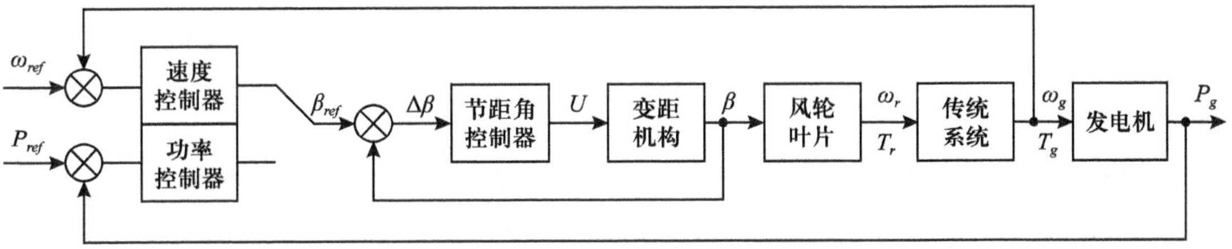

图 5-32 统一变桨距系统控制框图

风力发电机组的统一变桨距控制策略可以根据控制器类型的不同分成以下类型：基于数学模型的传统控制、现代控制及智能控制。

(1)传统控制策略　传统控制策略即基于 PID 控制器的控制方法，PID 控制器具有结构简单、稳定性好、可靠性高的优点，但是这种控制器过分依赖于控制对象的模型参数，鲁棒性较差。对于模型参数大范围变化、含有非线性环节的系统，PID 控制器难以达到控制要求。因此，PID 控制器通常是与其他控制策略相结合，形成新型复合控制方法，具有自学习、自适应的能力，能够自动辨识被控对象参数，自动整定控制器参数，适应被控对象参数的变化。同时又具有常规 PID 控制器结构简单、可靠性高、为现场工程设计人员所熟悉等特点。

(2)现代控制策略　现代控制策略主要有滑模变结构、H_∞鲁棒控制及自适应控制等方法。

滑模变结构控制本质上是一种不连续的开关型控制，要求频繁、快速地切换系统的控制状态，具有响应快速、对系统参数变化不敏感、设计简单、易于实现等特点，为变桨距系统提供了一种较为有效的控制方法。

H_∞鲁棒控制在风力发电机组中有一定应用，变桨距风能转换系统通常包含非线性气动特性、变桨距控制机构动态等，将线性化处理后估计出的非线性项的上界作为不确定项处理，采用线性 H_∞ 控制，可以实现在建模不确定条件下的高效风能捕获。

自适应控制的目标是使控制系统对过程参数的变化、对建模部分的动态过程不敏感。当系统动态变化时，自适应控制器根据感知的变化实时地调节控制器参数，使得控制器的性能指标尽可能接近或保持最优。自适应控制系统包括：模型参考自适应控制系统、自校正控制系统等。

（3）智能控制策略　智能控制策略能够很好地解决控制对象的非线性问题，在变桨距系统中应用的主要是人工神经网络控制和模糊控制等。

人工神经网络控制具有可任意逼近任何非线性模型的映射能力，可实现并行实时和冗余容错计算。可通过对网络训练，掌握控制对象的非线性函数关系，利用其自学习、自收敛特性，通过神经网络建立自适应控制器。

模糊控制是一种典型的智能控制方法，其最大的特点是将专家的经验和知识表示成语言规则用于控制，不依赖于被控对象的精确数学模型，能克服非线性因素的影响，对被控对象参数变化具有较强的鲁棒性。

2. 独立变桨距系统控制方法

独立变桨距控制是在统一变桨距控制的基础上发展起来的新型变桨距控制方法。独立变桨距是指风力发电机组的每支叶片根据其相应的控制规律独立地改变叶片桨距角，通常做法是在统一变桨距的基础上，给每个叶片叠加一个独立的桨距控制信号，使3个叶片具有不同的空气动力学特性，以补偿风的不均匀性导致的附加载荷。每个叶片都由独立的变桨距执行机构驱动，如果其中一个变桨距执行机构出现故障，其他两个叶片仍能独立调节桨距角，实现功率控制。

自然界的风在整个风轮扫掠面上分布是不均匀的，独立变桨控制可以根据各个叶片上的风速不同进行调节，不仅能维持发电机输出功率，而且能减小叶片拍打振动，因此独立变桨距控制比统一变桨距控制更具有一定的优势。

独立变桨距控制将3个叶片分别由单一的执行机构承担，所以一般都采用电动变桨方式，电动机通过主动齿轮带动桨叶轮毂内齿圈，使叶片桨距角发生改变。变桨距过程中叶片桨距角变化通常是0～90°。

独立变桨距调节技术的控制算法，主要是如何计算出给定独立桨距信号，有效减小附加载荷。根据反馈信号的不同，目前主要有以下方案，包括方位角反馈和叶根弯矩反馈。

（1）方位角反馈　方位角反馈的控制思想是：风轮旋转时，由风切变和塔影效应引起的俯仰弯矩和偏航弯矩呈周期性变化，是风轮方位角的函数。因此，可以选择风轮方位角作为反馈量，在同步统一变桨距信号的基础上叠加一个周期性变化的独立桨距信号，以抵消周期性的附加载荷，从而有效地降低附加载荷。但是，随着风轮直径的增大，湍流跨度相对风轮平面较小，常常只有个别叶片受到湍流的影响，进而导致严重的不对称载荷。此时，方位角反馈控制具有一定局限性；此外，当方位角反馈值出现一定的误差时，附加载荷反而会更大。

（2）叶根弯矩反馈　叶根弯矩反馈的控制思想是：当风速不对称时，首先在3个叶根处产生非对称弯矩，叶根弯矩的非对称性导致风轮在轮毂处产生俯仰弯矩和偏航弯矩。因此，可以首先测量叶根弯矩，并将其换算为俯仰弯矩和偏航弯矩，然后将俯仰弯矩和偏航弯矩作为反馈量来进行控制。这样，不管是周期性变化的载荷还是随机载荷，理论上都能够得到有效的解决。

5.5.4　变桨距系统典型应用

为了更好地说明变桨距系统的应用，下面将以中国科学院电工研究所研制的七柜体电动变桨距系统为例进行简要介绍，其变桨距系统结构如图5-33所示。

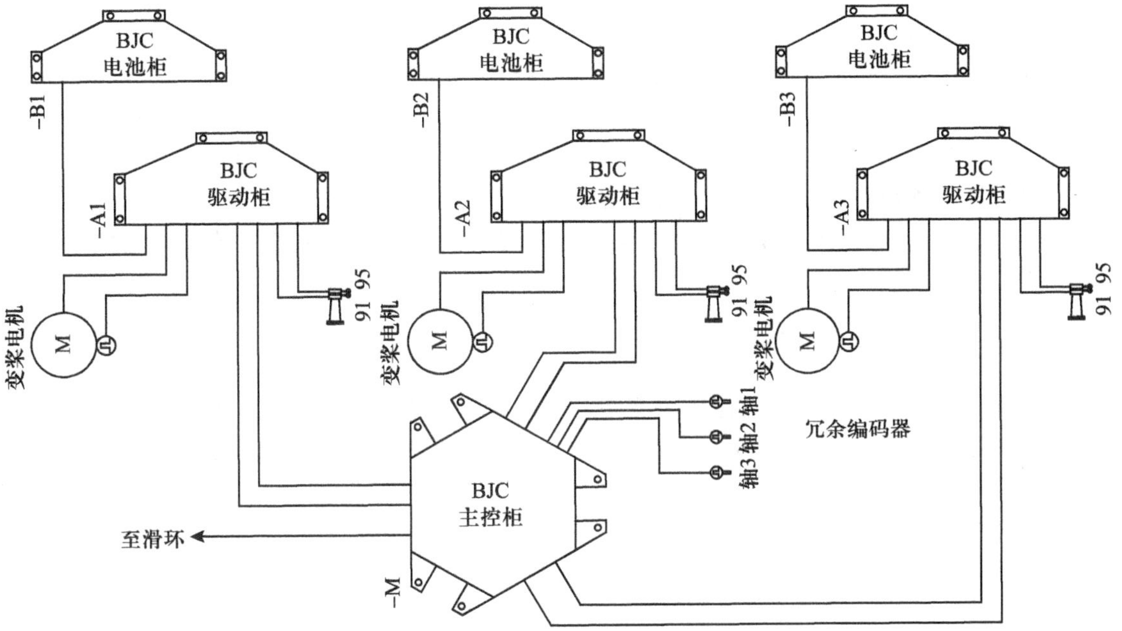

图 5-33　变桨距系统结构图

变桨系统主控柜主要放置的是变桨 PLC 控制器及其他电气开关元件。变桨 PLC 控制器的功能是:通信及数据处理,状态参数参加与监测,充电管理,故障判断、处理及存储,手/自动测试,变桨电机位置闭环控制等。

变桨系统驱动柜主要放置的是电机伺服驱动器及一些低压电气设备。伺服驱动器的功能是:实现速度和电流闭环控制,以达到精确的速度和位置控制;电机状态监测,安全保护,与 PLC 主控柜通信。

电池柜主要放置的是后备电源、温度传感器、充电传感器及加热器等,后备电源通常有两种选择方案,即蓄电池或超级电容器。

执行电机也有多种选择方案,主要有:串励/永磁直流电动机,永磁同步电动机;异步电动机等。

5.6　风力发电机组监控系统

风力发电机组监控系统是通过主控系统上的人机界面(本地监控)和远程集中监控系统(远程监控)实现的,二者为操作人员提供了与风力发电机组数据交流的可视化操作平台。风力发电机组监控系统能够实时观测风力发电机组的状态参数以及当前的风况、电网信息,能够记录并保存相应的运行数据和故障信息,能够本地或远程对风电机组进行启动、复位和停机等常规操作。

5.6.1　监控系统功能及技术要求

风力发电机组监控系统的本地监控和远程监控应该具有如下特点:①显示支持中文/英文两种语言模式,默认为中文;②以图形、符号、文字等多种形式进行信息显示,直观易懂,易于操作;③与主控系统通信不应影响主控系统的运行管理和安全保护功能。

人机界面功能应包括:①数据采集。能够显示风力发电机组所有运行参数信息。②机组控制。进行机组运行控制和维护操作,包括开机、停机、左右偏航、复位等,还包括有功和无功功率的控制。③参数修改。对风力发电机组参数进行查询和修改。④数据统计。能够显示风力发电机组所有数据统计的信息。⑤人机界面不具备数据存储和数据统计功能。

远程监控系统功能应包括:①主控系统具有与风电场进行网络通信的功能。通过风电场网络与集中监控系统连接,实现风力发电机组的远程访问功能。②主控系统具有和集中监控系统时间同步的功能。

5.6.2 监控系统的结构

风力发电机组通过光纤或其他通信网络与风电场中央监控室相连,完成机组运行数据的采集和传送任务,同时能够接收中央监控室发送的指令,系统结构图如图 5-34 所示。

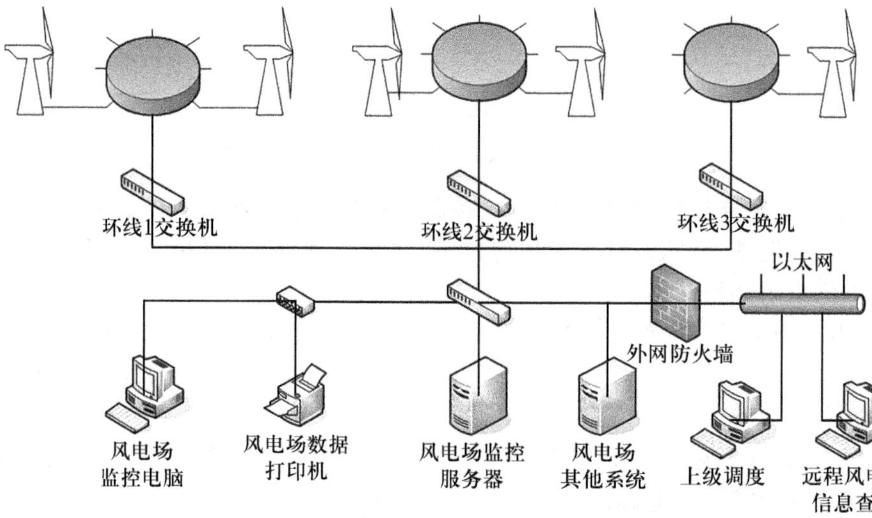

图 5-34 风力发电机组远程监控系统结构图

5.6.3 监控系统常用通信协议

风力发电机组常用的通信协议——基于 IEC61400—25 协议的机组与风电场通信系统,机组通信系统主要是指轮毂、机舱、塔底之间的信息交换,机组通信采用总线通信方式,常用的通信协议有 RS485、RS232、RS422、Profibus、Modbus、CAN 等。

风电场的通信是靠 SCADA 系统来实现的。SCADA 是 supervisory control and data acquisition 的英文缩写,即监视控制与数据采集的意思。SCADA 系统的应用领域很广,可以对现场的运行设备进行监视和控制,以实现数据采集、设备控制、测量、参数调节以及各类信号报警等各项功能。

5.6.4 监控系统的典型应用

图 5-35 所示为风力发电机组监控系统的一个典型应用。风力发电机组通过网线与本地

以太网交换机相连，以太网交换机通过光纤跳线与终端盒相连，风力发电机组的本地以太网交换机通过光纤与风电场中央监控室的终端盒和以太网交换机相连进行数据的传送和接收。

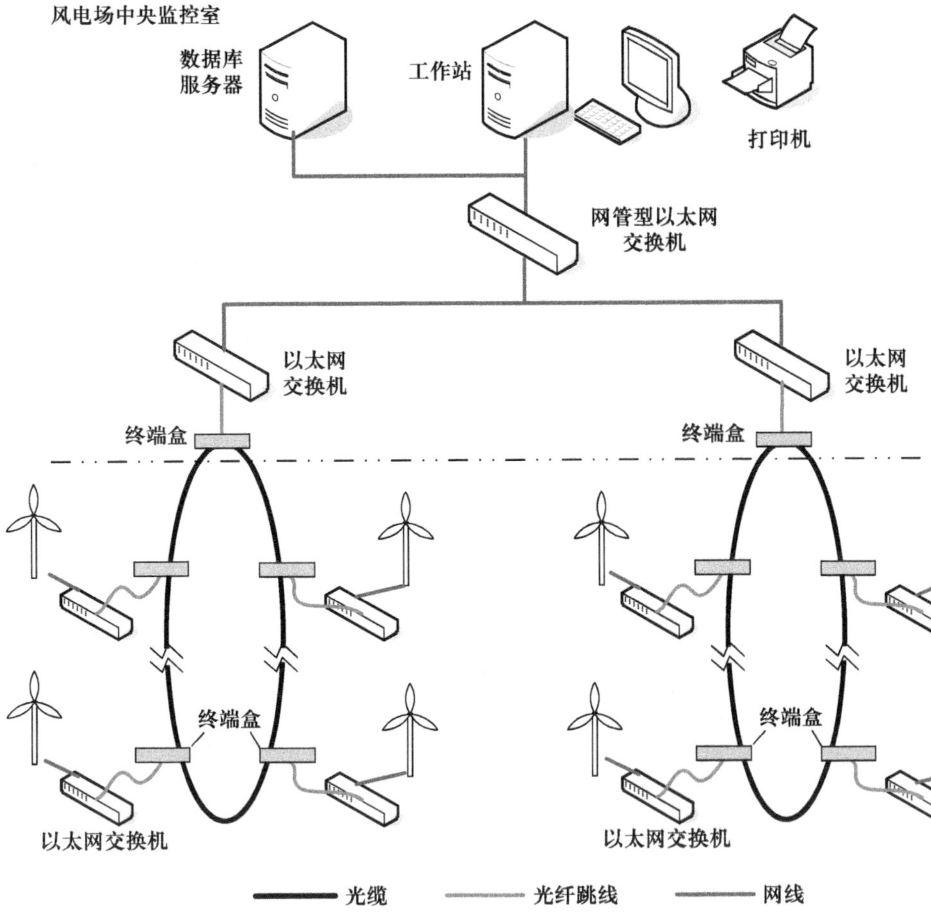

图 5-35 风力发电机组监控系统典型应用图

思考题

1. 常用描述风能的参数有哪些？
2. 我国四类风能资源分布区的风功率密度指标是什么？
3. 风力发电机组有哪些关键部件？分别有什么功能？
4. 画出直驱型风力发电机组和双馈型风力发电机组结构图，说明两种风力发电机组的特点。
5. 说明双馈型风力发电机组实现低电压穿越的方法。
6. 说明直驱型风力发电机组实现低电压穿越的方法。
7. 说明风力发电机组的变桨控制方法，并画出一种常见变桨控制框图。

参考文献

[1] 刘建国．可再生能源导论[M]．北京：中国轻工业出版社，2017.

[2] 徐大平,柳亦兵,吕跃刚. 风力发电原理[M]. 北京:机械工业出版社,2020.
[3] BREEZE J. Wind power generation[M]. New York: Academic Press,2016.
[4] EARNEST J, RACHEL S. Wind power technology[M]. Delhi: PHI Learning Private Limited,2019.
[5] SORENSEN J D. 风能系统——实现安全可靠运行的优化设计与建设[M]. 胡书举,译. 北京:机械工业出版社,2013.
[6] WEI T. Wind power generation and wind turbine design [M]. Southampton: WIT Press,2010.

第6章　生物质能源利用技术

本章学习的目的与要求

本章旨在使学生了解生物质能在能源供应中的地位，初步掌握生物质能的分类与生产、生物质能转化原理和技术(厌氧制备沼气、发酵制备乙醇、热解制备合成气等)、环境影响和经济评价等方面的知识，树立资源可持续及低碳循环利用理念，为从事相关领域科学研究和技术开发奠定基础。

6.1　生物质资源分类

6.1.1　农作物秸秆

农作物秸秆是指在农业生产过程中，收获稻谷、小麦和玉米等农作物籽粒或最具经济价值的皮棉、薯类块茎等部分后，残留的不可食用的茎、叶等剩余物。农作物秸秆资源量与农作物产量、农业生产条件、自然条件等因素密切相关。农产品加工过程中产生的剩余物，如稻壳、玉米芯、花生壳、棉籽壳、甘蔗渣和甜菜渣等，也是重要的生物质资源来源。

2019年，我国主要农作物秸秆理论总产量为8.6亿t，如表6-1所示，排在前3位的是玉米、稻谷和小麦，产量分别约为2.9亿t、2.1亿t和1.7亿t，三者占全国农作物秸秆总产量的77.9%。油料作物秸秆排在第4位，为7 686.2万t，占全国总产量的8.9%。

2019年，我国农产品加工剩余物理论总产量约1.2亿t。其中，稻壳、玉米芯、棉籽壳、花生壳、甘蔗渣和甜菜渣产量分别为4 192.3万t、4 694万t、276.8万t、473万t、2 187.8万t和61.4万t，占比分别为35.99%、40.29%、2.30%、4.06%、18.78%和0.53%。

表6-1　2019年我国主要作物秸秆理论产量

万t

作物	草谷比	产量	秸秆量
稻谷	1	20 961.4	20 961.4
小麦	1.28	13 359.6	17 100.3
玉米	1.1	26 077.9	28 685.7

续表6-1

作物	草谷比	产量	秸秆量
花生	1.5	1 752.0	2 628.0
棉花	3.62	588.9	2 131.8
甘蔗	0.1	10 938.8	1 093.9
豆类	1.5	2 131.9	3 197.9

注：数据来自《中国统计年鉴 2020》

6.1.2 畜禽养殖废弃物

1. 我国畜禽养殖及废弃物现状

近年来，我国肉、蛋、奶制品消费量迅速增加，极大提高了养殖户收入。1978—2020 年，我国肉、蛋、奶产量分别从 856.3 万 t、234 万 t、97.1 万 t 提高到 7 748.4 万 t、3 529.6 万 t、3 467.8 万 t，分别增长了约 8 倍、14 倍和 35 倍。

畜禽养殖业规模化发展，使得废弃物排放较为集中，同时缺乏用于消纳的配套土地，导致环境污染问题突出。《第二次全国污染源普查公报》显示，2017 年我国畜禽规模养殖场废水化学需氧量 604.83 万 t，氨氮 7.50 万 t，总氮 37.00 万 t，总磷 8.04 万 t。2018 年统计数据显示，全国畜禽粪污年产生量约 38 亿 t。

据测算，年出栏 10 000 头的猪场平均每天粪便排放量可达 17.5 t，其中氮和磷排放量分别达 105 kg 和 70 kg；年饲养 10 000 只产蛋鸡的养殖场平均每天粪便排放量达 1.5 t，其中氮和磷排放量分别达 24.5 kg 和 23.1 kg。按粪便排泄量计算，1 头猪的排粪量相当于 2 个人的排粪量，而按生化需氧量(BOD)计，1 头猪的排粪量则相当于 13 个人的排粪量。

据王方浩等给出的畜禽年度粪便产生量计算公式：

$$Q = N \times T \times P \tag{6-1}$$

式中，Q 为年度粪便产生量，t；N 为饲养量，头；T 为饲养期，d；P 为排泄系数。

而畜禽粪便中纯养分含量的估算公式为：

$$A = q \times c \tag{6-2}$$

式中，A 为畜禽粪便中养分量；q 为畜禽粪便产生量；c 为单位质量畜禽粪便养分含量。

根据《第二次全国污染源普查公报》公布的数据，2017 年水污染物排放量为：化学需氧量 1 000.53 万 t，氨氮 11.09 万 t，总氮 59.63 万 t，总磷 11.97 万 t。其中，畜禽规模养殖场水污染物排放量为：化学需氧量 604.83 万 t，氨氮 7.50 万 t，总氮 37.00 万 t，总磷 8.04 万 t。畜禽养殖污染源已成为我国三大污染源之一。

2. 畜禽养殖废弃物的特性

畜禽养殖废弃物包括粪、尿、栏舍冲洗污水、病死畜禽、养殖垫料、家禽胎盘及废气等，其中，以粪、尿、栏舍冲洗污水为主。这些废弃物除了会产生废气，往往携带大量微生物和致病菌。养殖废弃物中的水分和有机质含量也很高，有机质在微生物作用下较易降解，进而产生大量温室气体。

(1)畜禽尿的特性　尿是由动物肾脏产生、经输尿管排出的含有大量代谢产物的液体，是机体排水的主要途径之一。畜禽尿液理化特性受畜禽种类、生理阶段、饲料、水质、饮水量、健康状况、环境温度和湿度等因素的影响。家畜尿液一般呈浅黄色至深黄色，略带臊臭味，尤以公猪和公山羊尿液气味较浓，密度为 1.009～1.038 g/cm^3，略大于水，主要家畜尿液的密度见表 6-2。

表 6-2　主要家畜尿液的密度

家畜种类	尿液密度/(g/cm^3)	家畜种类	尿液密度/(g/cm^3)
牛	1.030±0.012	猪	1.015±0.001
犊牛	1.018±0.009	仔猪	1.009±0.006
山羊	1.021±0.008		

注：数据引自《家畜生理生化学》(1985)

正常情况下，牛、羊等食草家畜尿液呈碱性；猪、禽等杂食动物尿液有时呈碱性，有时呈酸性；哺乳期的家畜尿液一般呈酸性。主要畜禽尿液的 pH 值见表 6-3。

表 6-3　主要畜禽尿液的 pH 值

畜禽种类	尿液 pH 值	畜禽种类	尿液 pH 值
牛	7.7～8.7	猪	6.5～7.8
犊牛	6.7～7.8	产蛋母鸡	7.6
山羊	8.0～8.5	鸭	6.8
羔羊	6.6	兔	8.0

注：数据引自《家畜生理生化学》(1985)

尿液中主要成分为水，猪尿中含水约 97%，牛尿中含水 92%～95%，羊尿中含水 80%～85%。尿液中的无机盐类主要为钠、钾、钙、镁和铵盐等；非蛋白质氮主要为尿素、尿囊素、尿酸、肌酐、嘌呤等；无氮有机物主要为草酸、结合葡萄糖醛酸以及硫酸酯等。此外，尿液中含有微量的酶、激素、色素和某些水溶性维生素。

家畜尿液及其主要污染物化学需氧量(COD)的日产量在各生理阶段差异很大。家禽无膀胱，尿液直接进入泄殖腔内，并和粪混在一起排出，难以分别计算其粪尿排放量，所以常放在一起计算。家畜尿液及其主要污染物 COD 的日均产量一般随体重的增加而增加。另外，我国各区域饲养的同种家畜受气候、饲料营养水平等因素影响，尿液及其 COD 的日产量差异较大。根据现有研究结果和《第一次全国污染源普查畜禽养殖业源产排污系数手册》数据，我国猪、牛尿液及尿液 COD 日均产量参考值见表 6-4。

表 6-4　猪、牛尿液及尿液 COD 日均产量参考值

项目	体重/kg	日均产尿量/[L/(头·d)]	日均 COD 产量/[g/(头·d)]
保育猪	21～37	1.02～1.88	21.25～30.41
育肥猪	65～74	2.14～3.62	31.96～64.01
妊娠母猪	175～238	3.58～6.00	40.43～89.90
育成期奶牛	312～378	6.50～11.02	171.70～265.17

续表6-4

项目	体重/kg	日均产尿量/[L/(头·d)]	日均COD产量/[g/(头·d)]
泌乳奶牛	540～686	12.13～17.98	332.25～598.51
育肥期肉牛	316～462	7.09～9.15	138.70～324.19

(2)粪的特性　畜禽摄入饲料和水，经口腔、胃、小肠消化后的产物由小肠吸收，其残余物进入大肠，再经微生物消化并由大肠黏膜对水、电解质及部分物质吸收后被浓缩形成粪。粪的来源主要为食物残渣、代谢产物、微生物及其代谢产物。

畜禽粪的pH值与饲料成分、大肠内微生物繁殖情况有关。正常情况下，牛粪pH值为7.8～8.4，猪粪pH值为7.2～8.2，羊粪pH值为7.6～8.4，鸡粪pH值为6.0～7.0。当大肠内蛋白质腐败过程占主导时，粪的pH值升高。

畜禽粪的主要成分为水和有机质，其含水率与畜禽种类、生理阶段及饲料含水率等相关。幼龄畜禽粪的含水率较高，成年畜禽粪的含水率相对较低。同种畜禽在饲喂较多的多汁饲料时，其粪的含水率会增加。各种畜禽粪中水分和有机质含量参考值见表6-5。

表6-5　各种畜禽粪的水分及有机质含量参考值

%

项目	猪粪	牛粪	羊粪	鸡粪	鸭粪	鹅粪	鸽粪
水分	72.4	77.5	64.6	50.5	56.6	77.1	51.0
有机质	25.0	23.3	31.8	25.5	26.2	23.4	30.8

注：数据引自《家畜环境卫生学》(第3版)(2003)

畜禽粪及其所含有机质日均可能转化的COD含量与畜禽生理阶段、气候条件、饲料组成及采食量有关。当饲料中纤维含量增多时，畜禽的日均产粪量也随之增多；成年之前，畜禽日产粪量随体重增加而增加。据文献报道和《第一次全国污染源普查畜禽养殖业源产排污系数手册》数据，牛、猪、鸡粪及其所含有机质日均可能转化COD的含量参考值见表6-6，表中鸡的产粪量和COD包含鸡的尿液。

表6-6　畜禽粪及其所含有机质日均可能转化COD的产量参考值

项目	体重/kg	产粪量/[kg/(头·d)]	COD/[g/(头·d)]
保育猪	21～37	0.47～1.04	117.58～212.90
育肥猪	65～74	1.12～1.81	299.63～380.71
妊娠母猪	175～238	1.41～2.11	317.54～492.95
育成期奶牛	312～378	10.50～16.61	1 748.8～3 096.9
泌乳奶牛	540～686	19.26～33.47	3 169.6～6 422.8
育肥期肉牛	316～462	12.10～15.01	2 052.8～2 919.1
育成期蛋鸡	1.0～1.3	0.06～0.12	12.94～21.86
产蛋蛋鸡	1.5～1.9	0.10～0.17	18.50～27.35
肉鸡	0.6～2.4	0.06～0.22	13.05～42.33

畜禽粪尿中的氮、磷、铜等可作为作物的养分，但当它们不能被充分利用时会对环境造成严重污染。畜禽粪尿中的氮、磷、铜含量受饲料中氮、磷、铜含量的影响较大，当饲料中氮、磷、铜含量增加时，通过畜禽粪尿排出的氮、磷、铜含量随之增加。家畜体内的大部分磷、绝大部分铜主要通过粪排出，而氮的排出有时以尿为主，有时以粪为主。牛、猪、鸡通过粪尿每日排泄氮、磷、铜的量参考值见表6-7。

表6-7 畜禽氮、磷和铜的日均排泄量参考值

项目	体重/kg	全氮/[g/(头·d)]	全磷/[g/(头·d)]	铜/[mg/(头·d)]
保育猪	21～37	10.97～26.03	1.44～3.48	82.24～199.89
育肥猪	65～74	19.74～26.03	3.21～6.16	118.79～236.56
妊娠母猪	175～238	22.02～78.67	5.11～11.18	58.32～185.14
育成期奶牛	312～378	107.77～139.76	9.54～25.99	73.28～158.39
泌乳奶牛	540～686	185.89～353.41	17.92～62.46	137.49～309.11
育肥期肉牛	316～462	65.93～153.47	10.17～19.85	29.32～120.95
育成期蛋鸡	1.0～1.3	0.66～0.96	0.13～0.33	0.44～0.95
产蛋蛋鸡	1.5～1.9	1.06～1.42	0.23～0.51	0.82～1.95
肉鸡	0.6～2.4	0.71～1.85	0.06～0.50	0.72～2.43

(3)病死畜禽的特性　病死畜禽的尸体主要由水分、蛋白质、脂肪和矿物质构成，其含水率为40%～80%，且随畜禽死亡日龄增加而降低；脂肪含量随畜禽死亡日龄增加而增加；蛋白质在畜禽体内的含量随死亡日龄增加而减少；矿物质含量相对稳定在3%左右。病死畜禽往往携带大量病原体，是主要的疫病传染源之一，必须进行无害化处理。

(4)废气的特性　畜禽养殖过程产生的废气主要含有粉尘、微生物、有害气体和臭味物质。粉尘主要来源于饲料、粪便和畜禽体表脱落的皮屑等，其中来源于饲料的粉尘占80%～90%。微生物主要来源于畜禽呼吸系统呼出的废气和消化道排出的粪便。

有害气体主要为氨气、硫化氢和甲烷，其中氨气和硫化氢是具有强烈臭味的物质。畜禽养殖废气中恶臭物质的种类和组分非常复杂，已知牛场至少有94种，猪场至少有230种，鸡场至少有150种，主要的恶臭物质为氨气、硫化氢、吲哚、硫醇、挥发性短链脂肪酸和胺类等。有粉尘存在时，这些恶臭物质吸附于粉尘表面而形成复杂的复合恶臭，因此，降低舍内空气中粉尘和去除畜禽舍排出废气中的粉尘，可有效减少畜禽养殖场周边空气的臭味。

3. 畜禽养殖废弃物综合处理利用原则

畜禽养殖废弃物的综合处理利用必须遵循“减量化、资源化、无害化”的原则。“减量化”是采取有效措施减少单位畜禽产品的废弃物产生量；“资源化”就是把废弃物进行无害化处理过程中所产生的物质及处理后的产物作为资源进行充分利用，使其不污染环境；“无害化”是在减量化的基础上对已产生的废弃物进行无害化处理，杀灭有害微生物、寄生虫卵及植物种子等，降解大分子有机物，使其能达到土地处理和资源化利用的要求。畜禽养殖废弃物中含有大量病原体，进行无害化处理尤为重要，这既是环境保护的要求，也是畜禽养殖自身生物安全的需要。

6.1.3 农产品加工剩余物

当前，农产品加工业的副产物大部分未被有效利用。这不仅造成了资源浪费、效益流失，而且污染了环境。例如，肉食加工业废弃物可用于生产皮革制品、肥皂、生物药剂、羽绒、骨粉等。农田和果园有机残留物是生产皱褶纸板、软质纤维板和纸张的原材料，还可进一步利用其中的木质素、纤维素等制造化工产品。开展农产品加工剩余物综合利用可以化害为利，变废为宝，提升农产品附加值，对农民增收和资源节约具有重要意义。

1. 农产品加工剩余物分类

常见农产品主要有粮食、油料、蔬菜、水果、肉、奶、禽蛋和水产品等。2021 年我国主要农产品产量如表 6-8 所示。

表 6-8 2021 年我国主要农产品产量

种类	产量/万 t	种类	产量/万 t
粮食	68 284.75	棉花	573.09
蔬菜	77 548.78	肉类	8 989.99
水果	24 524.6	禽类	3 408.81
油料	3 613.17	水产品	6 463.67

数据来源：国家统计局

农产品副产物主要是在农产品生产或加工时产生的附属品或废弃物，分为粮油加工副产物、畜禽加工副产物、水产品加工副产物、食品加工副产物等 4 大类。

粮油加工副产物主要包括稻谷、小麦、玉米、豆类、油菜籽、酿酒加工副产物等；畜禽加工副产物主要包括畜禽血、骨、脏器、皮毛等；水产品加工副产物主要包括鱼类、甲壳类、贝类等；食品加工副产物主要包括面包渣、苹果渣、茶叶渣、巧克力渣、糖渣、糖蜜等。

2. 农产品加工剩余物利用面临的问题

(1)综合利用率低　目前，我国农产品加工副产物综合利用率还比较低，高纯度、功能性、专用型等高附加值产品还较为缺乏。例如，我国每年生产 500 多万 t 豆粕，200 多万 t 棉籽饼，其中只有 1%转化为食品；每年生产 300 多万 t 小麦胚芽，可提炼 36 万 t 胚芽油，但深度开发利用较少；油料加工副产物有效利用率不足 60%，造成了资源严重浪费。

(2)技术装备水平落后　目前，我国农产品综合利用环节的技术装备和技术水平仍需提升。例如，米糠制油的新技术比较缺乏，导致活性物质损失较大；膳食纤维和功能性糖提取技术缺乏，导致酶解效率不高、产品得率较低等。

(3)标准化程度较低　目前，与农产品加工副产物综合利用产品相关的国家和行业标准总体偏少，缺乏基础标准、管理标准和检测标准的有效支持，应加大力度推动相关标准化工作。

6.1.4 餐厨垃圾

餐厨垃圾是生活垃圾的重要组成部分，日产量较高，具有含水率高、有机质和油分含量高等特点。餐厨垃圾经适当处置后的下游产物可用于沼气发电、有机肥生产和油脂提取等，实现“变废为宝”。

1. 餐厨垃圾的性质

餐厨垃圾主要是指人们餐后遗弃的食品类有机废弃物，如大米、面类、肉类、果蔬类和油类物质等。餐厨垃圾的来源主要包括大型酒店、企事业单位和高校食堂、小型餐馆以及家庭。就其化学组成而言，餐厨垃圾主要是碳水化合物、蛋白质、脂类、无机盐和水分等，如表 6-9 所示。根据其组成不同，餐厨垃圾具有以下特征：①生物质含量较高（16%～22%），具有开发利用价值；②含水率高，极易酸败腐烂，易产生恶臭性气味；③脂类和盐类含量较高，对资源化的产品品质影响较明显。因此餐厨垃圾需要妥善处理，否则极易造成环境污染，影响群众健康。

表 6-9　餐厨垃圾的主要理化特性指标

指标	单位	数值	指标	单位	数值
总固形物(TS)	g/L	120～240	脂肪	%	6～24
可溶性固形物(VS)	g/L	80～235	总碳	%	35～55
VS/TS	%	65～95	总氮	%	2.2～2.7
碳水化合物	%	40～56	碳氮比(C/N)	—	15～23
蛋白质	%	15～17			

2. 餐厨垃圾的产量

如图 6-1 所示，我国城市垃圾清运量逐年增加，2020 年全国生活垃圾清运量达到 2.35 亿 t，其中 50%以上为餐厨垃圾，这说明餐厨垃圾已成为我国垃圾的主要来源之一。餐厨垃圾富含蛋白质、碳水化合物等易生物降解的有机质，在自然堆放、人工转运过程中易腐败发臭、滋生蚊蝇，垃圾中转站、填埋场已成为生态污染的重点管控场所。

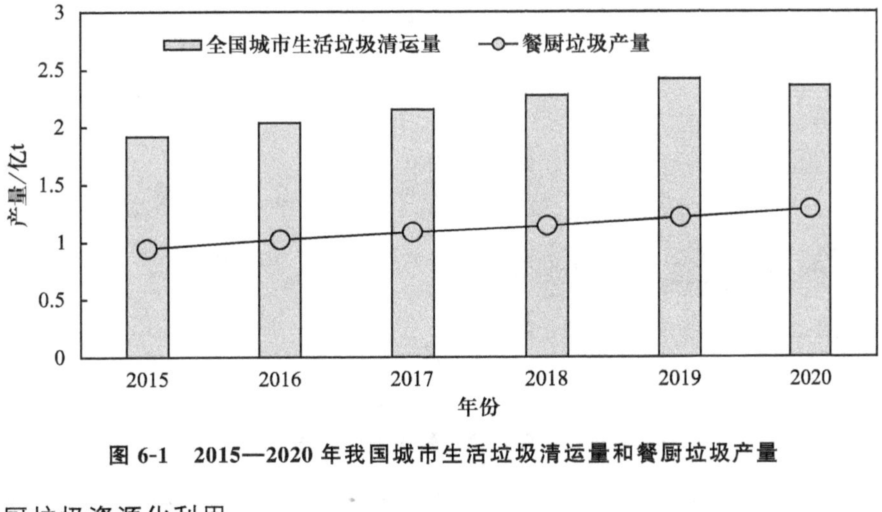

图 6-1　2015—2020 年我国城市生活垃圾清运量和餐厨垃圾产量

3. 餐厨垃圾资源化利用

餐厨垃圾的主要处理方式如表 6-10 所示。餐厨垃圾主要用于饲料化和堆肥，其中饲料化占 80%左右。上述处理方法也带来了一些次生问题。例如，餐厨垃圾饲料化缩短了食物链，容易导致一些疾病传播，因此多地已逐渐禁止餐厨垃圾饲料化，且加强了对餐饮业和个体工商户的监管力度。

表 6-10 餐厨垃圾主要处理方式

处理方式	缺点	优点
焚烧	需加助燃剂，经济性差；工艺要求严格，有二次污染	高温燃烧减量化
好氧堆肥	需要进行有机质预筛选，提供好氧环境和去除油脂，易产生恶臭性气味	操作简单，运行成本低
饲料加工	需要进行有机质筛选，存在疾病传播风险，需要补加添加剂	工艺简单，经济投资小，回报较高
厌氧发酵	沼液、沼渣需要进行无害化处理，对沼气进行提纯，操作安全性要求高	清洁、自动化程度高，实现生物质能源回收

4. 餐厨垃圾厌氧消化案例介绍

餐厨垃圾厌氧消化沼气工程的处理流程一般包括：将收集的餐厨垃圾送入接料池，由输送装置将固体物质和液体物质初步分离，经破袋分选、破碎除杂后，再经固液分离系统得到有机质干渣和油水混合物；有机质干渣经过除砂匀浆后进入厌氧发酵系统，发酵后的物料通过脱水系统分离，所得沼液经过脱氮、脱盐、脱硫处理后可作为液体有机肥，沼渣可制作成颗粒有机肥；油水混合物经分离后，油脂可用于生产生物柴油，分离出的液体富含有机质，可进行厌氧发酵，厌氧发酵产出的沼气可用于发电或提纯制备生物天然气。餐厨垃圾经厌氧发酵处理后降解较为彻底，资源化和无害化程度高，产品多样化，经济价值有保证。餐厨垃圾的厌氧处理流程见图 6-2。

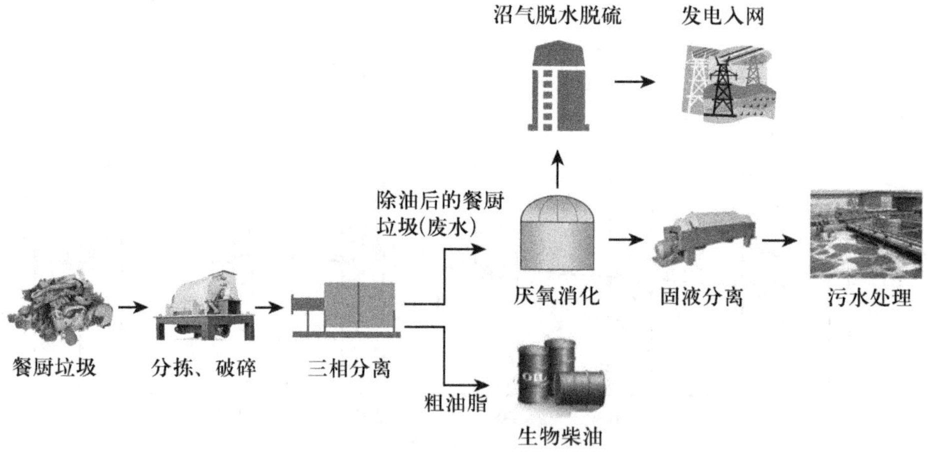

图 6-2 餐厨垃圾的厌氧处理流程

例如，重庆某餐厨废弃物沼气工程采用高温厌氧发酵技术，消化温度为 55～60 ℃，规模 1 133 t/d(共分四期建设，其中一期为 167 t/d，二期、三期为 233 t/d，四期为 500 t/d)。餐厨垃圾中的有机质转化为沼气，再经生物脱硫等净化工艺后，用于燃烧发电并接入国家电网。其中，一期工程沼气产量 13 000 m^3/d，发电装机 1 MW；总规模沼气产量 39 000 m^3/d，发电装机 3 MW。四期工程每天共产生 18 t 生物柴油和 50 000 kWh 绿色电力。

6.1.5　有机废水

1. 有机废水定义及分类

有机废水是以有机污染物为主的废水，一般是造纸、皮革及食品等行业排出的COD含量在2 000 mg/L以上的废水，其中含有大量碳水化合物、脂肪、蛋白、纤维素等有机物。有机废水若直接排放，易造成水体富营养化，对生态环境危害较大。

有机废水按其性质来源可分为3大类：①易生物降解有机废水，其中毒物含量很少，主要是生活污水和来自以农牧产品为原料的工业废水等；②有机物可以降解、但含有害物质的废水，主要来自印染、制革业等；③难以生物降解和有害的有机废水，这类废水主要来自造纸、制药业等。

2. 有机废水水质特点

有机废水的水质特点如表6-11所示。

表6-11　有机废水的水质特点

特点	具体特征
有机物浓度高	COD一般在2 000 mg/L以上，有的甚至高达几万乃至几十万 mg/L；BOD较低，很多废水BOD与COD的比值小于0.3
成分复杂	含有毒性物质的废水中，有机物以芳香族化合物和杂环化合物居多，还多含有硫化物、氮化物、重金属和有毒有机物等
色度高有异味	有些废水散发出刺鼻恶臭，给周围环境造成不良影响
具有强酸强碱性	工业有机废水中酸、碱类众多，往往具有强酸或强碱性

除表6-11所列之外，还有一些难生物降解的有机废水中所含污染物的结构十分复杂，如萘是由10个碳原子组成的离域共轭键物质，结构相当稳定，难以降解。这类废水BOD/COD大多数都极低，可生化性差，且对微生物有毒性，难以用一般的生化方法处理。

3. 有机废水危害

有机废水主要有以下3种危害。

(1)需氧性危害　由于生物降解作用，有机废水会使受纳水体缺氧甚至厌氧，多数水生物将死亡，从而产生恶臭，恶化水质。

(2)感官性污染　有机废水不但使水体失去使用价值，更严重影响到水体附近居民的正常生活。

(3)致毒性危害　有机废水中含有大量有毒有机物，会在水体、土壤等自然环境中不断累积、赋存，最后进入人体，从而危害人群健康。

4. 有机废水的处理

有机废水处理技术分为3类：物化处理、化学处理及生物处理。

(1)物化处理技术　物化处理常作为一种预处理手段应用于有机废水处理，预处理的目的是通过回收废水中的有用成分，对一些难生物降解物进行处理，从而去除有机物，提高可生化性，降低生化处理负荷，提高处理效率。常用的物化法有萃取法、吸附法、浓缩法、超声波降解法等，如表 6-12 所示。

表 6-12　有机废水的物化处理技术

处理方式	缺点	优点
萃取法	只能用于非极性有机物，被萃取的有机物和萃取后的废水需进一步处理，有机溶剂还可能造成二次污染	效率高，操作简单，投资较少
吸附法	吸附剂再生困难、费用高，在国内较少使用	操作简单，效率高
浓缩法	能耗高，如有废热回收利用或可降低能耗	操作简单，工艺成熟，并能实现有用物质的部分回收，适于处理含盐有机废水
超声波降解法	成本较高	操作简便，降解速度快

(2)化学处理技术　化学处理技术应用化学原理和化学作用将废水中的污染物转化为无害物质，实现废水净化。化学氧化法分为两大类：一类是在常温常压下利用强氧化剂(如过氧化氢、高锰酸钾、次氯酸盐、臭氧等)将废水中有机物氧化成二氧化碳和水；另一类是在高温、高压下分解废水中有机物，包括超临界水氧化和湿空气氧化工艺，所用的氧化剂通常为氧气或过氧化氢，一般采用催化剂降低反应条件、加快反应速率。化学氧化法反应速度快、控制简单，但成本较高，通常难以将难降解有机物一步氧化到无机物质，而且目前对中间产物调控的研究较少。该技术也常作为生化处理的预处理方法，主要有焚烧法、Fenton 氧化法、臭氧氧化法、电化学氧化法等。

(3)生物处理技术　生物处理是废水净化的主要工艺，主要用于处理农药、印染、制药等行业的有机废水。生物处理法主要利用微生物的代谢作用来分解、转化水体中有毒有害物质和其他各种超标组分，降解作用主要发生在含微生物的活性污泥、生物膜及其相应的反应器。生物法不仅经济、安全，而且处理的污染物阈值低、残留少，无二次污染，应用前景较好。根据反应条件的不同，生物处理法通常可分为好氧生物处理和厌氧生物处理两大类。

5. 有机废水利用前景

有机废水处理技术正向高效、节能、环保的方向发展，尤其是好氧与厌氧联合处理工艺将具有广阔的前景，其发展趋势包括：①改造常规的污水处理工艺；②多种处理技术联合应用；③发展具有高效能、多功能、设备小型化以及更便于操作的组合处理装置；④开发污水净化生物强化技术。

6.1.6　林业废弃物

1. 林业废弃物定义及特点

林业废弃物一般指林业生产、森林更新和林产品加工过程中产生的废弃物，包括采伐剩余物、清林抚育剩余物和木材加工剩余物等，如表 6-13 所示。一般情况下，林业废弃物的木质素含量和热值高于禾本科生物质，可加工成生物质成型燃料，或用作生物质直燃发电厂的原料以及加工各种板材的原料。

表 6-13　林业废弃物分类

名称	具体特征
林木采伐和造材剩余物	包括采伐剩余物（枝丫、树梢、树皮树叶、树根及藤条、灌木等）、造材剩余物（造材截头等）
木材加工剩余物	木、锯材加工成其他木质产品过程中产生的废弃物，包括板皮、板材截头、锯屑碎单板、木芯、刨花、木块及边角余料
森林抚育间伐剩余物	幼林抚育、低产林改造等采伐作业过中不形成森林采伐产品和未被利用的枝丫、梢头、灌木等
经济林修剪废弃物	苹果、梨、桃、板栗、核桃、大枣、花等经济林和果树生长过程修剪产生的枝丫等
竹材采伐和加工剩余物	竹材采伐和加工过程中产生的废弃物，包括采伐剩余物、竹材加工剩余物等
城市园林绿化废弃物	城市园林绿化经营管理过程中所产生的枝丫、落叶或草屑等植物残体

林业废弃物的特点主要包括：来源广、数量巨大，具有可再生性、可生物降解、对环境友好，可利用性高。林业废弃物利用途径主要为原料化利用、能源化利用、肥料化利用、饲料化利用和综合利用。

2. 我国林业废弃物综合应用现状及分类

第九次全国森林资源清查结果显示，全国森林面积 22 044.62 万 hm^2，占世界森林面积的 5.51%，森林覆盖率为 22.96%。全国活立木总蓄积 190.07 亿 m^3，主要分布在西南和东北地区，其中西藏、云南、黑龙江、四川、内蒙古、吉林等 6 省（自治区）活立木蓄积占全国活立木蓄积的 60.12%。森林蓄积 175.60 亿 m^3，其中西藏、云南、四川、黑龙江、内蒙古、吉林森林蓄积较大。全国森林植被总生物量 188.02 亿 t，总碳储量 91.86 亿 t。全国天然林面积 14 041.52 万 hm^2，天然林蓄积 141.08 亿 m^3，人工林面积 8 003.10 万 hm^2，人工林蓄积 34.52 亿 m^3，乔木林每公顷蓄积 94.83 m^3。历次全国森林清查面积的变化趋势如图 6-3 所示。我国森林资源呈逐年上升态势，林木生物质资源总量也相当可观。

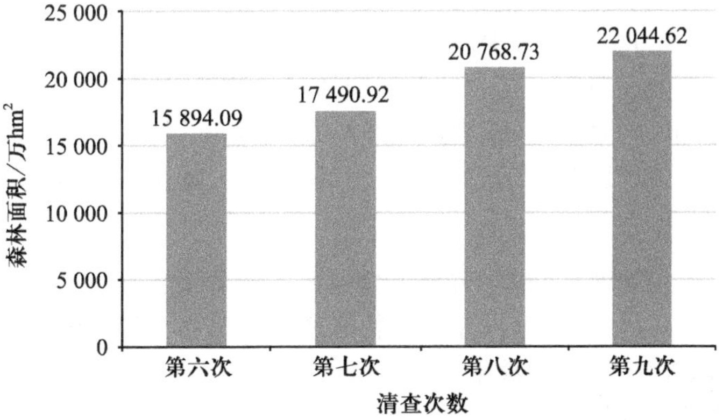

图 6-3　全国森林清查面积

3. 林业废弃物综合利用途径

表 6-14 显示了我国的林业废弃物综合利用途径。

表 6-14　林业废弃物综合利用途径

利用途径	主要产物
原料化	生产人造板、生物质材料、生物质能源、活性炭、竹炭、乙醇以及食用菌等产品
能源化	生物质固体成型燃料、生物柴油、生物质燃气、液化燃油、生物质发电等
肥料化	生产各种肥料产品
饲料化	生产饲料

除以上利用方式外，综合利用是指以林业剩余物为原料，开展热、电、油、林化产品等生物质多联产利用。但是，高附加值产品原料化利用技术和热电联产、农林业生物质联产技术集成及应用仍需加强。

6.1.7　能源植物

能源植物是指可通过光合作用把二氧化碳和水直接转化成不含氧的碳氢化合物的一类植物。这类植物分泌乳汁或提取液的化学成分与石油相似，所以又称石油植物，又因这类植物以木本居多，有些又被称为“能源树”或“石油树”。

1. 能源植物的主要类型

能源植物可产生类石油成分，富含油脂，可代替石油使用或作为石油补充产品。能源植物根据其化学成分及用途，可大致分为以下 3 类。

(1)富含碳水化合物型能源植物　富含碳水化合物型能源植物又可分为糖类、淀粉类和纤维素类能源植物，它们可直接或间接用于生产燃料乙醇。其中，糖类能源植物如甘蔗、甜高粱、甜菜等，可直接用发酵法生产燃料乙醇；淀粉类能源植物如木薯、玉米、甘薯等，它们需水解后才能用于生产燃料乙醇；而纤维素类能源植物包括桉树、芒草等，可采用其他技术获得乙醇等燃料，也可用于直接燃烧发电。

(2)富含油脂型能源植物　富含油脂型能源植物的某一器官(多为种子)通常含油率很高，通过提取其中的油脂，可用于生产生物柴油。例如，大豆是美国生产生物柴油最主要的原料，而欧洲国家则以油菜籽为主要原料生产生物柴油。

(3)富含类石油型能源植物　富含类石油型能源植物含有大量的油脂类碳氢化合物，可直接用于生产接近石油成分的燃料。该类植物品种很多，如麻风树、棕榈、油楠、光皮树、黄连木、古巴橡胶树等，它们经简单脱脂处理后就可作为柴油使用，其生产成本较低、利用率较高。

2. 能源植物的特点

(1)环保性　一方面能源植物是不含硫化物的，不会导致酸雨，且在自然条件下可实现生物降解，因而不会污染环境；另一方面能源植物燃烧时放出的二氧化碳总量小于其通过光合作用固定的二氧化碳，因而不会增加温室效应。

(2)可再生　能源植物属于可再生资源，可有计划地进行种植和利用。

(3)低成本　能源植物分布面积广，环境适应性较强，成本较低廉，易于推广。

(4)安全性　研究表明，与矿物油相比，以能源植物为来源的生物柴油可降低 90%的空气毒性。

(5)可持续性　开发利用能源植物可提升各国能源安全，促进全球可持续发展。

(6)益农性　能源植物的商业化，可促进农民增收，促进地方生态农业发展和美丽乡村建设。

3. 我国能源植物的发展展望

(1)开发和引进优良种质资源　种质资源是发展农业的重要物质基础，是作物育种的原始材料。我国能源植物育种不仅要重视国内种质资源的有效利用和创新，也要积极从国外引进优良种质。同时，在种质资源的收集、评价、筛选和保存过程中，应重视高生物量、抗逆性强、适于边际土地的品种。

(2)充分利用边际性土地　边际性土地是指目前尚未被开发或利用不足的土地。这类土地自然条件差，不宜开垦为农田，但可以生长或种植某些环境适应能力强的植物，具有一定生产潜力，同时不占用耕地。因此，充分利用边际性土地种植能源植物，可确保生物质能源产业"不与人争粮，不与粮争地争水"。

6.1.8　藻类

藻类泛指具有同化色素而能进行独立营养生活的生物的总称，目前已知的藻类有3万种左右。藻类分布范围极广，对环境条件要求较低，适应性较强，即使在极低的营养物浓度、极微弱的光照强度和相当低的温度下也能生存。大多数藻类生长需要用各种分子(如叶绿素等)进行光合作用。地球上的光合作用90%由藻类完成，藻类为地球早期创造富氧环境发挥了重要作用。

藻类具有光合效率高、不占用农地等突出优点。其常见的能源化利用方式包括：热化学转化、生物化学转化、化学酯交换等。其中，生物质热化学转化包含气化、液化、热解等方法。

气化是通过氧气或高温蒸汽氧化碳氢化合物并将其转换为合成气的化学过程，通常在800～900 ℃。

直接水热液化是以亚临界水(通过加压使水达到100 ℃以上但仍处于流动态)为介质，将含水率较高的微藻转化为各种液态燃料的技术。该技术相当于在极短时间内模拟化石燃料形成的漫长的自然地质过程。利用亚临界水的高活性，可将微藻细胞分解为具有高能量密度的小分子物质和更高价值的化合物。

热解是在隔绝空气条件下通过加热使藻类进行化学分解的过程。由于降解产物的气体热值较高，可满足热解处理过程的能量需求，此外还可为其他工业生产过程提供原料。

生物化学转化包括利用藻类进行发酵产乙醇、制氢等。通过酯交换反应可以将藻类细胞提取物中的甘油三酯转化为脂肪酸甲酯，即生物柴油的主要组分。

6.2　生物质的转化利用途径

6.2.1　厌氧发酵制备沼气

厌氧发酵指利用微生物分解有机物产生挥发性有机酸、最终产生沼气的过程。参与该反应的厌氧微生物主要包括：水解细菌、发酵产酸菌、产氢产乙酸菌、同型产乙酸菌、嗜氢产甲烷菌和嗜乙酸产甲烷菌等。在整个厌氧消化过程中各类微生物"各司其职又相互制约"，形成复杂的生态链，且不同微生物群落对外界环境变化的敏感度及自身代谢周期也各不相同。目前，国内外学者普遍认同的是厌氧发酵四阶段理论，主要包括：水解阶段、酸化阶段、产氢产乙酸阶段和产甲烷阶段。

1. 厌氧消化流程(图 6-4)

(1)水解阶段(hydrolysis)　复杂的非可溶性有机物(碳水化合物、脂类和蛋白质等)首先在水解菌分泌的胞外酶作用下，被转化为可被细菌直接利用的碳水化合物、脂类和蛋白质等单体物质。这 3 类物质在淀粉酶、脂肪水解酶和蛋白质酶作用下分别降解为小分子糖类、短肽及氨基酸和长链脂肪酸等。对于组成结构复杂且难降解的木质纤维素类生物质原料来说，水解阶段是整个过程的限速步骤。鸡粪中主要含有蛋白质和碳水化合物，纤维素含量较低，所以水解过程对鸡粪厌氧消化的限制不太明显。

(2)发酵产酸阶段(acidogenesis)　该阶段水解发酵产生的小分子有机物，在各类产酸菌的作用下进一步分解为醇类和挥发性脂肪酸(C_2～C_7)等。该阶段产酸速率快，末端产物取决于厌氧消化系统中微生物群落结构、生态条件及底物种类等，主要末端产物有 CO_2、H_2、乳酸、乙醇、甲酸、乙酸、丙酸、丁酸等。

(3)产氢产乙酸阶段 (acetogenesis)　发酵产酸阶段产生的醇类、挥发性有机酸末端产物在产氢产乙酸菌作用下，可进一步转化为乙酸和 H_2(或 CO_2)。不同物质转化为乙酸所要求的氢分压和吉布斯自由能($\Delta G_0'$)不同，如果氢气分压超过 10^{-4} 个大气压(约 0.011 kPa)，有机酸尤其是丙酸浓度将增大，相应的甲烷产量就会受到抑制。此外，在标准条件下，乙醇、丙酸和丁酸降解为乙酸的过程是耗能反应($\Delta G_0'>0$)，不能自发进行，然而降低氢分压可有利于这些反应有序进行。因此，降低甲烷发酵过程中的氢分压有助于提高厌氧发酵系统的运行稳定性。

(4)产甲烷阶段(methanogenesis)　产甲烷过程主要包括两种功能不同的产甲烷菌群：一种是嗜乙酸产甲烷菌，主要包括索氏甲烷丝菌和巴氏甲烷八叠球菌，可直接利用乙酸并在甲基转移酶作用下将其转化为甲烷，该途径约占全部甲烷来源的 72%；另一种是嗜氢产甲烷菌，这类菌群可利用 H_2 将 CO_2 还原生成甲烷，经这一途径转化的甲烷约占其产量的 28%。但有研究指出，当富氮有机物厌氧消化的氨氮浓度达到一定阈值时，会降低嗜乙酸产甲烷菌的代谢活性，此时不能直接被分解利用的乙酸，会在共生乙酸氧化菌作用下首先分解为 H_2 和 CO_2，再通过嗜氢产甲烷菌合成甲烷。

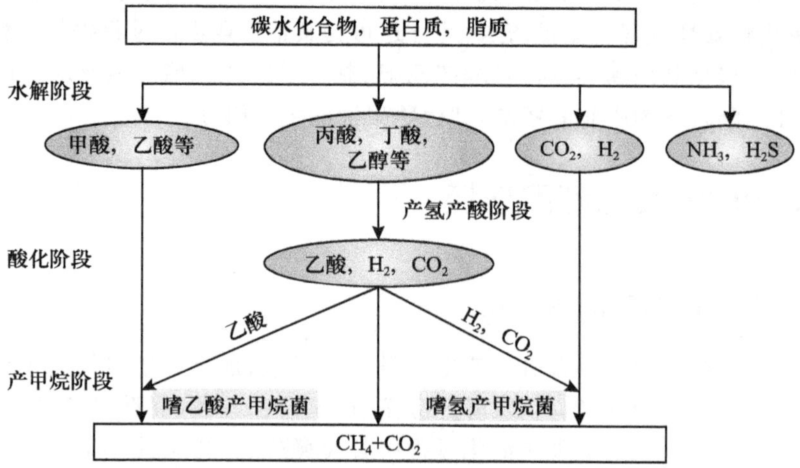

图 6-4　厌氧消化流程

2. 影响厌氧消化的因素

厌氧消化是通过微生物在无氧条件下降解有机物并转化为沼气(主要为 CH_4 和 CO_2)的过程。厌氧消化受发酵原料种类、发酵温度、进料固体(total solid,TS)浓度、水力停留时间(hydraulic retention time,HRT)等因素的影响。

(1)发酵原料种类　可用于厌氧消化的物料较多,主要包括农林废弃物、市政污泥、餐厨垃圾、畜禽粪污等,不同原料的产甲烷潜力差别较大。一般而言,原料的元素组成(包括 C、H、O、N、P、S 等)和物质组成(碳水化合物、蛋白质、脂质、纤维素、半纤维素等)对其产甲烷潜力影响较大。

根据各类原料的元素组成,有机物质均可通过化学方程式进行表达。例如,鸡粪可表达为 $C_{7.86}H_{12.2}O_{4.75}N$,通过热力学方程建立鸡粪厌氧消化产沼气的化学计量 $C_{7.86}H_{12.2}O_{4.75}N + 4.19H_2O \longrightarrow 3.89CH_4 + 2.97CO_2 + NH_4HCO_3$。根据各类物质的组分可知,碳水化合物的产甲烷潜力较低(430～470 mL/g 挥发性固体),纤维素和脂肪产甲烷潜力较大(460～530 mL/g 挥发性固体)。秸秆的纤维素等具有较高的产甲烷潜力,但因其结构复杂,降解速率较慢,水解过程往往是其限速步骤。碳水化合物的水解速率较快,产甲烷速率低于水解酸化速率时容易造成酸抑制,影响产甲烷性能。畜禽粪污中的蛋白质和尿酸含量较高,尤其是鸡粪,在厌氧消化时易产生氨抑制。

(2)发酵温度　温度是影响厌氧消化的重要因素。厌氧微生物保持较高的代谢活性需要适宜的温度。厌氧消化通常分为低温(10～30 ℃)厌氧消化、中温(30～40 ℃)厌氧消化和高温(50～60 ℃)厌氧消化。低温厌氧消化产甲烷效率低,中温厌氧消化能耗较低但产气量较高,高温厌氧消化产气量最高,但是维持高温条件需要的能耗高。中温厌氧消化和高温厌氧消化均可快速有效地处理有机废弃物。

目前,我国沼气工程大多在中温条件下运行。但是研究发现,与中温厌氧消化相比,高温厌氧消化具有产气效率高、水力停留时间短和灭杀病原菌等优点,广泛应用于市政污泥和农业废弃物的处理。值得注意的是,在高温条件下,鸡粪的水解速率比中温发酵更快,但是高温发酵对于 pH 值、挥发性脂肪酸(VFA)和氨氮等环境参数的变化也更加敏感,会增加发生抑制的风险。

(3)进料浓度　进料浓度(固形物,TS)关系到厌氧消化底物的量,合适的 TS 浓度既能保证为厌氧微生物提供充足的营养物质,还能使发酵系统平稳有序运行。进料 TS 浓度过低,则不能发挥反应器的处理能力;进料 TS 浓度过高则会阻碍微生物和发酵基质的传热和传质过程,降低厌氧消化性能。秸秆类生物质的纤维素含量适中,进料 TS 浓度为 8%～15%的序批式和连续式秸秆厌氧消化过程,均在进料 TS 浓度为 13%时达到最大甲烷产率,而进一步增加进料 TS 浓度,则厌氧产气性能显著下降。而鸡粪厌氧消化过程通常将进料 TS 浓度稀释至 10%以下,以降低基质的氨氮浓度,同时防止发酵过程产生氨抑制,影响厌氧消化性能。

(4)有机负荷(OLR)　反应器的 OLR 是进料浓度与 HRT 的综合反映,可用进料挥发性固体(VS)与 HRT 的比值表示:OLR=进料 VS/HRT。有机质中温厌氧消化适宜的 OLR 一般为 2～3 g 挥发性固体/(L・d)。若 OLR 较低,会导致厌氧反应器的处理能力不足;OLR 较高,则易引起反应器中累积 VFA,甚至导致厌氧反应器失效。例如,鸡粪厌氧消化因面临氨抑制,进料 TS 一般不超过 10%,OLR 不超过 3 g 挥发性固体/(L・d),进料 TS 和 OLR 均较低,导致沼液产量较高、处理难度大和处理成本较高。

6.2.2 酶解发酵制备纤维素乙醇

纤维素乙醇是以农业废弃物中的纤维素、半纤维素为主要原料，通过微生物发酵转化而成的生物燃料产品。其作为一种绿色可再生能源，具有显著的能量收益和碳减排效益。

纤维素乙醇的生产过程主要包括预处理、酶解、糖化、发酵、分离和脱水纯化等。纤维素乙醇主要通过菌株（如酿酒酵母、马克斯克鲁维酵母、运动发酵单胞菌、树干毕赤酵母等）发酵水解得到的糖类（葡萄糖、木糖等）生产乙醇。

以葡萄糖为例，菌株摄取葡萄糖后，经丙酮酸途径将葡萄糖转化为丙酮酸，丙酮酸进而裂解生成乙醛以及 CO_2，在乙醇脱氢酶作用下，以 NADH 为底物将乙醛还原为乙醇。由于木质纤维素类生物质原料具有较强的机械强度和复杂的分子结构，必须经预处理后才能通过纤维素酶、半纤维素酶水解获得发酵单糖，再进行乙醇发酵。

1. 原料预处理

第一代生物乙醇多以玉米、甘蔗、甜菜、甜高粱等为原料，存在粮食供应风险。另外，以玉米秸秆、小麦秸秆、水稻秸秆、玉米芯、甘蔗渣、酒糟及农产品加工废料等农业废弃物为代表的木质纤维素类原料，富含葡萄糖、木糖和阿拉伯糖等单糖组分，可被微生物利用并转化为乙醇。事实上，木质素、纤维素和半纤维素所形成的致密结构使这些原料难以被生产菌株直接利用。为打破这一特殊屏障，必须通过物理、生物、化学或联合方法对原料进行预处理（表 6-15），提高原料水解释放葡萄糖、木糖和阿拉伯糖等总发酵糖的得率，还要兼顾减少预处理过程中产生的毒性副产物，为生产菌株提供良好的乙醇发酵微环境。

表 6-15 预处理方法

处理方式	缺点	优点
物理法	能耗大，无法脱除木质素，后续酶解受木质素严重抑制	有效增加原料比表面积和孔径尺寸，降低纤维素结晶度和聚合程度，并产生极少毒性副产物
生物法	微生物处理效率较低，并不适用大规模工业生产应用	能够在温和反应条件下降解木质素和半纤维素，降低纤维素聚合程度
化学法	反应条件剧烈，腐蚀损耗反应设备，产生复杂毒性副产物且严重抑制酶解、发酵	高效脱除部分木质素及半纤维素，降解半纤维素为单糖，经济性良好

2. 纤维素酶水解

预处理将纤维素组分剥离，使纤维素酶更易将纤维素降解为可发酵单糖，以利于纤维素乙醇生产菌株的利用。纤维素酶是由葡聚糖酶和葡萄糖苷酶形成的混合物，主要通过破坏纤维素的 β-1,4-糖苷键从而生成葡萄糖。事实上，酶水解是纤维素乙醇生产工艺中成本最高的步骤之一：一方面，由于纤维素酶活性易受温度、pH 值、底物及水解产物影响；另一方面，预处理残余木质素组分以及环境因素会引起组分基质效应、纤维素酶吸附效应、水束缚效应、抑制物效应等，影响体系传质、传热和反应特性改变，造成纤维素酶活性下降、水解反应效率及原料利用率降低，进而增加纤维素酶用量，导致纤维素乙醇生产成本升高。

3. 纤维素乙醇发酵

纤维素乙醇发酵工艺主要包括分步水解发酵（SHF）、同步糖化发酵（SSF）、同步糖化共发酵(SSCF)及联合生物加工(CBP)等，如表6-16所示。

分步水解发酵(SHF)工艺是将酶解及发酵两个过程作为两个独立的单元进行操作，纤维素底物先经纤维素酶水解，降解为葡萄糖等可发酵单糖，然后再经酵母发酵将葡萄糖转化为乙醇，即在酶解和发酵各自最佳温度条件下，分别进行原料水解与乙醇发酵过程。

同步糖化发酵(SSF)工艺是将酶解及发酵两个过程在一个容器内同时进行，使纤维素底物水解得到的葡萄糖立即被发酵微生物代谢转化为乙醇。

同步糖化共发酵(SSCF)工艺是利用能够代谢戊糖的发酵微生物，将半纤维素降解产生的戊糖(木糖、阿拉伯糖)和纤维素降解产生的葡萄糖，在同一反应体系内进行发酵生产乙醇。

联合生物加工(CBP)工艺是在同一个生物反应器内，利用单一或多种微生物，完成纤维素酶生产、木质纤维素水解以及乙醇发酵的全过程，该工艺也衍生出了协同处理(CT)以及联合生物糖化(CBS)等分支工艺。

表6-16 纤维素乙醇发酵工艺

发酵工艺	缺点	优点
分步水解发酵(SHF)	影响后续酶解效率与原料利用率	可分别在酶解和发酵的最适温度进行，能够获得理想的酶解效率以及乙醇发酵效率，可降低高负荷原料的黏度，获得较高的乙醇产量
同步糖化发酵(SSF)	酶解和发酵的温度不协调，无法同时满足二者反应的最佳温度条件，影响酶解效率及原料利用率	可降低水解产物对纤维素酶的反馈抑制作用，减少纤维素酶用量，缩短生产周期，减少生物反应器使用数量及投入成本
同步糖化共发酵(SSCF)	酶解和发酵的温度不协调，需使用大量纤维素酶制剂，影响工艺经济性	降低水解产物对纤维素酶的反馈抑制作用，有效提高底物中戊糖的利用率和乙醇发酵产量
联合生物加工(CBP)	研究仍需加强	工艺流程简单，操作方便，成本较低

相比之下，CBP工艺流程较为简单，操作方便，将底物通过一步法转化为乙醇，是实现廉价纤维素酶的生产、利用与补充以及降低纤维素乙醇生产成本的有效途径之一。然而，目前CBP工艺研究面临的主要问题在于通过基因工程、代谢工程策略选育适宜的微生物或微生物菌群。一方面，可引入乙醇合成途径改造纤维素酶生产菌株，使其降解纤维素后直接发酵碳源合成乙醇；另一方面，需要引入纤维素酶合成通路改造乙醇生产菌株，赋予其分泌纤维素酶的能力。

6.2.3 固化制备成型燃料

1. 压缩成型技术

生物质原料的力传导性极差，通过缩短力传导距离，给其施加一个剪切力，可使被木质素包裹的纤维素分子团错位、变形、延展；在较小的压力和较低温度下，可使其相邻镶嵌，并借助木质素黏结而重新组合成型。利用这一原理可将粉碎后的农林废弃物经机械加压方式压缩成具有一定形状、密度较大的固体燃料，即为生物质成型燃料。压缩成型工艺可根据是否向原料中添加黏结剂分为加黏结剂成型和不加黏结剂成型两种。根据原料热处理方式的不同又可分为常温压缩成型、热压成型和炭化成型3种。

根据形状和大小不同，可将生物质成型燃料分为颗粒燃料（pellet fuel）和棒（块）状燃料（rod/briquette fuel）。《生物质固体成型燃料技术条件》（NY/T 1878—2010）规定了直径或横截面尺寸不大于25 mm的成型燃料被定义为颗粒燃料，大于25 mm的成型燃料则被归为棒（块）状燃料，也可称为压块燃料。

生物质成型可有效破解制约其规模化利用的原料收集、储存、运输成本高等难题。上述难题产生的根源之一是原料自身较低的堆积密度，此外还因其形状不规则导致堆积时原料间空隙大。将生物质通过压缩获得成型燃料，可显著提高其堆积密度。

生物质成型燃料的生产流程需要考虑原料种类、特性、成型方式以及生产规模等因素。生物质成型所用设备主要包括4类：①原料预处理设备（切割机、粉碎研磨机与干燥系统）；②原料输送设备（螺旋上料机、气动输料设备与中间料仓等）；③压缩成型及其配套控制装置；④成型燃料处理及包装设备（燃料切割设备、冷却装置和包装设备）。

生物质压缩成型过程受外部和内部因素影响：外部因素主要包括温度和压力；内部因素主要指生物质的物理特性（粒度、含水率等）和化学特性（原料中木质素分子结构、组分含量及其他天然黏结剂含量等）。

2. 生物质成型燃料

生物质成型燃料与煤同属固体燃料，有很多相似的特性，但由生物质在燃烧过程中释放的CO_2全部来自其生长过程中吸收大气、土壤中的CO_2，并未增加大气CO_2的总量，故其通常被称为“零”CO_2排放的可再生能源。生物质成型燃料可作为煤的重要替代燃料，近年来已成为可再生能源开发利用的热点之一。

生物质颗粒成型燃料的直径一般为6～10 mm，水分6%～10%，挥发分70%～80%，发热量17.55～18.08 MJ/kg，固定碳值3%～11%，燃料纯度较高，发热量较大。表6-17列出了8种典型生物质颗粒燃料的特性参数，包括棉秆、麦秸、玉米秸、玉米秸（含添加剂）4种秸秆类颗粒燃料，落叶松、红松、混合木质（榆树、柳树、杨树、桃树和红松的混合物）3种木质颗粒燃料，以及木质与秸秆混合生物质颗粒燃料（木屑与花生壳混合，质量比为1∶4）。

表6-17　8种典型生物质颗粒燃料的工业分析、元素分析和发热量

类型	原料	工业分析/%（质量分数）				元素分析/%（质量分数）					低位发热量/(kJ/kg)
		水分	灰分	挥发分	固定碳	碳	氢	氧	氮	硫	
秸秆类	棉秆	8.42	21.69	62.33	7.56	38.33	4.74	24.98	1.55	0.29	13 147
	麦秸	8.79	9.95	72.01	9.25	43.46	5.66	31.12	0.74	0.28	15 225
	玉米秸	9.15	7.71	75.58	7.56	44.92	5.77	31.26	0.98	0.21	15 132
	玉米秸（含添加剂）	9.12	15.83	67.88	7.17	39.98	5.15	28.48	1.19	0.25	15 114
木质	落叶松	7.63	1.01	85.55	14.75	48.89	6.19	36.07	0.12	0.09	16 829
	红松	9.32	6.32	76.61	7.75	47.39	5.89	30.75	0.23	0.1	16 645
	混合木质	9.14	9.25	72.65	8.96	47.14	5.63	27.71	0.98	0.15	16 302

续表6-17

类型	原料	工业分析/%(质量分数)				元素分析/%(质量分数)					低位发热量/(kJ/kg)
		水分	灰分	挥发分	固定碳	碳	氢	氧	氮	硫	
混合物	木屑+花生壳(1∶4)	9.34	13.04	13.04	10.24	43.83	5.45	27.46	0.86	0.02	15 948

目前,生物质成型燃料在欧美已进入产业化、规模化发展阶段。世界前十大成型燃料生产国分别是瑞典、加拿大、美国、德国、奥地利、芬兰、意大利、波兰、丹麦和俄罗斯。瑞典的生物质成型颗粒燃料年使用量约为150万t,生物质成型燃料供热约占其供热能源消费总量的70%。丹麦年消费成型燃料达70万t。

6.2.4　热解气化用于供热

生物质气化是指生物质原料经简单破碎加工等预处理后,在一定热力学条件下,借助气化介质即气化剂(空气、氧气、水蒸气等)的作用,发生水分蒸发、热解、氧化、还原、重整反应,热解过程中所产生的大分子会在氧化阶段的高温下进一步裂解或在还原阶段进行催化裂化,转化为小分子碳氢化合物,最终得到含有CO_2、CO、H_2、CH_4和C_mH_n等烃类化合物的混合气体,再经冷却、净化等处理获得洁净可燃产品气的过程。

生物质中挥发分含量较高,经热解后生成的焦炭具有较强活化性能,因此与煤相比,生物质具有更高的活性,更适合气化。气化技术可将低品质的固体生物质原料转变成高品质气态燃料,使其应用更加清洁、方便。热解气化用于供热主要是将气化过程产生的混合气体,通入专用锅炉设备中燃烧后用于供热的过程。与直接燃用秸秆供热相比,混合气燃烧产生的大气污染物更少。

生物质取暖炉具根据使用情况可分为烤火炉、水暖炉等。空气通过自由对流进入炉具,被称为自然通风炉具。若空气通过风扇供给,被称为强制通风炉具。根据进料方式可分为批次进料型和连续进料型;根据燃烧形式可分为直燃炉、气化炉、半气化炉。根据实验室测试结果,半气化炉已被证明是排放最低的固体生物质炉具。强制通风半气化炉具可较传统炉具减少约90%的CO和细颗粒物排放。

国内推广应用的小型生物质成型燃料供暖炉具主要使用颗粒燃料和压块燃料,均为固定床层燃式。利用螺旋送料机间歇输送木质颗粒燃料入炉,并利用燃烧盘组织颗粒燃料的燃烧过程,其自动化程度较高、燃烧稳定性较好。相比而言,秸秆压块炉形式更加多样化,但一般均未配备自动送料装置,或者以侧置料箱加返烧方式来组织压块燃料的燃烧过程,或以人工间歇填料方式来维持炉内燃烧。

6.2.5　热解炭化

热解炭化是指生物质原料在过量空气系数小于1的情况下加热,达到特定温度后,大部分挥发分析出,剩余的灰分、固定碳和残余的挥发分形成生物质炭的过程。该过程可将能量密度较低的生物质转化为热值较高的生物质炭(热解炭)。表6-18比较了生物质原料及其热解炭化产物的特性。

表 6-18　生物质原料和热解炭化产物特性的比较

生物质原料	热解炭化产物	生物质原料	热解炭化产物
松散、体积大	密实(造粒)	易腐烂	不会腐烂
潮湿、含水率较高	干燥防水	一种废弃物	有价值的燃料
纤维状、不易破碎	易破碎	热值低、运输成本较低	能量密度较高

热解炭还可进一步活化制取活性炭或作为烧烤用炭，品质较差的热解炭则可直接作为燃料或炭基复合肥的基质。炭基复合肥是指以生物质炭为基质，根据不同区域土质、作物生长特点，添加有机或无机组分调配而成的生态环保型肥料。

1. 生物质热解炭化原理

生物质热解是一系列复杂的化学反应过程，是有机物分解与缩合共同作用的化学转化过程，不仅包括大分子的化学键断裂、异构化，也包括小分子的聚合反应。有机物热解的最终产物理论上应是单体，但实际上，生物质等有机固体废弃物的热解产物除单体外还有聚合度较低的低聚物、分子量不等的烃类及其衍生物等，最后生成各种较小的分子，如图 6-5 所示。

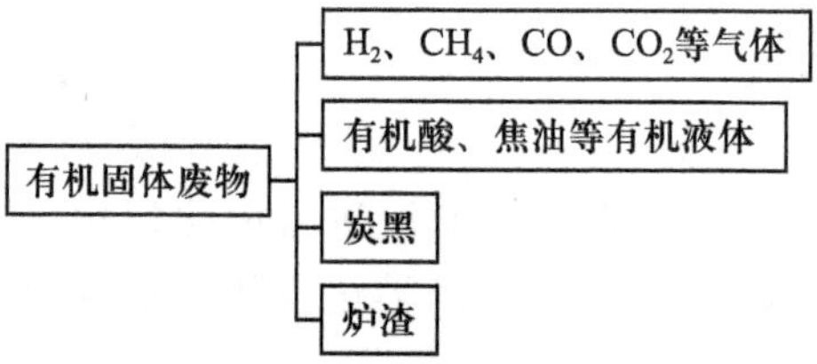

图 6-5　有机固体废物经热解后产物

生物质的分解首先是从脱水开始的，如 2 分子苯酚聚合脱水，其次是脱甲基或脱氢，生成水与部分次甲基键反应生成 CO 和 H_2。当温度继续升高时，生成的芳环化合物会再次进行裂解、脱氢、缩合、氢化等反应。生物质热解通常分为 3 类：慢速热解(炭化)、快速热解(液化)和高温闪速热解(气化)，其具体条件对比如表 6-19 所示。

表 6-19　典型生物质热解技术

技术类别	停留时间	加热速率	热解温度/℃
慢速热解	几小时至几天	非常低	300～500
快速热解	0.5～5 s	中等	450～600
高温闪速热解	$<$0.5 s	高	700～1 100

在生物质原料的热失重曲线上，随温度变化对应着不同热解阶段生成产物特性，可根据这些重要信息将生物质热解过程分为以下 4 个阶段。

①干燥阶段(120～150 ℃)：该阶段主要是失水过程，物料化学组成几乎不变，水分蒸发，是吸热反应。

②预热解阶段(150～275 ℃)：该阶段开始出现物料的热反应，生物质化学组成因受热开始发生变化，易热解组分(如半纤维素)开始分解产生 CO_2、CO 和少量乙酸等，为吸热反应。

③主热解阶段(275～475 ℃)：该阶段为热解的主要阶段，发生多种复杂的物理、化学反应，同时产生大量分解产物，放出大量热。

④煅烧阶段(450～500 ℃)：该阶段依靠外部供给的热量，进行生物质炭的煅烧，使生物质炭中的挥发分进一步减少，固定碳含量增加，为放热阶段。

实际上，热解反应各阶段间无明显界限，各阶段反应过程会相互交叉进行。

2. 生物质热解炭化的影响因素

影响生物质热解过程、产率和产品性能因素包括生物质种类、生物质预处理方式（物理、化学和生物）、反应气氛、热解温度、升温速率和保温时间等。生物质炭的产率、热值及各种理化性能都与生物质原料种类、升温速率、炭化温度、停留时间等关联紧密。

（1）生物质种类　生物质种类繁多，其所含“三素”（纤维素、半纤维素和木质素）、可溶性提取物、灰分含量均影响热解过程。纤维素、半纤维素可产生生物油、气态产物，而木质素可促进生物质炭生成，因此木本生物质热解一般生物质炭产率较高。可溶性提取物可产生生物油，同时由于热解时活化能低，还可生成 CO_2、CO、醛类物质等。灰分的影响主要是由于生物质中碱金属元素具有催化作用，可促进生物质热解。

（2）生物质预处理方式　主要有以下4种。

①物理预处理：粉碎可促进生物质热解，原料粒径越小，传热传质效果越好，生物油产率越高，会抑制生物质炭的形成和气相产物的二次裂解。反之，成型颗粒炭化时，生物质炭、气体含量较高，液体产物较少。

②热处理：包括干燥、烘焙、蒸汽爆破等。干燥可提高生物油质量，烘焙可降低生物油酸度、提高能量密度，但产量下降；经蒸汽爆破后生物质紧凑的颗粒内部结构被破坏，碳水化合物间结构断裂，改变了木质纤维素的物理特性，半纤维素含量下降，降低了生物油中乙酸含量，提高了生物油的稳定性。

③化学预处理：主要是添加一定量碱金属元素作为催化剂，促进热解反应向目标产物方向进行。

④生物预处理：主要是通过微生物作用，破坏生物质结构，从而提高热解效率。

（3）热解条件　热解温度、升温速率、停留时间、反应气氛是影响生物质热解的4个主要条件。

①热解温度：热解温度是影响热解产物分布和性质的重要因素。当热解温度为400～550 ℃时，生物油产率最高；当温度继续升高时，生物油产率开始下降；当温度达600 ℃时，由于二次裂解，生物油和生物质炭开始转变为气体。

②升温速率：升温速率会影响生物质产物的分布，慢速升温主要产出生物质炭，快速升温则以气态产物为主。

③停留时间：气相产物停留时间越长，生物质炭与气体产量越大，生物油产量越低，这主要由生物油二次分解和聚合引起，同时固相停留时间越长，生物质炭产率越低，气体产量越大。

④反应气氛：生物质热解气氛主要为惰性气体氛围，以 N_2 为主，当氛围为 CO_2 时，可促进CO的产生。当热解以产气为主时，气氛可选用水蒸气、空气等。

6.2.6　水热液化及水热炭化

1. 水热液化技术

生物质是唯一可转化为液体燃料的可再生能源。纤维素类生物质通过快速热解或高压液化可生产生物油，生物油经过加氢精制、分子筛裂解或水蒸气重整可制取车用燃料、生物燃气等。快速热解是指生物质在温度500～600 ℃、压力0.1～0.5 MPa、惰性气氛下，利用热能快速打断相对分子质量较大的有机物分子键，使之转变为含碳原子数较少、相对分子质量较低的物质的过程；裂解时间小于 2 s；生成的气体经冷凝可得到生物油。高压液化是指在溶剂介质中，在温度 200～400 ℃、压力 5～25 MPa 下，将生物质转化制取液体产物的过程。高压液化通常以水作为溶剂，又称水热液化。

生物质水热液化过程包括：生物质主要化学组分（纤维素、半纤维素、木质素）解聚为单体或寡聚物；单体或寡聚物继续热解，通过断键、重排、脱水和脱羧过程形成小分子产物。

生物质原料中一般含质量分数 40%～60%的氧元素，远高于常规燃料油（仅含质量分数不到 1%的痕量氧）。故在生物质高压液化制备生物油时，最重要的环节就是脱氧。氧原子通常通过脱水、脱羰基和脱羧反应，分别以水、一氧化碳和二氧化碳的形式脱除。从热力学角度分析，水和二氧化碳均处于最高氧化态（热值为零），因此最希望氧以上述两种方式脱除，以确保原料蕴含的能量最大限度地保留于产物内。

虽然水热液化条件下有过量水分子存在，但生物质分子仍会发生脱水反应。纤维素和半纤维素为多羟基醇结构，其化学反应都受到脱水和水解过程影响。

脱羧是除脱水和脱二氧化碳外的另一种脱氧方式，由于该方式不仅可降低生物质原料的氧元素含量，还可提高产物的碳氢比，从而提高产物热值，所以脱羧是比脱水和脱二氧化碳更具吸引力的脱氧方式。与快速热解（无水）不同的是，水热条件下的脱羧反应可通过添加催化剂等措施得到抑制或强化。例如，KOH 可作为催化剂促进脱羧反应的进行。

2. 水热炭化技术

水热炭化是指碳水化合物在高温高压反应容器中，以水或水溶液为介质，在一定温度及自生压力下，一定反应时间内与水发生溶解及炭化的过程。水热炭化具有反应设备简单、反应条件温和、原料适用广泛等优点。水热炭化的原材料可涵盖几乎所有的固体有机废弃物，如纤维素、木质素、市政污泥、厨余垃圾等。水热炭化产物（水热炭）具有稳定、无污染、易于运输等优点，可用于吸附污染物、改善土壤质量及作为燃料掺混燃烧等。

(1)水热炭化反应机理　水热炭化一般包括水解反应、脱水反应、脱羧反应、缩聚反应和芳构化反应等多种化学反应，其中脱水脱羧是水热反应中最主要的反应，属放热反应。

在水的参与下，生物质原料转化为低聚糖和酚类产物等，然后进一步水解为乙酰丙酸和甲酸等小分子有机酸。生物质在适宜的水热炭化温度条件下发生小分子物质亲核反应，且在此过程中生成的碳链可促进原料的水解过程。

脱水反应是指不改变生物质自身化学组成的前提下，将其水分脱除的过程。脱水后产物的 H/C 和 O/C 比例会降低。水热炭化包含物理脱水和化学脱水两种脱水过程，有机固体废物中的含水胶体、低黏度水的含量越高，物理脱水越易进行。市政污泥在高温高压反应釜中，其产生的温度、压力能够破坏污泥自身结构，进而使其中的吸附水和内部水溶出，制得的水热炭黏度降低，脱水性能增强。

脱羧反应是指有机固体废物经水热反应生成 CO、CO_2 等气体的过程，是降低反应原料中 C/O 的过程。当水热温度高于 150 ℃时，脱羧反应会快速进行，原料中的羧基会部分分解。

缩聚反应是有机固体废物经水热炭化生成的分子结构不饱和中间体相互间发生的聚合反应，生成大分子物质。水热炭的形成主要集中在该反应的缩聚阶段。

芳构化过程是由于有机固体废物中所含糖类物质经水热处理生成氢原子最后形成的芳环结构。该过程的影响因素有水热温度和 pH 值，水热炭的芳香化程度随水热反应温度的升高而增加，水热处理对碳含量的影响会减弱。芳环结构是水热炭的基本结构，因此水热炭的性质与天然煤高度相似。另一影响芳构化的因素是pH值，通常酸性条件不利于芳环结构生成。

(2)水热炭化反应的影响因素　主要有以下3方面。

①反应温度：水热反应温度是影响水热炭化产物的决定性因素，随着反应温度的提高，作为水热炭化反应的介质，温度升高使水的黏度发生变化，更易渗入原料内部，最终形成含碳量高的固相产物。不同反应温度会导致水热炭化过程反应机制不同。同时，合适的温度有助于脱水、脱羧和缩聚反应，使原料有效分解、转化。

②反应时间：反应时间是另一影响水热炭化效果的重要因素。有机固体水热炭化过程可从几十分钟到几十个小时不等。当原料氧元素、半纤维素含量较高时，在较短反应时间内可得到热值较高的水热炭。反应时间还会影响生物炭表面结构的形成。与反应温度相比，反应时间对水热炭得率的影响较小：一般随着反应时间增加，水热炭得率会降低；反应时间还影响液相中小分子物质的水解和缩聚反应，可以生成二次水热炭；反应时间决定了水热炭的分散、聚集方式及生成物的粒径。因此，反应时间与温度共同决定了水热炭的表面理化特性。

③固液比：水热反应原料的固液比是影响反应结果的重要参数之一。固液比越大，表明反应物的固相较多、液相较少，可能会导致固相与水之间接触不充分，会造成原料水热炭化效果变弱，生成的水热炭热值较低。

6.2.7　好氧发酵生产有机肥

好氧堆肥是在人工调节及适宜条件下的微生物好氧发酵过程。通过好氧堆肥使动物粪便得到降解，杀死其中的病原菌，并将有机物转化为稳定、无害、品质良好、便于运输和储存的有机肥料和土壤调理剂。好氧堆肥是一种集处理和资源利用于一体的生物处理方法。

1. 好氧发酵的基本原理

在有氧条件下，微生物（主要是好氧菌）分解有机物，即为好氧发酵过程。在该过程中，固体废弃物所含可溶性有机物通过微生物的细胞壁和细胞膜最先被吸收利用，一些难溶的固体和胶体类有机物则先附着在微生物体外，由微生物分解胞外酶进一步分解为可溶性物质后再进行利用。与此同时，微生物除将一部分有机物用于自身繁殖外，其余都被降解成简单无机物或者气体。该过程会生成大量可被植物吸收利用的氮、磷、钾化合物，同时将原料转化为可供农作物和植物利用的腐殖质。

2. 好氧发酵的影响因素

(1)碳氮比　在好氧堆肥过程中，碳氮比直接关系到微生物营养利用的平衡性。碳源是微生物利用的能源，氮源是微生物生长繁殖代谢的营养物质。碳氮比过高，导致堆体中含碳量过高，微生物对堆料中有机物的降解时间过长；碳氮比过低，则堆体内的氮过量而碳不足，这样不但不利于微生物生长繁殖，且多余的氮会以氨气形式挥发或以溶液渗出的方式损失掉。

研究表明，一般认为初始碳氮比在(25～30)∶1范围内比较合适，如果碳氮比过高可加入适量氮源进行调节，如畜禽粪便；如果碳氮比过低，则可添加一些高碳或高纤维含量的调理剂进行调节，如米糠、木屑、秸秆等。

(2)含水率　水是微生物生长和繁殖的重要条件，适宜的水分含量对堆肥过程十分关键。虽然各种堆肥原料初始含水率不同，但堆肥混合物的最终含水率应在50%～60%。当含水率超过 60%时，会阻碍氧气在堆体内的运输，进而阻碍微生物的好氧代谢，导致堆体发生厌氧代谢而产生大量臭气，不利于高温好氧过程进行。当含水率较低时，不能满足微生物大量增殖的需求，同时也不能有效溶解堆体中的各种营养物质。

(3)温度　温度是判断堆肥是否成功和堆肥进度的重要指标，同时也是反映微生物生长情况及生物活性的间接指标。温度的变化主要是由于堆肥初期嗜温微生物对原料中一些简单有机物(如蛋白质、多糖类物质)的降解利用，同时增加自身的生长繁殖代谢而产生的热量。随着热量积累，堆体温度会越来越高，有时可达 50～65 ℃。堆体温度也会反过来影响微生物的生长、活性及有机质分解速度。当温度超过堆体中嗜热微生物的耐受度时，将对微生物产生有害影响。当温度超过 63 ℃时，堆体中微生物的生物活性即开始降低；超过 75 ℃时，生物活性达到最低。而过低的温度将会延长堆肥达到腐熟的时间。堆体温度在 55 ℃下保持 3 d，或者 50 ℃以上保持 5～7 d，是有效杀灭所含致病菌、保证堆肥卫生指标合格和腐熟的重要条件。

(4)通风供氧　通风供氧是堆肥顺利进行的重要条件之一。根据堆肥系统通风方式的不同可分为：条垛式人工翻堆系统、静态强制通风系统和反应器系统。条垛式人工翻堆系统不需要复杂的机械设备，但其占地面积较大，需要投入较多劳动力。静态通风系统无须对物料翻堆，堆体内氧气由鼓风机提供，其特点是操作简便，但存在能耗问题。反应器系统可精确控制通氧量、系统温度及含水率等，同时系统具备自动运行、过程不受外部气候条件影响等优点，其缺点是投资较大。

6.2.8　生物基材料

生物基材料是指利用生物质原料制造的一类新型材料，主要包括生物基塑料、生物基化合物、生物质功能高分子材料、功能糖产品、木基工程材料等，具有绿色、环境友好、原料可再生及可生物降解等特性。

1. 木质纤维素类生物基材料

木质纤维素类原料储量丰富、来源广泛，具有普遍性和易取性，且不与人争粮争地争水。据估算，全球每年可产生约 10 000 亿 t 木质生物质资源，但其中 80%以上尚未被充分利用。木质纤维素类生物质由纤维素、半纤维和木质素等组成。纤维素具有生物相容性、生物降解性、热化学稳定性等优异属性，纤维素及其衍生物被广泛应用于制备乙醇、氢气、乳酸、糠醛等化学产品。木质素是唯一可再生的含芳香结构物质。木质素用途广泛，可用作混凝土减水剂、选矿浮选剂、冶炼矿粉黏结剂、耐火材料等，应用前景巨大。此外，木质素磺酸盐可作为制造树脂的原料、生产低相对分子质量化学剂、高分子表面活性剂等。半纤维素是细胞壁结构中含量仅次于纤维素的碳水化合物高聚物，半纤维素及其衍生物可直接或通过结构改性后间接应用于食品、材料、医药、化工产品等领域。

2. 纤维素基材料

(1)碳微球　碳微球是一种具有极大开发潜力和应用前景的新型碳材料，其具备优异的化学和热稳定性、良好的导热导电性。碳微球规整的球形结构有利于液相反应物与产物的传质，因此其在气体储存、催化剂载体、药物输送、锂离子电池电极材料、污水处理等众多领域都有巨大的应用价值。

目前，制备碳微球的主要原料是生物质水解后产生的单糖或二糖，如葡萄糖、木糖、蔗糖和果糖等。而使用单糖或二糖等纯糖制备碳微球，不仅成本较高，还存在与人争粮的矛盾，所以采用自然界广泛存在的纤维素为原料制备碳微球是必然趋势。因此，富含半纤维素和纤维素的生物质(玉米芯、玉米秸秆、甘蔗渣等)均可作为制备碳微球的原料。这样不仅可极大降低碳微球制备成本，也可有效解决原料来源问题。

(2)气凝胶　气凝胶是一种具有纳米结构的多孔材料，其孔隙率大且密度极低，是目前世界上已知密度最小的固体物质形态。气凝胶拥有高通透性的圆筒形多分支纳米孔道三维网络结构，拥有高比表面积和超高孔体积率。这种独特结构赋予气凝胶许多优异的性能。纤维素基气凝胶超越了硅基气凝胶和聚合物基气凝胶，且有良好的生物相容性和可降解性等，在污水处理、电化学和化妆品等领域拥有潜在的应用前景。目前，制备纤维素基气凝胶的方法主要有溶胶-凝胶法、物理交联直接溶解法及水相分散法等。

纤维素是一种亲水性的生物高分子，所以纤维素气凝胶容易吸水，会导致一些力学性能较差的纤维素基气凝胶多孔结构坍塌。为此，许多学者将纤维素或纤维素基气凝胶进行物理或化学改性，从而提高纤维素基气凝胶的疏水性及力学性能，并通过引入电、磁、生物活性等功能，拓展了纤维素基气凝胶的应用领域。纤维素基气凝胶除对污水中重金属离子有较好的吸附作用外，在吸附有机溶剂和油污方面也非常有效。

3. 半纤维素基材料

(1)水凝胶　水凝胶是一种由高分子构成的、通过物理或化学交联而形成三维网络结构的材料。该材料在溶剂中只发生溶胀而不溶解，具有亲水性，但不溶于水，在水中可迅速溶胀至平衡，并在一定条件下脱水退溶胀后仍能保持其原有形状，是一类集吸水、保水、缓释于一体的功能高分子材料。另外，大多数水凝胶对环境因素，如 pH 值、电离强度、溶剂、光照和电场等敏感，在农业、生物医药、传感器、组织工程和水处理等方面均具备应用潜力。

当前，大部分水凝胶由石油基产品制成。与石油基水凝胶相比，生物质各组分及其衍生物在合成水凝胶方面具有廉价、生物相容性良好、可降解和可再生等独特优势。制备半纤维素基水凝胶的方法主要包括化学交联法和物理交联法。半纤维素基水凝胶可吸附污水中的重金属离子，也可高效吸附染料废水有机污染物。

(2)其他半纤维素基材料　半纤维素是一种优良的膜材料制备原料。半纤维素经不同改性处理后，可制备多种功能性包装膜材料，如阻氧性膜材料、阻水性膜材料、阻味性膜材料和可食用性膜材料等。

4. 木质素基材料

(1)木质素基树脂材料　木质素比纤维素和半纤维素具有更为复杂的组成和结构，应用难度较高。但是，木质素分子具有众多不同种类的活性官能基团，兼具可再生、可降解、无毒等优点。同时，来源于造纸废液的工业木质素成本低廉，被视为优良的绿色化工原料来源之一。综合利用木质素不仅可解决造纸业的环境污染问题，还可变废为宝。因此，木质素的应用研究一直备受关注。木质素基树脂主要包括木质素基酚醛树脂、木质素基环氧树脂和木质素基聚氨酯等。

酚醛树脂是一种用途广泛的胶黏剂，但其具有固化温度高、热压时间长、易透胶、释放甲醛、原料成本高且不可再生等缺点。由于木质素分子中含有与酚醛树脂结构类似的酚羟基、醇羟基和醛基等活性基团，且通过发酵法生产乙醇的废渣中可提取到大量反应活性较高的酶解木质素，因此可直接将木质素作为原料生产木质素基酚醛树脂。这既可改善胶黏剂的性质，又可减少苯酚用量和降低甲醛释放量，从而达到废物利用与保护环境的双重效果。木质素既可在碱性条件下作为酚与甲醛反应，又可在酸性条件下作为醛与苯酚反应，制得木质素基酚醛树脂。

环氧树脂被称为“万能胶”，在陶瓷、木材、金属、玻璃及塑胶之间的封装黏接中均具优异的黏接强度。木质素环氧树脂的合成方法主要有木质素直接环氧化反应合成及木质素改性后再合成环氧树脂等。目前，应用最广的环氧树脂是双酚 A 型环氧树脂，占环氧树脂总产量的 90%，而合成双酚 A 型环氧树脂的原材料环氧氯丙烷和双酚 A 都是有毒化合物。因此，开发无毒、环保的环氧树脂原材料是必然趋势。

(2)其他木质素基材料　木质素及其磺酸盐均具有特殊的表面活性，可作为添加剂用于建筑材料。木质素含碳量较高，可作为前驱体取代聚丙烯腈制备碳纤维或其他高附加值化学品。然而，木质素复杂的化学结构也是其高值化利用的主要障碍。

5. 生物基丁二酸

丁二酸是一种常见的有机酸，因其最早从琥珀中提取出来，又称为琥珀酸，是一种重要的化工原料，也被作为目前大部分生物降解塑料产品的原材料，需求十分巨大。例如，丁二酸可作为聚丁二酸丁二醇酯(PBS)的原料，也可作为聚丁二酸己二醇酯(PHS)的原料，这两种聚酯产品都是目前市场上重点关注的生物降解塑料。有研究显示，近年来丁二酸的应用方向不断被拓展，未来丁二酸年需求量可能会突破 2 500 万 t，价值将超过 10 亿美元。

生产丁二酸的原料为丁烷。但因石油资源紧缺，近年来研究人员致力于采用生物法制备丁二酸。该过程能耗较低，污染较小，生产原料可再生。生物发酵法是从自然界中提取可合成丁二酸的菌株，然后通过生物方法提高产率，再对产物进行分离提纯。目前，常用的产丁二酸菌株大多从牛胃中提取，如产琥珀酸厌氧螺菌、产琥珀酸放线杆菌等；研究人员从小猎犬体内也曾分离出产丁二酸的菌株，此菌株转化产率较高，但是这些菌株均为厌氧菌株，且其生成产物为丁二酸盐，还需进一步反应将其转化为丁二酸。此外，还有谷氨酸棒状杆菌、大肠杆菌可在有氧条件下生产丁二酸，但产率较低。为提高产率，一般会对产丁二酸菌株进行改造。

在原料选取方面，因生物质原料种类繁多，获取便宜，农作物秸秆、糖类物质均可作为原料，可极大降低成本。在产物分离方面，生物法产丁二酸的下游处理工艺主要有 3 个重要步骤：①通过膜过滤或离心法去除菌体；②利用蒸发絮凝、电渗析、吸附、萃取、离子交换等除去杂质，对丁二酸进行初步分离；③采用真空蒸发和结晶对丁二酸进行提纯。目前从发酵液中提取丁二酸的方法主要有直接结晶法、沉淀法、膜分离法、萃取法、色谱法等。

6. 生物基己二酸

己二酸俗称肥酸，常温下是一种白色晶体，属脂肪族二元羧酸。己二酸是尼龙和聚氨酯的生产原料。传统的化学合成生产己二酸主要有以下 2 种方法。

(1)环己烷法　在催化剂作用下对苯加氢制得环己烷，再经 2 步氧化制得己二酸。第 1 步用空气将环己烷氧化为环己酮。第 2 步在硝酸的作用下将环己酮氧化为己二酸。

(2)环己烯法　苯在钌系或钯系催化剂作用下氧化为环己烯，然后环己烯在沸石或分子筛作用下与水生成环己醇，最终在硝酸作用下氧化为己二酸。这两种方法是目前最常见的化学方法，也是工业化规模最大的方法，但由于未避开硝酸氧化阶段，该反应的氮氧化物排放量巨大，存在环境风险。

目前,在生物法制备已二酸的研究中,以5-羟甲基糠醛和葡萄糖二酸制已二酸的方法较为成熟。葡萄糖二酸可由葡萄糖作为底物通过微生物发酵法或者铂系催化剂氧化法制得。然后再采用钯系催化剂将葡萄糖二酸加氢脱氧转化为已二酸。该方法最大的问题是催化剂易失活。其中,微生物发酵法大多采用酿酒酵母菌,该工艺污染物排放较少,极具应用前景。

6.3 生物质能源典型利用模式

6.3.1 规模化多元物料厌氧气电热肥联产

通过厌氧消化处理生物质可产生沼气,同时消化剩余物(沼液、沼渣)可进行肥料化利用。规模化养殖场粪污气电热肥联产工程通过对物料进行有组织的甲烷化及高效转化,兼具优异的碳减排能力。

在能源化利用方面,沼气经脱硫、提纯等步骤后可作为车用燃气使用,也可发电。研究和工程经验表明,与单一发电对比,沼气热电联产可增大能源利用效率。欧洲新建沼气工程90%为热电联产。其中,在沼气工程最为发达的德国,其境内3 000处沼气项目有98%具有热电联产装备,发电余热可外供或供沼气设施加热使用。沼气热电联产兼具电能和热能产出的优点。可提升沼气工程综合效益。电能生产具有能源品位和转化率提高、输送便利、资金回收效率高等优点。热能生产可提高能源循环利用效率,满足沼气发酵罐增热等需求,提高系统的产量和稳定性。在养殖场配套的厌氧消化工程中采用热电联产,利用所产沼气发电可进一步用于养殖场供电,对发电机烟气进行余热回收得到的热水,除可供发酵罐加温外,还可供给养殖场区内部所需,降低相关工艺投入。此外,还可进行动态调节,在需要更多供热时,可减少沼气发电比例,使用沼气锅炉直接产出热水。沼气工程热电联产可节省发酵增温、保温燃料费用最大达100%,降低沼肥浓缩加工和运输成本约30%,降低后续废水处理量50%以上,该类系统可为养殖场大幅度节省燃煤量和电力购入费用,增加养殖户收入。

沼气工程热电联产可与肥料化生产良好耦合。在肥料化利用方面,沼液和沼渣可直接就近还田,或通过提纯等加工方式将沼液浓缩为特种肥料;沼渣可制成改良基质,用于生产花卉、蔬菜、蘑菇、水稻等。

6.3.2 生物质成型燃料用于农村清洁取暖

城镇集中供暖区可优先选择工业余热、热电联产、地热等方式。而农村地区要因地制宜,尽量采用分布式取暖,并探索洁净煤+炉具,鼓励“生物质成型燃料+专用环保炉具”“太阳能+”和热泵等多种可再生能源应用模式。

例如,山东省阳信县立足当地实际,规划实施了木质颗粒燃料、畜禽粪污颗粒燃料专用炉具取暖及生物质热电联产集中供热“三种模式”。2018年,全县改造25 034户,其中分散式生物质炉具361个村18 771户,分布式生物质锅炉机组23个村3 550户,生物质热电联产集中供热14个村2 713户,一个乡镇实现全覆盖。2019年,全县改造537个村21 286户,探索实施了以生物质炊事取暖炉(水暖炉)为主的农村“厨房革命”,推动生物质炉具与农作物秸秆、农产品加工剩余物和林业剩余物等生物质的能源化利用,初步实现农户清洁取暖。

农村地区生物质清洁取暖是一个系统工程,既涉及燃料成型设备、清洁取暖装备等技术问题，也涉及原料流转、燃料流通等商业问题，还涉及设备运行管理、污染物排放监测、设备维护维修服务、补贴政策设置等综合管理问题。在不考虑资源禀赋、交通等外部条件影响的前提下，成型燃料分户取暖具有较好的经济价值。但在实践中，生物质资源禀赋、原料运输和储存、成型工艺等初始条件或边界条件，对分户取暖的燃料成本具有显著影响。目前推广的“一村一厂”模式，可实现一定区域内生物质颗粒成型燃料的小规模生产，并以低廉价格供应当地农户，具有更强的灵活性和可行性。

6.3.3 生物质炭化用于农田土壤增汇

生物质炭具有高含碳量(70%～80%)和高度芳香化等特点，同时具有较好的热稳定性和较强的吸附能力，可作为土壤改良剂、重金属吸附剂等。生物质炭化过程将绿色植物光合作用吸收的二氧化碳以生物质炭的形式赋存，若进一步还田可实现将大气二氧化碳长期封存于土壤。

生物质炭还田除直接增加农田土壤碳汇外，还可减少农田温室气体排放。有研究表明，生物质炭还田可使我国主粮作物农田氧化亚氮排放减少40%以上，使总温室气体排放强度减少25%以上。施用生物质炭还可显著降低稻田甲烷排放。研究推测，生物质炭还田增加了耕层的通透性，破坏了部分土壤微环境的厌氧状态，并降低了水溶性碳含量，进而抑制稻田甲烷排放。

生物质炭呈弱碱性，可改良酸性土壤，增加土壤阳离子交换能力和土壤团聚体数量，提高土壤有机质含量，改善耕层土壤结构，进而促进作物(包括水稻、小麦、蔬菜、红薯等)增产。此外，生物质炭还可作为土壤调理剂、育苗基质、土壤微生物载体、固态或液态有机肥料使用。

思考题

1. 农作物秸秆包含哪些主要组分？
2. 为什么要开展秸秆综合利用？
3. 机械化秸秆粉碎还田技术的原理是什么？
4. 畜禽粪便乱堆乱放有何危害？
5. 为降低畜禽粪便对环境的危害，请列举至少3种处理技术，并比较优缺点。
6. 如何在农村地区推广畜禽粪便无害化处理技术？请谈谈你的建议。
7. 农产品加工副产物资源化利用过程中存在什么问题？如何解决？
8. 餐厨废弃物处置要求是什么？
9. 餐厨垃圾与厨余垃圾最大的不同是什么？
10. 为定量地表示污水的污染程度，有哪些水质指标？
11. 关于我国林业废弃物综合利用面临的问题，请谈谈你的解决方案建议。
12. 以林业剩余物为原料，开展热、电、油、林化产品等生物质联产项目的利用。请谈谈你对上述几种技术的认识。
13. 厌氧消化的主要影响因素有哪些？
14. 生物质颗粒成型燃料制备时，进出料的含水率应该分别控制在什么范围内？

15. 生物质热解炭化技术对生物质资源化利用有何实际应用意义？
16. 生物质热解炭化的基本原理是什么？
17. 生物质水热炭化反应的主要影响因素有哪些？
18. 生物质好氧发酵主要影响因素有哪些？
19. 生物基材料有哪些用途？其应用前景如何？

参考文献

[1] 陈福仲，刘杰，陈晶晶．餐厨垃圾沼气热电联产经济分析[J]．能源研究与利用，2020(2)：30-33.

[2] 陈卫红，石晓旭．我国农林废弃物的应用与研究现状[J]．现代农业科技，2017(18)：148-149.

[3] 成功．秸秆、生物质炭施用对农田温室气体排放的效应研究[D]．杨凌：西北农林科技大学，2017.

[4] 段新芳，周泽峰，徐金梅，等．我国林业剩余物资源、利用现状及建议[J]．中国人造板，2017，24(11)：1-5.

[5] 范方宇．玉米秸秆水热炭化和热解法制备生物炭研究[D]．合肥：合肥工业大学，2017.

[6] 冯琛．花庄沼气热电联产系统热稳定性研究[D]．兰州：兰州理工大学，2017.

[7] 国家统计局．中国统计年鉴2020[M]．北京：中国统计出版社，2020.

[8] 河海大学《水利大辞典》编辑修订委员会．水利大辞典[M]．上海：上海辞书出版社，2015.

[9] 胡常伟，李建梅，祝良芳，等．生物质转化利用[M]．北京：科学出版社，2019.

[10] 刘成．施用生物质炭对作物产量和农田温室气体排放影响研究[D]．南京：南京农业大学，2019.

[11] 刘华财，吴创之，谢建军，等．生物质气化技术及产业发展分析[J]．新能源进展，2019，7(1)：1-12.

[12] 刘振东，李贵春，杨晓梅，等．我国农业废弃物资源化利用现状与发展趋势分析[J]．安徽农业科学，2012，40(26)：13068-13070，13076.

[13] 刘震．木质纤维素的低温热解炭化及其储锂性能研究[D]．南昌：江西师范大学，2021.

[14] 吴亚林．玉米秸秆制备燃料乙醇的预处理和酶解工艺研究[D]．扬州：扬州大学，2019.

[15] 武书彬．木质纤维生物质及其组分的理化特性与热解规律[M]．北京：科学出版社，2013.

[16] 许敏．生物质热解气化特性分析与试验研究[D]．杭州：浙江大学，2008.

[17] 杨帆．农产品加工副产物发酵饲料对奶公牛生长性能及瘤胃内环境的影响研究[D]．南宁：广西大学，2022.

[18] 于晓凤．污水处理厂沼气热电联产系统优化设计研究[D]．青岛：青岛理工大学，2019.

[19] 张蓓蓓．我国生物质原料资源及能源潜力评估[D]．北京：中国农业大学，2018.

[20] 张钧，杨文武．水和废水中五日生化需氧量测定全程质量控制[J]．环境科学与管理，2011，36(7)：139-145.

[21] 张璐．生物质炭还田模式对中低产稻田产量和甲烷排放的影响[D]．杭州：浙江大

学,2018.

[22] 张亚鹏. 南方地区中型养殖场沼气热电联产系统设计及评价方法研究[D]. 上海:上海电力学院,2014.

[23] CHEN S, ZHANG M, DING Y T, et al. Resilience of China's oil import system under external shocks: A system dynamics simulation analysis [J]. Energy Policy, 2020, 146: 11795.

[24] KO J K, LEE S M. Advances in cellulosic conversion to fuels: Engineering yeasts for cellulosic bioethanol and biodiesel production [J]. Current Opinion in Biotechnology, 2018, 50: 72-80.

[25] LOPEZ M D C F, RIGAL M, RIGAL L, et al. Influence of temperature and soda concentration in a thermo-mechano-chemical pretreatment for bioethanol production from sweet corn co-products [J]. Industrial Crops and Products, 2019, 133: 317-324.

[26] RAJNISH K N, SAMUEL M S, JOHN A J, et al. Immobilization of cellulase enzymes on nano and micro-materials for breakdown of cellulose for biofuel production: A narrative review [J]. International Journal of Biological Macromolecules, 2021, 182: 1793-1802.

第7章 地热利用技术

本章学习的目的与要求

了解地热资源特点及其利用现状，掌握地热发电主要技术原理、特点及应用场景，掌握地源热泵、地热供暖、地热制冷的系统组成和设计计算方法，掌握地热干燥、地热温室、温泉疗养等地热其他利用技术的原理和特点，了解国内外地热开发利用技术新进展以及地热能在农村应用现状，通过本章的学习激发读者投入社会主义新农村建设的热情、履行乡村振兴的使命担当。

7.1 地热资源及其开发利用

7.1.1 地热能的来源

按一般概念，地热能指以热能为主要形式储存于地球内部的能源。这部分热能主要来自地球内部的热量(简称地球内热)和太阳辐射等地球外部热能两大部分。地球内热是地热能来源的主要方面，远大于太阳辐射等地球外部热能。地球内热又主要源自地球形成过程中重力位能储藏在核幔的热(高温熔融体)和壳幔放射性元素(U、Th、^{40}K)衰变。另外，还有月球和地球之间相互吸引产生的摩擦热、硫化矿物与地下水接触发生化学反应释放的热等。事实上，几乎地球的每一寸表面都有热能的不断流动。地球表面的平均热通量为 87 mW/m^2，其中海洋热流平均值为(101±2.2)mW/m^2，陆地热流平均值为(65±1.6)mW/m^2，结合地球陆地表面 1.49×10^{14} m^2 和海洋表面 3.61×10^{14} m^2 的表面积，地球表面的总热量输出达到 4.62×10^{13} W，即每年由地球内部流出的总热能约为 14.6×10^{20} J。火山熔岩的喷发和温泉喷涌是热能存在于地球内部的显著证据，据估计全球火山喷发带出的热量为 3.0×10^{19} J/a，温泉和地热带释放的热量为 2.0×10^{18} J/a。

地球是一个巨大的热库，地热能开发利用的潜力巨大。然而，受技术经济条件的限制，在当代和可预见的未来，可供人类开发利用的地热资源十分有限。在现有经济技术条件下，可以被人类开发利用的地热能、热流体及其有用组分称为地热资源，而作为能源可以被利用的主要是地热能。按分布位置和赋存状态、属性地热资源可分为 4 种类型：①浅层地热资源，一般深度不超过 200 m，赋存于岩土体、地表水或地下水中的热量，是地球内热和太阳能共同作用的产物，采用地源热泵技术对建筑物供热或制冷。②水热型地热资源，一般深度在 3 km 以浅，以地下水作为载体的地热资源，可通过抽取热水或汽水混合物提取热量。③干热岩地热资源，一般深度在 3 km 以下，赋存在由于特殊地质构造条件造成高温少水甚至无水的干热岩体中的热量，需通过人工建造地热储层和人工流体循环的方法取出。④非常规地热资源，包括地压型地热资源和岩浆型地热资源。地压型地热资源为在某些大型含油气盆地深处存在着的高温高压热流体，其中含有大量甲烷等气体，除了包含高温地热能，还包含高压流体所具有的机械能，以及甲烷等气体的化学能。岩浆型地热资源即储存在高温熔融岩浆体中的巨大热能。非常规地热资源如何开发利用目前仍处于探索阶段。在上述四类地热能中，浅层地热资源和水热型地热资源已达到大规模商业性开发利用阶段。根据开发利用目的不同，又可将水热型地热资源分为高温(≥150 ℃)、中低温(中温 90～150 ℃，低温<90 ℃)水热资源。高温地热资源主要用于地热发电，而中低温地热资源主要用于地热直接利用，如供暖、制冷、工农业用热和温泉疗养等。

7.1.2 地热资源勘查

地热资源勘查是通过地质、地球化学和地球物理勘查手段及综合分析，对某一地区的地热资源进行发现和查明的过程，一般分为地热资源勘查、预可行性勘查、可行性勘查及开发研究 4 个阶段。早期地热资源的勘查主要是通过地表的明显标志，如间歇温泉、沸腾的泥浆或者蒸汽池来观察。随着技术的发展，航卫片解译、地质调查、地球化学、地球物理、钻井试井、分析化验及动态监测等技术对于发现、定位和评价地热资源起到极大的推动作用。勘查潜在的地热资源位置一般先分析可用的地质信息，包括地质图、钻孔记录、地表特征等。确定目标后，将就地质模图、地球化学、地球物理进行储层条件的评价。最后，钻孔获取数据来对模型进行微调。涉及的技术包括磁法、电阻率法、运用红外光谱和高光谱技术的遥感调查等。

(1)地质勘查　主要是水文构造地质方法，其中，区域尺度大地构造背景的分析是评价一个地区地热资源潜力的基础。热田尺度地质构造的调查与填图为了解地热系统空间展布与地热储的物理属性提供依据，对于隆起区对流型地热系统，断裂的分布、深度和导水性至关重要；对于沉积盆地传导型地热系统，沉积构造及盆地演化的信息十分有用。此外，野外样品和钻孔岩芯中水热蚀变产物的岩石学与矿物学分析可以获取关于热储层的直接信息。钻孔水文地质试验是求取热储层参数的有效方法。热水动态的水文地质研究对于定量评价地热资源也十分重要。

(2)地球化学勘查　地热勘查的地球化学方法可以分为水文地球化学方法和地球化学勘探方法。前者主要用于认识地热系统的水文学特征与地热资源潜力评价，后者则用于热储分布范围的确定。水-岩之间化学反应的化学热力学模拟评价方法，被广泛应用于热储温度预测、热水化学成分形成过程重建、溶解物的沉淀与成垢预测等。通过地下水化学成分的分析，可以了解地热系统中热水从深部上涌的主要通道位置。了解地热系统中的沸腾、混合等过程，还可以依据地球化学温标(SiO_2、Na/K、Na-K 等)估算热储的温度。同位素水文学方法在地热研究中也得到广泛的应用。热水的起源和补给源可以通过 δD、$\delta^{18}O$ 与大气降水之间的关系判断。放射性同位素(^{3}H、^{14}C、^{36}Cl 等)可以用来测定热水的年龄，了解其天然循环周期并在开采条件下判断冷水的入侵影响等。地球化学勘探方法主要基于地热系统岩石和土壤中的多种微量元素，如 Hg、As、Sb、Bi、B、Li、Rb、Cs、Be、Sn、Pb、Zn 和 Mn 等与地热活动的关系，指示地热活动，圈定热异常范围。

(3)地球物理勘查　地球物理勘查的任务是要寻求和解释有关地球物理学类型的异常，尽可能精确地测定地热田及其周围物质的不同物理特征，进而确定异常，以等水温线、等电阻率线、等毫伽线等来圈定异常。最后，会同地质学家"会诊"异常，推断地热地质和构造条件，指导钻探打井。常用的地球物理勘查方法包括浅层测温、电法、重力法、磁法、磁大地电流法、地震勘探和红外线摄影测量等。

7.1.3 地热资源开采与输送

地热井是整个地热工程的关键部分，保证整个工程的热能来源，因而地热资源的开采通常需要用到钻井，在一个地热项目中钻井的花费占到总费用的40%～60%，而钻井成本的费用与钻井的深度息息相关。对于浅层地热能和中深层地热直接利用的钻井通常比用于发电的钻井深度浅，可使用冲击钻机或者回转钻机，通常用于水井钻井的设备也适用。发电钻井则对工程的要求更高，需要更加庞大的钻机将几千米的套管安装在恶劣的环境下，对设备性能和操作提出了更高的要求。对于中低温地热井设备一般包括地热井泵、井口设备、动态监测仪表以及除砂器、除铁器等。对于高温地热井，水温较高或为自流井，钻井时的安全措施必须加以考虑，必要时必须备有防喷设备。

通常地热井的井位不一定在供热负荷旁，因而如何安全经济地将地热流体输送至用户是地热利用工程中非常重要的环节。常规的热水输送技术和设计方法在地热工程中也是适用的，只是地热水有不同的温度和化学性质，因而在选材、保温、敷设方式和合理输送距离上有着更高的要求。地热输水系统的设计，一些因素必须加以考虑，包括管材、水头损失、泵的类型和流量、扬程等参数、地热流体温度、管道热膨胀、水的分配及分支管线及维修要求等。管道保温对减少热损失和温降具有重要的意义，目前国内用得最多的保温材料是发泡聚氨酯，岩棉或玻璃纤维也可用来保温，但用得较少。

7.1.4 地热水回灌与环境保护

地热开发过程中可能产生的环境问题主要有热污染、空气污染、水污染和地面沉降等。空气污染主要是指高温热水和蒸汽中CO_2、H_2S气体的排放，油田地区热水中CH_4、N_2气体的排放；水污染主要是地热水中特别是高温热水中有害的化学元素，如超量的氟化物、砷和硫化物等，在排放时可能对饮用水和农田灌溉水造成污染，甚至伤害农作物和草甸植被，还经常对地面的管道产生腐蚀。另外，在有些地区由于不适当的过量开采会造成资源的亏损和热储压力的降低。

为了保护地热资源和环境，必须建立地热田开采动态的监测系统和尾水回灌系统。

(1)建立地热田开采动态的监测系统　热田开采过程的监测包括地热井产量、温度和压力的长期观测，及时掌握地热流体的开采动态，特别是压力下降漏斗的形成与变化。对于地热水排泄区土壤中的微量元素、放射性元素和气体成分进行定期采样分析。

(2)建立尾水回灌系统　地热回灌是减缓热储压力下降、保持压力平衡、避免环境污染的有效措施，是地热田热储工程研究和预测的一项重要内容。目前许多地方都已进行回灌试验，天津、北京等地区已经积累了不少的经验。一般回灌的模式有同层对井回灌、异层对井回灌(开采地层回灌非常困难时)和同层两采一灌(图7-1)。回灌的方式有真空回灌和压力回灌，前者是将回灌井进行密封，以避免空气进入后堵塞储层的空隙，后者是使用加压泵将水注入回灌井。

(3)确保地热资源的综合利用,尽可能降低尾水的排放温度　地热水是一种可综合利用的宝贵矿产资源,利用它的热量可以供暖和制冷、农业栽培和水产养殖,利用它特殊的化学组分可以进行理疗(包括饮用矿泉水)。近几年来,建立了很多示范性工程,积累了不少经验。

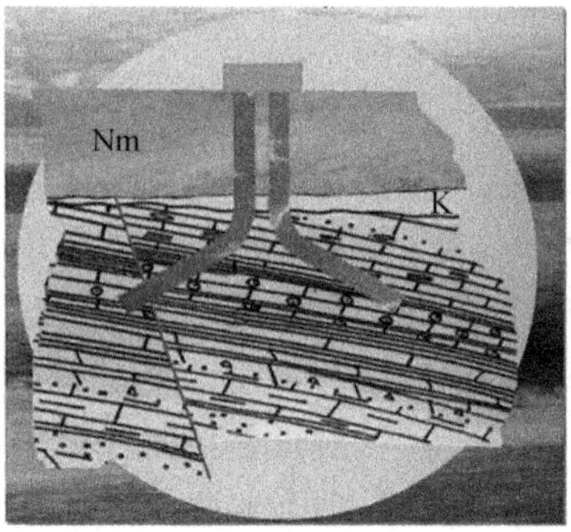

a.同层对井回灌

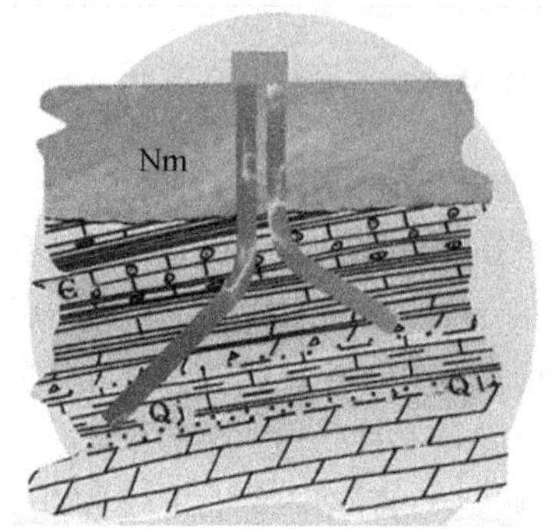

b.异层对井回灌

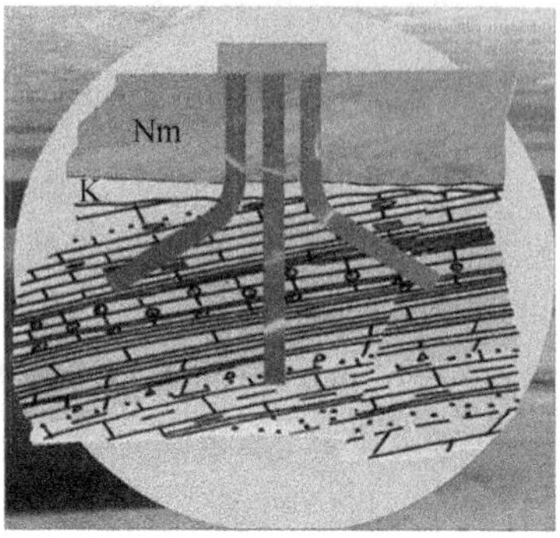

c.同层两采一灌

图 7-1　地热尾水回灌方式

7.2　地热发电技术

7.2.1　地热发电和火力发电的对比

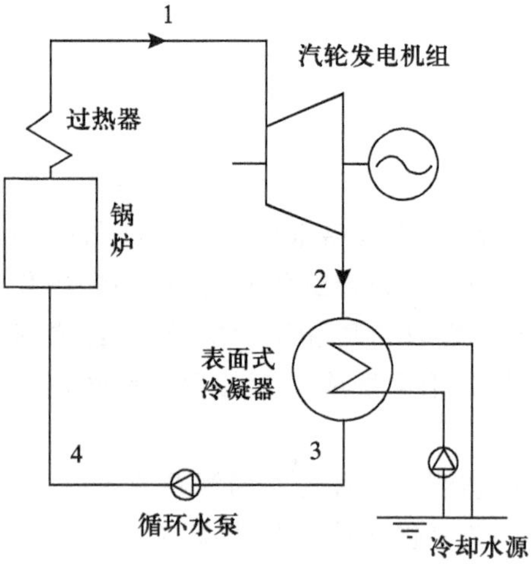

图 7-2　火力发电厂热力系统简图

从原理上看,地热发电和火力发电在热功转换过程中的原理是相同的,基本上采用了朗肯循环来完成热功转换,如图 7-2 和图 7-3 所示。但它们之间热源不同,火力发电的热源来自化石燃料在锅炉中燃烧产生的热能,而地热发电的热源则来自地下热储。这给二者的设计建造带来了一些差异,主要包括以下 5 个方面:

(1)地热电站对载热介质或工质的加热是在地下热储中进行,而火力发电厂则是在锅炉中进行,因此地热发电既不需要庞大的锅炉,也不需要消耗化石燃料,也就没有灰渣和烟气对环境的污染,而且设备简单,运行费用较低。

(2)在地热发电系统中,由于不需要回收凝结水,一般冷却设备采用冷却效率高、造价低的混合式或直接接触式凝汽器。只有当为满足环保要求而对硫化氢等进行处理时,才需要表面式凝汽器。

(3)通常进入汽轮机的地热蒸汽参数(温度、压力)低、焓降小,为达到一定规模的发电量,就需要较大的蒸汽质量流量,因此汽轮机的体积和进汽管道的管径都相对较大。

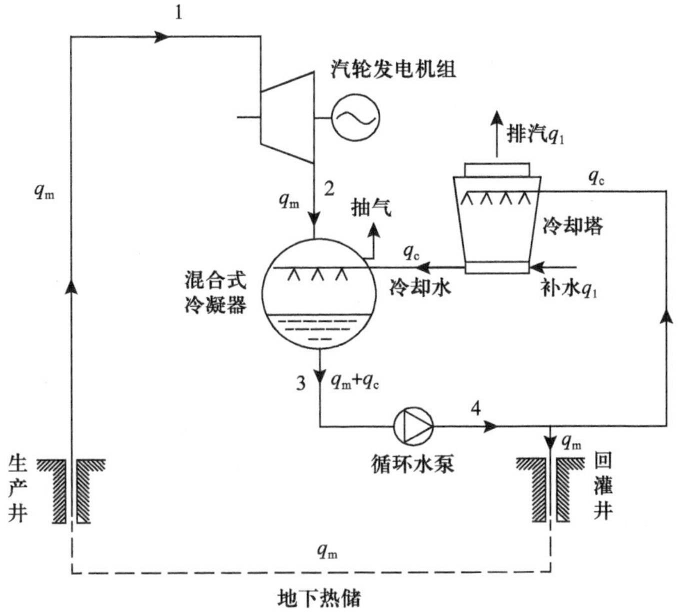

图 7-3　地热干蒸汽发电热力系统简图

(4)由于地热流体中溶有一些矿物质和不凝性气体，地热电站面临防腐、防垢和环境保护等方面的问题。

(5)地热电站的设计和火电厂不同，后者可以随意选取汽轮机的进口参数，或在更大范围内优选参数，但是地热电站则不同，其进口参数受到地热井口地热流体参数的限制。此外，在厂址的选择上，地热电站受到地热井所在地的限制，而火力发电厂则相对自由度较大。

7.2.2　地热发电基本热力过程

目前，热能转化成电能的实用方法是通过热力循环，用热机将其转化为机械能，再通过发电机转化为电能。利用不同的工质以及不同的热力过程，可以组成不同的热力循环。地热发电基本循环实质上属于朗肯循环，如图 7-4 所示，可简化为地下热储加热过程 1′—2(其中，过程 1′—1 为等压吸热过程，1—2 为工质的等温吸热过程)、汽轮机膨胀做功过程 2—3、冷凝放热过程 3—4、液态工质升压过程 4—1′。

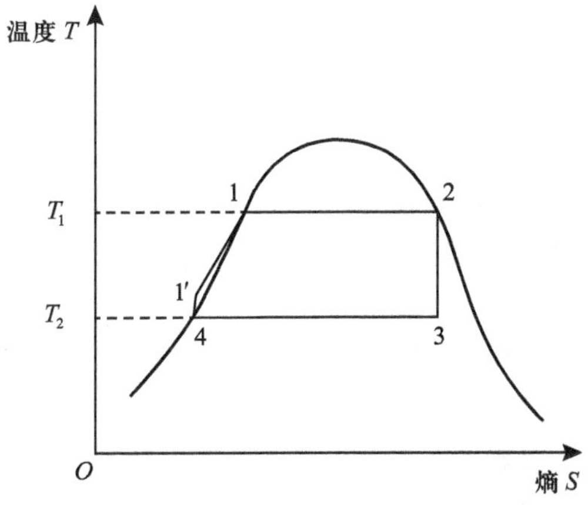

图 7-4　地热发电基本热力循环的温-熵图

由热力学第一定律导出的稳定流动能量方程为

$$q = \Delta h + \frac{1}{2}\Delta v^2 + g\Delta z + w \qquad (7\text{-}1)$$

式中，q 为工质加入的热量；Δh 为工质的焓值变化；$\frac{1}{2}\Delta v^2$ 为工质动能；$g\Delta z$ 为工质位能；

w 为对外做的功。式中各项单位均为 kJ/kg。

(1)在地下热储的加热过程　由于

$$\frac{1}{2}\Delta v^2 \approx 0, g\Delta z \approx 0, w=0$$

由式(7-1)得

$$q_1=\Delta h=h_2-h_{1'} \tag{7-2}$$

式中,q_1 为工质在地下热储中的吸热量;Δh 为工质的焓值变化;h_2 为生产井口工质焓值;$h_{1'}$ 为回灌井入口的焓值。式中各项单位均为 kJ/kg。

(2)汽轮机膨胀做功过程　由于

$$q=0, \frac{1}{2}\Delta v^2 \approx 0, g\Delta z \approx 0$$

由式(7-1)得

$$\Delta h+w=0, \text{或 } w=h_2-h_3 \tag{7-3}$$

(3)工质的冷凝放热过程　由于

$$\frac{1}{2}\Delta v^2 \approx 0, g\Delta z \approx 0, w=0$$

由式(7-1)得

$$-q_2=\Delta h, \text{或 } q_2=-\Delta h=h_3-h_4 \tag{7-4}$$

(4)液态工质升压过程　由于

$$\frac{1}{2}\Delta v^2 \approx 0, g\Delta z \approx 0, q=0$$

由式(7-1)得

$$\Delta h+(-w)=0, \text{或 } w=h_{1'}-h_4 \tag{7-5}$$

上述与循环有关的 4 个基本热力过程的计算方法,有一个共同点,即都与焓值 h 相关。事实上,在地热发电的热力计算中,所用的工质主要是水和水蒸气,而涉及最多的两个状态参数就是焓 h 和熵 s。水蒸气作为实际气体,它的状态方法很复杂,因此在实际的工程计算中,常通过查找水蒸气图表的方式来获取未知的参数。对于单相的液态水和水蒸气的状态,可由两个独立的状态参数来确定,但在气液两相的湿蒸汽区内,温度和压力互为函数,二者不能同时作为独立的状态参数。因此,要确定湿蒸汽的状态,就必须由蒸汽干度 x 及温度或压力二者中的一个参数来共同确定。蒸汽干度的定义如下:

$$x=\frac{\text{干饱和蒸汽的质量}}{\text{湿蒸汽的总质量}} \tag{7-6}$$

由于在饱和水线上还没有出现蒸汽,蒸汽干度为 $x=0$;在饱和气线上水全部变成了蒸汽,$x=1$;在湿蒸汽区,$0<x<1$。

7.2.3　基本地热发电方式

由于地热资源种类繁多，按温度可分为高温、中温和低温地热资源；按形态分为干蒸汽型、湿蒸汽型、热水型和干热岩型等。另外，地热水还普遍含有不凝结气体，如二氧化碳、硫化氢及氮气等。因此，不同的地热资源必须采用不同的发电方法。对温度和形态不同的地热资源，有4种基本地热发电方式，即干蒸汽发电、闪蒸发电、双工质发电和全流循环发电。

1. 地热干蒸汽发电

在各种地热发电系统中，地热干蒸汽发电系统经济性最好，系统最简单，适用于高温蒸汽热田。高温蒸汽首先经过净化分离器，脱除井下带来的杂质后推动汽轮机做功，并使发电机发电。所用发电设备基本上同常规火电设备一样。干蒸汽发电又分为背压式和凝汽式两种系统。

(1)背压式地热干蒸汽发电　该系统适用于高压力的干蒸汽田，一般要求蒸汽压力高于当地的大气压力。地热蒸汽经过蒸汽净化器滤去夹带的固体杂质后进入汽轮机中膨胀做功，乏汽直接排入大气(图7-5)。这种发电方式最简单，投资费用低，其缺点是大气压力以下还有很多蒸汽焓降未能充分利用，发电效率低，此外高压地热蒸汽资源极少，这种发电方式不具有普遍意义。1913年世界上第一座地热电站，即意大利拉德瑞罗地热电站中的第一台机组，就是采用背压式汽轮机发电系统，容量为250 kW。

(2)凝汽式地热干蒸汽发电　此发电方式适用于压力不高的蒸汽型地热田。经净化后的蒸汽进入汽轮机中膨胀做功(图7-6)。蒸汽中所夹带的不凝结气体随蒸汽经过汽轮机积聚在冷凝器中，必须用抽气器排走以保持冷凝器内的真空度。美国盖瑟斯地热电站(1 780 MW)和意大利拉德瑞罗地热电站(25 MW)就是采用这种发电系统。

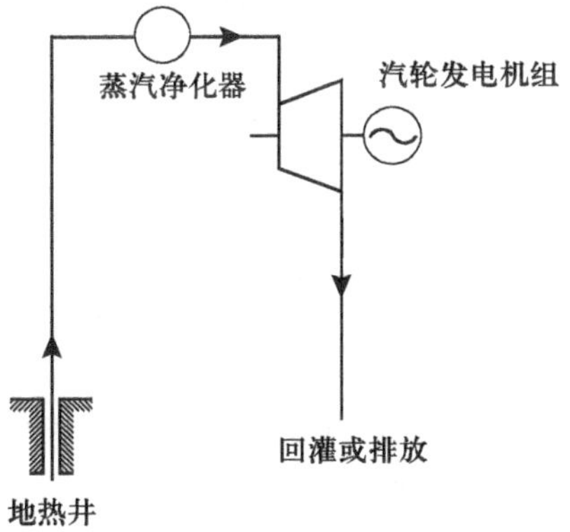

图7-5　背压式地热干蒸汽发电系统简图

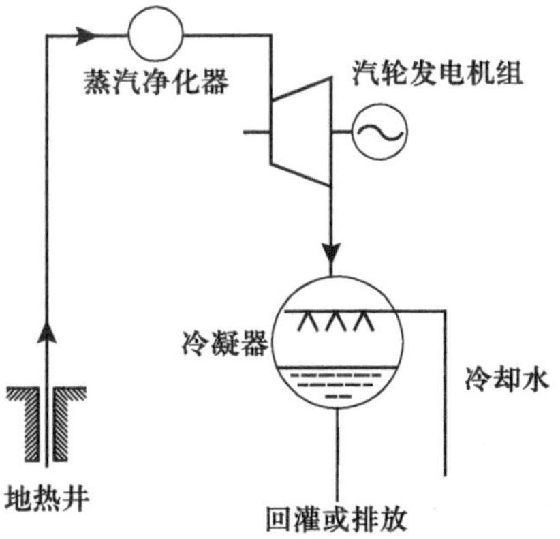

图7-6　凝汽式地热干蒸汽发电系统简图

2. 地热闪蒸发电

地热闪蒸发电是目前地热发电最常用的方法，适用于热水型或湿蒸汽的地热流体，其主要原理如图7-7所示。地热水进入闪蒸器降压闪蒸后所产生的蒸汽进入汽轮机膨胀做功，将蒸汽的热能转化成汽轮机转子的机械能，汽轮机再带动发电机发电。汽轮机排出的蒸汽习惯上称为乏汽，乏汽进入冷凝器重新冷凝成水。冷凝水再被冷凝水泵抽出以维持不断的循环。冷

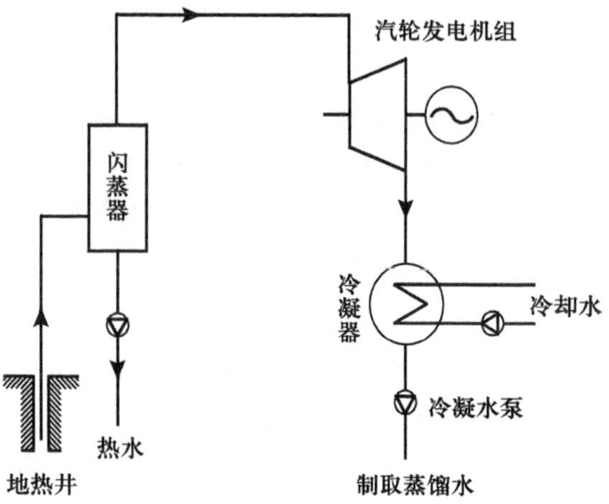

图 7-7 地热闪蒸发电系统简图

凝器中的压力远低于闪蒸器中的压力，通常只有 0.004～0.01 MPa，这个压力所对应的饱和温度就是乏汽的冷凝温度。冷凝器的压力取决于冷凝的蒸汽量、冷却水的温度及流量、冷凝器的换热面积等。由于地热水中不可避免地有一些在常温下不凝结的气体在闪蒸器中释放出来进入蒸汽，同时管路系统和汽轮机的轴封也会有空气泄漏进来。这些不凝结气体最后都会进入冷凝器，因此还必须有一个抽真空系统把它们不断地从冷凝器中排除。

地热闪蒸发电站设计的关键是确定闪蒸温度，这个参数直接影响发电量。在设计时，在设计的终参数（排气压力或冷凝温度）已选定的条件下，应该取一系列不同的闪蒸温度进行热力计算，求出净发电量最大时所对应的闪蒸温度。最佳闪蒸温度 T_j 可以用式(7-7)进行估算，作为设计时的参考。

$$T_j = \sqrt{T_d T_k} \tag{7-7}$$

式中，T_d 为地热水的温度，K；T_k 为乏汽冷凝温度，K。

3. 地热双工质发电

地热双工质发电的特点是采用低沸点的流体，如异丁烷、异戊烷、R245fa、氨和二氧化碳等作为循环工质。在这种发电方式中，地热水仅作为热源使用，地热水回路与中间工质回路分开互不混溶，因此特别适合不凝结气体含量高的地热水。图 7-8 为地热双工质发电系统原理图。首先，地热水流过蒸发器加热蒸发器中的循环工质。循环工质在定压条件下吸热气化，产生的工质蒸气进入汽轮机做功，汽轮机再带动发电机发电。然后，做完功的工质乏气再进入冷凝器被冷凝成液态工质。最后，液态工质又由工质泵升压打进预热器或蒸发器中而完成工质的封闭式循环。

双工质发电的最佳蒸发气化温度也要按照净发电量最大的原则来确定，其方法和闪蒸发电类似。双工质发电可以利用二级蒸发以至三级蒸发等措施来增加发电量。

4. 地热全流循环发电

地热全流循环发电法是针对水热型地热资源而提出的一种新颖的热力循环系统（图 7-9）。核心技术是全流膨胀机，地热流体进入全流膨胀机进行绝热膨胀，膨胀结束后汽水混合流体进入冷凝器冷凝成水，然后再由水泵将其抽出冷凝器而完成整个热力循环。从理论上看，在全流循环中地热流体从初始状态一直膨胀到冷凝温度，其全部热量最大限度地被用来做功，因而全流循环具有最大的做功能力。但是受到目前膨胀机性能的限制，这种发电方式应用很少。要实现全流系统发电，必须解决好两方面问题：一是研制适合于两相流体工作的膨胀机，二是汽水两相地热流体在膨胀机内工作时所产生的结垢和腐蚀问题。

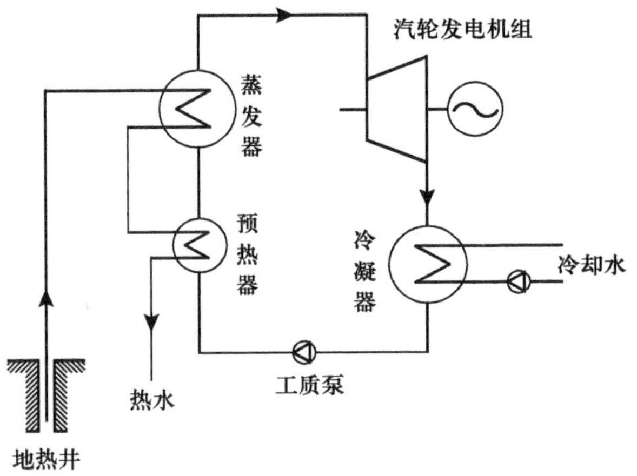

图 7-8 地热双工质发电系统简图

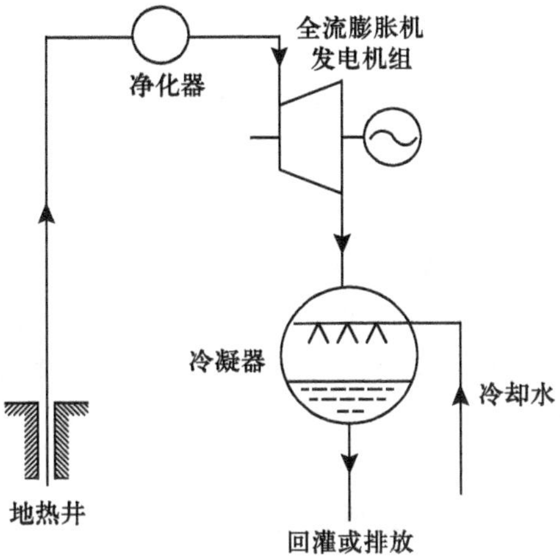

图 7-9 全流循环地热发电系统简图

7.2.4 地热电站性能评价指标

对地热电站进行热力计算时，除了必须知道井口参数（温度、压力、流量等）外，还必须知道汽轮机排汽的冷凝温度（或压力）。冷凝温度受环境冷却水（或其他冷源）温度、换热方式、换热面积等因素的影响。图7-10给出了冷凝温度的确定方法。

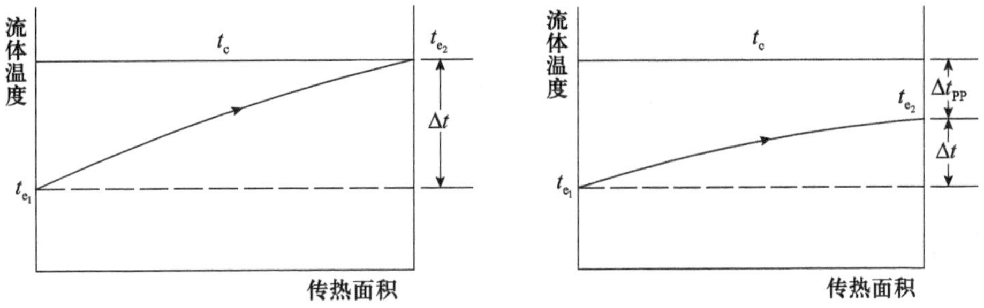

图 7-10 冷凝温度的确定

对于混合式凝汽器

$$t_c = t_{e_1} + \Delta t \tag{7-8}$$

对于表面式凝汽器

$$t_c = t_{e_1} + \Delta t + \Delta t_{PP} \tag{7-9}$$

式中，t_c 为冷凝温度，℃；t_{e_1}、t_{e_2} 为环境冷却水进口和出口温度，℃；Δt 为冷却水温升，一般取9～15 ℃或更高，℃；Δt_{PP} 为表面式凝汽器端部最小传热温差，一般取3～10 ℃。

地热电站在生产过程中把地热能转变为电能，由热力设备和发电设备共同完成。在转换过程中，将有各种能量损失，如冷源损失、汽轮机内不可逆损失、机械损失和电机损失等，从而使热能只有一部分转变为电能。考虑电站的各项损失后，地热电站的毛发电功率（kW）为

$$P=\frac{q_m\times(h_1-h_2)}{3.6}\eta_{oi}\eta_m\eta_g \tag{7-10}$$

地热电站的净发电功率(kW)为

$$P_{net}=\frac{q_m\times(h_1-h_2)\times(1-X)}{3.6}\eta_{oi}\eta_m\eta_g \tag{7-11}$$

式中,q_m 为地热流体的质量流量,t/h;h_1 为地热流体汽轮机进口比焓,kJ/kg;h_2 为地热流体在汽轮机内等熵膨胀至冷凝压力时的比焓,kJ/kg;X 为厂用电和电站毛发电功率的比值;η_{oi} 为汽轮机相对内效率,%;η_m 为机械效率,%;η_g 为发电机效率,%。对凝汽式机组:当功率 P 在0.75～100 MW时,其相对内效率 η_{oi} 取0.76～0.87,功率大者取上限;而 η_m 取0.96～0.98,η_g 取0.97～0.98(空冷)。

对于汽轮机相对内效率 η_{oi},其定义式如下

$$\eta_{oi}=\frac{h_1-h_{2'}}{h_1-h_2} \tag{7-12}$$

式中,h_1 为地热流体汽轮机进口比焓,kJ/kg;h_2 为地热流体在汽轮机内等熵膨胀至冷凝压力时的比焓,kJ/kg;$h_{2'}$ 为地热流体在汽轮机内实际膨胀至冷凝压力时的比焓,kJ/kg。

地热电站的性能通常由其热力学性能和经济性指标来进行评价,常见的各项指标如下。

(1)电站净效率 η_{net}(%)　指电站输出净功率的热当量与地热流体的循环加热量之比,即

$$\eta_{net}=\frac{3\,600\,P_{net}}{\Phi} \tag{7-13}$$

(2)资源利用效率 η_u(%)　指电站的净功率的热当量与地热流体的最大可用功之比,即

$$\eta_u=\frac{3\,600\,P_{net}}{q_m w_{max}\times10^3} \tag{7-14}$$

(3)汽耗率 d(kg/kWh)　指电站每发出1 kWh电所消耗的蒸汽量,即

$$d=\frac{q_m\times10^3}{P_{net}} \tag{7-15}$$

(4)每吨地热流体的净发电量 N_e(kWh/t),即

$$N_e=\frac{P_{net}}{q_m} \tag{7-16}$$

(5)电站每千瓦投资(万元/kW),即

$$I=\frac{R}{P_{net}} \tag{7-17}$$

式中,P_{net} 为电站净输出功率,kW;Φ 为电站循环加热量,kJ/h;q_m 为地热流体(或蒸汽)的质量流量,t/h;w_{max} 为地热流体最大可用功,kJ/kg;R 为投资总额,万元。

7.2.5 地热发电案例

1. 意大利拉德瑞罗地热电站

拉德瑞罗(Larderello)地热田为蒸汽型地热田,地热田面积为 250 km^2,运行生产井 190 口,回灌井 23 口。热储层位于相对凸起和构造裂隙发育的地层,热储层顶部(一般小于 1 000 m)温度超过 250 ℃,深部热储最高温度为 350 ℃,单井流量 50~100 t/h,少数井可达到 300 t/h。热田内的瓦儿·塞科洛地热电站(Valle Secolo)是拉德瑞罗电站最大的发电厂,拥有最大的发电机组,它由 2 台 60 MW 发电机组组成,总装机容量达 120 MW。该电站的关键技术是通过临时减少蒸汽流量和增加回灌流量来逐渐增加热储压力,提高由热能向电能转换的整体效率,其中包括开发新的、效率更高的汽轮机。瓦儿·塞科洛地热电厂工艺流程如图 7-11 所示。

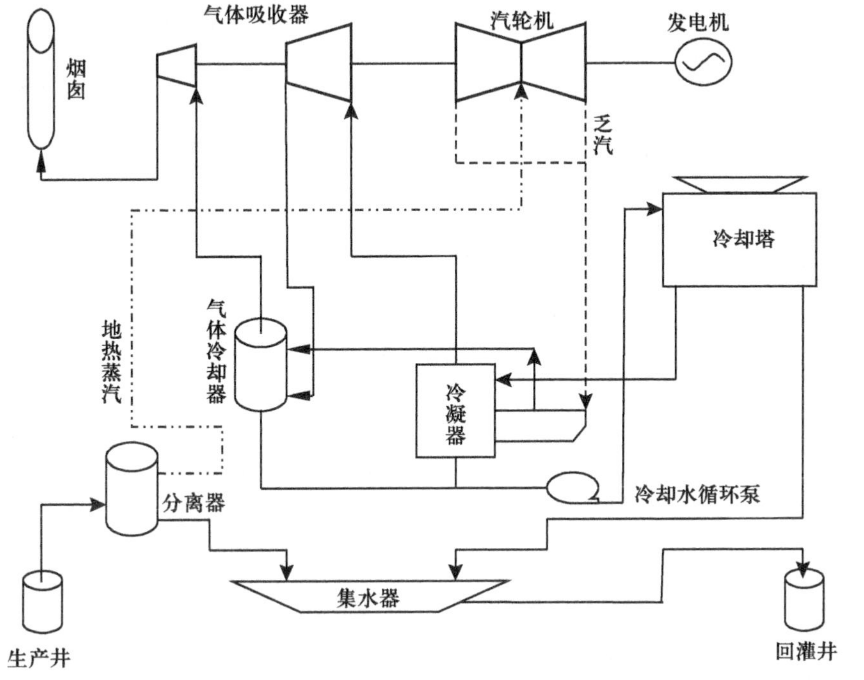

图 7-11 意大利瓦儿·塞科洛地热电站工艺流程图

2. 西藏羊八井地热电站

西藏羊八井地热电站位于拉萨市西北约 90 km 处,属当雄县羊八井区。热田位于羊八井盆地的中部,地势开阔平坦,海拔 4 300 m 左右。藏布曲河从热田东南部流过,夏季流量可达每秒几十立方米,枯水期最小流量仅 1 m^3/s 左右,河水年平均水温 5 ℃,对发电很有利。当地的大气压只有 0.06 MPa 左右。

羊八井地热田热储埋深较小,地热生产井的平均深度为 200 m,井口温度 140~160 ℃,蒸汽干度为 5%~6%,汽水混合流体的最大流量为 160 t/h,地热水中不凝结性气体含量约占 1%(质量分数)。

羊八井第一台 1 MW 试验机组是用闲置的国产汽轮发电机组改装的。由于当时地热资源尚未探明,只能依据少量井口参数进行设计,使机组设计的进汽参数比热田实际参数高,因出力达不到设计要求而未能连续发电。后来通过一系列试验研究和改进，至 1978 年 10 月才投入正常运行。

除 5 号机（日本进口机组，单机容量为 3.18 MW）外，2～9 号机单机容量均为 3 MW 机组。设计和制造上吸取了 1 号机的经验和教训，采用了两级闪蒸，而且汽水混合流体通过井口分离器分离后分别由汽、水两根母管送到各机组闪蒸器，使热效率由 3.5%提高到 6.0%。另外根据热田的实际参数所计算的最佳发电值，使汽轮机的参数和热田参数能很好匹配。图 7-12 为其热力系统图。

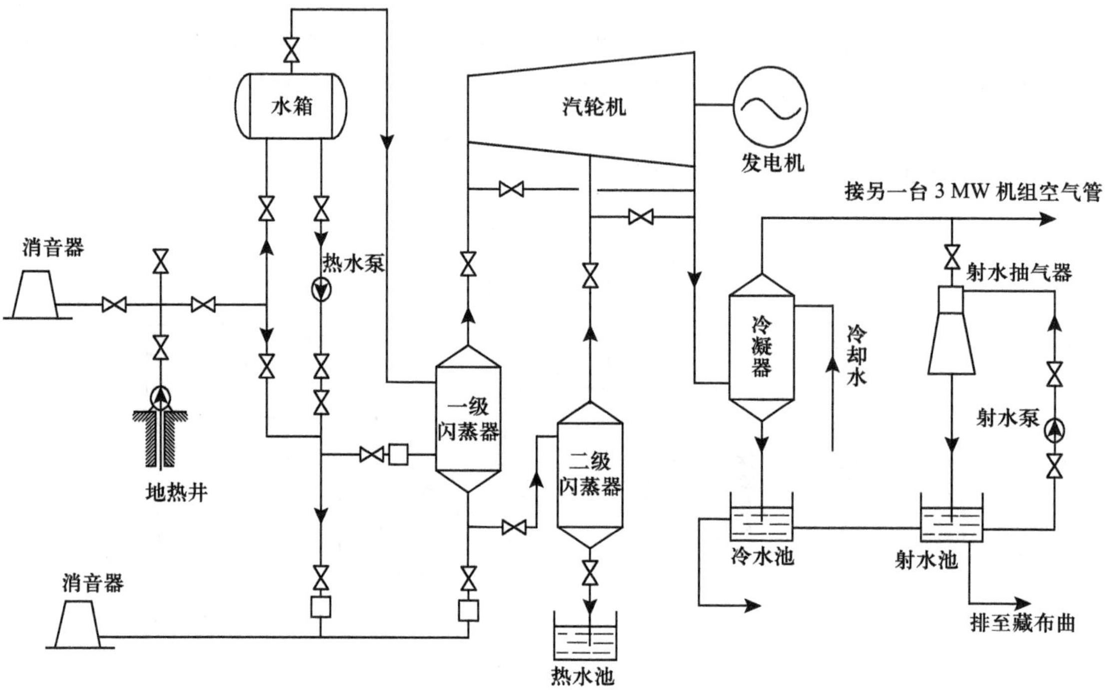

图 7-12 西藏羊八井地热电站热力系统图

汽轮机采取小岛式布置，运行层标高 6 m。冷凝器为混合式，采用高位布置。汽轮机的调节方式为节流调节，其优点是调节系统的结构简单，气流阻力小。汽轮机的通流部分共由 4 个压力级组成，第一、第二进汽口后面各有 2 个压力级。

7.3 地热直接利用技术

7.3.1 地热直接利用概述

对于中低温地热资源，地热直接利用是其主要利用方式，包括制冷、供暖、工农业干燥、温泉疗养等。经过长期的发展，地热资源的直接利用已经从小范围的独立使用，逐步演化为大规模的工程。目前，全球有 80 多个国家直接将地热能用于供热（或制冷），或需要热能的其他工业应用。据 2020 年统计，世界范围内地热资源直接利用总装机容量为 107 727 MWt，能量使用约为 1 020 887 TJ/a(283 580 GWh/a)。地热资源各种直接利用方式的装机容量变化,如表 7-1 所示。可以看出,各种地热资源直接利用方式的装机容量均有显著的变化,尤其是在地源热泵方面,增长十分迅速。随着地源热泵受到越来越多的重视,地热资源的开发利用受到地域的限制越来越小。中低温地热资源也可以用于热电联产,低于 100 ℃的地热水可以首先进行地热发电,然后梯级利用于采暖、温室加热和水产养殖,最后再回灌。热电联产项目无疑提高了地热资源的利用率和经济效益。

表 7-1　地热资源各种直接利用方式的装机容量变化　　MWt

项目	2020 年	2015 年	2010 年	2005 年	2000 年
地源热泵	77 547	49 898	33 134	15 384	5 275
采暖	12 768	7 556	5 391	4 366	3 263
温室加热	2 459	1 830	1 544	1 404	1 246
水产养殖	950	695	653	616	605
农业干燥	257	161	125	157	74
工业用途	852	610	533	484	474
洗浴和游泳池	12 253	9 140	6 700	5 401	3 957
制冷和融雪	435	360	368	371	114
其他	106	79	42	86	137
总计	107 727	70 329	48 493	28 269	15 145

7.3.2　地源热泵

1. 地源热泵原理

热泵是消耗一定高品位能源(如电能)把能量从低温物体传递到高温物体的设备。在地球内部持续流出的热流和流入地下的太阳能共同作用下,在地下 200 m 以下形成一个温度低于 25 ℃且较为稳定的地热储层(包含土壤、地下水、地表水等),在该储层中蕴含丰富的浅层地热能资源。地源热泵以岩土体、地下水、地表水等浅层地热能为热源或冷源,以水或添加防冻剂的水溶液为传热介质,采用热泵技术进行供热、空调或加热生活热水的系统。浅层地热能分别在冬季作为热泵供能的热源和夏季空调的冷源,即冬季把地下中的热量"取"出来,提高温度后供给室内采暖;夏季把室内的热量取出来,释放到地下(图 7-13)。根据地下热交换系统形式的不同,地源热泵可分为地埋管地源热泵系统、地下水源热泵系统和地表水源热泵系统。

2. 地源热泵系统的设计

地源热泵系统的设计包括两个大部分,即建筑物内空调系统的设计和地源热泵系统的地下部分设计。两部分之间又相互关联,如建筑物的供冷供热负荷、水源热泵的选型、进水温度(EWT)、性能系数(COP)都与地下部分换热器的结构、性能有密切的关系。

(1)基础资料　地源热泵系统设计的基础资料除了与一般空调系统相同之外,还必须具备以下资料。

①项目实施区的范围、现有和规划中的建筑物、树木和其他地面设施、自然或人造地表水

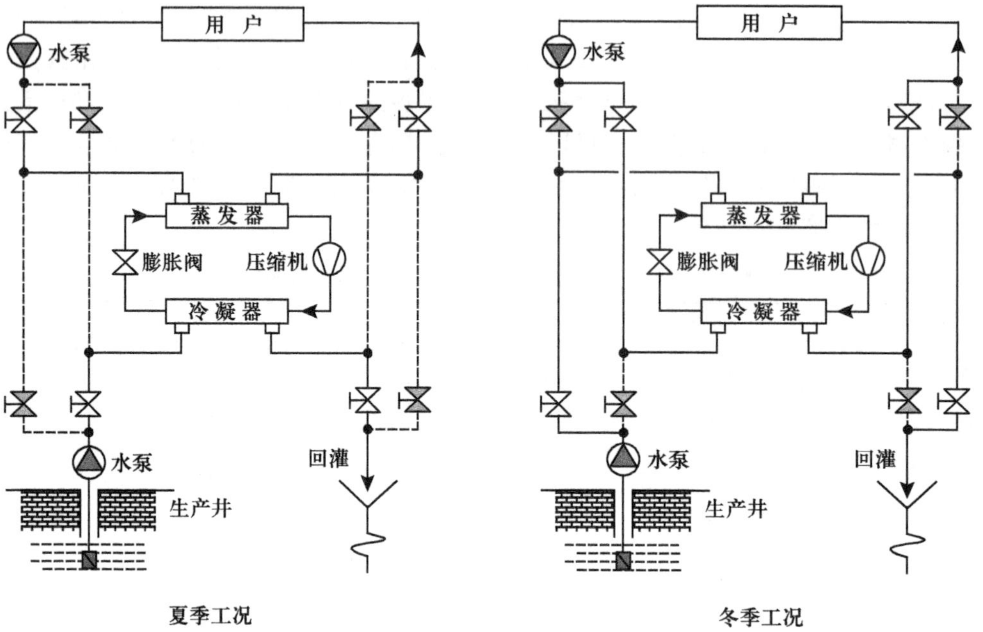

图 7-13 地源热泵原理图

资源的类型和范围、现有水井及其腐蚀状况、附属建筑物和地下服务设施。

②有关的地质、水文地质和地表水基础资料。

③地下水系统试验井的基础资料。一般情况工程供暖/制冷面积小于 10 000 m^2 时可布置 1～2 勘查井，更大工程供暖/制冷面积的布置 2 个以上勘查井，以了解地下水资源状况。

④垂直埋管系统试验孔的基础资料，为设计和安装垂直埋管系统提供依据。要求工程供暖/制冷面积 10 000 m^2 以下的建筑物可布置一个试验孔，大于 10 000 m^2 面积的建筑物应至少布置 2 个孔，孔深应大于计划埋管最深度 5 m。

⑤水平埋管系统试验槽的基础资料，为水平埋管系统设计提供依据，推荐供暖/制冷面积 10 000 m^2 场地至少挖 2 条槽，深度应大于计划埋管深度 1 m 以上。

⑥监测井所观测的地温和地下水温度、水位和水质的变化等方面的资料。

(2)空调制冷和供热的负荷　地源热泵系统的空调制冷和供热负荷的计算和一般的空调系统基本是一样的，但又有不同之处，应加以注意，使系统设计能更符合实际，以达到节约能源和投资的目的。

①应按不同区域计算空调负荷，然后选择不同的水源热泵机组，以便满足不同功能的要求。

②计算制冷和供热高峰负荷，作为埋管换热器或井水用量设计的依据。这两个高峰负荷根据建筑物功能的不同可能发生在不同的时间，一般制冷高峰负荷多在白天，供热高峰负荷多发生在夜间。

③平均负荷的计算结果直接影响工程的造价，考虑地下工程的永久性，建议采用负荷计算软件，以保证计算结果的可靠性。

④总耗能量的计算有度日法(degree days)、Bin 法和 hour by hour 法等。可以利用 DeST、鸿业、TRNSYS、EnergyPlus 等软件进行估算，以作为地源热泵系统设计的初始资料。

⑤地下负荷的计算：夏季制冷排入地下的热负荷，等于高峰总负荷×(1+1/COP_c)。冬季供热向地下取出的热负荷，等于高峰总负荷×(1−1/COP_h)，其中 COP_c 是机组制冷性能系数，COP_h 是机组供热性能系数。

(3)室内空调系统的设计　根据各区的冷热负荷和厂家提供的资料就可以初步选定各种性能数据的水源热泵机组。一般地源热泵机组有整体式和分体式两种。整体式机组制冷剂充注量少，环路密封性好，减少了现场充注和连接不良而引起的制冷剂泄漏和运行不良问题。而且有吊顶式、立式等多种形式，很容易与建筑装修相配合。分体式仅适用于对安装有特殊要求的情况。

地源热泵的室内空调系统与普通空调系统相似，可以选择风机盘管系统、全空气系统、地板采暖等多种方式，能满足用户多样化的需要。

(4)埋管式地源热泵系统的设计　主要是埋管换热器的设计，它包括换热器的长度和布置方式的确定，以及环路循环泵的选择等。

①埋管换热器的形式：埋管换热器主要有垂直埋管和水平埋管两种形式。采用何种形式主要取决于场地大小、岩土类型及挖掘成本。水平埋管换热器有水平单管、水平双管、水平四管、水平六管以及水平螺旋状和扁平曲线状管等。垂直埋管换热器有单U形管、双U形管、小直径螺旋盘管、大直径的螺旋盘管、套管等。埋管换热器中流体的流动路线分为串联和并联。串联系统仅有一条流动路线，而并联系统流体具有两个或两个以上的循环路线。两种系统各有优缺点，但采用并联方式或混合(串联+并联)方式较多。

②埋管材料的选择：地埋管应采用化学稳定性好、耐腐蚀、热导率大、流动阻力小的塑料管材和管件，目前最常用的管道材料是聚乙烯(PE80 或 PE100)和聚丁烯(PB)管材。这些材料可以弯曲或热熔形成不同的形状，并保证使用寿命 50 年以上。聚氯乙烯(PVC)管不宜作为埋管换热器。管件和管材应用相同的材料。

③埋管换热器直径和长度的确定：埋管直径的选择应从两方面考虑，大管径可减小循环泵功耗，但埋管投资高，所需防冻液多；小管径能使管内流体处于紊流状态，流体与管内壁之间的换热效果好，但处理和安装的难度大。并联系统中的环路常用小直径管，集管用大直径管。

埋管换热器的传热量与管材、岩土体及回填材料的热物性、传热介质的热物性及流动状态、埋管的形式、热泵性能、建筑负荷等多种因素有关。因此换热器的长度不能只由室内瞬时负荷来确定。为了确保计算结果的准确性，建议采用专业软件进行。

④闭式环路循环泵的选择：循环泵的选择包括泵的流量和压力两方面，使埋管换热器及热泵换热器具有较高的传热效率，而且消耗功率较低。

环路的流量与热泵换热器的负荷及热泵进、出口介质温差有关。环路中总体积流量 V (m^3/h)可由下式确定：

$$V=\frac{3\,600\,Q_{HP}}{\rho c\Delta T_{HP}} \tag{7-18}$$

式中，Q_{HP} 为热泵的冷(热)负荷，kW；ρ 为循环介质的密度，kg/m^3；c 为循环介质的比热，kJ/(kg·℃)；ΔT_{HP} 为热泵进、出口的温差，℃。

由此可见，当热泵的负荷一定时，循环流量主要与热泵进、出口介质的温差及流体的比热、密度有关。循环泵的扬程由环路的阻力损失来确定，而且环路阻力损失直接影响循环泵的耗功量。循环泵的轴功率 N 与扬程 H 的关系如下：

$$N=\frac{\gamma VH}{\eta_P}$$
$$H=SV^2 \tag{7-19}$$
$$N=\frac{\gamma SV^3}{\eta_P}$$

式中，γ 为循环液的容重，kN/m^3；η_P 为循环泵的效率；H 为环路的阻力损失，m；S 为环路的管路阻抗，s^2/m^5；V 为环路的体积流量，m^3/s。

循环泵的耗功量主要由环路的流量所决定。当循环泵的效率和环路流量一定时，耗功量与循环介质的容重及环路的阻力数有关。

(5)地下水源热泵系统的设计　地下水源热泵系统设计主要有以下 6 个步骤。

①资料收集：试验井的水量和水质观测等资料，以及有关的水文地质资料。

②地下水总需求量的计算：冬季和夏季系统对地下水的需求量与水源热泵性能、地下水温度、建筑物内循环温度和冷热负荷以及供水方式等因素有关。

夏季制冷时的地下水总需求量 m_{WC}(kg/s)为

$$m_{WC}=\frac{q_C}{c_p(t_{W_2}-t_{W_1})}\times\frac{COP_C+1}{COP_C} \tag{7-20}$$

式中，q_C 为建筑物夏季高峰负荷，kW；c_p 为水的定压比热容，通常取 4.187 kJ/(kg・℃)；t_{W_2} 为回灌水温度，即离开热交换器的地下水水温，℃；t_{W_1} 为地下水供水温度，即进入热交换器的地下水水温，℃；COP_C 为热泵的制冷能效比。

在冬季供热时地下水总需求量 m_{WH}(kg/s)为

$$m_{WH}=\frac{q_H}{c_p(t_{W_1}-t_{W_2})}\times\frac{COP_H-1}{COP_H} \tag{7-21}$$

式中，q_H 为建筑物冬季供热负荷，kW；t_{W_2} 为回灌水温度，即离开热交换器的地下水水温，℃；t_{W_1} 为地下水供水温度，即进入热交换器的地下水水温，℃；COP_H 为热泵的制热性能系数。

③确定地下水井的数量和位置：根据试验井的试验结果，确定每口井的出水量。然后根据上述所计算的地下水总需求量确定井的数量，并布置井位。

④管道的布置：根据井位布置和各井之间的管线及其与建筑物联结的总管线，就可选择管径和计算管道系统的压力降。

⑤换热器的选择：对于间接供水系统，可根据地下水总需求量、建筑物内循环水量和地下水温度、建筑物内循环水温来选择换热器，常用的换热器为板式换热器。

⑥地下水的回灌：地下水源热泵系统必须满足《地源热泵系统工程技术规范》[GB 50366—2005(2009 年版)]中 5.1.1 的规定：地下水换热系统必须采取可靠回灌措施，确保置换冷量或热量后的地下水全部回灌到同一含水层，并不得对地下水资源造成污染及浪费。系统投入运行后，应对抽水量、回灌量及其水质进行定期检测。其中可靠回灌措施要求从哪层取水必须再回灌哪层，且回灌井要具有持续回灌能力。

(6)地表水源热泵系统的设计　地表水源热泵系统的设计主要是地表水换热系统的设计。

地表水换热系统的形式可以分为开式地表水换热系统(即直接利用地表水)和闭式地表水换热系统。开式系统要根据地表水水质的不同采用合理的水处理方式。地表水的水质指标包括水的浊度、Y 硬度以及藻类和微生物含量等。其直接利用标准必须要达到《生活杂用水水质标准》(CJ/T 48—1999)。在地表水源热泵系统的设计中应注意以下 3 个问题:①在地表水源热泵系统方案设计之前,应就地表水水源水温状况进行勘察,并做出可靠性综合评价;②应有利于水力平衡;③为了防止风浪、结冰及船舶可能对其造成的损害,地表水的最低水位与换热盘管的距离不应小于 1.5 m。

7.3.3　地热供暖

7.3.3.1　地热供暖系统的组成

地热供暖就是以一个或多个地热井的热水为热源向建筑群供暖。在供暖的同时满足生活热水以及工业生产用热的要求。根据热水的温度和开采情况,可以附加其他调峰系统如传统的锅炉和热泵等。地热供暖系统主要由 3 个部分组成(图 7-14):第一部分为地热水的开采系统,包括地热开采井和回灌井、调峰站以及井口换热器;第二部分为输送和分配系统,它是将地热水或被地热加热的水引入建筑物;第三部分包括中心泵站和室内装置,将地热水输送到中心泵站的换热器或直接进入每个建筑中的散热器,必要时还可设蓄热水箱,以调节负荷的变化。

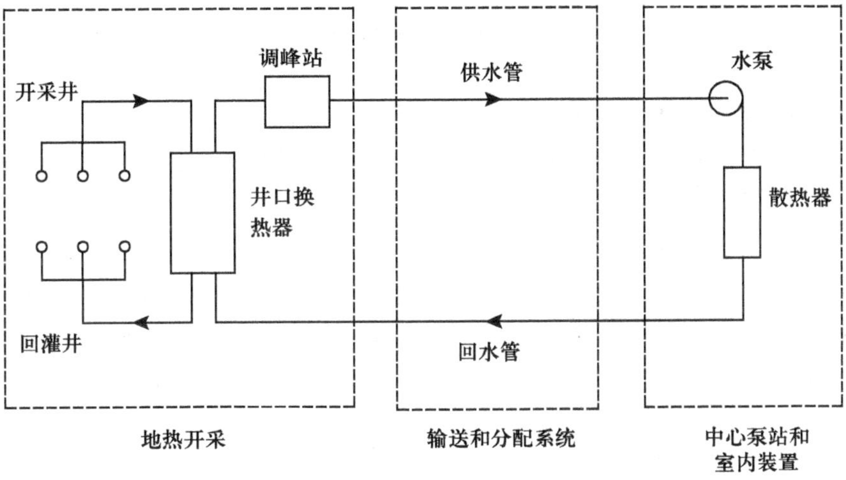

图 7-14　地热供暖系统

根据热水管路的不同,地热供暖系统有以下 3 种方式(图 7-15)。

(1)单管系统　即直接供暖系统,水泵直接将地热水送入用户,然后从建筑物排出或者回灌。直接供暖系统的投资少,但对水质的要求高。

(2)双管系统　利用井口换热器将地热水与循环管路分开。这种方式就是常见的间接供暖方式,可避免地热水的腐蚀作用。

(3)混合系统　采用地热热泵或调峰锅炉将上述两种方式组成为一种混合方式。

7.3.3.2　地热供暖系统的设计

地热供暖系统热源来自地下热储层中赋存的地热水,因此地热井和换热站是地热供暖系统必不可少的两个组成部分,通过管网将它们与采暖用户相连接,从而形成有机的整体。从系

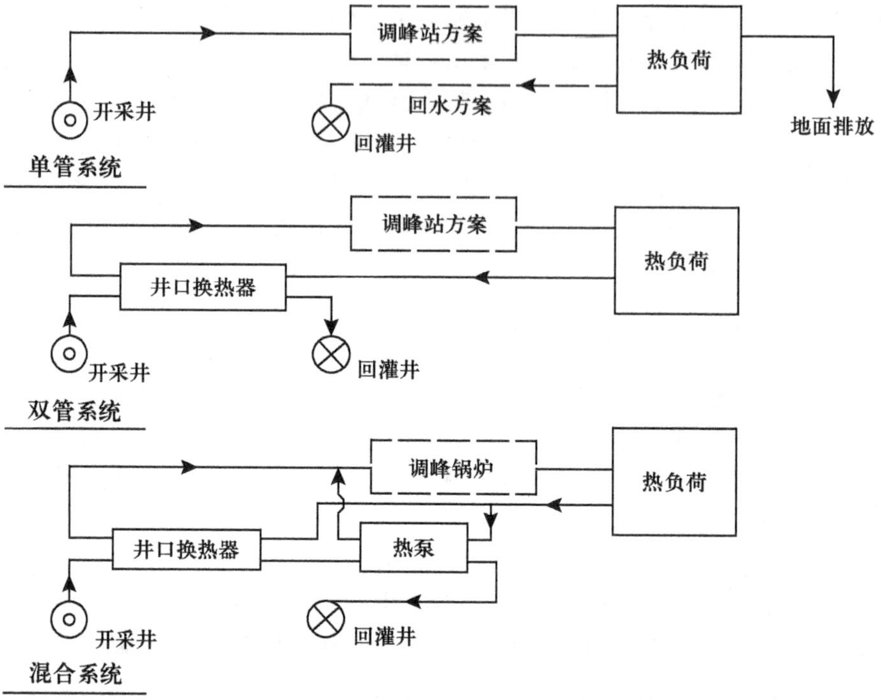

图 7-15　常见的地热供暖系统

统的角度看，地热供暖系统设计可以分为地热井系统设计、换热站系统设计和管网系统设计 3 个主要部分。3 个部分构成完整的地热供暖系统，其设计规模和参数选型首先取决于供暖建筑对象所需要的供暖热负荷计算结果。

1. 地热水热量的计算和地热供暖负荷的确定

(1)地热水热量的分析　根据所在地区的地质和水文地质基本资料可以估算地热井可开采的热量，特别注意群井的开采热量与井数和井距有很大关系。另外，地热供暖系统的开采井应尽可能靠近使用区以减少输送热水的费用。地热供热能力可按下式计算：

$$Q_d=\frac{1}{3\ 600}G_d\times\rho_p\times c_p\times(t_{di}-t_{do}) \tag{7-22}$$

式中，Q_d 为基本热负荷，kW；G_d 为地热井开采量，m^3/h；ρ_p 为地热流体密度，kg/m^3；c_p 为地热流体的定压比热，kJ/(kg・℃)；t_{di} 为地热流体供水温度，℃；t_{do} 为无调峰装置时地热流体回水温度，℃。

(2)确定供暖负荷　为了确定可以供热的面积，首先要估算供暖设计热负荷 Q_H 和供暖累计热负荷 $\sum Q$，而单位面积热指标是计算建筑供暖设计热负荷的重要依据。单位面积热指标的大小，主要取决于通过垂直围护结构向外传递热量，它与建筑物平面尺寸和层高有关，而不是直接取决于建筑平面面积。用供暖体积热指标表征建筑物供暖热负荷的大小，物理概念清楚，但采用面积热指标法，比体积热指标更易于概算，所以多采用供暖面积热指标法进行概算。对于新建建筑，单位面积热指标一般由建筑设计院计算并标注于暖通专业设计文件中；对于既有建筑，单位面积热指标应按照调查实际热负荷确定，或参照建筑物建设同期相关设计标准。表 7-2 给出了供暖面积热指标推荐值。

表 7-2 供暖面积热指标推荐值

建筑类型	供暖热指标/(W/m^2)	
	未采取节能措施	采取节能措施
住宅	58～64	40～45
居住区综合	60～67	45～55
学校、办公场所	60～80	50～70
医院、托幼机构	65～80	55～70
旅馆	60～80	50～60
商店	65～80	55～70
食堂、餐厅	115～140	100～130
影剧院、展览馆	95～115	80～105
大礼堂	115～165	100～150

供暖设计高峰热负荷：

$$Q_H = q_0 \cdot A/1\,000 \tag{7-23}$$

式中，Q_H 为设计热负荷，kW；q_0 为单位面积热指标，W/m^2；A 为供暖建筑面积，m^2。

采暖全年耗热量计算公式为：

$$\sum Q = \frac{Q_H \times \text{H. D. D. T} \times 24 \times 3\,600}{t_i - t_w} \tag{7-24}$$

式中，$\sum Q$ 为供暖累计热负荷，kJ；Q_H 为供暖设计热负荷，kW；H. D. D. T 为供暖度日值，℃·d；t_i 为供暖室内计算温度，℃；t_w 为供暖室外计算温度，℃。

度日指当室外日平均温度等于某一基准温度 t_B 时，太阳辐射和室内得到的热量就可以使室内温度维持在设计温度，而不需要供暖系统的运行。度日值计算式如下：

$$\text{H. D. D. T} = \sum_{i=1}^{N} (t_B - t_0) \tag{7-25}$$

式中，N 为供暖期的天数，d；t_B 为度日基准温度，℃；t_0 为供暖期的逐日室外平均温度，℃。

目前在建筑节能设计中，通常取 18 ℃作为基准温度，即 t_B 取 18 ℃。我国目前规定室外日平均温度低于+5 ℃时才开始采暖，因此在采暖期前后相当长的一段时间里，室内温度达不到设计标准。如果采用 18 ℃为基准的度日值计算出的能耗量，要比实际供暖耗能量高，必须根据实际情况进行修正，一般修正系数 $r=0.6 \sim 0.9$，即在由式(7-24)算出的 $\sum Q$ 的基础上乘以修正系数 r。

2. 地热供暖方案的设计

常见的地热供暖系统主要分为地热水直接供暖系统和地热水间接供暖系统。由于地热直接供暖方式存在的弊端，已逐渐被禁止或替代。地热间接供暖系统较好地解决了地热供暖系统的腐蚀和水力稳定性问题。地热间接供暖系统采用换热器将地热水与供暖循环水隔开，地热水经过换热器将热量传给循环水后进行排放或综合利用。

（1）换热器的选用　板式换热器较管壳式换热器具有传热系数高、结构紧凑、实用、拆洗方便、节省材料、价格便宜等优点，可作为地热供暖换热设备的优先选择。考虑到地热水的水质情况，板式换热器的材料以钛材为首选。板式换热器密封垫片材料首选三元乙丙橡胶（ethylene-propylene-diene monomer，EPDM），采用免黏接固定方式。

（2）地热供暖的调峰措施　根据供暖地区气象资料，用供暖累计天数与冬季室外温度 T_W 为坐标，可以画出采暖负荷延时曲线。图 7-16 是天津市市区采暖季节的负荷延时曲线。在单位建筑面积热负荷 q_H 确定后，由曲线与坐标轴间包含的面积，可求出一个采暖期中每平方米建筑面积所需的热量。

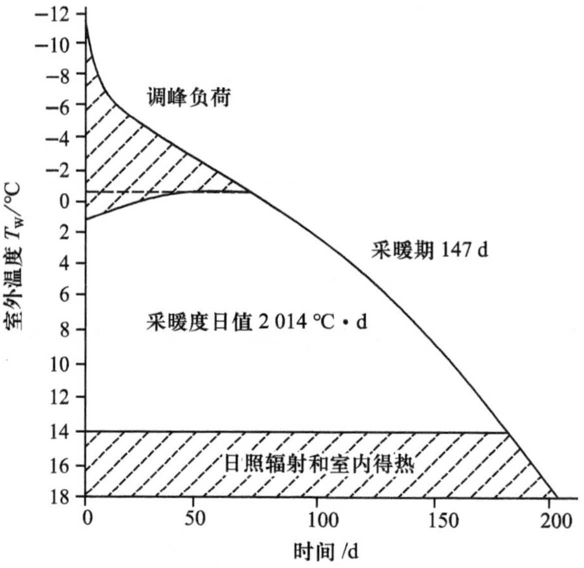

图 7-16　天津市市区采暖负荷延时曲线图

由图 7-16 可知，当室外温度 T_W 较低时，采暖累计小时数很少，而单位面积供热量却很大，即设计负荷下运行的持续时间很短，大部分时间在比设计热负荷低的状态下运行。在地热采暖系统中如果采用地热供热来承担高峰负荷时，则只有在供暖高峰期时，地热能供暖才能满负荷运行，而在绝大部分非供暖高峰期，地热能未能得到充分利用，从而使地热井的供暖面积减少，降低地热利用率。因此，为了使地热能在整个供暖期得到充分利用，应该将地热供暖系统设计热负荷分为两部分——基础热负荷和调峰热负荷。基础热负荷由地热承担，调峰热负荷由调峰设备承担。基础热负荷和调峰热负荷间的负荷比，应以技术经济比较为依据。

地热供暖系统调峰所用热源有多种，如燃煤锅炉、燃气锅炉、燃油锅炉、电锅炉、热泵等，可根据技术经济方法来计算地热加调峰措施的供暖成本，寻求供暖成本最低方案。

（3）地热水的梯级利用　地热供热的能力取决于地热井的出水量、水温和系统排放的尾水温度。地热井成井后出水量和水温不能改变，而尾水排放水温可由设计选定。为了保证供暖所需的热量，应尽可能降低排放尾水温度，从而提高地热资源利用率，地热资源利用率按式

(7-26)计算。地下热水的梯级开发利用是降低尾水温度的有效措施。

$$\text{地热资源利用率}=\frac{\text{地热实际供热量}}{\text{地热可供热量}}=\frac{GC(t_1-t_2)}{GC(t_1-t_0)}=\frac{t_1-t_2}{t_1-t_0} \tag{7-26}$$

式中，G 为地热供水流量，kg/s；C 为地热水比热，kJ/(kg·℃)；t_1 为地热供水温度，℃；t_2 为地热回水温度，℃；t_0 为最低排水温度，℃。

(4)终端散热设备的选择　地热间接供暖系统由于进入散热器的是经过换热器的洁净循环水，腐蚀较轻，所以散热器的选择和常规供暖相同。目前终端散热器常用的有柱型铸铁(钢制)散热器、低温辐射散热板和风机盘管等。

7.3.4　地热制冷

7.3.4.1　地热制冷系统原理

1. 地热制冷系统的基本设备

地热制冷系统主要有地热井、地热潜水泵、换热器、热水循环泵、制冷机、冷却水循环泵、冷却塔、冷冻水循环泵、空调末端设备和控制器等组成(图 7-17)。

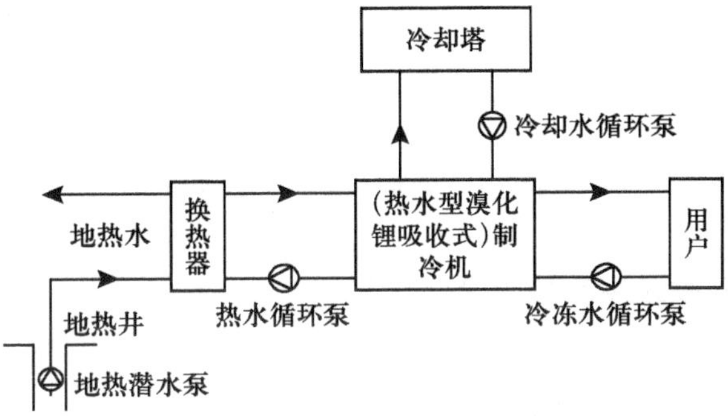

图 7-17　地热制冷系统简图

地热井是开采地热水的必要设备，地热井的直径、深度由地质条件和所需开采量决定。地热深井泵用于提取地热水。由于从井中抽取的地热水普遍含有固体颗粒和腐蚀性离子，为了保护制冷机的安全，必须在制冷机与地热井之间设置热交换器，采用清洁的循环水为介质将地热水的热量传递给制冷机。降温后的地热水则从热交换器排出，回灌或用作其他用途。

2. 溴化锂吸收式制冷机

溴化锂吸收式制冷机是地热制冷的核心设备，其基本原理如图 7-18 所示，在溴化锂制冷机中，水是制冷剂，溴化锂溶液是吸收剂。自冷凝器引出的液态水经节流阀减压，形成气、液两相的水，而后进入蒸发器，在等压条件下吸热汽化成为饱和蒸汽或过热蒸汽，随后被吸收器中的溴化锂浓溶液吸收，吸收过程产生的吸收热被冷却水带走。溴化锂浓溶液由于不断地吸收水蒸气，浓度逐渐变稀，吸收能力下降。为维持吸收器内溶液的吸收能力，稀溶液被循环泵升压输送至发生器当中，利用外部热源对稀溶液进行加热，蒸发出水蒸气，进入冷凝器中进行冷凝发热，此时稀溶液也变成了浓溶液，浓溶液经节流阀降压后，流回吸收器当中，完成循环。这种制冷机的特点在于驱动能源为高品位的热能，而不是电能。吸收式制冷装置的性能系数 ε

可表示为

$$\varepsilon=\frac{Q_2}{Q_1} \tag{7-27}$$

式中，Q_1 为发生器的吸热量，kW；Q_2 为蒸发器的吸热量，kW。吸收式制冷装置的性能系数 ε 一般为 0.3～0.7。

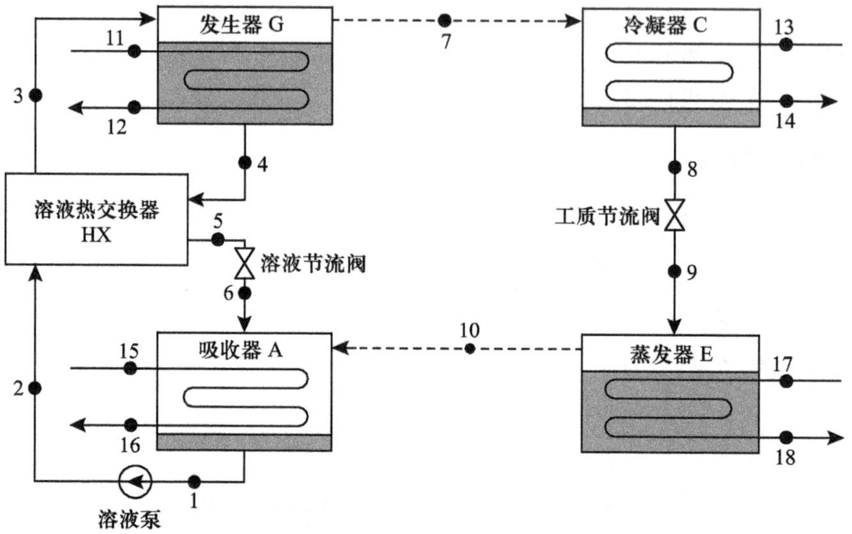

图 7-18　吸收式制冷机原理图

7.3.4.2　溴化锂吸收式制冷机的设计计算

1. 已知参数

①制冷量取决于建筑物的空调负荷。

②冷媒水出口温度：一般为 7 ℃，我国现行标准有 7 ℃、10 ℃、13 ℃ 3 种名义工况。

③冷却水进口温度：一般为 32 ℃，也可根据实际冷却条件设置。

④地热水温度：对于单效机组热水温度一般要求高于 85 ℃，对于两级吸收式制冷机组热水温度一般要求高于 70 ℃。

2. 选择参数

①蒸发器内冷却水的蒸发温度 T_0 决定于流出的冷媒水温度，一般比它低 2～3 ℃，蒸发压力 P_0 为蒸发温度对应的饱和蒸汽压力，可从水蒸气图表中查得。

②吸收压力 P_a 一般比蒸发压力低 27～80 Pa。

③由于地热吸收式制冷机的驱动热源一般较低，所以吸收器和冷凝器的冷却水采用并联方式，对于单效机组冷却水温升一般取 7.5～8 ℃。

④冷凝温度 T_k 取决于从冷凝器流出的冷却水的温度，在低温热源驱动的吸收式制冷系统中，T_k 与冷却水出口温度的温差可取 2.5～5 ℃，冷凝压力 P_k 为 T_k 对应的饱和蒸气压，可从水蒸气图表中查得。

⑤发生器压力与冷凝压力近似。

⑥从吸收器流出的稀溶液的温度 T_a 一般比流出的冷却水的温度高 2.5～4 ℃。

⑦从吸收器流出的稀溶液的浓度取决于吸收器压力 P_a 和吸收器出口温度 T_a，通常的浓度范围为54％～60％。

⑧从发生器流出的溶液浓度取决于发生器的压力和流出的溶液温度，浓度范围为59％～64％。

⑨从热交换器流出的溶液温度一般应比从吸收器流出的稀溶液温度高10～15 ℃。

3. 机组热负荷的计算

单级吸收式制冷热负荷的计算主要包括发生器、冷凝器、蒸发器、吸收器和溶液热交换器，分别根据各自的热平衡计算出热负荷。

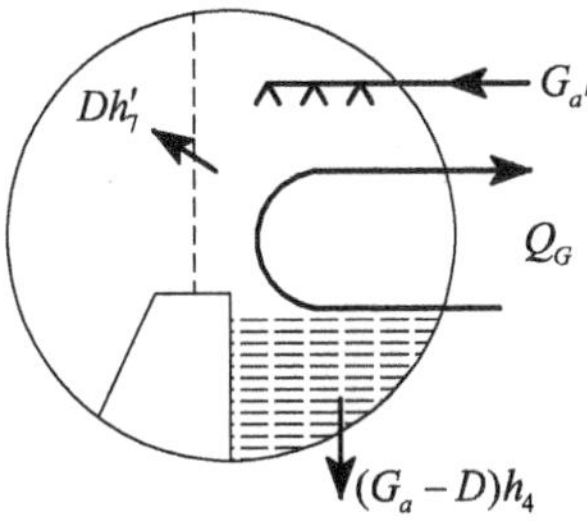

图7-19　发生器热平衡

(1)发生器　发生器的热平衡如图7-19所示。进入发生器的稀溶液质量流量为 G_a，质量分数为 ξ_1，比焓为 h_3；驱动热源输入热量为 Q_G；离开发生器的工质蒸气量为 D，比焓为 h_7'；流出发生器的浓溶液质量流量为 (G_a-D)，质量分数为 ξ_2，比焓为 h_4。因此，在稳定工况下，发生器的热平衡方程为：

$$Q_G+G_ah_3=Dh_7'+(G_a-D)h_4 \tag{7-28}$$

等式两边同时除以 D，有：

$$\frac{Q_G}{D}+\frac{G_ah_3}{D}=h_7'+\left(\frac{G_a}{D}-1\right)h_4 \tag{7-29}$$

式中，Q_G 为驱动热源输入热量，kW；G_a 为进入发生器的稀溶液质量流量，kg/s；D 为离开发生器的工质蒸汽量，kg/s；$Q_G/D=q_G$ 表示发生器的单位热负荷，即发生器中产生1 kg的工质蒸汽所需的加热量，kJ/kg。

$G_a/D=a$ 表示溶液的循环倍率，即发生器中产生1 kg的工质蒸汽所需的稀溶液质量流量，则上式可改写为：

$$q_G=h_7'+(a-1)h_4-ah_3 \tag{7-30}$$

发生器中的溴化锂质量平衡方程为：

$$G_a\xi_1=(G_a-D)\xi_2 \tag{7-31}$$

等式两边同时除以 D，并将 $G_a/D=a$，上式可改写为

$$a=\frac{\xi_2}{\xi_2-\xi_1} \tag{7-32}$$

式中，浓溶液和稀溶液的浓度差 $(\xi_2-\xi_1)$，被称为发生器的放气范围。

(2)冷凝器　冷凝器的热平衡如图7-20所示。进入冷凝器的工质蒸汽质量流量为 D，比焓为 h_7'；工质蒸汽冷凝放出的热量为 Q_C；离开冷凝器的工质水质量流量为 D，比焓为 h_8。因此，在稳定工况下，冷凝器的热平衡方程为：

$$Dh_7'=Q_C+Dh_8 \tag{7-33}$$

等式两边同时除以 D，上式可改写为

$$g_C = h_7' - h_8 \tag{7-34}$$

式中，$g_C = Q_C/D$ 为冷凝器中凝结 1 kg 工质水蒸气所放出的热量，kJ/kg。Q_C 的单位为 kW。

(3)蒸发器　蒸发器的热平衡如图 7-21 所示。进入蒸发器的工质水质量流量为 D，比焓为 h_9；低温热源输入热量为 Q_E；离开蒸发器的工质蒸汽质量流量为 D，比焓为 h_{10}'。因此，在稳定工况下，蒸发器的热平衡方程为：

$$Dh_9 + Q_E = Dh_{10}' \tag{7-35}$$

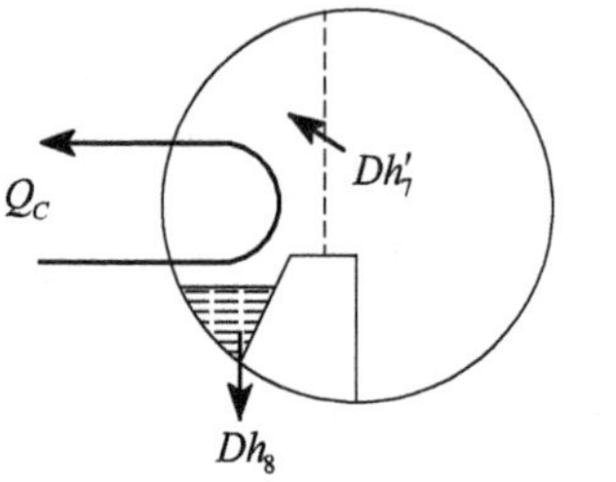

图 7-20　冷凝器的热平衡

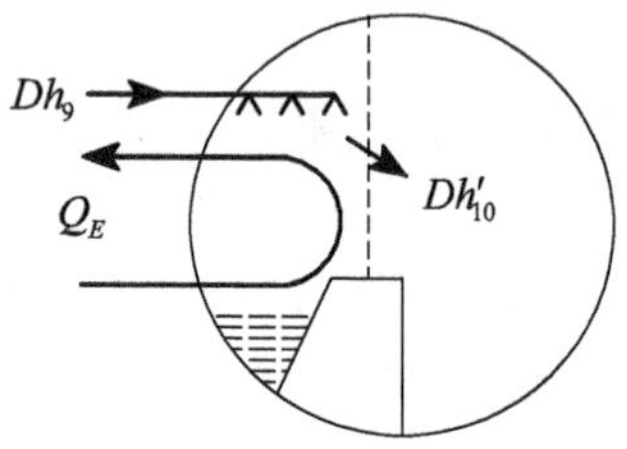

图 7-21　蒸发器的热平衡

等式两边同时除以 D，上式可改写为

$$g_E = h_{10}' - h_9 \tag{7-36}$$

式中，$g_E = Q_E/D$ 为蒸发器中蒸发 1 kg 工质水所吸收低温热源的热量，kJ/kg。Q_E 的单位为 kW。

(4)吸收器　吸收器的热平衡如图 7-22 所示。进入吸收器的浓溶液质量流量为 $(G_a - D)$，质量分数为 ξ_2，比焓为 h_6；浓溶液吸收工质蒸汽放出的热量为 Q_A；进入吸收器的工质蒸汽质量流量为 D，比焓为 h_{10}'；离开吸收器的稀溶液质量流量为 G_a，质量分数为 ξ_1，比焓为 h_1。因此，在稳定工况下，吸收器的热平衡方程为：

$$Dh_{10}' + (G_a - D)h_6 = Q_A + G_a h_1 \tag{7-37}$$

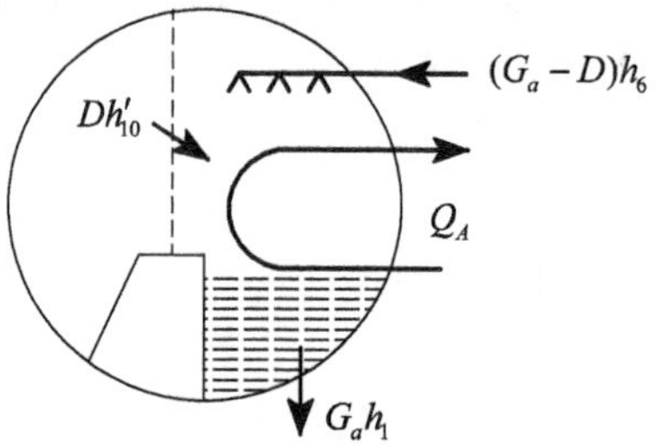

图 7-22　吸收器的热平衡

等式两边同时除以 D，有

$$h_{10}' + \left(\frac{G_a}{D} - 1\right)h_6 = \frac{Q_A}{D} + \frac{G_a h_1}{D} \tag{7-38}$$

式中，Q_A 为浓溶液吸收工质蒸汽放出的热量，kW；G_a 为离开吸收器的稀溶液质量流量，kg/s；$Q_A/D = q_A$ 表示吸收器的单位热负荷，即吸收器中吸收 1 kg 工质水蒸气所放出的热量，则式(7-38)可改写为

$$q_A = h_{10}' + (a-1)h_6 - ah_1 \tag{7-39}$$

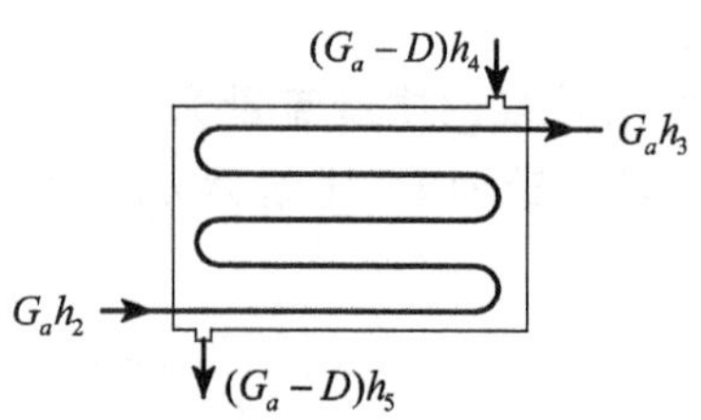

图 7-23　溶液热交换器的热平衡

(5)溶液热交换器　溶液热交换器的热平衡如图 7-23 所示。来自发生器质量流量为 $(G_a - D)$，比焓为 h_4 的浓溶液；与来自吸收器质量流量为 G_a，比焓为 h_2 的稀溶液进行热交

换。溶液热交换器的换热量 Q_{HX} 可以分别用浓溶液和稀溶液侧的换热量表示，即

浓溶液侧：

$$Q_{HX}=(G_a-D)(h_4-h_5) \tag{7-40}$$

稀溶液侧：

$$Q_{HX}=G_a(h_3-h_2) \tag{7-41}$$

等式两边同时除以 D，有

$$q_{HX}=(a-1)(h_4-h_5) \tag{7-42}$$

$$q_{HX}=a(h_3-h_2) \tag{7-43}$$

式中，Q_{HX} 溶液热交换器的换热量，kW；$Q_{HX}/D=q_{HX}$ 表示溶液热交换器的单位热负荷，即产生 1 kg 的冷剂水蒸气时，溶液热交换器所回收的热量，kJ/kg。

4. 单级吸收式制冷机的热平衡、性能系数

(1)单级吸收式制冷机的热平衡　单级吸收式制冷机的总输入热流量为蒸发器、发生器、溶液循环泵和冷剂循环泵带入热量的总和，即 $Q_E+Q_G+Q_p$。机组释放的热量为冷凝器和吸收器释放的热量和，即 Q_C+Q_A，由于溶液循环泵和制冷剂循环泵所消耗的能量很小，可忽略不计。机组在稳定工况下，输入热流量与输出热流量相等，即

$$Q_E+Q_G=Q_C+Q_A \tag{7-44}$$

或

$$q_G+q_E=q_C+q_A \tag{7-45}$$

式中，Q_G 为发生器热负荷，kW；Q_E 为蒸发器热负荷，kW；Q_A 为吸收器热负荷，kW；Q_C 为冷凝器热负荷，kW；q 为单位热负荷，即 1 kg 制冷剂工质流体对应的热负荷，kJ/kg。

以上两式为单级吸收式制冷机的热平衡式。在设计时可用上两式来验证各换热设备热负荷是否正确，一般应满足式(7-46)的要求。

$$\left|\frac{(q_G+q_E)-(q_C+q_A)}{q_G+q_E}\right|\leqslant 1\% \tag{7-46}$$

如果计算结果>1%，说明计算错误或选择的参数不当，应重新计算或调整参数。

(2)单级吸收式制冷机的性能系数　定义单级溴化锂吸收式制冷机组的性能系数 COP_L 如下所示。

$$COP_L=\frac{Q_E}{Q_G} \tag{7-47}$$

7.3.5 地热综合利用

1. 地热干燥

地热干燥是地热流体经过热交换器，将热能传递给干燥介质，干燥介质对物料进行脱水，从而使物料含水率降低的一种地热利用形式。从经济性的角度，地热干燥应作为地热梯级综

合利用的一个组成部分，不宜单独使用一口地热井，而应与其他地热利用项目共用一口地热井，形成合理的梯级利用。图 7-24 是地热干燥和养鳗系统组成的地热水综合利用系统示意图，1986 年由福州市能源利用研究所在福建省连江县贵安村建造，为我国第一座规模较大的地热干燥专用装置。

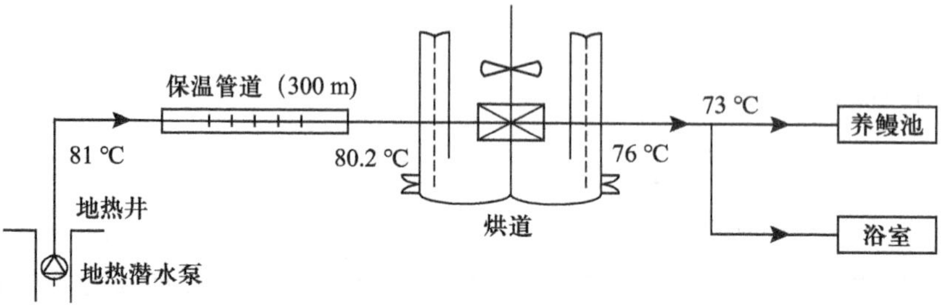

图 7-24　地热干燥与养鳗系统组成的地热水综合利用系统

地热干燥系统一般由地热水输送管道、换热装置、干燥介质循环流场、物料放置装置、控制系统等部分组成。

(1)地热水输送管道　地热水输送管道一般采用价格低廉、耐腐蚀且强度高的塑料材质。主要类别有聚乙烯(PE)、聚丁烯(PB)、耐高温聚乙烯(PE-RT)、无规共聚聚丙烯(PP-R)等。铜管、不锈钢管也可作为地热水输送管道，但从经济性考虑，很少使用。

(2)换热装置　因为地热干燥系统中的高温流体是地热水，低温流体(干燥介质)一般是空气，所以换热装置主要是翅片管空气换热器。

(3)干燥介质循环流场　干燥介质循环流场是指空气在干燥系统中的流动空间，根据不同的干燥系统类型，其外形结构有多种形式，最常见的是箱体结构。箱体结构中的空气由安装在箱体顶部或侧向的风机驱动，高温低湿的空气流从箱体一侧进入，经过被干物料，带走物料中的水分后变成低温高湿的空气，经过风道、换热器除湿加热后再次变成高温低湿的空气进入箱体，周而复始，循环往复。

(4)物料放置装置　物料放置装置就是在干燥系统中摆放被干物料的机构，也简称为物料架，主要作用是支撑、隔开物料，并使空气易于进出物料表面。物料架有固定式、推车式以及运动式。固定式物料架一般尺寸较大，放置在大空间干燥房内，被干物料直接在干燥房内摆放和收取。推车式物料架可以由人力推动，一般在干燥房外进行被干物料的“上下架”操作。运动式物料架能使物料在干燥过程中不断变换在干燥房的空间位置，其主要是为了更均匀地干燥物料。

(5)控制系统　干燥控制系统主要是根据被干物料的干燥特性(一般采用实验的方法测得物料的干燥曲线)来调节影响物料干燥进度和质量的系统运行参数，如干燥介质的温度、湿度和流速等。物料含水率是确定干燥进度的主要指标。干燥控制系统一般由参数测量系统和参数调节系统组成。参数测量系统包括温度测量仪表、湿度测量仪表、风速测量仪表、含水率测量仪表等组成，参数调节系统由高温流体流量调节电磁阀、风阀调节执行器、风机变频器等组成。

2. 地热温室

目前大多数单屋面地热温室的结构如图 7-25 所示。选用塑料或玻璃作为覆盖物，以最少的成本覆盖最大面积的地面，获得最大量的日射率，并在结构上坚固方便，这是不同类型温室发展的基本准则。现在大多数采用塑料覆盖物，主要有以下4种类型。

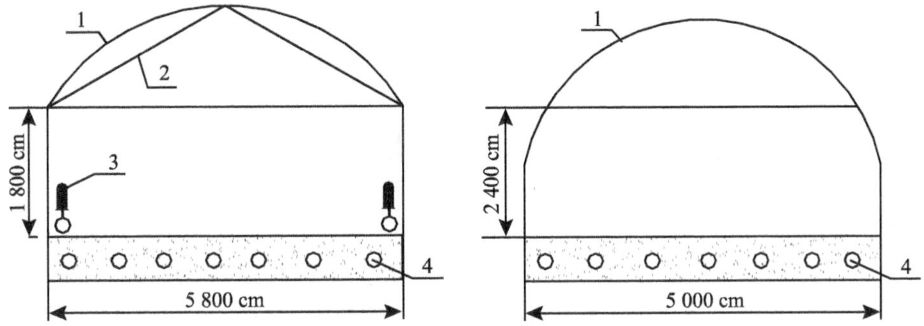

1．温室覆盖物（聚乙烯薄膜）　2．温室框架　3．室内散热器　4．地下加热管道

图7-25　单屋面地热温室结构图

（1）屋脊大棚　屋脊大棚有连栋和单栋两种。椽子是木料的，上面覆盖软质薄膜，在薄膜上面采用压条，然后用钉子将压条固定在椽子上，使薄膜不易游动，抗风性能好，且操作简单。特别是在强风地区或积雪地区多采用这种大棚。

（2）拱圆形大棚　大棚骨架构造以钢架为主，大多使用角钢，间距为1.8～2.0 m，屋顶为拱圆形，这样可以减少风的阻力和薄膜的抖动。檩条使用圆竹或方木，近年随着新材料的出现，尽量使用铁丝筋的聚氯乙烯塑料或用玻璃钢杆，力求延长使用年限。这种大棚很多是连栋的，适宜种植黄瓜、番茄、茄子、青椒、芹菜等。这种形式的大棚在日本得到广泛应用。

（3）大型塑料棚　大型塑料棚是1965年前后诞生的。为了棚顶具有稍缓的斜坡，温棚中腰呈拱圆状略有突出，两侧外张，对风的阻力有所减小。其结构的主要部分采用钢材，其他部件利用竹片、竹竿等。为了提高种植面积，减少棚内中柱，一般跨度在10 m以上，甚至达到18 m。这种大型塑料棚的最小面积约1 000 m^2。为了能够全年使用，必须有能耐夏季高温的通风换气系统，也有冬季保持室内正常温度的供暖系统。利用地热采供暖，不仅能使温度保持均匀，并且节约燃料。

（4）管架大棚　这种大棚用弯曲后的直管，从左右两边向中央连接而形成骨架，组装和拆卸都很简单。但只适合于冬季不需要加温或微加温，以及植株低矮的作物，如草莓等。这种塑料棚一般为单栋结构，但也有跨度较大的连棚形式。

在我国北方有地热资源的地区，大多数温室利用地热供暖，以保持冬季作物正常生长所需温度。地热温室中的地热水供热系统如图7-26所示。

3. 温泉疗养

温泉疗养是地热最早的利用方式，有着十分悠久的历史。用于洗浴医疗的地热水，通常称为“矿泉”。地热矿泉治疗疾病，很多年前就被人类所认识，有许多矿泉被称为“圣水、仙水”。

（1）地热矿泉医疗的生理作用　矿泉的生理作用概括起来可归纳为非特异性作用和特异性作用两类。

①矿泉的非特异性作用：包括温度的刺激作用、泉水的浮力作用、静水压力的作用和动水压的作用。

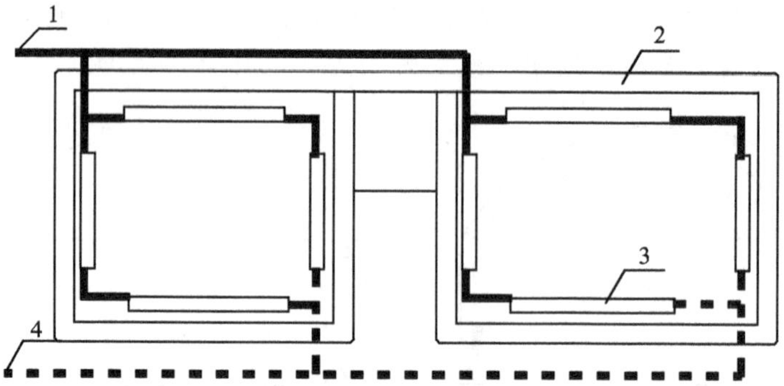

1. 地热水进水管　2. 温室外墙　3. 室内散热器　4. 地热水回水管

图 7-26　地热温室中地热水供暖系统平面图

a. 温度的刺激作用：温度的刺激作用可分为温热、不感温、凉冷作用。

温热作用：温热水浴（36～39 ℃）高于皮肤温度，接触皮肤时给机体以温热刺激，皮肤发红，血管扩张，温度升高，脉搏加速，血压下降，心搏出量增加，有明显兴奋心脏血管功能。40～42 ℃高温水浴，可使人体过热，体温上升，血压上升，大量排汗，呼吸加快而增加心脏负担。

不感温作用：不感温浴（33～35 ℃），对皮肤无明显温度刺激作用，此时人体几乎被无刺激的矿泉包围，阻断了外界其他因素对皮肤的刺激，因而减少了传向大脑皮层中枢的神经冲动，增强了皮层的抑制过程，有镇静作用。此时人体散热减少，储存了一定的热能，故不引起明显的热调反应，可使肌肉紧张度降低，血管扩张，从而减轻心血管系统负担。

凉冷作用：冷水浴（25～32 ℃）时，水温较肤温低，时间短可给人体以寒冷刺激，使皮肤血管痉挛，皮肤苍白，血压上升。时间长，血管扩张，血压恢复，此时精神兴奋，有舒适温热感，并且代谢亢进，人体产热增加，肌力增加，神经系统兴奋性提高。反复进行冷水浴，对人体有锻炼作用，可提高热代谢及心血管功能。

b. 泉水的浮力作用：人在水中失去的重量约等于体重的 9/10。浮力是人体和同体积水之间发生的重量差，故人在水中重量变轻，运动变得容易，有利于运动障碍病人的肢体活动。

c. 静水压力的作用：人在盆浴中静水压力为 40～60 g/cm^2，在水中站立时两足周围的水压可达 100～150 g/cm^2。水可压迫胸、腹、四肢，使呼气易，吸气难，加强了呼吸运动和气体代谢，又压迫体表血管及淋巴管，使体液易回流，引起人体内液进行再分配。

d. 动水压的作用：水流冲击人体时，皮肤、肌肉受到机械刺激，即使在静水状态，人在水中运动时也受到机械的刺激。此作用可提高血液及淋巴循环，增强温热作用的循环改善。

②矿泉的特异性作用：特异性作用是指矿泉中所含各种化学成分的作用，可通过以下几种形式作用于人体。

a. 对皮肤表面的刺激作用：矿泉的成分极为复杂，给予人体的影响是综合性的，但每种矿泉都因所含特殊成分不同，而具有其特异性作用。如碳酸泉的碳酸气可使皮肤表面的毛细血管扩张。碳酸氢钠能软化皮肤角质层，并清洁皮肤产生清凉感。氯化钠对皮肤有刺激作用，使毛细血管充血，改善供血。硫化碱能软化和溶解皮肤角质。放射性氡气浴时，则可在皮肤上形成一种放射性薄膜，对人体不断产生刺激作用等。

b. 被人体吸收产生的作用：凡能溶解于类脂质和水的化学物质，如 CO_2、H_2S、Fe^{2+}、

Cu^{2+}、Mn^{2+}、I^-、Br^-、Rn、Na^+、Ca^{2+}、Cl^-、SO_4^{2-}、HCO_3^- 等可通过皮肤进入体内。在矿泉浴时通过皮肤进入体内物质的数量，取决于矿泉水的温度、pH 值、固体成分的含量、洗浴时间的长短等，同时人体本身的因素也很重要。通过皮肤所吸收的矿物成分，不仅在入浴时，而且在浴后仍可对人体继续起作用，因为在皮肤或皮下停滞的矿物成分可渐渐通过血液及淋巴循环而送至全身。

c. 饮用矿泉水：饮用矿泉水最能充分利用矿泉的各种有益成分，包括水的渗透压、pH 值、温度等。饮泉疗法适应胃肠疾病，饮用不同类型的矿泉水，对人体就有不同的医疗作用，目前主要是含硫酸盐、硫化氢、铁、碳酸、氡等矿物成分的矿泉水。

d. 吸入矿泉水：吸入矿泉水是将含特殊气体成分的热矿泉水喷成细雾状，经呼吸道吸入体内，通过黏膜进入循环系统作用于机体，对黏膜的血液循环、营养、腺体活动及全身都会有良好作用。吸入法常用的矿泉有重碳酸盐泉、氯化物泉、氡泉、硫化氢泉等。主要适应证是：上呼吸道炎症、慢性支气管炎、哮喘、肺炎后遗症、代谢病、Ⅰ～Ⅱ期高血压、尘肺等。

e. 洗胃法：矿泉水洗胃法应用 38～40 ℃的矿泉水。洗胃方法与普通洗胃法一样，每次需矿泉水 2 000～5 000 mL，每日或隔日一次，5～6 次为一疗程，洗胃时间在早晚空腹为宜。适应证为胃张力不足、胃下垂、幽门痉挛、慢性胃炎等。

矿泉疗法除上述几种方法外，还有十二指肠洗涤引流法、含漱法、直肠灌洗法以及水下洗肠浴等。

(2)医疗地热矿泉分类　地热矿泉习惯上常被称为温泉，而实际上两者的含义有所区别。矿泉是依靠水中所含盐类成分、矿化度、气体成分、少量活性离子及放射性成分的多少来划分的，而温泉是以泉水的温度来确定。

关于医疗矿泉的划分和定义，至今世界各国均不统一。我国采用了陈炎冰等提出的医疗矿泉的定义及分类，其定义如下："从地下自然涌出或人工钻孔提取的地下水，含有 1 g/L 以上的可溶性固体成分，一定的特殊气体成分与一定的微量元素，或具有 34 ℃以上温度，可供医疗与卫生保健者应用，称为医疗矿泉"。

根据矿泉含有的化学成分的不同，矿泉可分为以下几种：氡泉、碳酸泉、硫化氢泉、铁泉、碘泉、溴泉、砷泉、硅酸泉、重碳酸盐泉、硫酸盐泉、氯化物泉、淡泉。

根据矿泉温度的不同，又可分为以下几种：冷泉(25 ℃以下)、微温泉(26～33 ℃)、温泉(34～37 ℃)、热泉(38～42 ℃)、高热泉(43 ℃以上)。

此外，还可以根据矿泉的矿化度、渗透性、pH 值等方面进行分类，这里就不赘述。

4. 水产养殖

水产养殖是地热水最简单的直接利用方式之一，地热水可用于饲养鲤鱼、鲶鱼、鲈鱼、梭鱼、鳗鱼、鲟鱼、罗非鱼、鲑鱼、鳟鱼、龙虾、螃蟹、蛤蜊、牡蛎等。表 7-3 给出了不同品种水产的适宜温度和最佳水温下的生产期。

表 7-3　不同品种水产的适宜温度和生长期

品种	允许极限温度/℃	最佳生长温度/℃	生产期/月
牡蛎	0～36	24～26	24
龙虾	0～31	22～24	24

续表7-3

品种	允许极限温度/℃	最佳生长温度/℃	生产期/月
河虾	4	25～31	6～8
粉红	11～40	24～29	6～8
大马哈鱼	4～25	15	6～12
对虾	24～32	28～31	6～12
鲇鱼	2～35	28～31	6
鳗鲡	0～36	23～30	12～24
罗非鱼	8～41	22～30	—
鲤鱼	4～38	20～32	—
鳟鱼	0～32	17	6～8
黄河鲈	0～30	22～28	10
花纹鲈鱼	−14～30	16～19	6～8

水产养殖设备设计必须考虑热损失，主要的热损失包括蒸发热损失、导热热损失、对流热损失、辐射热损失。

(1)蒸发热损失　蒸发热损失与蒸发速率有关，而蒸发速率又与空气流速和池水与空气中水蒸气压差密切相关，蒸发速率的计算公式如下：

$$W_p=(0.062+0.011v)(p_w-p_a)A \tag{7-48}$$

式中，W_p 为蒸发速率，kg/h；v 为风速，m/s；p_w 为池水饱和蒸汽压力，kPa；p_a 为空气露点饱和蒸汽压力，kPa；A 为鱼池表面积，m^2。

蒸发热损失

$$q_{ev}=W_p r \tag{7-49}$$

式中，q_{ev} 为蒸发热损失，kJ/h；r 为水的汽化潜热，kJ/kg。

(2)对流热损失

$$q_{cv}=0.005vA(t_w-t_a) \tag{7-50}$$

式中，q_{cv} 为对流热损失，kJ/h；t_w 为池水的温度，℃；t_a 为空气的温度，℃。

(3)辐射热损失

$$q_{rd}=2.286\times10^{-14}\times[(3\,980+5t_w)^4-(3\,980+5t_a)^4]A \tag{7-51}$$

式中，q_{rd} 为辐射热损失，kJ/h。

(4)导热热损失　导热热损失较小，大多数情况下可忽略不计。对于深度在 0.91～1.22 m 的鱼池可按式(7-52)计算。

$$q_{cd}=[0.339(L+W)+0.001LW]\times[t_w-(t_a+27)] \tag{7-52}$$

式中，q_{cd} 为导热热损失，kJ/h；L 和 W 分别为鱼池的长度和宽度，m。

7.4　地热利用技术新进展

7.4.1　增强型地热系统

增强型地热系统(enhanced geothermal system,EGS)是美国拉斯阿莫斯国家实验室在 1970 年提出的主要针对深部干热岩地热的开采技术。EGS 通常是双井或多井系统，需要对地下岩体进行大体积改造、建设人工储层，并且需要经由裂隙热储实现多井间的有效连通，建设流体采灌循环系统；工质流体与热储层岩体直接接触，提取干热岩热能，EGS 原理如图 7-27 所示。目前国际上干热岩型地热的开发仍处于试验/示范阶段，迄今未有 EGS 项目真正实现商业化营运。法、德、英等国联合开发的苏尔士电站项目是目前最成功的示范工程，历经约 30 年的发展，当前总装机仅 1.5 MW，并且处于间歇运行状态。

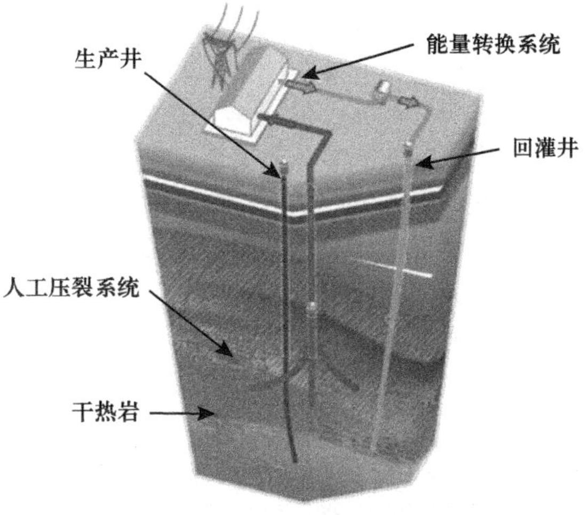

图 7-27　增强型地热系统原理图

干热岩热能开发相关技术，包括资源勘察与评价、深部钻探、储层改造、裂隙监测、井下换热等，仍有待进一步发展和完善。EGS 初始投资高，投资风险较水热型地热开发更大。尽管如此，干热岩型地热资源发展前景可期，其开发和利用受到全世界众多国家的广泛关注和高度重视。国内最近 10 余年，在国家重点研发等项目支持下，持续开展了干热岩型地热资源勘、采、用各环节涉及的关键科学技术问题研究，干热岩型地热资源普查工作取得了长足发展，但干热岩型地热开发的关键技术如储层改造、微震监测等仍然缺乏实践经验。

7.4.2　中深层单井换热系统

中深层单井换热系统，井深一般大于 1 000 m，通常采用同轴套管结构，通过金属外壁向岩石取热，通过内保温管将热量输出，系统原理见图 7-28。中深层单井换热系统采用全封闭循环，不开采地热水，没有腐蚀结垢，没有回灌等问题，成为地热供暖的新兴产业。中深层单井换热系统基本不受地域限制，占地小，如能规模化推广，该种供暖方式可与水热型地热供暖形成有益补充，为缓解我国冬季雾霾做出贡献。另外，水热型地热的勘探风险较高，经常钻遇干孔，如果对干

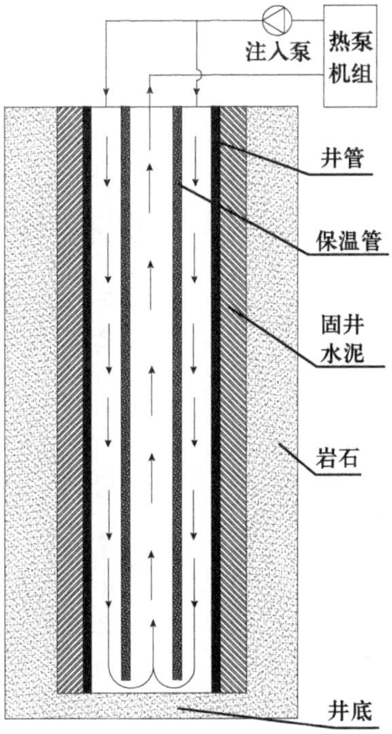

图 7-28　基于中深层单井换热技术的地热供暖系统原理图

孔做废弃处理，会极大增加企业的投资风险。中深层单井换热系统可对干孔进行有效的利用，降低企业的投资风险。目前对于单井地热的研究比较热门，主要分为两个方向：一个方向是利用废弃油气井改造为地热井，由于世界范围内废弃油气井较多，改造为地热井的费用比新钻井低很多，受到很多研究者的关注；另一个方向是研究新钻探的地热井，利用数学模型模拟取热和恢复过程中的地热井性能，分析关键影响因素。

7.4.3 新型动力循环

有机朗肯发电(ORC)是中低温地热发电的主要技术手段，但ORC技术并不完美，循环过程中地热流体的大部分热量被工质作为潜热吸收而用于提升工质温度的显热部分占比较小，致使蒸发温度较低，系统技术经济性偏差。有机朗肯/闪蒸耦合循环(BFC)是改善地热ORC发电技术经济性的有效手段之一，其原理如图7-29所示。BFC由预热器、蒸汽发生器、气液分离器、闪蒸器、膨胀机、冷凝器和工质泵等部件组成。从蒸汽发生器中流出的气液两相工质进入气液分离器，气液两相分离，其中气相工质进入膨胀机做功，液相工质进入闪蒸器闪发；闪蒸器中产生的气相工质也进入膨胀机做功，液相工质经工质泵升压至发生压力后进入蒸汽发生器；膨胀机出口的工质乏气进入冷凝器放热冷凝成液态，经工质泵升压至发生压力后进入预热器，在其中被地热能加热至闪蒸温度，随后与来自闪蒸器的液态工质一同进入蒸汽发生器，汇流后的工质在蒸汽发生器预热段中被地热能加热至发生压力对应的饱和温度后进入蒸汽发生器蒸发段，在其中被地热能继续加热形成气液两相混合物，形成循环。与常规的ORC相比，BFC实现地热能对有机工质进行分段预热，进入蒸汽发生器蒸发段的液体工质具有较高的温度，并有效地减少有机工质在低温下吸热对系统的不利影响。

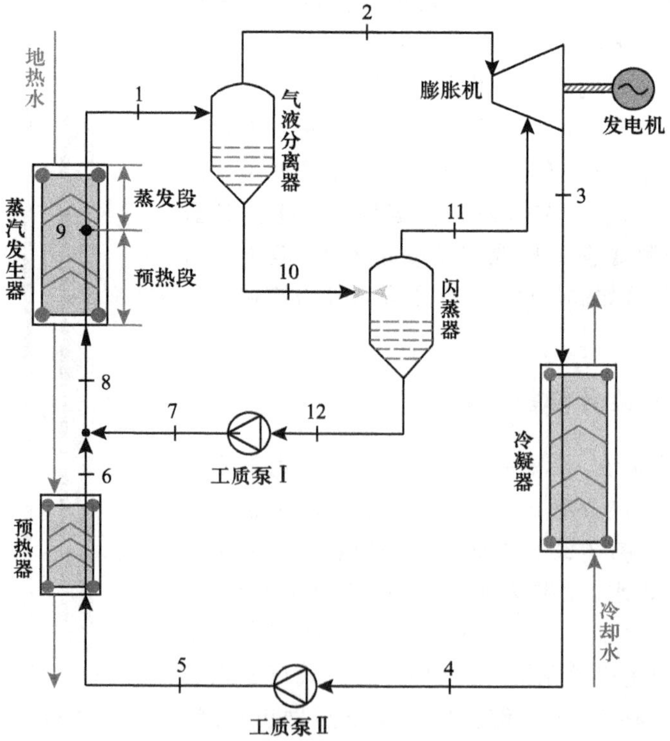

图7-29　有机朗肯/闪蒸耦合循环原理图

7.4.4 地热储能

深部含水层赋存于孔隙型或裂隙型地热热储中，储热空间大，可有效解决浅层含水层的储存温度较低、规模较小、冷热负荷不平衡等问题，成为国内外地下储热研究的热点，如欧盟委员会资助的 HeatStore 项目(开始于 2019 年，欧盟 GEOTHERMICA 基金的 9 个项目之一，分布于欧盟 9 个成员国 23 个地区)、美国国家科学基金会(NSF)资助的 Geothermal Battery 项目(开始于 2017 年，在 NSF 资助的 SedHeat 项目中被提出)以及中国科学院 A 类战略性先导科技专项。近年来的主要研究热点及进展包括：选择合适储层提高含水层储热效率，降低地球物理化学模型不确定性，优化井群分布及防止井群堵塞，完善储能式地热供暖系统匹配性。地下储能式供暖系统原理及常见类型如图 7-30 所示。

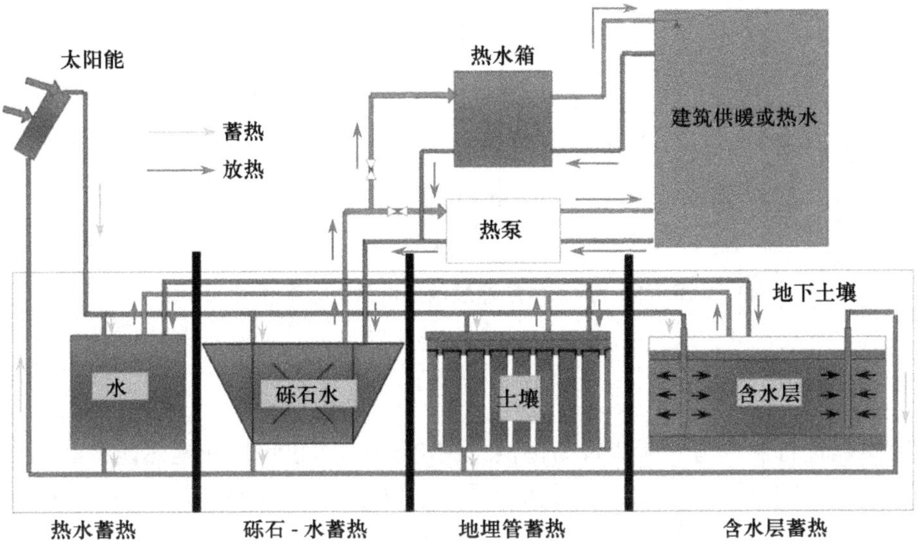

图 7-30 地下储能式供暖系统原理及常见类型

7.5 农村地区地热能的应用

7.5.1 地热发电

我国地热资源的分布具有不均衡的特点，大量的地热资源处于农村或偏远地区，因地制宜地发展农村地热发电，对于优化当地的能源结构具有重要的意义。广东丰顺邓屋地热电站是我国唯一投入商业性运行的热水型地热电站，位于广东省丰顺县汤坑镇邓屋村。1970 年 12 月，建成第一台 86 kW 闪蒸汽轮发电试验机组，1978 年建成第二台以异丁烷为中间介质的双工质循环发电试验机组。这两台试验机组效率较低，净输出功很少，没有实际利用价值。1982 年 12 月在广东省科学技术委员会和电力局的支持下，由中国科学院广州能源研究所建成一台 300 kW 可以投入实际运行的闪蒸法汽轮发电机组(3 号机)。1984 年 4 月电站投入正常运行，并与当地电网联网。电站地热水生产井深 800 m，用深井泵抽水，地热水井口的温度为 91 ℃，流量为 230 t/h。地热汽轮发电机组年平均发电时数超过 8 000 h。截至 2016 年，该机组已取得正常运行 30 年以上的良好成绩。其热力系统见图 7-31。

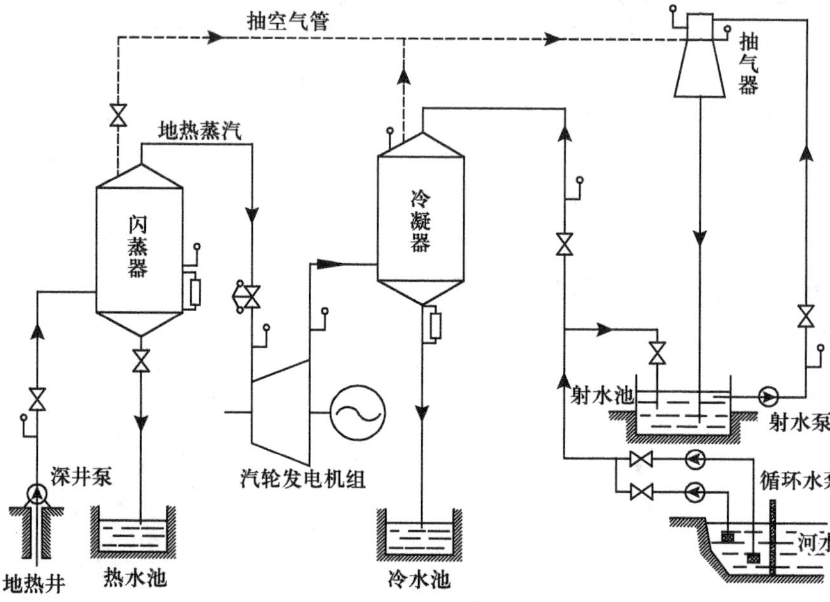

图 7-31　广东丰顺邓屋地热电站热力系统图

7.5.2　地热直接利用

利用地热能进行制冷为农村建筑物提供空调冷冻水，不仅可以使地热能得到高效利用，而且机组本身采用的工质为环保工质对大气层没有破坏作用，同时可以节约大量的电能。2002 年，中国科学院广州能源研究所在广东省梅州市五华县建成了我国第一套 100 kW 两级吸收式制冷系统。该系统利用 70 ℃的地热水为热源，制取 9 ℃的冷冻水，用于建筑物的空调，其参数如表 7-4 所示。

表 7-4　地热制冷系统主要参数

参数	数据	参数	数据
制冷量/kW	100	制冷机耗电/kW	1.85
地热水泵耗电/kW	2.2	热水循环泵耗电/kW	2.2
冷冻水泵/kW	3	冷却水泵耗电/kW	5.5
冷却塔风机耗电/kW	2.2	制冷系统总耗电/kW	16.95
冷冻水温度/℃	9～12	地热水温度/℃	约 70
地热水出口温度/℃	55～60	冷却水温度/℃	24～32
地热水量/(t/h)	15	冷却水量/(t/h)	60

地热用于农产品干燥是地热能在农村农业中应用的最重要方面。1979 年广东省丰顺县利用 82 ℃的地热水建成面积为 37 m^2 的地热烘干和催芽两用室是我国最早的地热干燥装置

之一。地热水进口处设有两个阀门:一个是供烘干用,另一个供催芽用。催芽时,打开催芽的阀门,引地热水到室内明沟中,通过热蒸腾达到对谷物的催芽作用,每次可催芽 1 500～2 000 kg,室温调到 28～30 ℃,催芽时间为 36～43 h,较常规的催芽时间缩短一半。烘干时,打开烘干阀门,使地热水在烘干地板下流过,烘干时间仅需 6 h,同等要求下的自然晾晒则需 3 d 时间。

目前利用地热温室种植蔬菜、繁育水稻等已在国内许多温泉区开展,不仅节约了常规能源,而且保证了冬季市场蔬菜供应。如西藏羊八井地热田利用发电排水建造了面积达 50 000 m^2 的地热温室,种植西红柿、黄瓜、青椒等 20 余种蔬菜;北京小汤山地热田已建有 30 万 m^2 以上的地热温室,种植世界名贵蔬菜达 60 余种;辽宁熊岳温泉地热温室的面积在 6 000 m^2 以上。

温泉旅游是地热能的又一重要利用方式,可有效带动当地旅游业的发展,实现乡村振兴。广东是我国地热资源最丰富、出露温泉点最多、温泉旅游产业最为发达的省份之一。1998 年 2 月,珠海建成御温泉,以日式露天温泉的风格开设多种不同特点的温泉池,以吸引更多游客。恩平市自 1997 年起建成金山温泉度假村后,又相继建成了金山温泉乐园、帝都温泉旅游度假区、锦江温泉旅游区。

在我国农村地区存在电力、供暖空调、农产品干燥等多元化需求,结合农村的多元化需要,通过地热资源的综合利用开发,在满足农村多元化需求的同时,提高地热的资源利用率。2014 年,广东丰顺县建成了“地热发电-地热制冷-地热干燥-地热洗浴-地热热泵”五级梯级利用系统,其工艺流程如图 7-32 所示。第一级地热(约 91 ℃)用来发电,发出的电直接并网;第二级地热(70～75 ℃)用来驱动溴化锂制冷机为建筑提供夏季空调冷水,冬季地热水则直接供暖;第三级地热(60～65 ℃)用来提供居民住宅生活热水或干燥农副产品;第四级地热(45～50 ℃)用来提供温泉度假村洗浴、疗养以及渔业养殖、花卉温室;第五级地热(30～35 ℃)通过采用高温热泵技术提升温度返回到第二、第三级。通过梯级综合利用使地热资源的利用率达到 80%以上。

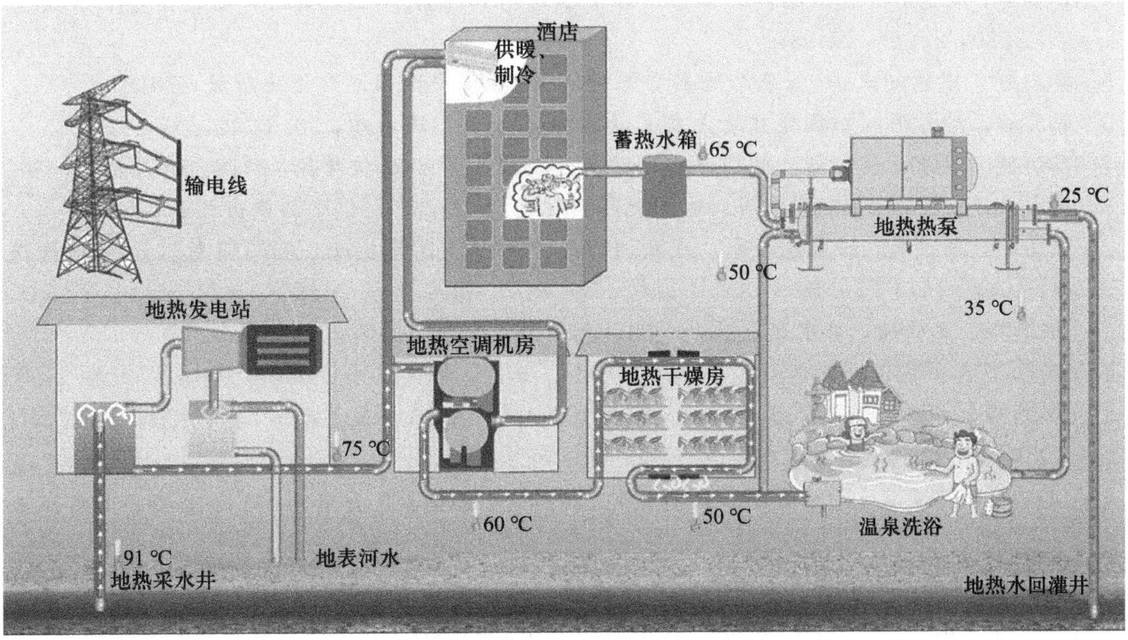

图 7-32　广东丰顺县地热综合利用工艺流程图

思考题

1. 地热能发电与传统化石能源发电有何不同？二者的优缺点是什么？
2. 什么是地压地热资源？它们是如何形成的？
3. 对于 100 ℃以下地热水资源，适用的地热发电方式有哪几种？各自的优缺点是什么？
4. 什么是地热双工质循环？影响其发电效率的因素有哪些？
5. 描述地源热泵是如何工作的，决定地源热泵效率的因素是什么？
6. 地热养殖的鱼塘，热损失中两个最显著来源是什么？用什么方法可以减少热损失？
7. 假定地热饱和蒸汽进入涡轮机时的温度为 100 ℃，质量流量为 5 kg/s，冷凝温度为 35 ℃，在一个理想的过程中，涡轮机的输出功率是多少？
8. 双工质地热发电厂的汽轮机采用 R245fa 作为工质，入口压力和温度分别为 4 MPa 和 140 ℃，工质质量流量为 3 kg/s，汽轮机在压力为 0.276 MPa 时排气，汽轮机等熵效率为 88%，试计算：①汽轮机的输出功率；②汽轮机排出 R245fa 时的温度；③工质出口与入口的体积比；④汽轮机膨胀做功过程的不可逆损失。

参考文献

[1] 蔡义汉．地热直接利用[M]．天津：天津大学出版社，2004.
[2] 陈焰华．中国地热能产业发展报告[M]．北京：中国建筑工业出版社，2022.
[3] 多吉，王贵玲，郑克棪．中国地热资源开发利用战略研究[M]．北京：科学出版社，2017.
[4] 黄永辉，庞忠和，程远志，等．深层含水层地下储热技术的发展现状与展望[J]．地学前缘，2020，27(1)：21-28.
[5] 廖志杰．中国的火山、温泉和地热资源[M]．北京：中国国际广播出版社，2012.
[6] 蔺文静，刘志明．中国地热资源及其潜力评估[J]．中国地质，2013，40(1)：312-321.
[7] 罗兰德·洪恩，李克文．世界地热资源发电新进展[J]．科技导报，2012，30(32)：60-66.
[8] 唐志伟，王景甫，张宏宇，等．地热能利用技术[M]．北京：化学工业出版社，2017.
[9] 汪集旸，龚宇烈，陆振能，等．从欧洲地热发展看我国地热开发利用问题[J]．新能源进展，2013，1(1)：1-6.
[10] 汪集旸，马伟斌，龚宇烈．地热利用技术[M]．北京：化学工业出版社，2005.
[11] 吴治坚．新能源和可再生能源的利用[M]．北京：机械工业出版社，2007.
[12] 张媛媛，叶灿滔，龚宇烈，等．地下储能技术研究现状及发展[J]．华电技术，2021，43(11)：49-57.
[13] 赵苏民，孙宝成，林黎，等．沉积盆地型地热田勘查开发和利用[M]，北京：地质出版社，2013.
[14] 赵维明．意大利拉德瑞罗地热发电技术[J]．地热能，2001 (1)：12.
[15] 郑克棪，潘小平，马凤景，等．地热利用技术[M]．北京：中国电力出版社，2018.
[16] 郑克棪，潘小平．中国地热发电开发现状与前景[J]．中外能源，2009，2(14)：45-48.

[17] 周念沪．地热资源开发利用实务全书[M]. 北京：中国地质科学出版社，2005.

[18] 朱家玲．地热能开发与应用技术[M]. 北京：化学工业出版社，2006.

[19] 庄庆祥．福建地热研究与实践[M]. 北京：地质出版社，2010.

[20] GLASSEY W E. 地热能[M]. 2版．王社教，闫家泓，李峰，等译．北京：石油工业出版社，2017.

[21] JOHN W L，ANIKO N T. Direct utilization of geothermal energy 2020 worldwide review[C]. Proceedings World Geothermal Congress 2020.

[22] MARIANA DE P S Z，SADIQ J Z. Nursery greenhouses heated with geothermal energy:A case study from Rotorua New Zealand[J]. Geothermics，2021，95：102123.

[23] ZHOU X Z，XU Y J，ZHANG X J，et al. Large scale underground seasonal thermal energy storage in China[J]. Journal of Energy Storage，2020：102026.

第 8 章　农村分布式发电与微电网技术

本章学习的目的与要求

农村分布式发电和微电网技术是贯彻习近平生态文明思想、实现以新能源为主体的新型电力系统核心关键技术之一。本章主要介绍分布式发电和微电网关键技术以及应用案例。通过本章的学习，可以对分布式发电设备和应用、微电网保护和控制以及典型应用有更深入的了解，对农村新能源电网有更清晰的认识，同时可以培养读者的知农、爱农、兴农的爱国主义思想。

8.1　分布式发电技术

8.1.1　分布式发电概述

分布式发电是指较靠近负载端且发电容量较小的小型发电设备所组成的系统，又称为分布式能源(DER)，其示意图如图 8-1 所示。所谓分布式发电，具体是指通过使用分散存在的、可用的能源，如本地可直接获得的化石类燃料、可再生能源来供电的一种技术。其电源为独立电源，发电功率较小，具有 10 MW 或更小的容量，以分散的方式放置在客户周围。鉴于其发电规模比较小，故大多接入配电网。

常规电站，如煤、气、核动力电厂，以及水电厂和大型太阳能发电站等，是集中式的，往往需要的电能被长距离传输。相比之下，DER 系统是分散的、模块化的、更灵活的技术，尽管其容量仅为 10 MW 或更小，但它们却靠近所服务的负载。这些系统可以包含多个发电和存储组件，在这种情况下，它们被称为混合发电系统。

DER 系统一般包括小型水力、生物质、沼气、太阳能、风能和地热能，并且在电力分配系统中起着越来越重要的作用。用于电力存储的并网设备也可以归类为 DER 系统，通常称为分布式能源存储系统(DESS)。通过能量管理，可以在智能电网内管理和协调 DER 系统。分布式发电和存储能够从许多来源收集能量，降低环境影响，并提高供应安全性。

DER 系统可能包括以下设备/技术：联合热能(CHP)，也称为热电联产或三联供；燃料电池；混合动力系统(太阳能混合动力和风力混合动力系统)；微型热电联产(microCHP)；微型涡轮机；光伏系统(通常是屋顶太阳能 PV)；往复式引擎；小型风力发电系统；斯特林发动机或

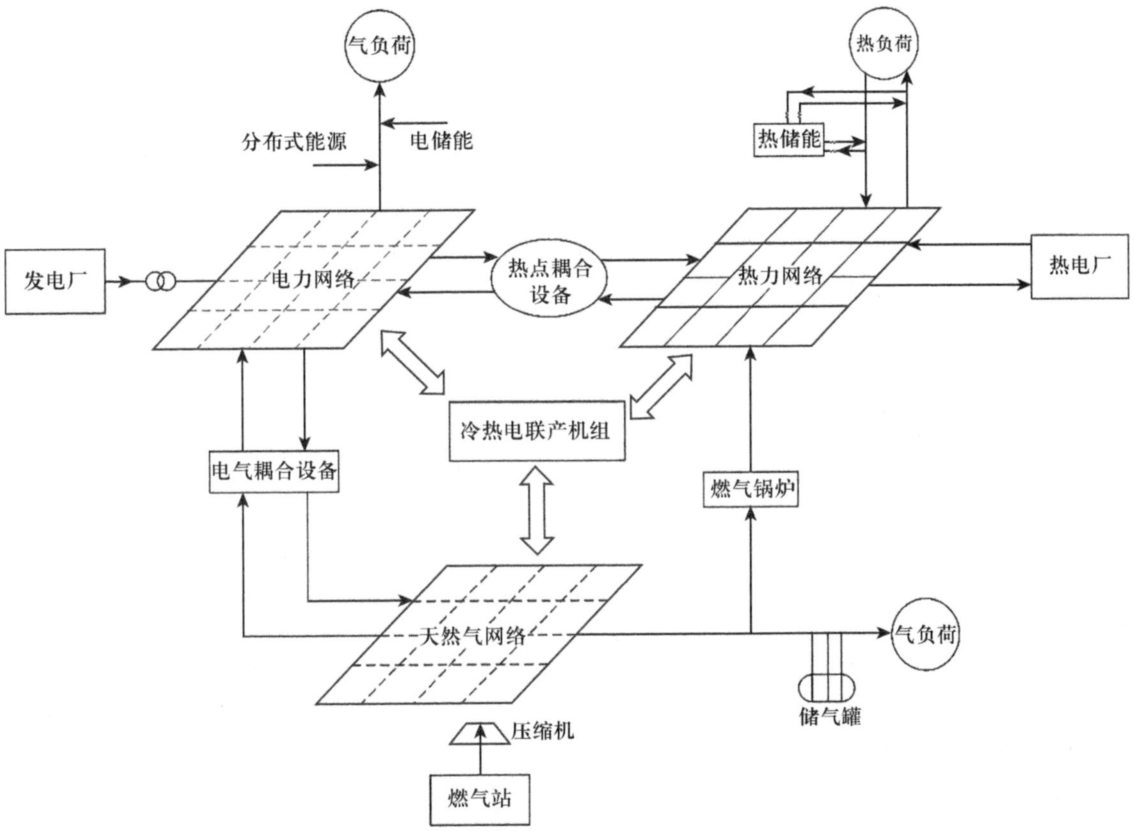

图 8-1　分布式发电示意图

以上各项的组合。

分布式发电可以从能源进行转换的角度来进行划分，通常情况下可以分成两种类型：①利用燃料电池来作为发电新能源进行发电的技术；②借助于半导体材料所制造的光伏电池来进行发电。

分布式发电的优势可归纳如下：减少输电损失，分布式发电大多较靠近用户区，可避免因长距离电力传输所造成的损失；能为不便建立远距离电网的区域就地供能；可以利用发电废热来供应热水、暖气，甚至可以使用吸收式制冷系统来供冷。

相对的，分布式发电的缺点也可总结如下：维修据点较多，占地大；具有储电装置限制，燃料供应不足；电价较高，来源多属不稳定发电源，由于无大电网支撑，若发生发电环境不佳或是天灾导致损坏的情况，短期难以恢复供电。

8.1.2　典型分布式电源

1. 风力发电

风能属于环境友好型资源，清洁环保，而且可以再生。由于全球风能的储量非常大且可利用量也较多，在化石能源储量日益匮乏的今天，风能作为可再生能源，它的开发方法和利用效率问题不断得到各国的重视。风力发电，就是利用先进的技术手段将风能转化成电能。具体来说，首先由风轮接受风的能量，由它带动发电机转动发电，进一步将产生的电能通过电力电子变换器并入电网。

一般风机的输入功率为：

$$P_v=\frac{1}{2}\rho Sv^3=\frac{1}{2}\rho\pi R^2v^3 \tag{8-1}$$

式中，ρ 和 v 分别是空气密度和风速；S 和 R 分别是风轮扫掠面积和风轮半径。考虑风能转化为机械能过程中的能量损失，风能的利用系数 C_p 可定义为：

$$C_p=\frac{P_m}{P_v} \tag{8-2}$$

式中，P_m 为风机获得的机械功率，由上两式可得：

$$P_m=C_p\cdot P_v=\frac{1}{2}\rho\pi C_pR^2v^3 \tag{8-3}$$

即为风机机械功率表达式。

风力发电是分布式发电中最为成熟的发电形式，据全球风能理事会(Global Wind Energy Council，GWEC)统计，2021 年全球风电新增装机容量 93.6 GW，预计 2025 年全球风电新增装机容量将达到 111.2 GW。就累计装机容量情况而言，据 GWEC 数据，2021 年全球风电累计装机容量达到 837 GW，同比 2020 年增长 12.80%，这些数据说明了风力发电正在步入越来越成熟的阶段，各国也逐渐认可风力发电这项技术。

同其他可再生能源一样，风力发电也具有资源丰富、节能环保、安装运行灵活等优点，但一些缺点也不容忽视，主要有受环境风速影响较大而导致的不稳定性、不可控性等缺点。

(1)不稳定性　风机功率受风速大小的影响，风速时刻在变，导致风机功率难以预测，因此风力发电具有较大的不稳定性。

(2)不可控性　风力发电机是以风力带动发电机运转而产生电能的，而风力是不受控制的，并且风能也无法大量储存，因此风力发电具有不可控性。

2. 光伏发电

光伏发电即是平常所说的太阳能发电，太阳能与风能一样，都属于环境友好且资源巨大的可再生资源，光伏发电就是利用半导体材料即太阳能电池的光电效应将太阳能转化成电能。当光照射在半导体材料上时，会将其中的电子和空穴激发出来，在内电场的作用下向电池的两极移动，形成电流，进而产生电能。

考虑到光伏电池的实际损耗，在绘制光伏发电等效电路时，可以将串联电阻和并联电阻添加到光伏电池的理想电路模型中，从而构成如图 8-2 所示的电路。

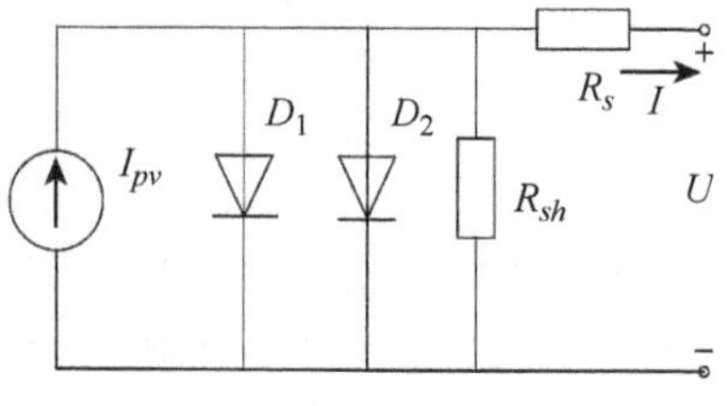

图 8-2　考虑损耗的光伏电池等效电路

基于双二极管模型，光伏电池输出的伏安特性如下：

$$I=I_{pv}-I_{s_1}\left[e^{\frac{q(U+IR_s)}{kT}}-1\right]-I_{s_2}\left[e^{\frac{q(U+IR_s)}{AkT}}-1\right]-\frac{U+IR_s}{R_{sh}} \tag{8-4}$$

式中，U 和 I 分别是输出电压和电流；I_{pv} 为光生电流源的电流；I_{s_1} 和 I_{s_2} 分别是二极管的扩散效应饱和电流和复合效应饱和电流；k 为玻尔兹曼常量，数值为 1.381×10^{-23} J/K；T 定义为其工作的绝对温度值；A 为 D_1 和 D_2 二极管特性拟合系数。

现在使用较为广泛的半导体材料主要有单晶硅、多晶硅和非晶硅等，有时也使用半导体化合物如磷化镉、砷化镓等。在实际应用时，将若干个太阳能电池组装成光伏组件，光照射在光伏组件上产生直流电，将此直流电通过逆变器逆变为与电网同频、同相的正弦交流电并入电网。实践证明，光伏发电符合低碳环保理念，贴合双碳目标的核心，可以作为电力系统改良的优秀能源。同时光伏发电也是被世界各国所认可和接受的发电形式，它具有一些独特的优势，如受地域限制小、成本低廉、安装便捷、可靠程度较高且后期维护简便等。特别是在当下，光伏发电设备成本不断降低，光伏发电得到了前所未有的发展。光伏发电系统示意图如图 8-3 所示。

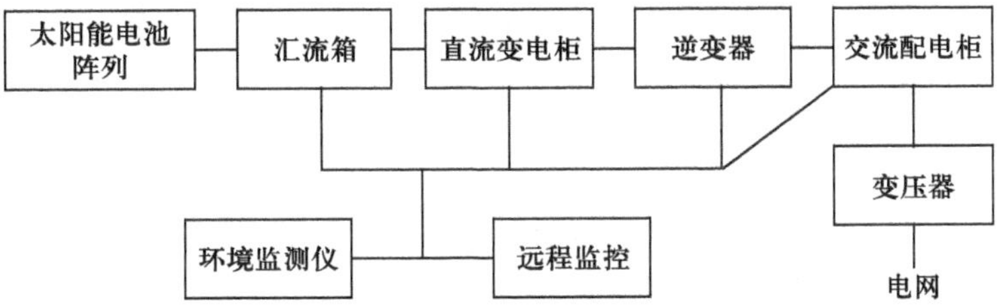

图 8-3　光伏发电系统示意图

目前光伏发电并网主要有两种利用形式：一种是光伏发电运行在独立于电网的孤网中，另一种是运行在公共电网中。运行在独立于电网的孤网中又称离网光伏发电系统，这类系统大多建于电网发展较为落后的地区，该类地区对于电力需求不高，由于光伏发电系统的建造可以较为灵活，更能满足用户的需求。但是缺点也很明显，这类形式当电网发生故障时，难以支撑其电网的波动，控制检修较为困难。当运行在公共电网中时，光伏发电系统经过逆变、变压等环节直接与电网进行电能传输，能量转换效率高，是当今新能源领域研究重点。

当光伏发电以分布式电源的形式接入配电网时，对于配电网相关参数会产生积极或消极的影响。对于配电网电压稳定性来说，光伏电池的接入能够提高配电网节点电压幅值，这是由于它以负电荷并接入电网时，可能会改变潮流方向，最终引起电压幅值的上升。同时，光伏电池的输出电量于太阳辐射的强弱相关联，这样随机的变化使得配电网出现电压闪变及电压谐波，从而降低配电网稳定性。对于配电网运行可靠性来说，当光伏发电接入配电网时，可能增加系统振荡的时间，由于光伏发电的随机性，对于配电网可靠性产生消极或积极的影响，为了避免这种情况的发生，光伏接入配电网的容量要结合配电网的实际负荷情况决定。

3. 燃料电池

燃料电池是一种可以将化学能直接转化为电能的发电设备，是继水力发电、热能发电和原子能发电后的第 4 种清洁发电技术，其工作原理与普通电池类似，是一种高效且环保的发电方式，发电效率可达到 60%～70%，这里的化学能主要来自富氢燃料。

燃料电池是一种电化学装置，其组成与一般电池相同，参见图 8-4，其单体电池由正、负两

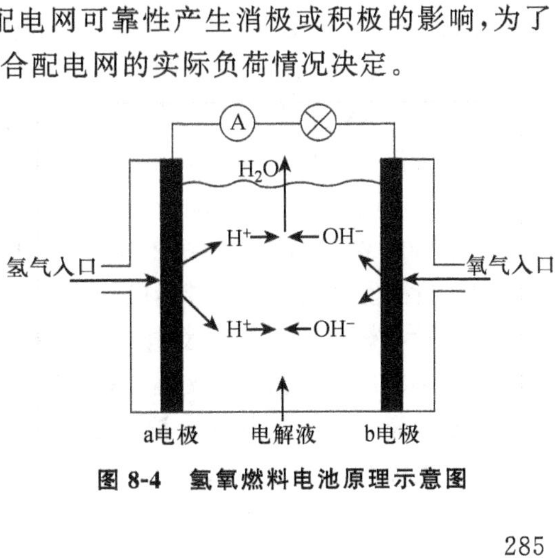

图 8-4　氢氧燃料电池原理示意图

个电极(负极即燃料电极,正极即氧化剂电极)以及电解质组成。不同的是,一般电池的活性物质储存在电池内部,因此,限制了电池容量。而燃料电池的正、负极本身不包含活性物质,只是催化转换元件。因此燃料电池是名副其实的把化学能转化为电能的能量转换装置。电池工作时,燃料和氧化剂由外部供给。原则上只要反应物不断输入,反应产物不断排出,燃料电池就能持续发电。

近年来在各个部门的共同推进下燃料电池发电技术有了巨大的进步和发展,其高转化效率、长使用寿命和低环境污染等优势使得该项技术快速发展,如今氢燃料电池广泛应用于新能源汽车中。燃料电池的分类见表 8-1。

表 8-1 燃料电池的分类

电池类型	碱(AFC)	磷酸(PAFC)	熔融碳酸盐(MCFC)	固体电解质(SOFC)
电解质	KOH	磷酸溶液	熔融碳酸盐	固体氧化物
反应离子	OH^-	H^+	CO_3^{2-}	O_2^-
可用燃料	纯氢	天然气、甲醇	天然气、甲醇、煤	天然气、甲醇、煤
温度/℃	60～80	100 左右	600～700	800～1 000
应用场合	移动电源	分散电源	分散电源	分散电源

燃料电池在发电的效率、便捷性和安全性方面具有诸多优势,其主要特点如下。

(1)能量来源广　传统的石油、煤、天然气等燃料都可作为燃料电池的能量来源,途径相当广泛。

(2)转换效率高　燃料电池的发电效率较其他发电方式高出许多,可以达到 80%～95%,是分布式发电中效率最高的,且这种高效率是不随负荷的变化而变化的,具有可控性。

(3)污染小　在发电过程中,燃料电池不会向环境排放污染物,具有很高的环境清洁性,同时也几乎没有噪声。

(4)建设维护简单　燃料电池的构建不易受环境限制,扩容扩建简单。同时,燃料电池采用模块化结构,因此无论是分布式还是集成式布置都可以应用,安装便捷,占地面积小。

4. 微型燃气轮机

微型燃气轮机是小型热机技术,微型燃气轮机中的"微型"主要指功率,只有几十到几百千瓦,其燃料来源与燃料电池一样主要来自天然气、汽油、柴油等传统的燃料。微型燃气轮机包括离心式压气机、向心式涡轮、燃烧室、回热器、高速逆变发电机和电子控制装置等。燃料燃烧产生的高温气体送入向心式涡轮机械做功,带动发电机发电,将产生的高频交流电经过整流和逆变处理之后,便可以并入电网。微型燃气轮机的体积小、可靠性高且较为环保,效率也较现有发电设备高。在研究生产中,微型燃气轮机可以采用燃料电池联合发电的方法,以微型燃气轮机为核心的热电联产系统的能量利用率甚至超过大型机组,效率可以达到 80%以上,并且产生的污染较低,30 kW 微型燃气轮机燃烧天然气时,排放量仅为重型设备最低排放量的 80%。现阶段微型燃气轮机发电技术已经较为成熟,也已得到广泛应用,具有很高的商业竞争力。

典型微型燃气轮机并网发电结构如图 8-5 所示,该系统由微型燃气轮机(MT)、永磁同步发电机(PMSG)、整流器、逆变器、滤波器、负荷和电网组成,微型燃气轮机的工作原理为将高压空气输入燃料室与燃气充分混合,燃烧以后推动涡轮做功,带动永磁发电机旋转,发出的交流电经过整流和逆变后进入电网。

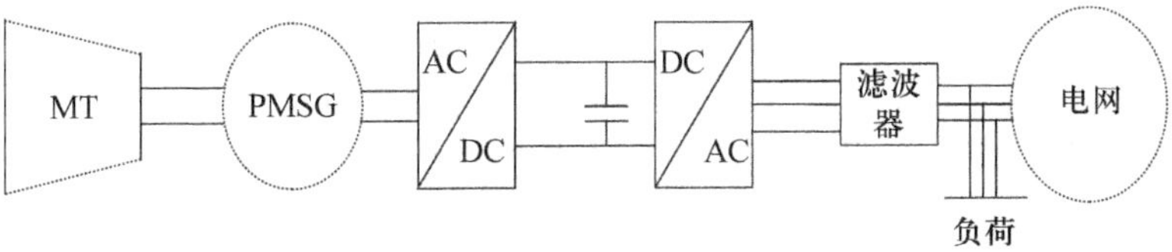

图 8-5　微型燃气轮机并网发电示意图

微型燃气轮机控制系统主要包括转速控制、温度控制和加速度控制三部分。三部分输出指令进行比较，选取最小的输出参考指令作为燃料量指令送到燃料控制系统，来控制燃料控制阀改变燃料量，以此来调节机械转矩 f_1。通常在正常的运行情况下，转速参考指令的值是最小的，即转速控制系统起调节作用。在某些特殊情况下，温度控制系统进行调节作用，即通过改变燃料量调节排气温度 f_2，使其限制在一定的范围内，加速度控制只有在快速减负荷或甩负荷的情况下，为防止转子的加速度过高威胁机组的安全才起作用。

$$f_1=1.3(W_f-0.23)+0.5(1-w_e) \tag{8-5}$$

$$f_2=T_{ref}-700(1-W_f)+550(1-w_e) \tag{8-6}$$

式中，T_{ref} 为参考温度，W_f 为燃料流量，w_e 为转子电磁转速，f_1 的表达式为转速控制系统调节，是改变机械转矩的表达式，f_2 的表达式为温度控制系统调节时改变燃料量来调节排气温度。

微型燃气轮机的发电功率可用以下公式来表示：

$$P_t^{MT}=\frac{LHV\cdot\eta_t\cdot V_{MT}}{\Delta T} \tag{8-7}$$

式中，$LHV=9.7\ \mathrm{kWh/m^3}$，为天然气低热值；$\eta_t$ 表示微型燃气轮机的发电效率；V_{MT} 表示运行时间内的天然气消耗量，m^3；ΔT 表示设备的运行时间；P_t^{MT} 表示运行时间内的发电功率，MW。

和传统的柴油机发电机相比，微型燃气轮机具有如下主要技术特点：①使用寿命长。可以达到 45 000 h，同功率等级的柴油发电机仅 4 000 h。②便于移动。一台 30 kW 的微型燃气机重量小于一台 3 kW 的柴油发电机。③可靠性高。仅有一个活动部件，故障诊断简单，维修成本低。④噪声小，排气温度低。⑤燃料多样化。可以使用多种燃料，如天然气，生物燃料，柴油等。⑥保护性强。具有多种自动超限保护和停机保护功能。⑦排放量低。排放量相对柴油发电机低得多，有利于响应双碳政策，助力环境保护。

5. 生物质发电

生物质发电技术先将生物质能转化为可燃烧的能源（如乙醇、燃油等），然后再将其燃烧来驱动发电机发电。发电过程中产生的灰渣可以被再次利用，并且各项排放指标均满足要求，使二氧化碳的排放得到了有效的抑制。生物质发电有效缓解了我国现有的能源紧缺问题，而且还低碳环保，响应双碳目标，是优点显著的一种发电技术。2021 年中国生物质发电新增装机为 808 万 kW，同比 2020 年增涨 48.80%；2021 年中国生物质发电累计装机容量为 3 798 万 kW，同比 2020 年增涨 28.66%，生物质发电发展成为我国可再生能源发电的重要支撑。

生物质分布式电源的特点主要有以下 3 个：

(1)可再生性　生物质能一般来源于秸秆、稻草以及木糠等,属于可再生能源。

(2)低污染　生物质能发电产生的灰渣基本上都是能被二次利用的,同时排出的污染气体也很少,排放后也都能被环境降解。

(3)普遍性　可以利用生物质发电的地区极为普遍,尤其在农村地区存在大量的秸秆废弃物等,这些地方也是生物质能发电的主要地区。

生物质能发电形式主要有直接燃烧发电、气化发电、混合发电、沼气发电和垃圾发电。直接燃烧发电技术原理与燃煤类似,将水加热成蒸汽后,推动汽轮机转动做功实现发电,优点是不同燃料可以混合燃烧且可获得发电补贴;缺点为燃料热值低,热效率低,环保排放要求较高,锅炉设备强度要求较高等。

生物质气化发电是将生物质燃料在气化装置中气化产生燃气,气化后的气体经过净化和过滤后直接送入燃气轮机燃烧发电,综合发电效率可达37%。优点为气化后的燃气热值高;缺点为生物质燃料适应性差,设备投资成本较高,过度依赖进口,电量的统计误差较大。

生物质混合发电是生物质在炉外或者炉内混合后进行燃烧,产生蒸汽后再推动燃气轮机带动发电机进行发电。这种发电方式的优点是燃料混烧不会影响机组负荷,增强稳定性;缺点在于燃烧造成的结渣,腐蚀会影响机组安全性能,生物质易污染脱硝催化剂,严重影响脱硝效率。

整体而言,生物质发电需要合理布局优化,在国家政策的鼓励下,生物质能发电行业正在冉冉升起,但是整体产业规划未完全成熟,仍需要解决各个生产环节存在的问题。

8.1.3　储能技术及设备

储能技术在包括电力系统在内的多个领域中具有广泛的用途。近年来,世界范围内的电力工业重组给各种各样的储能技术带来了新的发展机遇,采用这些技术可以更好地实现电力系统的能量管理,尤其是在可再生能源和分布式发电领域,这种作用尤为明显。在传统的发电和输配电网络中,这些新技术同样可以得到应用。根据国务院《2030年前碳达峰行动方案》,预计到2025年,我国新型储能装机容量将达到3 000万kW以上,以下简要介绍各种储能技术的基本原理及其发展现状。

1. 抽水储能

抽水储能技术是所有储能技术中最完善、应用最广、容量最大的一种技术。它在调峰调频和稳定电网等方面有着举足轻重的作用。抽水储能系统主要由以下几部分组成:上游水库、下游水库、传输和发电系统。当用电负荷处于低谷时,储能系统的电动机就会启动,将下游水库中的水抽到上游水库中并储存起来,这一动作是将电能转换为势能的过程;而当用电负荷处于高峰状态时,则将上游水库的水放到下游水库中去,利用势能转换为电能。

利用抽水储能技术所建造的电站,其容量大小可以按照用户需求来决定,设备的寿命基本上可以维持30～40年,其整体工作效率一般在77.5%左右。目前,世界上已有超过至少90 GW的抽水储能系统处于运行中。该项技术最大的特点就是它可以储存非常多的能量,技术方面相对可靠稳定。它的缺点主要是受到地理条件的限制,往往会建造在比较偏远的地方。这样,在整个电力传输过程中不仅会造成电力的损耗,而且当系统运行出现故障时,也难以在第一时间进行维修。

2. 先进蓄电池储能

电池储能是所有储能技术中应用最广泛、也最为人所熟悉的一种技术。其本质是化学能和电能之间的一种能量转换。电池储能为新能源的发展提供了良好的基础。一方面，可以将太阳能、风能等新能源所提供的能量储存起来，在用户需要时提供电能；另一方面，也可以在电网用电低谷时将多余电能储存起来，在用电高峰时释放出来，起到削峰填谷的作用。蓄电池是储存化学能量，于必要时放出电能的一种电气化学设备。按照电池所使用的不同材料，我们可以将电池分为铅酸电池、锂离子电池、钠硫电池等。每种电池都有各自的特点及应用领域，参见表 8-2。

表 8-2　蓄电池特点及应用领域

蓄电池种类	特点	应用领域
铅酸蓄电池	工作电压较高，使用温度宽，高低速率放电性能良好，原料来源丰富，价格低廉	汽车启动、固定、牵引，铁路用，储能用
UPS 蓄电池	停电的时候，它能快速转换到“逆变”状态	用于船舶设备，有线电视，军用设备，紧急照明系统，备用电力电源，大型 UPS 和计算机备用电源发电站
磷酸铁锂蓄电池	工作电压高，能量密度大，循环寿命长，安全性能好，自放电率小，无记忆效应	新能源汽车行业，启动电源，储能市场及其他领域
超级蓄电池	超快速充电，超大电流放电，超低内阻，超耐宽温，超长寿命	解决设备低温启动，提供启动电源
金属空气电池	比能量高，价格便宜，系统稳定	新能源汽车电池，军事通信和气象测候仪，海难救生设备和高空雷达仪等
光伏储能胶体蓄电池	普通铅酸蓄电池的改进产品，在安全性、蓄电量、放电深度和使用寿命方面均有改善	用于太阳能路灯、光伏电站、备用电源等

铅酸电池是最古老、也是最成熟的蓄电池技术。它是一种低成本的通用储能技术，可用于电能质量调节和 UPS 等。然而，由于这种蓄电池寿命较短，限制了其在能量管理领域中的应用。

与其他蓄电池相比，锂离子电池的主要优点是储能密度高、储能效率高和使用寿命长。由于具有上述优点，锂离子电池得到快速发展。但是，尽管在几年之内锂电池已经占有小型移动设备电源市场 50％的份额，生产大容量锂离子电池仍然有一些挑战性的工作要做，主要的障碍在于其居高不下的成本，主要是由于它需要特殊的包装和配备必要的内部过充电保护电路。

在所有的蓄电池中，金属空气电池结构最为紧凑，并且有望成为成本最低的蓄电池，这是一种对于环境无害的蓄电池。其主要的缺点是这种电池的充电非常困难而且效率很低。

3. 飞轮储能

飞轮储能系统是利用飞轮来实现电能与机械能相互转换，同时可以储存机械能和输出电能的设备，飞轮储能系统的具体工作原理为：在用电低谷期，电网输入电能给飞轮储能系统的电力电子设备以驱动电动机工作，使其带动飞轮高速旋转，来实现电能转化为机械能的储能过程；而在用电高峰期，飞轮旋转带动发电机旋转，通过电力电子输出设备将电能向外输出，从而实现机械能转化为电能的输出能量过程。

大多数现代飞轮储能系统都是由一个圆柱形旋转质量块和通过磁悬浮轴承组成的支撑机构组成。采用磁悬浮轴承的目的是消除摩擦损耗，提高系统的寿命。为了保证足够高的储能效率，飞轮系统应该运行于真空度较高的环境中，以减少风阻损耗。飞轮与电动机或者发电机相连，通过某种形式的电力电子装置，可进行飞轮转速的调节，实现储能装置与电网之间的功率交换。

飞轮储能的一个突出优点就是几乎不需要运行维护、设备寿命长(20 年或者数万次深度充放能量过程)且对环境没有不良的影响。飞轮具有优秀的循环使用以及负荷跟踪性能，它可以用于那些在时间和容量方面介于短时储能应用和长时间储能应用之间的应用场合，飞轮储能电源系统原理图如图 8-6 所示。

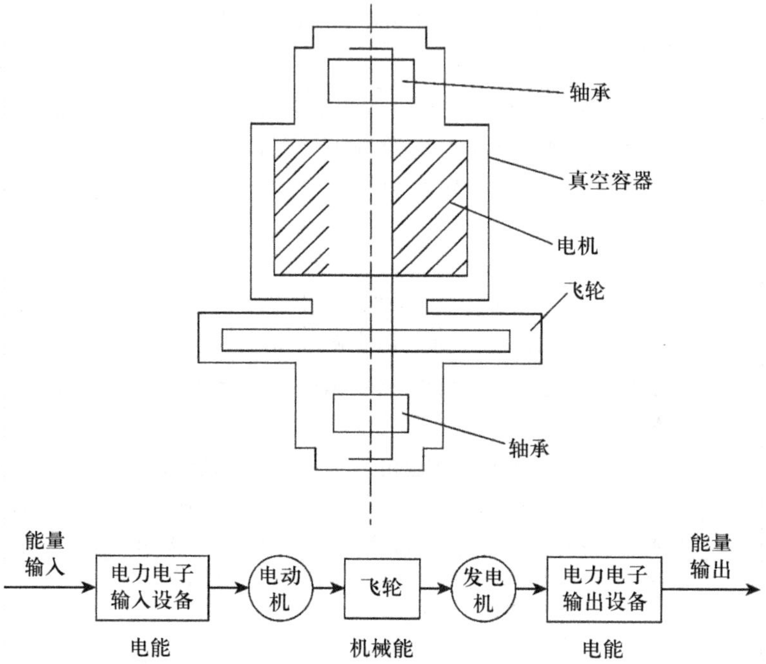

图 8-6　飞轮储能电源系统原理图

在实现飞轮储能装置时，可采用固体钢结构飞轮，也可采用复合材料飞轮，具体采用何种飞轮需要进行经济技术比较，在系统成本、重量、尺寸以及材料性能等指标之间进行折中。采用高密度钢材料，其边缘线速度可达 200～375 m/s，而采用重量更轻、强度更高的复合材料，其边缘线速度可达 600～1 000 m/s。飞轮实际可输出的能量取决于其速度变化范围，它不可能在很低的转速下输出额定功率。

目前，基于飞轮储能技术国内外都已推出了一些产品。例如：中国科学院电工研究所就已经研制出了基于飞轮储能技术的高速电机。此外，该项技术未来还可应用于电动汽车上，当电动汽车处于刹车制动时，飞轮可以吸收能量，而在高速行驶时，则可以把飞轮储存的能量释放出来用。

4. 超导磁储能(SMES)

尽管早在 1911 年人们就发现了超导现象，但直到 20 世纪 70 年代，才有人首次提出将超导磁储能作为一种储能技术应用于电力系统。超导磁储能具有快速电磁响应特性和很高的储能效率(充/放电效率超过 95%)，其应用于电力系统时能够改善电网电能质量；提高电力系统稳定性，抑制低频振荡；提供静止无功补偿，迅速降低电压波动和改善暂态稳定性；能用于分散不间断电源，保障功率平滑输出和电压稳定。

SMES 单元由一个置于低温环境的超导线圈组成，低温是由包含液氮或者液氦容器的深冷设备提供的。典型的超导储能装置如图 8-7 所示，SMES 主要包括 5 部分，即储能线圈、功率变换系统、监控系统、制冷系统和失超保护系统，其中储能线圈和功率变换系统为 SMES 的核心部件。功率调节系统将 SMES 单元与交流电力系统相连接，并且可以根据电力系统的需要对储能线圈进行充放电，通常使用两种功率变换系统将储能线圈与交流电力系统相连：一种是电流源型变流器；另一种是电压源型变流器。SMES 变流器可以在功率的四个象限内快速响应功率需求，并且能通过 PWM 的控制作用，减小交流测的谐波含量。

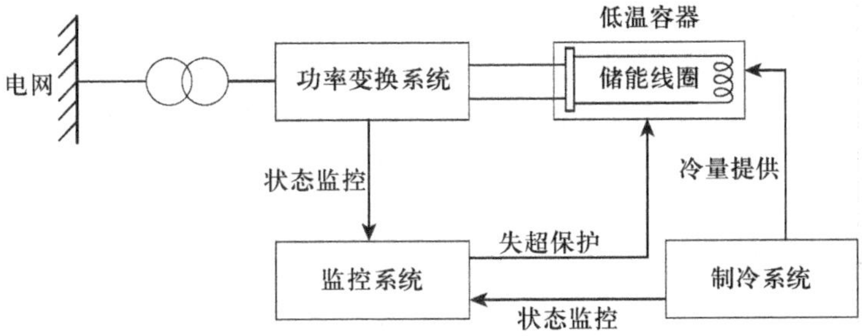

图 8-7　超导储能装置示意图

相比于其他储能方式，超导磁储能具有以下优点：①转换效率高。SMES 控制超导磁体以电磁能的形式与电网直接进行能量交换，转换效率可达 98%。②响应速度快。其与电网连接，响应速度可达到毫秒级。③功率大、容量大、损耗低。其平均电流密度大于常规线圈，其运行在超导状态下没有直流的焦耳损耗。④可持续发展性强。污染小，建造地点要求小，维护成本低，积极响应双碳目标。

世界各国都已对 SMES 展开了深入研究，美国开始研究较早并处于领先地位，早在 1980 年代就研发出 30 MJ/10 MW 超导磁储能装置并进行并网实验，发展至今，美国超导公司生产的 1 MJ 和 3 MJ 的 SMES 已经达到商业水平。国内超导技术研究起步较晚，第一台 SMES 装置于 1995 年由中国科学院电工研究所研制成功，容量为 25 kJ。目前，由华中科技大学联合研发的 150 kJ 超导储能装置已经试验完成。

SMES 技术的不断成熟使得其有望成为电力系统设施的主要应用之一，其作为高功率密度、清洁无污染、快速响应、四象限调节的新型储能装置在电力领域具有广阔前景。

5. 超级电容器储能

电容是电力系统中广泛应用的一种设备。超级电容器是依据德国物理学家亥姆霍兹的“界面双电层理论”发展而来的一种储能器件，与常规电容器相比，超级电容器具有更高的介电常数、更大的表面积以及更高的耐压能力，其性能介于传统静电电容器和蓄电池之间。同时，陶瓷超级电容器具有相当高的耐压水平（大约 1 kV）和绝缘强度，这使它们成为未来储能应用的很好的候选方案。

超级电容器的结构示意图如图 8-8 所示，其构造主要有电极、电解液、集流体、隔膜以及封装元件，图中正负极由电活性材料、黏连剂、导电剂在集流体上压制而成。

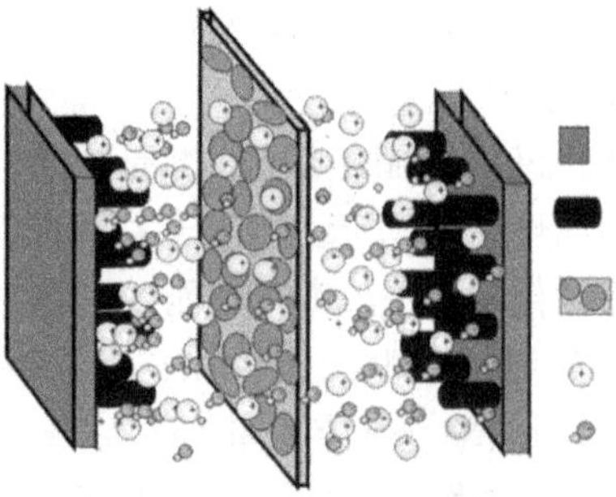

图 8-8　超级电容器结构示意图

图 8-8 中电极材料是双电层电容和赝电容的必备物质，是超级电容器的重要组成部分，一般使用导电性好的纳米材料构成；电解液是一种溶解在极性溶剂中能够导电的物质，对超级电容器的离子补充、电荷传导、电极离子黏附等性能起着关键作用；集流体是位于电活性物质和外引线之间的导线结构，作用是完成电极电流的汇集和输运；隔膜是位于正负极之间避免电极物理接触的绝缘体材料。

超级电容器根据储能机理可分为双电层电容器、赝电容器和混合电容器。双电层电容器能够利用正负电极和电解液界面可逆地物理吸附电解液离子，从而聚集电荷实现能量的储存。赝电容器又称为法拉第电容器，它是由电极表面的空间电活性物质进行欠电位沉积，发生高度可逆的化学吸/脱附或氧化还原反应产生的电容。超级电容器按照电磁反应类型和电极材料的差异，又可分为对称电容器和非对称电容器。

目前，超级电容大多用于高峰值功率、低容量的场合。由于能在充满电的浮充状态下正常工作 10 年以上，超级电容器可以在电压跌落和瞬态干扰期间提高供电水平。超级电容器安装简单，体积小，并可在各种环境下（热、冷和潮湿）运行，现在已经可为小功率应用提供商业服务。超级电容器因为其高功率密度、长循环寿命、快速充放电、绿色环保无污染等诸多优势，成为关键的新型储能装置。

6. 压缩空气储能

新型储能技术中压缩空气储能技术相对成熟，这种新型储能技术安全性高，且具有储能规模大、放电时间长、使用寿命长、热冷电综合利用面广等优点，因此国内外对于压缩空气储能的相关研究高度重视。传统的空气压缩技术于 1949 年由德国工程师 Stal Laval 提出，当用电处于低谷时段时，消耗电力来驱动压缩机产生并储存高压空气；当需要用电时，被压缩的空气膨胀，进入涡轮做功产生电力。由于空气膨胀需要吸收热量，传统的压缩空气技术还需要燃烧来补能，存在一定缺陷且环境污染较严重。针对这些问题，压缩空气储能技术不断改进，发展出先进绝热压缩空气储能、液化空气储能、超临界压缩空气储能等新型技术，对于能源的利用和转化率逐渐提高。

压缩空气储能技术原理如图 8-9 所示，电能输入压缩机，经过多级压缩将空气转入高压储罐，过程中压缩热储存在储能装置中，当用电高峰需要用电时，储罐中的高压空气经过多级膨胀输入发电机做功，最终转换为电能输出，多级膨胀过程中所用到的热能经过补热装置供给，热能由储热装置-补热装置形成良性循环，弥补了传统压缩空气中需要燃烧天然气供给多级膨胀过程的缺陷。整个过程包含压缩、储气、蓄热/冷、回热/冷、膨胀发电等多个子系统，关键设备包括压缩机、换热器和膨胀机等。

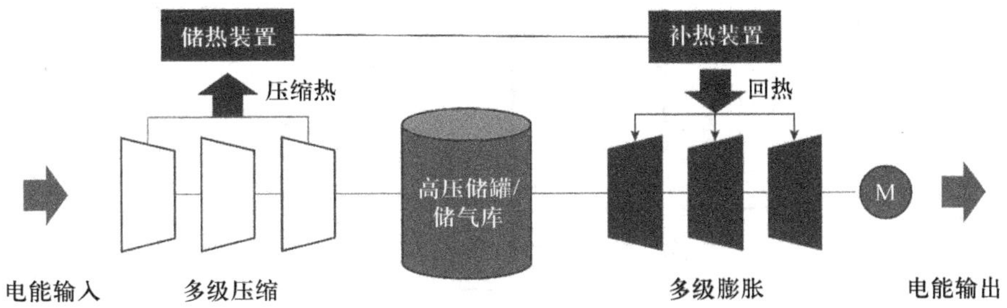

图 8-9　压缩空气储能技术原理示意图

压缩空气储能不是像电池储能那样的简单储能系统，它是一种调峰用燃气轮机发电厂，对于同样的电力输出，它所消耗的燃气要比常规燃气轮机少 40%。这是因为，常规燃气轮机在发电时大约需要消耗输入燃料的 2/3 进行空气压缩，而压缩空气储能则可利用电网负荷低谷时的廉价电能预先压缩空气，然后根据需要释放储存的能量加上一些燃气进行发电。这样的良性循环使得能量利用效率大大提升，并且减少了碳排放，新型储能技术的兴起能更好地响应国家双碳政策的号召。

压缩空气储能技术对不同的应用场景具有不同的适应性，主要可应用于削峰填谷场景、电源侧可再生能源消纳场景、电网辅助服务场景、用户侧服务场景等。第一个投入商用运行的 CAES 是 1978 年建于德国 Hundorf 的一台 290 MW 机组。美国 1991 年在亚拉巴马州的 McIntosh 建成了第二台商用 CAES，机组功率为 110 MW，整个建设耗时 30 个月，耗资 6 500 万美元，这台机组能够在 14 min 之内并网。第三台商业运行 CAES，也是目前世界上最大容量的 CAES，计划建在俄亥俄州的诺顿，整个电站装机容量为 2 700 MW，共有 9 台机组，压缩空气储存在一个现有的位于地下 2 200 ft(1 ft=0. 304 8 m)深的石灰石矿井里。目前压缩空气储能技术正由 100 MW 级示范应用阶段转向规模化商业化发展，装机规模逐渐增大，其成熟性和创新性使得压缩空气储能技术竞争力显著提高，在未来也有广阔的发展前景。

8.1.4　分布式电源并网技术

分布式电源并网技术是指分布式电源接入配电网以及保证含分布式电源的配电网安全可靠运行、电能质量合格的技术措施。分布式电源通常以 10～35 kV 的电压等级接入电网，其并网技术概述见图 8-10。

传统的配电网是一个向用户分配电力、功率单向流动的无源网络，而分布式电源的接入，使配电网成为一个功率双向流动的有源网络，同时也带来了问题与挑战。主要产生的问题有电能质量下降、继电保护影响、短路电流超标、铁磁谐振问题、电网效益下降，配电网实时监测、控制和调节复杂化等。针对以上问题，制定相关技术标准成为分布式电源并网运行的关键保障。

1. 分布式电源接入方案的选择

DER 并网对配电网的影响与 DER 的容量以及接入配电网的规模、电压等级有关。分布式电源并网接入方案的步骤可分为明确接入容量、明确接入方式和其他基本要求。

接入容量的明确是分布式电源并网运行的基本保障。以分布式光伏电源容量对并网等级的影响为例，如果是 8 kW 以下的分布式电源，则接入的电压等级为 220 V；8 kW～0. 4 MW 一

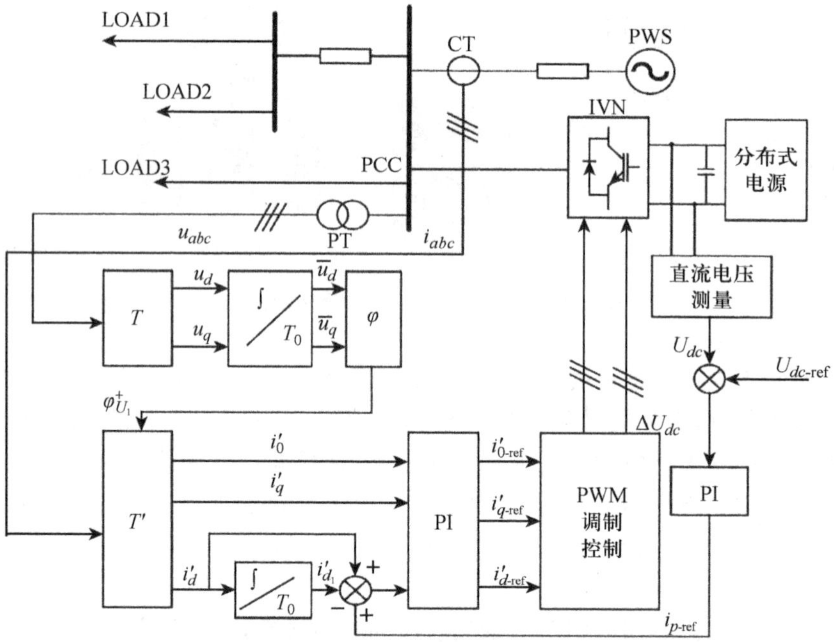

图 8-10　分布式电源并网技术概述

般接入 380 V；0.4～6 MW 一般接入 10 kV 电压等级的电网；6～30 MW 接入电压等级在 35 kV 及以上；具体的接入等级还需要根据不同的使用场景具体分析。具体接入方式一般是大容量的 DER 通过联络线接到附近变电所的母线上，如图 8-11 所示。对于小型的 DER，为减少并网投资就近并在配电线路上，如图 8-12 所示。

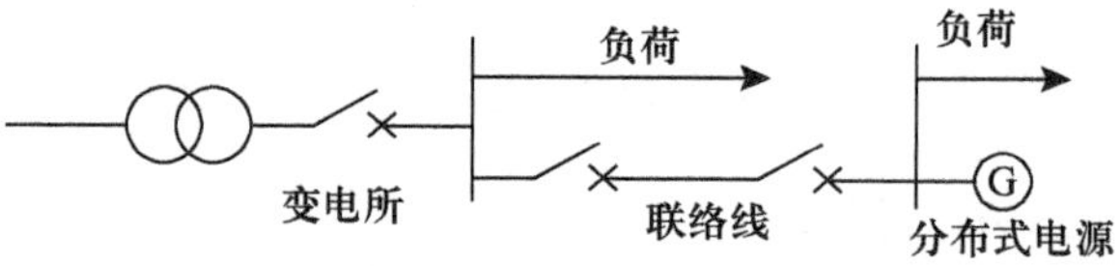

图 8-11　DER 经过联络线接到变电所母线上

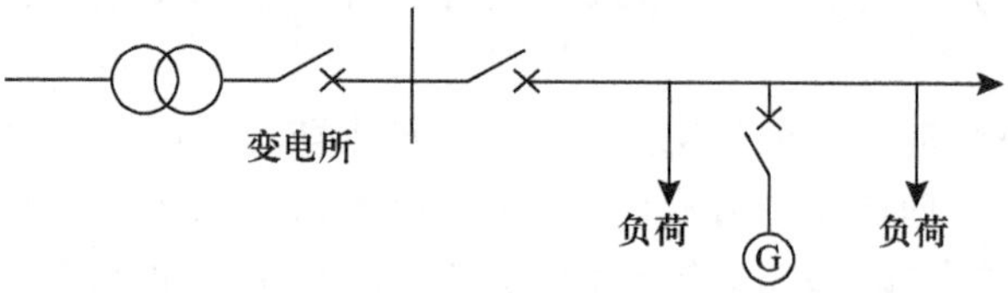

图 8-12　DER 就近接入配电线路

接入方式的明确是电网安全可靠运行的前提，对于电压等级处于 35 kV 以上的选择专线接入方式，电压等级为 10 kV 的选择专线方式接入变电站 10 kV 侧母线，与电网安全运行的实际需要相符合。以分布式光伏发电站为例，在并网时通常选用 T 接共用线路，光伏电站加装并网开关，在已有的线路上完成 T 接，投入成本少，但是 T 接之后，会对电网潮流流向，电网运行可靠性与继电保护装置产生一定影响。分散接入形式在小容量分布式电源接入中较为适用，在配电变压器 400 V 一侧直接并入，并安装逆向功率保护措施，实现分布式电源的并网运行。

分布式电源接入配电网时应遵循电网安全原则、就地消纳原则、就近接入和灵活接入原则等。电网安全原则即分布式电源接入不应对现有配电网用户正常用电带来不良影响。在确定接入方案时，应以配电网的运行安全为前提，接入容量和接入点均充分考虑配电设备和用户端电压合格率等参数。对于三相平衡供电线路，分布式发电功率返送产生的电压偏差 Δu（标幺值）如下：

$$\Delta u=\frac{P_{\mathrm{dn}}l}{1\,000U_{\mathrm{n}}^{2}}(R_{0}-X_{0}\tan\varphi) \tag{8-8}$$

式中，P_{dn} 为返送有功功率，kW；l 为线路长度，km；U_{n} 为额定电压，kV；R_0 为线路单位长度电阻，Ω/km；X_0 为线路单位长度电抗，Ω/km；φ 为功率因数角，rad。可见线路截面小（单位长度阻抗大）、供电距离远易产生电压越限；反之则先受到设备载流能力限制。

就地消纳原则即满足当地负荷用电，在方案选择时精确计算发电与负荷容量及时间特性，优先选择本地配电区域或上一级变电站供电区域内能完全消纳的方案；就近接入和灵活接入原则即为分析分布式电源发展规模和地域分布，分析分布式发电的消纳方式和范围，根据实际问题调整接入方案，可利用附近配电网设施灵活地接入，以减少投资和工程量。

2. 分布式电源并网保护

大量分布式电源的接入对于传统配电网的拓扑结构、运行可靠性、控制方式和保护配置都具有一定的影响，配置并网保护是使分布式电源接入电网满足并网标准的重要技术措施，并网保护是一种接口保护，并网保护功能包括故障保护和防孤岛保护等，并网保护的常规配置方案如图 8-13 所示。

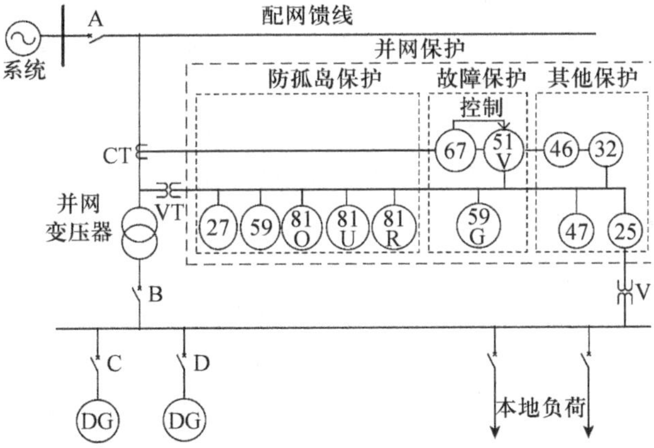

保护功能编号含义：

59/27：过/欠电压继电器	81O/U：高/低频率继电器
81R：频率变化率继电器	67：方向过电流继电器
59G：接地过电压继电器	51V：低电压启动过电流继电器
46：负序过电流继电器	47：负序过电压继电器
32：功率方向继电器	25：检同期继电器

图 8-13　并网保护的常规配置方案

故障保护是指配电网发生故障时，分布式电源会产生短路电流，这会给配电网带来不利影响，为了减少对配电网保护的影响，需要并网保护在发生故障时能够快速动作并切除分布式电源。另外，并网保护必须在馈线重合闸动作之前及时退出分布式电源。分布式电源的接入还会导致配电网设备损坏并产生过电压，提供的故障电流会使馈线熔断器过早熔断。

防孤岛保护中，"孤岛"是指配电线路或部分配电网与主网的连接断开后，由分布式电源独立供电形成的配电网络。如图 8-11 中，变压器低压侧断路器跳开后，分布式电源和母线上其他线路形成的独立网络就是一个孤岛。这种意外的孤岛运行状态是不允许的，因为其供电电压与频率的稳定性得不到保障，并且线路继续带电会影响故障电弧的熄灭、重合闸的动作，危害事故处理人员的人身安全。对于中性点有效接地系统的电网来说，一部分配电网与主网脱离后，可能会失去接地的中性点，成为非有效接地系统，这时孤岛运行就可能引起过电压，危害设备与人身安全。在 DER 与配电网的连接点上，需要配备孤岛保护装置，在检测出现孤岛运行状态后，迅速跳开 DER 与配电网之间的联络开关。一般来说，在孤岛运行状态下 DER 发电量与所带的负荷相比，有明显的缺额或过剩，从而导致电压与频率的明显变化，据此可以进行孤岛运行保护。孤岛保护的工作原理主要有以下 3 种：①反应电压下降或上升的欠压/过压保护；②反应频率下降或上升的频率变化率保护；③反应前后两个周波电压相量变化的相量偏移保护。

3. 分布式电源并网技术标准

分布式电源并入电网时单体装机容量小、数量多、并网点多、电源种类多，接入配电网是会给配电网的运行和配电保护等带来影响，因此需要制定相关的并网技术标准，以此来规范并网的技术要求，来保证电力系统的安全运行。

在 DER 并网技术标准制定方面，英国电力协会（Electricity Association）早在 1991 年就发布了《G59/1 嵌入式发电并入地区配电网的推荐技术标准》；国际电气电子工程师协会（IEEE）于 2003 年 6 月发布了《DER 并网技术标准 IEEEStd. 1547》，2003 年 10 月该标准被我国批准为国家标准。中国针对分布式电源并网也制定了以 GB/T 33593 为代表的一系列国家和行业标准，相关标准需要考虑分布式电源在电网中的占比、分布式电源控制技术的发展等因素，进行及时更新，以此保障电网安全稳定运行。2017 年我国发布了《分布式电源并网技术要求》（GB/T 33593—2017）和《分布式电源并网运行控制规范》（GB/T 33592—2017），并于 2017 年 12 月实施。

GB/T 33593—2017 与 GB/T 33592—2017 适用于 35 kV 及以下电压等级接入电网的新建、改建和扩建分布式电源，其中 GB/T 33593—2017 规定了分布式电源接入电网设计、建设和运行应遵循的一般原则和技术要求，内容涵盖电能质量、功率控制和电压调节、启停、运行适应性、安全、继电保护与安全自动装置、通信与信息、电能计量、并网检测等。GB/T 33592—2017 规定了并网分布式电源在并网/离网控制、有功功率控制、无功电压调节、电网异常响应、电能质量监测、通信与自动化、继电保护及安全自动装置、防雷接地方面的运行控制要求，其并网技术要求相关条款和指标，均采用了 GB/T 33593—2017 的相关内容。基于 GB/T 33593—2017《分布式电源并网技术要求》和 GB/T 33592—2017《分布式电源并网运行控制规范》，部分技术要求如下：

（1）设备要求　分布式电源并网前，需对接入线路、变压器、断路器和隔离开关等设备进行容量、短路电流的校核，对电网电压水平、三相不平衡度进行校核计算。当分布式电源接入的容量比较大或逆变器电源接入时，低压侧应装设低压总开关和防孤岛装置。

（2）自动化与通信要求　10 kV 接入的分布式电源需要按照当地供电管理的要求上传并网设备各状态、电压、电流、有功功率、无功功率和发电量等实时运行参数。

(3)恢复并网要求　系统发生扰动脱网后，在电网电压和频率恢复到正常运行范围之前，分布式电源不允许并网。在电网电压和频率恢复正常后，通过380 V电压等级并网的分布式电源需要经过一定延时后才能重新并网，延时应大于20 s，并网延时由当地电网调度给定。

(4)并网检测要求　分布式电源接入并网检测点为并网点，它必须由具有相应资质的单位或部门检测。在检测前，相关单位要将检测方案上报所接入电网调度机构备案。分布式电源并网后6个月，需向电网调度机构提供有资质单位出具的有关电源运行特性的检测报告，以表明该电源满足接入电网的相关规定。当分布式电源更换主要设备时，需要重新提供检测报告。

8.1.5　分布式电源应用

相比于传统发电方式，分布式电源具有高灵活、低污染、高效率等特点，因此在众多领域均有重要应用，在2017年并网技术标准发布后，分布式发电的应用范围越来越广泛，典型应用领域列举如下。

现阶段农村配电网多呈现分布式电源大规模、高比例和广泛接入的形式，我国的光伏装机容量逐年提升，已成为光伏装机容量最大的国家，由于农村地区电网薄弱，负荷量小，对于新能源的消纳能力弱，分布式电网的并网运行带来了诸多技术问题，国内外针对分布式电源接入农村配电网开展系统性研究，提出了一系列提升分布式电源接纳能力的配电网规划与运行关键技术，涉及理论研究、技术创新、系统研发、试点应用等多个环节，有效解决农村分布式电源并网问题，提升新能源消纳能力，社会效益显著。

对于分布式电源快速提升带来的地区性渗透率过高、配电网发展不协调的情况进行的研究在高渗透率分布式电源和配电网协同规划、分布式电源发展目标分解、电网接纳分布式光伏能力分析、分布式电源接入系统方案案例库构建、分布式光伏政策实施效果评价等方面取得了技术创新和突破。通过理论分析、构建模型、仿真运行等方式，有效解决了高渗透率分布式电源带来的发展不协同相关问题。

分布式发电灵活的地区适应性使得其成为偏远地区供电的有力手段，如在具有大量分散性的海岛风能源地区，应用分布式发电为最佳选择。另外，若出现季候风，还能依靠布置在附近的分布式电源进行输电，这样不仅能满足用电量较大的客户用电需求，还能保证为用电量较小的客户持续供电。

分布式发电在电力系统中起着至关重要的作用，其有以下方面的优点：①节省电网投资，降低电能消耗，响应双碳政策；②保障电力系统安全运行，提高能源利用率，提高电力系统可靠性；③调节电力高峰，满足电力市场需要，促进智能电网建设。

8.2　微电网技术

微电网(micro-grid)也译为微网，是指由分布式电源、储能装置、能量转换装置、负荷、监控和保护装置等组成的小型发配电系统。

微电网的提出旨在实现分布式电源的灵活、高效应用，解决数量庞大、形式多样的分布式电源并网问题。开发和延伸微电网能够充分促进分布式电源与可再生能源的大规模接入，实现对负荷多种能源形式的高可靠供给，是实现主动式配电网的一种有效方式，使传统电网向智能电网过渡。

8.2.1 微电网研究和发展现状

随着负荷的持续增长，各国电力工业都面临着严峻的挑战，其主要表现在环保问题、能源利用效率瓶颈以及用户对电能质量的高标准要求等方面。微电网对分布式发电具备有效利用、灵活、智能的控制特点，因此在解决上述问题方面具有极大优势。

目前，许多国家已纷纷开展微电网的研究，立足于本国电力系统的实际问题，提出了各自的微电网概念和发展目标，这使得微电网在各国的发展呈现出了不同特色。

1. 美国

美国最早提出了微电网的概念，并对其组网方式、控制策略、能量管理技术、电能质量改善措施等专题进行了长期深入研究，是众多提出微电网概念国家和地区中最权威的。美国电力可靠性技术解决方案协会(CERTS)提出的微电网构架，主要基于电力电子技术且由容量小于或等于 500 kW 的小型微电源与负荷构成，并引入了基于电力电子技术的控制方法。

电力电子技术是实现智能、灵活控制的重要支撑，基于此形成了“即插即用”(plug and play)与“对等”(peer to peer)的控制思想和设计理念。美国 CERTS 微电网的初步理论研究成果已在实验室微电网平台上得到了成功检验。

得益于美国能源部的高度重视，美国的微电网工程提出了要将信息技术、通信技术等广泛引入电力系统，实现电网智能化的“电网现代化”(grid modernization)目标，在随后出台的“Grid 2030”发展战略中，美国能源部制定了美国电力系统未来几十年的研究与发展规划，微电网是其重要组成之一。

从美国电网现代化角度来看，其发展重点是要提高重要负荷的供电可靠性，满足用户制定的多种电能质量需求，降低成本，实现微电网的智能化。

2. 日本

考虑到国内能源的紧缺以及负荷的日益增长，日本微电网研究发展目标主要定位于能源供给多样化、减少污染以及满足用户的个性化电力需求。

日本在美国 CERTS 对微电网的定义基础上，把传统电源供电的独立电力系统也归入了微电网研究范畴。基于该框架，日本已在国内建立了多个微电网工程。在此基础上，日本相关研究学者还提出了灵活可靠的智能能量供给系统，其主要特点是在配电网中加入一些灵活交流输电系统装置，利用 FACTS 控制器快速、灵活的控制性能，实现对配电网能源结构的优化，并满足用户的多种电能质量需求。目前，日本已将该系统作为其微电网的重要实现形式之一，有关研究还将该思想与热电联供设计理念相结合，以期更好地实现环境友好和能源高效利用。

3. 欧盟

从电力市场需求、电能安全供给及环保等角度出发，欧盟提出要充分利用分布式能源、智能技术、先进电力电子技术等实现集中供电与分布式发电的高效紧密结合，并积极鼓励社会各界广泛参与电力市场，共同推进电网发展。微电网以其智能性、能量利用多元化等特点成为欧盟未来电网的重要组成。目前，欧盟已初步形成了微电网的运行、控制、保护、安全及通信等理论，并在实验室微电网平台上对这些理论进行了验证。其后续任务将集中研究更加先进的控制策略、制定相应的标准、建立示范工程等，为分布式发电大规模接入以及传统电网向智能电网过渡做积极准备。

相比于美国和日本，欧盟提出的微电网模型结构更加全面和完善，由于微电源类型不全是带有电力电子接口，保护设备均采用了数字式智能型设备，设备之间的通信方式采用 CAN 总线，其有集中监控和分散监控两种监控方式。

集中监控方式，由中心监控单元负责与各个开关设备通信、命令下传、开关动作区间的动态设置等。该方式的优点是容易实现，投资成本低；缺点是所有保护开关动作全部依赖中心控制单元，一旦中心控制单元发生故障，会造成整个保护系统瘫痪。

分散监控方式，实际上由多个中心监控单元组成，分别完成不同的监控功能，当某一个中心监控单元发生故障时，其他监控单元会自动接管其监控任务，避免系统发生瘫痪。其优点是可靠性高，缺点是投资成本相对较高。

除美国、日本、欧盟外，加拿大、澳大利亚等国也开展了微电网研究。各国对未来电网的发展不是对传统集中式、大规模电网的革命与挑战，而是代表着电力行业服务意识、能源利用意识、环保意识的一种提高与改变。

微电网是未来电网实现高效、环保、优质供电的重要手段之一，是对大电网的有益补充。

8.2.2　微电网的典型结构

微电网的结构可以分为以下几种形式：交流（AC）结构、直流（DC）结构和交直流混合结构。每种结构各具特点，都可作为大电网的有效补充，提高电网的供电可靠性。

1. 交流微电网

就目前来说，交流微电网仍是微电网的主要形式。虽然交流微电网的种类在不断丰富，但其结构都基本相似，分布式电源、储能装置、负荷等均通过电力电子装置连接至交流母线，呈现辐射状网架结构，其典型结构如图 8-14 所示。通过对公共联结点（PCC）处开关的控制，可实现微电网并网运行与孤岛模式的双向转换。

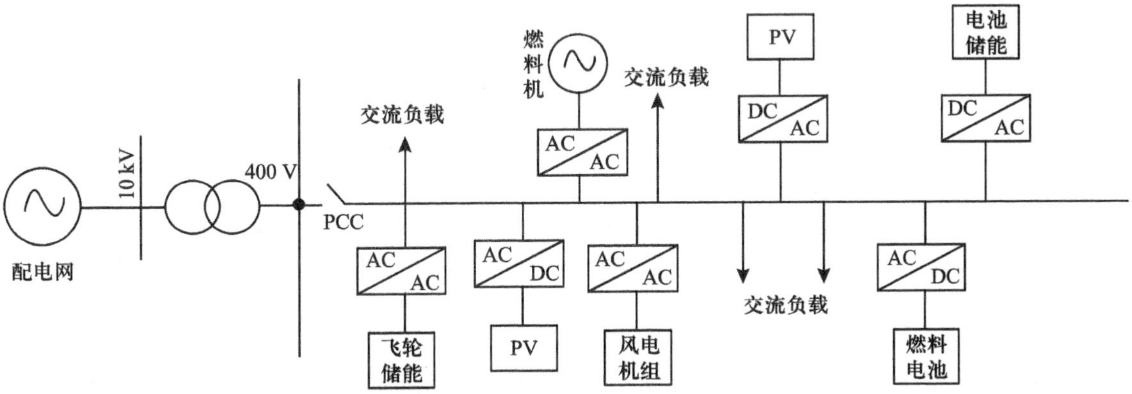

图 8-14　交流微电网的典型结构

考虑到交流微电网内部的负荷类型、设备运行特点不同，可将其分为 3 种类型：系统级微电网、区域级微电网和单元级微电网。对于系统级微电网，主要由交流母线和多条馈线呈辐射状构成，每条馈线可分层接入子微网、DG 或就地负荷，并根据并网需要可经多个 PCC 接入外网。对于区域级微电网，按负荷对电能质量要求来确定其结构，重要负荷及稳定性强的 DG 一般接入同一条馈线，通过单个 PCC 与外网连接。对于单元级微电网，由稳定性能较好的 DG

和敏感负荷构成，也可根据需要接入少量普通负荷，其结构较为简单，经单个 PPC 接入外网。对于交流微电网的 3 种类型可由图 8-15 所示的 IEEE P1547.4 定义的典型微网结构反映，3 种类型的结构及特性如表 8-3 所示。

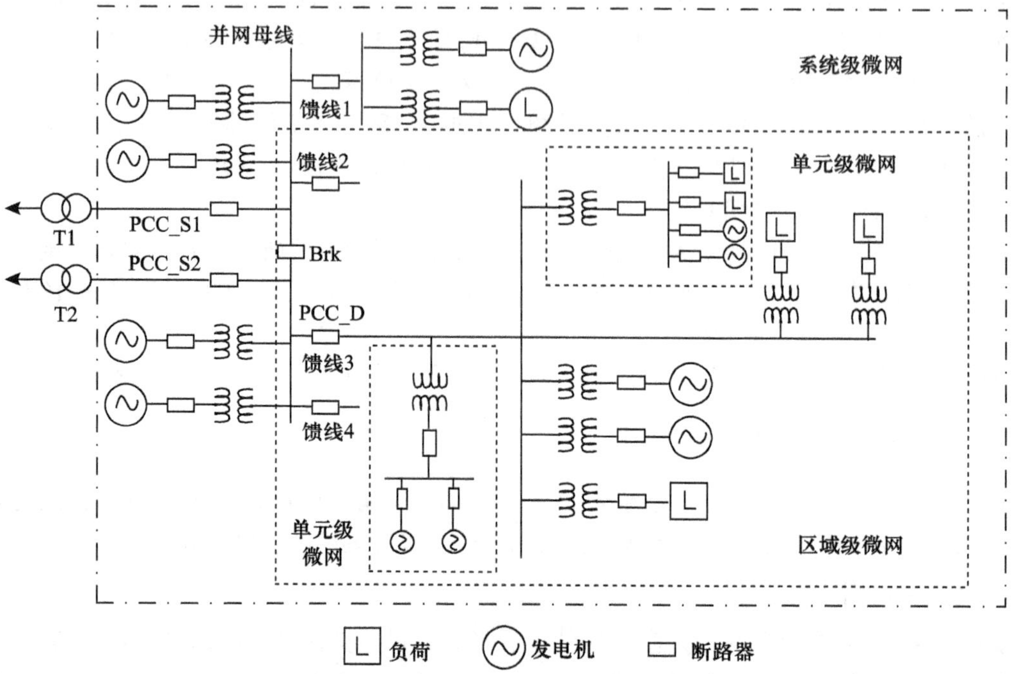

图 8-15　IEEE P1547.4 微网网络拓扑结构

表 8-3　微网结构与特性

微网类型	结构特点	微网特性
系统级微网	电源及负荷类型丰富，包含大量 DG 及小规模传统电源，馈线多，层次复杂，可经多 PCC 并网	电源及负荷复杂，运行方式灵活，抗外网扰动的能力强
区域级微网	稳定性强的 DG 与重要负荷组成子单元接入馈线，馈线层次较为复杂，经单 PCC 并网	满足不同类型负荷对电能质量的要求，并网及孤岛 2 种运行方式均具备足够的稳定性
单元级微网	满足不同类型负荷对电能质量的要求，并网及孤岛由 DG 和负荷构成，为区域级微网组成单元，经单 PCC 并网	网架规模小，通常由稳定性强的 DG 和重要负荷组成，可用于保证较高的供电质量

虽然交流微电网是微电网的主要形式，但其不足之处逐渐凸显，如电能转换环节多、网络损耗大、电网运行控制复杂。这些都与用户期望的高效、可靠和高电能质量的供电服务存在矛盾。

2. 直流微电网

直流微电网是以直流配电的形式，通过直流母线很好地将各分布式电源融合起来并加以协调控制，同时又能将直流电直接输送给对电能质量要求较高的直流负荷，其典型结构如图 8-16 所示。在直流微电网结构图中，分布式电源、储能装置、负荷等均连接至直流母线，直流网络再通过电力电子逆变装置连接至外部交流电网。直流微电网通过电力电子变换装置可以向不同电压等级的交流、直流负荷提供电能，分布式电源和负荷的波动可由储能装置在直流侧调节。

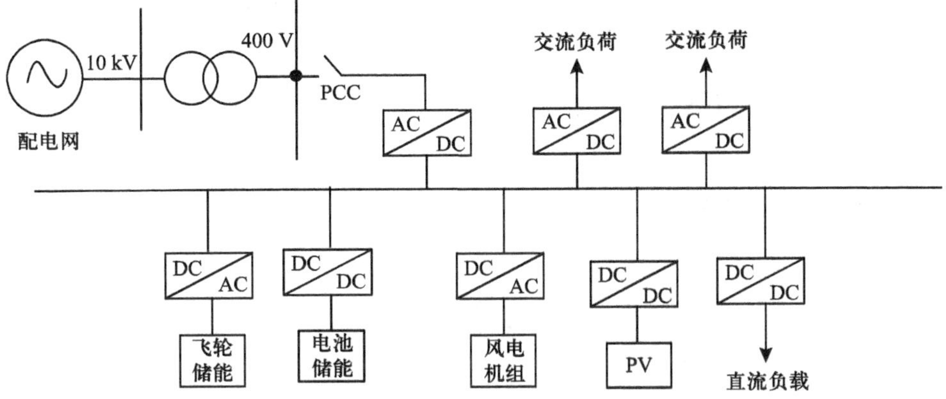

图 8-16　直流微电网典型结构

根据直流微电网母线结构的不同，可将直流微电网分为：单母线结构、双层式母线结构、双母线结构和冗余式母线结构。

单母线结构是指直流微电网中仅有一个直流母线电压等级，其结构如图 8-17 所示，图中 400 V 为直流母线电压等级。对于单母线结构，其形式简单、组网较容易且与现有的直流设备兼容。考虑到直流用电设备的电压规格不同，在连接过程中需要加入设备电源适配器，即直流电压变换器(DC/DC)，经电源适配器后转换为相同电压等级供电。

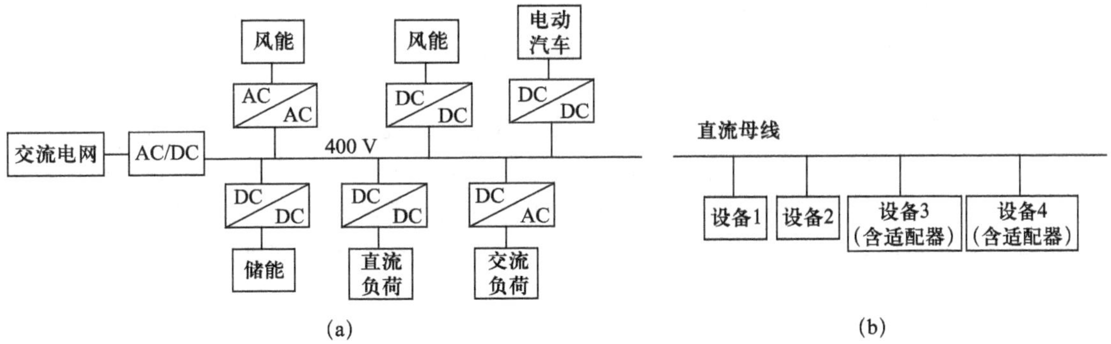

图 8-17　单母线结构

双层式母线结构是指直流微电网中含有 2 个直流母线电压等级，其中较低电压等级是高压直流母线电压经变换器转换而来，其结构如图 8-18 所示，其中 400 V 为高压直流母线电压，48 V 为低压直流母线电压。双层式母线结构可以提高低电压设备供电安全性，减小电源适配器的体积。相比单母线结构适用于用电设备电压等级相对单一的场合，双层式母线结构对于具有多种电压等级用电设备的情况更为合适。

双母线结构是指直流微电网采用双极性的供电方式，相应的直流母线包括正、负两条线，其结构如图 8-19 所示。对于双母线结构，可根据负荷端对供电电压的不同需求灵活供电，即可取单极与大地之间的电压，又可取正负极之间的电压，能够实现较高电压的电力输送。

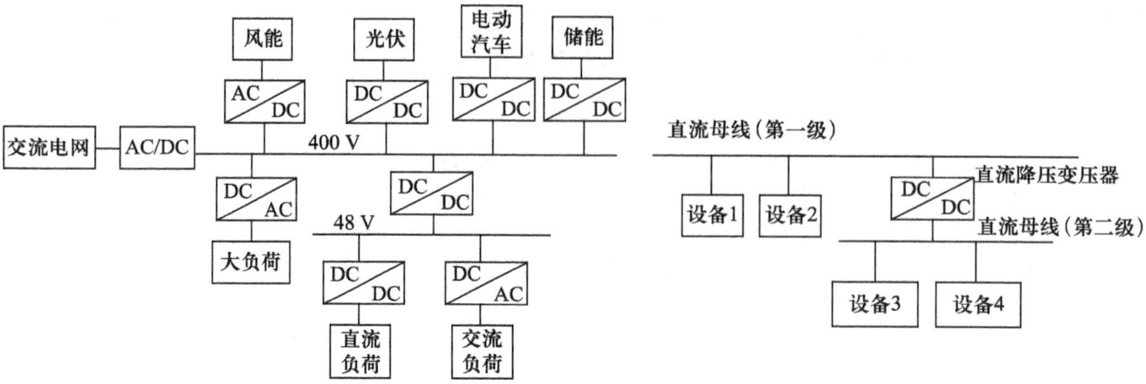

(a)　　　　　　　　(b)

图 8-18　双层式母线结构

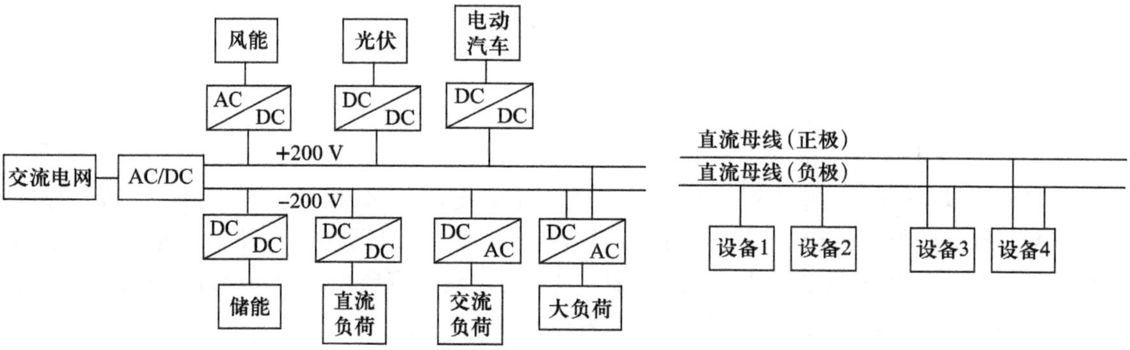

(a)　　　　　　　　(b)

图 8-19　双母线结构

冗余式母线结构是指为保证供电可靠性,采用多条母线结构,通常为两条,其中一条母线带电,另一条母线为备用母线,其结构如图 8-20 所示。对于冗余式的母线结构,其适用于高电能质量要求的配电区域,如商业建筑、飞机、船舶等直流供电系统。同时由于备用母线的存在,当一条母线发生故障或进行检修时,备用母线可保证用电设备的不间断供电。

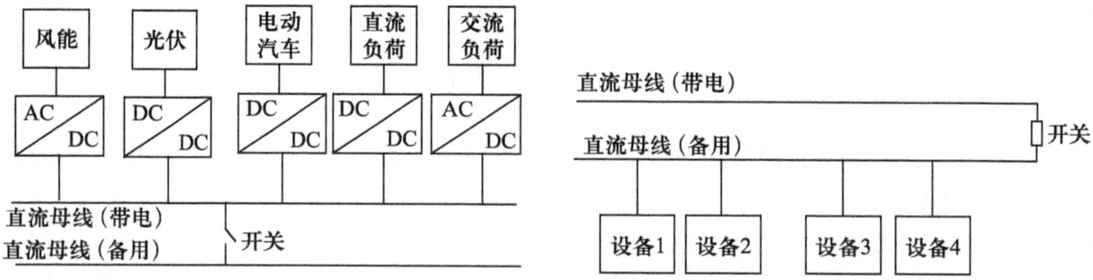

(a)　　　　　　　　(b)

图 8-20　冗余式母线结构

与交流微电网相比,直流微电网的主要优势体现在:分布式电源与直流母线的连接形式更便捷,易于实现分布式电源间的协调控制,线路成本和损耗低,没有无功功率平衡和稳定性问题，电网运行可靠性更高。得益于直流微电网的优势，其更多需要关注的是电压控制与不同分布式电源间的环流抑制问题。

3. 交直流混合微电网

目前，智能电网的建设理念是以一种环境友好的、可持续的方式为数字社会提供可靠的、高质量电能，其最主要的特点是可以方便连接各种不同的交流和直流发电系统、储能系统以及各种不同的交直流负载，已达到最优的运行效率。在该背景下，单纯的交流微电网或直流微电网表现出了一定的局限性。为了降低功率损耗、谐波电流以及控制难度，提高系统的可靠性和经济性，也为了各式各样的可再生能源和储能设备更好地接入微电网，交直流混合微电网应运而生。

相比于简单的交、直流微电网，交直流混合微电网简化了变换环节与变换装置，其由分布式电源、储能装置、能量变换装置、相关负荷和监控、保护装置汇集而成，是一个能够实现自我控制、保护和管理的自治系统，其典型结构形式如图 8-21 所示。

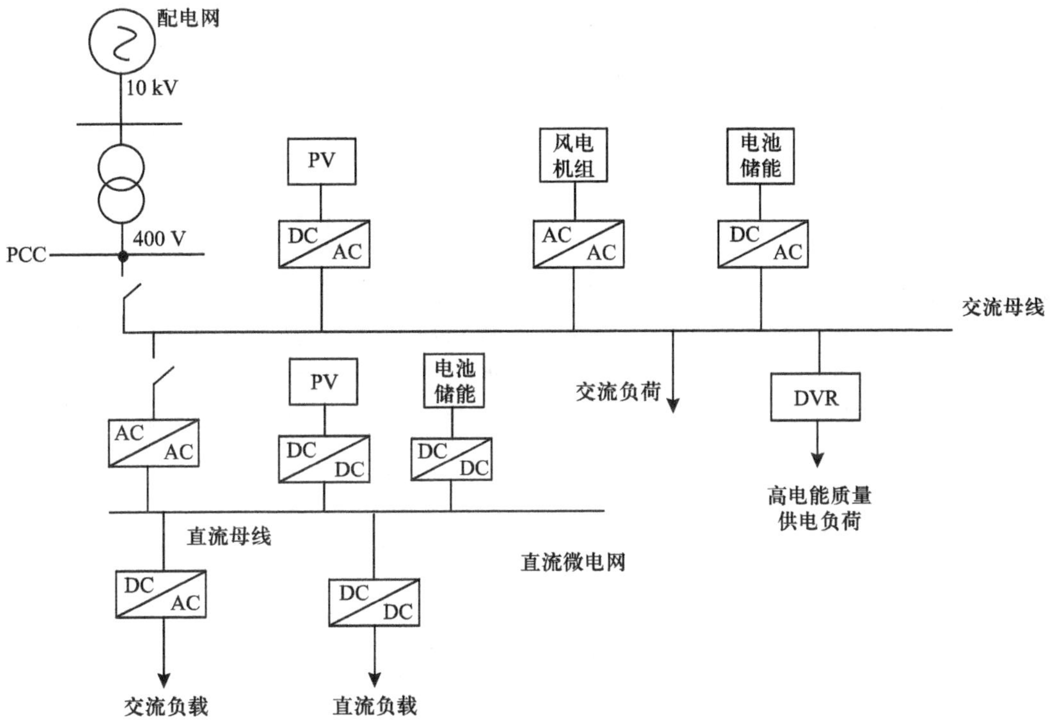

图 8-21　交直流混合微电网典型结构

交直流混合微电网包括交流子微电网和直流子微电网，中间经双向变换器连接，其中根据分布式电源的不同，既包括直流母线，也包括交流母线，既可以直接向交流负荷供电，又可以直接向直流负荷供电。从整体结构分析，交直流混合微电网仍可看作是交流微电网，直流微电网可看作一个独特的电源，通过变流器接入交流母线。

交直流混合微电网能够继承传统微电网的优点，且相比于单一的交流或直流微电网，交直流混合微电网具有如下特点：①直流元件和交流元件分别连接在直流母线和交流母线上，通过双向 AC/DC 变流器实现交、直流之间的相互转换，降低了电力系统建设成本，减轻了系统中谐波电流对电网的不利影响;②既可以直接向交流负载供电,又可以直接向直流负载供电,有效地降低了变流器装置的使用率,缩减了电器体积与电器制造成本;③交直流混合微电网融合了交流微电网和直流微电网的优势,存在并网模式和孤岛模式两种运行模式,各子系统可独立运行也可协调运行,且交流、直流子系统间功率可双向流动;④减少了整流、逆变装置的使用率,提高了交直流微电网系统的灵活性、高效性、可靠性和经济性。

8.2.3 微电网控制

微电网控制性能好才能发挥其优势,才能在不同的运行模式下平滑转换。

为达到上述目的,对微电网的控制性能有如下要求:①微电网的各个分布式电源必须保证每个分布式电源具有很好的控制性能,最基本的要求是要保证稳定供电。②由于微电网具有多个分布式电源,还要保证每个分布式电源之间能够进行协同工作。③由于微电网和大电网之间是通过 PCC 相连的,接口处的控制好坏直接影响着微电网与大电网之间的数据传输。针对微电网的特性,尤其是运行模式多样性和过渡模式的未知性,对以上要求提出了更高的目标。

1. 基于微电源个体的控制策略

一般微电网中的分布式电源,输出的都是直流电。如要接交流负载,通常需要通过接口处的逆变器将直流转换为交流。因此,对分布式电源的控制,可以精确到对逆变器的控制。目前主要有以下 3 种控制方式。

(1)下垂(droop)控制　当微电网系统中含有多个并列运行的电源时,常采用下垂控制。它们的输出功率传送到同一根母线上时,各个电源通过采用合适的控制策略实现对负载任务的分配以及对电压幅值、频率的控制。有功功率的传输由功角决定,无功功率的传输依靠电源的电压大小,而且有功功率 P 和母线电压频率 f、无功功率 Q 和电压幅值近似呈线性关系,所以可以通过对电压幅值的控制来实现对无功功率的控制,通过对角频率或频率来实现对有功功率的控制。下垂控制正是基于这一原理来进行控制,其分布式电源有功功率-频率、无功功率-电压的控制关系曲线如图 8-22 所示。

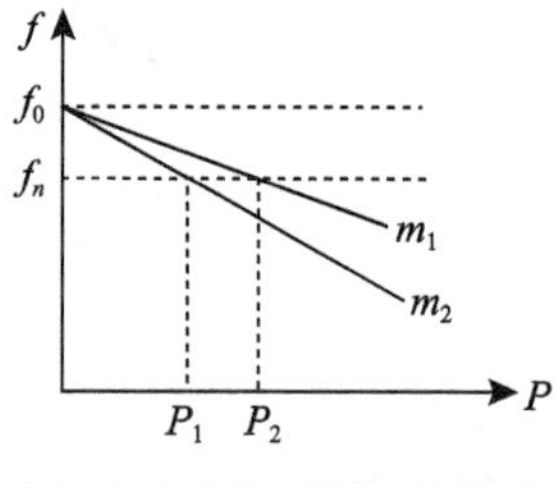

(a) 有功功率-频率下垂特性

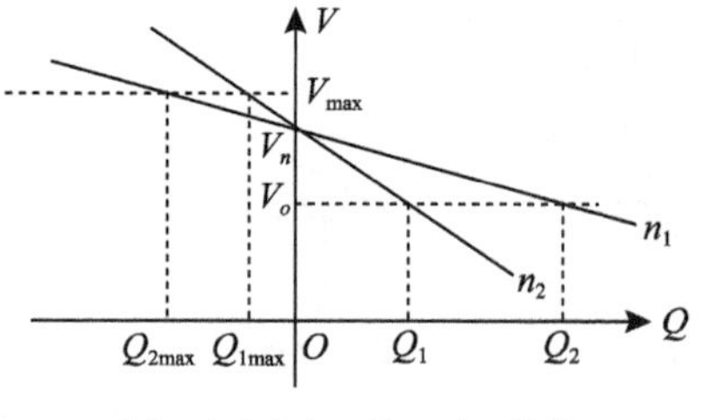

(b) 无功功率-电压下垂特性

图 8-22　两种分布式电源下垂特性示意图

(2)恒压恒频(V/f)控制　因微电网在孤岛运行时没有大电网提供的电压频率支持,要达到微电网稳定运行的目的,要求某个分布式电源必须使用此策略运行,不难看出这种方法用于微电网的孤岛运行。当配网发生事故时,微电网检测出故障并应立即从并网状态转为孤网运行。但是为了继续对微电网中重要负荷进行不间断供电,并且保证具有良好的电能质量,就需要使用恒压恒频控制。但是由于孤岛容量有限,这种情况下仅需要将微电网中的输出特性比较稳定的电源采用恒压恒频控制,用来保证微电网电压和频率的稳定,其他分布式电源采用恒功率控制，提供充足的电能。但如果仍不能满足负荷，这时需要将次要负荷切除。

恒压恒频控制采用电压电流双环控制，可以稳定微电网的电压和频率，减少波动，提高供电的电能质量，其控制原理图如图 8-23 所示。一般对于功率输出可控的微电源，当需要根据负荷的多少来调节微电网功率输出时，可采用恒压恒频控制。

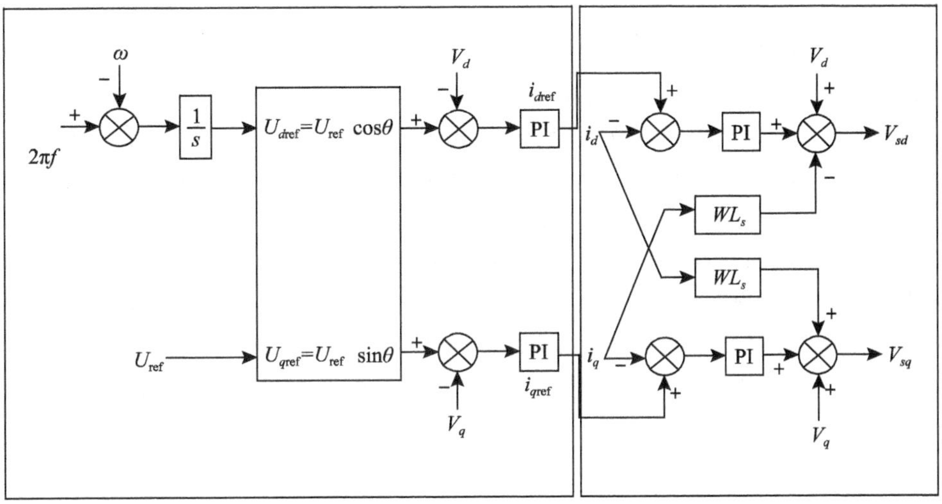

图 8-23　恒压恒频控制原理图

(3)恒功率(PQ)控制　不同类型的分布式电源输出性能差别很大，考虑到光照、温度、风速等气候条件的不稳定，微电网的输出功率存在波动性大的问题。为了实现对能源的高效利用，一般采用恒功率控制，这种方法的最大特点是能够始终输出最大功率，它能够让分布式电源按照负荷特性运行。在采用恒功率控制时，微电网中的电压、频率以及负荷的波动由配电网来承担，各分布式电源只需要按给定的参考值来进行有功和无功的输出，其控制原理如图 8-24 所示。

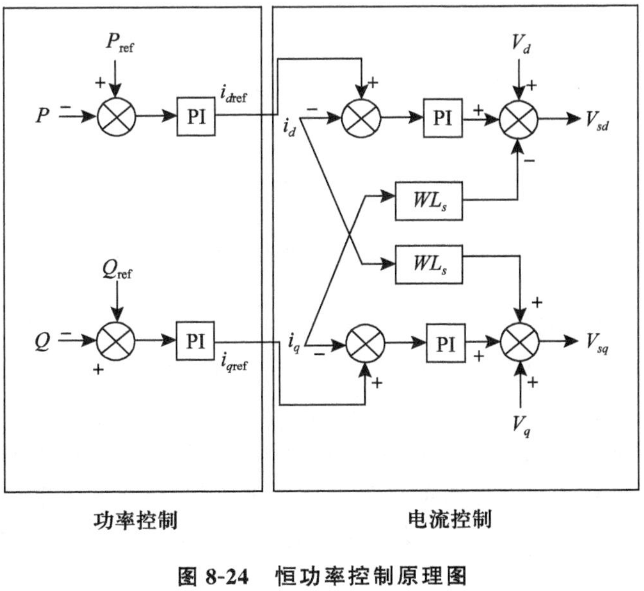

图 8-24　恒功率控制原理图

由控制原理图可以看出恒功率控制采用的是双环控制。其中外环为功率环，保证了输出功率为设定的参考功率，同时由外环产生电流内环的参考信号 i_d 和 i_q，一般外环的动态响应过程比较慢；内环为电流环，负责细微调节来改善逆变器性能，提高电能质量，内环的响应速度相对来说较快。

2. 基于管理层面的控制策略

这里提出的管理层的控制策略指的是给微电网单独设置管理系统，由这个管理系统负责微电网的运行。根据前文提出的对微电网控制性能的 3 方面要求，对这个管理系统也有相应的要求，如控制各分布式电源间的交流，对分布式电源运行方式的转变，控制分布式电源与配电网间的数据传输等。根据现有技术，对微电网的控制主要有主从控制、对等控制和分层控制。

(1)主从(master slave)控制　主从控制的思想是对分布式电源分级控制：把容量大、控制性高又输出稳定的电源设为主电源，主要负责采集检测微电网中的电压、频率等参数，通过通信线控制其他从电源的输出，并且实现微电网与配电网之间的功率传输，实现微电网的功率平衡。其他电源采用从控制方式运行，从电源只需要按照主电源设定的 P 和 Q 进行输出，不用对微电网进行控制，其控制结构如图 8-25 所示。

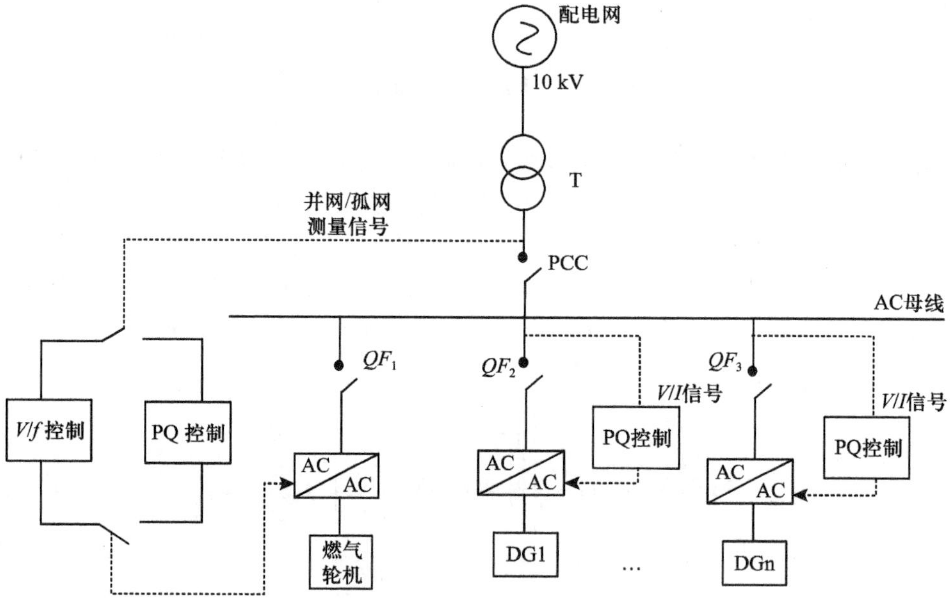

图 8-25　主从控制结构

一般并网运行时，微电网的 V 和 f 由配电网提供支持，主电源可以采用恒压恒频或恒功率控制，在系统故障时，由主电源维持系统正常运行。其他从电源采取恒功率控制方法，由主电源设置其恒功率运行点。孤网运行时，主电源切换到恒压恒频控制，因为它具备足够容量，所以负责保持微电网电压和频率的稳定，其他从电源仍采用恒功率控制来满足负荷的需求。

主从控制不足之处在于对主电源的依赖性比较大，当主电源发生事故时，不能确保微电网的稳定，整个系统将无法运行。而且主从控制对通信的要求也高，只有快速可靠的通信才能满足微电网运行的要求。

(2)对等(peer to peer)控制　对等控制策略是通过有功功率和频率、无功功率和电压之间的关系，利用指定的控制策略实现对 V 和 f 的自动调节。微电网采用对等控制策略时，各个分布式电源的地位是相同的，没有主次关系。它是基于“即插即用”和“对等”观念，各个分布式电源按照制定好的模式对 P 和 Q 进行调节，共同保证微电网各个参数的稳定，彼此间不再需要建立通信。其结构如图 8-26 所示。

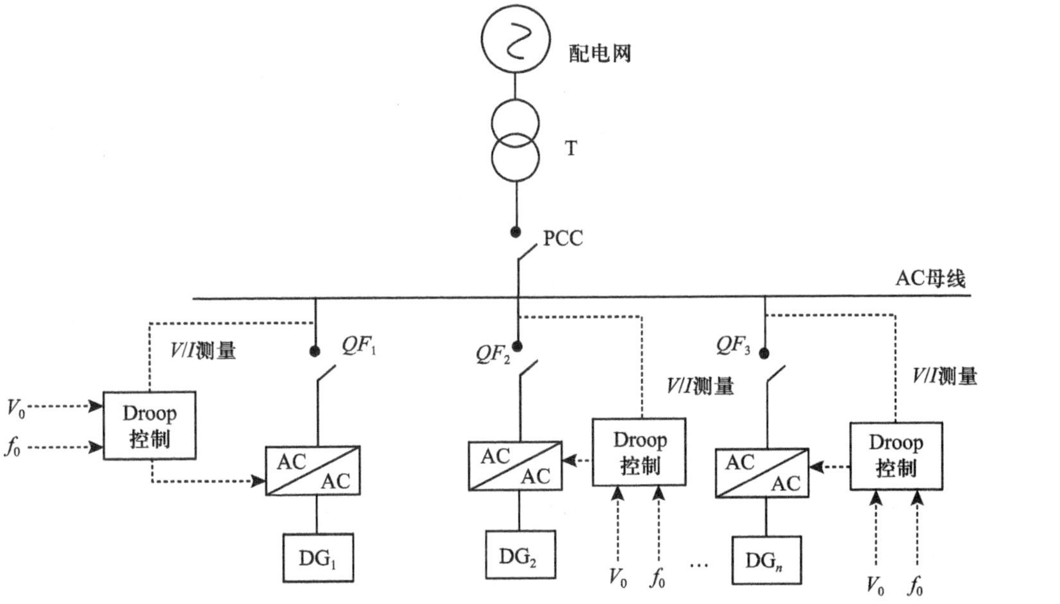

图 8-26　对等控制结构

微电网采用对等控制方法并网运行时，不需要调节电网 V 和 f，各分布式电源采用恒功率控制，也可通过下垂控制设定各电源的有功和无功目标值类似，实现恒功率控制。孤网运行时，各分布式电源采用下垂控制，它们之间由于没有通信，可根据自己的电气量独立参与微电网电量参数的调节。通过设置下垂系数可以实现它们之间的协调配合，下垂系数也决定了各电源承担负荷的比例。下垂控制会导致系统存在一定量偏差，但在允许范围内。

对等控制优点是在个别电源出现短路等事故时，不会对微电网造成大的影响，可靠性较高；缺点是对于大电网来说可控性较差，不能很好地接收控制指令，很难与大电网协调配合。

(3)分层控制　分层控制是在主从控制和对等控制的基础上发展起来的自上而下的控制系统，具备了两者的优点，是给微电网设立中央管理器和多个控制级别，下层控制器服从于上层管理者，其控制结构如图 8-27 所示。典型的分层控制主要由 3 层控制结构构成，其中顶层为微电网中心控制器(MGCC)，负责对整个微电网的协调统一控制，第二级和第三级控制器分别为分布式电源(DG)控制器(MC)和负荷控制器(LC)，它们从属于 MGCC，各层之间建立了快速可靠的通信连接。

当微电网接入配电网运行时，各分布式电源采用恒功率或下垂控制，MGCC 根据大电网和微电网内负荷的需求，决定每个分布式电源的有功和无功的功率值，并且确定各个负荷是否满负荷运行。通过通信将命令发送给 MC 和 LC，MC 按照设定值控制电源的运行点，LC 按照要求进行负荷调节。孤网运行时，有一个或几个分布式电源采用下垂控制来维持电网电压和

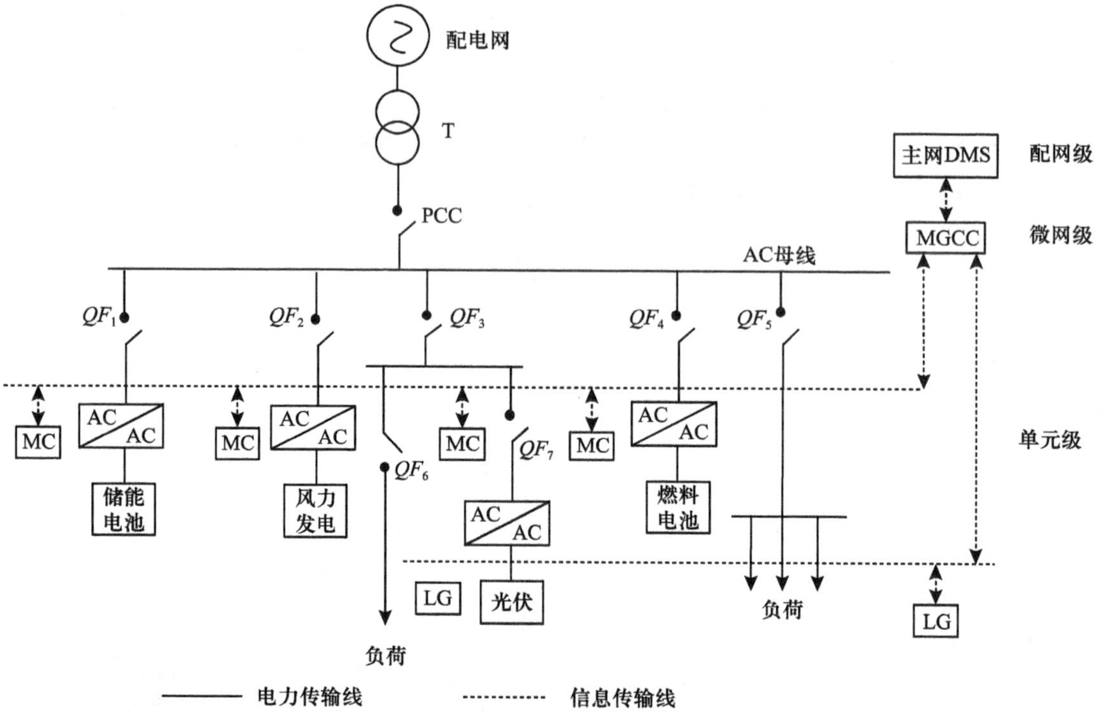

图 8-27　分层控制结构

频率，其他电源仍采用恒功率控制。但是由于下垂控制存在误差，MGCC 可根据偏差大小调整主电源的下垂特性曲线来减少误差。MGCC 也可控制 MC 使其余各电源输出最大功率或使 LC 适当地减负荷来维持微电网的稳定。

8.2.4　微电网保护

微电网含有多种分布式电源，不同类型的分布式电源特性也有所不同，其具有与传统电网不同的运行及故障特征，且微电网运行模式切换时会导致线路的潮流和电压发生变化，这些特点都给继电保护的参数整定和配合带来困难。

因此对微电网的保护应遵循系统性原则。不同运行模式下，微电网保护不仅要保护微电网安全稳定运行，还应尽可能降低微电网联网对公共电网的不利影响。微电网的保护还必须与微电网内的各种控制环节相结合，根据微电网的运行模式、控制策略及故障特性来制定微电网保护策略。

目前，国内有关微电网的保护策略研究主要有 3 类。第一类以通信系统为基础，实现微电网状态参量及故障信息的检测，保护方法通常将本地电气量与微电网远程信息对比作为动作判据。这种方案的通信速度快，系统信息量丰富，微电网主保护与后备保护配置简单，成本低廉。第二类方案主要针对中性点接地的微电网系统进行研究，方案中仅采用序分量的幅值反映微电网中的不对称短路故障。显然该方案应用范围有限，且由于电源阻抗与控制方式存在耦合关系，保护整定难度较大。第三类方案借鉴了传统配电网保护原理，根据微电网故障特征及约束条件对判据做了进一步改进，以满足微电网保护的要求。这类保护方案几乎不受系统运行方式的影响，但由于故障电流幅值大幅度减小，可能会使保护的可靠性和选择性无法满足要求。

1. 微电网保护的基本原理

要完成微电网及配电网系统的保护任务，首先必须“区分”系统的正常、不正常和故障种运行状态。而要区分不同运行状态就必须找出电力元件在这 3 种运行状态下的可测量(主要指电气参量)的差异，提取这些量的差异以构成不同原理的保护方法。目前，传统保护方法所采集的故障量为故障元件的正序电压、电流分量、负序电压、电流以及功率方向等。通过这些差异特征量的提取即可形成新的保护原理和方法。常见的保护方法主要有以下 4 类。

(1)低电压保护　低电压保护是指靠检测系统电压低于额定电压而动作的保护方法，属于欠压保护范畴。正常运行时，微电网公共点电压的波动为(5%～10%)U_N。短路后，母线电压均有不同程度的降低，短路点距离保护装置越近，则电压降低得越多。

(2)阻抗保护　阻抗保护是指利用被保护设备故障时电压降低和电流增大的特征，并采用计算阻抗的方法构成的保护。系统正常时，计算阻抗为额定阻抗，该值较大，功率因数角比较小；相反，当系统故障时，计算阻抗为故障设备阻抗，该值较小，功率因数角很大。

(3)序分量保护　序分量保护是利用系统故障时产生的负序和零序分量而设的保护。由于系统正常运行期间不会产生零序与负序分量，若有幅值较小的负序分量出现，多数是由负荷不对称或重合闸三相触头不同期动作所致，均属于正常现象。而发生不对称短路故障时会出现较大幅值的序分量，利用该分量进行故障判别可以得到较好的保护选择性，同时该方法具有保护动作快、可靠性高等优点。

以上 3 种保护在传统大电网保护中获得了较广泛的应用。而对于低压微电网而言，由于线路电阻较大，分布式电源容量有限，若故障发生在电源的近端，此时故障电压与电流变化明显，能够较容易地确定故障点并快速切除，保护的可靠性与选择性较好；相反，若故障发生在距电源较远处，逆变器电源的输出电流受限，导致故障后电参量变化不明显，可能使保护产生一定盲区。

(4)电流保护　与传统配电网保护方法相比，微电网在运行方式、故障特征和保护需求方面都具有一些自身的特点。而电流保护是各类电器元件故障保护的最重要方式，是根据系统发生故障时电流增大的特性构成的保护方法。研究表明，微电网的电流保护仍然是其主要保护方法，并且适用于微电网的并网和孤岛两种运行模式。在多数情况下，微电网与外部大电网并网运行，当发生故障时，故障电流仍然由大电网提供，该值相对较大，微电网内部保护可按传统电流保护方法进行设计。

当微电网接入分布式电源后，会使配电网某些支路变为双电源供电方式，下面将详细讨论对双侧电源供电线路适用的电流速断保护、限时电流速断保护、过电流保护以及方向电流保护。

①电流速断保护：双侧电源网络电流速断保护原理如图 8-28 所示。左侧电源表示无穷大电网，右侧为分布式电源，k_1、k_2 为模拟故障点，A、B 为母线。QF_1、QF_2 表示两个保护，曲线①、②、③、④分别表示大电网输出的短路电流、分布式电源输出的短路电流、双电源的保护整定电流值以

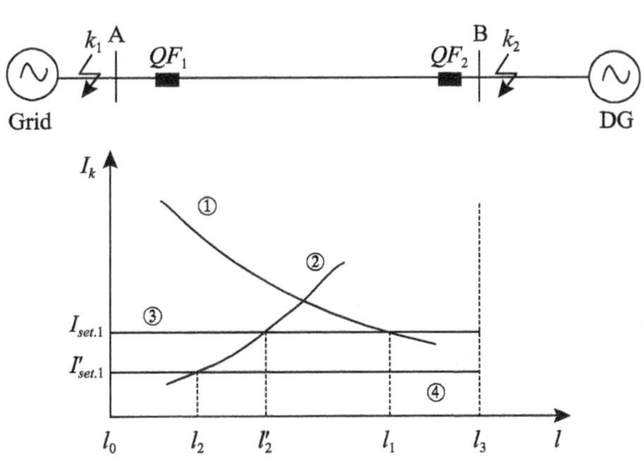

图 8-28　双侧电源网络电流速断保护原理

及修改启动电流整定值。由于两个电源的容量不同，故障电流有较大差别。

当任一侧区外相邻线路出口处短路时，短路电流 I_{k_1}、I_{k_2} 要同时流过两侧的保护，此时如果设置选择性保护元件，两个保护均不应该动作，因此这两个保护的动作整定值应该选法相同，并且按照较大的一个短路电流作为参考进行整定。

例如当：

$$I_{k_{1\max}} > I_{k_{2\max}} \tag{8-9}$$

时，应该取

$$I_{set.1} = I_{set.2} = k_{rel} I_{k_{1\max}} \tag{8-10}$$

式中，$I_{set.1}$、$I_{set.2}$ 为保护 QF_1、QF_2 的启动电流整定值，k_{rel} 为电流速断保护的可靠系数，一般取 1.2～1.3。这样整定的结果，将使分布式电源的保护范围大大缩小。两端的电源容量相差越多，则对分布式电源的保护影响将越大。

为了解决这个问题，需要在分布式电源侧增加电流方向检测，使其只在电流从母线流向被保护的线路时动作，这样保护 QF_2 的启动电流就可以按照躲过 k_2 点的短路电流来整定。

$$I'_{set.1} = I'_{set.2} = k_{rel} I_{k_{2\max}} \tag{8-11}$$

作为电流启动整定值。从图 8-28 中的保护范围可以看出：修订启动电流后，曲线①的保护范围由 l_0～l_1 变化为保护线路全长。曲线②的保护范围由 l_2～l_3 变化为 l'_2～l_3。可见在微电网的保护策略上增加方向元件能够扩大保护范围，对保护的选择性要求较为有利。

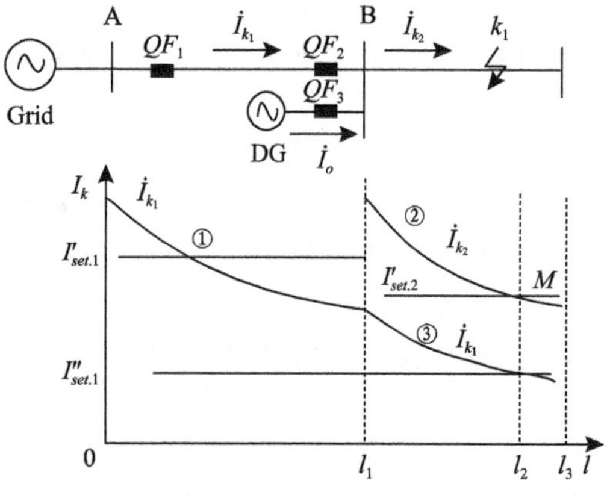

图 8-29 含助增电流分支的短路电流分布曲线

②限时电流速断保护：为了增加保护范围，限时电流速断保护要求能够保护本线路全长，所以故障电流的动作整定值需要与相邻下级电流速断保护相配合。由于微电网内部分布式电源较多，针对短路电流的计算与传统电网差别较大，需要重点考虑各电源的接入对故障电流的变化所发挥的助增作用，它将直接影响保护的动作整定值。含助增电流分支的短路电流分布曲线如图 8-29 所示。

当 k_1 点短路时，故障线路中的短路电流 $\dot{I}_{k_2}$ 由大电网与分布式电源共同提供，电流值为

$$\dot{I}_{k_2} = \dot{I}_{k_1} + \dot{I}_G > \dot{I}_{k_1} \tag{8-12}$$

一般，称 DG 为分支电源，而 QF_2 断路器采用电流速断保护的整定值仍然按躲开相邻下级线路出口的短路电流为依据，表示为 $I'_{set.2}$，保护范围到 M 点结束。与此相对应，断路器 QF_1 的限时电流速断保护整定值应大于图中 k_1 点的短路电流，幅值表示为 $I_{1.M}$。这里断路器 QF_1 的限时电流速断保护应整定为

$$I''_{set.1} = k''_{rel} I_{1.M} \tag{8-13}$$

基于图 8-29 的情形，k_1 点的故障电流由 Grid 和 DG 两电源提供。为区分两者注入的电

流比例关系，引入分支系数 k_b 的概念。

$$k_b = \frac{故障线路流过的短路电流}{前级保护所在线路上流过的短路电流}$$

结合图 8-29 可知，整定配合点 M 处的分支系数为

$$k_b = \frac{I_{2.M}}{I_{1.M}} = \frac{I'_{set.2}}{I_{1.M}} \tag{8-14}$$

将分支系数带入式(8-13)可得

$$I''_{set.1} = \frac{k''_{rel}}{k_b} I'_{set} \tag{8-15}$$

与未接入分布式电源的电流整定公式相比，式中分母多了一个大于 1 的分支系数的影响。

③过电流保护：过电流保护属于三段式电流保护的第三段，也被称为前两段保护的近后备保护。其动作电流的设定是在考虑最大负荷电流的基础上乘以一个可靠系数而获得的。动作时间的设定与保护方式有关。过电流保护一般又可分为定时限与反时限两大类。定时限过电流保护的动作时间为确定值。而反时限过电流保护的动作时间与电流幅值有关，两者成反比。

④方向电流保护

a. 双侧电源系统正方向电流规定：双侧电源电流方向保护的原理如图 8-30 所示。当分布式电源接入时，配电网的潮流方向增加了不确定性，会给保护的动作整定值确定带来一定困难。现以双电源供电系统为例进行分析。实际的供电系统中，引起保护误动作的短路电流方向为线路指向母线，为避免多电源供电系统中三段式电流保护的无选择性动作，需要增设一个电流方向闭锁元件。其主要功能为：若判断故障电流方向由母线指向线路时启动保护。相反，当短路电流方向由线路指向母线时闭锁保护。

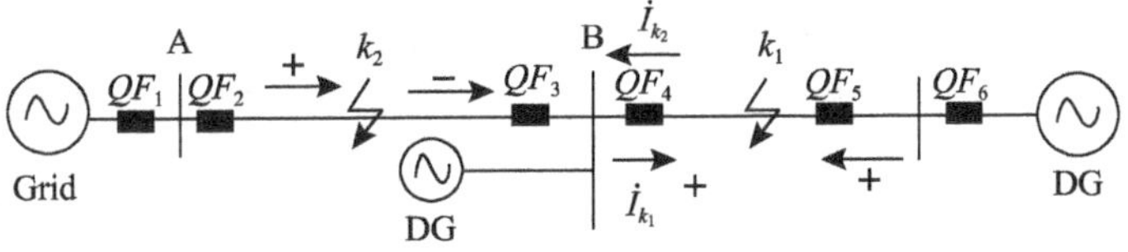

图 8-30　双侧电源电流方向保护的原理

b. 功率方向判别方法：若规定引起保护动作的电流由母线指向线路为正，如图 8-30 中对方向电流保护而言，当正方向 k_1 点三相短路时，流过保护 QF_4 的短路电流为 I_{k_1}，滞后 B 母线上的电压 U 一个相角 φ_{k_1}（φ_{k_1} 为 B 母线到 k_1 故障点处的线路阻抗角），且 $0° < \varphi_{k_1} < 90°$。当反方向 k_2 点故障时，通过保护 QF_4 的短路电流由分布式电源供给，此时流过保护 QF_4 的电流是 $-I_{k_2}$，滞后于 B 母线电压 $\dot{U}$ 的相位角将是 $180° + \varphi_{k_2}$（φ_{k_2} 为 B 母线到故障点 k_2 处的线路阻抗角），且 $180° < 180° + \varphi_{k_2} < 270°$。若以母线 B 的电压 $\dot{U}$ 作为参考相量，并设 $\varphi_{k_1} = \varphi_{k_2} = \varphi_k$，则流过保护安装处的电流在以上两种情况下相位互差 180°。

因此，通过判别短路功率的方向或短路后电流、电压之间的相位关系，就可以判别发生故障的方向。

8.2.5 微电网能量管理系统

微电网内可采用的分布式电源的种类很多，一些基于可再生能源的分布式电源（如光伏发电系统、风力发电系统）的输出功率具有较强的随机波动性，有些微电网还需要满足用户冷/热/电综合负荷的需求，所有这些因素对微电网的运行优化与能量管理提出了更高的要求。为了充分发挥微电网对分布式电源、储能装置以及相关负荷的管理能力，有效提高微电网安全稳定、经济运行水平，微电网能量管理系统（microgrid energy management system，MEMS）成为必不可少的有效手段。与传统电力系统的能量管理系统不同，MEMS 需要充分结合微电网自身的特点，通过对微电网内部数据的实时监控以及外部信息的及时交互，制定合理的经济运行方案。对微电网设备进行有效的管理和控制。MEMS 需综合考虑微电网的各种运行模式、设备运行条件以及外部相关信息，对分布式电源、储能装置和负荷进行协调优化控制和管理。

MEMS 的功能可以分为能量管理、数据采集与监视控制（SCADA）两个功能模块，配套以支持性的软硬件平台。MEMS 通过与微电网、运行人员、配电网能量管理系统进行通信和人机交互实现其基本功能，如图 8-31 所示。

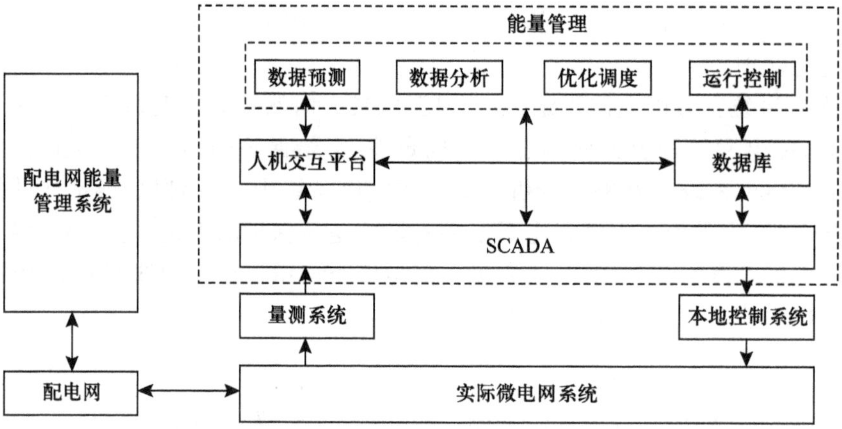

图 8-31 MEMS 功能示意图

1. SCADA

作为 MEMS 与微电网物理系统联系的总接口环节，除为其他模块提供数据源外，还能接受其他模块发出的指令。通过数据交互，SCADA 模块一方面从实际微电网系统的量测系统获取微电网与配电网联络线、母线、负荷、分布式电源及储能系统的运行状态数据，并将其传输给能量管理模块，同时通过人机交互平台显示给外部系统，实现全网信息实时监测，另一方面还能够将能量管理模块发出的决策控制指令以及从人机交互平台输入的相关信息传递给实际微电网，对分布式电源及储能设备传达相应指令。此外，SCADA 还能将采集到的数据及事件上传到数据库中，以供随时查询。

2. 能量管理模块

能量管理模块是 MEMS 的核心模块。能量管理模块需要综合考虑 SCADA 提供的实时监控数据、人机交互平台提供的政策及市场信息、数据库提供的历史记录数据，对微电网实时运行状态进行决策和调整，同时将相关决策和控制信息传递给 SCADA 模块以及数据库进行存储，并通过人机交互平台向外部系统输出。根据能量管理模块的主体功能，可以将其划分为以下 4 个子模块。

（1）数据预测子模块　既包括对风电、光伏等分布式电源的出力预测，也包括负荷预测，在对历史数据进行分析的基础上建立合理的预测模型，并结合未来气象预测信息以及用户侧需求信息进行预测，为能量管理优化调度提供输入数据。常用的预测方法包括基于数值天气预报模型的预测方法和基于历史数据的预测方法。

（2）数据分析子模块　根据 SCADA 提供的实时测量数据，结合预测数据对调度方案进行修正，使其满足微电网安全稳定运行的要求。

（3）优化调度子模块　根据数据预测结果，结合微电网外部政策及市场信息、微电网系统和设备运行约束、微电网配电网联络线功率约束等，同时根据经济效益、环境效益等实际需求，制定合理的优化调度策略。

（4）运行控制子模块　该模块从稳定运行的角度对设备的运行模式和功率进行实时监控和调节，以维持系统的电压、频率稳定。与优化调度子模块相比，运行控制子模块的时间尺度小，对实时性的要求更高，需结合在线状态估计和超短期数据预测技术来实现。

对 MEMS 的功能，还可以从时间尺度进行划分，分别包括数天级、小时级能量管理功能和秒级、毫秒级控制功能，如图 8-32 所示。其中，优化调度的时间尺度多是针对一天做出日前调度计划，数据分析则是每个小时根据预测数据针对调度计划做出相应的调整，数据预测是日前优化调度和小时级数据分析的基础，运行控制则是根据系统的实时运行情况做出秒级甚至毫秒级的控制。图 8-32 中新能源发电是指风力发电、光伏发电等间歇式不稳定电源。作为 MEMS 的核心，优化调度子模块的任务是制定微电网的运行优化调度策略，需要根据系统运行目标、满足系统安全运行的约束条件，构造微电网运行优化问题，通过对优化问题的求解获得系统的优化运行调度策略。

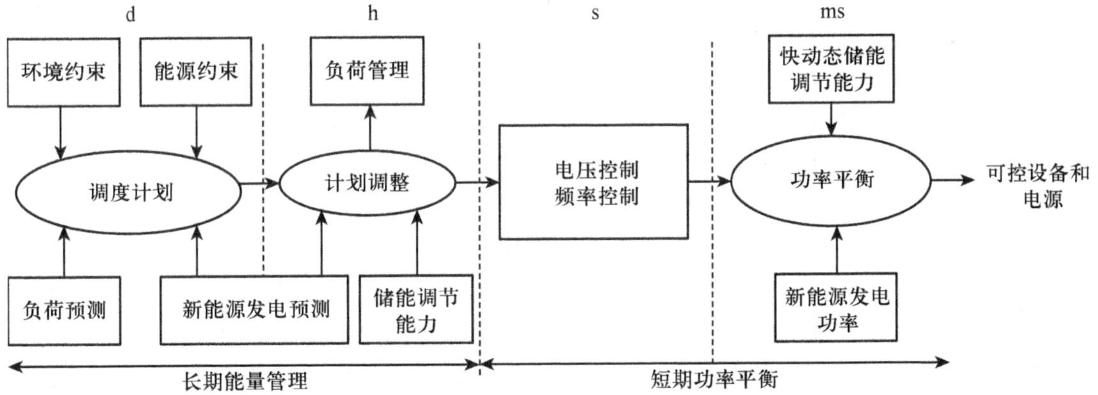

图 8-32　按时间尺度划分的 MEMS 功能

通常情况下，优化调度主要通过以下 3 个步骤实现。

（1）数据预测　数据预测是优化调度的前提和基础。考虑到系统中风力发电、光伏发电以及负荷的不确定性，在制定优化调度策略前需要对相应的数据进行合理的预测。预测过程通常可以概括为历史数据分析、预测建模和确定预测结果 3 个环节。

①历史数据分析：预测时首先要重视原始数据的收集与分析，特别是剔除其中的“异常数

据”或“伪数据”。这些数据可能是历史上的突发事件或某些特殊原因而产生的。“异常数据”或“伪数据”的存在会影响预测系统的预测精度，必须采取措施排除其带来的不良影响。

②预测建模：即从样本集中寻找某一数值的计算规律，它包含特征提取和建模两个步骤。特征提取是指从已知数据中选取有代表性的数据，用于组成特征向量，并假设特征向量包含的信息足够对目标输出进行预测。此时需要考虑的问题主要有如何构建特征向量、特征向量需要包含哪些信息、对这些信息进行何种预处理（如归一化、差分）等。同时，预测模型是多种多样的，不同的模型可能适用于不同的数据。正确选择预测模型是进行预测时关键性的一步，模型选择不当，可能会造成预测误差过大。经常采用的模型有线性回归模型、时间序列模型、灰色系统模型、神经网络模型等。

③确定预测结果：通过选择适当的预测技术，建立用来进行预测的数学模型，得到预测值。通过综合分析、对比、判断推理和评价，对初步预测结果进行调整和修正，分析预测误差和预测结果的准确性，最终获得预测结果。

（2）目标函数与约束条件　优化调度模型的目标函数可以有多种表述形式，既可以采用经济成本最小化、环境效益最大化、能源消耗最小化等单一的目标函数，也可以是某两个或多个目标函数的组合。当建立微电网的多目标优化调度模型时，考虑到不同目标之间可能存在冲突，应充分结合系统当前条件进行折中，实现微电网综合效益的最大化。通常，经济成本最小化是主要的运行目标，它包括燃料消耗成本、设备折旧成本（指发电机、风电机组、光伏和储能等设备的安装成本折算到每小时运行或单位输出功率的成本）、设备运行维护成本等，对于联网型微电网还要包括从电网购电的成本以及向电网售电的收益。

约束条件主要包括两类，即设备运行约束和系统运行约束。设备运行约束主要是指设备自身的约束条件，如一些设备的功率上、下限约束、运行时间约束、容量约束等；系统运行约束主要包括系统中的功率平衡约束、电网购电量约束、蓄电池充/放电始末 SOC 约束等。

（3）优化调度策略　对微电网进行优化调度需要制定合理的调度策略。优化策略通过对前述优化问题的求解获得相关的策略，又可分为静态优化策略和动态优化策略。静态优化策略是根据当前时刻或时段的负荷需求，各分布式电源的发电成本及额定功率，按照相应的目标函数最优的原则依次确定设备的运行组合及输出功率。这种策略不考虑各时段之间的相互关联，独立地对各时段进行优化。动态优化策略是根据未来多个时间段的预测数据，对调度周期内目标函数进行优化。由于动态优化策略考虑了多时段设备运行之间的协调配合，一般而言能获得比静态优化策略更理想的优化效果，但前提是能够更加准确地掌握微电网的运行数据与运行条件。在实际系统中这一点有时并不容易做到。对于实际微电网，采用什么样的调度策略制定方法需要结合系统的实际运行情况决定。此外在制定调度策略时还要综合考虑微电网内设备类型和运行目标的多样性，风、光等可再生能源发电和负荷需求等的随机性因素对优化结果产生的影响。

值得特别指出的是，在实际微电网中，采用启发式方法制定其运行调度策略也是常用的选择。对于简单的微电网，通过对系统各种运行工况进行全面细致的分析，可以确定出在各种工况下的设备启停逻辑，根据这些逻辑即可以决定微电网中可调度设备的运行策略。通过事先拟定好运行逻辑策略，可以有效地实施微电网的运行调度。对于这种通过启发式方法制定的调度策略，尽管没有直接建立调度问题的优化模型并加以求解，但在制定调度策略时，需要充分考虑各种运行工况下系统和设备的运行约束条件，以及系统运行时需要追求的运行目标，启发式寻找调度策略的过程也是求解优化问题的过程。这种策略制定方法对于独立型微电网(如海岛供电系统)应用非常普遍。

MEMS通常包括集中式和分布式两种结构类型,目前应用较为广泛的是集中式MEMS。在典型的集中式MEMS中,通常设置一个微电网中央控制器(MGCC),用于实现MEMS的能量管理功能,由其统一对系统内所有设备进行优化和控制。MGCC根据SCADA模块采集的系统运行信息,结合负荷与可再生能源的预测数据,以及外部提供的政策和市场信息,通过合理的优化调度,确定可控负荷的投切状态、各设备的起停状态、分布式电源以及储能系统的功率输出,并将指令下达给对具体设备进行控制的各本地控制器。集中式微电网能量管理系统需要对整个系统的运行状态和实时信息进行监控,同时还要对所有设备下发实时控制信号,因此在MGCC和本地控制器之间需要一个可靠、高速的通信网络。由于集中式MEMS能及时有效地掌握微电网的全局信息,有利于对系统中发生的扰动和故障及时做出响应并对微电网的发电调度与设备控制进行统筹规划。但集中式MEMS也有灵活性差的问题,难以满足未来微电网对"即插即用"功能的要求,且当微电网中的任何一点的通信或设备运行出现故障时都会影响其整体功能,甚至危害整个微电网的稳定运行。

与集中式MEMS不同,分布式MEMS通过本地控制器对各设备进行独立决策和管理。每个本地控制器通过与相邻本地控制器进行信息交互,能够独自制定运行计划并对相应的设备进行控制。此类结构中弱化了MGCC的功能,只利用其与外部进行信息交互并处理特殊情况,当微电网发生通信或设备故障时其余部分仍可正常运行。由于这种结构不需要同时对大量数据进行处理,减少了MGCC的计算时间和通信负担。尽管分布式能量管理系统的灵活性适合实现微电网的"即插即用"功能,但由于分布式MEMS在系统设计方面的挑战性,集中式MEMS仍是当前的主流。

8.2.6　微电网发展趋势

在我国政府的大力支持下,微电网技术研究已经取得一定的经验和进展,但目前微电网建设仍处于探索示范阶段,其科研水平、标准制定和市场化规模等方面仍有待大力发展。

(1)标准和规定　微电网标准还存在很多分歧,尚无健全的微电网并网、建设运行、规划设计和设备制造等标准,随着微电网工程数量的激增,对微电网标准的需求迫在眉睫,因此需要加快微电网标准化和体系化建设。

(2)规划与优化　随着微电网服务多样性的提升,微电网规划与优化研究所涉及的范围不仅包括电气范畴,还包括冷热气网络,因此微电网以及含微电网的配电网的规划、微电网规划评价指标及体系,还需更加深化。

(3)精确化模型　模型对微电网控制、稳定性及配电网规划都有重要意义。以往的模型结构简单,存在大量的假设条件和理想状态,模型精度有限,需要更加精确的、适合不同结构层面和时间尺度的建模方法和模型来模拟实际系统,因此精确化模型的研究还需要投入大量的关注。

(4)控制技术和能量管理　微电网的控制技术研究还不多,控制方法比较传统,针对微电网级的控制方式更是数量少、不够灵活。因此随着系统非线性因素的提高,非线性、智能控制方法的应用会越来越多,微电网级控制方法也将会更加的灵活多样。控制技术与能量管理关系密切,随着控制的不断发展,能量管理技术需要不断完善,为满足微电网"即插即用"功能,并且要适应新设备的接入和系统扩展的需求，通用性和鲁棒性需要进一步提高。

(5)保护方法　传统大电网多是旋转组件，而微电网多为新能源及电力电子器件，运行模式多变，加之保护方式的选择与微电网内 DG 数量、所采取的控制方式密切相关，并且 DG 与负荷接入的随机性也给保护带来前所未有的挑战，因此传统的保护措施无法满足微电网对内及对外供电可靠性的需求，需要针对微电网具体情况开发灵活性、适应性强的保护方法。

(6)规模和市场化　未来微电网数量、微电网中 DG 的种类、微电网所能提供的服务类型、规模都将激增，并且向商业化、市场化运营方式不断迈进。同时微电网成本的下降也将进一步促使微电网的数量和规模的继续扩大。

微电网作为坚强智能电网的重要组成部分，是提高可再生能源渗透率和系统运行效率的解决方案，是节能减排、提高供电可靠性的有效途径，也是大电网的强有力补充，因此发展微电网适应我国国情和特高压电网建设，对降低系统脆弱性、提高电网生存性和抗灾性具有战略意义。随着新政策的不断出台、建设成本的不断下降以及各种标准的完善，未来微电网建设将出现爆发式的增长，中国微电网发展前景一片光明。

8.3 农村分布式发电与微电网案例分析

8.3.1 光伏大棚

1. 光伏大棚概述

光伏农业大棚的发展不但能有效地利用太阳能生产清洁绿色的电能，为解决光伏发电系统大规模发展带来的土地利用难题提供途径，还能实现高效种植和养殖，保护生态环境，同时为农业种植和畜牧业养殖提供调节冷暖的能源，为农业发展提供现代科技和新能源助力，是光伏发电发展的模式创新。现代农业发展也需要科技和新能源作为助推力，因此光伏发电技术的应用对现代农业的支撑和对我国的农业转型具有重要意义。

目前，我国太阳能应用于农业主要有太阳能杀虫灯、新型太阳能生态农业温度可调节大棚、太阳能光伏养殖场、太阳能污水净化系统、农用太阳能小产品等。我国的农业科技化水平与装备水平还不高，农业生产的收成很容易受到天气等自然环境的影响，自然灾害会对农业生产造成极大的危害，导致农业经济水平下降。以往的补救措施是提高农业栽培面积来提高农业产品产量，提高农民收入，降低损失，但是这样一来将导致总体农业生产效益低下。要想改变这一情况就必须提高单位土地资源利用效率，减少土地资源浪费，注重生态环境保护。因此，发展光伏农业是非常必要的，不但可以推动绿色能源农业生产，还可以实现科技高效的循环生态农业。综上所述，光伏发电与农业相结合的光伏农业大棚发电系统是既有利于可再生能源发展，又促进现代农业新发展的双赢模式，还可以作为精准扶贫的一个有效途径，对我国新能源和可再生能源发展以及社会主义新农村建设具有重要意义。

光伏农业大棚是在农业大棚的棚顶安装光伏装置，在大棚内种植农作物的一种综合设施。它是在原有耕地面积的基础上合理安装光伏装置，在一定的空间内高效利用资源，在实现农业丰收、获得额外发电经济效益的同时，还能实现节能减排。

常见的光伏大棚种类：阳光房式光伏农业大棚、塑料大棚外加装太阳能组件式光伏大棚、简易式光伏大棚、连栋式光伏大棚和光伏养殖大棚。其中常见的光伏大棚物理模型如图 8-33 所示。

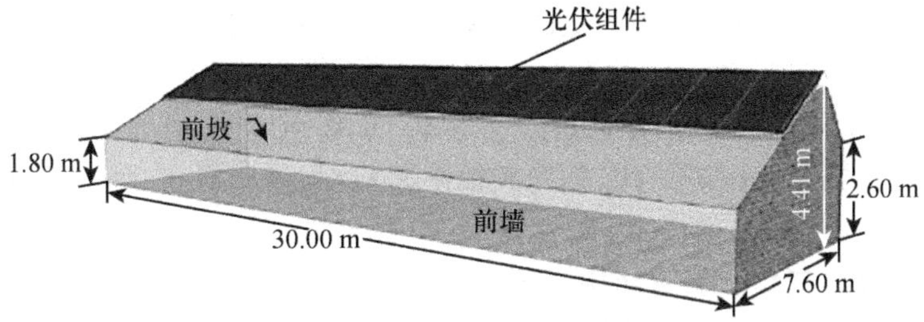

图 8-33　光伏大棚物理模型

2. 光伏大棚的发展

相比发达国家，我国对于光伏的应用起步较晚。与此同时，我国的农业大棚数量及面积高居世界第一，除了简易的小拱棚外，塑料及日光温室大棚面积超过 250 万 hm^2，为光伏农业大棚的发展普及奠定了基础。

我国《太阳能光伏产业"十二五"发展规划》将太阳能光伏生态大棚电站的模式划为光伏建筑一体化示范项目，享受国家财政补贴。2017 年，诸多公司开始推出光伏大棚的产品，并称 6～8 年可以回收成本，随着光伏电池价格逐渐下降，这个时间会逐渐缩减。光伏大棚覆盖光伏组件，在满足作物温度和光照条件的同时产生清洁电能，实现农业生产与光伏发电同步进行，光伏为传统农业注入了新的生命力。

学者通过在宁夏建设光伏大棚，并与普通大棚内环境进行比较，综合分析得出，光伏大棚环境总体优于普通大棚。光伏阳棚与普通大棚类似，光伏日光温室、光伏阳棚、普通大棚均适宜果菜越冬生产，光伏双膜双网大棚冬季温度低于 0 ℃，不适宜食用菌栽培，光伏阴棚温室环境仍适宜食用菌栽培。

虽然光伏发电技术在我国日趋成熟，但是光伏大棚技术并没有十分完善，大部分只是实验性光伏大棚。

在光伏发电技术与农业结合方面，国外的研究早于我国，目前国外的光伏大棚主要集中在日本和欧美国家。荷兰是世界上的光伏强国之一，拥有欧洲大陆最大、生产效率最高的光伏农业大棚，可实现自动化控制和管理。而且，荷兰拥有独立自主的光伏大棚产业公司，具有成熟的建筑技术和电子设备，已经形成完善的光伏大棚产业。日本是亚洲光伏大棚发展程度最高的国家。自 2011 年福岛核泄漏事件后，日本在福岛建立太阳能农业园，其中就包括光伏大棚，不仅可以促进农业生产，还可以为居民供电，出售给当地的电力公司。

3. 温室农业生产与光伏发电平衡

传统农业是在自给自足的自然经济社会中，依靠人力、畜力、简单工具、传统经验发展的农业，使用的耕作方法和农业管理技术比较落后。传统农业生产模式具有低污染、低能耗等特征，在中国相当大的一部分地区仍然发挥着重要作用。随着科学技术和经济社会的进步，新型设施农业逐渐走进人们的生活。新型农业包括无土栽培、特色包装农业、观光旅游农业、都市农业等，其中最主要的就是温室设施，因为它不受时间与空间等特殊环境的限制。

中国地理面积辐射广，气候条件参差不齐，北方冬天寒冷，大部分地区是温带大陆性气候，其余地区是高原气候。温室大棚不受地理、气候的影响，是最有生产力和最有经济效益的农业产区，逐渐走进人们的生活，可最大限度地利用水、光等资源，能提高作物生存环境温度，改善生存条件,为当地居民提供高质量和产量的反季节蔬菜,提高老百姓的生活品质,使农业向工业和半工业方向发展。

温室(greenhouse),又称暖房,是通过人为透光、保温、加温来种养作物的设施。采光覆盖材料是温室大棚全部或部分围护结构,根据大棚采光材料、屋架材料、加温条件、外形等可将温室的种类分为多种类型,如玻璃温室、塑料温室;单栋温室、连栋温室;单屋面温室、双屋面温室;加温温室、不加温温室等。温室结构必须便于通风降温以防作物因湿气生病和气体中毒。如图 8-34 所示为光伏大棚棚内设备用电。

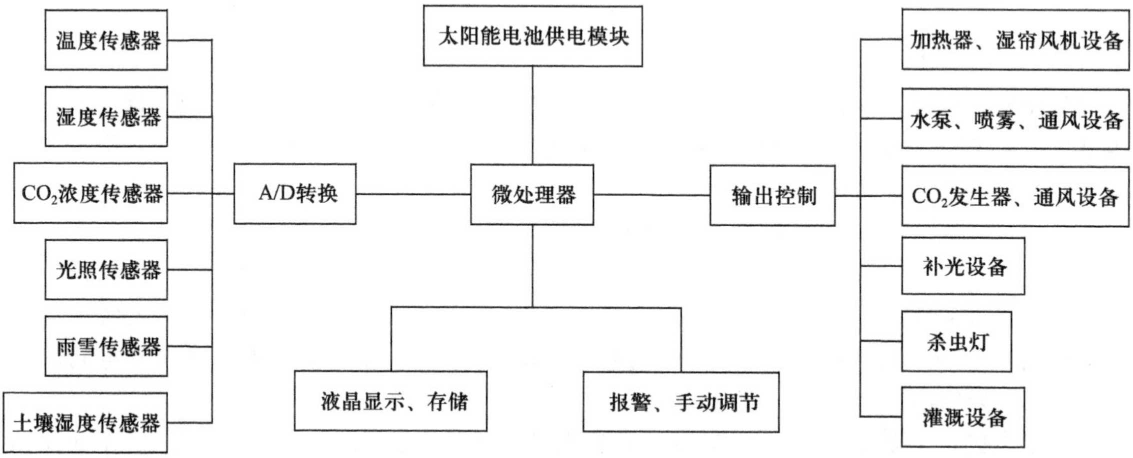

图 8-34 光伏大棚棚内设备用电

温室大棚的透光率、保温比、耐久性等,是大棚工作性能的主要技术数据,也是衡量大棚好坏的一些性能参数,如若满足便可以投产使用。①透光率是指温室内透进的光照量与室外自然光照量之比,它是一项最基本的指标,用来评价温室透光性能,直接影响棚内作物品种的选择,它受大棚覆盖材料和温室支架阴影率的影响。②保温比是指较小热阻大棚覆盖材料的面积与较大热阻大棚支架结构面积和地面面积之和的比值,它是一项重要指标,来衡量温室保温性能,该值越大,说明大棚的保温性能越好。③耐久性是指温室使用年限。它受覆盖材料耐老化性能和透光率、主体支架结构的承载能力、零件表面防腐等因素的影响。一般来说钢支架大棚使用年限大于 15 年,风、雪负荷设计要求为 25 年最大负荷。竹木支架温室使用年限是 5~10 年,风、雪负荷设计要求为 15 年内最大负荷。我国国内温室大棚行业还不规范,温室企业类型、温室项目质量参差不齐,再加上中国人口基数较大,农业需求量较大,所以当务之急是制定不同地区的温室大棚标准以便达到规范生产。

4. 光伏大棚的应用优势

随着光伏发电技术在农业生产中的快速应用与发展,使用光伏大棚可以显著提高农作物种植效率及作物产量,后续还将应用于现代观光农业、特色作物种植等方面,丰富了农业生产类型,尤其是在气候相对温暖、降雨丰富、光照充足,夏季气温够高、降水够多,冬季光照少、气候干燥等地区得到了广泛的应用,经济效益的提升及国家政策补贴的支持,提高了农户积极性,促进了农业大棚光伏发电的发展。

光伏农业大棚与传统大棚相比,传统的太阳能发电设备会占用一定的土地资源,目前世界土地资源较为紧张，因此，光伏农业大棚的出现与应用既可以满足太阳能供电的需求，又能有效节省土地资源，而且在对光伏农业大棚进行建造过程中，用户完全可以依靠发光二极管(LED)技术来进行光照调节，以此提供农业大棚内部农作物所需的光，可以节省资源、保护环境、减少经济投入并且最大限度减少电量的浪费(表 8-4)。

表 8-4　普通大棚和光伏大棚的优劣势对比

类别	普通大棚	光伏大棚
种植周期	普通蔬菜一年 2 次	普通蔬菜一年 3～4 次
温度控制	夏天棚内温度较高	配合相关设备维持理想温度
日照条件	正常	过滤有害光线，吸收有利光线促进植物生长
节能环保	塑料膜棚顶废弃	无污染零排放
使用寿命	塑料膜每年更换一次	可使用 15 年
经济效益	大棚种植的正常收益	实现生态农业和观光旅游一体化
并网售电	无	并网售电同时享受国家和地方补贴

夏季普通大棚内温度达到 50 ℃以上，大部分农作物无法生长。光伏农业大棚根据实验结果，白天棚内温度低于棚外温度，夜间棚内温度高于棚外温度，夏季由于太阳能电池板可阻止多余热量，抑制大棚内温度过高；冬季或夜间，太阳能电池板则可避免温度降低，调整大棚内温度，达到保温效果，从而促进农作物生长。

光伏大棚的建设可以促进观光农业的发展，依据国家政策的支持，全国各地均开启了现代生态农业的发展模式，这种模式的优势在于光伏发电的项目采用全框架高标准的支架系统，造型美丽，符合观光农业的特点，如与农业生产、生态环境和田园景观等因素结合，可实现现代农业生态旅游，增加农户收入。光伏大棚的建设可以促进农业规模化建设，光伏大棚的建设核心就是科技要素的投入，通过农业科技化、农业产业化实现现代农业的规模化，从而达到规模化经济效益。光伏大棚的建设可以促进区域农业的增收，成为农民增收的主要项目。国家的补贴政策中，“金太阳工程”项目规定光伏农业大棚的建设中，按其发电量进行补贴。光伏大棚的建设可以带动区域产业的发展。国内数据表明，我国光伏太阳能电池加工企业中 70%的产值依靠出口。现阶段，随着我国设施农业迅速发展，光伏农业建设成为一个巨大的销售市场。例如，我国著名能源企业华盛绿能、东方日升等在投入光伏农业产业中，根据其市场投资及效益分析得出建设光伏农业大棚可在投入后 6～8 年收回成本。光伏大棚的建设可以带动农民再就业。各地光伏大棚项目的建设，一定程度上增加了就业机会，地方建设光伏大棚项目，除技术人员外，劳动力均来自当地农民，为当地就业市场提供了机会。

5. 我国光伏大棚发展存在的问题

相比于传统的农业大棚，光伏大棚具有很大优势，但是也存在诸多问题，如成本较高、技术不成熟、相关政策还不完善等，阻碍了光伏大棚的推广和应用。

(1)成本较高　建设光伏大棚前期的成本投入较高，光伏发电系统价格较高，国家对光伏大棚的补贴较低，大多数农民无法承担大棚建设前期高昂的成本，并且在光伏大棚运营期间，也需要一定的运维成本。因此，各方面成本的原因，直接影响了光伏大棚的推广和应用。对此，需要政府出台相关补贴政策，加大补贴力度，支持农户投入光伏大棚建设。

(2)技术体系不完善　虽然光伏发电技术已经较为成熟，但是在太阳能板透光率、太阳能电池板的功率与大棚内部光照覆盖率之间的平衡、大棚的朝向设计和太阳能板的排列设计方面，还有诸多技术尚未成熟。例如晶体硅电池板、非晶体硅电池板透光率极差，严重影响了作物光合作用。想要增加光伏发电的功率，就得增大太阳能板的面积，这便会减小大棚内部的光照覆盖率。对此，还需要学者对相关技术进一步深入研究，形成一套完善的技术体系。

(3)产业发展政策不完善　到目前为止，光伏大棚在我国仍属于新型产业，光伏与农业相结合的技术还处在研究阶段，光伏大棚还没有得到大幅度的推广和应用。而且，政府只是单一地对光伏产业或者农业生产进行补贴，并没有对光伏与农业融合的项目进行相关政策补贴。对此，应从实际出发，在不影响农业生产的前提下，出台相关政策，补贴农户，支持农业与光伏相融合的光伏大棚的建设，这样才能更好地推广光伏农业大棚，实现农业健康、可持续的发展。

(4)运营管理制度不完善　松散的管理出现了农业管理层级较多的现象。许多农业承包人自身并不参与种植，将农业生产计划制订后，交由当地农业人员管理，农业人员再组织一些农民进行种植，整体较为松散，未形成一个紧密的高效体系，组织程度较低，光伏农业园区的管理指令难以传达，缺乏统一性、一致性。当地农业人员一方面受承包人管理，另一方面受园区农业管理部统筹管理，也出现了管理重叠的现象。农业管理松散、缺乏管理体系也造成了园区内承包人流动性大、空置大棚多等不良现象。对此应该在组织架构上提升整体性，让农业管理企业化、组织化、技术化的经营方向发展。组织化是以更紧密的组织形式从事农业生产活动，在一定原则指导下进行的组织创新，有着共同的目标，共同的行为准则，由传统的松散的家庭承包农业模式向现代化的经营方向发展。既能增加成员收益降低风险，又能建立更高效的管理体系，提升“光伏＋农业”公司的整体收益。

光伏农业园区的管理定位首先应该是具备光伏和农业的协同性统筹管理，光伏和农业产业融合的组织形式并不是照搬单一化生产的旧做法，而是要进行管理创新和协同运营。根据光伏发电冬季发电量较低、限电风险高等特点，进行合理的农业种植协同规划。同时，冬季也是设施农业种植取得收益的关键时期，更应该加强农业的协同管理，在光伏电力农业取暖方面应该做出更好的规划。另外，光伏运营的日常维护工作也存在着较大的工作量，光伏电池板清洁的工作量较大。光伏板的清洁程度关系到发电量高低，其日常的清理和打扫工作完全可以交由园区内的农民进行处理，使光伏技术人员可以腾出时间处理技术难度较高的工作任务。对于光伏发电企业来说，其主要目标是生产更多的电能，其收益和生产的电能紧密相关。对农民来说，其主要目标是降低成本提高产量，其收益和产量相关。冬季大棚取暖、夏季光伏水泵、杀虫灯等设备都需要电力驱动。实际用电价格并没有因为参与了光伏发电而得到优惠，依然是常规价格。因此农民转而使用煤炭取暖、普通灌溉等成本低效果差的方法，这使得冬季大棚取暖效果下降，影响农产品的产量和质量。这些问题都更需要在管理中做出更适应产业融合的协同调整。

目前光伏和农业产业融合的状况是相对简单地将两者的设备安装在一起，这就导致光伏和农业之间配合不到位，容易出现摩擦。一方面，光伏电池板的受光角度被迫做出调整，使其降低了一部分光伏发电量；另一方面，在农民农业作业和生产的过程中，会出现把光伏线路损坏的现象，在挖渠的时候，也会出现不慎将电缆挖断的现象。这种摩擦影响了光伏发电量，也增加了部件的损耗花费。由于光伏农业设备集成的水平不高，所以很难判定错误的根源在哪一方。对此，应该在设备上优化布线方式和设备的摆放位置，在管理上增加两方人员之间的相互了解，促进两个产业间知识的互相掌握。

8.3.2 光伏养殖

1. 渔光互补

(1)渔光互补结构特点　太阳能虽然获取方便，但因辐射能量密度低，光伏发电通常需要大面积土地作为光伏电池板的搭建场地。为了节约土地使用成本，长期以来，我国主要在新疆、内蒙古等西部地区的戈壁滩、沙漠等建设光伏电站，或者利用居民或工厂屋顶建设小规模分布式光伏。建设于西部地区的光伏发电通常要输送至中部或东部用电量较大的地区进行消纳，输送成本较高，而小规模分布式光伏发电量有限，这些问题阻碍了光伏的高效利用和发展。

为解决上述问题，近年来，将太阳能发电、现代农业及扶贫项目等相结合构成的渔光互补引起了广泛的关注。渔光互补模式主要通过在农作物种植区域或水产养殖区域上方安装具有透光效果的光伏电池板来实现。渔光互补模式具有如下优点：首先，具有透光效果的光伏电池板可以满足不同种类鱼类对光照的需求；其次，渔光互补的光伏电池板可以充分利用空间，节约土地使用；最后，渔光互补模式可以发展生态旅游业，促进农民增收，具有“1＋1＞2”的效果。

渔光互补电站作为一种绿色生态农业发展新模式，为现代农业提供了一种低碳工业化转型的解决方案。渔光互补通过光伏发电，不仅解决了农业生产中的供电问题，产出的剩余电量还可以输送至上游电网，因此渔光互补符合能源的高效利用和可持续发展农业道路。从长远来看，渔光互补不仅可以解决光伏发电与农业空间限制的矛盾，对国内农业的工业化转型也具有重大作用。

渔光互补电站结构如图 8-35 所示，渔光互补电站采用渔光互补立体发展新模式，通过低压母线连接多个光伏阵列，一般为 20 个左右，光伏阵列经过变电站主变升压后，与输电线路相连接，以送出电能。其中，光伏阵列分成 2 组，每组光伏阵列先通过直流汇流箱将该组所有光伏电池板的直流电流汇集，然后通过逆变器将直流变成交流，再由双分裂变压器连接至低压母线，最后经过变压器升压，将电流馈入电网。在光伏阵列下方是鱼塘，可进行水产养殖。

光伏太阳能板合理的遮光为养殖产品提供了良好的生长环境。渔光互补的光伏项目适合种植水生花卉和养殖鱼类，以此达到养殖和光伏双重收入。现代水产品养殖与太阳能发电结合的农渔光互补电站具有以下优势：首先光伏电池板装设在水产品养殖区域上方，因此可以有效利用空间，降低发电成本；其次，农渔光互补可以节约土地资源，科学利用空间，构造“光伏发电结合水产养殖、科学利用空间资源发展新能源”的“渔光互补”现代立体渔业新模式。此外，将太阳能发电应用到水产设备动力提供上也成为一种新型能源利用方式，如增氧机、涌浪机、底排污设备的动力提供。通过渔光互补的方式，水产养殖业从以前的能源输入型转变为能源输出型。“渔光一体”现代渔业发展模式符合生态系统食物链和各种生物能量体系的需要，满足水产养殖业发展规则并革新物质及能量的转化方法，最终实现动态调节水产养殖区域光照强度、动态调节水温的效果，相比于传统养殖模式，“渔光互补”现代立体渔业新模式养殖的产品品质好、绿色安全且产量高。

(2)渔光互补的经济性效益　渔光互补将新能源发电、水产养殖和休闲服务业 3 种产业融合为一个项目，充分利用土地资源，实现节能减排，有利于产业之间互相促进，扶持发展。渔光互补项目示意图如图 8-36 所示。与传统光伏发电项目相比，渔光互补项目的收益速度更快，回收成本时间更短，且具有更高的收益率，总体来说渔光互补项目投资风险较小。

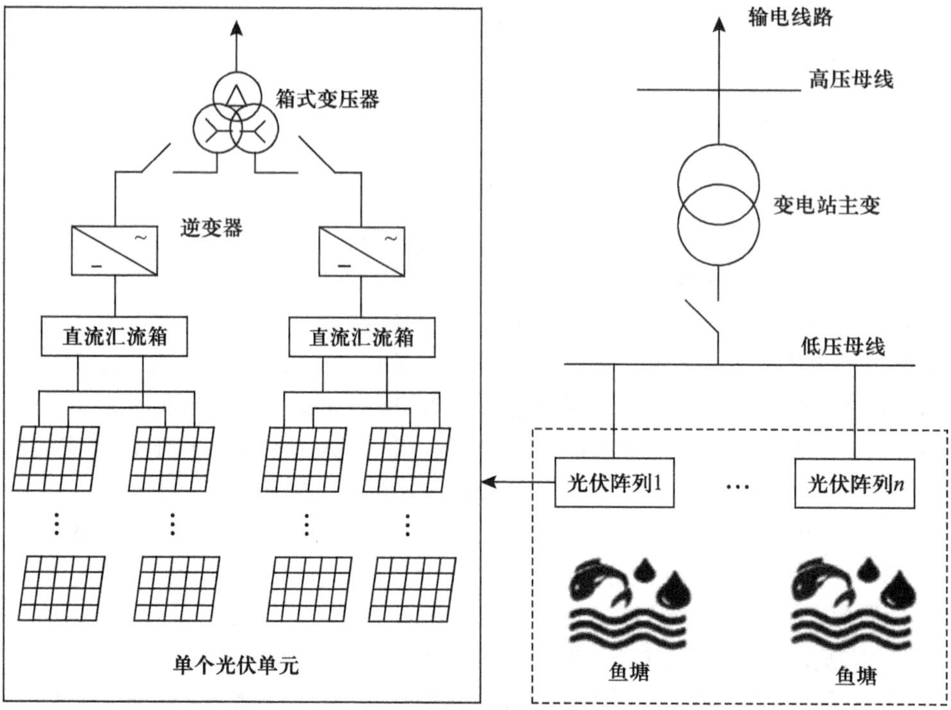

图 8-35　渔光互补电站结构

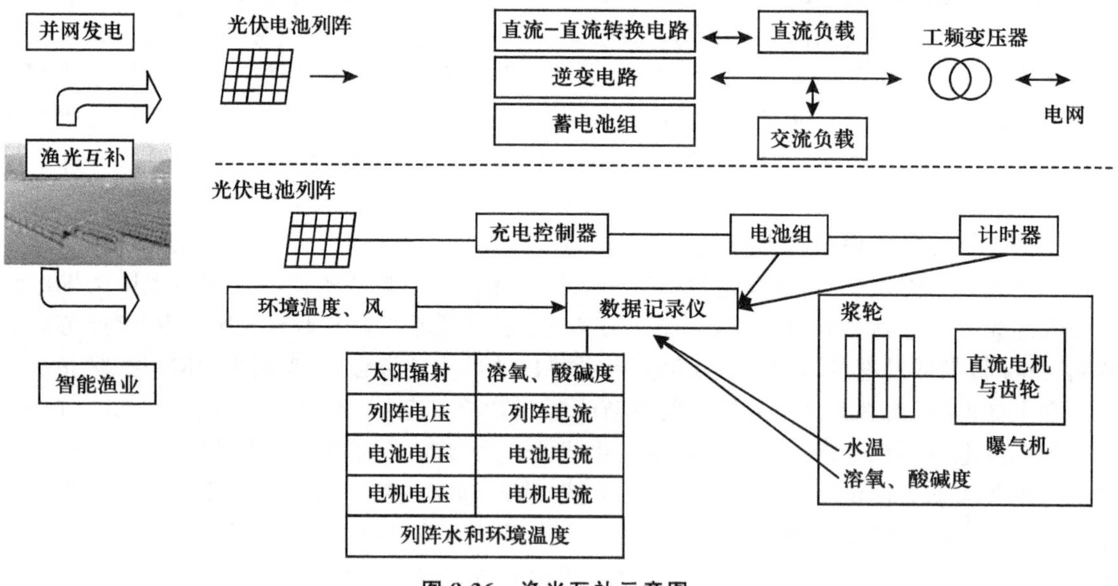

图 8-36　渔光互补示意图

第一产业收益——水产养殖："渔光互补"项目可以改善养殖环境，提高水产养殖产量、增加收入。由于水面铺设的光伏板可以遮挡阳光，养殖环境得以改变，有利于喜阴性名特优品种如中华绒螯蟹、南美白对虾、黄颡鱼、沙塘鳢等的生长，因而有较高的养殖效益。

第二产业收益——电力：我国目前发电对煤炭的需求量超过 70%，过度依赖化石能源，给我国的经济发展和环境治理带来很大的负面影响。2020 年 9 月，我国"双碳"目标的提出，在国际国内社会都引起诸多关注。而光伏发电作为新能源发电的主力军，已经被广泛应用。以江苏常州 100 MW 渔光互补直溪光伏发电项目为例，项目所在地多年年平均太阳辐射量为 5 377.8 MJ/m^2，属于光资源Ⅳ类地区，考虑衰减 25 年内平均每年发电量为 10 513.53 万 kWh，营期内总发电量为 262 838.25 万 kWh，按照国家目前规定的新能源上网电价计算，其发电利润总额将达到 135 911.11 万元，可见渔光互补具有良好的经济效益。另外，除了在池塘建设渔光互补项目，我国还有广阔的低洼地和湖泊、水库，高效利用水面面积，增加清洁能源产出，有利于实现水产养殖业的可持续发展。

第三产业收益——旅游科教：渔光互补项目具有良好的旅游科普价值，业主可以通过旅游业提升该项目的收益。在具体实施过程中，可通过对接高校及科研院所，建立科普工作站，打造区域性水产品牌，赋能乡村振兴，还可以结合发展现代休闲观光农业。渔光互补结合文化旅游发展模式，改变了单一科学普及方式，融入了当地文化，体现了自身特色，有利于吸引大众并普及光伏知识。

(3)渔光互补的生态社会效益　主要表现为以下 3 方面。

①节水增效作用：渔光互补的光伏板可有效减少水体蒸发，有利于降低水产养殖系统的经济和环境成本，所以光伏发电和水产养殖业的融合，不仅为养殖提供充足的可再生能源，而且改善了养殖环境，实现了节水节能养殖。渔光互补建设改变了传统水产养殖的设施结构，目前，一些渔光互补区建设了渔光温棚，在传统水产养殖系统的养殖区、净化区的基础上，形成了具有循环水的工厂化养殖系统，扩大了养殖空间，不仅有利于改善水质、提高产量、生产优质水产品，而且达到节水增效的效果，实现节能减排。另外，与传统光伏发电相比，由于水的天然冷却作用，可以使光伏板的发电效率大大提升，有研究表明，水上光伏系统的发电量提高了 30%。

②碳中和作用：能源是国民经济的支柱产业，电力“瓶颈”一直广受关注。传统的发电技术虽然能实现充足的能源供给，但是其缺点也十分明显。水力发电受制于地理、气候、人文、生态等因素，且对水资源和附近生态系统有不利影响，所以其不能得到广泛的推广和应用。火力发电更是消耗大量化石能源，排放有害气体，破坏大气环境，造成不可逆的环境污染等问题；核电则由于安全隐患问题会引起民众的担忧，近年来一些核电项目因舆情和民众反对而搁置。所以近年来发展新能源是备受关注的课题，渔光互补的建设，不仅可以实现节水养殖，优化养殖环境，增加产出，而且还能提高光伏发电效率，提高收益，是实现碳中和的有效途径之一。

③生态修复作用：渔光互补建设具有一定的生态修复作用。“渔光互补”直接将太阳能转化为电能，而且项目不会产生 SO_2、氮氧化物等对环境有害的物质，运行维护产生的固体废料也都由太阳能电池公司回收。同时水面的光伏板改善了养殖环境，改变了水流结构，有利于生态恢复。国外也有研究发现，将水上漂浮光伏系统与海水贝类网箱养殖相结合，既可满足贝类养殖要求，又成为人工珊瑚鱼礁聚集装置(FAD)，吸引大量海洋物种聚集在这些装置周围，有利于重要衰退物种恢复。

(4)渔光互补对水产养殖的推动意义　渔光互补由于其跨界整合模式为水产养殖提供了更大的发展空间，是水产养殖转型升级的重要方向。

①为水产养殖提供了可控的养殖环境：渔光互补系统对养殖水体中营养物、温度、pH 值、盐度、透明度和光周期等数据进行检测和控制，可以很大程度上优化养殖条件，降低养殖成本。渔光互补系统可以根据不同水产品对水质的要求提供相对理想的生长环境，而且水泵系统由

光伏电站驱动，可以通过传感器监测水中的溶氧量，再反馈给光伏驱动系统，形成光伏驱动-水泵换水-监测水质的闭环控制系统，可以更加精准地控制养殖区域水中的溶氧量，快速交换水体，使水体溶氧量处于一个合适的水平，有利于保障水产养殖的安全和提高养殖效率。另外，光强度和光周期的变化会影响水生生物的生长和发育，且不同生物的生活环境对光强度和光周期的要求不同。所以，通过渔光互补系统人工控制光照强度和光照周期，以此实现水生生物最大生长。有研究表明，在水上光伏系统结构的底部安装发光二极管(LED)，操纵水生生物的光周期，能够取得良好的效果。这种设计为水产养殖和特定水生物种养殖提供了一个新思路。

②为智慧渔业建设提供了可能：智能养殖系统集水质监测、养殖设备控制、视频监控于一体，可监控养殖水体中的溶氧、水温、pH 值、氨氮等多项指标，并对增氧设备、投饵设备、水泵等进行远程操控，可大大节约劳动力，提高养殖效率。由于在传统水产养殖系统中添加以上监测控制系统成本较高，所以目前还没有得到广泛推广。渔光互补系统生产效益高，且伴有渔光一体的管理系统，所以，在渔光互补系统建设中，开发以上智能监测控制系统成为可能。2014年，通威(江苏)省级精品渔业园利用渔光互补智能管理系统，管理 75%遮光面积池塘养殖黄颡鱼，养殖效益达 69 405 元/m^2。2015 年用于管理 50%遮光面积草鱼养殖池塘，与周边传统养殖方式相比，效益提高了 50%～70%。

(5)渔光互补存在的问题　渔光互补系统虽然在生态、经济和生产各方面都有巨大潜力，但同时也存在一些问题。渔光互补系统建设还缺少相关理论基础。渔光互补是一门新兴学科，其中包括光伏发电、水产养殖、微生物学、水化学等学科的众多内容，由于起步较晚，发展迅速，相关理论基础还有所欠缺。目前大多是以企业对渔光互补系统的研究为主，主要与生产效益比较相关，缺乏从国家和社会的角度对渔光互补系统的深度研究，如环境影响、系统功能、结构布局、养殖技术和模式以及水环境管理等方面还存在很多空白，所以需要国家和企业共同努力，建立完善的理论体系。

增加水产养殖设施建设难度。渔光互补系统需要复杂的发电、控制、驱动、监测等智能控制系统，势必增大系统建设难度。目前，渔光互补还存在成本高、技术要求高、设备维护复杂，以及养殖工业化水平不高等问题。渔光互补的实施与运行需要专业化养殖企业，但目前中小企业通常缺乏资金、技术和养殖经验等，这都增加了推广渔光互补系统的难度。

对水产养殖环境的负面影响。光照和水温对鱼类的生长有直接的影响，会改变鱼类的健康状态，且会影响水体环境。研究表明，水面的光伏板对浮游植物、浮游动物和 CO_2 含量等有明显影响作用。光照和温度的变化会直接改变水中溶氧、氨氮、亚硝酸盐等理化指标及水生植物、微生物结构，进而对鱼类生长状况造成影响。此外，池塘中的光伏组件还会给捕捞带来不便，捕捞时还需使用专用的工具。

光伏发电系统中逆变器连接光伏阵列和电网系统，负责交直流电能的转换，作用重大。逆变装置固有的非线性特性使其向公共电网排放大量的谐波和无功电流，影响并网点电能质量。渔光互补电站并网逆变装置输出电流的谐波含量与其输入功率的变化情况成反比，逆变装置输出电流的谐波含量在逆变装置轻载(逆变装置的输入功率较低)的情况下较大。逆变装置输入功率小于额定值 10%的情况下，并网电流总谐波畸变率(total harmonic distortions of current，THDi)增加至超过 20%。当其功率的额定值小于 20%的情况下，THDi 可能大于 5%，同时，逆变器有与电网发生谐振而放大谐波电流的可能性。此外，渔光互补电站输出电压、电流、功率的波动因气候条件的变化而变化，同时，光伏发电系统投切频繁，使电网存在高次谐波污染和功率因数降低等一系列电能质量问题。因谐波电流与基波电流频率存在差异性，谐波与基波电流的波形也存在差异，基波和谐波电流在光伏并网时相叠加会造成并网电流严重畸变，这些畸变的谐波电流会使电网的各类设备过热，损坏其中的元器件，影响设备运行，同时还能导致电气设备的绝缘老化，严重影响电网平稳与高效运行。

8.3.3　光伏村级电站

1. 光伏村级电站的意义

大规模、无节制地开发利用化石燃料不仅加速了这些宝贵资源的枯竭，而且造成日益严重的环境问题。过度的排放逐渐引起全球关注，解决这些问题已不再是各国自身的事情，控制和减少排放已经成为世界各国的目标和义务，责任的分担已经成为各国政府讨价还价的政治问题。随着全球能耗的快速增长，环境将进一步恶化，减排的纷争将更加激烈。我国目前的能源将近70%由煤炭供给，这种过度依赖化石燃料的能源结构已经造成了很大的环境、经济和社会负面影响。大量的煤炭开采、运输和燃烧，对我国的环境已经造成了极大的破坏。初步估算煤炭发电造成的污染的经济损失以及由此引发的环境污染治理成本高达1 606亿元人民币。大力开发利用可再生能源是保证我国能源供应安全和可持续发展的必然选择。我们的环境状况警示我国所能拥有的排放空间已经十分有限了，再不加大清洁能源和可再生能源的份额，我国的经济和社会发展就将被迫减速。

大量的煤炭开采、运输和燃烧，对我国的环境已经造成了极大的破坏。大力开发太阳能、风能、生物质能等可再生能源利用技术是保证我国能源供应安全和可持续发展的必然选择。我国在能源领域将实行的工作重点和主要任务是首先加快能源结构调整步伐，努力提高清洁能源开发生产能力。以太阳能发电、风力发电、太阳能热水器、大型沼气工程为重点，加快可再生能源的开发。要使光伏发电成为战略替代能源电力技术，必须建设大型并网光伏发电系统，这项技术已经实践证明是切实可行的。

太阳能作为新能源的主力军，其使用不受资源分布和地区限制，且可以在短期内解决能源紧缺的问题，是最具发展前景的新能源。光伏发电就是将太阳能转化为电能供人们使用，该技术是被世界各国作为重点研究的新能源发电技术之一。如果将光伏发电与农业生产相结合，既可以促进低碳经济发展，又可以提高农村居民收入，真正实现农业生产可持续发展。发展农光互补产业最重要的是增加农村居民收入，改善农村生活水平。目前农村发展光伏产业有很多模式：屋顶光伏、光伏大棚、光伏水泵等，现在应用最广泛的就是屋顶光伏及村集体光伏。

村集体光伏电站大多与脱贫攻坚挂钩，使农户得到发电收益。而村民屋顶光伏目前主要有扶贫资助、个人投资等建设形式。收益模式有上网卖电获利、节约电费收益、国家补贴获益3种形式。村级光伏扶贫电站的发电效率直接决定光伏扶贫产业的收益，通过对光伏发电系统进行设备维护或电站管理，利用智能控制技术等提升光伏电站运行稳定性和发电效率，对促进精准扶贫和稳定脱贫具有重要意义。

2. 光伏村级电站的设计要求

(1)光伏电站建设需求　太阳能的属性是广泛性和方便性，太阳能是处处存在的，所以在通信、信号电源和边远无电地区这种特殊区域，特别是在居民生活用电的方面能够发挥重要的作用，并且由此也能产生出巨大的经济利益。从环境保护方面来看，因为太阳能源不具有污染性，不会对环境造成污染，所以可为人类节省许多开销；从长远处看，光伏发电的分布式发电和绿色能源技术具有可再生性和取之不竭的充足性，可为人类解决能源危机提供途径。随着各项技术的不断进步，光伏电站必将会提高在常规用电中的比例，逐步取代成为常规能源。

伴随着光伏电站的陆续建设和运行，分布式光伏发电站监控系统应确保以下条件：提升设备使用年限，使发电站运转简单、维护方便；提高发电站的安全性、技术性和发电质量；提高劳动生产效率和系统营运效率；减少工程费用，缩小电站占地面积；节省电缆覆盖，减少设备之间的连接。国家电网要求对目前的光伏电站系统的运行数据进行实时的监控，在监控过程中通过设备的信息反馈来达到监测其他设备的作用。以达到电网公司电网调度系统对光伏电站监控的要求。分布式光伏发电站监控系统应能实现对发电站可靠和合理监控、测量、控制，并具备遥测、遥信、遥调、遥控等全部的远动功能，具有交换信息的能力。

村级电站选址需符合以下要求：按照每 100 kW 占 3 亩（1 亩≈667 m^2）地的规模。村级电站选址时应该尽可能地靠近 10 kV 电网线路，方便光伏发电并网工程；尽量靠近居民住址和公路，临水临电，方便维护和运输；需要满足良好的光照条件，周围无树林遮挡，避开雨雾多发地区；坡地应选择正南朝向或者南偏东、南偏西 30°以内，坡度不超过 30°；施工场地需要清理附近树木，保障场地地面平整，不得选用林地、基本农田等土地作为站址；应避开山体泄洪通道、河流排水区域和自然灾害多发地区；不得选用自然保护区、军事设施区域和压覆矿区；建设基地时，需满足电气安全要求，能够保障光伏组件和光伏线缆的安全。

（2）建设光伏监控系统需求　建设包括所有光伏电站监控设备的统一管理平台。并应由相应运行、检修、管理人员实现光伏电站设备的统一远程监控，数据的集中管理并提供全面快捷的光伏监测数据。由于电能系统的问题，光伏的监测与调控就非常重要，光伏监控系统是由电站巡检开始的，慢慢过渡到光伏局域网的监控，最后才发展成为光伏网络的监控系统，真正实现远程的监控管理。最开始的光伏网络监控系统是在现场设立服务器形式，这种监控通过点对点的方式来实现互联网的信息监控，需要用户记住不同光伏电站服务器的网络地址，并建立相对应的密码和用户名。此方式的监控成本很高，且管理较为麻烦。

光伏监控系统就是将包含逆变器、汇流箱、环境测试器、电表等设备用数据线连接起来收集至监控数据采集器，通过采集器分析整理数据，上传至网络，系统管理员可以实时在系统上查看相关采集的监控数据，无须亲自到现场进行监测，只需通过系统进行管理，同时进行数据的汇总和分析，因此光伏的监控系统方便我们能够快速的发现问题，解决问题，特别是网络远程监测，可以由控制中心通过手机邮件等方式通知系统管理员，便于用户管理员管理，可节约人力物力。

（3）系统设计原则　村级光伏发电系统从这两个方面开展：一是硬件设计，二是软件设计。并网式光伏发电系统、独立式光伏发电系统等各种光伏发电系统的设计方案是有较大区别的。因此，要想设计一套运行平稳的光伏系统就要优先思量整个系统的完整性、先进性等条件，确保系统具备运行平稳、安全可靠等特性。因此，在设计时要遵循以下 5 个原则。

①完整性：要想让光伏发电系统正常运转，就务必要使系统保证完整性，一套完整的光伏发电系统应该要具备光伏电池和逆变器，可以为自用的用电负载供电，也可向外供能，成为一套完整的、可以离网运行与并网发电的发电小系统。同时必须要具备控制、储存、功率变换、防雷接地等功能。

②先进性：随着世界各国对光伏发电的日益钻研，研究和开发光伏产业已经是现阶段新能

源战略的一种主流发展趋势。根据本地的日照条件与掌握的先进技术，建设光伏电站充分利用太阳能资源，既可以实现节能减排，又可以减少长距离铺设输电电缆造成的巨大投入与能源损耗，是最先进的能源利用形式。

③可扩展性：随着光伏发电应用技术的迅速崛起与高速成长，其能力也越来越全面。光伏发电系统必须具备可扩展性，使光伏电池的各部件能够根据系统需要随时加装电池组件，同时，并网逆变器也应该具备可扩展性，在光伏发电系统需要扩展时，可以直接加装相应组件，并使原器件功能都保持不变。

④智能性：光伏发电技术具有较高的智能性，在运行时不需要任何手动操作，都由微处理器实现全自动控制，同时还可以实现对整个光伏发电系统工作状态的实时监控，定时收集电站运行的主要器件的状态数据，通过分析计算，实现设备工作状态的动态管理，能够对发现的问题发出警报，以便于维修人员进行排障工作。如遇必须手动设置的情况，只需利用控制器根据实际情况控制各项参数设置，确保系统的可靠性。

⑤可靠性：光伏发电系统在运行过程中必须要有高度的可靠性，确保系统在低温等环境下正常运行，减少故障发生。此系统在设计和制造时，各种设备的选择要坚持泛用性，确保各组件间的通用互换，同时要留下足够多的扩展接口，为以后扩容打下基础。

因此，光伏发电系统的工作模式示意图如图 8-37 所示。

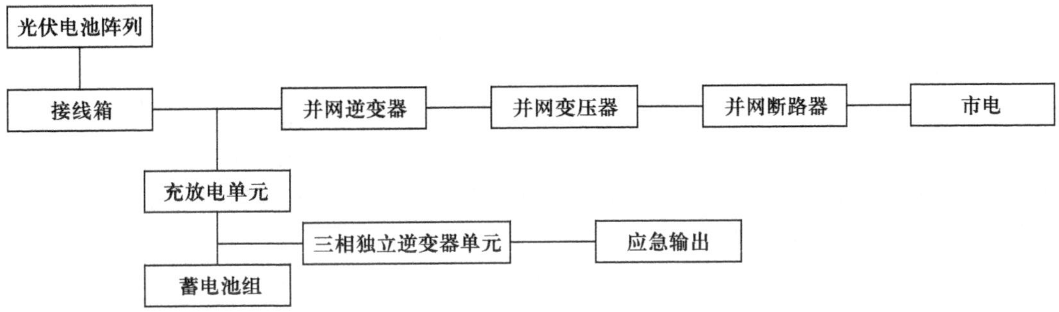

图 8-37　光伏发电系统的工作模式示意图

由图 8-37 可知，当系统出现故障时，为了保证系统各部件不被损坏，系统会自动与电网断开连接。当故障被解决后，通过功率调节器的自动识别来自动重启。

3. 光伏电站运行稳定性及发电效率影响因素分析

(1)设备层面影响因素　光伏电站的安全性直接决定了电站运行的稳定性和发电效率。电站运行安全性在设备层面主要涉及光伏组件、接线盒、逆变器及汇流箱等。其中，光伏组件所用光伏板性能应该基本一致，如果光伏板质量不合格，会严重影响组件的寿命，甚至发生失火，直接影响整个电站的安全。劣质接线盒内部粗糙且电阻大，容易引起接线盒内部着火，导致光伏组件损伤。在直流侧电压在 1 000 V 甚至更高时，如果逆变器和汇流箱的数据采集不准确，会导致系统误判故障信息，直接影响电站发电。另外，逆变器和汇流箱的制作工艺也会影响其运行效率，逆变器应该加强对沙尘的防护，尽可能避免设备腐蚀损坏或者开关接触不良等问题，汇流箱应该确保内部电缆绝缘层完好无损，防止发生火灾。

其他国家在太阳能电池板的研发工作上已经取得了一定的研究成果，但还有一部分性能较为先进的晶体硅型太阳能光伏电池还处在试验阶段，还没有实行大范围推广。虽然晶体硅型太阳能光伏电池板的研发工作较慢，但是非晶硅型的光伏电池在近些年的发展十分迅速。表 8-5 列举了光伏电池主要技术参数。

表 8-5　光伏电池主要技术参数

组件电池种类	组件转换效率/%	价格/(元/W)	性能稳定性	衰减/%	主要产地
单晶硅光伏电池	14～17	9～13	稳定	20	国内、国外
多晶硅光伏电池	11～15	8～11	稳定	20	国内、国外
晶硅薄膜光伏电池	6～8	4～7	稳定	20	国内、国外
碲化镉薄膜光伏电池	8～9	7～9	稳定	20	国外
铟镓硒薄膜光伏电池	8～9	7～9	稳定	20	国外
砷化镓聚光光伏电池	17～25	12～13	稳定	20	国外

综合分析以上几种光伏电池的区别，可以看出砷化镓聚光型的电池光-电转换效率最高，其次为单晶硅型与多晶硅型，这两种的光-电转换效率相近，虽然砷化镓聚光光伏电池的光-电转换效率最高，但每瓦的价格也偏高，在大范围推广上不适合在农村普及。

光伏电站的运行维护直接影响电站的运行、发电效率和寿命。主要涉及设备厂家的售后服务水平和电站运维人员的业务水平。如果光伏组件、逆变器或者汇流箱发生故障而设备厂家不能及时修复，则故障时间越长，电站运行受到的影响就越大，损失就越大。另外，电站的运维工作人员的技术水平不能太低，运维人员需要及时准确地发现和处理常见的故障，如果运维人员水平太低，同样会导致电站损坏时间过长，甚至导致更大的损失。同样，电站运维管理的监管问题、电站运行数据监察问题、设备元器件更换问题及电站环境清理问题等都会影响电站发电效率，甚至引起更严重的事故。

(2)光伏电站的运行环境影响因素　光伏电站所处区域的气候环境会直接影响电站的运行效率和发电量，且选址的坡度和光伏板摆放角度的设置也会使太阳辐射能能量不能充分利用，从而影响电站的发电量。雷雨及大风等恶劣天气均有可能造成器件损坏，影响发电工作，另外运维工作不到位，草丛和森林树木等遮挡光伏组件时会导致光伏组件产生热斑效应，造成损失。

4. 提高光伏村级电站发电效率的途径与策略

(1)光伏电站运维管理提升　建立安全可靠且高效的保障体系是扶贫电站发挥效益的关键。探索创建“政府主导、专业公司运维、村级日常管护、科技手段管控、供电结算服务、部门监督分配”的“六位一体”运行维护模式，从技术监督、管理监督及审计监督入手，加强光伏电站运维管理，从而全方位提升光伏电站的运行稳定性，提质增效。

配备足够的专业技术人员是光伏电站长期安全稳定运行的保障。结合电站特点和人员配备情况，科学合理地建章立制，及时掌握电站的运行状态和消除潜在的安全隐患，确保光伏电站安全平稳运行。由于电站配备的技术人员经验有限，需要定期委托运维经验丰富的专业技术人员对运维操作人员进行现场操作技能和故障判断分析的培训，尤其是对电站新进人员的培训，使其了解和掌握光伏发电系统的工作原理、电站设备的性能参数、设备故障的排除方法和日常巡检的检查重点等，提高运维从业人员的专业技能，具有初步判断故障产生的原因和消除故障的能力。

可以借助数字化、信息化技术平台，实现对光伏电站的信息采集、传输、处理、通信进行统一管理，有效整合电站设备信息管理系统、状态监测管理系统和自动保护系统等，实现光伏电站的数据网络共享和远程集中监控。运维管理人员可以登录远程服务器进行数据的实时远程访问，并通过网页客户端、智能手机或者平板电脑等进行数据查询。由于光伏电站一般是建设于工商业厂区范围内，可以与工商业业主单位进行沟通协调，对业主单位的电气专业人员进行光伏电站运维的系统培训，由业主单位的电气专业人员负责现场的设备维护和日常巡检，以弥补电站无人值守的不足，将巡检频次、维护内容、维修标准落实到责任人、岗位职责和管控措施，及时发现设施设备异常，避免事态扩大造成严重后果，同时可以降低运维管理的成本费用、缩减现场故障消除的时间和保障电站的安全稳定运行。

在开展电站设计时，应针对电站投运后可能存在的组件松动、热斑隐裂、直流电缆接触不良等组件问题，以及模块老化、通风散热不佳造成的逆变器故障，组串接地不良、电缆绝缘皮破损老化、线路短路、瞬时过流保护等直流电缆的故障，需要合理地选择设备型号和设计方式，降低故障发生频率。应结合屋顶既有设备位置、拟接入的配电间位置、建筑阴影遮挡情况等，合理优化组件、逆变器、电缆、桥架的排列布置方式，设置必要的运维巡查通道和设备检修平台，在避免阴影遮挡、便于运维检修的前提下尽量布置足够多的组件。彩钢瓦屋面铺设的组件应合理抬高支架导轨的高度，留有足够的通风空间，同时清除阻挡风道的杂物，降低组件背部温度从而提高系统效率。

优化后台集中监控平台。通过优化后，监控平台一般应具有以下功能(图 8-38)。

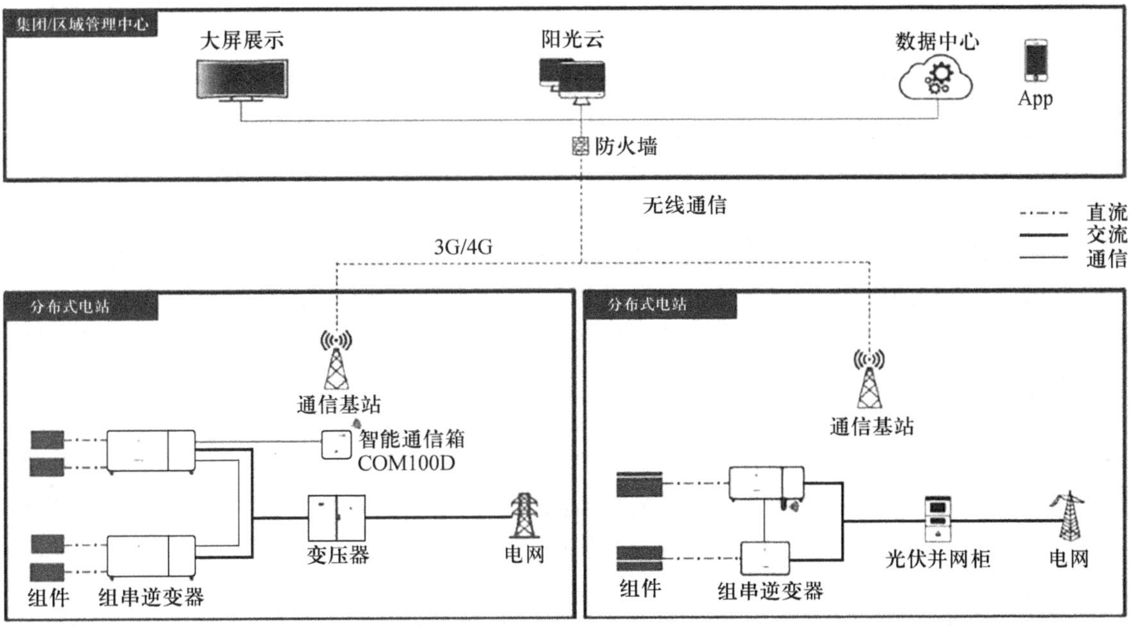

图 8-38　后台监控系统结构图

①数据统计分析：直观地多维度对比各电站核心指标，实时掌握整体运行水平，为管理层决策分析提供理论依据。

②单电站分析和多电站对比：对各电站的上网电量、系统综合效率、故障发生频率、各阵列的系统效率等数据进行多角度的对比分析，为电站评优考核、运维管理人员决策分析和科学评估提供数据支撑。

③报表功能：统计某时段内各个电站的运行情况，对各评价指标进行同比、环比深度分析，提供翔实可靠的运行数据。

④信息汇集功能：将不同逆变器厂家的监控平台数据集成到一个信息系统内，该信息系统应具有自动分类汇总、智能对比分析、所有电站项目的信息集中在大屏显示等功能。

⑤监控功能：当运维管理人员通过远程监控系统发现故障发生时，能够通过监控平台将操作指令直接下发给现场操作人员，将故障消除过程实时在平台上进行更新，相关数据可以长期保存便于查阅。通过技术手段，当发生故障报警时能及时收到报警信息。

针对电站运行状态、电站光伏组件、逆变器、汇流箱、线缆设备、变压器等设备进行严格监控，及时发现并处理问题，技术人员可在线上或线下对电站的常见问题进行修复。管理监督主要体现在对光伏电站发电明细、线损率、工作时长等数据进行汇总分析，并将其反馈给专业的运维公司。此外，还需对运维人员、电站看护人员是否履职到位、电站设施是否损坏进行监督。审计监督是指督办政府管理部门统一分村设立扶贫电站账簿和科目，委托中间机构开展专项审计工作，保证村级光伏电站的安全可靠。

(2)优化设备运行稳定性　太阳能光伏发电利用的研究，重点关注光伏发电技术开发、光伏储能电池效率提升、原理技术实现以及光伏发电的应用。太阳电池的材料、生产过程、环境条件、太阳辐射角、光伏阵列结构、电缆和汇流箱以及逆变器等，均会影响光伏发电效率。优化光伏组件、逆变器、汇流箱、变压器等重要设备，能够保证光伏电站稳定运行，提升发电可靠性和发电效率。

①光伏发电组件方面：光伏电站效率评估主要关注光伏发电组件的光电转换效率、光伏组件标称功率偏差、设备组件的辐射入射率和设备组件初始光致衰减效应等方面。光伏组件的转换效率越高、标称功率正偏差越大、辐射入射率越高、光致衰减效应越小，则光伏电站效率越高；如果光伏组件光致衰减越慢，则光伏发电长期效率越高。

避免使用性能型号不同的太阳能电池板，尽可能选择同一批次并经过精密测试的电池板；严格检查太阳能电池片所连线路是否存在虚接、虚焊的情况；还需注意接线盒的质量，应选择质量较好的接线盒。最后需要合理设计线路接线，及时运行维护，减少因遮挡出现的光伏组件热斑效应，确保光伏组件正常发电。

②逆变器和汇流箱方面：首先，在选择逆变器和汇流箱时，优先选择同一厂家同一型号的设备，可以提高通信匹配度，降低设备故障率，也有利于缩短运维工作的时间和成本；其次，利用先进的远程监控技术和网络服务平台精准监测设备的运行状态，及时发现并解决问题，确保设备稳定运行；最后，针对光伏发电系统与所连电网，研究相应的运行方案和控制策略，确保电站安全稳定运行。

太阳能开发利用效率评价指标主要有辐射资源指标、经济效益指标、技术指标、环境指标和社会效益指标等方面。具体包括辐射资源量、发电装机容量、光伏发电量、新能源价格、能源转换效率、光伏发电稳定性、技术效率、投资额度、光伏发电成本、土地利用效率、环境污染排放和提供就业岗位等指标。

环境温度也是影响发电效率的重要条件，当环境温度或辐射原因导致电池工作温度高于标准条件工作温度 35 ℃时电池功率下降 17.5%，进而光伏发电效率也下降 17.5%以上。有学者研究使用冷却装置处理组件，从而提高光伏发电效率。光伏组件表面的积尘和遮挡物均可导致光伏发电效率降低。积尘使得光伏发电效率降低 2%～25%，典型值为 5%。在沙漠区的积尘影响光伏发电效率试验表明，灰尘使光伏组件输出功率降低 21.57%。由于灰尘效应下输出功率的损失，含尘面板与清洁面板相比可靠性也相应较低。根据地理环境、辐射条件、环境降尘状况、风险控制和生态环境等条件设计最佳的光伏发电系统，可极大提高光伏发电效率。

思考题

1. 简述分布式发电的种类和分类方法。
2. 简述微型燃气轮机并网发电过程。
3. 储能的种类有哪些？还有什么分类方法？
4. 微电网的定义是什么？
5. 微电网的结构分类有哪些？
6. 请思考，除了本章所提的光伏大棚、渔光互补和光伏村级电站，还有哪些农村分布式发电与微网的工程案例？其建设意义与优势是什么？

参考文献

[1] 陈健，王玲俊．农光互补的研究综述及展望[J]．江苏农业科学，2022，50(5)：1-9.
[2] 陈仁亮．交直流同线混合微电网及其电能路由器研究[D]．济南：山东大学，2018.
[3] 陈玉平，黄涛，赵太云，等．光伏扶贫村级电站运行稳定性及发电效率提升策略研究[J]．通信电源技术，2021，38(3)：154-156.
[4] 陈忠雷．含分布式风力发电的微电网系统优化控制[D]．北京：华北电力大学，2020.
[5] 成珂，马晓瑶，孙琦琦．光伏温室大棚组件布置 CFD 模拟研究[J]．太阳能学报，2021，42(8)：159-165.
[6] 丁双印，陈世永．村级光伏电站典型设计及应用[J]．电子技术与软件工程，2018(9)：225-226.
[7] 雷震，郝雨辰，孔伯骏．太阳辐射对大型渔光互补光伏电站发电效益影响分析[J]．南京信息工程大学学报(自然科学版)，2021，13(3)：377-382.
[8] 李方圆．基于多智能体协同算法的智能电网分布式调度与优化[D]．合肥：中国科学技术大学，2019.
[9] 鲁文．多模态微电网运行控制和能量管理技术研究与工程应用[D]．哈尔滨：哈尔滨工业大学，2019.
[10] 莫逆垒．基于强化学习的微电网最优频率控制研究[D]．武汉：华中科技大学，2021.
[11] 孙亚楠，徐明磊．光伏农业大棚发展现状分析[J]．乡村科技，2021，12(6)：78-79.
[12] 王满商．基于分布式优化的微电网协调运行控制研究[D]．镇江：江苏大学，2021.
[13] 王明．内蒙古自治区村级光伏扶贫电站系统设计及优化[J]．华电技术，2019，41(7)：37-39.

[14] 魏斌．交直流混合微电网能量管理策略研究及应用[D]. 太原：太原理工大学，2020.

[15] 肖艳辉．基于一致性的微电网系统分布式优化[D]. 沈阳：东北大学，2019.

[16] 邢小文．并网运行模式下微电网群分布式协调控制策略研究[D]. 西安：西北工业大学，2019.

[17] 徐立波．渔光互补光伏发电系统设计[J]. 科技风，2020(33)：3-4.

[18] 徐昱．浙江慈溪：浙东最大"牧光互补"牛棚发电站项目正式投入使用[EB/OL]. (2018-1-30)[2022-07-02]. http://www.escn.com.cn/news/show-494455.html.

[19] 杨刚，徐云江，杨警．云南村级光伏扶贫电站建设建议[J]. 山东工业技术，2018(11)：166.

[20] 曾瑜．促进微电网产业发展的政府补贴、减排及定价政策工具选择研究[D]. 天津：天津大学，2020.

[21] 张彩庆，王鼎．村级光伏扶贫电站运行状况分析[J]. 电力与能源，2019，40(3)：344-350.

[22] 张家华，刘兴国，顾兆俊，等．渔光互补生态经济特征及其发展方向[J]. 水产学报：2022，46(8)：1525-1535.

[23] 张明敏．微电网多逆变器协调与自抗扰控制方法研究[D]. 长沙：湖南大学，2020.

[24] 赵文婷．并网型微电网源荷预测及优化运营管理研究[D]. 太原：太原理工大学，2021.